普通高校"十一五"规划教材

传感器调理电路设计理论及应用

吕俊芳　钱　政　袁　梅　编著

北京航空航天大学出版社

内容简介

传感器调理电路是现代测控系统中不可缺少的重要环节。本书全面阐述了各种类型的传感器输出弱信号的放大、处理、传输及抗干扰技术，在阐述中突出了设计电路的基本理论、基本方法，还特别突出了工程实际应用。书中还介绍了调理电路可靠性设计与仿真，突出了航空航天产品的高可靠性设计特色；同时，还介绍了调理电路多个实例，均是作者多年科研工作的成果，具有很强的实用和参考价值。

本书内容具有先进性、实用性、完整性和易读性。

本书是检测技术与仪器、仪器科学与技术专业本科生的教材，也可作为电气工程与自动化、电子信息、检测技术与自动化装置、机械电子工程等专业本科生的教材，同时也是相关专业尤其是国防工业的科研人员、工程技术人员的一本极有价值的参考书。

图书在版编目（CIP）数据

传感器调理电路设计理论及应用/吕俊芳，钱政，袁梅编著．--北京：北京航空航天大学出版社，2010.8
ISBN 978-7-5124-0028-3

Ⅰ.①传… Ⅱ.①吕… ②钱… ③袁… Ⅲ.①传感器—电路设计 Ⅳ.①TP212

中国版本图书馆 CIP 数据核字（2010）第 037420 号

版权所有，侵权必究。

传感器调理电路设计理论及应用

吕俊芳　钱政　袁梅　编著

责任编辑　刘晓明

*

北京航空航天大学出版社出版发行

北京市海淀区学院路 37 号（邮编 100191）　http://www.buaapress.com.cn
发行部电话：(010)82317024　传真：(010)82328026
读者信箱：bhpress@263.net　邮购电话：(010)82316936

涿州市新华印刷有限公司印装　各地书店经销

*

开本：787×960　1/16　印张：33.75　字数：756 千字
2010 年 8 月第 1 版　2010 年 8 月第 1 次印刷　印数：4 000 册
ISBN 978-7-5124-0028-3　定价：59.00 元

前　言

随着信息技术的飞速发展，信息的获取、调理、传输已经成为信息领域的关键技术。作为信息技术的三大支柱之一，传感与检测技术已渗透到人类的科学研究、工程实践和日常生活的各个方面，在促进生产发展和科学技术进步的广阔领域中发挥着重要的作用。在不确定条件下，把各类传感器原始信息转换为检测系统及后续控制系统、分析系统、监视系统的可用信息是传感器调理电路的主要功能。传感器调理电路的精度及稳定性决定了使用该信息的各类系统的精度及稳定性，它在工业、农业、国防、经济、社会服务等众多领域中发挥了不可替代的重要作用。

本书的主要内容就是介绍在不确定条件下，设计具有高精度、高稳定性的传感器调理电路的理论基础，包括常用基本电路原理分析、特性的论述及应用等，该书对传感器调理电路的设计有很大的指导和参考作用。

本书是笔者在 20 多年来从事检测技术与仪器专业教学及科研工作的基础上撰写而成的，将电路设计理论基础与电路实例分析相结合，内容丰富，系统性强，表述深入浅出，理论联系实际。

全书内容大致可分成 3 部分。第 1 部分为第 1～7 章，主要介绍传感器调理电路设计的基础理论：各种不同特性的传感器及其相匹配的放大电路，无失真地接收弱电信号并加以放大，然后将信号进行不同需求处理；同时，也介绍了具有检测仪器电路特色的仪表非线性特性的线性化、检测微弱信号的特性法、调理电路的抗干扰技术。第 2 部分为第 8～9 章，主要介绍传感器调理电路的可靠性设计与仿真，突出航空航天产品高可靠性设计的特色。在进行电路原理设计的同时，必须进行可靠性设计及可靠性预计工作，对所设计的电路必须进行计算机仿真，这会使电路研制的成功率大大提高。第 3 部分为第 10 章，是传感器调理电路的实例分析，同时也突出了航空航天产品及医疗仪器设计的特殊需求。实例均是作者多年科研工作的研究成果，均在第 1 部分理论的基础上设计与研制成功，并已在工程中应用。将理论基础与实际应用相结合，会使读者较容易消化、接受该学科的知识。

本书第 1、2、7、8 章及 10.1、10.3、10.4、10.6、10.9～10.11、10.13～10.17 节,由北京航空航天大学吕俊芳教授编写,第 3、4、6 章及 10.8、10.12、10.22、10.23 节由北京航空航天大学钱政教授编写,第 5、9 章及 10.2、10.5、10.7 节由北京航空航天大学袁梅副教授编写,10.18 节及 10.24 节由北京航空航天大学青年教师董韶鹏编写,10.19 节由北京航空航天大学研究生杜冲编写,10.20 节由屈庆见高级工程师编写,10.21 节由刘立新高级工程师编写。全书由吕俊芳教授主编并统稿,杜冲在文稿录入中做了大量细致的编辑工作。

在本教材编写过程中,参考、引用了许多专家、学者的论著和教材,特别是北京航空航天大学自动化学院黄俊钦、袁海文教授给予了很大的帮助,提出了许多宝贵意见,在这里一并表示诚挚的感谢。本书由北京航空航天大学教材编审委员会委托北京航空航天大学于守谦教授审阅,提出了许多宝贵意见,作者在此表示由衷的感谢。

传感器调理电路设计理论及应用内容广泛且发展迅速,由于编者水平有限,若书中有错误和不妥之处,恳请读者批评指正。

编　者
2010 年 6 月

目　　录

第1章　概　论 ……………………………………………………………………… 1
1.1　检测技术 ……………………………………………………………………… 1
1.1.1　检测技术的定义 …………………………………………………………… 1
1.1.2　检测系统的基本结构 ……………………………………………………… 1
1.2　传感器调理电路 ……………………………………………………………… 2
1.3　传感器调理电路设计的理论基础 …………………………………………… 3
1.3.1　信号放大电路 ……………………………………………………………… 3
1.3.2　信号处理电路 ……………………………………………………………… 3
1.3.3　调制与解调电路 …………………………………………………………… 4
1.3.4　检测仪表非线性特性的线性化 …………………………………………… 4
1.3.5　检测微弱信号的方法 ……………………………………………………… 4
1.3.6　抗干扰技术 ………………………………………………………………… 5
1.3.7　可靠性设计和预计 ………………………………………………………… 5
1.3.8　调理电路仿真 ……………………………………………………………… 5
1.4　检测技术的发展方向 ………………………………………………………… 6
习题与思考题 ………………………………………………………………………… 7

第2章　信号放大电路 …………………………………………………………… 8
2.1　小信号放大器的设计 ………………………………………………………… 8
2.1.1　小信号交流放大器的设计 ………………………………………………… 8
2.1.2　线性集成运算放大器的设计 ……………………………………………… 19
2.1.3　实用参考电路 ……………………………………………………………… 29
2.2　数据放大器的设计 …………………………………………………………… 32
2.2.1　数据放大器的静态特性指标 ……………………………………………… 32
2.2.2　数据放大器的动态特性指标 ……………………………………………… 33
2.2.3　集成运放对称组装式数据放大器 ………………………………………… 35
2.2.4　动态校零数据放大器 ……………………………………………………… 38
2.2.5　实用参考电路 ……………………………………………………………… 40
2.3　低漂移直流放大器的设计 …………………………………………………… 41
2.3.1　单管直流放大器温度漂移的计算 ………………………………………… 41

2.3.2　差动放大器温度漂移的计算……………………………………44
　　　2.3.3　双通道放大器电路………………………………………………49
　　　2.3.4　低漂移直流放大器制作工艺……………………………………51
　　　2.3.5　实用参考电路……………………………………………………52
2.4　高输入阻抗放大器的设计………………………………………………58
　　　2.4.1　自举反馈型高输入阻抗放大器…………………………………58
　　　2.4.2　高输入阻抗放大器的计算………………………………………62
　　　2.4.3　高输入阻抗放大器的信号保护…………………………………65
　　　2.4.4　高输入阻抗放大器的制作装配工艺……………………………66
　　　2.4.5　实用参考电路……………………………………………………66
2.5　电荷放大器的设计………………………………………………………69
　　　2.5.1　电荷放大器原理…………………………………………………69
　　　2.5.2　电荷放大器特性…………………………………………………70
　　　2.5.3　电荷放大器单元电路分析………………………………………74
　　　2.5.4　电荷放大器的设计方法…………………………………………78
2.6　光电转换放大电路………………………………………………………80
　　　2.6.1　真空光电管测量电路……………………………………………81
　　　2.6.2　光电倍增管测量电路……………………………………………81
　　　2.6.3　半导体光电检测器件光电转换放大电路………………………83
2.7　低噪声放大器设计………………………………………………………93
　　　2.7.1　噪声的基本知识…………………………………………………93
　　　2.7.2　噪声电路的计算…………………………………………………95
　　　2.7.3　信噪比与噪声系数………………………………………………96
　　　2.7.4　前置放大器的噪声模型…………………………………………98
　　　2.7.5　一些常用电路的等效输入噪声…………………………………99
　　　2.7.6　低噪声电路设计原则……………………………………………101
习题与思考题……………………………………………………………………105

第3章　信号处理电路…………………………………………………………109

3.1　有源滤波器的设计………………………………………………………109
　　　3.1.1　有源滤波器的分类和基本参数…………………………………109
　　　3.1.2　组成有源滤波器的基本方法……………………………………112
　　　3.1.3　有源滤波器的设计步骤…………………………………………114
　　　3.1.4　集成有源滤波器…………………………………………………120
3.2　常用特征值检测电路……………………………………………………122

目　录

　　3.2.1　绝对值检测电路 ·· 123
　　3.2.2　峰值检测电路 ·· 126
　　3.2.3　真有效值检测电路 ·· 129
3.3　采样/保持电路 ·· 133
　　3.3.1　电路原理 ·· 133
　　3.3.2　模拟开关 ·· 135
　　3.3.3　采样/保持实用电路 ·· 137
3.4　常用的信号转换电路 ·· 139
　　3.4.1　电压比较电路 ·· 139
　　3.4.2　电压/频率转换电路 ·· 143
　　3.4.3　电压/电流转换电路 ·· 147
习题与思考题 ·· 151

第4章　调制与解调电路 ·· 154

4.1　振幅调制与解调电路 ·· 154
　　4.1.1　调幅原理与方法 ·· 154
　　4.1.2　调幅波的解调 ·· 157
4.2　频率调制与解调电路 ·· 162
　　4.2.1　调频原理与方法 ·· 162
　　4.2.2　调频波的解调 ·· 164
4.3　相位调制与解调电路 ·· 167
　　4.3.1　调相原理与方法 ·· 167
　　4.3.2　调相波的解调 ·· 169
4.4　脉冲调制式测量电路 ·· 171
　　4.4.1　脉冲调制原理与方法 ·· 171
　　4.4.2　脉冲调制信号的解调 ·· 173
习题与思考题 ·· 174

第5章　仪表非线性特性的线性化 ·· 176

5.1　仪表组成环节的非线性 ·· 176
　　5.1.1　指数曲线型非线性特性 ·· 176
　　5.1.2　有理代数函数型非线性特性 ···································· 178
5.2　经典非线性特性的补偿方法 ·· 180
　　5.2.1　开环式非线性补偿法 ·· 180
　　5.2.2　闭环式非线性补偿法 ·· 182
　　5.2.3　最佳参数选择法 ·· 185

5.2.4　差动补偿法 ………………………………………………………… 186
　　　5.2.5　数字控制分段校正法 ………………………………………………… 187
　5.3　线性化电路的设计 …………………………………………………………… 190
　5.4　智能传感器中非线性特性的补偿方法 ……………………………………… 193
　　　5.4.1　查表法 ………………………………………………………………… 194
　　　5.4.2　最小二乘曲线拟合法 ………………………………………………… 195
　　　5.4.3　函数链神经网络法 …………………………………………………… 195
　习题与思考题 ………………………………………………………………………… 196

第6章　检测微弱信号的一般方法 …………………………………………………… 198
　6.1　微弱信号检测的基本概念 …………………………………………………… 198
　　　6.1.1　微弱信号检测概述 …………………………………………………… 198
　　　6.1.2　微弱信号检测的基本方法 …………………………………………… 199
　　　6.1.3　微弱信号检测的发展趋势 …………………………………………… 200
　6.2　常用的微弱信号检测方法 …………………………………………………… 200
　　　6.2.1　窄带滤波法 …………………………………………………………… 200
　　　6.2.2　锁定放大法 …………………………………………………………… 201
　　　6.2.3　取样积分法 …………………………………………………………… 202
　　　6.2.4　相关分析法 …………………………………………………………… 207
　6.3　弱离散信号的检测 …………………………………………………………… 209
　　　6.3.1　离散信号检测的特点 ………………………………………………… 209
　　　6.3.2　光子计数器的基本原理 ……………………………………………… 210
　　　6.3.3　光子计数器应用举例 ………………………………………………… 212
　6.4　微弱并行检测技术 …………………………………………………………… 214
　　　6.4.1　微弱并行检测技术概述 ……………………………………………… 214
　　　6.4.2　光学多道分析仪的原理 ……………………………………………… 215
　　　6.4.3　光学多道分析仪应用举例 …………………………………………… 216
　习题与思考题 ………………………………………………………………………… 218

第7章　抗干扰技术 …………………………………………………………………… 219
　7.1　干扰的来源 …………………………………………………………………… 219
　　　7.1.1　外部干扰 ……………………………………………………………… 219
　　　7.1.2　内部干扰 ……………………………………………………………… 220
　7.2　干扰的传输途径 ……………………………………………………………… 220
　　　7.2.1　电场耦合 ……………………………………………………………… 220
　　　7.2.2　磁场耦合(互感性耦合) ……………………………………………… 222

目 录

- 7.2.3 漏电流效应 ……………………………………………………… 223
- 7.2.4 共阻抗耦合 ……………………………………………………… 224
- 7.3 差模干扰与共模干扰 …………………………………………………… 225
  - 7.3.1 概 述 …………………………………………………………… 225
  - 7.3.2 差模干扰 ………………………………………………………… 226
  - 7.3.3 共模干扰 ………………………………………………………… 227
- 7.4 抗干扰技术 ……………………………………………………………… 229
  - 7.4.1 滤波技术 ………………………………………………………… 229
  - 7.4.2 屏蔽技术 ………………………………………………………… 232
  - 7.4.3 隔离技术 ………………………………………………………… 236
  - 7.4.4 去耦电路 ………………………………………………………… 240
  - 7.4.5 接地技术 ………………………………………………………… 243
  - 7.4.6 浮空(浮置、浮接)技术 ………………………………………… 251
  - 7.4.7 静电放电干扰 …………………………………………………… 252
  - 7.4.8 漏电干扰的防止措施 …………………………………………… 253
- 习题与思考题 ………………………………………………………………… 254

第8章 传感器调理电路的可靠性设计 ……………………………………… 255

- 8.1 概 述 …………………………………………………………………… 255
- 8.2 举例电路简介 …………………………………………………………… 255
  - 8.2.1 调理电路的功能 ………………………………………………… 255
  - 8.2.2 电路介绍 ………………………………………………………… 256
  - 8.2.3 电路中的元器件 ………………………………………………… 260
- 8.3 调理电路的可靠性设计 ………………………………………………… 262
  - 8.3.1 原理设计的可靠性措施 ………………………………………… 262
  - 8.3.2 元器件选型及应用的可靠性措施 ……………………………… 265
  - 8.3.3 印刷电路板设计的可靠性措施 ………………………………… 266
- 8.4 调理电路的可靠性预计 ………………………………………………… 267
  - 8.4.1 有关的基本概念 ………………………………………………… 268
  - 8.4.2 可靠性预计方法 ………………………………………………… 268
  - 8.4.3 可靠性的预计 …………………………………………………… 269
  - 8.4.4 可靠性预计的结果 ……………………………………………… 275
  - 8.4.5 可靠性预计的结论 ……………………………………………… 275
  - 8.4.6 可靠性预计的注意事项 ………………………………………… 276
- 习题与思考题 ………………………………………………………………… 276

第9章 传感器调理电路的仿真 · 277

9.1 电路的计算机仿真 · 277
9.1.1 电路仿真的基本概念 · 277
9.1.2 电路仿真软件 OrCAD 介绍 · 278
9.1.3 电路仿真软件 OrCAD/PSpice 的仿真功能 · 278
9.1.4 使用 OrCAD/PSpice 进行电路仿真的步骤 · 280
9.1.5 电路的仿真实例 · 283
9.1.6 电路仿真过程 · 284
9.1.7 仿真结果分析 · 296

9.2 印刷电路板的热分析 · 296
9.2.1 热分析的目的与方法 · 297
9.2.2 BETAsoft-Board 软件的特点 · 297
9.2.3 印刷电路板的热分析方法 · 299

9.3 印刷电路板的热测试 · 303
9.3.1 热测试的目的与方法 · 303
9.3.2 印刷电路板的热测试步骤 · 303
9.3.3 热测试的结果与改进措施 · 304

习题与思考题 · 306

第10章 传感器调理电路实例分析 · 307

10.1 航空发动机磨损在线监测仪电路 · 307
10.1.1 监测的理论基础 · 308
10.1.2 监测系统的组成 · 309
10.1.3 能谱的数据处理 · 311
10.1.4 实验结果 · 314
10.1.5 结论 · 316

10.2 基于磁致伸缩机理的航空燃油液位测量仪电路 · 316
10.2.1 磁致伸缩效应 · 317
10.2.2 磁致伸缩液位传感器测量机理 · 318
10.2.3 磁致伸缩液位测量系统 · 319
10.2.4 液位测量系统实验 · 326
10.2.5 结论 · 328

10.3 高精度航空燃油密度实时测量仪电路 · 329
10.3.1 测量的机理 · 329
10.3.2 测量系统的构成 · 330

  10.3.3 测量系统对飞机燃油密度的测量 …………………………… 333
  10.3.4 提高航空燃油密度测量精度的方法 ………………………… 336
  10.3.5 结　论 …………………………………………………………… 340
 10.4 航空数字人感系统电路 ………………………………………………… 340
  10.4.1 人感系统的组成 ………………………………………………… 340
  10.4.2 人感系统的工作原理 …………………………………………… 341
  10.4.3 人感系统的仿真 ………………………………………………… 342
  10.4.4 传感器调理电路 ………………………………………………… 343
  10.4.5 直流电机驱动电路 ……………………………………………… 346
  10.4.6 保护电路 ………………………………………………………… 347
  10.4.7 人感系统软件 …………………………………………………… 348
  10.4.8 结　论 …………………………………………………………… 349
 10.5 基于压电传感器阵列的结构健康监测仪电路 ………………………… 349
  10.5.1 压电传感器进行结构损伤检测的机理 ……………………… 350
  10.5.2 基于压电传感器阵列的健康监测仪总体方案 ……………… 351
  10.5.3 压电传感器的布局 ……………………………………………… 352
  10.5.4 监测仪调理电路 ………………………………………………… 353
  10.5.5 实验及结果 ……………………………………………………… 356
  10.5.6 结　论 …………………………………………………………… 359
 10.6 航空标定转台的角速度波动检测仪电路 ……………………………… 359
  10.6.1 角速度波动技术研究的内容 ………………………………… 360
  10.6.2 检测仪的组成 …………………………………………………… 360
  10.6.3 系统的软件组成 ………………………………………………… 367
  10.6.4 系统联调 ………………………………………………………… 367
 10.7 转速标准装置电路 ……………………………………………………… 370
  10.7.1 无刷直流电机转速控制原理 ………………………………… 370
  10.7.2 电机锁相控制 …………………………………………………… 371
  10.7.3 转速标准装置的组成及工作原理 …………………………… 372
  10.7.4 频率量测量方法 ………………………………………………… 377
  10.7.5 标定实验及分析 ………………………………………………… 378
  10.7.6 结　论 …………………………………………………………… 380
 10.8 航空电力设备中高精度直流大电流测试仪电路 ……………………… 380
  10.8.1 测试仪的组成 …………………………………………………… 381
  10.8.2 巨磁电阻传感器环节的设计与调试 ………………………… 382

10.8.3 数据采集和数据处理模块的设计与调试 ……………………… 385
10.8.4 测试仪的误差分析与补偿 …………………………………… 386
10.9 VXI 总线仪器自动计量校准方法 …………………………………… 389
    10.9.1 VXI 仪器校准的方法 ………………………………………… 390
    10.9.2 VXI 仪器的校准 ……………………………………………… 391
    10.9.3 E1418A 模块校准举例 ……………………………………… 393
    10.9.4 VXI 仪器校准的发展趋势 …………………………………… 399
10.10 二氧化碳分压传感器调理电路 …………………………………… 400
    10.10.1 测量机理 …………………………………………………… 400
    10.10.2 传感器的组成 ……………………………………………… 401
    10.10.3 关键技术 …………………………………………………… 403
    10.10.4 传感器性能 ………………………………………………… 408
    10.10.5 结　论 ……………………………………………………… 410
10.11 卫星推进系统通道流量测试仪电路 ……………………………… 410
    10.11.1 测试仪的组成 ……………………………………………… 411
    10.11.2 气体流量探头的组成及原理 ……………………………… 411
    10.11.3 气体流量探头数学模型的建立 …………………………… 414
    10.11.4 气体流量探头的试验数据处理 …………………………… 415
    10.11.5 数据采集与处理系统 ……………………………………… 415
10.12 制造火箭推进剂的混合机桨叶安全状况实时测试仪电路 ……… 416
    10.12.1 测试仪的组成 ……………………………………………… 417
    10.12.2 测试系统关键环节的设计与调试 ………………………… 418
    10.12.3 测试仪的标定 ……………………………………………… 421
    10.12.4 测试仪现场实测结果分析 ………………………………… 423
10.13 光纤 pH 值实时监测仪电路 ……………………………………… 424
    10.13.1 单光路的光电转换与放大电路 …………………………… 424
    10.13.2 双光路的光电转换与放大电路 …………………………… 426
    10.13.3 结　论 ……………………………………………………… 429
10.14 高精度光纤静位移传感器调理电路 ……………………………… 429
    10.14.1 高精度光纤位移传感器 …………………………………… 430
    10.14.2 前置放大器的设计与调试 ………………………………… 430
    10.14.3 有源滤波器 ………………………………………………… 434
    10.14.4 A/D 转换器 ………………………………………………… 435
    10.14.5 结　论 ……………………………………………………… 436

10.15 安全火花型集成电路温度变送器电路 ... 436
10.15.1 主要技术指标 ... 436
10.15.2 工作原理 ... 436
10.15.3 系统试验 ... 440
10.15.4 结论 ... 441
10.16 电子式差定温探测器电路 ... 441
10.16.1 探测器的工作原理 ... 442
10.16.2 电桥参数选定 ... 443
10.16.3 具体算例 ... 446
10.17 光电感烟火灾探测器调理电路及信号的远距离传输 ... 449
10.17.1 光电感烟火灾探测器的工作原理 ... 449
10.17.2 光电感烟火灾探测器的调理电路设计 ... 450
10.17.3 火灾自动报警系统中信号的远距离传输 ... 454
10.18 电阻率测井仪电路 ... 459
10.18.1 测井仪测量原理 ... 459
10.18.2 测井仪电路设计 ... 460
10.18.3 结论 ... 462
10.19 光纤布拉格光栅用于太阳能帆板模型的振动监测 ... 462
10.19.1 光纤布拉格光栅的传感原理 ... 463
10.19.2 光纤布拉格光栅传感模型分析 ... 464
10.19.3 太阳能帆板模型振动监测系统的组成 ... 466
10.19.4 光纤光栅解调系统 ... 466
10.19.5 光纤布拉格光栅的标定及温度补偿 ... 469
10.19.6 太阳能帆板振动监测系统实验及结果分析 ... 471
10.20 无创呼吸末二氧化碳监测仪电路 ... 474
10.20.1 无创呼吸末二氧化碳监测仪的组成 ... 475
10.20.2 传感器组件的工作原理 ... 476
10.20.3 调理电路的设计 ... 476
10.20.4 结论 ... 483
10.21 无创血流动力监测仪电路 ... 484
10.21.1 胸腔阻抗法基本原理 ... 484
10.21.2 监测仪的组成 ... 486
10.21.3 阻抗测量电路 ... 487
10.21.4 心电信号放大电路 ... 495

10.21.5　A/D 转换电路 …………………………………………………… 498
10.21.6　单片机控制电路 ………………………………………………… 498
10.21.7　光电隔离通信电路 ……………………………………………… 499
10.21.8　结　论 …………………………………………………………… 500
10.22　人工电子耳蜗系统电路 ……………………………………………………… 500
10.22.1　电子耳蜗系统的组成 …………………………………………… 501
10.22.2　系统关键环节的设计与调试 …………………………………… 502
10.22.3　人工耳蜗系统的联调 …………………………………………… 506
10.22.4　结　论 …………………………………………………………… 507
10.23　用于高压输电线路的组合式电流/电压测试仪电路 ……………………… 508
10.23.1　测试仪电路的组成 ……………………………………………… 508
10.23.2　测试仪电路关键环节的设计与调试 …………………………… 509
10.23.3　测试仪电路的认证 ……………………………………………… 513
10.23.4　结　论 …………………………………………………………… 514
10.24　钻孔倾斜度测量仪电路 ……………………………………………………… 514
10.24.1　测量仪原理 ……………………………………………………… 515
10.24.2　加速度计电路设计 ……………………………………………… 516
10.24.3　磁阻传感器电路设计 …………………………………………… 517
10.24.4　结　论 …………………………………………………………… 520

参考文献 …………………………………………………………………………… 521

第1章 概 论

1.1 检测技术

1.1.1 检测技术的定义

检测(detection)是利用各种物理、化学效应,选择合适的方法与装置,将生产、科研、生活等各方面的有关信息通过检查与测量方式赋予定性或定量结果的过程。能够自动地完成整个检测处理过程的技术称为自动检测与转换技术。因此,检测技术是自动化学科的重要组成部分之一。

在信息社会的一切活动领域中,从日常生活、生产活动到科学实验,随时随地都离不开检测。现代化的检测手段在很大程度上决定了生产、科学技术的发展水平,而科学技术的发展又为检测技术提供了新的理论基础和制造工艺,同时也对检测技术提出了更高的要求。

1.1.2 检测系统的基本结构

检测系统规模的大小及其复杂程度与被测量的多少、被测量的性质以及被测对象的特性有非常密切的关系。图1.1.1为涵盖各种功能模块的检测系统的结构框图,由传感器、模拟信号调理电路、显示和数字信号分析与处理,以及将处理信号传送给控制器、其他检测系统或上位机系统的通信接口等组成。

(1) 传感器

传感器是检测系统的第一个环节,它是能感受(或响应)规定的被测量并按照一定规律转换成可用输出信号的器件或装置。因此,传感器总是处于检测系统的最前端,用来获取检测信息,其性能将直接影响整个检测系统,对测量精确度起着决定性作用。

(2) 信号调理电路

信号调理电路是对传感器的输出电信号作进一步的加工和处理的电路。传感器的输出信号必须经过适当的调理,使之与后续测试环节相适应,因为大多数传感器输出的电信号很微弱,需要进一步放大,有的还要进行阻抗变换;有些传感器输出的是非电量参量,需要转换为电量。传感器输出信号中混杂有干扰噪声,需要去掉;如果检测仅对部分频段的信号感兴趣,则必须从输出信号中分离出所需要的频率成分;当采用数字式仪器、仪表和计算机时,模拟输出信号还要转换为数字信号等。

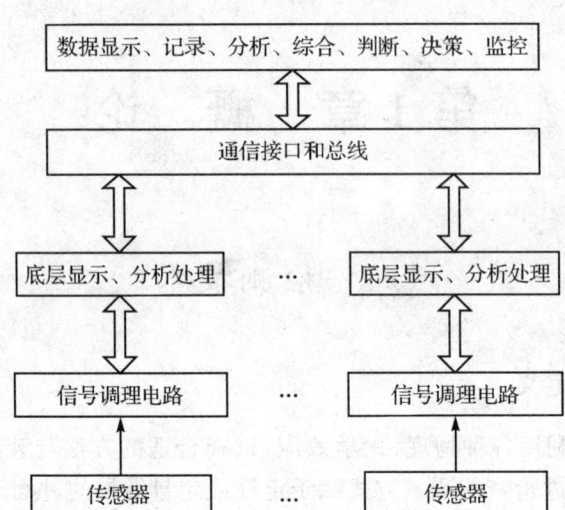

图 1.1.1　检测系统的一般构成框图

（3）信号分析处理

信号分析处理是现代检测系统中不断被注入新内容的一部分,逐渐成为检测系统的研究重点。它用来对测试所得的实验数据进行处理、运算、逻辑判断、线性变换,对动态测试结果作频谱分析、相关分析等,这些都由计算机技术完成。以计算机为基础的信息处理技术,使得复杂系统得以实现实时控制,真正实现检测技术的自动化和智能化。

（4）通信接口和总线

通信接口和总线用来实现由许多测量子系统或测量节点组成的大型检测系统中子系统与上位机之间以及子系统之间的信息交换。通信接口多指完成通信的硬件系统;总线更多的是指一种规范、一种结构形式。

（5）记录、显示仪器

记录、显示仪器是将所测得的信号变为一种能为人们所理解的形式,以供人们观察和分析。

1.2　传感器调理电路

随着科学技术的飞速发展和工程技术需求的日益增长,检测技术已越来越广泛地应用于工业、农业、国防、航空航天、医疗卫生和生物工程等领域,它在国民经济中起着极其重要的作用。而作为能代替或补充人体五官功能的传感器输出的信号往往是比较弱的,并常伴有噪声或突发性干扰脉冲,有时还有零漂现象,或者与被测量不呈线性关系,这些信号不可能被计算机所接收。同时,有些工业生产现场的环境非常恶劣,各种传感器的特性又可能各不相同,因此，要求与其相配合的电子电路必须满足相应传感器的特性要求，并能在恶劣的环境下进行高精度的测量。

所以，传感器输出电信号在用做显示和控制信号以前，必须作必要的处理，这些处理可以概括为信号调理或称为传感器调理电路。因此，传感器调理电路是连接传感器及计算机之间的桥梁，是构成一个完整的自动检测系统中必不可少的重要环节。

1.3 传感器调理电路设计的理论基础

1.3.1 信号放大电路

首先，传感器调理电路必须无失真地将传感器输出的信号接收下来，然后进行放大、处理和非线性特性线性化等调理工作，并由 A/D 转换变成数字信号，再经过数字接口输入计算机。

由于检测现场环境用的各种传感器的特性各不相同，因此，要求与其相配合的电子电路必须满足相应传感器的特性要求，并能在各个不同环境下甚至于恶劣环境下进行高精度的测量，也就是说必须无失真地将传感器输出信号接收下来进行放大。对于传感器输出的微弱信号，常用的有小信号交流放大器及数据放大器等。当此微弱信号常常伴有噪声或突发性干扰脉冲、信号中有严重的零漂及温漂现象、信号输出阻抗极高、输出为电荷或弱光电流信号等时，可以用特殊的信号放大电路，如低漂移、高输入阻抗、电荷放大、低噪声、光电转换放大电路等。

对于上述放大电路的设计，一般是先根据传感器的类型来确定相应的放大级电路方案，根据放大级提出的技术要求，大致确定放大电路的级数、各单元电路的形式、耦合方式和反馈电路的形式等，绘出初步原理电路图，然后进行计算，以确定电路工作状态、各元器件参数等。将电路原理图在计算机上进行仿真，最后进行实验调试，修改数据后再调试，经多次反复才能完成。

在第 2 章中详细叙述了小信号放大器、数据放大器、低漂移直流放大器、高输入阻抗放大器、电荷放大器、低噪声放大器及光电转换放大电路等的各自特色及不同的设计原则、方法步骤、举例分析。

1.3.2 信号处理电路

非电量参数经传感器转换成电量并进行放大后，为了对其特性作进一步分析研究，必须对放大后的信号进行处理，然后才能送入微处理器、记录仪或显示装置等后续测量单元。信号处理电路的设计也是传感器调理电路的重要内容之一。

信号处理的内容主要是根据被测信号的特性和对被测信号分析、研究、应用的具体要求而定。在检测系统中通常要对信号进行滤波，滤去不必要的高频或低频信号，或是要取得某特定频段的信号；有时要把双极性的信号变换成单极性的信号，即对信号取其绝对值。在振动测量中,往往感兴趣的是被测信号的峰值,并希望能把瞬时的峰值保持下来,因此必须设法把被测信号的峰值检测出来,并保持下来。在检测非正弦或随机信号时,需要取得被测信号的真有效值,来分析功率谱密度及频谱特性。在快速数据采集系统以及一切需要对输入信号瞬时采样和存储的场合,都需要具有采集某一瞬间的模拟输入信号,根据需要保持并输出采集电压的采样/保持电路。

在第 3 章中详述了这些电路的原理、计算及设计方法等方面的问题,侧重于分析设计电路过程中、实际应用过程中经常遇到的问题和相应的解决方法。

1.3.3 调制与解调电路

在检测中测量的非电量信号都具有较低的频谱分量,一般在零频(直流)到几十 kHz 的范围内变化。当被测信号比较弱时,由于在信号传送过程中易受同频率干扰信号的干扰,一般不宜采用直接放大的形式对信号进行传送,而是经常采用调制-解调的处理方法,提高电路的抗干扰能力,提高信噪比。

调制-解调的作用在于通过某种调制方法,将原始的低频信号的频谱,调制到另一个具有高频的频谱上,经调制后高频调制波载有原始输入信号的全部信息。经过有效的放大后,使调制波信号增强,然后采用解调技术,从调制波中解调出原始的输入信号,这时的信号已经是放大了的输入信号。由于调制-解调方法是将低频信号的传送变为高频信号的放大及远距离传送,故可有效地抑制低频干扰和直流漂移。

在第 4 章中叙述了不同类型的调制及与其对应的解调方法的基本原理、典型电路的工作原理。

1.3.4 检测仪表非线性特性的线性化

在使用检测仪表时,总希望仪表的输出量与被测输入量是线性关系,便于读数,也便于处理测量结果。实际上在整个仪表的组成环节中,存在着非线性特性环节,尤其是传感器,其变换特性绝大多数都是非线性的。

在第 5 章中描述了在仪表组成环节中,采用不同补偿原理,设计出不同的非线性补偿环节,达到输出与被测输入量之间呈线性关系;同时,也介绍了在智能传感器中用软件编程手段将数据进行线性化处理的方法。

1.3.5 检测微弱信号的方法

信号与噪声有着本质的不同,例如周期性信号具有重复性,也就是说后续信号与早先信号是有关联的;而噪声是随机出现的,没有重复性,不同时刻的噪声之间是不相关的。根据信号与噪声的这些不同特点,采用许多方法来检测湮没在噪声中的微弱信号,这些方法统称为"特性法"。用特性法应该可以检测出湮没在噪声中的传感器所输出的微弱信号。

在第 6 章中对几种有实用意义的特性法进行了理论分析,并介绍了其典型电路的工作原理;对弱离散信号的检测方法、微弱信号的并行检测方法也进行了理论基础的分析。

1.3.6 抗干扰技术

检测仪表大部分都是安装在测试现场,而测试现场的环境有时是非常恶劣的,声、光、电、磁、振动,以及化学腐蚀、高温、高压等干扰均有可能存在。这不仅会影响测控系统的测量精度,甚至还会使系统无法正常工作、控制失灵而损坏生产设备。因此一台高精度、高稳定性的检测仪器,必须根据仪器使用时的环境,采用有效的抗干扰措施,才能保证仪器在恶劣环境中对干扰有较强的抑制能力,保证系统的正常工作。

为了更好地采取有针对性的抗干扰措施,在第 7 章中首先分析了干扰的来源及干扰传播途径,介绍了多种抗干扰技术的理论基础与技术方法。

1.3.7 可靠性设计和预计

对于调理电路,可靠性设计和预计是至关重要的,它直接决定着调理电路甚至整个系统的安全性和有效使用寿命。第 8 章中以飞行器中的实例,对该调理电路进行可靠性分析和预计,系统研究的结果对提高电路工作的稳定性和可靠性,以及对弱信号的保护都有极大的收效。

由于输入给调理电路的信号很微弱,因此在调理电路的设计中必须充分考虑到弱信号的保护、地线连接、噪声屏蔽等问题,以保证弱信号能够无失真地放大,以提高调理电路工作的可靠性,从而保证整个系统的可靠性设计指标。根据这个原则,在调理电路原理设计、元器件的选型和印刷电路板设计等方面均应采用一系列可靠性措施。

可靠性预计是在设计阶段对电路可靠性进行定量的估计,用来评价电路是否能够达到可靠性指标。第 8 章选用了应力分析法对实例电路进行了详细的可靠性预计,得到了可靠度函数。因此,可靠性预计作为设计手段,可以为设计决策提供有用的依据。

1.3.8 调理电路仿真

调理电路的仿真就是使用相关的软件工具,在所设计的电路硬件实现之前,先对电路功能进行模拟,对有关信息进行分析和优化,以保证实现电路的指标最优。电路的仿真为设计者提供了极大的方便,避免了浪费和重复性工作,可以节约开发时间,缩短研制周期,节省大量研制经费,尤其是对于研制成本比较高的航空航天产品,具有极强的实用价值。

第 9 章采用了 orCAD/Pspice 软件详述了电路仿真的方法,它能够验证电路设计正确与否,了解电路在环境温度、环境噪声影响下的工作状况,验证电路最终能达到的技术指标和精度指标;同时采用了 BETAsoft 软件对印刷电路板进行了热分析,了解印刷电路板的发热情况,衡量电路板上元器件的布局是否合理,以达到最佳的热性能。最后介绍了印刷电路板在实验室模拟工作条件下,进行电路热测试的方法,进一步评价电路板热设计正确性,提出改进措施,达到最佳的热性能。

上述几个方面的基础理论,论述了如何实现对不同特性传感器的输出信号进行与其相匹配的调理电路设计,以达到对传感器输出的微弱信号的无失真放大与处理的目的。

1.4 检测技术的发展方向

科学技术的快速发展为检测技术创造了非常好的条件,同时也向检测技术提出了更高、更新的要求,尤其是计算机技术、微电子技术和信息技术的巨大进步,使检测技术得到了空前的发展。检测技术发展方向大致有以下几个方面。

(1) 测试精度更高、功能更强

精度是检测技术的永恒主题。随着科学技术的发展,各个领域对测试的精度要求越来越高。例如,在尺寸测量范畴内,从绝对量来讲已提出了纳米与亚纳米的要求。纳米测量已经不仅是单一方向的测量,而且还要求实现空间坐标测量。在时间测量上,相对精度为 10^{-14};国际上现在又开始了建立光钟时间基准的研究,相对精度为 10^{-19},即 3 000 亿年不差 1 s。

在科学技术的进步与社会发展过程中,会不断出现新领域、新事物,需要人们去认识、探索和开拓,例如开拓外层空间,探索微观世界,了解人类自身的奥秘等。为此,需要测试的领域越来越多,环境越来越复杂,所有这一切都要求检测具有更强的功能。

(2) 检测方法的推进

随着检测技术的发展,对检测系统的要求不再满足于单一参数的测量,而是希望对系统中的多个参数进行融合测量,即采用多传感器融合技术,对系统中的多个参数进行单次测量,然后通过一定算法对数据进行处理,分别得到各个参数。多传感器信息融合技术因其立体化的多参数测量性能而广泛应用在军事、地质科学、机器人、智能交通、医学等领域。

(3) 检测仪器与计算机技术集成

计算机技术和人工智能技术的发展,以及与检测技术深层次的结合,导致了新一代仪器仪表和检测系统,即虚拟仪器、现场总线仪表和智能检测系统的出现。现代检测系统是以计算机为信息处理核心,加上各种检测装置和辅助应用设备、并/串通信接口以及相应的智能化软件,组成用于检测、计量、探测和用于闭环控制的检测环节等的专门设备。其主要体现在以下几个方面。

① 硬件功能软件化。微电子技术的发展促进了微处理器的运行速度越来越快,价格也越来越低。基于微处理器的仪器仪表的应用也越来越广泛,使得一些实时性要求高,原本由硬件完成的功能,甚至于硬件无法实现的功能,可用软件来实现。数字信号处理技术的发展和高速数字信号处理器的广泛采用,极大地增强了仪器的信号处理能力。数字滤波、FFT、相关计数等数字处理方法,可以通过数字信号处理器用软件来完成,大大地提高了仪器的性能,从而推动了数字信号处理技术在仪器仪表领域中的广泛应用。

② 仪器仪表集成化和模拟化。大规模集成电路的发展使集成电路的密度越来越高,体积越来越小,功能也越来越强,从而提高了每个模块乃至整个检测系统的集成度。硬件电路的模块化设计使仪表的组成更加简洁,功能更加多样。在需要增加某些检测功能时,只需增加少量硬件模块,再调用相应的软件来驱动硬件即可。

③ 参数整定和修改实时化。随着各种现场可编程器件和在线编程技术的发展,仪器仪表的参数甚至结构,在设计时不必确定,可以在使用现场实时量入和动态修改。

④ 硬件平台通用化。一台仪器大致可分为数据采集、数据分析和处理,以及数据存储显示或输出三部分。传统的仪器一般是上述三种功能部件根据仪器功能按照固定的方式组建的。而现代仪器仪表强调的是软件的作用,选配一个或几个带共性的基本仪器硬件来组成一个通用硬件平台,通过调用不同的软件来扩展或组成各种功能的仪器或系统。

习题与思考题

1.1　检测技术的定义是什么?
1.2　检测系统的基本结构包括哪些方面?举你熟悉的2个例子概要说明一下。
1.3　传感器调理电路在自动检测系统中起到什么作用?
1.4　传感器调理电路设计的理论基础包括哪些方面?
1.5　检测技术的发展方向是什么?你有什么体会及不同的认知?

第2章 信号放大电路

在检测仪器的测量电路中通常都有信号放大级,它把传感器输出的微弱信号进行无失真的放大,以便进行控制与显示。信号放大电路的结构形式视传感器类型而定。本章论述了常用的小信号交流放大器及数据放大器的设计,并介绍了在各种不同环境甚至于在恶劣环境下进行高精度测量所需的特殊信号放大级(如低漂移、高阻抗、电荷放大、光电转换、低噪声)的设计。信号放大是构成检测系统的第一步,也是关键的一步,必须做到无失真地接收及放大传感器的输出信号。

信号放大电路的设计方法是,首先要根据传感器的类型来确定相应的放大级电路方案,并根据对放大级提出的技术要求,大致确定放大电路的级数、各单元电路的形式、耦合方式和反馈电路的形式等,绘出初步原理电路图,这就是设计的第一步骤——定性分析。然后作初步计算,以确定电路工作状态、元器件参数等,这就是设计的第二步骤——定量计算。将所设计的电路在计算机上进行仿真,对其设计原理、特性进行仿真,然后修改电路的参数,达到理想的仿真结果,这就是设计的第三步骤——计算机仿真。最后进行实验调试的过程,这就是设计的第四步骤——实验调试。实践证明,一个符合实际要求的设计和计算机仿真,往往都要经过实践、认识、再实践,几次反复才能完成。

定性分析、定量计算、计算机仿真和实验调试这种四结合的设计方法,不仅是放大电路常用的设计方法,也是解决电子电路设计的一般方法。实践证明,这是一种行之有效的方法。

2.1 小信号放大器的设计

2.1.1 小信号交流放大器的设计

放大器的设计是一个综合性问题。设计一个达到给定指标的放大器,实现方案可以是多种多样的,设计的具体步骤也可以是各不相同的。但是设计的指导思想应该是一致的,那就是在保证技术指标的条件下,力求降低成本,从实际出发,既要使设计符合要求,也要力求体积小、质量轻、稳定可靠、维修方便,而且设计中必须始终贯彻理论联系实际,把定性分析、定量计算和实验调试三者有机结合起来。

设计一个放大器通常要给定以下条件:① 输入信号 U_i(有时还给定信号源电阻 R_i);② 输出信号幅值 U_o;③ 总的增益;④ 工作频带(下限 f_L、上限 f_h);⑤ 非线性失真;⑥ 环境温度;⑦ 输入阻抗;⑧ 输入噪声;⑨ 电源电压等。在某一具体环节设计中,可能只给定其中的几个条件。

设计的主要任务是：① 确定采用电路的形式；② 确定放大器的级数；③ 选择管子型号；④ 确定直流静态工作点；⑤ 确定耦合方式；⑥ 确定采用什么类型的反馈；⑦ 计算电路元件的所有参数值。

1. 输入级的选择

输入级采用什么电路，主要取决于信号源的特点。如信号不允许取较大的电流，那么就要求输入级有较高的输入阻抗，这时采用射极输出器较为理想。如要求更高的输入阻抗，那么可采用复合管组成的射极输出器，或采用自举电路，必要时可用场效应管做输入级。如信号源要求放大器具有低的输入阻抗，而且要求匹配，则必须使输入阻抗在工作频率范围内保持规定数值(如 $R_i = 75\ \Omega$ 等)，这时采用电压并联负反馈做低输入阻抗级较为方便。如果信号源的输出信号很微弱，则要求输入级的输入阻抗与信号源内阻相匹配，以获得最佳信噪比。

2. 中间级的选择

中间级主要取决于放大器的总增益。因此，中间级必须能获得尽可能高的电压增益，所以采用共射极电路最为合适。

3. 输出级的选择

输出级电路的确定主要取决于负载的要求。如果负载电阻较大(几 kΩ 以上)，而且主要是输出电压，则可用共射极做输出级；反之，若负载阻抗很低，则可用射极输出器做输出级；如负载要求匹配，而且对地要平衡，则可用变压器输出；如果负载要求没有直流电流通过，而且是对地输出，则可用单端推挽互补输出级。

4. 耦合方式的选择

放大器各级之间的耦合方式有三种，即变压器耦合、阻容耦合和直接耦合。

变压器耦合的主要优点是可以实现级间匹配，从而获得最大功率增益；其缺点是频带窄，非线性失真大，体积大，笨重。它在小信号放大器中一般不采用，只是在低频功放级中才采用。阻容耦合的优点是体积小，频带较宽，各级之间直流工作状态互不影响。直接耦合的优点是可以省去偏置电阻，可以提高电流增益和功率增益，频带可以从直流开始等。

5. 晶体管的选择

晶体管是放大器的核心元件，它的选择原则是：① 要满足频率上限 f_h 的要求，应选 f_β 比 f_h 大的管子；② 要满足增益的要求，应选较高 β 的管子，通常 $\beta = 60 \sim 100$ 最为合适，β 太高会使温度稳定性变差；③ 如果是放大微弱信号，则必须选择噪声系数 N_F 低的管子；④ 根据电路的 E_C、I_{OM} 及功耗 P_{CQ}，选择 $BU_{CeR} > E$，集电极 $I_{CM} > I_{OM}$，集电极 $P_{CM} > P_{CQ}$ 的管子。

6. 静态工作点的选择

由于静态工作点与放大器性能关系密切，静态工作点(I_{CQ}、U_{CeQ})的变动将会引起放大器性能指标的变化，如① 管子的参数 β、h_{ie}、N_F、f_β；② 增益 A_v；③ 偏置电路的稳定性；④ 放大器输出的动态范围及非线性失真等。

在选择工作点时,要根据放大器的主要性能指标来考虑,不可能都照顾到。

(1) 输入级工作点的选择

通常输入级工作点的选择主要是考虑低噪声系数 N_F。因 N_F 与静态工作点的集电极电流 I_{CQ} 有关,对锗管,I_{CQ} 选 0.5~1 mA 为宜;对硅管,I_{CQ} 选 1~3 mA 为宜。U_{CeQ} 的大小对 N_F 影响不大,通常 U_{CeQ} 小,N_F 也稍微减小,故取 $U_{CeQ}=1$~3 V。

(2) 中间级工作点的选择

中间级工作点的选择原则是保证每级均能获得较高的增益,同时要保证有良好的温度稳定性。通常取中间各级的 $I_{CQ}=1$~3 mA,而中间级的最后一级的 I_{CQ} 应适当比前级大些。

由于中间级的电压动态范围不大,一般均不超过 1 V,如考虑到晶体管的饱和压降 $U_{ces}=0.3$~1 V,为避免温度变化时工作点变动会产生失真,则通常取 $U_{CeQ}=2$~3 V。

(3) 输出级工作点的选择

一个多级放大器除了要求有必要的电压增益之外,还要求输出级能输出足够的不失真电压幅度。所谓不失真就是输出信号在其正、负半周内不会进入输出特性的饱和区和截止区;输出电压不失真的最大振幅范围称为输出电压的动态范围,通常简称为动态范围。输出级静态工作点设计的原则就是保证输出级具有必需的动态范围。

从输出特性分析可知,动态范围的大小不仅和等效负载阻抗有关,而且和静态工作点的位置及电源电压的大小有关。为了获得最大动态范围,应该如何设计输出级的静态工作点及有关元件参数值,是需要认真研究的。

图 2.1.1(a) 是输出级的等效电路,在直流状态下,由于直流电流不能通过电容 C,因此负载电阻 R_L 中没有直流通过,即 R_L 上直流压降为零,亦即电容器 C 两端的电压降为 $U_C = U_{CeQ} - U_{R_L} = U_{CeQ}$,极性如图 2.1.1(a) 所示。因此,可以把图 2.1.1(a) 变成如图 2.1.1(b) 所示那样;从 aa' 两端向右看,这是 E_C 与 R_C 和 U_{CeQ} 与 R_L 分别串联,然后再并联的一个等效电路。根据等效电源定理,可以将这两个并联电路用一等效电源 E'_C 和一等效电阻 R'_C 来表示,即如图 2.1.1(c) 所示。由图 2.1.1(b) 和图 2.1.1(c) 可得

$$\frac{E'_C - U_{Ce}}{R'_C} = \frac{E_C - U_{Ce}}{R_C} - \frac{U_{CeQ} - U_{Ce}}{R_L}$$

式中,$R'_C = R_C // R_L$。

整理上式可得

$$\frac{E'_C}{R'_C} = \frac{E_C}{R_C} - \frac{U_{CeQ}}{R_L} - U_{Ce}\left(\frac{1}{R_C} - \frac{1}{R_L}\right) + \frac{U_{Ce}}{R'_C}$$

$$\frac{R_L + R_C}{R_L R_C} E'_C = \frac{E_C R_L - U_{CeQ} R_C}{R_L R_C}$$

得等效电源为

$$E'_C = \frac{E_C R_L - U_{CeQ} R_C}{R_L + R_C} \tag{2.1.1}$$

第 2 章 信号放大电路

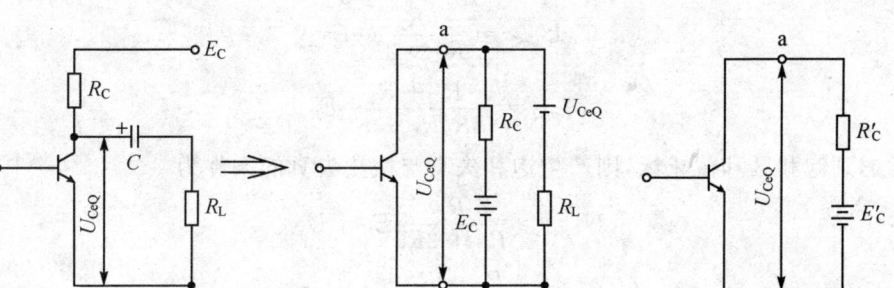

(a) 输出级等效电路　　(b) 简化等效电路1　　(c) 简化等效电路2

图 2.1.1　简化输出级等效电路

由电路图 2.1.1(c) 及计算得等效电源 E'_C，可作出一新的交流负载线，如图 2.1.2 所示。为了便于比较，图中也作出了直流负载线，其交、直流负载线的交点 Q 即是静态工作点。下面就根据交流负载线来设计输出级的动态范围。由图 2.1.2 可知，为了获得最大动态范围，静态工作点不能选在直流负载线中点，而应选在交流负载线中点，因为输出交流电压是以 Q 点为中心，沿交流负载线移动的。

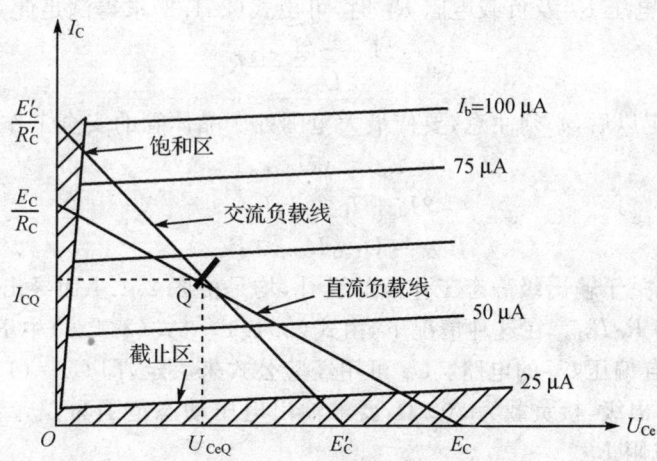

图 2.1.2　确定最大动态范围

当 Q 在交流负载线中间时，对应静态电流 I_{CQ} 及电压 U_{CeQ} 为

$$U_{CeQ} \approx \frac{1}{2}E'_C = \frac{1}{2}\frac{E_C R_L + U_{CeQ} R_C}{R_L + R_C}$$

$$I_{CQ} \approx \frac{1}{2}\frac{E'_C}{R'_C} = \frac{1}{2}\frac{E_C R_L + U_{CeQ} R_C}{R_L + R_C} / R_L // R_C$$

由以上两式可求得静态工作点的电压和电流：

$$U_{CeQ} = \frac{R_L}{R_C + 2R_L}E_C \tag{2.1.2}$$

$$I_{CQ} = \frac{R_C + R_L}{2R_C R_L + R_C^2}E_C \tag{2.1.3}$$

若考虑到饱和区和截止区,则产生饱和失真与截止失真的条件为

$$U_{CeQ} \geqslant \frac{R_C}{R_C + 2R_L}E_C + U_{CeS} \tag{2.1.4}$$

$$I_{CQ} \geqslant \frac{R_C + R_L}{2R_C R_L + R_C^2}E_C + I_{CeO} \tag{2.1.5}$$

① 当已知输出电压 U_o 及负载电阻 R_L 时,可估算出工作点所要求的电压及电流:

$$U_{CeQ} \geqslant \frac{1}{2}U_{o(p-p)} + U_{CeS}$$

$$I_{CQ} \geqslant \frac{1}{2}I_{o(p-p)} + I_{CeO}$$

式中,$U_{o(p-p)}$、$I_{o(p-p)}$ 分别为输出电压及电流的峰-峰值,U_{CeS} 为集电极-发射极饱和压降,I_{CeO} 为集电极-发射极的穿透电流。

将上式代入式(2.1.2)和式(2.1.3),即可求出电源电压 E_C 及直流负载电阻 R_C。

② 当已知电源电压 E_C 及负载电阻 R_L 时,可由式(2.1.2)求得满足此关系式的 R_C 值。

$$R_C = \frac{E_C - 2U_{CeQ}}{U_{CeQ}}R_L \tag{2.1.6}$$

在动态范围确定以后,必须注意,要使最大范围处于晶体管的安全工作区以内,即

$$E_C < \beta U_{CeO}$$

$$2I_o + I_{CeO} < I_{CM}$$

$$P_{CQ} = U_{CeQ}I_{CQ} < P_{CM}$$

必须指出,以上关于输出级静态工作点的设计,均是由图 2.1.1 而导出的。由图 2.1.1 可见,发射极电位 $U_e = R_C I_{CQ}$。在这种情况下,由式(2.1.1)~式(2.1.5)中 E_C 必须减去 U_e,这样就可适用于具有自偏压 U_e 的电路。U_e 可用经验公式来决定,即 $U_e = (1/3 \sim 1/5)E_C$。

例:某放大器输出级,接负载为 500 Ω,要求输出电压动态范围为 $U_{o(p-p)} = 6$ V,试计算电源电压 E_C 及负载电阻 R_C。

解:$U_{CeQ} \geqslant \frac{1}{2}U_{o(p-p)} + U_{CeS}$,取 $U_{CeS} = 1$ V,则

$$U_{CeQ} = \left(\frac{6}{2} + 1\right) \text{V} = 4 \text{ V}$$

故取电源电压 $E_C \geqslant 2U_{CeQ}(1.1 \sim 1.5) = 8 \times (1.1 \sim 1.5)$ V。

若取 $E_C = 9$ V,可得直流负载电阻:

$$R_C \geqslant \frac{E_C - 2U_{CeQ}}{U_{CeQ}}R_L = \frac{9 - 2 \times 4}{4} \times 500 \text{ Ω} = 125 \text{ Ω}$$

第 2 章 信号放大电路

$$I_{CQ} = \frac{R_C + R_L}{2R_C R_L + R_C^2} E_C = \left(\frac{0.125 + 0.5}{2 \times 0.125 \times 0.5 + 0.125^2} \times 9\right) \text{mA} = 40 \text{ mA}$$

若取 $E_C = 12$ V,则同样可得

$$R_C = 500 \ \Omega, \qquad I_{CQ} = 16 \text{ mA}$$

7. 反馈电路的选择

由反馈放大器的特性可知,负反馈能改善放大器的性能,如减小失真,增宽频带,减小噪声,提高输入阻抗,降低输出阻抗等。如果要求减小非线性失真及得到一定的电压增益,则主要是设计恰当的反馈深度。在非线性失真要求较高或电压增益非常稳定的情况下,必须采用深度负反馈,通常是采用多级负反馈。如果要求输出电压稳定,则必须采用电压负反馈。如果要求提高输入阻抗,则可以采用输入串联负反馈。

8. 元件的选择

通常的 RC 耦合放大器都是由有源元件晶体管及无源元件电阻、电容组成的。这里主要是讨论集电极电阻、耦合电容与射极旁路电容的选择问题。

(1) 集电极电阻 R_C 的选择

选择 R_C 的依据主要是保证获得足够的电压增益。

电压增益为 $A = \beta \dfrac{R_L'}{h_{ie}}$,可得

$$R_L' = \frac{A h_{ie}}{\beta}$$

式中,$R_L' = R_L // R_C$,R_L 为输出负载电阻,$R_C = \dfrac{h_{ie} R_L'}{h_{ie} - R_L'}$。

通常加大 R_C 可以提高电压增益,但在 R_C 已远大于下一级 h_{ie} 的情况下,再继续加大 R_C,不但不能提高电压增益,反而会因 I_{CQ} 减小,使 β 也减小,致使电压增益不能提高,这是因为工作点偏低,反而使放大器的输出电压动态范围减小。

(2) 耦合电容 C_b 及发射极旁路电容 C_e 的选择

放大器级间耦合电容 C_{b1}、C_{b2} 及发射极旁路电容 C_e,主要根据低频特性来选择。

下面以图 2.1.3 中的 C_{b2} 为例来说明如何根据低频特性来选择耦合电容。为分析方便,先忽略 C_{b1} 及 C_e,这是由于 C_{b1} 及 C_e 足够大时,在低频区相当于短路,就可画出图 2.1.3 的等效电路图,如图 2.1.4 所示。

由图 2.1.4 可得

$$U_o = -\beta I_b R_L' \frac{1}{1 + 1/j\omega C_{b2}(R_C + R_L)}$$

电压增益为

$$A = \frac{U_o}{U_s} = -\frac{\beta R_L'}{R_s + h_{ie}} \cdot \frac{1}{1 + 1/j\omega C_{b2}(R_C + R_L)} = \frac{A_o}{1 - j\dfrac{f_L}{f}} \tag{2.1.7}$$

式中，$A_o = \dfrac{\beta R'_L}{R_s + h_{ie}}$ 为中频区电压增益，$f_L = \dfrac{1}{2\pi C_{b2}(R_C + R_L)}$ 为下限频率，则

$$C_{b2} \geq \dfrac{1}{2\pi f_L (R_C + R_L)} \tag{2.1.8}$$

同样考虑输入回路，可得

$$C_{b1} \geq \dfrac{1}{2\pi f_L (R_s + h_{ie})} \tag{2.1.9}$$

由此计算的结果，再考虑 3～10 倍的裕量，即可选 C_{b1}、C_{b2} 的值。

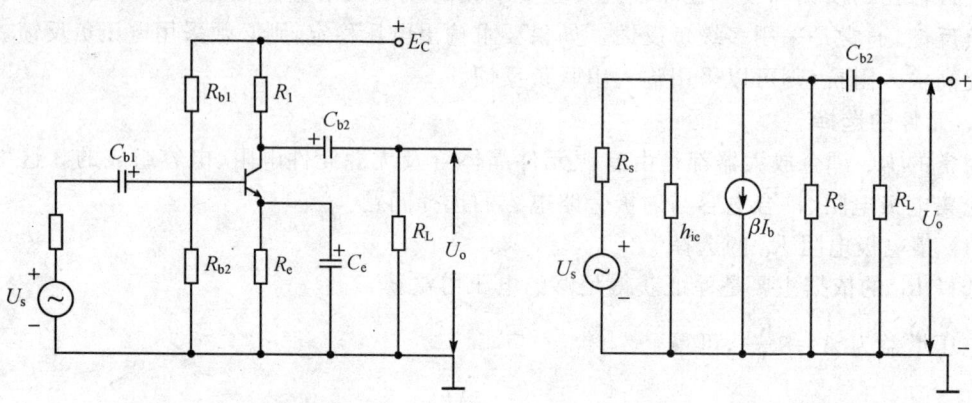

图 2.1.3 单级放大器　　　　图 2.1.4 低频等效电路

由图 2.1.5 所示发射极等效电路，可求得发射极旁路电容 C_e 与低频特性下限频率 f_L 的关系，即

$$f_L \approx \dfrac{R_s + h_{ie} + (1 + h_{fe})R_e}{2\pi (R_s + h_{ie})R_e C_e}$$

可得

$$C_e \geq \dfrac{R_s + h_{ie} + (1 + h_{fe})R_e}{2\pi f_L (R_s + h_{ie})R_e} \tag{2.1.10}$$

再取 1～3 倍的裕量，即可选 C_e 值。

以上讨论的放大器电路及元件的选择原则仅考虑在低频段，关于工作频率在高频段时放大器电路及元件的选择，可参阅有关书籍。

9. 设计举例

例：试设计一交流放大器，主要技术指标是，输入信号源电压 $U_s = 5\ \text{mV}$，信号源内阻 $R_s = 600\ \Omega$，输出电压 $U_{o(p-p)} = 5\ \text{V}$，外接负载 $R_L = 2\ \text{k}\Omega$，频率响应 100 Hz～10 kHz。

解：首先根据主要技术指标来确定电路的总体方案，即需要几级，是否采用反馈，输入、输出级的电路形式等；然后再画出初步电路的原理图；最后根据技术指标，从最后一级开始计算出电路的元件数值。

第 2 章 信号放大电路

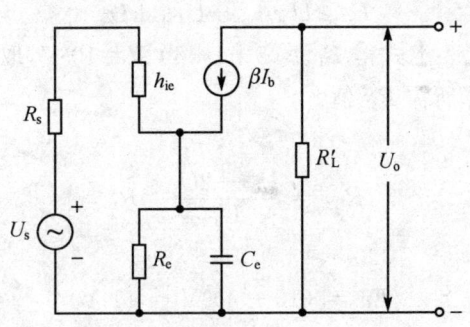

图 2.1.5 发射极等效电路

首先根据 $\dot{U}_o$、$\dot{U}_s$ 计算电路的总电压增益,然后确定采用几级。

$$\dot{K}_V = \frac{\dot{U}_o}{\dot{U}_s} = \frac{2.5/\sqrt{2}}{0.005} = 357$$

通常还要留有裕量,所以要求总电压增益

$$K_V > 400$$

由于一级放大器只能达到几十倍,两级可达到几百倍,因此可以确定两级放大电路。在技术指标中对输入级与输出级均无特殊要求,则可采用典型的共射放大级,并用 RC 耦合。两级放大电路如图 2.1.6 所示。

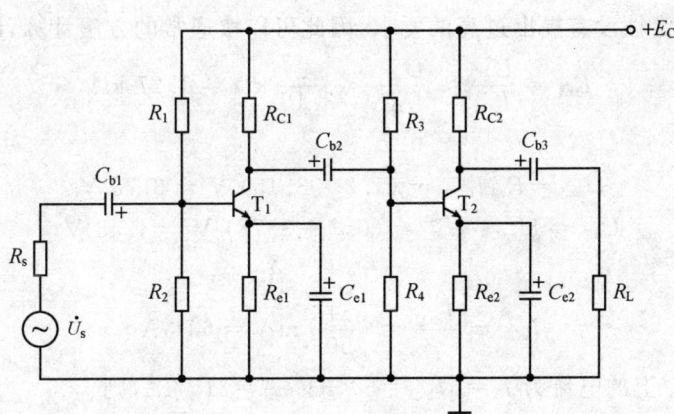

图 2.1.6 两级放大电路

(1) 输出级的设计

1) 计算 R_{C2} 及选择工作点

首先确定 E_C:

按
$$E_C \geqslant U_{o(p-p)} + U_{CeS} + U_e$$

取 $U_{CeS2}=1\text{ V}$,$U_{e2}=4\text{ V}$,代入上式得 $E_C \geqslant (5+1+4)\text{ V}=10\text{ V}$,取电源电压 $E_C=15\text{ V}$。

根据最大动态范围计算所需 R_C 值。

利用式(2.1.6),则
$$R_{C2} = \frac{E_C - 2U_{CeQ2}}{U_{CeQ2}} R_L$$

最终取 E_C 为
$$E_C = (15-4)\text{ V} = 11\text{ V}$$
$$U_{CeQ2} = \frac{1}{2}U_{o(p-p)} + U_{CeS} = 3.5\text{ V}$$

代入可得
$$R_{C2} = \left(\frac{11-2\times 3.5}{3.5}\times 2\right)\text{ k}\Omega \approx 2.28\text{ k}\Omega$$

取 $R_{C2}=2.4\text{ k}\Omega$,代入式(2.1.3),可得
$$I_{CQ2} = \frac{R_L + R_{C2}}{2R_L R_C + R_{C2}^2}(E_C - U_{e2}) = \left[\frac{2+2.4}{2\times 2\times 2.4+(2.4)^2}\times(15-4)\right]\text{ mA} =$$
$$\left(\frac{4.4}{9.6+5.76}\times 11\right)\text{ mA} = 3.15\text{ mA}$$
$$U_{CeQ2} = (E_C - U_{e2}) - I_{CQ2}R_{C2} = [(15-4) - 3.15\times 2.4]\text{ V} = 3.5\text{ V}$$

2) 偏置电路元件数值计算

由于对温度稳定性没有提出过高的要求,因此可以按通常的方法计算,即
$$R_{e2} = \frac{U_{e2}}{I_{eQ2}} \approx \frac{U_{e2}}{I_{CQ2}} = \frac{4}{3.15}\text{ k}\Omega = 1.27\text{ k}\Omega$$

取 $R_{e2}=1.2\text{ k}\Omega$,则
$$U_{e2} = R_{e2}I_{CQ2} = (1.2\times 3.15)\text{ V} = 3.78\text{ V}$$
$$U_{b2} = U_{be} + U_{e2} = (0.7+3.78)\text{ V} = 4.48\text{ V}$$

若 $\beta=50$,则
$$I_{bQ2} = \frac{I_{CQ2}}{\beta} = \frac{3.15}{50}\text{ mA} = 63\text{ }\mu\text{A}$$

选通过偏置电阻 R_3 上的电流为 $I_3 = 5I_{bQ2} = 5\times 63\text{ }\mu\text{A} = 315\text{ }\mu\text{A}$,则
$$R_4 = \frac{U_{b2}}{I_3} = \frac{4.48}{0.315}\text{ k}\Omega = 14.2\text{ k}\Omega$$

取 $R_4=15\text{ k}\Omega$,则
$$R_3 = \frac{E_c - U_{b2}}{I_3} = \frac{15-4.48}{4.48/15}\text{ k}\Omega = 39.3\text{ k}\Omega$$

取 $R_3=39\text{ k}\Omega$。

再计算电压增益 K_{V2}：

$$K_{V2} = -\frac{\beta R'_{L2}}{h_{ie2}}$$

式中，$R'_{L2} = R_L /\!/ R_{C2}$。

$$h_{ie2} = r_{bb} + (1+\beta)\gamma_e \left[300 + (1+50)\frac{26}{3.15}\right]\Omega = 721\ \Omega$$

则

$$\dot{K}_{V2} = \frac{\beta R'_{L2}}{h_{ie2}} = -50 \times \frac{2 \times 2.4}{2+2.4} \Big/ 0.721 = \frac{-50 \times 1.1}{0.721} = -76.3$$

(2) 第一级的设计

1) 计算 R_{C1} 及选择工作点

由于输入信号较小，所以直流负载电阻 R_{C1} 计算的主要依据是满足电压增益 $\dot{K}_{V1}$ 的要求，而动态范围可以不必考虑。

根据输出电压 $\dot{U}_o$ 及第二级的电压增益 $\dot{K}_{V2}$，可计算出本级要求的输出电压 $\dot{U}_{o1}$：

$$\dot{U}_{o1} = \frac{\dot{U}_o}{\dot{K}_{V2}} = \frac{2.5/\sqrt{2}}{76.3}\ \text{V} = 23.2\ \text{mV}$$

则

$$\dot{K}_{V1} = \frac{\dot{U}_{o1}}{U_s} = \frac{23.2}{5} = 4.64$$

由于 $\dot{U}_{o1}$ 较小，则 I_{CQ1} 可选小些，以利于提高信噪比及减小静态功耗。取

$$I_{CQ1} = 0.5\ \text{mA}$$

则

$$h_{ie1} = \left[300 + (1+50)\times\frac{26}{0.5}\right]\Omega = 2.95\ \text{k}\Omega$$

由于 R_1、R_2 较大，则可忽略对 K_{V1} 的影响，于是

$$\dot{K}_{V1} = \frac{\beta R'_{L1}}{R_s + h_{ie1}} = 4.66$$

得

$$R'_{L1} \geqslant \frac{K_{V1}(R_s + h_{ie1})}{\beta} = \left[\frac{4.66(0.6+2.95)}{50}\right]\text{k}\Omega = 330\ \Omega$$

因 $R_3 /\!/ R_4 \ll h_{ie2}$，故 $R_{L1} \approx h_{ie2}$，则由下式计算 R_{C1}，得

$$R_{C1} = \frac{h_{ie2} R'_{L1}}{h_{ie2} - R'_{L1}} = \frac{0.721 \times 0.275}{0.721 - 0.275}\ \text{k}\Omega = 440\ \Omega$$

考虑到裕量,取 $R_{C1}=1\ k\Omega$。

2) 偏置电路元件数值计算

由于输入信号小,而 I_{CQ1} 又低,对温度稳定性又没有特殊要求,故 U_{e1} 可选取较小值,取 $U_{e1}=2.5\ V$,则

$$R_{e1}=\frac{U_{e1}}{I_{CQ1}}\approx\frac{2.5}{0.5}\ k\Omega=5\ k\Omega$$

取 $R_{e1}=5.1\ k\Omega$,得

$$U_{b1}=(2.5+0.7)\ V=3.2\ V,\quad I_{bQ1}=\frac{I_{CQ1}}{\beta}=\frac{0.5}{50}\ A=10\ \mu A$$

取 R_1 上电流 $I_1=10I_{bQ1}=100\ \mu A$,则

$$R_2=\frac{U_{b1}}{I_1}=\frac{3.2}{0.1}\ k\Omega=32\ k\Omega$$

取 $R_2=33\ k\Omega$,可得

$$R_1=\frac{E_C-U_{b1}}{I_1}=\frac{15-3.2}{0.1}\ k\Omega=118\ k\Omega$$

故取 $R_1=120\ k\Omega$。

(3) 耦合电容及旁路电容的计算

由式(2.1.8)可得

$$C_{b3}\geq\frac{1}{2\pi f_L(R_{C2}+R_L)}=\frac{1}{6.28\times 100(2.4+2)}\ F=0.361\ \mu F$$

考虑 3~10 倍的裕量,取 $C_{b3}=5\ \mu F$,且取 $C_{b1}=C_{b2}=C_{b3}=5\ \mu F$。

由式(2.1.10)得

$$C_{e1}\geq\frac{R_S+h_{ie1}+(1+h_{fe1})R_{e1}}{2\pi f_L(R_S+h_{ie1})R_{e1}}=\frac{0.6+2.75+(1+50)\times 5}{2\pi\times 100(0.6+2.75)\times 5}\ F\approx 24\ \mu F$$

考虑 1~3 倍裕量,取 $C_{e1}=C_{e2}=50\ \mu F$。

根据以上计算结果,即可画出完整的电路图,如图 2.1.7 所示。

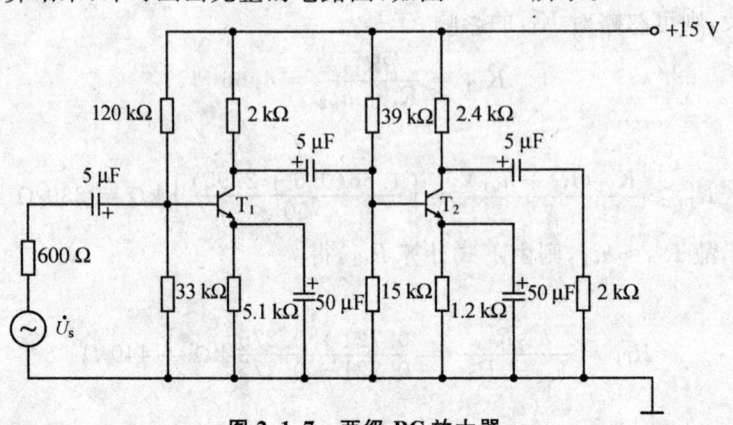

图 2.1.7 两级 RC 放大器

2.1.2 线性集成运算放大器的设计

在科学实验和工业生产中,经常要将一些非电量经传感器转换成电量之后进行处理。而在此之前,必须先经过线性放大。根据被测对象的特性,以及实际测量的需要,会对线性放大器提出一些特殊的要求,如要求高输入阻抗、高共模抑制比以及增益的调节与控制等。

根据线性放大器的要求,虽然可以用晶体管和电阻、电容等分立元件来设计线性放大器,但用线性集成运算放大器来组成线性放大器,则更具有体积小、精度高、调节方便等优点。因此,这一小节以线性集成运算放大器为主要组件来研究如何组成各种不同性能的线性放大器。

1. 反相放大器电路设计

为了设计方便,反相放大器主要关系式如表 2.1.1 所列。

表 2.1.1 反相放大器主要关系式

序 号	说 明	公 式
①	理想运放时的闭环电压增益	$A_f = -\dfrac{R_f}{R_1}$
②	$A_d \neq \infty$ 时闭环电压增益	$A_f = -\dfrac{A_d}{1+(1+A_d)R_1/R_f}$
③	$A_d \neq \infty$、$R_f \neq \infty$ 时闭环电压增益	$A_f = -\dfrac{R_f/R_1}{1+1/FA_d+2R_f/A_dR_i}$
④	$A_d \neq \infty$、$R_o \neq \infty$ 时闭环电压增益	$A_f = -\dfrac{R_f/R_1}{1+(R_f+R_o)/FA_dR_f}$
⑤	$A_d = \infty$ 时闭环输入电阻	$R_{in} \approx R_1\left(1+\dfrac{R_f}{A_dR_1}\right)$
⑥	由 A_d、R_i、R_o 引起闭环电压增益误差最小时的反馈电阻	$R_{f(opt)} = \sqrt{\dfrac{R_iR_o}{2F}}$
⑦	具有单极点 f_{p1} 时闭环带宽	$f_{cp} = \dfrac{f_{p1}A_dR_1}{R_f}$
⑧	小信号输入时输出电压上升时间	$t_r = \dfrac{0.35R_f}{f_{p1}A_dR_1}$

注:表中 $F = \dfrac{R_1}{R_1+R_f}$ 为电压反馈系数。

设计反相放大器的电路参数取决于电路的技术指标:如果仅提出闭环放大倍数 A_f 的指标,且对 A_f 精度要求不高,则只要考虑表 2.1.1 中①即可;若考虑到 A_f 的精度,则要考虑①、③、④、⑥;若对 R_{in} 提出要求,还要考虑⑤;如果对反相放大器提出频率响应及瞬间响应的指标,还需要考虑⑦、⑧。下面就反相放大器的参数设计原则进行综合分析。

(1) 减小直流漂移

如果输入信号是直流信号,或是缓慢的交流信号,则运算放大器的漂移是闭环增益误差的主要来源,这是因为 I_{os}、U_{os}、I_b 均是环境温度的函数。

在图 2.1.8 中,I_{b1}、I_{b2} 是偏置电流;ΔU_{iT} 是由于失调电压 U_{os} 及偏置电流 I_{b1}、I_{b2} 分别在 R_1、R 上电压降折算到输入端的等效电压;R_o 是开环输出电阻。

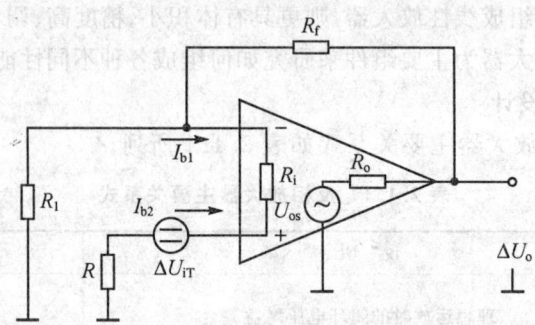

图 2.1.8 运放漂移等效电路

由图 2.1.8 可知

$$\Delta U_{iT} = U_{os} \pm I_{b1} \times R_1 \mathbin{/\mkern-6mu/} (R_f + R_o) - I_{b2} R \tag{2.1.11}$$

由于

$$I_{b1} = I_b - \frac{I_{os}}{2}, \qquad I_{b2} = I_b + \frac{I_{os}}{2}$$

代入式(2.1.11),可得

$$\Delta U_{iT} = U_{os} \pm I_b [R_1 \mathbin{/\mkern-6mu/} (R_f + R_o) - R] - \frac{I_{os}}{2} [R_1 \mathbin{/\mkern-6mu/} (R_f + R_o) + R] \tag{2.1.12}$$

当选择同相端外接电阻 R,$R = (R_f + R_o) \mathbin{/\mkern-6mu/} R_1$ 时,则

$$\Delta U_{iT} = U_{os} \pm I_{os} R \tag{2.1.13}$$

必须指出,失调电压可能是正,也可能是负,因此式(2.1.13)中的正负符号应根据 U_{os} 实测来决定。

由式(2.1.12)可以看出,当运算放大器输入回路的等效电阻相等时,偏置电流 I_b 所产生的附加电压为零。因此,为了减小直流漂移,应正确选择 R 的大小。根据式(2.1.12),应选择失调电压 U_{os} 小的,失调电流 I_{os} 小的,平均偏置电流 I_b 也小的运放。

此外,在满足闭环输入阻抗的前提下,应尽可能选较小的 R_1,对电阻 R_1、R_f、R 除非特别需要,一般都不要超过 1 MΩ。因为一般大于 1 MΩ 的电阻稳定性都较差。

(2) 提高闭环电压增益的精度

对于理想运放,$A_f = -R_f / R_1$,可见只要选择高精度和高稳定度的电阻 R_1、R_f 即可。然而，实际运放不可能达到理想运放的特性，当 $A_d \neq \infty$，$R_i \neq \infty$，$R_o \neq 0$ 时，为了使 A_d、R_i、R_o 对 A_f 的精度影响最小，关键是选择适当的反馈电阻 R_f。

从表 2.1.1 中得最佳 $R_{f(opt)}$ 为

$$R_{f(opt)} = \sqrt{\frac{R_i R_o}{2F}} \tag{2.1.14}$$

若考虑到输出端负载电阻 R_L 与 R_o 相差不大，则

$$R_{f(opt)} = \sqrt{\frac{R_i R_o R_L}{2F(R_L + R_o)}} \tag{2.1.15}$$

例：设某运算放大器的 $R_i = 1\ \text{M}\Omega$，$R_o = 100\ \Omega$，要求 $A_f = -100$，求最佳 $R_{f(opt)}$ 值。

解：由于电压反馈系数为

$$F = \frac{R_1}{R_1 + R_f} = \frac{1}{1 + \frac{R_f}{R_1}} = \frac{1}{1 - A_f} = \frac{1}{1 + 100} = 0.009\ 9$$

由式(2.1.14)，求得 R_f 的最佳值为 $R_{f(opt)} = \sqrt{\dfrac{R_i R_o}{2F}} = \sqrt{\dfrac{1 \times 10^6 \times 100}{2 \times 0.009\ 9}}\ \Omega = 71.07\ \text{k}\Omega$，所以

$$R_1 = \frac{-R_f}{A_f} = \frac{-71.07 \times 10^3}{-100}\ \Omega = 710.7\ \Omega$$

(3) 输入阻抗的匹配

当运算放大器与信号源连接时，或是运算放大器之间互相连接时，往往有阻抗匹配的要求。而反相输入放大器的输入电阻由表 2.1.1 的⑤可知，$R_i \approx R_1$。因此，通常是根据信号源或级间对 R_i 提出要求，然后再由 $R_i \approx R_1$ 而选择 R_1 的大小。但是由此选择的 R_1 与给定 A_f 及最佳 R_f 条件计算得的 R_1 是相矛盾的，必须根据具体情况，灵活应用。

2. 同相放大器电路设计

与反相放大器一样，同相放大器电路参数的设计，也取决于对电路所提出的具体技术指标，可直接用表 2.1.2 中有关公式计算电路参数。

表 2.1.2 同相放大器主要关系式

序号	说明	公式
①	理想运放时的闭环电压增益	$A_f = 1 + \dfrac{R_f}{R_1}$
②	$A_d \neq \infty$ 时闭环电压增益	$A_f = \dfrac{A_d}{(1 + A_d R_1 / R_1 + R_f)}$
③	$A_d \neq \infty$、$R_i \neq \infty$ 时闭环电压增益	$A_f = \dfrac{1 + R_f/R_1}{1 + 1/FA_d + 2R_f/A_d R_i}$

续表 2.1.2

序号	说明	公式
④	$A_d \neq \infty$、$R_o \neq \infty$ 时闭环电压增益	$A_f = \dfrac{1+R_f/R_1}{1+(R_1+R_o+R_f)/A_d R_1}$
⑤	由 A_d、R_f、R_o 引起闭环电压增益误差很小时的反馈电阻	$R_{f(opt)} = \sqrt{\dfrac{R_o R_f R_i}{2R_1}}$
⑥	$A_d \neq \infty$ 时闭环输入电阻	$R_{in} = R + (1+A_d F)R_i$
⑦	具有单极点 f_{p1} 时闭环带宽	$f_{cp} = \dfrac{f_{p1} A_d R_1}{R_1 + R_f}$
⑧	小信号输入时输出电压上升时间	$t_r = \dfrac{0.35(R_1+R_f)}{f_{p1} A_d R_1}$

同相放大器与反相放大器不同之处,是同相放大器的同相端及反相端上的电压不是零,而是近似等于输入电压,也就是说有共模电压存在。由于有这个共模电压的存在,而且共模抑制比 CMRR 为有限值,因此,在同相放大器输出端要产生附加误差。

(1) 提高共模抑制比,减小运算误差

图 2.1.9(a) 中,当 A_d 及 R_i 均很大时,则 $U_B = U_i$,$U_A = U_f = \dfrac{R_1}{R_1+R_f} U_o$,且 U_A 近似等于 U_B,但稍小于 U_B。因此,可以认为等效加在运放两输入端的差模电压为 $U_B - U_A$,而共模电压为 U_A。由图 2.1.9(b) 可得

$$U_o = A_d(U_B - U_A) - A_c U_A$$

式中,A_c 是共模增益。

将 $U_B = U_i$、$U_A = \dfrac{R_1}{R_1+R_f} U_o$ 代入上式,得

$$U_o = A_d \left(U_i - \dfrac{R_1}{R_1+R_f} U_o \right) - A_c \left(\dfrac{R_1}{R_1+R_f} \right) U_o = A_d U_i - \dfrac{R_1}{R_1+R_f}(A_d + A_c) U_o$$

闭环增益为

$$A_f' = \dfrac{U_o}{U_i} = \dfrac{A_d}{1 + \dfrac{R_1}{R_1+R_f}(A_d+A_c)} = \dfrac{1}{\dfrac{1}{A_d} + \dfrac{R_1}{R_1+R_f}\left(1+\dfrac{A_c}{A_d}\right)} = \dfrac{1}{\dfrac{1}{A_d} + \dfrac{R_1}{R_1+R_f}\left(1+\dfrac{1}{\text{CMRR}}\right)} = \dfrac{R_1+R_f}{R_1}\left(\dfrac{1}{1+\dfrac{1}{A_d F}+\dfrac{1}{\text{CMRR}}} \right) \quad (2.1.16)$$

在式 (2.1.16) 中,因 $\dfrac{1}{A_d F} + \dfrac{1}{\text{CMRR}} \ll 1$,则可将式 (2.1.16) 的分母展开为级数,并略去高次

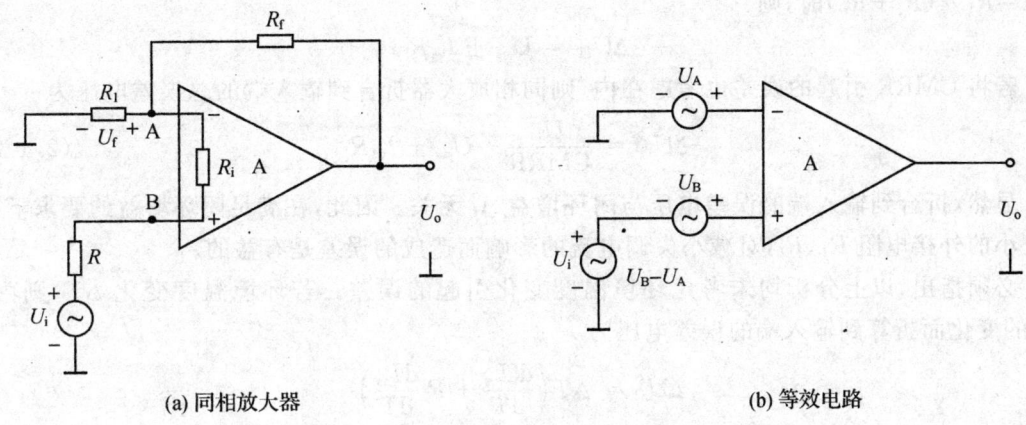

(a) 同相放大器　　　　　　　　　　　(b) 等效电路

图 2.1.9　同相放大器及其等效电路

项,可得

$$A'_f \approx \frac{R_1+R_f}{R_1}\left[1-\left(\frac{1}{A_dF}+\frac{1}{\text{CMRR}}\right)\right] = A_f\left[1-\left(\frac{1}{A_dF}+\frac{1}{\text{CMRR}}\right)\right] \quad (2.1.17)$$

由式(2.1.17)可得闭环增益相对误差为

$$\delta = \frac{A_f - A'_f}{A_f} = \frac{1}{A_dF} + \frac{1}{\text{CMRR}} \quad (2.1.18)$$

由此可见,在同相放大器中,为了减小共模信号引起的运算误差,必须选择共模抑制比 CMRR 大的运算放大器。

当 $A_dF \gg 1$ 时,式(2.1.16)可化简为

$$A'_f = \frac{U_o}{U_i} \approx A_f\left(1+\frac{1}{\text{CMRR}}\right)$$

CMRR 在输出端引起的误差为

$$U'_o = \frac{A_f}{\text{CMRR}} U_i \quad (2.1.19)$$

折合到输入端的误差电压为

$$U'_i = \frac{U_i}{\text{CMRR}} \quad (2.1.20)$$

可见,共模误差电压是随输入电压 U_i 的大小而变化的。

(2) 减小失调及漂移造成的误差

由运算放大器的失调电压 U_{os}、失调电流 I_{os} 和偏置电流 I_b 对同相放大器的影响而造成的误差,其分析方法与反相放大器完全一样。因此,式(2.1.12)和式(2.1.13)也适用于同相放大器,即

$$\Delta U_{iT} = U_{os} \pm I_b[R_1 /\!/ (R_f+R_o) - R] - \frac{I_{os}}{2}[R_1 /\!/ (R_f+R_o) + R]$$

当 $R=R_1 /\!/ (R_f+R_o)$ 时，则

$$\Delta U_{iT} = U_{os} \pm I_{os} R$$

若将 CMRR 引起的误差也考虑在内，则同相放大器折合到输入端的总误差电压为

$$\Delta U_{iT} = \frac{U_i}{CMRR} + U_{os} \pm I_{os} R \tag{2.1.21}$$

显然，折合到输入端的误差电压与闭环增益 A_f 无关。因此，在满足闭环增益的要求下，选择较小的外接电阻 R_1、R_f，对减小失调电流的影响而造成的误差是有益的。

必须指出，以上分析均未考虑环境温度变化引起的误差。若环境温度变化 ΔT，则由于 ΔT 的变化而折算到输入端的误差电压为

$$\Delta U'_{iT} = \Delta T \left(\frac{dU_{os}}{dT} + R \frac{dI_{os}}{dT} \right)$$

综合以上所述，为了提高同相放大器的闭环增益精度，减小运算误差，必须选择 U_{os} 小和 I_{os} 小的运放，并在满足 A_f 要求的条件下，尽可能选择较小的 R_1 及 R_f。为了消除 I_b 在外接电阻上的电压降而引起的误差，应选择 $R=R_1 /\!/ R_f$。

3. 差动放大器电路设计

(1) 差动放大器的关系式

差动放大器是一种双端输入的线性放大器，如图 2.1.10 所示。

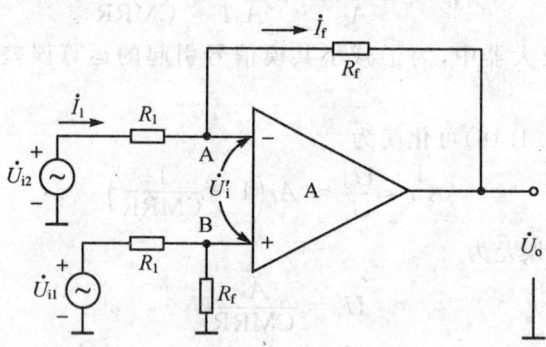

图 2.1.10　差动放大器

根据

$$\dot{U}_B = \frac{R_f}{R_1+R_f} \dot{U}_{i1}$$

若是理想运放，即 $\dot{U}'_i = 0$，且流入同相端及反相端的偏置电流为零，则

$$\dot{I}_1 = \dot{I}_f = \frac{\dot{U}_{i2} - \dot{U}_A}{R_1} = \frac{\dot{U}_A - \dot{U}_o}{R_f}$$

可得

$$\dot{U}_A = \frac{\dot{U}_{i2}R_f + \dot{U}_o R_1}{R_1 + R_f}$$

因 $\dot{U}_A = \dot{U}_B$，代入上式，得

$$\frac{R_f}{R_1 + R_f}\dot{U}_{i1} = \frac{\dot{U}_{i2}R_f + \dot{U}_o R_1}{R_1 + R_f}$$

简化后得

$$R_f(\dot{U}_{i1} - \dot{U}_{i2}) = \dot{U}_o R_1$$

即差动电压增益为

$$\dot{A}_f = \frac{\dot{U}_o}{\dot{U}_{i1} - \dot{U}_{i2}} = \frac{R_f}{R_1} \tag{2.1.22}$$

式(2.1.22)表明，差动放大器的输出电压 $\dot{U}_o$ 与输入电压之差 $(\dot{U}_{i1} - \dot{U}_{i2})$ 成正比，其增益为 R_f/R_1，与反相输入放大器的增益相等。

利用等效电路可求得差动放大器的输入电阻为

$$R_{ind} = 2R_1 \tag{2.1.23}$$

在共模输入信号作用下，可求出共模输入电流，再求得共模输入电阻，即

$$R_{inc} = \frac{1}{2}(R_1 + R_f) \tag{2.1.24}$$

由此可见，为了提高输入电阻，必须加大 R_1。但是 R_1 加大，必然使失调电流及漂移的影响加强。

(2) 差动放大器电路参数设计原则

差动放大器主要优点之一是具有抗共模干扰能力。当输入信号中有很大的共模电压时，差动放大器设计的主要原则之一，就是提高共模抑制比。

图2.1.11所示差动放大器，是由一只线性运算放大器和四只外接电阻组成的。图中 U_i 是差模输入电压，U_{ic} 是共模输入电压。在实际测量中，往往存在着 $\dot{U}_{ic} > \dot{U}_i$ 的情况。因此，要求电路具有强的抗共模能力。

图2.1.11(b)中，有

$$\left.\begin{array}{l}\dot{U}_{i2} = \dot{U}_{ic} - \dfrac{\dot{U}_i}{2} \\ \dot{U}_{i1} = \dot{U}_{ic} + \dfrac{\dot{U}_i}{2}\end{array}\right\} \tag{2.1.25}$$

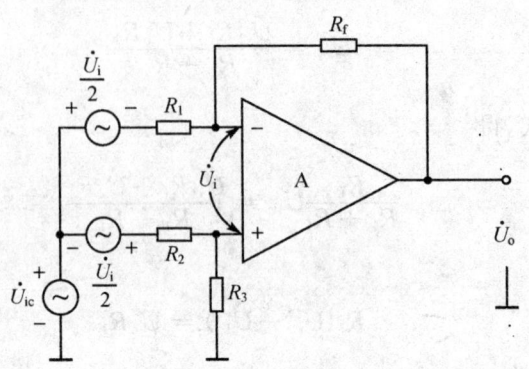

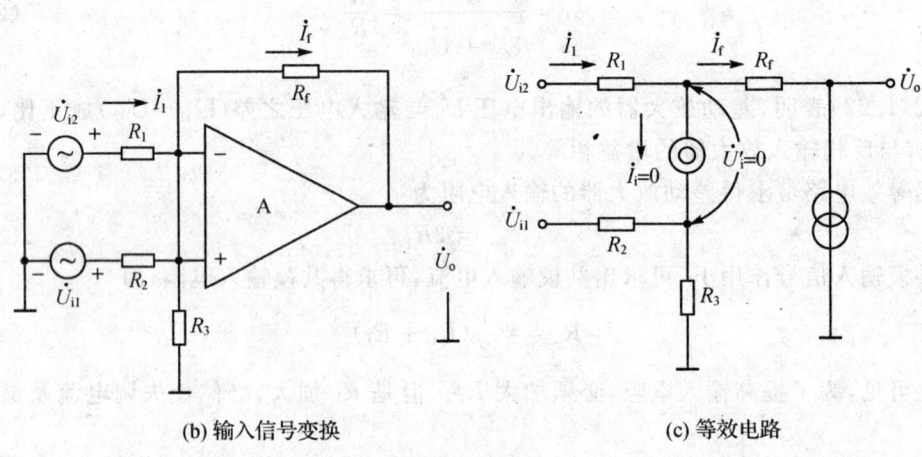

(b) 输入信号变换   (c) 等效电路

图 2.1.11 差动放大器及其等效电路

变换可得

$$\begin{cases} \dot{U}_i = \dot{U}_{i1} - \dot{U}_{i2} \\ \dot{U}_{ic} = \frac{1}{2}(\dot{U}_{i1} + \dot{U}_{i2}) \end{cases}$$

由图 2.1.11(c) 等效电路,根据零位源的特点,$U'_i = 0$、$I_i = 0$,可得 $\dot{I}_1 = \dot{I}_f$,即

$$\frac{\dot{U}_{i2} - \frac{R_3}{R_2 + R_3}\dot{U}_{i1}}{R_1} = \frac{\frac{R_3}{R_2 + R_3}\dot{U}_{i1} - \dot{U}_o}{R_f}$$

由上式可得

$$\dot{U}_o = \left(1 + \frac{R_f}{R_1}\right)\frac{R_3}{R_2 + R_3}\dot{U}_{i1} - \frac{R_f}{R_1}\dot{U}_{i2}$$

将式(2.1.25)代入上式,可得

$$\dot{U}_o = \left[\left(1+\frac{R_f}{R_1}\right)\frac{R_3}{R_2+R_3} - \frac{R_f}{R_1}\right]\dot{U}_{ic} + \left[\left(1+\frac{R_f}{R_1}\right)\frac{R_3}{R_2+R_3} + \frac{R_f}{R_1}\right]\frac{\dot{U}_i}{2} \quad (2.1.26)$$

由式(2.1.26)可见,当选择外接电阻满足

$$\left(1+\frac{R_f}{R_1}\right)\frac{R_3}{R_2+R_3} - \frac{R_f}{R_1} = 0 \quad (2.1.27)$$

时,则输出电压U_o中不包含共模电压,即共模增益为零。再考虑到运放两输入端等效电阻相等的原则,即应使

$$R_f \mathbin{/\mkern-6mu/} R_1 = R_2 \mathbin{/\mkern-6mu/} R_3 \quad (2.1.28)$$

联立式(2.1.27)和式(2.1.28),即可得差动放大器外接电阻对称的条件为

$$\left.\begin{array}{r} R_1 = R_2 \\ R_3 = R_f \end{array}\right\} \quad (2.1.29)$$

当满足式(2.1.29)时,由式(2.1.26)可得外接电阻对称条件下差动放大器的闭环增益

$$\dot{A}_f = \frac{\dot{U}_o}{\dot{U}_{i1} - \dot{U}_{i2}} = \frac{R_f}{R_1} = \frac{R_3}{R_2} \quad (2.1.30)$$

当外接电阻不对称时,也就是不能满足式(2.1.29)时,输出电压$\dot{U}_o$中就包含共模电压,就是共模增益不为零,此时共模增益可以由式(2.1.26)求得

$$A_c = \frac{\dot{U}_{oc}}{\dot{U}_{ic}} = \frac{\dot{U}_{oc}}{\frac{1}{2}(\dot{U}_{i1}+\dot{U}_{i2})} = \left(1+\frac{R_f}{R_1}\right)\frac{R_3}{R_2+R_3} - \frac{R_f}{R_1} \quad (2.1.31)$$

式(2.1.30)表明,当选择具有理想特性的运放,而且外接电阻又满足式(2.1.29)对称条件时,则差动放大器的输出信号中不包含共模输入电压,即具有无限大共模抑制比。这也是差动放大器电路参数设计的重要原则。

以上结果,是在电路完全平衡对称和运放具有理想特性的条件下得到的。实际上,电路外接电阻不可能是完全平衡对称的,运放也不可能是理想的。因此,考虑到实际情况,差动运算放大器的实际共模抑制能力,既与外接电阻的对称精度有关,又与运算放大器本身的共模抑制能力有关。

设外接电阻具有误差

$$R_1' = R_1(1+\delta_1)$$
$$R_2' = R_2(1+\delta_2)$$
$$R_3' = R_3(1+\delta_3)$$
$$R_f' = R_f(1+\delta_f)$$

将上列 4 式代入式(2.1.31),可得

$$\dot{A}_c = \frac{\pm\delta_1 \mp \delta_f \mp \delta_2 \mp \delta_3 \mp \delta_1\delta_3 \mp \delta_2\delta_f}{(1\pm\delta_1)(1\pm\delta_3) + R_1/R_f(1\pm\delta_1)(1\pm\delta_2)} \approx \frac{\pm\delta_1 \mp \delta_f \mp \delta_2 \mp \delta_3}{1 + R_1/R_f}$$

考虑最严重的情况下,可得

$$\dot{A}_c \approx \frac{\delta_1 + \delta_f + \delta_2 + \delta_3}{1 + R_1/R_f} = \frac{\delta_1 + \delta_2 + \delta_3 + \delta_f}{1 + 1/\dot{A}_f} \tag{2.1.32}$$

当 $\delta_1 = \delta_2 = \delta_3 = \delta_f = \delta$ 时,有

$$\dot{A}_c \approx \frac{4\delta}{1 + 1/\dot{A}_f} \tag{2.1.33}$$

由式(2.1.32)可求得由于外接电阻不对称而限制电路的共模抑制比为

$$CMRR_R = \frac{\dot{A}_f}{\dot{A}_c} = \frac{1 + \dot{A}_f}{\delta_1 + \delta_2 + \delta_3 + \delta_f} \tag{2.1.34}$$

或

$$CMRR_R = \frac{1 + \dot{A}_f}{4\delta} \tag{2.1.35}$$

以上两式表明,如果外接电阻不对称性愈差,闭环增益愈小,则因此而产生的抗共模能力愈差。

差动运放电路总的共模抑制比不仅与 $CMRR_R$ 有关,还与运放本身的 $CMRR_1$ 有关,这样,电路的共模增益可表示为

$$\dot{A}_{fc} = \dot{A}_c + \frac{\dot{A}_f}{CMRR_1}$$

由此可得整个电路的共模抑制比为

$$CMRR = \frac{\dot{A}_f}{\dot{A}_{fc}} = \frac{CMRR_1 \times CMRR_R}{CMRR_1 + CMRR_R} \tag{2.1.36}$$

显然,由于 $CMRR_R$ 的影响,使差动运算放大器总的共模抑制能力下降。

例:若差动放大器外接电阻误差均为 $\delta = \pm 0.1\%$,运算放大器本身具有的 $CMRR_1 = 80\ dB$,求 $A_f = 100$ 及 $A_f = 1$ 时差动运算放大器总的共模抑制比 $CMRR$。

解:由式(2.1.35)可求得由于外接电阻不对称而限制电路的共模抑制比为

当 $A_f = 100$ 时 $CMRR_R \approx \dfrac{1 + A_f}{4\delta} = \dfrac{1 + 100}{4 \times 0.1\%} = 25\ 250 \approx 88\ dB$

当 $A_f = 1$ 时 $CMRR_R \approx \dfrac{1 + A_f}{4\delta} = \dfrac{1 + 1}{4 \times 0.1\%} = 500 \approx 54\ dB$

则由式(2.1.36)可求得整个电路的共模抑制比为

$A_f = 100$ 时 $\text{CMRR} = \dfrac{\text{CMRR}_1 \times \text{CMRR}_R}{\text{CMRR}_1 + \text{CMRR}_R} = \dfrac{10^4 \times 2.525 \times 10^4}{10^4 + 2.525 \times 10^4} = 7.16 \times 10^3 \approx 77.1 \text{ dB}$

$A_f = 1$ 时 $\text{CMRR} = \dfrac{\text{CMRR}_1 \times \text{CMRR}_R}{\text{CMRR}_1 + \text{CMRR}_R} = \dfrac{10^4 \times 5 \times 10^2}{10^4 + 5 \times 10^2} = 476.2 \approx 53.6 \text{ dB}$

此例表明,当 A_f 较大时,CMRR 比较接近于 CMRR_1;而当 $A_f = 1$ 时,CMRR 比较接近于 CMRR_R。

因此,设计一个高共模抑制比差动运放电路,必须选取具有高共模抑制比 CMRR_1 的线性运算放大器;同时,要精选外接电阻,尽量使 $R_1 = R_2$、$R_3 = R_f$。

分析运算放大器的 U_{os}、I_{os}、I_b、A_d 对差动运算放大器运算精度的影响,基本方法与反相运算放大器相同。而由于共模抑制比 CMRR_1 引起的等效差模误差 $U_i' = \dfrac{U_{ic}}{\text{CMRR1}}$,也影响到运算精度,因此,提高差动运算放大器的运算精度,可以采用以下措施:① 选用 U_{os} 小、I_{os} 小、A_d 大、CMRR_1 大的运算放大器。② 外接电阻应满足 $R_1 = R_2$、$R_3 = R_f$。③ 尽可能选用较小的 R_f。

2.1.3 实用参考电路

1. 参考电路之一

电路说明:

如图 2.1.12 所示,这是一个三级直接耦合的负反馈放大器。T_1 工作在小电流低电压状态,以获得低噪声。电路具有深度交直流负反馈(R_{b1}、R_{b2}、C_2 组成直流负反馈;R_{e1}、R_{e2} 组成电压串联负反馈),使直流工作点稳定,交流电压增益也稳定。

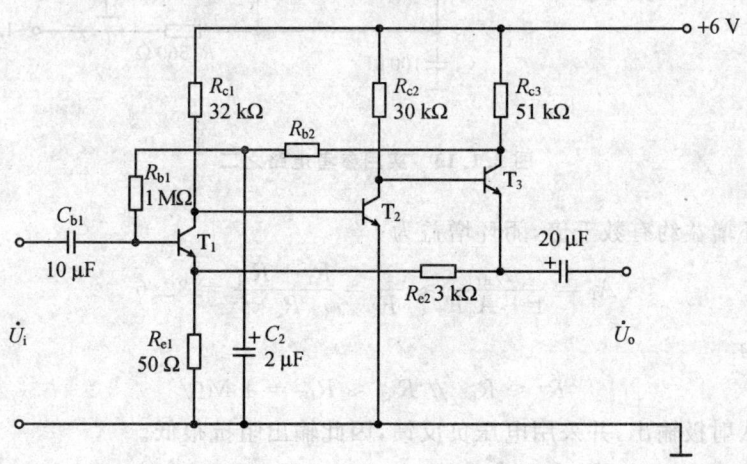

图 2.1.12 实用参考电路之一

本电路的电压增益为

$$\dot{A}_f = \frac{\dot{A}_d}{1 + A_d F} \approx \frac{1}{F} = \frac{R_{c1} + R_{c2}}{R_{c1}} = 61$$

输入阻抗为

$$R_i = R_{b1} \mathbin{/\mkern-6mu/} R_i' \leqslant 1 \text{ M}\Omega$$

式中，R_i' 为 T_1 输入端具有串联电压负反馈时，所呈现的等效电阻。

由于电路加有电压负反馈，且是射级输出，所以输出阻抗很低，约为 5 Ω。

2. 参考电路之二

电路说明：

如图 2.1.13 所示，这是心音放大器的前置级。为了获得低噪声和高输入阻抗，输入级采用结型场效应管。电路中 C_4、R_3 及 C_6、R_2 作为电源去耦滤波，R_1、C_3 及 C_7 均为相位补偿电路，防止高频自激。R_{e1}、C_2 及 R_f 构成串联负反馈电路，以稳定交流电压增益，改善电路性能。

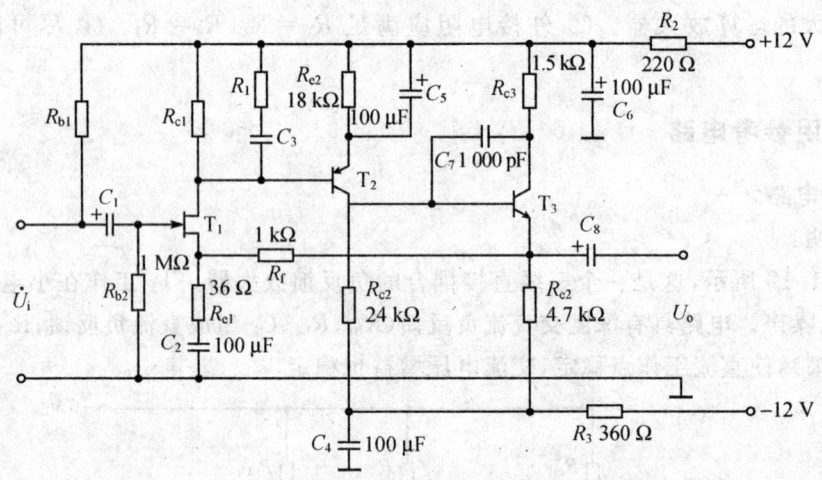

图 2.1.13 实用参考电路之二

本电路开环增益约有数千倍，闭环增益为

$$\dot{A}_f = \frac{A_d}{1 + A_d F} \approx \frac{1}{F} = \frac{R_f + R_{e1}}{R_{e1}} = 32.6$$

输入阻抗为

$$R_i \approx R_{b1} \mathbin{/\mkern-6mu/} R_{b2} \approx R_{b2} = 1 \text{ M}\Omega$$

由于电路从射极输出，并采用电压负反馈，因此输出阻抗很低。

本电路频率响应（-3 dB）大于 10 kHz。

3. 参考电路之三

电路说明：

如图 2.1.14 所示，这是 DWT-702 型精密恒温控制仪中的微伏放大器，它是由两个双管直接耦合电路组成的，各级之间均加有负反馈，R_{e22}、R_{f1} 及 R_{e33}、R_{f3} 组成并联负反馈，主要用来稳定直流工作点。

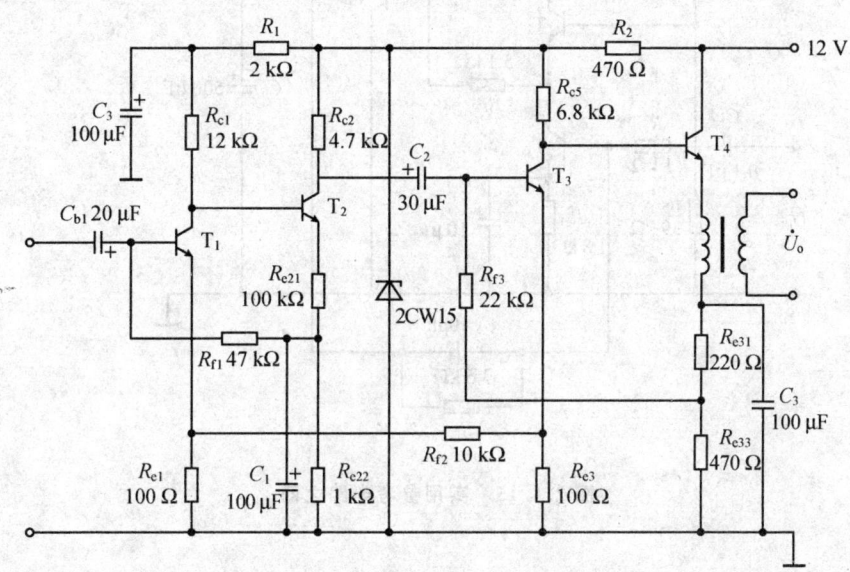

图 2.1.14 实用参考电路之三

在两级之间又通过 R_{f2}、R_{e1} 构成串联负反馈，以保证电压增益的稳定性，改善电路的性能。稳压二极管 2CW15 起着前后两级的直流电源隔离作用，即使后一级电源发生变化，也不会影响到前级。

4. 参考电路之四

电路说明：

如图 2.1.15 所示，这是一个由三个晶体管组成、具有并联电压负反馈的放大器。第一级是共射-共基串接电路，T_2 做 T_1 的有源负载，以提高电压增益。为了提高 T_2 的电压增益，本电路加接了 C_2，组成自举电路（可以提高 T_2 管 R_{c12} 支路的等效负载，使电压增益提高）。

本电路的电压增益为

$$\dot{A}_f \approx -\frac{R_{f1}}{R_1} = -3.6$$

由于采用射极输出，因此输出阻抗很小，具有较强的带负载能力。

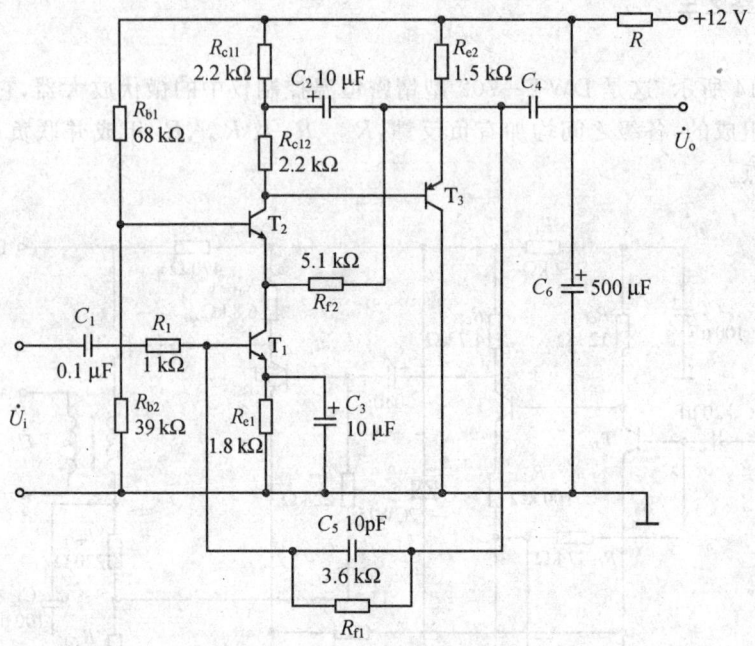

图 2.1.15　实用参考电路之四

2.2　数据放大器的设计

在航空航天工业生产过程中,经传感器输出的电信号通常都是低电平的微弱电信号,而测量系统的干扰和噪声往往又很大,因此要求生产过程检测及数据采集系统中的放大器,除了能放大微弱的低电平信号外,对强的干扰信号还有强的抑制能力。在快速多点巡回检测以及某些瞬态量的检测装置中,还要求放大器必须满足数据脉冲的反应时间这一指标。因此在检测装置中,特别是在快速数据采集系统中,所配用的放大器各方面的指标均要求很高,要求它既能进行直流放大,又能进行脉冲放大,而且要求精度高,稳定性好,漂移低,线性度好,抗干扰能力强,反应速度快等。所以这种放大器是一种综合指标好的高性能放大器,通常把这种放大器叫数据放大器。

2.2.1　数据放大器的静态特性指标

增益是数据放大器的基本静态指标,对数据放大器的增益一般有以下要求。

1. 增益精度

数据放大器的增益要求是可变的,其增益精度定义为:实际增益倍数和面板设定增益倍数

差值与面板设定倍数之比,以百分数表示为

$$\delta = \frac{K_{实际} - K_{面板设定}}{K_{面板设定}} \times 100\% \qquad (2.2.1)$$

δ 一般在 1% 以下,高精度的可达 0.1%。

2. 增益稳定度

单位时间内增益变化的百分比,称为增益稳定度。

$$\sigma_t = \frac{\Delta K/K}{\Delta t} \qquad (2.2.2)$$

3. 增益线性度

数据放大器的增益线性度是指实际的输入与输出关系曲线偏离最佳增益直线的程度。其数值表示为:在满量程范围内分布在最佳增益曲线两边的误差峰值 $U_{d\max}$ 和满量程输出电压 $U_{o\max}$ 之比的百分数,即

$$\sigma = \frac{误差峰值电压}{满量程输出电压} \times 100\% = \frac{U_{d\max}}{U_{o\max}} \times 100\% \qquad (2.2.3)$$

4. 共模抑制比(CMRR)

为测试方便,数据放大器的共模抑制比定义为共模干扰电压 U_{cm} 与干扰电压引起的反映在放大器输入端的串模干扰电压 U'_{cm} 之比,即

$$\text{CMRR} = 20\lg\frac{U_{cm}}{U'_{cm}} \qquad (2.2.4)$$

5. 零点漂移

数据放大器的漂移有两种,一种是温度零点漂移,另一种是时间零点漂移。

温度零点漂移:

$$\varepsilon_T = \frac{\Delta U_o}{K_{\max} \cdot \Delta T}$$

式中,ΔT 为温度变化范围;ε_T 的单位为 $\mu V/℃$。

时间零点漂移:

$$\varepsilon_t = \frac{\Delta U_o}{K_{\max} \cdot \Delta t}$$

式中,Δt 为时间,一般以 4 h 或 8 h 计。ε_t 的单位为 $\mu V/h$。

2.2.2 数据放大器的动态特性指标

数据放大器的动态特性可用瞬态响应建立时间、幅频特性、电压上升速率、全功率带宽等来表示。必须指出的是,这些动态特性指标之间有一定的关系。

1. 瞬态响应建立时间

瞬态响应建立时间表示在放大器输入端加上阶跃信号(见图 2.2.1(a))后,其输出达到偏

离最终值某一百分比(如 1 %)所需要的时间 t_s,如图 2.2.1(b)所示。建立时间又称为响应时间,是指输出以一定的误差跟随输入的时间,它和放大器响应速度有关,又和给定误差大小有关。

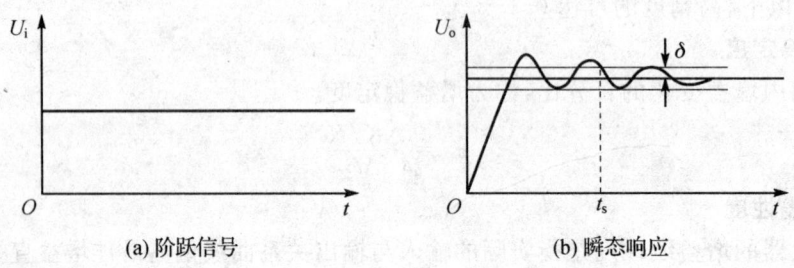

(a) 阶跃信号　　　　　　　　　(b) 瞬态响应

图 2.2.1　阶跃信号及瞬态响应

2. 幅频特性

幅频特性是指放大器在某一固定增益下,放大器输出电压与输入信号频率的关系。输出电压下降到起始值的 0.707(−3 dB)时的频率,称做带宽,如图 2.2.2 所示。

3. 电压上升速率

电压上升速率是指放大器单位时间电压上升的能力。而上升时间是指在阶跃信号作用下,输出电压从 10 % 上升到 90 % 的幅值所需的时间,如图 2.2.3 所示。

电压上升速率表示为

$$S_R = \frac{\Delta U_o}{\Delta t} \qquad (2.2.5)$$

式中,S_R 的单位为 V/μs。

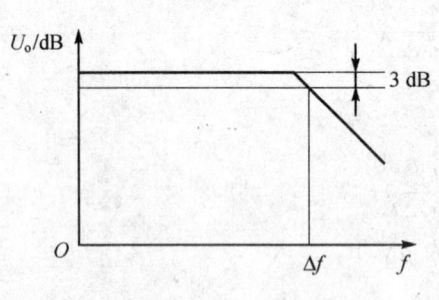
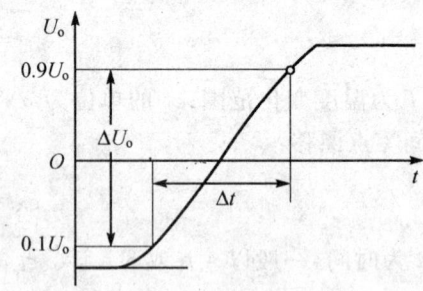

图 2.2.2　幅频特性　　　　　　图 2.2.3　电压上升速率

4. 全功率带宽 f_p

全功率带宽是指在额定输出功率下,放大器输出不发生失真的最大频率。其物理意义是反映放大器由于电压上升速率限制而造成的输出失真的程度,与一般的频率特性(闭环带宽)的概念不可混淆。必须指出,全功率带宽是在大信号作用下测得的,而频率特性是在小信号作用下测得的,因而 $f_p < \Delta f_o$。

f_p 与 S_R 有以下关系:

$$f_p = \frac{S_R}{2\pi U_{om}} \qquad (2.2.6)$$

式中,S_R 是电压上升速率;U_{om} 是额定输出电压。

2.2.3 集成运放对称组装式数据放大器

集成运放对称组装式数据放大器是数据放大器中应用较多的一种,其原理图如图 2.2.4 所示。由图 2.2.4 可见,它在电路结构上和同相并联差动放大器是相同的,只是在性能上要求较高,必须满足数据放大器的技术指标。

由于电路采用平衡对称结构,从而使输入放大器 A_1 及 A_2 的失调及漂移所产生的误差具有相互抵消的作用。A_3 起减法器的作用,因而可以抑制 A_1 和 A_2 传递过来的共模信号,并将信号由双端输入变成单端输出。

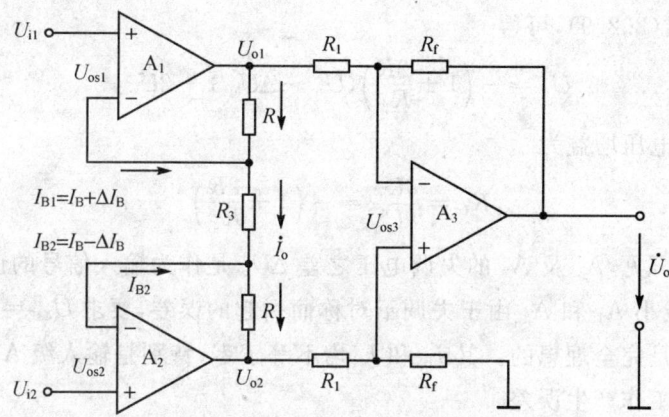

图 2.2.4 对称组装式数据放大器

1. 闭环增益及输入漂移

由图 2.2.5 来分析该电路的闭环电压增益,可以看出,图中 U_d 是被测的差模输入电压,U_{cm} 是共模输入电压,数据放大器的功能是放大 U_d,并尽可能地抑制 U_{cm}。

先假设不考虑 $A_1 \sim A_3$ 的 I_{os} 及 I_b,则由图 2.2.5 可得

$$I_o = \frac{U_d - U_{os1} + U_{os2}}{R_3} = \frac{U_d - \Delta U_{os}}{R_3} \qquad (2.2.7)$$

$$U_{o1} - U_{o2} = I_o(2R + R_3) = \left(1 + \frac{2R}{R_3}\right)(U_d - \Delta U_{os}) \qquad (2.2.8)$$

设 $R_1 = R_f$,由图 2.2.5 可得输出电压

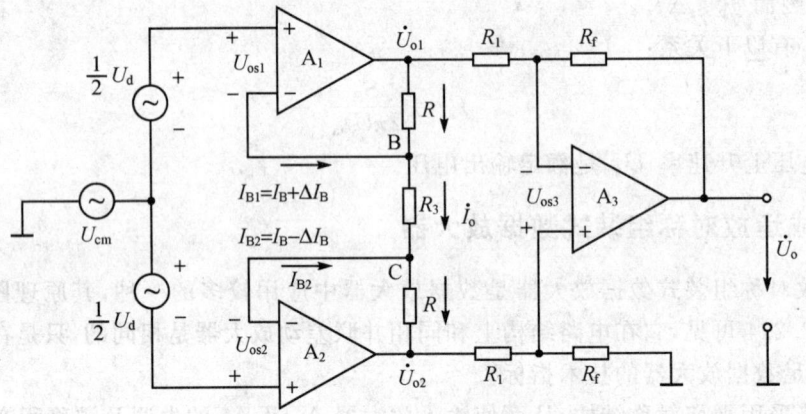

图 2.2.5 考虑差模及共模信号时的组装数据放大器

$$U_o = -(U_{o1} - U_{o2}) + 2U_{os3} \tag{2.2.9}$$

将式(2.2.8)代入式(2.2.9),可得

$$U_o = -\left(1 + \frac{2R}{R_3}\right)(U_d - \Delta U_{os}) + 2U_{os3} \tag{2.2.10}$$

由此可得理想差模电压增益为

$$K_f = \frac{\partial U_o}{\partial U_d} = -\left(1 + \frac{2R}{R_3}\right) \tag{2.2.11}$$

由式(2.2.10)可见,A_1 及 A_2 的失调电压之差 ΔU_{os} 是作为输入信号的误差而直接反映出来的。因此,为了减小 A_1 和 A_2 由于失调不对称而引起的误差,要求 $U_{os1} = U_{os2}$,即 $\Delta U_{os} = 0$。

实际运放并非是完全理想的。其 I_B 和 I_{os} 均不等于零,特别是输入级 A_1 和 A_2 的 I_B 及 I_{os} 的存在将会使电路工作产生误差。

由图 2.2.4 可得

$$I_{B1} = I_B + \Delta I_B$$
$$I_{B2} = I_B - \Delta I_B$$

式中,$I_B = \dfrac{I_{B1} + I_{B2}}{2}$,$\Delta I_B = \dfrac{I_{B1} - I_{B2}}{2}$。

虽然在 I_{B1} 及 I_{B2} 存在时,I_o 是不变的,但 U_{o1} 及 U_{o2} 之差将变为

$$U_{o1} - U_{o2} = 2R(I_o - \Delta I_B) - \Delta U_{os} + U_d \tag{2.2.12}$$

将式(2.2.7)代入,则输出电压为

$$U_o = -(U_{o1} - U_{o2}) = -\left(1 + \frac{2R}{R_3}\right)(U_d - \Delta U_{os}) + 2R\Delta I_B \tag{2.2.13}$$

由式(2.2.13)可求得闭环差模增益为

$$K'_f = \frac{\partial U_o}{\partial U_d} = -\left(1 + \frac{2R}{R_3}\right) = K_f$$

因此说明闭环增益没有变化。

由式(2.2.13)可求得折算到输入端的等效漂移电压为(设 $dU_d/d\tau = 0$)

$$\frac{1}{K_f}\frac{\partial U_o}{\partial T} = -\frac{\partial \Delta U_{os}}{\partial T} + \frac{2R}{K_f} \cdot \frac{\partial \Delta I_B}{\partial T} \tag{2.2.14}$$

由此可见,为了减小等效输入漂移电压,应按以下原则选择元件:

① 选择 U_{os1} 和 U_{os2} 尽可能小,且接近相等的运放 A_1 和 A_2。

② 选用尽可能小的电阻 R。

2. 高共模抑制比线性组装式数据放大器

图 2.2.4 所示为典型数据放大器,该电路的共模抑制比由于输入运放存在着有限的共模抑制比,因而限制了该电路的共模抑制比的进一步提高。通常即使采用高共模抑制比的运放做输入级,该电路实际能达到的共模抑制比也不能满足某些特殊应用场合(如心电记录器等)的要求。

为了进一步提高共模抑制比,除了选用 CMRR 大的运放之外,还可以通过电路技术(如采用共模自举技术)来获得更高的共模抑制能力。

图 2.2.6 示出了采用共模自举技术的数据放大器方案。由图可见,输入级即使有共模电压存在,由于输入电缆屏蔽层接在同相跟随器 A_4 放大器的输出端,其 A_4 的同相输入电压 U_B 为 U_{cm},致使电缆屏蔽层的电位也等于输入共模电压 U_{cm},因此大大抑制了共模电压 U_{cm} 在输出端所造成的误差。这种连接方法对于消除输入电缆分布电容不平衡而造成的影响特别有效。由图可得

$$U_{o1} = \left(1 + \frac{R}{R_3}\right)U_{i1} - \frac{R}{R_3}U_{i2}$$

$$U_{o2} = \left(1 + \frac{R}{R_3}\right)U_{i2} - \frac{R}{R_3}U_{i1}$$

$$U_B = \frac{1}{2}(U_{o1} + U_{o2}) = \frac{1}{2}(U_{i1} + U_{i2})$$

由共模输入电压定义

$$U_{cm} = \frac{1}{2}(U_{i1} + U_{i2})$$

所以
$$U_B = U_{cm}$$

又
$$U_C = U_B$$

所以
$$U_C = U_{cm}$$

显然,由于 C 点电位近似等于 U_B,因而使电缆屏蔽层电位 $U_C = U_{cm}$,致使不再因电缆电容

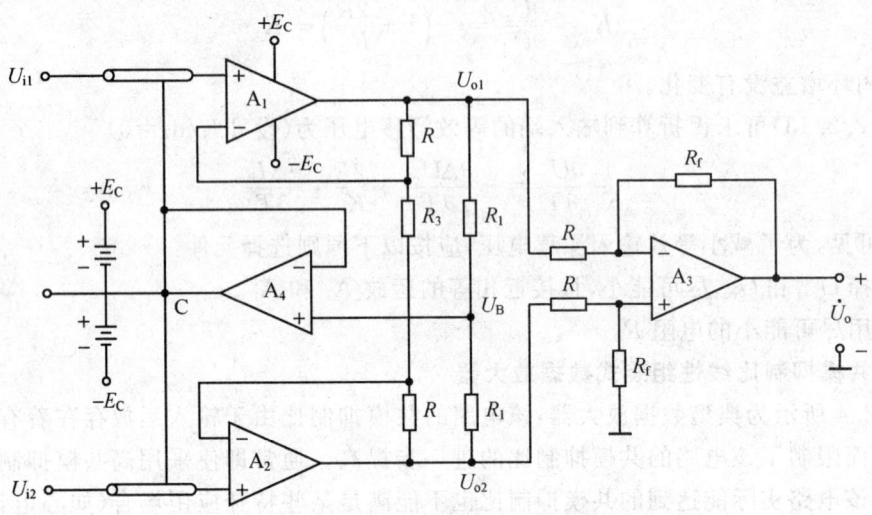

图 2.2.6 高共模抑制比数据放大器

的不平衡而造成很大的共模误差。

由图 2.2.6 还可见，A_4 的输出端 C 点不仅接到输入电缆屏蔽层上，还接到输入运放 A_1 和 A_2 供电电源 $\pm E_C$ 的公共端，因此使其电源处在随共模电压 U_{cm} 而变的浮动状态。即使正负供电电源的涨落幅度与共模输入电压的大小完全相同，由于电源对共模电压的跟踪作用，所以会使共模电压造成的影响大大地削弱。

2.2.4 动态校零数据放大器

在新型的集成运放中，已经成功地采用了"动态校零"的稳零技术，它是与其他在时间域上连续工作的数据放大器完全不同的一种带有自动稳零技术的数据放大器。它将放大器的工作过程分割成两个节拍：一个是对用做输入失调 U_{os} 的校正电压进行寄存的误差，即寄存节拍；另一个则是放大和校零节拍。该电路的特点是，即使失调电压 U_{os} 较大，由于动态校零的结果，也可使其温度漂移抑制得很低，约可达到 $0.2\ \mu V/℃$。

图 2.2.7 所示的是一种动态校零的原理电路。图中开关 S_2 和电容 C_1 以及 S_3、C_2、A_3 分别构成两个采样/保持电路。第一个采样/保持电路用来对放大器 A_1 进行动态校零；第二个采样/保持电路用来维持输出电压的连续性。

电路的工作分两个阶段，由时钟控制开关完成。一个阶段称为误差寄存；另一个阶段称为动态校零和放大输入信号。

内部时钟 CP 由振荡器（OSC）提供，若在时钟 $0 \sim T_1$ 时间内，开关 S_1、S_2、S_3 停在①端位置，即 S_2 接通，S_1、S_3 断开，则相应电路状态如图 2.2.8 所示。

在此时间内，有

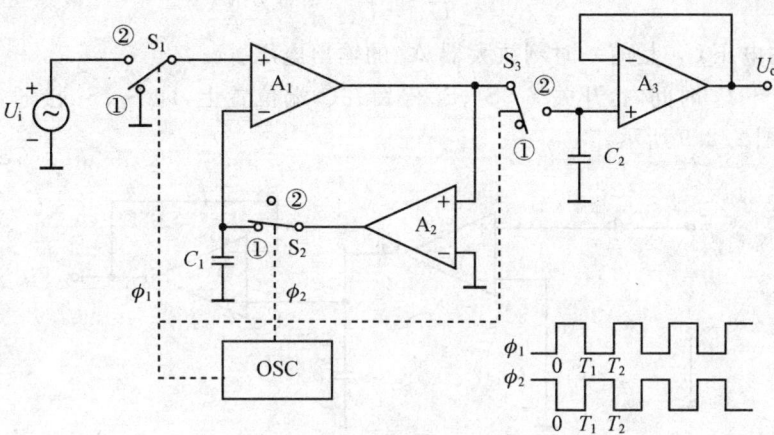

图 2.2.7 闭环状态斩波稳零放大器原理图

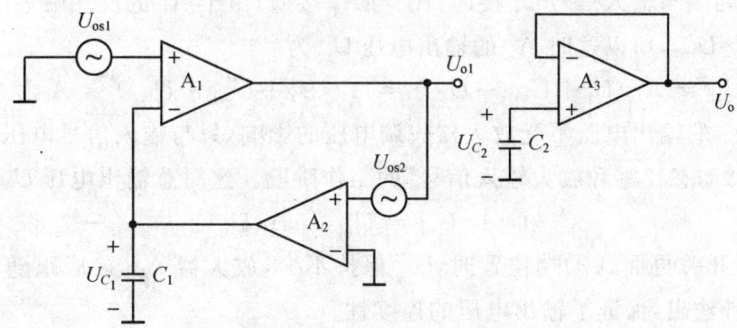

图 2.2.8 放大器工作状态之一

$$U_{o1} = (U_{os1} - U_{o1})A_{1v}$$
$$U_{o1} = (U_{os2} + U_{o1})A_{2v}$$

式中，A_{1v}、A_{2v} 为运放 A_1、A_2 的增益。

解此方程可得

$$U_{C_1} = \frac{A_{1v} \cdot A_{2v}}{1+A_{1v}A_{2v}}U_{os1} + \frac{A_{2v}}{1+A_{1v}A_{2v}}U_{os2} \tag{2.2.15}$$

通常 $A_{1v} \gg 1, A_{1v}A_{2v} \gg 1$，所以上式可近似为

$$U_{C_1} \approx U_{os1} + \frac{U_{os2}}{A_{1v}} \approx U_{os1} \tag{2.2.16}$$

式(2.2.16)表明，电容 C_1 寄存了 A_1 的失调电压 U_{os1}，此段时间是放大器误差检测和寄存阶段。

由于此时 A_3 与 A_1 之间被切断（S_3 断开），所以 A_3 的输出电压 U_o 为

$$U_o = U_{C_2} \tag{2.2.17}$$

而 C_2 上寄存的电压 U_{C_2} 是前一时刻放大器 A_1 的输出电压。

在时钟 $T_1 \sim T_2$ 时间内,开关 S_1、S_2、S_3 停留在②端位置上,即 S_1、S_3 接通,S_2 断开,相应的电路状态如图 2.2.9 所示。

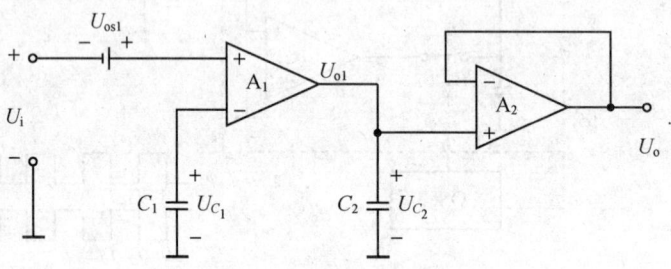

图 2.2.9 放大器工作状态之二

这时,A_1 同相端与输入信号 U_i 接通,A_1 与 A_3 接通,由于 A_1 的反相端还保存着前一时刻的失调电压 $U_{C_1} = U_{os1}$,所以这时 A_1 的输出电压 U_{o1} 为

$$U_{o1} = A_{1v}(U_i + U_{os1} - U_{C_1}) = A_{1v}(U_i + U_{os1} - U_{os1}) = A_{1v}U_i \tag{2.2.18}$$

上式表明,A_1 的输出电压不受放大器失调电压的影响,只与输入信号电压有关。因此,此段工作时间称为"动态校零和放大输入信号"的工作阶段。这时总输出电压 U_o 为

$$U_o = U_{o1} = U_{C_2} = A_{1v}U_i \tag{2.2.19}$$

当时钟控制开关再回到①端位置时,U_{C_2} 保持不变,放大器 A_3(接成跟随器工作)继续以 $A_{1v}U_i$ 的幅值向外输出,保证了输出电压的连续性。

开关的反复通断,使得 A_1 的漂移不断被校正,这就是动态校零的工作原理。

开关 S_1、S_2、S_3 一般用 MOSFET 完成。

2.2.5 实用参考电路

图 2.2.10 是实用动态校零数据放大器具体电路。输入级采用双极型晶体管,其他各级用 JG24 通用型运放,用低导通电阻的 MOSFET 做模拟开关,采样/保持电路由一对 5FET 以及电容 C 和模拟开关 S_5 组成。

该电路在误差寄存节拍中不需要将反馈回路闭合到由 R_1 与 R_2 所组成的电阻链中心,这样可节省一个模拟开关和一个精密电阻。在输入电路中,放大器的集电极是交叉耦合的,以便对放大器提供全差分校正。这样可以保持为获得优良的共模抑制比所必需的平衡,经误差校正后再以电流形式注入到差动输入级的集电极电阻的节点上去。

该电路的突出优点是温度变化时,失调电压变化对整个电路的漂移影响很小,约 $0.1\ \mu V/℃$。

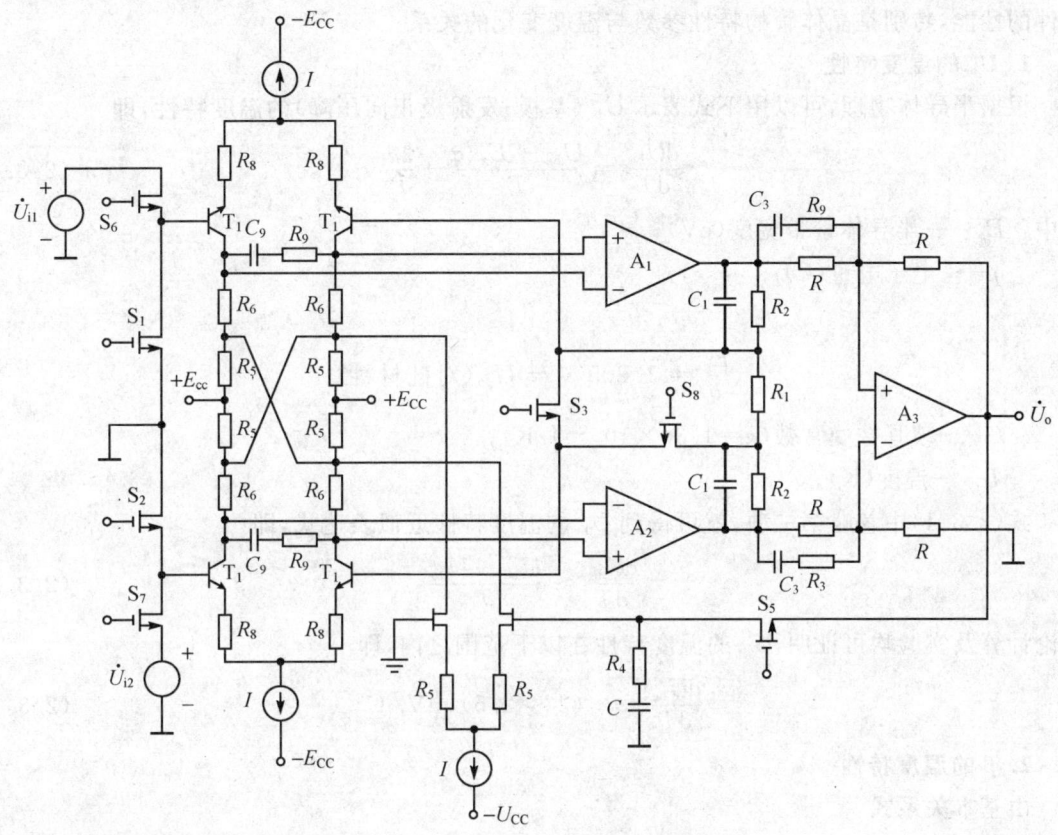

图 2.2.10　实用动态校零数据放大器

2.3　低漂移直流放大器的设计

在实际测量中,有很多被测量是变化非常缓慢的、非周期性的近似直流信号。例如,热电偶测量温度时所发出的就是变化缓慢的电压信号,地震仪中的拾震器接收到地球内层的某些变化也可能是变化非常缓慢的信号。压力传感器静态标定时,从压力传感器中发出的是近似直流信号。通常这些被测信号是非常缓慢的,必须进行放大。然而直流放大器存在着漂移这一难以克服的现象。漂移现象是一种随机波动的缓慢信号,这些随机波动信号和有用的被测信号混杂在一起时不仅限制了测量精度,而且也限制了被检测的最小电平。因此,为了检测微弱的缓慢信号,就必须设计一种高稳定性的低漂移直流放大器。

2.3.1　单管直流放大器温度漂移的计算

对晶体管而言,温度变化是造成零点漂移的重要因素,为了抑制温度漂移,必须分析电子器件的性能,特别是晶体管的特性参数与温度变化的关系。

1. U_{be} 的温度特性

根据半导体物理,可以用下式表示 U_{be}(基极-发射极正向压降)的温度特性,即

$$\frac{dU_{be}}{dT} = \frac{U_{be} - E_g/q}{T} - \frac{3k}{T} \tag{2.3.1}$$

式中　E_g——半导体禁带宽度(eV);

　　　q——电子电量(C);

$$\frac{E_g}{q} = 1.205 \text{ V} = U_{go}(对硅材料)$$

　　　k——玻耳兹曼常数($k = 1.38 \times 10^{-23}$ J/K);

　　　T——温度(K)。

式(2.3.1)中忽略第二项,就可得到 U_{be} 的温度特性近似表达式,即

$$\frac{dU_{be}}{dT} \approx \frac{U_{be} - U_{go}}{T} \tag{2.3.2}$$

理论计算及实验均可证明,U_{be} 的温度特性在以下范围之内,即

$$\frac{dU_{be}}{dT} \approx -(2 \sim 2.5) \text{ mV/℃} \tag{2.3.3}$$

2. β 的温度特性

由基本关系式

$$I_b = I_c/\beta$$

考虑到温度变化引起 β(晶体管的共发射电流放大倍数)的变化,I_b 也相应地发生变化,则

$$\frac{dI_b}{dT} = \frac{d(I_c/\beta)}{dT} = -\frac{I_c}{\beta^2}\frac{d\beta}{dT} = -\left(\frac{1}{\beta}\frac{d\beta}{dT}\right)I_b \tag{2.3.4}$$

式中,$\dfrac{1}{\beta}\dfrac{d\beta}{dT}$ 是晶体管 β 的温度系数,可由图 2.3.1 中的 I_b 随温度 T 变化的曲线来确定。图中曲线可用两根近似直线(见图中虚线)来表示,则有

$$\begin{cases} \dfrac{I_b}{I_{b(25℃)}} = 1.125 + CT, & 当 T > 25 ℃ 时, C = -0.5 \%/℃ \\[2mm] \dfrac{I_b}{I_{b(25℃)}} = 1.375 + CT, & 当 T < 25 ℃ 时, C = -1.5 \%/℃ \end{cases}$$

则 I_b 对 T 求导可得

$$\frac{dI_b}{dT} = CI_{b(25℃)} \tag{2.3.5}$$

比较得 β 的温度系数 C 为

$$C = \left(-\frac{1}{\beta}\frac{d\beta}{dT}\right) \tag{2.3.6}$$

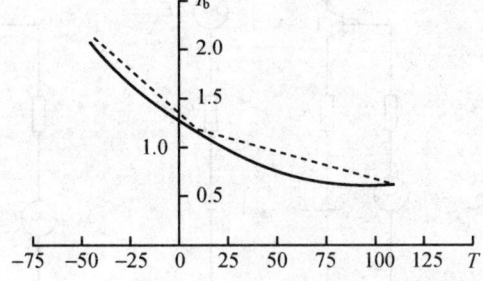

图 2.3.1 硅管 I_b 与 T 的关系曲线

3. I_{cbo} 的温度特性

由半导体物理,可推导出 I_{cbo}(发射极开路时,集电极-基极反向电流)的温度特性

$$I_{cbo} = I_{cbo(25℃)} e^{k(T-T_0)} \tag{2.3.7}$$

式中,k 为 I_{cbo} 的温度系数,锗管 $k \approx 0.08/℃$,硅管 $k \approx 0.12/℃$。虽然硅管的温度变化对 I_{cbo} 的影响较锗管大,但因硅管 I_{cbo} 的值较锗管小 2~3 个数量级,因此硅管的温度稳定性还是较锗管好。

从单管放大器 T 形等效电路,可得到输出漂移电压 ΔU_o 为

$$\Delta U_o \approx \frac{R_C}{R_E}|\Delta U_{be}| + R_C\left(\frac{R_B}{R_E}+1\right)\left(\frac{\Delta\beta}{\beta}I_b + \Delta I_{cbo}\right) \tag{2.3.8}$$

式(2.3.8)可为设计单管低漂移放大器提供理论根据。对管子的要求如下:
① 应选择 I_{cbo} 小的管子,所以通常都用硅管做低漂移直流放大器;
② 应使晶体管工作在低电流状态下,就是 I_b 较小,同时要选 β 的温度系数小的管子;
③ 尽量减小基极回路等效电阻 R_B 及增大射极等效电阻 R_E。

4. 电源电压的变化所引起的漂移

如果供给直流放大器的稳压电源电压发生波动,则在放大器的输出端电压也会发生变化。图 2.3.2 由正负两组电源供电,ΔE_c 及 ΔE_e 表示正负电源的波动量。负电源 ΔE_e 的波动可以折算到基极回路,如图 2.3.2(b)所示。而正电源的波动量 ΔE_c 串接在输出回路,可将 ΔE_c 折算到输入端,其等效漂移电压为 $\Delta E_c/A$。因此,正负电源波动所引起的输入端总漂移可用图 2.3.2(c)表示,即

$$\Delta U_P = \Delta E_e + \frac{\Delta E_c}{A}$$

通常 $A>1$,所以电源波动所引起的漂移主要是由于负电源的波动 ΔE_e 而引起的。因此,发射极负电源的稳定度比集电极电源的稳定度要求更高些。

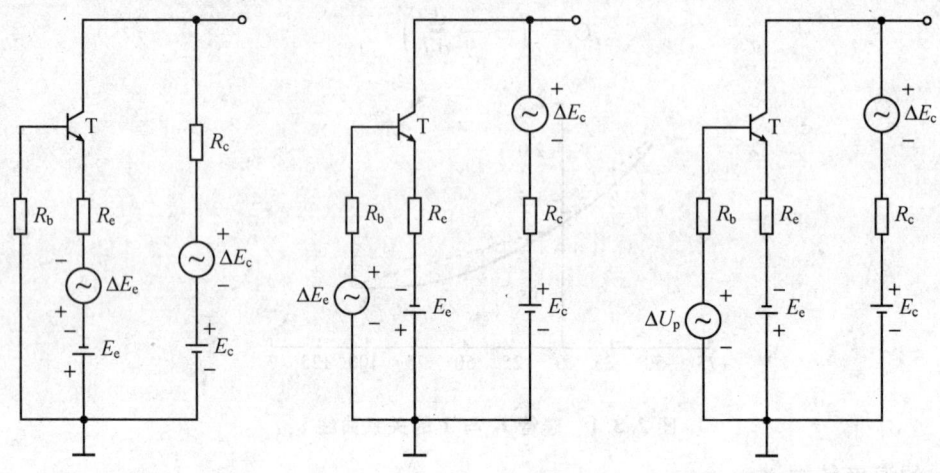

(a) 正负两组电源供电　　　(b) 负电源波动计算到基极　　　(c) 正负电源波动引起输入端的漂移

图 2.3.2　电源电压波动所引起的漂移

2.3.2　差动放大器温度漂移的计算

1. 晶体管差动放大器的温度漂移

（1）失调电压 U_{os} 的温度漂移

通常要求差动放大器输入信号为零时，输出电压也要为零，电路如图 2.3.3 所示。

当 T_1、T_2 两基极均接地时，则要求输出电压 U_o 等于 0。但由于晶体管及其电路参数不可能做到完全对称，所以往往 $U_o \neq 0$。通常把零输入时输出不为零的现象称为差动放大器的失调。而产生失调的根本原因是电路参数不对称。

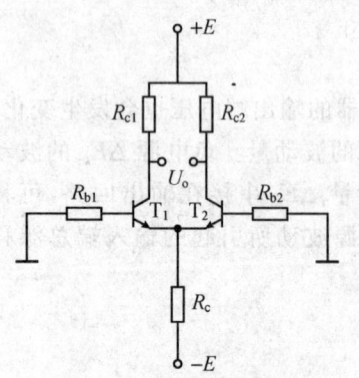

图 2.3.3　差动放大器

失调电压
$$U_{os} = U_{be1} - U_{be2} \tag{2.3.9}$$

失调电流
$$I_{os} = I_{b1} - I_{b2} = \frac{I_{c1}}{\beta_1} - \frac{I_{c2}}{\beta_2} \tag{2.3.10}$$

下面分析 U_{os} 的温度漂移。

根据半导体物理，晶体管的集电极电流可表示为

$$I_{c1} \approx I_{s1} \cdot e^{\frac{qU_{be1}}{kT}}$$

$$I_{c2} \approx I_{s2} \cdot e^{\frac{qU_{be2}}{kT}}$$

式中，I_s 是反向饱和漏电流。若两管温度相等，则

$$U_{be1} \approx \frac{kT}{q}\ln\frac{I_{c1}}{I_{s1}}, \qquad U_{be2} \approx \frac{kT}{q}\ln\frac{I_{c2}}{I_{s2}} \qquad (2.3.11)$$

将式(2.3.11)代入式(2.3.9),得失调电压为

$$U_{os} = |U_{be1} - U_{be2}| = \frac{kT}{q}\ln\left(\frac{I_{s2}}{I_{s1}}\frac{I_{c1}}{I_{c2}}\right)$$

当 T 变化时,若保持 $\left(\dfrac{I_{s2}}{I_{s1}}\dfrac{I_{c1}}{I_{c2}}\right)$ 是一常数,则可得失调电压的温度漂移为

$$\frac{dU_{os}}{dT} = \frac{k}{q}\ln\left(\frac{I_{s2}}{I_{s1}}\frac{I_{c1}}{I_{c2}}\right) = \frac{\frac{kT}{q}\ln\left(\frac{I_{s2}}{I_{s1}}\frac{I_{c1}}{I_{c2}}\right)}{T} = \frac{U_{os}}{T} \qquad (2.3.12)$$

式(2.3.12)表明,失调电压的温度漂移与失调电压本身成正比。

在室温下,U_{os} 漂移可由下式计算,即

$$\frac{dU_{os}}{dT} = \frac{U_{os}}{T} = 3.3 U_{os} \qquad (2.3.13)$$

式中,U_{os} 用 mV 计,即 1 mV 的失调电压将会引起 3.3 μV/℃ 的温度漂移。

(2) 失调电流 I_{os} 的温度漂移

由失调电流的定义

$$I_{os} = I_{b1} - I_{b2} = \Delta I_b \qquad (2.3.14)$$

因

$$I_{b1} = \frac{I_{c1}}{\beta_1}, \qquad I_{b2} = \frac{I_{c2}}{\beta_2}$$

设

$$I_{c1} = I_{c2} = I_c$$

令

$$\Delta\beta = \beta_2 - \beta_1, \qquad \beta = \frac{\beta_1 + \beta_2}{2}$$

将以上各式代入式(2.3.14)可得

$$I_{os} = \frac{\Delta\beta}{\beta^2 - (\Delta\beta/2)^2} I_c$$

当 $\beta \gg \Delta\beta$ 时,则

$$I_{os} \approx \frac{\Delta\beta}{\beta} I_b \qquad (2.3.15)$$

式(2.3.15)说明,在 β 给定时,I_b 和 $\Delta\beta$ 越小,则 I_{os} 也越小。式(2.3.14)对 T 求导数可得

$$\frac{dI_{os}}{dT} = \frac{dI_{b1}}{dT} - \frac{dI_{b2}}{dT}$$

因为

$$\frac{dI_b}{dT} = -\frac{1}{\beta}\frac{d\beta}{dT}I_b$$

所以

$$\frac{dI_{os}}{dT} = -\frac{1}{\beta_1}\frac{d\beta_1}{dT}I_{b1} + \frac{1}{\beta_2}\frac{d\beta_2}{dT}I_{b2} \tag{2.3.16}$$

当两管 β 的温度系数接近时,式(2.3.16)可表示为

$$\frac{dI_{os}}{dT} = \left(-\frac{1}{\beta}\frac{d\beta}{dT}\right)I_{os} = CI_{os} \tag{2.3.17}$$

式中,C 是 β 的温度系数。

可见,失调电流 I_{os} 的温度系数取决于 β 的温度系数和失调电流本身的数值。失调电流越小,则失调电流的温漂也越小。

对于图 2.3.4 所示差动放大器来说,失调电压和失调电流引起的总输入端漂移电压 U_{ip} 可用下式表示,即

$$U_{ip} = \frac{U_{os}}{T}\Delta T + R_B\left(\frac{1}{\beta}\frac{d\beta}{dT}I_{os}\Delta T\right) \tag{2.3.18}$$

式中,$R_B \approx R_b$。

2. 场效应管差动放大器的温度漂移

(1) FET 的温度特性

所谓零温度特性是指当工作点电流 I_D 为某一定值时,将不再随温度而变化。

共源接法 FET 的输出特性由下式决定,即

$$I_D = I_{DSS}\left(1 - \frac{U_{GS}}{U_P}\right)^2 \tag{2.3.19}$$

上式对 T 求导数,并经整理后可得

$$\frac{dU_{GS}}{dT} = \frac{T - T_0}{T_0} \cdot \frac{U_{GS0}}{U_P} \cdot \alpha_P \tag{2.3.20}$$

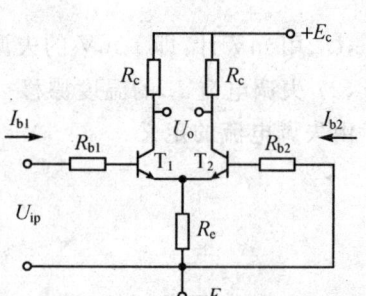

图 2.3.4 差动放大器等效输入漂移电压

式中,U_{GS0} 是零温度系数点的偏置电压;$\alpha_P = \frac{\partial U_P}{\partial T} \approx 2.2 \text{ mV/℃}$;$T$ 为室温。

式(2.3.20)清楚地表明,当 $T = T_0$ 时,$dU_{GS}/dT = 0$,也就是说,零温度系数点只存在于 T_0 的附近。

对于结型管,其零温度系数点 U_{GS0} 可由理论计算得到,即

$$U_{GS0} \approx U_P \pm (0.63 \sim 0.68)\text{ V} \tag{2.3.21}$$

式中,正号适合于 N 型沟道,负号适合于 P 型沟道。

相应于零温度系数点的漏极电流为

$$I_{D(0)} = I_{DSS}\left[-\frac{(0.63 \sim 0.68)\text{V}}{U_P}\right] \tag{2.3.22}$$

N 型沟道 FET 管在不同温度下的转移特性如图 2.3.5 所示。对 MOS 场效应管,如 3D01,零温度系数点一般出现在 $(0.08 \sim 0.25)I_{DSS}$ 的范围内,可用实验来测定。

显然,设计场效应管直流放大器,为了得到良好的温度特性,必须将偏置电压设计在零温度系数点 U_{GS0} 上。

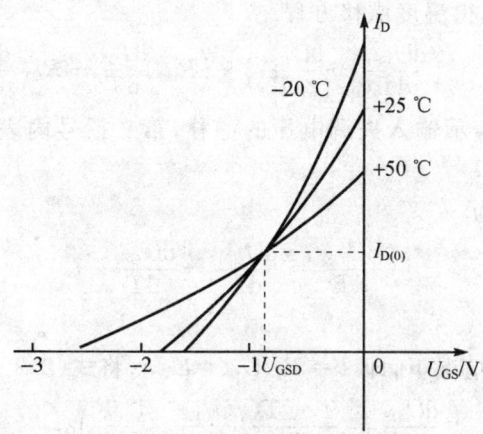

图 2.3.5　FET 管零温度系数点

(2) 场效应管差动放大器的温度漂移

如图 2.3.6 所示,由 FET 差动放大器电路可得

$$\begin{cases} U_{G1} = I_{D1}R_{e1} + U_{GS1} + I_{G1}R_{G1} \\ U_{G2} = I_{D2}R_{e2} + U_{GS2} + I_{G2}R_{G2} \end{cases}$$

式中,I_G 是栅极电流。

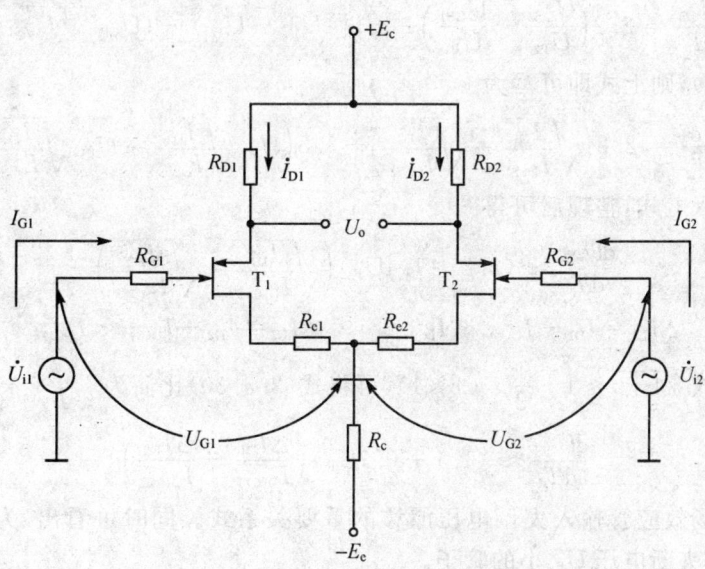

图 2.3.6　FET 差动放大器

若 $I_{D1}R_{e1} = I_{D2}R_{e2}$,则输入偏差电压(失调电压)为

$$U_{OS} = U_{G2} - U_{G1} = (U_{GS2} - U_{GS1}) + (I_{G2}R_{G2} - I_{G1}R_{G1}) \quad (2.3.23)$$

上式两边对温度 T 求导,即得温度漂移方程

$$\frac{dU_{OS}}{dT} = \left(\frac{dU_{GS1}}{dT} - \frac{dU_{GS2}}{dT}\right) + \left(R_{G2}\frac{dI_{G2}}{dT} - R_{G1}\frac{dI_{G1}}{dT}\right) \quad (2.3.24)$$

上式右边第一括号内表示输入失调电压的漂移,第二括号内表示栅极电流在 R_G 上的电压差产生的电压漂移。

输入失调电压的漂移为

$$\frac{dU_{OS}}{dT} = \frac{dU_{GS1}}{dT} - \frac{dU_{GS2}}{dT} \quad (2.3.25)$$

这里有两种情况:

① 在零温度系数点的情况下,即 $T = T_0$,$U_{GS} = U_{GS0}$,将式(2.3.20)代入式(2.3.25),可得

$$\frac{dU_{OS}}{dT} = \frac{T - T_0}{T_0}\left(\frac{U_{GS0}}{U_{P2}} - \frac{U_{GS0}}{U_{P1}}\right)\alpha_P \quad (2.3.26)$$

由上式显然可见,即使当 $T = T_0$ 时,把差动电路精确地偏置在零温度系数点处,而当发生 $T \neq T_0$ 时,输入失调电压漂移仍是存在的,且 T 偏离 T_0 越大,则漂移 dU_{OS}/dT 也越大。

② 在偏离了零温度系数点的情况下,dU_{OS}/dT 可用下式表示,即

$$\frac{dU_{GS}}{dT} = -3.8 \times 10^{-3}(U_P - U_{GS}) + 2.2 \times 10^{-3}\frac{U_{GS}}{U_P} \quad (2.3.27)$$

将式(2.3.27)代入式(2.3.25),可得失调电压漂移(单位:mV/℃)为

$$\frac{dU_{OS}}{dT} = 2.2\left(\frac{U_{GS2}}{U_{P2}} - \frac{U_{GS1}}{U_{P1}}\right) - 3.5[(U_{P2} - U_{P1}) - (U_{GS2} - U_{GS1})] \quad (2.3.28)$$

注意到式(2.3.19),则上式即可写为

$$\frac{dU_{OS}}{dT} = 2.2\left(\sqrt{\frac{I_{D1}}{I_{DSS1}}} - \sqrt{\frac{I_{D2}}{I_{DSS2}}}\right) - 3.5\left(U_{P2}\sqrt{\frac{I_{D2}}{I_{DSS2}}} - U_{P1}\sqrt{\frac{I_{D1}}{I_{DSS1}}}\right) \quad (2.3.29)$$

将式(2.3.22)代入上式,整理后可得

$$\frac{dU_{OS}}{dT} \approx (2.2 + 1.4U_P)\left(\sqrt{\frac{I_{D1}}{I_{D(0)1}}} - \sqrt{\frac{I_{D2}}{I_{D(0)2}}}\right) \quad (2.3.30)$$

若 $\quad \Delta I_{D1} = I_{D1} - I_{D(0)1} \ll I_{D(0)1}, \quad \Delta I_{D2} = I_{D2} - I_{D(0)2} \ll I_{D(0)2}$

则利用近似关系式 $\sqrt{1+x} \approx 1 + \frac{1}{2}x$ ($x \ll 1$),可将式(2.3.30)化简为

$$\frac{dU_{OS}}{dT} \approx (1.1 + 0.7U_P)\left(\frac{\Delta I_{D1}}{I_{D(0)1}} - \frac{\Delta I_{D2}}{I_{D(0)2}}\right) \quad (2.3.31)$$

上式是估算场效应管输入失调电压漂移的重要关系式。同时可看出,为了减小 U_{OS} 的温度漂移,必须选择夹断电压 U_P 小的管子。

由于栅极电流极小,所以 dI_G/dT 可忽略。

3. 减小差动放大器温度漂移的措施

(1) 晶体管配对

差动放大器的温度漂移主要是电路元件参数不对称而引起的,特别是晶体管参数的不对称是引起漂移的主要原因。因此,在对晶体管进行必要的老化处理以后,必须对有关参数进行选配,对其温度特性进行测试。在设计低漂移放大器时,U_{be} 的偏差要求小于 1 mV。必须指出的是,测量 U_{be} 时应当保证其他条件均相同,否则会带来较大的测量误差。

由

$$\Delta U_{be} = \frac{kT}{q} \frac{\Delta I_c}{I_c} \approx 26 \frac{\Delta I_c}{I_c} \text{ mV}$$

表明,在选配过程中,如工作电流偏差 4 %,就会使 U_{be} 的选配误差达到 1 mV。因此选配 U_{be} 时,必须控制被选配的晶体管电流保持相等。

由

$$\frac{dU_{os}}{dT} = \frac{dU_{be2}}{dT} - \frac{dU_{be1}}{dT} = \frac{U_{be2} - U_{be1}}{T} = \frac{U_{os}}{T}$$

即当两管温度相差 0.4 %时,也会使 U_{be} 的选配误差达到 1 mV。

为了保持选配管的参数一致,并保持紧密的热耦合作用及较好的均热措施,目前在低漂移放大器设计中,均选择双生管(如 5G921),对其特性作进一步的选配后,制作成差动放大器,可以获得 10 μV/℃ 的温漂性能。当然,对 β 同样要进行选配。

(2) 电阻的挑选

要选温度系数小的同类型金属膜电阻,这样可保证温度系数的一致性。在要求温漂小于 100 μV/℃ 的放大器中,电阻 R_c 允许差别在 1 % 之内;在要求温漂小于 20 μV/℃ 的放大器中,电阻允许差别应小于 0.2 %。电阻应先老化,再用电桥挑选。

(3) 采用均热措施

由于 U_{be} 的温度系数 $\frac{dU_{be}}{dT} = -(2 \sim 2.5)$ mV/℃。因此,当 U_{be} 完全匹配,两管温度相差 0.01 ℃ 时,则输入端差模漂移也可高达 (20~25) μV/℃。因此,一定要使两管等温。凡是要求 100 μV/℃ 之内时,都应采用均热措施。通常用铜块或铝块挖两个相邻的孔存放差动对管,并充以硅油导热,这样效果更佳。在一些要求温漂更小的场合,应考虑采用恒温槽。

2.3.3 双通道放大器电路

双通道放大器也称斩波稳定复合型放大器,是一种低漂移、宽频带的电路,常用做数字电压表的前置输入级或用以构成模/数转换部分的主积分器。

双通道放大器的方框图如图 2.3.7 所示。

其中 R_1、C_2——下通道输入滤波器;

S_1、S_2——异步调制解调开关(或称斩波器);

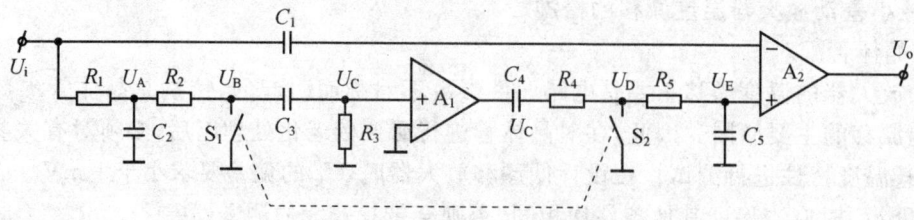

图 2.3.7 双通道放大器方框图

C_3、R_3——交流放大器 A_1 输入耦合电路；

C_4、R_4——交流放大级 A_1 输出隔直电容和负载电阻；

R_5、C_5——下通道积分输出滤波器(恢复直流分量)；

C_1——上通道耦合电容；

A_1、A_2——带局部负反馈的放大器。

此放大器的工作波形如图 2.3.8 所示。含有直流和交流(或低频和高频)分量的输入信号

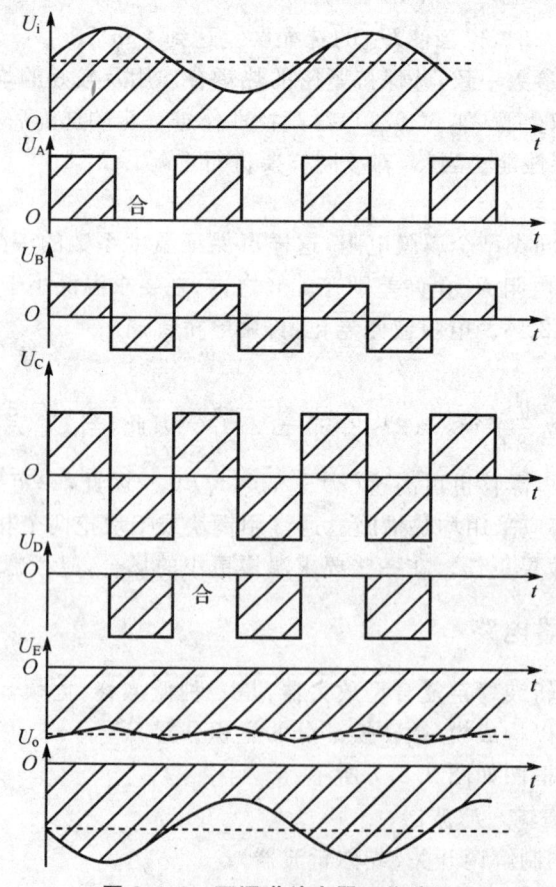

图 2.3.8 双通道放大器工作波形

U_i 进入放大器后,由 R_1、C_2 和 C_1 将其分成两部分,直流分量(或低频分量)通过 R_1、C_2 并被开关 S_1 斩波成如 $U_A - t$ 所示的脉动方波,再经过同相交流放大器 A_1 加以放大,经 C_4 隔直后得到正负对称方波 U_C,再经过 S_2 解调成单向脉动波形 U_D。U_D 取决于斩波开关 S_1、S_2 是同步动作还是异步动作(若经反相交流放大,同步解调也可以得到与 U_A 反相的输出 U_D),U_D 再经过积分平均,恢复直流分量后进入复合级 A_2。最后,通过上通道 C_1 的交流分量(高频分量)与通过下通道斩波稳定型直流放大器的直流分量(或低频分量)在 A_2 中复合成被反相放大的信号 U_o。

2.3.4 低漂移直流放大器制作工艺

1. 元件的老化处理

(1) 常温电老化

用做输入级的晶体管在额定最大功率(P_{CM})的工作条件下,老化 48 h 以上。用做中间级和末级的晶体管在额定最大功率的工作条件下,老化 24 h 以上。

(2) 高低温老化

在 +120 ℃ 条件下存放 0.5 h,间隔 1 min 后再在 -45 ℃ 的条件下存放 0.5 h,依次循环 3 次。

通常,经上述处理后的晶体管在使用一段时间后的损坏率比仅作常温电老化降低 80 %~90 %。

2. 元件在印刷电路板上的工艺安排

在绘制电路板时,应考虑:

① 元件应从前级至后级依次排列,不要交叉乱排;否则,由于后级较强的信号对前级的弱信号的影响,可能导致振荡或呈现噪声干扰。

② 输入部分(特别是相加点、调制点附近)的元件排列要紧凑,走线要短,应用地线包围起来,并且要尽量远离供电电压及其他大信号元件及走线。

③ 调零的引线要远离输出部分的走线,调零引线的两侧最好也是地线。

④ 和地线相接的元件应当是从前级到后级依次连接。也就是说,后级的元件要避免和前级的元件在同一处接地。

⑤ 电路板插头引出线的排列顺序也很重要,排列的原则同上。

⑥ 在双通道斩波稳零式运算放大器中,作为高频通道的直耦电容器要远离下一通道(包括驱动源、调制与解调部分),否则将可能使尖峰干扰增大 3~5 倍。在可能的条件下,最好用金属盒将各部分单独屏蔽起来。

3. 印刷电路板的防潮湿漏电处理

首先选用绝缘性能优良的覆铜板。其他要求有:

① 相加点和调制点除用地线包围起来外,最好用专制的绝缘子架空,这样可有效地防止

板面上可能产生的漏电。对于高精度的斩波稳零式运算放大器,特别有必要这样处理。

② 为了防止电源电压或大信号引出线的端部通过印刷电路板插头部分的切口边缘向相加点的引出线端部漏电,应将与相加点相邻的引出线均设计成地线的引出线,并且在此地线的引出端部开一凹槽,此凹槽的侧面是经过金属化处理的。

③ 电路板调试好以后,应喷涂一薄层环氧树脂。

应当说明,上述工艺处理措施不是绝对的,须视具体情况灵活处置。一般地说,精度与稳定度愈高的场合,工艺处理措施要求愈严格。

2.3.5 实用参考电路

1. 5G7650 型斩波式集成运放

(1) 5G7650 型运放工作原理

5G7650 型 CMOS 斩波稳零集成运放,采用动态校零方法,将 MOS 器件固有的失调和温漂加以消除。其动态校零电路如图 2.3.9 所示。

图 2.3.9 中 A_1 为主放大器,A_2 为调零放大器。引出端 N_1 为 A_1 放大器调零输入端,N_2 为 A_2 放大器调零输入端。开关 S_{1-1}、S_{1-2}、S_{2-1}、S_{2-2} 受时钟控制。

在时钟的上半周期,S_1(即 S_{1-1}、S_{1-2})开关接通,S_2(即 S_{2-1}、S_{2-2})开关断开,相应的电路工作状态如图 2.3.10 所示。此时,A_2 的两个输入端短接,其输入信号 $U_{i2}=0$。同时 A_2 的输出全部反馈到其调零输入端 N_2。此时 A_2 的输出电压 U'_{o2} 为

$$U'_{o2} = -A_{2v}U_{os2} - A'_2 U'_{o2} \tag{2.3.32}$$

式中,A'_2 是从 N_2 到输出端的增量,称为调零增益。A_{2v} 为 A_v 放大器的电压增益。由式(2.3.32)可得

$$U'_{o2} = -\frac{A_{2v}U_{os2}}{1+A'_2} \tag{2.3.33}$$

通常 $A'_2 \gg 1$,所以上式可近似为

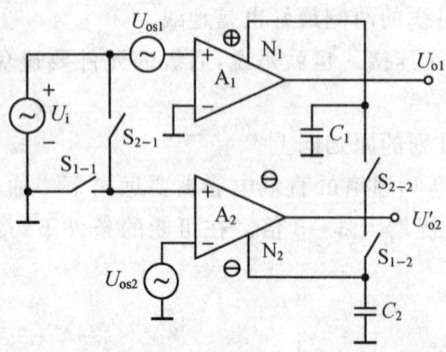

图 2.3.9 5G7650 电路图

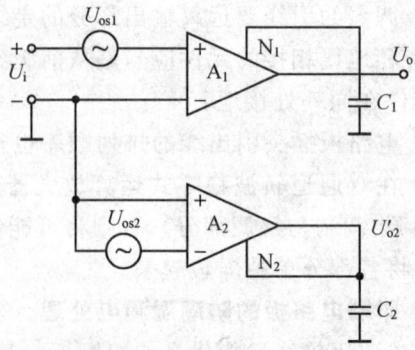

图 2.3.10 5G7650 工作状态之一

$$U'_{o2} \approx -\frac{A_{2v}}{A'_2}U_{os2} \tag{2.3.34}$$

由图 2.3.10 可知，电容 C_2 上的电压 U_{C_2} 为

$$U_{C_2} = U'_{o2} \approx -\frac{A_{2v}}{A'_2}U_{os2} \tag{2.3.35}$$

可见，在时钟控制的此段时间内，电容 C_2 上寄存了全部 A_2 的输出电压，此阶段为误差检测、误差寄存阶段。

在时钟下半周期，开关 S_2 接通、S_1 断开，相应的电路工作状态如图 2.3.11 所示。此时，A_1、A_2 放大器都接入输入信号 U'_{i2}。A_2 的输出电压 U''_{o2} 为

$$U''_{o2} = A_{2v}(U_i - U_{os2}) + A'_2 U_{C_2} \tag{2.3.36}$$

由于 $U_{C_2} = U'_{o2}$，将式(2.3.35)代入式(2.3.36)可得

$$U''_{o2} = A_{2v}(U_i - U_{os2}) + A'_2 \frac{A_{2v}}{A'_2} U_{os2} = A_{2v} U_i \tag{2.3.37}$$

由图 2.3.11 可知，电容 C_1 上电压 $U_{C_1} = U''_{o2}$。

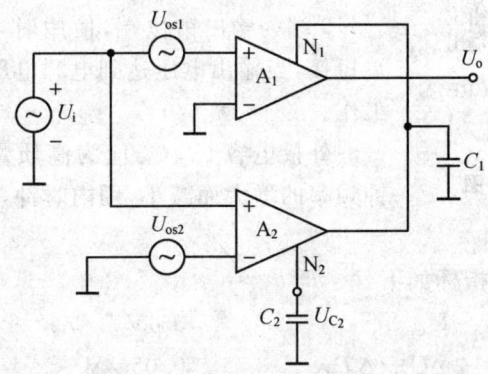

图 2.3.11　5G7650 工作状态之二

式(2.3.37)表明，运放 A_2 的输出端不存在失调量。由于 U''_{o2} 被送到主放大器 A_1 的调零输入端 N_1，且此端为同相端，N_1 端到输出端的增益用 A'_1 表示，则输出电压 U_o 为

$$U_o = A_{1v}(U_i + U_{os1}) + A'_1 U_{C_1} = (A_{1v} + A'_1 A_{2v})U_i + A_{1v} U_{os1} \tag{2.3.38}$$

式(2.3.38)中 A_{1v} 为 A_1 放大器的电压增益，第二项为输出中的误差成分，折合到输入端系统的失调电压 U_{os} 为

$$U_{os} = \frac{A_{1v} U_{os1}}{A_{1v} + A'_1 A_{2v}} \approx \frac{U_{os1}}{A_{2v}} \tag{2.3.39}$$

5G7650 型运放中，增益 A_{2v} 一般设计在 100 dB 左右，即使 U_{os1} 失调电压较大，如 50 mV，但总的失调仅为

$$U_{os} = \frac{U_{os1}}{A_{2v}} = \frac{50 \times 10^{-3}}{10^5} \text{ V} = 0.5 \text{ μV}$$

以上分析表明,在时钟控制下,电容 C_1、C_2 将各自寄存的上一阶段结果送入 A_1、A_2 的调零端 N_1、N_2 进行调整,可使系统几乎不存在失调和漂移。

(2) 5G7650 型运放结构的性能指标

5G7650 型运放为双列直插式封装,有 14 根引脚,引出端排列如图 2.3.12 所示。

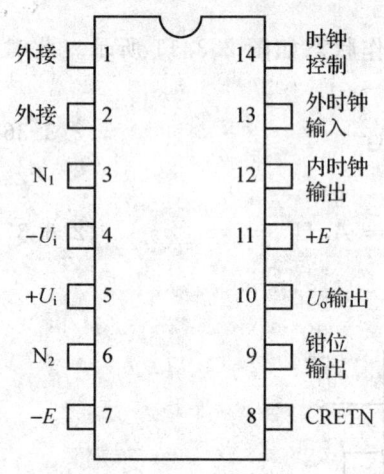

图 2.3.12 5G7650 引脚图

14 端是选择内、外时钟的控制端。13 端为外时钟输入端。当需要用外时钟时,14 端接负电源 $-E$,并在 13 端接入外时钟信号;当需要用内时钟时,14 端开路或接正电源 $+E$。

12 端为内时钟输出端,可用来观察时钟信号或提供给其他电路使用。

8 端为两个外接电容 C_1、C_2 的公共端,用 CRETN 表示。

9 端为输出钳位端,使用时可将 9 端与反相输入端 4 端短接,当输出电压达到电源电压 $+E$ 或 $-E$ 时,钳位电路工作。

外接电容 C_1、C_2 应为高质量电容。电容量大小随时钟频率的增大而减小,用内时钟,即 $f_{cp} = 200 \sim 300$ Hz 时,$C_1 = C_2 = 0.1$ μF。

5G7650 型运放的性能指标如下:

输入失调电压	U_{os}	5 μV
失调电压温漂	$\Delta U_{os}/\Delta T$	0.05 μV/℃
输入偏置电流	I_B	0.1 nA
开环电压增益	A_d	120 dB
共模抑制比	CMRR	120 dB
共模电压范围	U_{cm}	-7 V,$+4.5$ V
上升速率	SR	2 μV/μs
单位增益带宽	BW	2 MHz
输入电阻	R_i	10^{10} Ω
静态功耗	P_c	50 mW
内时钟频率	f_{cp}	$200 \sim 300$ Hz
电源电压	$+E$	7.5 V
	$-E$	-7.5 V

(3) 5G7650 型运放的应用

应用 5G7650 型运放时,典型接法与普通运放相同。图 2.3.13 为反相型放大器;图 2.3.14 为同相型放大器。

选用内时钟工作,外接电容 $C_1=C_2=0.1\ \mu F$,接在 1、8、2 端子间,如图中所示;输出钳位端 9 与反相输入端 4 相接;R_1、R_f 为外接电阻。

图 2.3.13 所示反相放大器的增益为

$$A_f = \frac{U_o}{U_i} = -\frac{R_f}{R_1} \tag{2.3.40}$$

图 2.3.14 所示同相放大器的增益为

$$A_f = \frac{U_o}{U_i} = 1 + \frac{R_f}{R_1} \tag{2.3.41}$$

图 2.3.15 为 5G7650 型运放组成的桥式放大器。

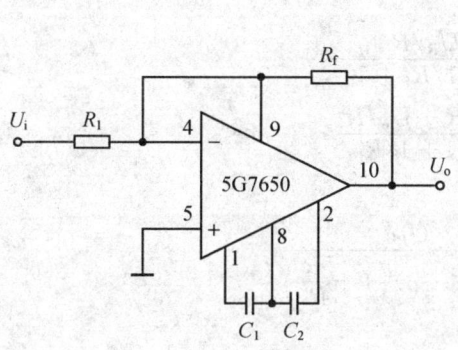

图 2.3.13 反相型放大器

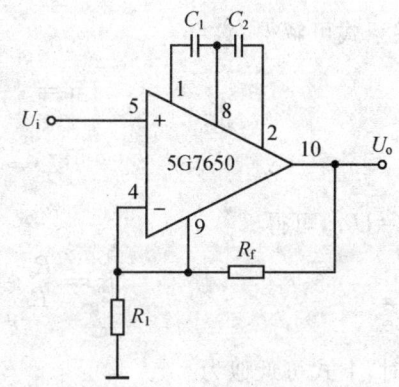

图 2.3.14 同相型放大器

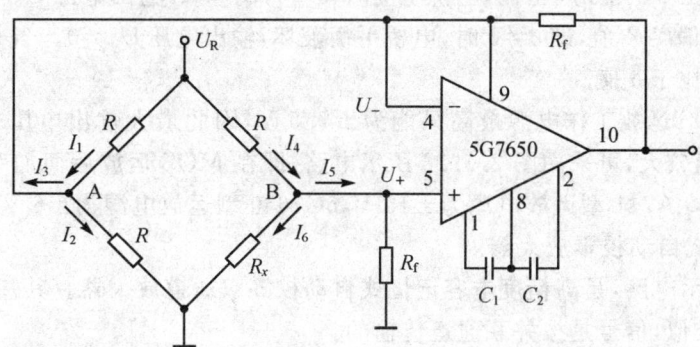

图 2.3.15 桥式放大器

在工业自动控制和测量中,常常需要将非电量转换成电量,这些转换可以通过传感器并采用桥式放大器完成,即图 2.3.15 所示电路。图中 R_x 为传感元件,$R_x = R(1+\delta)$,另外三个臂为数值相等的电阻 R。根据节点电流定律:

对 B 点可得 $\quad\quad\quad\quad\quad\quad\quad\quad\quad I_4 = I_5 + I_6$

对 A 点可得 $\quad\quad\quad\quad\quad\quad\quad\quad\quad I_1 = I_2 + I_3$

由图 2.3.15 可得

$$\left.\begin{aligned} I_4 &= (U_R - U_+)/R \\ I_5 &= U_+/R_f \\ I_6 &= U_+/R_x \\ I_2 &= U_-/R \\ I_1 &= (U_R - U_-)/R \\ I_3 &= (U_- - U_o)/R_f \end{aligned}\right\} \quad\quad (2.3.42)$$

由以上关系式可解得

$$U_+ = \frac{U_R/R}{1/R + 1/R_f + 1/R_x} \quad\quad (2.3.43)$$

$$U_- = \frac{U_R/R + U_o/R_f}{2/R + 1/R_f} \quad\quad (2.3.44)$$

因为 $U_+ = U_-$,可得

$$U_o = \frac{R_f}{R} \cdot \frac{U_R \delta}{1 + (1+\delta)\left(1 + \dfrac{R}{R_f}\right)} \quad\quad (2.3.45)$$

当 $\delta \ll 1$ 时,上式可近似为

$$U_o \approx \frac{R_f}{R} \cdot \frac{U_R \delta}{2 + R/R_f} \quad\quad (2.3.46)$$

可见,输出电压 U_o 与 δ 成正比,电桥平衡时,$\delta = 0$,$R_x = R$,输出电压 $U_o = 0$。当由于某一物理量变化使 R_x 偏离 R 值,即 $\delta \neq 0$ 时,电桥平衡破坏,输出电压 $U_o \neq 0$。当 R_x 的相对变化量 δ 不太大时,U_o 正比于 δ 值。

由于一般 MOS 运放工作电源最高只能为 ± 7.5 V,因此最大输出电压一般小于 ± 5 V。若希望输出电压值较大,可采用图 2.3.16 所示电路,即在 MOS 运放后面加一级双极型运放。图 2.3.16 电路中,μA741 型运放电源为 ± 15 V,5G7650 型运放电源为 ± 6 V。

2. 电容记忆式自动校零放大器

图 2.3.17 所示电路,是高精度电容记忆式自动校零双通道放大器。其基本结构与自动稳零双通道放大器类似,信号是按并联通道传输的。

输入信号 U_i 的高频分量通过交流前置放大器 A_1 放大后送主通道交流放大器 A_2,而直流和低频分量则经调制开关 S_1 及斩波前置放大器 A_3,送 A_4、A_5 进行放大。它的输出由单刀双

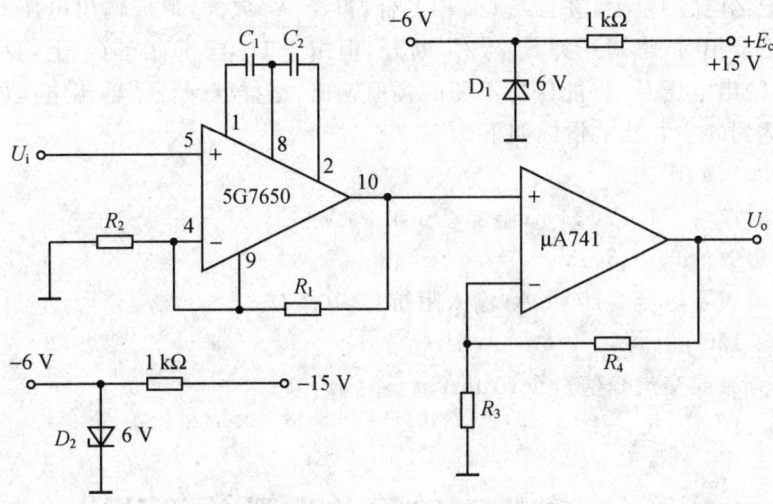

图 2.3.16 提高输出电压电路

掷式解调 S_2、S_3 交替地寄存在校正电容 C_2 上,并送到主通道放大器 A_2 的同相输入端,与高频分量相汇合,由主通道放大器 A_2 放大输出。

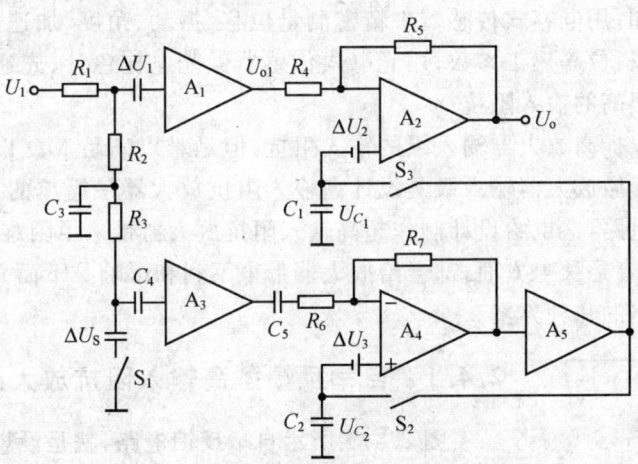

图 2.3.17 电容记忆式自动校零放大器

利用采样-保持技术,在时间上将放大器的辅助通道工作过程分成两个节拍:一个是误差记忆节拍,在此节拍中调制开关 S_1 断开,解调器开关 S_2 接通,则 S_3 断开,被测输入信号 U_i 和失调、漂移量一起被记忆在校正电容 C_2 上;另一个是校零节拍,此时 S_1 接通,即输入接地,S_2 断开,S_3 则接通,记忆在 C_2 上的信号即失调、漂移量与放大器 A_4、A_5 的失调、漂移量作减法,使误差电压被消除,从而实现了辅助通道自动校零的功能。信号电压经放大后送向主通道放大器同相端的记忆电容 C_1 上,并且与 U_{o1} 相汇合,再经 A_2 放大,形成输出电压 U_o。当时序再次转入误差记忆节拍时,解调开关 S_3 与 C_1 断开,但由于 U_{o1} 已寄存在 C_1 上,只要 U_{C_1} 在此节拍内保持不变,输出电压 U_o 将能保持不变的幅值输出,这样就保证了输出电压的连续性。

本放大器达到的主要技术指标如下。

开环增益:$\geqslant 160$ dB。

零点漂移:时漂$\leqslant \pm 1\ \mu V/24$ h;温漂$\leqslant \pm 0.1\ \mu V/℃$。

低频噪声(有效值)$\leqslant 0.5\ \mu V$。

输入特性:输入零电流$\leqslant 10^{-11}$ A;输入阻抗:$\geqslant 10^{11}\ \Omega$。

建立时间:$\leqslant 150\ \mu s$。

输出电流:直流或交流峰值$\geqslant \pm 10$ mA。

动态范围:± 10 V。

2.4 高输入阻抗放大器的设计

目前,很多非电量的测量都是通过传感器将非电量变成电量的,例如,对声、光、力、速度、加速度等的测量。但要进行高精度测量,其测量电路中与传感器相配套的放大器必须具有很高的输入阻抗。例如,用电容式传感器来精密测量位移、振动、角度、加速度、荷重等机械量以及压力、差压、液压、料位等热工参数;用光电式传感器做光电比色计、光通量计、测距仪等,都要求测量电路具有很高的输入阻抗。

利用复合管可以提高放大器输入级的输入阻抗,但是难以满足 MΩ 以上高输入阻抗的要求。当然用场效应管做放大器输入级是设计高输入阻抗放大器最简单的方案,但是必须用高阻值的电阻做偏置电路,这也给设计制作超高输入阻抗放大器带来了困难,因为超高阻值的电阻,无论是稳定性或者是噪声方面,都会给放大器带来不利和影响。下面介绍根据自举原理设计高输入阻抗放大器的几种方案。

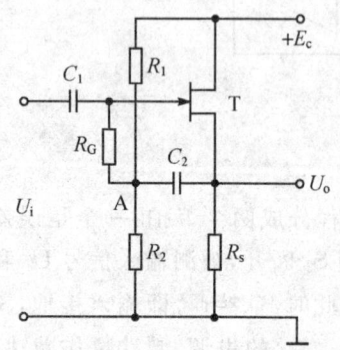

图 2.4.1 自举反馈电路原理

2.4.1 自举反馈型高输入阻抗放大器

图 2.4.1 所示自举反馈电路,就是设想把一个变化的交流信号电压(相位与幅值均和输入信号相同),加到电阻 R_G 不与栅极相接的一端(如图中 A 点),因此使 R_G 两端的交流电压近似相等,即 R_G 上只有很小的电流通过。也就是说,R_G 所起分路效应很小,从物理意义上理解就是提高了输入阻抗。

图 2.4.1 中,R_1、R_2 产生偏置电压并通过 R_G 耦合到栅级,电容器 C_2 把输出电压耦合到 R_G 的下端,则电阻 R_G 两端的电压为 $U_i(1-A_v)$,其中 A_v 为电路的电压增益。而输入回路的

直流输入电阻为

$$R_i = R_G + \frac{R_1 R_2}{R_1 + R_2}$$

必须特别指出，自举电容 C_2 的容量要足够大，以防止电阻 R_G 下端 A 点的电压与输入电压有较大的相位差，因为当 R_G 两端的电压有较大的相位差时，就会显著地削弱自举反馈的效果。为确保 R_G 两端的电压相位差小于 $0.6°$，要求 C_2 的容抗 $1/\omega C_2$ 应比 $R_1 // R_2$ 阻值小 1%。

1. 复合跟随器

图 2.4.2 是复合跟随器，在 T_2 的基极与发射极之间并联了一个电阻 R_3，它起分流作用，并在高温下对 T_2 的反向饱和电流提供了一条支路，因此可以提高输出电压 U_o 的直流稳定性。

该电路的另一个重要特点是通过电容 C_2 在 T_1 的输入端引入自举反馈，以提高输入阻抗。该电路的第三个特点是在 T_2 集电极上加接电阻 R_4，从而使电路的增益大于 1。由图 2.4.2 分析可知，R_4 与 R_5 连接点上的电压 U'_o 近似等于输入电压 U_i，而 R_4 及 R_5 串接电阻上的电压即输出电压 $U_o > U'_o$。由此可见，$A_v = \frac{U_o}{U_i} \approx \frac{U_o}{U'_o} > 1$，因此调节电阻 R_5 的阻值，也就可以调节复合跟随器的电压增益。

为了使图 2.4.2 所示电路有尽可能高的输入电阻，应使 A 点的交流电位 U'_o 与输入电压 U_i 尽可能相等，而且两者之间的相位差要尽可能小。为了获得尽可能大的输入电阻，通常在 R_4 与 R_5 之间接一可调电位器 R_w，并将 A 点接自电位器的可动端，调节电位器即可使 $U_A = U'_o = U_i$。为了减小两点之间电压的相位差，应选择足够大的电容 C_2，通常要求满足

$$\frac{1}{\omega C_2} < (R_{G1} // R_{G2}) \frac{1}{100}$$

式中，ω 应取其交流输入信号的下限频率。

获得最大输入电阻的高输入阻抗放大器如图 2.4.3 所示。

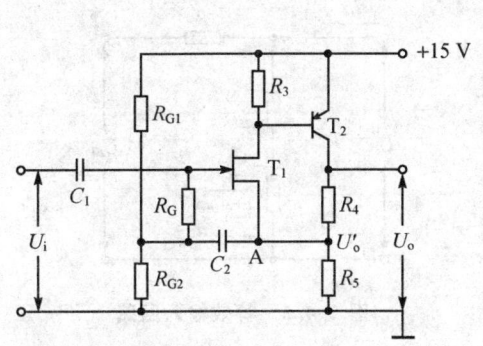

图 2.4.2 复合跟随器

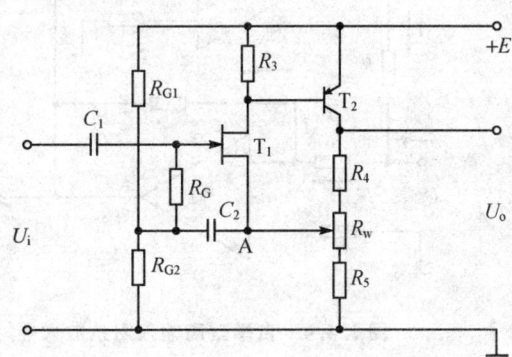

图 2.4.3 获得最大输入电阻高阻抗放大器

2. 由线性集成电路构成的自举反馈高输入阻抗放大器

图 2.4.4 电路是利用自举反馈,使输入回路的电流 I_i 主要由运算反馈电路的电流 I 来提供,因此,输入电路向信号源吸取电源 I_i 就可以大大减小,适当选择图 2.4.4 电路参数,可使这种反相比例放大器的输入电阻达 100 MΩ 左右。图 2.4.4 中 A_2 为主放大器,A_1 向主放大器提供输入电流,使输入电路向信号源 U_i 吸取电流极少,因此,也就使输入阻抗提高。

若 A_1、A_2 为理想运算放大器,可应用密勒定律,将 R_2 折算到输入端,得到如图 2.4.5 所示的等效电路。

因 $A_{2d} \to \infty$,则 $\dfrac{R_2}{1+A_{2d}} \approx 0$

输入电流为
$$I_i = \frac{U_i}{R_1} + \frac{U_i - U_{o1}}{R}$$

由图 2.4.5 可知
$$U_{o1} = -\frac{2R_1}{R_2} U_o$$

而
$$U_o = -\frac{R_2}{R_1} U_i$$

可得
$$U_{o1} = \left(-\frac{2R_1}{R_2}\right)\left(-\frac{R_2}{R_1}\right) U_i = 2U_i$$

代入 I_i 可得
$$I_i = \frac{U_i}{R_1} + \frac{U_i - 2U_i}{R} = \frac{R - R_1}{R_1 R} U_i$$

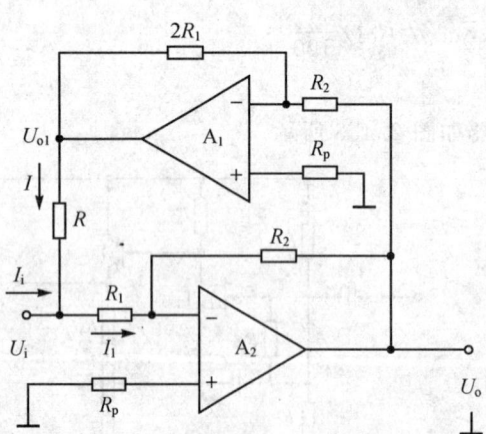

图 2.4.4 自举型高输入阻抗放大器

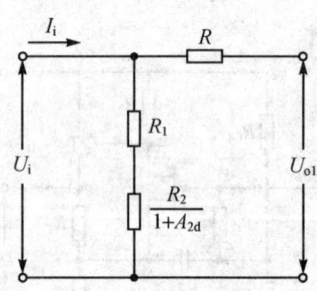

图 2.4.5 等效输入回路

输入电阻为

$$R_i = \frac{U_i}{I_i} = \frac{R_1 R}{R - R_1} \tag{2.4.1}$$

式(2.4.1)表明,当 $R = R_1$ 时,输入电流 I_i 将全部由 A_1 提供,从理论上说,这时输入阻抗为无限大。实际上,R 与 R_1 之间总有一定偏差,若 $\frac{R-R_1}{R}$ 为 0.01%,当 $R_1 = 10\ \text{k}\Omega$ 时,则输入电阻可高达 100 MΩ,这是一般反相比例放大器所无法达到的指标。

3. 场效应管高输入阻抗差动放大器

一般只要用两只场效应管,即可组成高输入阻抗差动放大器。这里介绍一种高性能的高输入阻抗差动放大器,它具有高共模抑制比和低的漂移。

图 2.4.6 中场效应管 T_1、T_2 是差动对管。场效应管 T_3 是恒流源,用来提高输入级的共模抑制比。场效应管 T_4 也是一个恒流源,其目的是使电阻 R_5 两端电压恒定不变,因而能使 T_1、T_2 的源漏电压恒定不变。场效应管的栅极与源极间的反向漏电流 I_g 与源漏电压 U_{DS} 之间的特性曲线表明,I_g 随着 U_{DS} 的增大是以指数形式增加的。为了在同相输入电压范围内使 I_D 保持不变,必须使差动对管的源漏电压 U_{DS} 保持不变。由于对差动对管采取了恒定偏置电流的措施,故在比较宽的同相输入电压范围内,输入级具有良好的共模抑制特性。

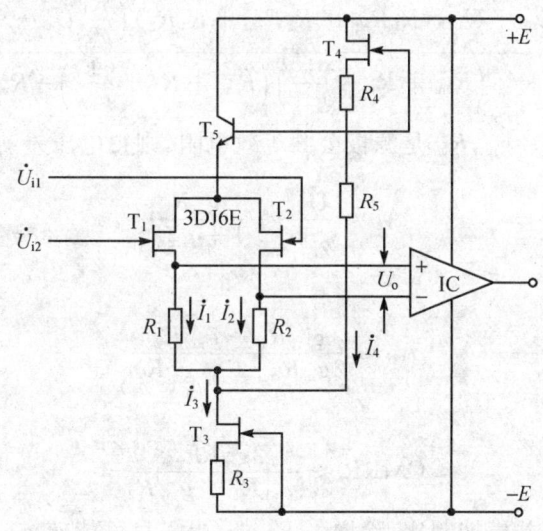

图 2.4.6 高输入阻抗差动放大器

实际上,输入级的正端同相输入电压范围将受到恒流源 T_4 的恒流范围限制,而负端同相输入电压范围将受到恒流源 T_3 的恒流范围限制。因此,为了扩大同相输入电压范围,应该适当选择 T_3、T_4 恒流源。T_3、T_4 要采用夹断电压小的场效应管。图 2.4.6 中设

$$I_1 = I_2 = I_4 = 0.1\ \text{mA}$$

则 $I_3 = 0.3$ mA。

选择 T_1、T_2 的 U_{DS} 为 3 V,$R_1=R_2=20$ kΩ,则

$$R_5 = \frac{R_1\dot{I}_1 + U_{DS} + 0.6\text{ V}}{I_4} = 56\text{ k}\Omega$$

对于图 2.4.6 中的线性集成电路,应选择同相输入电压范围大、输出幅度大、共模抑制比高、失调电压温度系数小和开环增益高的线性组件。目前采用 5G24 比较合适。

由图 2.4.6 可列出以下方程:

$$\begin{cases} \dot{U}_{i2} = \dot{I}_1 R_1 + \dot{U}_{GS1} + (\dot{I}_1 + \dot{I}_2)R_{cm} \\ \dot{U}_{i1} = \dot{I}_2 R_2 + \dot{U}_{GS2} + (\dot{I}_1 + \dot{I}_2)R_{cm} \\ \dot{I}_1 = g_{m1}\dot{U}_{GS1} \\ \dot{I}_2 = g_{m2}\dot{U}_{GS2} \\ \dot{U}_o = \dot{I}_1 R_1 - \dot{I}_2 R_2 \end{cases}$$

解联立方程可得

$$\dot{U}_o = \frac{(U_{i1} - U_{i2})(R_1 R_{cm} + R_2 R_{cm} + R_1 R_2)\left(\dfrac{R_1}{g_{m2}}U_{i1} - \dfrac{R_2}{g_{m1}}U_{i2}\right)}{\left(R_{cm} + R_1 + \dfrac{1}{g_{m1}}\right)\left(R_{cm} + R_2 + \dfrac{1}{g_{m2}}\right) - R_{cm}^2}$$

设 $R_1=R_2=R$,$g_{m1}=g_{m2}=g_m$,R_{cm} 是源极公共等效电阻,则得电压差动增益为

$$A_r = \frac{\dot{U}_o}{2\dot{U}_i} \approx \frac{g_m R}{1 + g_m R} \tag{2.4.2}$$

共模增益

$$A_c \approx \frac{g_{m1}R_1 - g_{m2}R_2}{2g_m R_{cm}(1 + g_m R)} \tag{2.4.3}$$

共模抑制比

$$\text{CMRR} \approx \frac{2g_m^2 R R_{cm}}{g_{m1}R_1 - g_{m2}R_2} \tag{2.4.4}$$

由此说明,为了提高共模抑制比,除增大 R_{cm} 外,尚需尽可能使 g_{m1}、g_{m2} 相同。为此必须选择特性好的恒流源,同时应使差动对管的跨导 g_m 尽可能相等。

2.4.2 高输入阻抗放大器的计算

图 2.4.7 是与电容传感器相配合使用的一种高阻抗放大器。从电路结构上看,用场效应管与晶体管复合组成源极输出器。

图 2.4.8 是图 2.4.7 的完整交流等效电路。考虑到:① $R_4 // R_5 \gg R_3$;② $R_D \gg h_{ie}$;

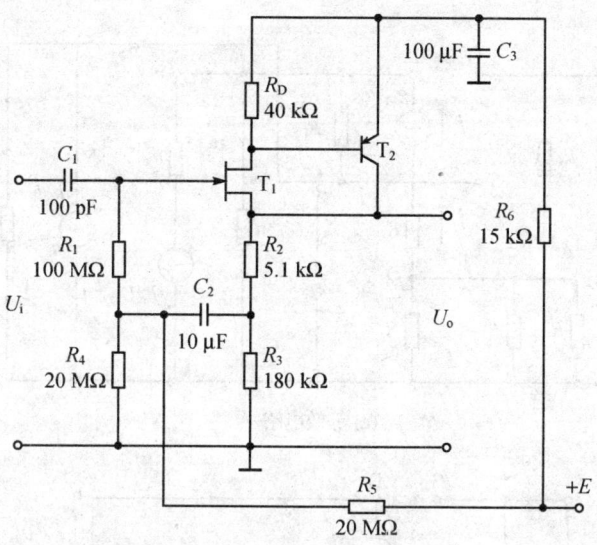

图 2.4.7 高阻抗放大器

③ $h_{re}u_{ce} \approx 0$;④ $R_{DS} \gg R_2 + R_3 + h_{ie}$;⑤ $R_3 \gg R_2$,则可将图 2.4.8(a)简化成图 2.4.8(b)所示的简化等效交流电路。

由图 2.4.8(b)可得

$$\dot{I}_1 = (\dot{U}_i - \dot{U}_o)/R_1 \tag{2.4.5}$$

$$\dot{I}_2 = -h_{fe}\dot{I}_b + \dot{I}_3 \tag{2.4.6}$$

$$\dot{I}_3 = -\dot{I}_b = g_m\dot{U}_{GS} \tag{2.4.7}$$

将式(2.4.7)代入式(2.4.6)可得

$$\dot{I}_2 = (h_{fe}+1)\dot{I}_3 = h_{fe}\dot{I}_3 \tag{2.4.8}$$

由 T_1 等效电路的输入回路可得

$$\dot{I}_3 = g_m\dot{U}_{GS} = g_m(\dot{I}_1 R_1 - \dot{I}_2 R_2) \tag{2.4.9}$$

将式(2.4.8)代入式(2.4.9)可得

$$\dot{I}_3 = \frac{g_m R_1}{1+g_m R_2 h_{fe}}\dot{I}_1 \tag{2.4.10}$$

将式(2.4.10)、式(2.4.5)代入式(2.4.6)可得

$$\dot{I}_2 = (\dot{U}_i - \dot{U}_o)\frac{h_{fe}g_m}{1+g_m h_{fe}R_2} \tag{2.4.11}$$

因

$$\dot{U}_o = (\dot{I}_1 + \dot{I}_2)R_3$$

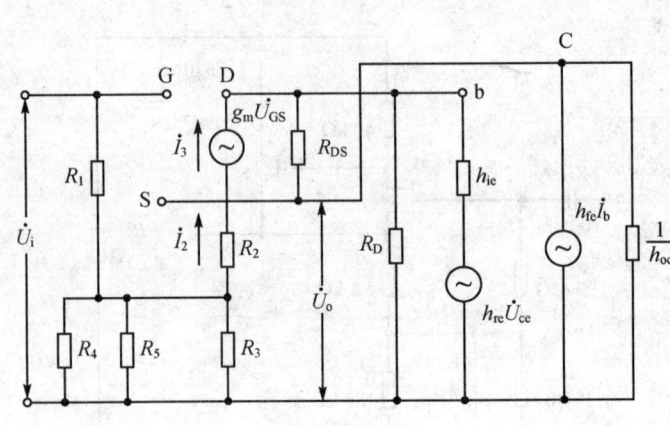

(a) 等效电路

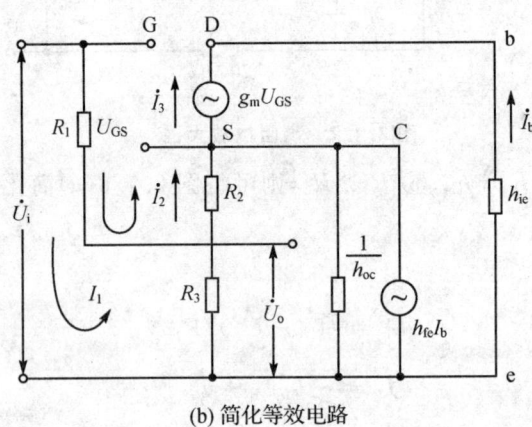

(b) 简化等效电路

图 2.4.8 高阻抗放大器交流等效电路

将式(2.4.5)及式(2.4.11)代入上式可得

$$\dot{U}_o = (\dot{U}_i - \dot{U}_o)\left(\frac{g_m h_{fe}}{1 + g_m h_{fe} R_2} + \frac{1}{R_1}\right) R_3$$

得电压增益为

$$A_V = \frac{\dot{U}_o}{\dot{U}_i} = \frac{g_m h_{fe}/[(1 + g_m h_{fe} R_2) + 1/R_1] R_3}{[1 + g_m h_{fe}/(1 + g_m h_{fe} R_2) + 1/R_1] R_3} =$$

$$\frac{(1 + g_m h_{fe} R_2) R_3 + g_m h_{fe} R_1 R_3}{(1 + g_m h_{fe} R_2) R_1 + (1 + g_m h_{fe} R_2) R_3 + g_m h_{fe} R_1 R_3} \quad (2.4.12)$$

输入电阻为

$$R_i = \frac{\dot{U}_i}{\dot{I}_1} = \frac{\dot{U}_i}{(\dot{U}_i - \dot{U}_o)/R_1} = \frac{R_1}{1 - \dot{U}_o/\dot{U}_i} \tag{2.4.13}$$

通常 $R_1(1+g_m h_{fe} R_2) \ll R_3(1+g_m h_{fe} R_2)$，则电压增益近似等于 1，即 $\dot{A}_V \approx 1$。

当 $\dot{A}_V \approx 1$ 时，即 R_i 很大。将式(2.4.12)代入式(2.4.13)简化得

$$R_i = R_1 + R_3 + \frac{g_m R_3 h_{fe}}{1 + g_m h_{fe} R_2} R_1 \tag{2.4.14}$$

当 $g_m R_2 h_{fe} \gg 1$ 时，则

$$R_i \approx R_1 + R_3 + \frac{R_3}{R_2} R_1 \tag{2.4.15}$$

将图 2.4.7 中具体阻值 R_1、R_2、R_3 代入式(2.4.15)可得 $R_i = 3\,700\ \text{M}\Omega$。

2.4.3 高输入阻抗放大器的信号保护

到目前为止叙述的高输入阻抗电路都没有涉及信号频率。然而，在实际应用中是否能在某一频带中都保证高输入阻抗呢？这是要考虑的又一个问题。

将信号源通过电缆线接到放大器时，由于电缆线存在分布电容，因此与信号源电阻 R_s 就构成了一个阻止高频的滤波器，如图 2.4.9 所示。它将使高频时输入阻抗下降，即引起电压增益下降。为了保护信息，这里采用了中和分布电容的措施，如图 2.4.10 所示。

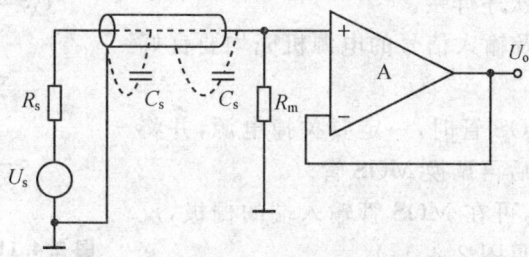

图 2.4.9　屏蔽线带来交流阻抗的下降

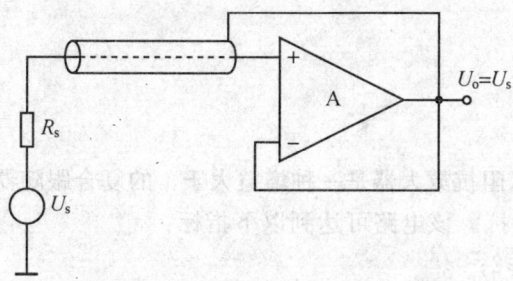

图 2.4.10　信息保护的基本形式

图 2.4.10 中运放为电压跟随器,其电压增益近似等于 1,输出阻抗为 0。现把电缆线的屏蔽外层接于运放的输出端上,所以在运放的频带内,使电缆线外皮的阻抗保持为 0,同时由于是与输入信号线同电位,因而中和电缆电容可以保证在特定的频带内保持高的输入阻抗。

2.4.4 高输入阻抗放大器的制作装配工艺

高输入阻抗放大器制作装配工艺要求如下:

① 输入电路(特别是高阻值的电阻)应采用金属壳屏蔽,其外壳应接地。

② 由于一般印刷电路板的绝缘电阻仅有 $10^7 \sim 10^{12}$ Ω,而且此绝缘电阻会随空气中的湿度增加而下降,这不仅影响输入阻抗的进一步提高,而且使电路的漂移增大,因此最好将场效应管(特别是栅极)装配在绝缘子(由聚四氟乙烯制成,绝缘电阻可达 10^{14} Ω 以上)上。

③ 输入端的引线(特别是高阻抗点引线)最好用聚四氟乙烯高绝缘线,且越短越好。

④ 在微电流测量中要防止印刷电路板上因污脏及绝缘电阻有限等原因而引起电源电路线对电路中某点产生漏电,从而产生噪声或漂移。可在印刷电路板走线布置上,设置"屏蔽线",以减小这种漏电现象。

这种"屏蔽线",主要是用来保护输入电路,防止其他电路的漏电电流流入信号输入电路。在设计屏蔽保护电路时,应使它的电位与信号输入端电位相等。

MOS 型场效应管使用注意事项如下:

① 焊接时最好将烙铁电源切断再焊接,或是将烙铁良好接地再按 D→S→G 次序焊接。

② 供给的直流电源及输入信号的电源机壳均要良好接地。

③ 在电路中调换 MOS 管时,一定要关掉电源,并将输出端短接,让电容放电后再调换 MOS 管。

④ 在小信号工作时,可在 MOS 管输入端的栅极,反相并接两个保护二极管(见图 2.4.11)。

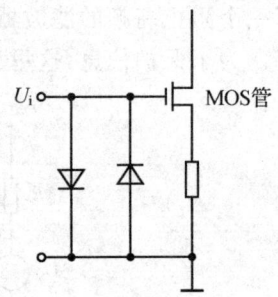

图 2.4.11 MOS 管输入保护电路

⑤ MOS 管存放时栅极不要悬空,应将三只引脚并在一起,用大套管套好存放。

2.4.5 实用参考电路

1. 复合跟随器型

图 2.4.12 所示高输入阻抗放大器是一种增益大于 1 的复合跟随器,并通过电容 $C(0.22 \mu F)$ 的自举反馈来提高输入阻抗。该电路可达到以下指标:

电压增益　　$A_V \approx 2$;

输入阻抗　　$R_i > 10$ MΩ;

工作频率范围　200～2 000 Hz。

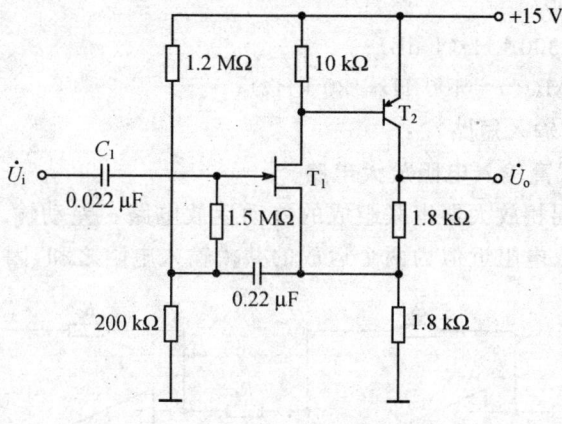

图 2.4.12　复合跟随型

2. 多级负反馈型

图 2.4.13 所示高输入阻抗放大器是由一级射级输出器及三级共发射极输出器组成的,输入阻抗的提高是采用多级负反馈方式来实现的。图中 R_f 实现串联电流负反馈,可使输入阻抗大大提高,即 $R_i \approx \beta_\Sigma R_f$。式中 β_Σ 是四级电流放大倍数,如,$\beta_\Sigma = 10^6$,$R_f = 6\ \Omega$,则 $R_i = 6\ M\Omega$。虽然由于深度负反馈使放大器总的电压增益减小到 100 倍(40 dB),但稳定性很好。

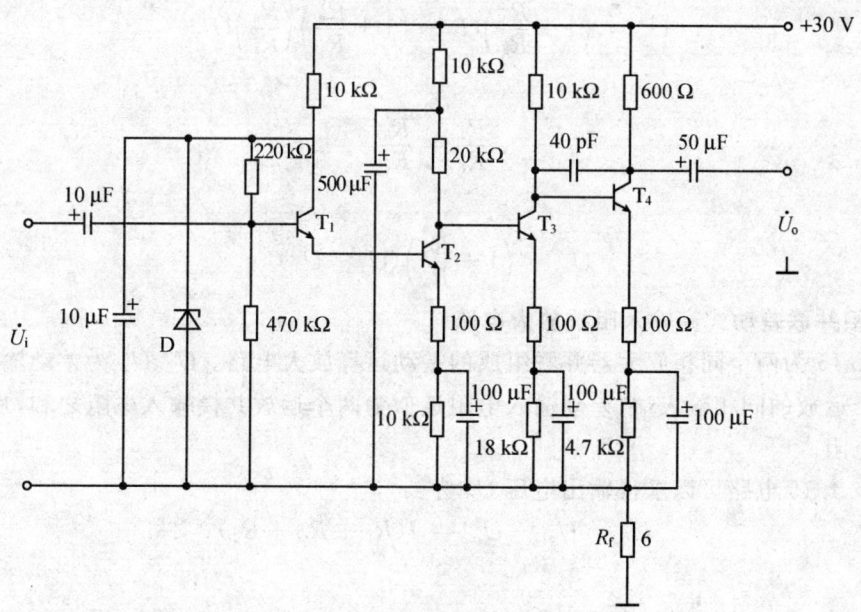

图 2.4.13　多级负反馈型

本电路可达到以下指标：

电压增益　$A_V = 100$；

频率响应　6 Hz～300 kHz(1 dB)；

输入阻抗　$R_i > 8$ MΩ$(f = 400$ Hz～30 kHz)；

噪声电平　24 μV(输入短路)。

3. 同相串联差动式高输入电阻放大电路

图 2.4.14 为两个同相放大器串联组成的差动运放电路。差动输入信号分别从两个运放的同相端输入，差动输入电阻近似为两个运放的共模输入电阻之和，因而输入电阻得到提高。

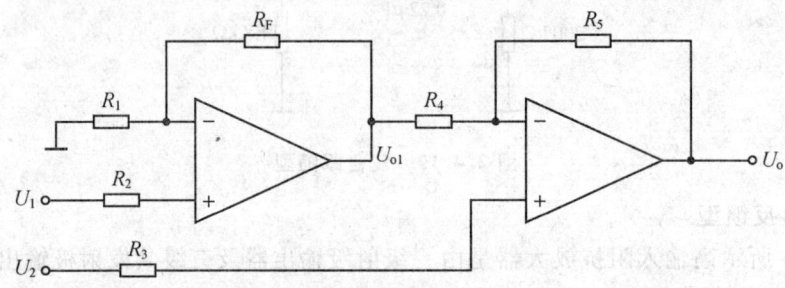

图 2.4.14　同相串联差动型

图 2.4.14 所示电路的输出电压为

$$U_o = \left(1 + \frac{R_5}{R_4}\right)U_2 - \left(1 + \frac{R_F}{R_1}\right)\left(\frac{R_5}{R_4}\right)U_1 \tag{2.4.16}$$

若

$$\frac{R_1}{R_F} = \frac{R_5}{R_4} \tag{2.4.17}$$

则

$$U_o = \left(1 + \frac{R_5}{R_4}\right)(U_2 - U_1) \tag{2.4.18}$$

4. 同相并联差动式高输入阻抗放大电路

图 2.4.15 为两个同相放大器并联组成的差动运算放大电路。U_1、U_2 为差动输入信号，分别加到两个运放的同相输入端，差动输入电阻近似为两个运放共模输入电阻之和，从而获得较高的输入电阻。

由图 2.4.15 电路可以求得输出电压 U_o 为

$$U_o = U_{o1} - U_{o2} = I(R_1 + R_w + R_2) \tag{2.4.19}$$

而

$$I = \frac{U_a - U_b}{R_w}, \qquad U_a = U_1, \qquad U_b = U_2$$

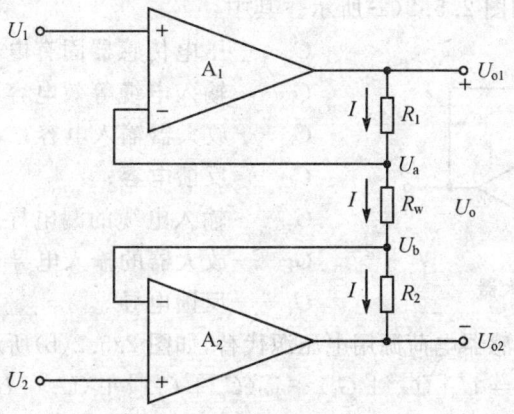

图 2.4.15　同相并联差动型

所以
$$U_o = \frac{U_1 - U_2}{R_w}(R_1 + R_w + R_2) \tag{2.4.20}$$

图 2.4.15 并联同相差动放大器的闭环增益 A_f 为
$$A_f = \frac{U_o}{U_1 - U_2} = 1 + \frac{R_1 + R_2}{R_w} \tag{2.4.21}$$

2.5　电荷放大器的设计

随着工农业生产、科学研究和国防事业的日益发展,力、加速度、振动、冲击等的测量日益显得重要。目前,在这些测量中广泛地应用压电传感器,它将被测量转换成电荷输出,并把电荷送入电荷放大器,使电荷放大器的输出电压正比于被测量。电荷放大器的主要特点是:测量灵敏度与电缆长度无关,这对远距离测量是非常方便的。

2.5.1　电荷放大器原理

所谓电荷放大器,就是输出电压正比于输入电荷的一种放大器。它是利用电容反馈,并具有高增益的一种运算放大器,其原理电路如图 2.5.1 所示。放大器的反相输入端与传感器相连,其输出经电容 C_f 反馈至输入端。若 A_d(开环放大倍数)很大,则反相输入端虚地点对地电位趋近于零。由于放大器的直流输入电阻很高,故传感器的输出电荷 Q 只对电容 C_f 充电,C_f 上的充电电压为 $U_c = -Q/C_f$。此电压即为电荷放大器的输出电压,即
$$U_o = -Q/C_f \tag{2.5.1}$$

显然可见,电荷放大器的输出电压仅和输入电荷成正比,和反馈电容 C_f 成反比,与其他电路参数、输入信号频率均无关。实际上并非如此,式(2.5.1)只有在理想情况下才成立。电荷

放大器的实际等效电路如图 2.5.2(a)所示。其中：

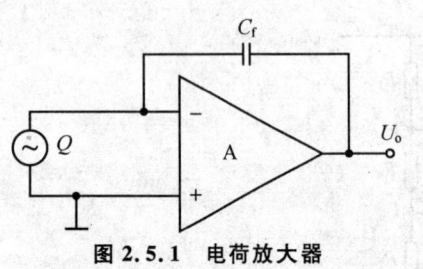

图 2.5.1 电荷放大器

C_s——压电传感器固有电容；
C_c——输入电缆等效电容；
C_i——放大器输入电容；
C_f——反馈电容；
G_c——输入电缆的漏电导；
G_i——放大器的输入电导；
G_f——反馈电导。

若将图 2.5.2(a)中传感器电荷源用电压源代替，如图 2.5.2(b)所示，则根据等效电路可得

$$(e_s - U_a)j\omega C_s = U_a[(G_c + G_i) + j\omega(C_c + C_i)] + (U_a - U_o)(G_f + j\omega C_f) \quad (2.5.2)$$

式中，U_a 为 a 点电压。因 a 点为虚地点，即 $U_a = -\dfrac{U_o}{A_d}$，代入式(2.5.2)可得

$$U_o = \dfrac{-j\omega C_s A_d e_s}{(G_f + j\omega C_f)(1 + A_d) + G_i + G_c + j\omega(C_c + C_i + C_s)} = \\ \dfrac{-j\omega Q A_d}{(G_f + j\omega C_f)(1 + A_d) + G_i + G_c + j\omega(C_c + C_i + C_s)} \quad (2.5.3)$$

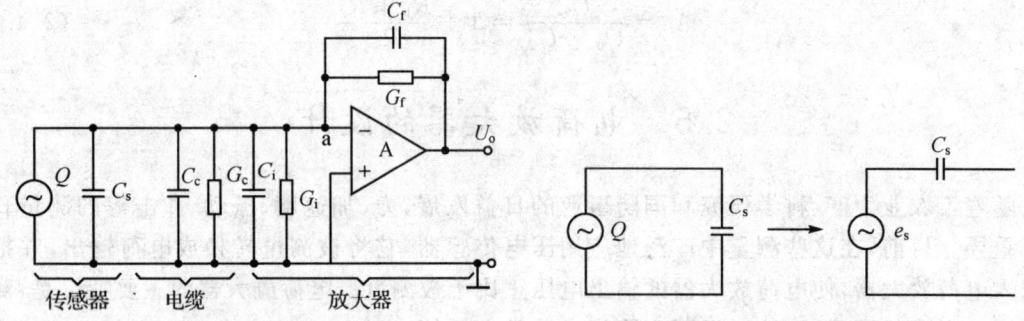

(a) 电荷放大器的实际等效电路　　　　　　(b) 电荷源用电压源代替

图 2.5.2 电荷放大器等效电路

显然可见，实际电荷放大器的输出电压，不仅和输入电荷 Q 有关，而且和电路参数 G_i、G_c、G_f、C_i、C_c、C_s 及信号频率 f、开环增益 A_d 有关。

下面具体分析以上各参数对电荷放大器输出电压 U_o 的影响。

2.5.2　电荷放大器特性

1. 电荷放大器的理想特性

由于在通常情况下 G_c、G_i 和 G_f 均很小，故式(2.5.3)可简化为

$$U_o = \frac{-A_d Q}{C_c + C_i + C_s + (1+A_d)C_f} \tag{2.5.4}$$

一般情况下，C_s 为几十 pF，G_f 为 $10^2 \sim 10^5$ pF，C_c 约为 100 pF/m。所以式(2.5.4)中

$$(1+A_d)C_f \gg (C_c + C_i + C_s)$$

因此，式(2.5.4)可简化为

$$U_o = \frac{-A_d Q}{(1+A_d)C_f} \approx -\frac{Q}{C_f} \tag{2.5.5}$$

显然，这和定性分析所得理想电荷放大器的特性是一致的，即电荷放大器的输出电压 U_o 正比于输入电荷 Q，反比于反馈电容 C_f。

由此可见，只有在满足 G_c、G_i、G_f 很小和 $(1+A_d)C_f \gg (C_i + C_s + C_c)$ 的条件下，电荷放大器才能获得近似的理想特性。

2. 开环电压增益的影响

电荷放大器是一种具有电容反馈的运算放大器。运算放大器的运算误差与其开环电压增益成反比。当 C_i 很小时，实际电荷放大器的测量误差与开环电压增益的关系可以由下式求得，即

$$\delta = \frac{\text{理想电荷放大器输出} - \text{实际电荷放大器输出}}{\text{理想电荷放大器输出}}$$

$$\delta = \frac{-\dfrac{Q}{C_f} - \left[-\dfrac{A_d Q}{C_s + C_c + (1+A_d)C_f}\right]}{-Q/C_f} \times 100\% =$$

$$\frac{C_c + C_s + C_f}{C_s + C_c + (1+A_d)C_f} \times 100\% \tag{2.5.6}$$

由式(2.5.6)可见，当 $(1+A_d)C_f \gg (C_s + C_c)$ 时，误差 δ 与开环电压增益 A_d 成正比。

3. 电荷放大器的频率特性

式(2.5.3)是电荷放大器的频率特性表达式。为了更清楚地表示 U_o 与 f 之间的关系，可将式(2.5.3)进一步简化。由于开环电压增益 A_d 很大，通常满足

$$G_f(1+A_d) \gg (G_i + G_c), \quad C_f(1+A_d) \gg (C_s + C_c + C_i)$$

则式(2.5.3)可表示为

$$U_o = \frac{-j\omega Q A_d}{(G_f + j\omega C_f)(1+A_d)} = \frac{-Q}{C_f + G_f/j\omega} \tag{2.5.7}$$

式(2.5.7)说明，电荷放大器的输出电压 U_o 不仅与输入电荷 Q 有关，而且和反馈网络参数 C_f、G_f 有关。当信号频率 f 较低时，$|G_f/\omega|$ 就不能忽略，因此式(2.5.7)是表示电荷放大器的低频响应。f 愈低，$|G_f/\omega|$ 影响愈大，当 $|G_f/\omega| = |C_f|$ 时，其输出电压幅值为

$$U_o = \frac{Q}{\sqrt{2}C_f}$$

可以看出，这是截止频率点电压输出值，即相应的下限截止频率（增益下降 3 dB 时的对应频率）为

$$f_L = \frac{1}{2\pi C_f/G_f} = \frac{1}{2\pi R_f C_f} \tag{2.5.8}$$

式(2.5.8)是在 $G_i/A_d \ll G_f$ 的条件下得出的，如果 $\frac{G_i}{A_d}$ 与 G_f 可以相比拟，则 f_L 应由下式决定，即

$$f_L = \frac{1}{2\pi C_f/(G_f + G_i/A_d)} \tag{2.5.9}$$

由式(2.5.8)和式(2.5.9)可见，若要设计下限截止频率 f_L 很低的电荷放大器，则需要选择足够大的反馈电容 C_f 及反馈电阻 $R_f = \frac{1}{G_f}$，也就是增大反馈回路时间常数 $R_f \cdot C_f = T_f$。由于反馈电阻 R_f 很大，故必须用高输入阻抗场效应管做输入级，才能保证有强的直流负反馈以减小输入级零点漂移。例如：$R_f = 10^{10}$ Ω，$C_f = 10^{-10}$ Ω，$A_d = 10^4$，$C_f = 100$ pF，则下限截至频率为

$$f_L \approx \frac{1}{2\pi R_f C_f} = \frac{1}{2\pi \times 10^{10} \times 100 \times 10^{-12}} \text{ Hz} = 0.16 \text{ Hz}$$

若 C_f 选用 10 000 pF，$R_f = 10^{12}$ Ω，则 $f_L = 0.16 \times 10^{-4}$ Hz。

电荷放大器的高频响应主要是受输入电缆的分布电容、杂散电容的限制，特别是当远距离测量时，输入电缆可达数百米，甚至数千米。若电缆分布电容以 100 pF/m 计，则 100 m 电缆的等效分布电容为 10^4 pF，1 000 m 电缆的等效分布电容为 10^5 pF。当输入电缆很长时，电缆本身的直流电阻 R_c 亦随之增大。通常 100 m 输入电缆，其直流电阻 R_c 约为几十欧姆。若将长电缆分布电容及直流电阻用一等效电容 C_c 及等效电阻 R_c 代替，如图 2.5.3 所示，则可以求得电荷放大器上限截止频率为

$$f_H = \frac{1}{2\pi R_c(C_s + C_c)}$$

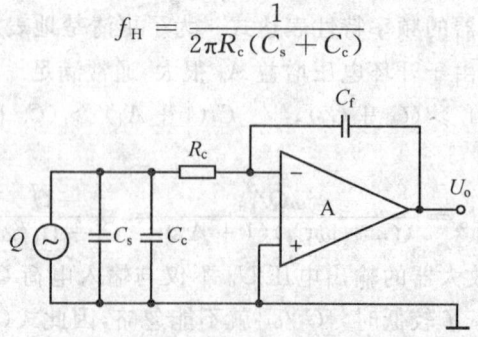

图 2.5.3 带长电缆的电荷放大器等效电路

当然，放大器的开环频率响应高低，对电荷放大器的上限截止频率（闭环工作）也有影响。

由反馈理论可知：
$$f_H = f_{HO}(1 + A_d F) \quad (2.5.10)$$

式中，f_H 是闭环情况下的上限截止频率，f_{HO} 是开环情况下的上限截止频率。若 $f_{HO}=1\text{ kHz}$，$A_d=10^4$，$F=\dfrac{1}{100}$，则 $f_H \approx 100\text{ kHz}$。

由此可见，若要求电荷放大器的上限截止频率高于 100 kHz，则输入电缆的长度就受到限制。为了提高 f_H，可以设计 f_{HO} 高的放大器，若选用线性集成电路做放大器，则必须选 $f_{HO} >$ 1 kHz 的运放。

4. 电荷放大器的噪声及漂移特性

电荷放大器的噪声主要来自输入级元器件和输入电缆，由于电荷放大器可以带数百米、甚至更长的输入电缆工作，因此长电缆带来的噪声是电荷放大器噪声的一个重要来源。

电荷放大器零点漂移和其他放大器一样，主要是由于输入级差动晶体管的失调电压及失调电流产生的。如果输入级用场效应管，则输入偏置电流很小，因此失调电压是引起零点漂移的主要原因。

图 2.5.4 是将噪声和零点漂移等效到输入端的等效输入电路。U_n 是等效输入噪声电压，U_{off} 是等效输入失调电压。

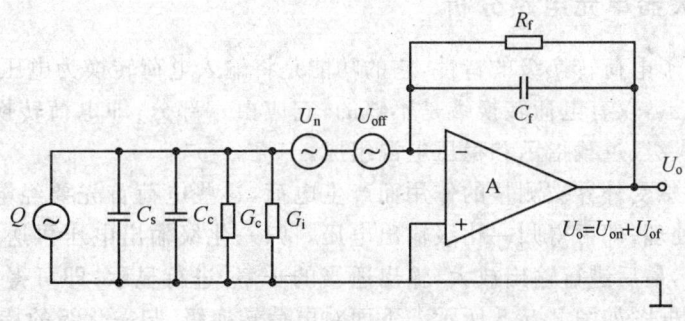

图 2.5.4 电荷放大器噪声及漂移等效电路

由图 2.5.4 等效电路可以分析等效输入噪声和在输出端产生的噪声输出电压 U_{on} 之间的关系，只要将输入电荷 Q 及等效零点漂移电压 U_{off} 均等于零即可。由图 2.5.4 可列出方程
$$U_n[j\omega(C_c + C_s) + G_i + G_c] = (U_{on} - U_n)(j\omega C_f + G_f)$$

解得
$$U_{on} = \frac{(j\omega C_f + G_f) + [j\omega(C_c + C_s) + G_i + G_c]}{j\omega(C_c + C_s)} U_n =$$
$$\left[1 + \frac{j\omega(C_c + C_s) + G_i + G_c}{j\omega C_f + G_f}\right] U_n \quad (2.5.11)$$

当 $\omega(C_c + C_s) \gg G_i + G_c$，$\omega C_f \gg G_f$ 时，式(2.5.11)可简化为

$$U_{on} = \left(1 + \frac{C_s + C_c}{C_f}\right)U_n \tag{2.5.12}$$

由式(2.5.12)显然可见,当等效输入噪声电压 U_n 一定时,C_s 和 C_c 愈小,C_f 愈大,输出噪声电压 U_{on} 愈小。输入电缆越长,反馈电容越小,则相应噪声电压 U_n 的增益愈大,在输出端引起的噪声电压 U_{on} 也就愈大。

由图 2.5.4 等效电路,同样可分析电荷放大器的零点漂移,只要将输入电荷 Q 及等效输入噪声电压 U_n 均等于零,即可用同样的方法求得

$$U_{of} = \left(1 + \frac{j\omega(C_c + C_s) + G_i + G_c}{j\omega C_f + G_f}\right)U_{off} \tag{2.5.13}$$

由于零点漂移是一种变化缓慢的信号,即 $f=0$,代入式(2.5.13),可得

$$U_{of} = \left(1 + \frac{G_i + G_c}{G_f}\right)U_{off} \tag{2.5.14}$$

由式(2.5.14)可见,若要减小电荷放大器的零点漂移,必须使 G_i、G_c 小,也就是要提高放大器的输入电阻及电缆绝缘电阻,同时要增大 G_f,即减小反馈电阻 R_f。但是,减小 R_f,则下限截止频率就要相应地提高。因此,减小零点漂移与降低下限截止频率是互相矛盾的,必须根据具体使用情况选择适当的 R_f 值。

2.5.3 电荷放大器单元电路分析

以上仅仅分析了电荷转换级的特性,它的功能是将输入电荷转换为电压输出。但是,作为一台完整的测量仪器,仅有电荷转换级是不够的,它应由六部分,即电荷转换级、归一化级、低通滤波器、输出放大级、过载指示和稳压电源组成。

压电传感器因感受外界被测量的作用而产生电荷,这些电荷首先要经电荷转换级转换为电压,再经归一化处理,即可得归一化级输出电压。归一化级输出电压再送入低通滤波器,滤去高频干扰及噪声,最后进行输出放大,输出适当的功率,进行显示,即可得到被测量的大小。电荷放大器整机方框图如图 2.5.5 所示。下面对电荷转换级、归一化级的特性进行分析。

1. 电荷转换级

如前所述,电荷转换级的功能是将输入电荷转换成电压输出。电荷转换级是电荷放大器的核心,它的性能优劣,也决定了电荷放大器整机的性能优劣。对电荷转换级的要求是,具有高输入阻抗,低噪声,低漂移,较宽的频带直流零输入、零输出的特点。显然,要满足这些要求,必须采用一种高性能的运算放大器。图 2.5.6 所示是电荷转换级的原理电路图。

FDH-2 型电荷放大器的电荷转换级是用分立元件设计的。为了保证高输入阻抗、低漂移和低噪声的性能,其输入级是用噪声系数比较低的 MOS 场效应管组成的差动输入电路。为了确保低漂移和高抗共模干扰的能力,MOS 场效应管的所有特性参数必须严格配对。第二级是用低噪声晶体管 3DX6 组成的差动放大器。第一级和第二级之间采用共模反馈,以便抑制直流漂移。用恒流二极管做第三级的有源负载来提高开环增益 A_d。而互补输出级是由晶

第 2 章 信号放大电路

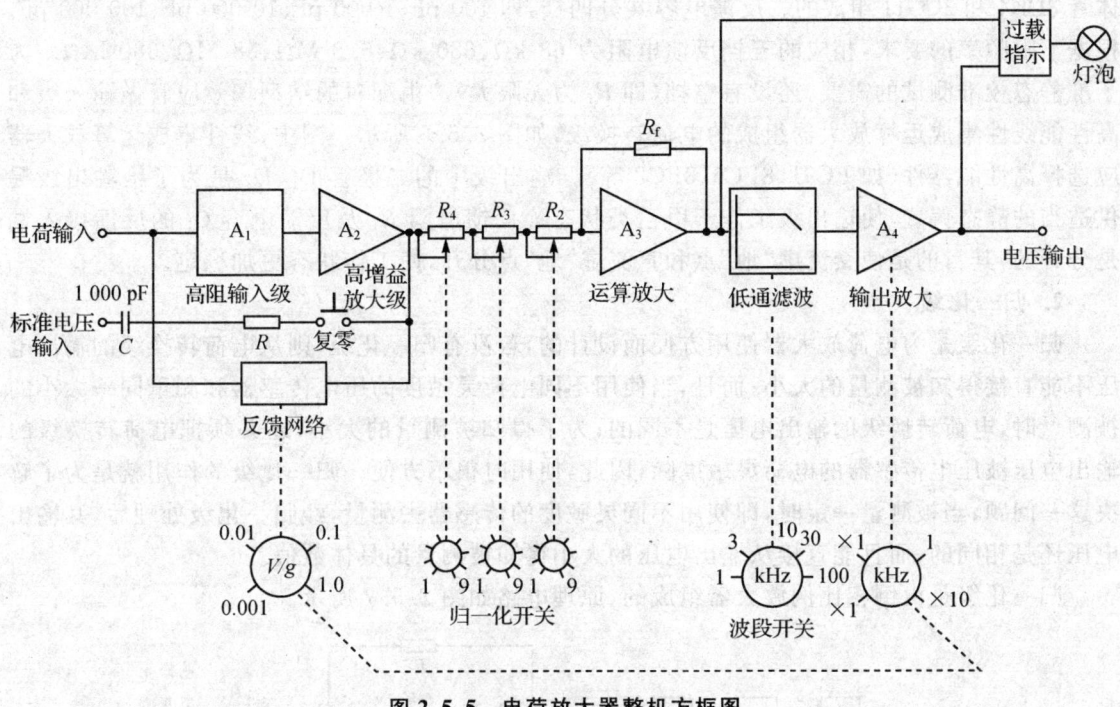

图 2.5.5 电荷放大器整机方框图

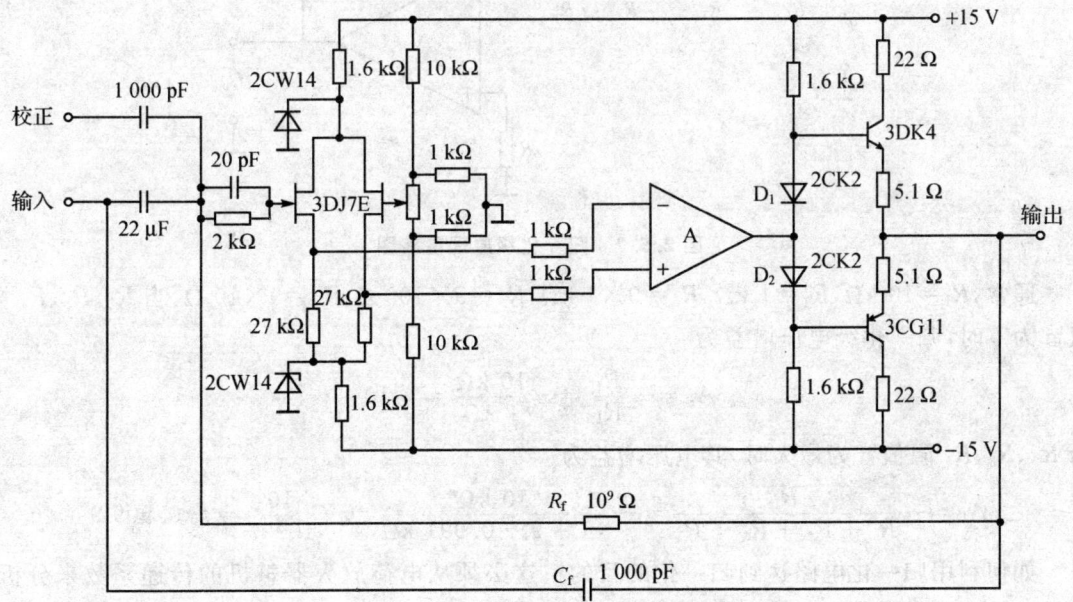

图 2.5.6 电荷转换级原理图电路图

体管 3DK4 和 3CG11 组成的。反馈电容共分四挡,即 100 pF、1 000 pF、10 000 pF、100 000 pF。根据下限频率的要求,相应的五挡反馈电阻为 68 kΩ、680 kΩ、6.8 MΩ、68 MΩ、680 MΩ。为了准静态校准测试的需要,还设有空挡(即 R_f 为无限大)。由配对的结型场效应管做输入级和高性能线性集成运算放大器组成的电荷转换级,如图 2.5.6 所示。图中,线性集成运算放大器应选择高性能器件(如 FC91、8FC6、8FC2 等)。输出级中的二极管 D_1、D_2 是为了给输出级提供适当的静态偏置,使输出级工作于甲乙类状态。反馈电阻 R_f 及反馈电容 C_f 的反馈接入端是分开的,其目的是使交流虚"地"点和直流虚"地"点分开,使工作状态更加稳定。

2. 归一化级

归一化级是为电荷放大器使用方便而设计的,若没有归一化级,则从电荷转换级的输出电压不能直接得知被测量的大小;而且,当使用不同电荷灵敏度的压电传感器和测量同一大小的被测量时,电荷转换级的输出电压是不同的;为了得知被测量的大小,还必须把电荷转换级的输出电压被压电传感器的电荷灵敏度除,因此,使用时很不方便。归一化级的作用就是为了解决这一问题,当被测量一定时,即使用不同灵敏度的传感器去测量,经归一化级处理后,其输出电压还是相同的,而且能直接从输出电压的大小得知被测量的具体数值。

归一化级是由倒相比例放大器组成的,原理电路如图 2.5.7 所示。

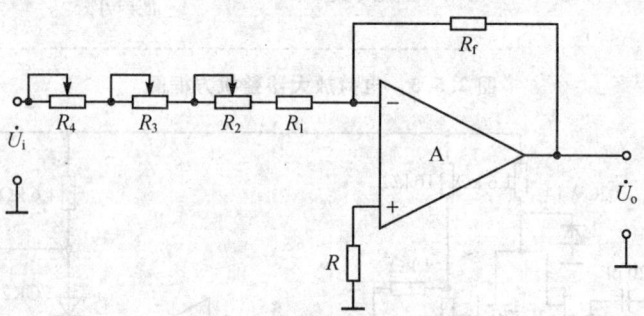

图 2.5.7 归一化级原理电路图

通常,$R_f=10$ kΩ,$R_1=1$ kΩ,$R_2=9\times 1$ kΩ,$R_3=9\times 100$ Ω,$R_4=9\times 10$ Ω,当 R_2、R_3、R_4 阻值皆为零时,归一化级电压增益为

$$A_f = -\frac{R_f}{R_1} = -\frac{10 \text{ kΩ}}{1 \text{ kΩ}} = -10$$

当 R_2、R_3、R_4 阻值皆为最大时,其电压增益为

$$A_f = -\frac{R_f}{R_1+R_2+R_3+R_4} = -\frac{10 \text{ kΩ}}{(1+9+0.99) \text{ kΩ}} = -\frac{10}{10.99} = -0.9099$$

如何利用归一化电路达到归一化的目的?这必须从电荷放大器整机的传递系数来分析。传感器的电荷灵敏度为 $S_Q = Q/g$(式中,g 是重力加速度,$g = 9.81$ m/s²),电荷转换级的传递系数为 $A_Q = U_1/Q$,而归一化级的电压增益为 $A_f = U_2/U_1$,则电荷放大器的总传递系数为

$$A_s = S_Q A_Q A_f A_3 = \frac{Q}{g} \times \frac{U_1}{Q} \times \frac{U_2}{U_1} \times \frac{U_o}{U_2}$$

式中，$A_3 = U_o/U_2$ 是输出级的电压增益，通常 $A_3 = 1$ 或 10。

为了达到归一化的目的，只要将归一化级中的电阻 R_2、R_3、R_4 的阻值与传感器电荷灵敏度的数值相对应即可。例如：

设压电传感器的电荷灵敏度为

$$S_Q = \frac{Q}{g} = x\left(\frac{pC}{g}\right)$$

则归一化级的电压增益 $A_f = R_2/x$，可得电荷放大器的总传递系数为

$$A_s = S_Q A_Q A_f A_3 = \left(x \frac{pC}{g}\right) \times \left(\frac{1}{C_f} \cdot \frac{V}{pC}\right) \times \left(\frac{10 \text{ k}\Omega}{x \text{ k}\Omega}\right) \times \left(1 \frac{V}{V}\right) = \frac{10}{C_f} \frac{V}{g}$$

由上式可知，$C_f = 100$ pF 时，$U_o = 0.1 \frac{V}{g}$；当 $C_f = 1\ 000$ pF 时，$U_o = 0.01 \frac{V}{g}$；当 $C_f = 10\ 000$ pF 时，$U_o = 0.001 \frac{V}{g}$；当 $A_3 = 10$、$C_f = 100$ pF 时，$U_o = 1 \frac{V}{g}$。

由此可知，经归一化处理后的电荷放大器灵敏度 A_s（总传递系数）由反馈电容 C_f 决定。因此，在灵敏度确定的条件下，就可以从输出电压的大小得知被测量的具体数量级。例如，电荷放大器的灵敏度为 $A_s = 0.1$ V/g 时，测得输出电压 $U_o = 4.5$ V，则可直接得被测加速度为 $4.5 \text{ V}/(0.1 \text{ V}/g) = 45g$。

经归一化处理后，若用不同电荷灵敏度的传感器来测量同一被测量，其输出电压是否有变化？可用具体例子来说明，同时参考图 2.5.7。

设用两只不同灵敏度的压电传感器来测量同一被测量。如果 $S_{Q1} = 6.81 \frac{pC}{g}$，$S_{Q2} = 2.65 \frac{pC}{g}$，被测量为 $100g$，在反馈电容 $C_f = 1\ 000$ pF、$A_3 = 1$ 时，根据 $A_Q = 6.81 pC/g$，则归一化级的电阻 R_2、R_3、R_4 要相应放在与系数分别为 6、8、1 对应的阻值位置上；若 $A_Q = 2.65 pC/g$，则电阻 R_2、R_3、R_4 也要相应变化，改变到与系数分别为 2、6、5 对应的阻值位置上。

电荷放大器的灵敏度分别为

$$A_{s1} = S_{Q1} A_Q A_{f1} A_3 = \left(6.81 \frac{pC}{g}\right) \times \left(\frac{1}{1\ 000} \cdot \frac{1}{pC}\right) \times \left(\frac{10 \text{ k}\Omega}{6.81 \text{ k}\Omega}\right) \times \left(1 \frac{V}{V}\right) = 0.01 \frac{V}{g}$$

$$A_{s2} = S_{Q2} A_Q A_{f2} A_3 = \left(2.65 \frac{pC}{g}\right) \times \frac{1}{1\ 000} \cdot \frac{1}{pC} \times \left(\frac{10 \text{ k}\Omega}{2.65 \text{ k}\Omega}\right) \times \left(1 \frac{V}{V}\right) = 0.01 \frac{V}{g}$$

电荷放大器的输出电压分别为

$$U_{o1} = 100 A_{s1} = 1V$$
$$U_{o2} = 100 A_{s2} = 1V$$

通过上例可以看出，经归一化处理后，只要被测量不变，电荷放大器输出端的电压就是相等的。

2.5.4 电荷放大器的设计方法

深刻理解电荷放大器各单元电路的原理和特性之后,对电荷放大器的总体方案的设计及各单元电路的设计就不难解决了。本小节主要论述电荷转换级及归一化级的有关元件及参数的设计和计算。

1. 电荷转换级方案的选择

电荷转换级是电荷放大器的核心,又是前置级,其性能的优劣,也就决定了电荷放大器整机性能的优劣。

如前所述,电荷转换级是一种带电容反馈的运算放大器,要求高输入阻抗、低漂移、低噪声和较宽的频带。为了获得高输入阻抗,输入级不能用一般晶体管,必须选择高输入阻抗器件,通常大都选用结型场效应管,或绝缘栅型场效应管,或静电计管。一般结型场效应管的输入阻抗 $R_i = 10^{10} \sim 10^{12}$ Ω,绝缘栅型场效应管的 $R_i = 10^{12} \sim 10^{14}$ Ω,而静电计管的 $R \geqslant 10^{14}$ Ω。当要求电荷放大器能进行准静态测量时,则下限频率必须低至 10^{-6} Hz。因此,电荷转换级必须选用绝缘栅型场效应管或静电计管。若选用 JEET 做输入级,则必须选择 $R_i \geqslant 10^{12}$ Ω 的场效应配对管,并附加漂移补偿措施。

为了满足低漂移的要求,输入级和第二级都必须采用差动电路,并附加共模负反馈,以进一步抑制直流漂移。为了提高抗共模抑制比,输入级差动放大器的共射极应采用恒流电路。为了提高开环电压增益,第三级放大可采用恒流负载。图 2.5.6 所示 FDH-2 型电荷放大器的电荷转换级,就是根据以上原则设计的。

为了满足直流零输入和零输出的要求,电荷转换级的输出级通常多采用互补输出电路,但必须注意如何选择互补晶体管的问题。

在高频时,反馈电容 C_f 的容抗很小,因此,当输出电压较大时,C_f 上就流过较大的电流。显然,这个电流必须由互补晶体管来提供。设 $C_f = 10^{14}$ pF,最高工作频率 $f = 100$ kHz。输出电压的最大峰值为 10 V,则流过 C_f 上的电流峰值为

$$I_m = \frac{U}{X} = \frac{10}{\dfrac{1}{2\pi \times 100 \times 10^3 \times 10^4 \times 10^{-12}}} \text{ A} \approx 62.8 \text{ mA}$$

因此,互补晶体管的最大集电极电流 $I_{cm} \geqslant 100$ mA。FDH-2 型电荷放大器的互补晶体管选用 3DK4 和 3CG11,其最大集电极电流 $I_{cm} \geqslant 300$ mA,当然可以满足要求。

2. 开环电压增益的确定

电荷放大器在实际应用时,是以总传递系数为依据的,即

$$A_s = S_Q A_f A_3$$

式中,$A_Q = 1/C_f$ 是理想情况下电荷转换级的传递系数。应用 $A_Q = 1/C_f$ 的前提是开环电压增益 A_d 非常大;若 A_d 为有限值,则电荷转换级的传递系数用式(2.5.4)表示,即

$$A_Q = \frac{U_o}{Q} = -\frac{A_d}{C_c + C_i + C_s + (1 + A_d)C_f}$$

电荷放大器的测量误差 δ 与 A_d 的关系,可由式(2.5.6)求得,即

$$\delta = \frac{C_c + C_s + C_f}{C_c + C_s + (1 + A_d)C_f} \times 100\ \%$$

由此可见,当 C_s、C_f 为确定值时,由上式可求出 C_c 的变化(或电缆长度的变化)而引起的误差变化。反之,若已知电缆长度(或已知 C_c),即可求出满足给定误差 δ 的最小开环电压增益 A_o 值。

$$A_d \geq \frac{100}{\delta}\left(1 + \frac{C_c + C_s}{C_f}\right) \tag{2.5.15}$$

若 $C_f = 100$ pF,要求当电缆长度为 100 m 时,误差 $\delta \leq 10\ \%$。设每米长电缆的电容为 100 pF,可求得满足 $\delta \leq 1\ \%$ 要求的 A_d 值,即

$$A_d \geq 10^4$$

若 $C_f = 1\ 000$ pF,在同样 $A_d = 10^4$ 的条件下,要满足 1 % 的误差要求,所带电缆长度可达 1 000 m。

由此可知,若要减小长电缆引入的误差,使 $\delta \leq 0.1\ \%$,则在同样 $C_f = 100$ pF 的条件下,最小开环电压增益应提高到 10^5。电荷放大器在测量中若不带长电缆,则保证 1 % 的误差所需的 A_d 最小值约为几千就可满足要求。

综合以上分析可知,电荷转换级开环电压增益 A_o 的大小,是根据电荷转换级的精度要求和允许可带电缆的最大长度而决定的。当然,若反馈电容 C_f 变化,则相应的 A_o 也要变化。因此,具体计算 A_d 值时,应将最小挡的 $C_f = 100$ pF 代入式(2.5.15)计算。

3. 反馈电容 C_f 和反馈电阻 R_f 的计算

在通常情况下,电荷转换级的反馈电容 C_f 有三挡(或四挡),即 $C_f = 100$ pF、1 000 pF、10 000 pF(或 100 000 pF)。由于电荷转换级传递系数 $A_Q = \frac{U_o}{Q} = \frac{1}{C_f}$,因此 C_f 的精密度也就决定了传递系数 A_Q 的精度,它直接影响到整机的精度。

选定 C_f 值后,就可以根据下限频率 f_L 的要求,由式(2.5.8)计算反馈电阻 R_f 的阻值。

例如,$C_f = 100$ pF,$f_L \leq 0.16$ Hz,由式(2.5.8)得

$$R_f = \frac{1}{2\pi C_f f_L} = \frac{1}{2\pi \times 100 \times 10^{-12} \times 0.16}\ \Omega \geq 10^{10}\ \Omega$$

若 $C_f = 10\ 000$ pF,$f_L = 0.001\ 6$ Hz,则

$$R_f = \frac{1}{2\pi C_f f_L} = \frac{1}{2\pi \times 10\ 000 \times 10^{-12} \times 0.001\ 6}\ \Omega \approx 10^{10}\ \Omega$$

4. 归一化级开环增益的计算

归一化级如图 2.5.7 所示,它是由倒相比例放大器组成的,其电压增益在理想情况下为

$$A_{\text{fo}} = -\frac{R_f}{R_1+R_2+R_3+R_4}$$

上式只有当 A_d 趋向无限大时才成立。若 A_d 为某有限值，则

$$A_f = \frac{A_d}{1+(1+A_d)(R_1+R_2+R_3+R_4)/R_f}$$

由于 A_d 是有限值时所引起的误差，故可表示为

$$\delta = \frac{\text{理想电压增益} - \text{实际电压增益}}{\text{理想电压增益}} \times 100\% =$$

$$\frac{-\dfrac{R_f}{R_1+R_2+R_3+R_4} - \left[-\dfrac{A_d}{1+(1+A_d)(R_1+R_2+R_3+R_4)/R_f}\right]}{-R_f/(R_1+R_2+R_3+R_4)} \times 100\% =$$

$$-\frac{1+(R_1+R_2+R_3+R_4)/R_f}{1+(1+A_d)(R_1+R_2+R_3+R_4)/R_f} \times 100\% \qquad (2.5.16)$$

式中，$(R_1+R_2+R_3+R_4)/R_f = F_f$ 是反相输入电路的反馈系数，则式(2.5.16)可表示为

$$\delta = -\frac{1+F_f}{1+(1+A_f)F_f} \times 100\% \qquad (2.5.17)$$

当 A_d 很大，且 $F_f \gg 1$ 时，上式可简化为

$$\delta = -\frac{1}{A_d F_f} \times 100\% \qquad (2.5.18)$$

当 $F_f = 1$ 时，若要求运算误差 $\delta < 0.1\%$，则由式(2.5.18)计算可得满足 $\delta < 0.1\%$ 所要求的 A_d 值为

$$A_d \geqslant -\frac{1+F_f}{\delta F_f} = -\frac{2}{0.001 \times 1} = -2\,000$$

当 $F_f = 0.1$ 时，若要求 $\delta < 0.1\%$，同样可求得值 A_d 为

$$A_d \geqslant -\frac{1}{\delta F_f} = -\frac{1}{0.001 \times 0.1} = -10\,000$$

通常电荷放大器中的归一化电压增益 $A_f = 10$，即 $F_f = \dfrac{1}{A_f} = 0.1$，因此，归一化放大级的开环电压增益应由下式确定，即

$$A_d > -\frac{1}{\delta F_f} = -\frac{1}{0.1\delta}$$

式中，δ 为归一化级所允许的最大运算误差。必须指出，以上分析只是考虑 A_d 对 δ 的影响，忽略了运算放大器输入阻抗 R_i 不是无限大时对运算误差 δ 的影响。不过，R_i 对 δ 的影响与 A_d 对 δ 的影响相比是次要的，所以在一般情况下可以不考虑 R_i 对 δ 的影响。

2.6 光电转换放大电路

能够将光量转换为电量的一种器件称为光电器件或者光电元件。光电传感器就是以光电

器件为检测元件的传感器,它先将被测的非电量转换成光量的变化,然后通过光电器件再将相应的光量转换成电量,从而实现非电量电测。

光电式传感器中,所选用的光电器件不同,其相应的测量电路也不同,常用的基本电路有如下几种。

2.6.1 真空光电管测量电路

由于真空光电管的输出电流很小,不足以驱动显示仪表或记录仪器,故真空光电管通常都与某种放大电路相耦合。图 2.6.1 所示为静电计管与光电管耦合电路。静电计管的栅极电流很微小,因而对光电管电路的负载影响极微。光电管的负载电阻接在光电管的阴极电路中,同时又是静电计管栅极电阻。由于级间是直接耦合,故能响应变化极慢的光信号。图 2.6.2 所示为两个光电管差接电路,它可以消除光电管特性因时间变化对仪器零点的影响。

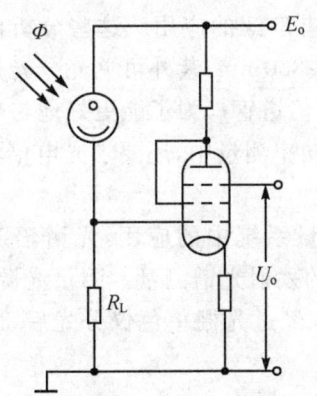
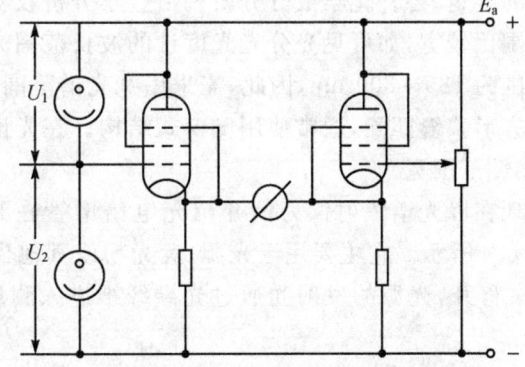

图 2.6.1 静电计与光电管耦合电路　　　　图 2.6.2 两个光电管的差接电路

2.6.2 光电倍增管测量电路

光电倍增管(PMT)是一种建立在光电子发射效应、二次电子发射效应和电子光学理论基础上,能够将微弱光信号转换成光电子并获倍增效应的真空光电发射器件。

光电倍增管是光电子发射型光检测器,具有灵敏度高、稳定性好、响应速度快等优点,最适用于微弱光信号的检测。光电倍增管的内部结构如图 2.6.3 所示。图中 K 是光阴极,D 是倍增极,A 是阳极(亦称收集极)。阳极与阴极之间总电压可达千伏以上,分级电压在百伏左右。

光电倍增管的工作过程简述如下:阴极在光照下发射出光电子,光电子受到电极间电场作用而获得较大的能量。当电子以足够高的速度打到倍增电极上时,倍增电极便会产生二次电子发射,使得向阳极方向运动的电子数目成倍地增加,经过多级倍增,最后到达阳极被收集而形成阳极电流。随着光信号的变化,在倍增极不变的条件下,阳极电流也随光信号而变化,达

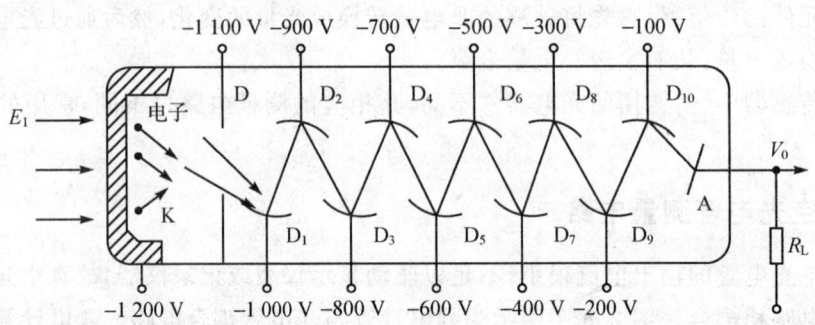

图 2.6.3 光电倍增管工作原理

到把小的光信号变成较大的电信号的目的。

光电倍增管可用来测量辐射光谱在狭窄波长范围内的辐射功率。它在生产过程的控制、元素的鉴定、各种化学成分分析和冶金学分析仪器中都有广泛的应用。这些分析仪器中的光谱范围比较宽,如可见光分光光度计的波长范围为 380～800 nm,紫外可见光分光光度计的波长范围为 185～800 nm,因此,需采用宽光谱范围的光电倍增管。为了能更好地与分光单色仪的长方形狭缝匹配,通常使用侧窗式结构。在光谱辐射功率测量中,还要求光电倍增管稳定性好、线性范围宽。

现在以光谱辐射仪为例介绍光电倍增管在光谱测量系统中的应用,光谱辐射仪原理如图 2.6.4 所示。它主要用于光源、荧光粉或其他辐射源的发射光谱测量。测量光源时,将反光镜 M_0 移开,光源的发射光通过光导纤维进入测量系统,经过光栅单色仪分光后,出射光谱由

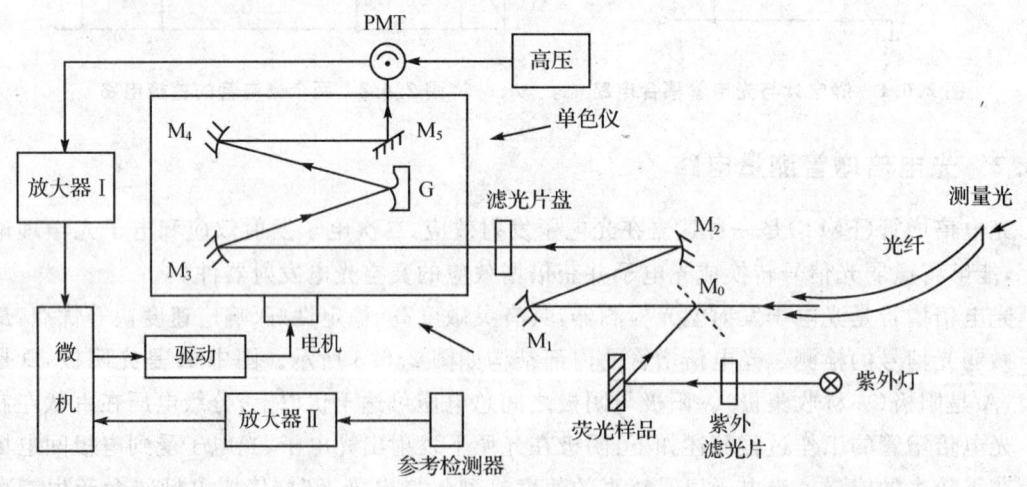

图 2.6.4 光谱辐射仪原理图

光电倍增管接收,光电倍增管输出的光电流经放大器放大、A/D 转换后进入微机。另一方面,微机输出信号驱动步进电机,使单色仪对光源进行光谱扫描,光电倍增管就逐一接收到各波长的光谱信号。仪器通过标准光源(已知光谱功率分布)和被测光源的比较测量,获得被测光源的光谱功率分布。测量荧光样品时,反光镜 M_0 进入光路;紫外灯发射的激光经过紫外滤光片照射到荧光样品上,激发荧光经反光镜 M_0 进入测量系统。

2.6.3 半导体光电检测器件光电转换放大电路

光电检测器件是通过物质的光电效应将光信号转变成电信号的一类器件。它的技术参数对光电检测系统的性能影响非常大,已在国防、空间技术、工农业生产中得到了广泛的应用。

1. 光敏电阻的光电转换放大电路

某些物质吸收光子能量后产生本征吸收或杂质吸收,从而改变物质电导率的现象,称为物质的光电导效应。利用具有光电导效应的材料(如硅、锗等本征半导体与杂质半导体,如硫化镉、硒化镉、氧化铅等)可以制成电导率随入射光辐射量变化而变化的器件。这种器件称为光电导器件或光敏电阻器件。

光敏电阻具有体积小、坚固耐用、价格低廉、光谱响应范围宽等优点,广泛应用于微弱辐射信号的检测技术领域。

(1) 工作原理

图 2.6.5 所示为光敏电阻的原理图与光敏电阻的图形符号。在均匀的具有光电导效应的半导体材料的两端加上电极,便构成光敏电阻。当光敏电阻的两端加上适当的偏置电压 U_{bb} 时,便有电流 I_p 流过,用检流计可以检测到该电流。改变照射到光敏电阻上的光度量(如照度),发现流过光敏电阻的电流 I_p 将发生变化,说明光敏电阻的阻值随入射光辐射照度的变化而变化。

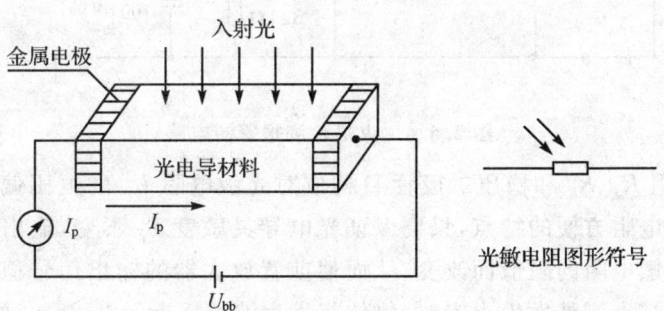

图 2.6.5 光敏电阻原理及图形符号

光敏电阻与其他半导体光电器件相比有以下特点:

① 光谱响应范围相当宽。根据光电导材料的不同,不仅有的在可见光区灵敏,而且有的

灵敏域可达红外区域或远红外区域。

② 工作电流大,可达数毫安。

③ 所测的光电强度范围宽,既可测弱光,也可测强光。

④ 灵敏度高。通过对材料、工艺和电极结构的适当选择和设计,光电增益可以大于1。

⑤ 无选择极性之分,使用方便。

光敏电阻的不足之处是,在强光照射下光电线性度较差,光电弛豫过程较长,频率特性较差。因此,其应用领域受到了一定的限制。

根据光敏电阻的特点和分类,它主要用于照相机、光度计、光电自动控制、辐射测量、能量辐射、物体搜索和跟踪、红外成像和红外通信技术等方面制成的光辐射接收器件。

(2) 应用举例

图2.6.6所示为采用光敏电阻作为检测元件的火焰检测报警器电路图。PbS(硫化铅)光敏电阻的暗电阻为1 MΩ,亮电阻的阻值为0.2 MΩ(在辐照度为1 mW/cm^{2}下测试),峰值响应波长为2.2 μm,恰为火焰的峰值辐射光谱。

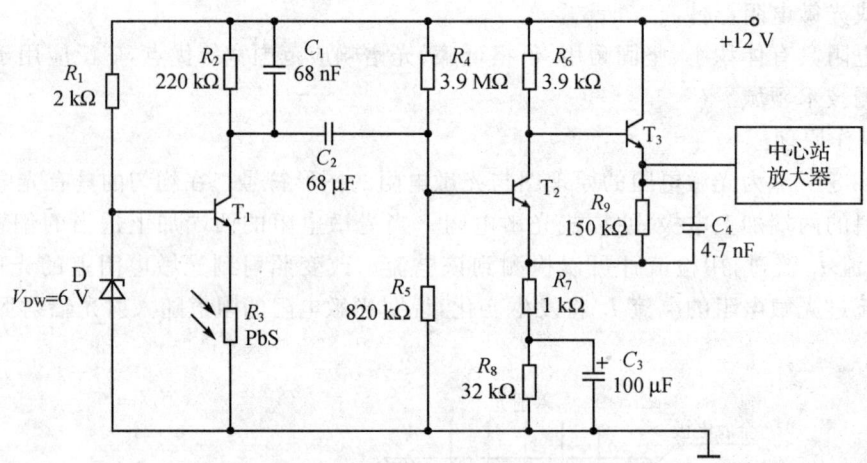

图2.6.6 火焰检测报警器电路

由T_1以及电阻R_1、R_2和稳压二极管D构成对光敏电阻R_3的恒压偏置电路。恒压偏置电路具有更换光敏电阻方便的特点,只要保证光电导灵敏度S_g不变,输出电路的电压灵敏度就不会因为更换光敏电阻的阻值而改变,从而使前置放大器的输出信号稳定。当被检测物体的温度高于燃点或被点燃处发生火灾时,物体将发生波长接近于2.2 μm的辐射(或"跳变"的火焰信号)。该辐射光将被PbS光敏电阻R_3接收,使前置放大器的输出跟随火焰"跳变"的信号,并经电容C_2耦合,送给由T_2、T_3组成的高输入阻抗放大器放大。火焰的"跳变"信号被放大后送给控制检测中心的放大器,并由控制检测中心发出火灾警报信号或执行灭火动作,如喷淋出水或发出灭火泡沫。

2. 光生伏特器件的光电转换放大电路

利用光生伏特效应制造的光电敏感器件称为光生伏特器件。光生伏特效应与光电导效应同属于内光电效应,然而两者的导电机理相差很大。光生伏特效应是少数载流子导电的光电效应,而光电导效应是多数载流子导电的光电效应。这就使得光生伏特器件在许多性能上与光电导器件有很大的差别。其中,光生伏特器件的暗电流小、噪声低、响应速度快、光电特性的线性度好、受温度的影响小等特点,是光电导器件所无法相比的;而光电导器件对微弱辐射的检测能力和光谱响应范围宽又是光生伏特器件所达不到的。

(1) 光电池

光电池是一种不需外加偏置电压,就能将光能直接转换成电能的 PN 结光电器件。按光电池的用途可分为两大类:太阳能光电池和测量光电池。太阳能光电池主要用做电源,对它的要求是转换效率高、成本低。由于它具有结构简单、体积小、质量轻、可靠性高、寿命长、在空间能直接利用太阳能转换成电能的特点,因而不仅成为航天工业上的重要电源,还被广泛应用于供电困难的场所和人们的日常生活中。测量光电池的主要功能是作为光电检测用,即可在不加偏置电压的情况下将光信号转换成电信号,对它的要求是线性范围宽、灵敏度高、光谱响应合适、稳定性好和寿命长,因而它被广泛应用在光度、色度、光学精密计量和测试中。

1) 工作原理

光电池的基本结构就是一个 PN 结,由于制作 PN 结的材料不同,目前有硒光电池、硅光电池、砷化镓光电池和锗光电池四大类。这里着重介绍硒光电池和硅光电池。光电池核心部分是一个 PN 结,一般制成面积较大的薄片状,以接收更多的入射光。图 2.6.7 示出了硒光电池的结构。其制造工艺是:先在铝片上覆盖一层 P 型半导体硒,然后蒸发一层镉,加热后生成 N 型硒化镉,与原来 P 型硒形成一个大面积 PN 结,最后涂上半透明保护层,焊上电极。铝片为正极,硒化镉为负极。

图 2.6.8 是硅光电池结构示意图。它是由单晶硅组成的,在一块 N 型硅片上扩散 P 型杂质(如硼),形成一个扩散 P^+N 结;或在 P 型硅片扩散 N 型杂质(如磷),形成 N^+P 结;再焊上两个电极。P 端为光电池正极,N 端为光电池负极,光电检测器在地面技术上使用的最多为 P^+N 型,如国产 2CR 型。N^+P 型硅光电池具有较强的抗辐射能力,适合空间技术应用,作为航天的太阳能电池,如国产 2DR 型。

作为太阳能电池使用时,为提高其输出功率,可将硅光电池单体经串联或并联构成阵列结构,作为光电检测器使用时可按不同测量要求制作。

2) 应用举例

当光电池用做太阳能电池时,是把太阳光的能量直接转换成电能供给负载,此时需要最大的输出功率和转换效率。但是,单片光电池的电压很低,输出电流很小,因此不能直接用做负载的电源。一般是把多个光电池作串并联连接,组装成光电池组作为电源使用。为了保证在黑夜或光线微弱的情况下仍能正常供电,往往把光电池组和蓄电池组装在一起使用,通常把这种组合装置称为太阳能电源,如图 2.6.9(a)所示。电路中的二极管 D 是为了防止蓄电池经过光电池放电。

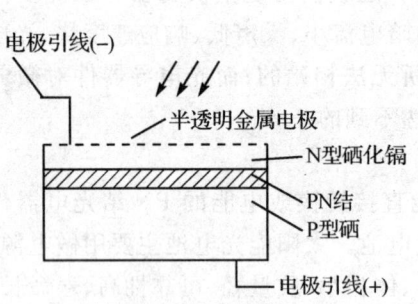

图 2.6.7 硒光电池结构示意图

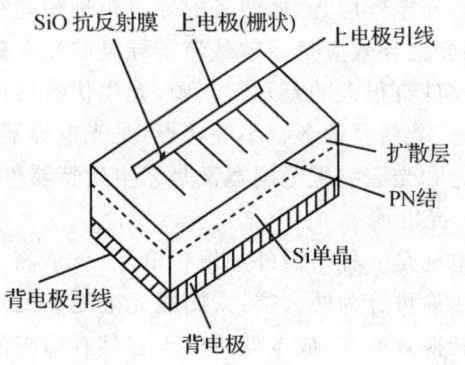

图 2.6.8 硅光电池结构示意图

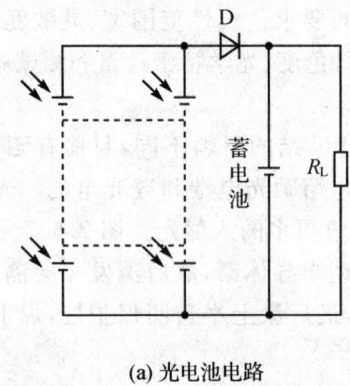

(a) 光电池电路　　　　　　(b) 最佳负载与光通量的关系

图 2.6.9 太阳能电池电路

当负载不同时,光电池输出的电压 U、电流 I 及功率 P 是不同的。为使太阳能电池输出的功率最大,必须选择合适的负载。在某种光通量下,使电压和电流的乘积 UI 最大的负载电阻 R_M 称为最佳负载。R_M 与光通量 Φ 的关系见图 2.6.9(b)。作为太阳能转换器时,要求负载随着光通量随时改变是困难的,因此只能根据具体情况选择一个较为合适的负载。

光电池作为测量元件使用时,后面一般接有放大器,并不要求输出最大功率,重要的是输出电流或电压与光通量成比例变化。因此在选择负载电阻时,在可能的情况下应选小一些,这样有利于线性化及改善频率响应。

(2) 光电二极管与光电三极管

随着光电子技术的发展,光电检测在灵敏度、光谱响应范围及频率特性等技术方面要求越来越高,为此,近年来出现了许多性能优良的光伏检测器,如硅锗光电二极管、PIN 光电二极管和雪崩光电二极管(APD)等。

1) 光电二极管

光电二极管和光电池一样,其基本结构也是一个 PN 结。与光电池相比,它的突出特点是结面积小,因此它的频率特性非常好。光生电动势与光电池相同,但输出电流普遍比光电池小,一般为数微安到数十微安。按材料分,光电二极管有硅、砷化镓、锑化铟、铈化铅光敏二极管等许多种,由于硅材料的暗电流温度系数较小,工艺较成熟,因此在实际中使用最为广泛。

◇ 工作原理

光电二极管的结构如图 2.6.10 所示。其中图 2.6.10(a)是用 N 型单晶硅及硅扩散工艺,称 P^+N 结构,它的型号是 2CU 型。而图 2.6.10(b)是采用 P 型单晶硅及磷扩散工艺,称 N^+P 结构,它的型号是 2DU 型。

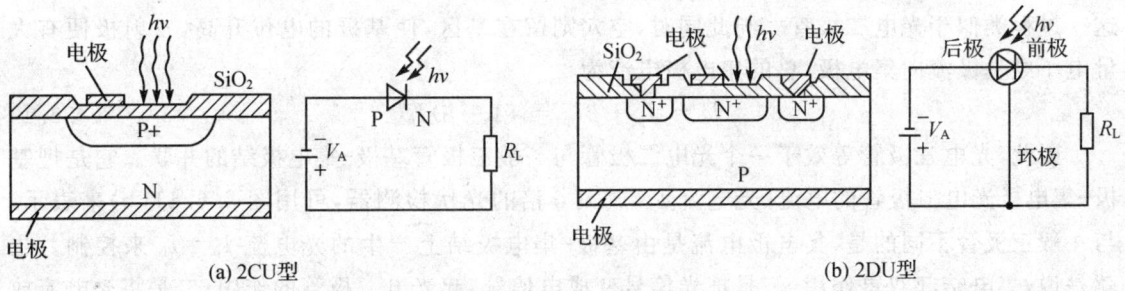

图 2.6.10 PN 结光电二极管典型结构及等效电路

硅光电二极管通常用在电压反偏的光电导工作模式中。当硅光电二极管与负载电阻 R_L 串联时,则在 R_L 的两端便可得到随光照度变化的电压信号,从而完成将光信号转变为电信号的转换。

2) 光电三极管

光电三极管和普通三极管类似,也有电流放大作用,只是它的集电极电流不仅受基极电路的电流控制,而且受光辐射的控制。光电三极管有光窗、集电极引出线、发射极引出线和基极引出线。制作材料一般为半导体硅,管型为 NPN 型的国产硅器件称为 3DU 系列;管型为 PNP 型的国产硅器件称为 3CU 系列。光电三极管的工作原理和普通的双极型三极管一样,光电三极管由两个 PN 结,即发射结和集电结构成,如图 2.6.11 所示。

◇ 工作原理

光敏三极管的工作有两个过程:一是光电转换;二是光电流放大。光电转换过程在集-基结内进行,与一般光电二极管相同。当集电极加上相对于发射极为正向电压而基极开路时(见图 2.6.11(a)),则 b-c 结处于反向偏压状态。无光照时,由于热激发而产生的少数载流子,即电子从基极进入集电极,空穴则从集电极移向基极,在外电路中有电流(即暗电流)流过。当光照射基区时,在该区产生电子-空穴对,光生电子在内电场作用下漂移到集电极,形成光电流,

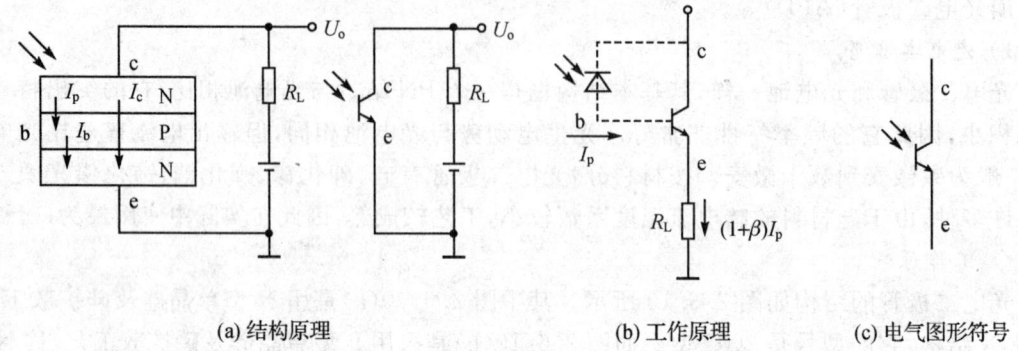

(a) 结构原理　　　　　(b) 工作原理　　　　(c) 电气图形符号

图 2.6.11　光敏三极管结构及工作原理

这一过程类似于光电二极管。与此同时,空穴则留在基区,使基极的电位升高,发射极便有大量电子经基极流向集电极,总的集电极电流为

$$I_c = I_p + \beta I_p = (1+\beta) I_p \tag{2.6.1}$$

因此,光电三极管等效于一个光电二极管与一般三极管基极-集电极结的并联。它是把基极-集电极光电二极管的电流(光电流 I_p)放大 β 倍的光伏检测器,可用图 2.6.11(b)来表示,与一般三极管不同的是,集电极电流是由基极-集电极结上产生的光电流 $I_p = I_b$ 来控制。也就是说,集电结起双重作用:一是把光信号变成电信号,起光电二极管的作用;二是将光电流放大,起一般三极管集电极的作用。

为了提高光电三极管的频率响应、增益和减小体积,通常将光电二极管、光电三极管或三极管制作在一个硅片上构成集成光电器件。

◇ 应用举例

光电三极管主要应用于开关控制电路及逻辑电路。图 2.6.12 给出了光电三极管作为光开关控制电路中常闭、常开型及弱光开关电路。图 2.6.12(a)中为无光照射时,三极管处于截止状态,继电器是断开的。当光电三极管有光照射时,有光电流流过 R_1,A 点电位提高,三极管 T 导通,继电器则闭合。图 2.6.12(b)则是光照时,A 点电位降低,三极管 T 截止,继电器则断开,因而实现了光电开关的控制作用。图 2.6.12(c)采用了一个运算放大器,它只需一个电源电压,放大器的反相输入端由对称分压器 R_2 和 R_3 调节到电源电压的一半。放大器的同相输入端由光电三极管负载电阻 R_1 上产生的电压来驱动。这种电路又称为施密特触发器,适用于微弱光信号的开关控制电路。

(3) 光电耦合器件

光电耦合器件是发光器件与光接收器件组合的一种器件,它以光作媒质把输入端的电信号耦合到输出端,因此也称为光耦合器。

根据光耦合器件的结构和用途,它可分为两类:一类称光电隔离器,其功能是在电路之间

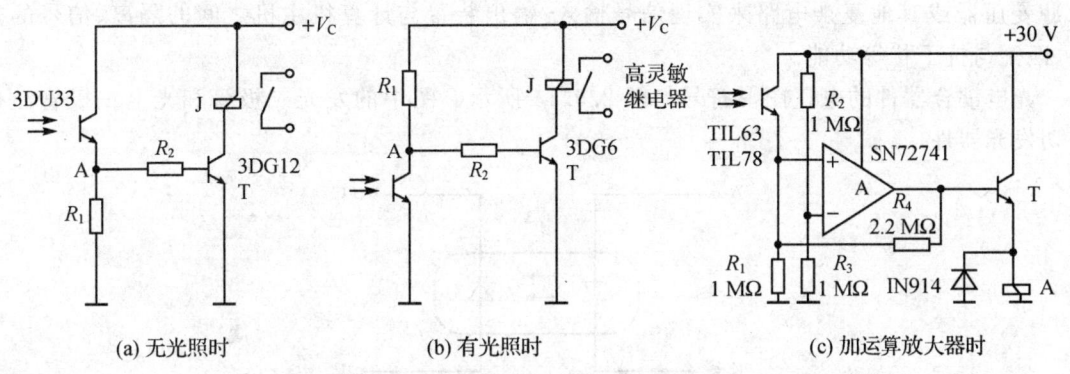

(a) 无光照时　　　　　(b) 有光照时　　　　　(c) 加运算放大器时

图 2.6.12　光电三极管开关电路

传送信息,以便实现电路间的电气隔离和消除噪声影响;另一类称光传感器,是一种固体传感器,主要用于检测物体的位置或检测物体有无的状态。不管哪一类器件,都具有体积小、寿命长、无触点、抗干扰能力强、输出和输入之间绝缘、可单向传输模拟或数字信号等特点,因此用途极广,有时可以取代继电器、变压器、斩波器等,被广泛用于隔离电路、开关电路、数/模转换电路、逻辑电路以及长线传输、高压控制、线性放大、电平匹配等单元电路。

1) 工作原理

光电耦合器件的基本结构如图 2.6.13 所示。图 2.6.13(a)所示为发光器件(发光二极管)与光电接收器件(光电二极管或光电三极管等)被封装在黑色树脂外壳内构成的光电耦合器件。图 2.6.13(b)所示为将发光器件与光电器件封装在金属管壳内构成的光电耦合器件。发光器件与光电器件靠得很近,但不接触。发光器件与光电接收器件之间具有很强的电气绝缘特性,绝缘电阻常高于兆欧量级,信号通过光进行传输。因此,光电耦合器件具有脉冲变压器、继电器和开关电器的功能;而且,它的信号传输速度、体积、抗干扰性等方面都是上述器件所无法比拟的。这使得它在工业自动检测、电信号的传输处理和计算机系统中,代替继电器、

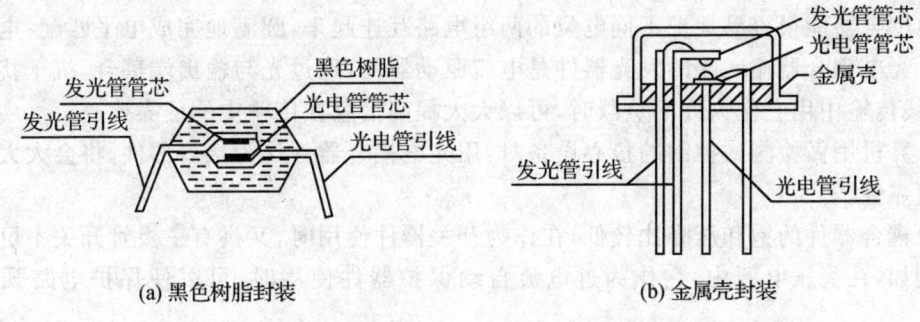

(a) 黑色树脂封装　　　　　(b) 金属壳封装

图 2.6.13　光电耦合器件的基本结构

脉冲变压器或其他复杂电路来实现信号输入/输出装置与计算机主机之间的隔离、信号的开关、匹配与抗干扰等功能。

光电耦合器件的电气图形符号如图 2.6.14 所示。图中的发光二极管和光电二极管泛指一切发光器件。

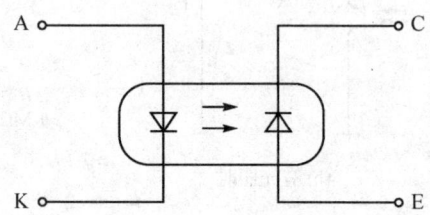

图 2.6.14　光电耦合器件的电气图形符号

2) 光电耦合器件的特点

光电耦合器件具有下列特点：

① 电隔离的功能。它的输入、输出信号间完全没有电路的联系，所以输入和输出回路的电平零位可以任意选择。绝缘电阻高达 $10^{10} \sim 10^{12}$ Ω，击穿电压高达 100 V～25 kV，耦合电容小到 0.000 1 pF。

② 信号传输是单向性的，不论脉冲、直流都可以使用，适用于模拟信号和数字信号。

③ 抗干扰和噪声。它作为继电器和变压器使用时，可以使线路板上看不到磁性元件，它不受外界电磁干扰、电源干扰和杂光影响。

④ 响应速度快，一般可达微秒数量级，甚至纳秒数量级。它可传输的信号频率在直流和 10 MHz 之间。

⑤ 使用方便，具有一般固体器件的可靠性，体积小，质量轻，抗振，密封防水，性能稳定，耗省，成本低，工作温度范围在 −55～100 ℃ 之间。

⑥ 既具有耦合特性，又具有隔离特性。

光电耦合器能很容易地把不同电位的两组电路互连起来，圆满地完成电平匹配、电平转移等功能。光电耦合器输入端的发光器件是电流驱动器件，通过光与输出端耦合，抗干扰能力很强，在长线传输中用它作为终端负载时，可以大大提高信息在传输中的信噪比。

在计算机用做检测式控制的核心设备时，用光电耦合器件作为接口部件，将会大大增强计算机的可靠性。

光电耦合器件的饱和压降比较低，在作为开关器件使用时，又具有三极管开关不可比拟的优点。例如，在稳压电源中，它作为过电流自动保护器件使用时，可以使保护电路既简单又可靠。

3) 应用举例

由于光电耦合器件具有体积小、寿命长、无触点、线性传输、隔离和抗干扰强等优点，因而

其应用非常广泛,具有以下特点:

① 在代替脉冲变压器耦合信号时,可以耦合从零到几兆赫的信息,且失真很小,这是变压器无法相比的。

② 在代替继电器使用时,又能克服继电器在断电时反电动势产生的冲击电流的泄放干扰及在大振动、大冲击下触点抖动等不可靠的缺点。

③ 能很容易地把不同电位的两组电路互连起来,从而圆满并且很简单地完成电平匹配和电平转移等功能。

④ 光电耦合器输入端的发光器件是电流驱动器件,通过光与输出端耦合,抗干扰能力很强。它在长线传输中作为终端负载时,可以大大提高信息在传输中的信噪比。

⑤ 在计算机主题运算部分与输入、输出之间,用光电耦合器件作为接口部件,将会大大增强计算机的可靠性。

⑥ 光电耦合器件的饱和压降比较低,在作为开关器件使用时,具有三极管开关不可比拟的优点。

⑦ 在稳压电源中,它作为过电流自动保护器件使用时,使保护电路既简单又可靠。

◇ 电平转换

在工业控制系统中所用集成电路的电源电压和信号脉冲的幅度有时不尽相同。例如,TTL 器件用 5 V 电源,HTL 器件为 12 V,PMOS 器件为 -22 V,CMOS 器件则为 5~20 V。如果在系统中采用两种集成电路芯片,就必须对电平进行转换,以便实现逻辑控制。另外,各种传感器的电源电压与集成电路间也存在着电平转换问题。图 2.6.15 所示为利用光电耦合器件实现 PMOS 电路的电平与 TTL 电路电平的转换电路。电路的输入端为 -22 V 的电源和 0~-22 V 的脉冲,输出端为 TTL 电平的脉冲,光电耦合器件不但使前后两种不同电平的脉冲信号实现了耦合,而且使输入与输出电路完全隔离。

◇ 逻辑门电路

利用光电耦合器件可以构成各种逻辑电路。图 2.6.16 所示为由两个光电耦合器件组成的与门电路。如果在输入端 U_{i1} 和 U_{i2} 同时输入高电平"1",则两个发光二极管 V_{D1} 和 V_{D2} 都发光,两个光敏三极管 T_1 和 T_2 都导通,输出端就呈现高电平"1"。若输入端 U_{i1} 和 U_{i2} 中有一个为低电平"0",则输出光电三极管中必有一个不导通,使得输出信号为"0",故为与门逻辑电路,$U_o = U_{i1} U_{i2}$。光电耦合器件还可以构成与非、或、或非和异或等逻辑电路。

为了充分利用逻辑元件的特点,在组成系统时,往往要用很多种元件。例如,TTL 器件的逻辑速度快、功耗低,可作为计算机中央处理部件;而 HTL 器件的抗干扰能力强,噪声容限大,可在噪声大的环境或输入/输出装置中使用。但由于 TTL、HTL 及 MOS 等电路的电源电压不同,工作电平不同,直接互相连接有困难。而光电耦合器件的输入与输出是绝缘的,可以很好地解决互连问题,即可方便地实现不同电源或不同电平电路之间的互连。电路之间不仅可以电源不同(极性和大小),而且接地点也可分开。

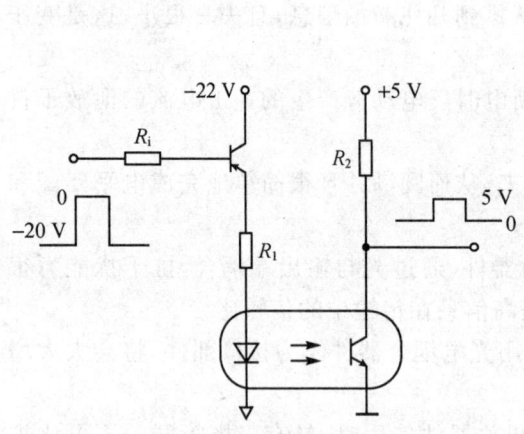
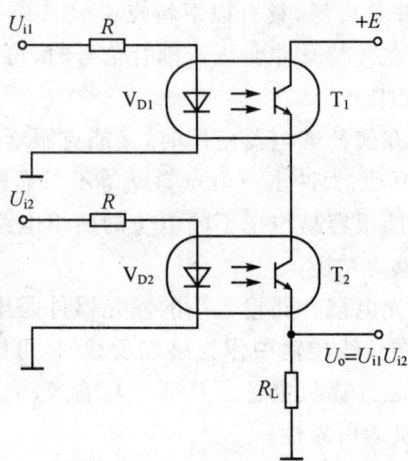

图 2.6.15　光电耦合器件的电平转换　　　图 2.6.16　光电耦合器件构成的与门电路(一)

例如,图 2.6.17 所示的典型应用电路中,左侧的输入电路,其电源为 13.5 V 的 HTL 逻辑电路,中间的中央运算器、处理器等电路为 +5 V 电源,后边的输出部分依然为抗干扰特性强的 HTL 电路。将这些电源与逻辑电平不同的部分耦合起来需要采用光电耦合器件。输入信号经光电耦合器件送至中央运算、处理部分的 TTL 电路,TTL 电路的输出又通过光电耦合器件送到抗干扰能力强的 HTL 电路,光电耦合器件成了 TTL 和 HTL 两种电路的媒介。

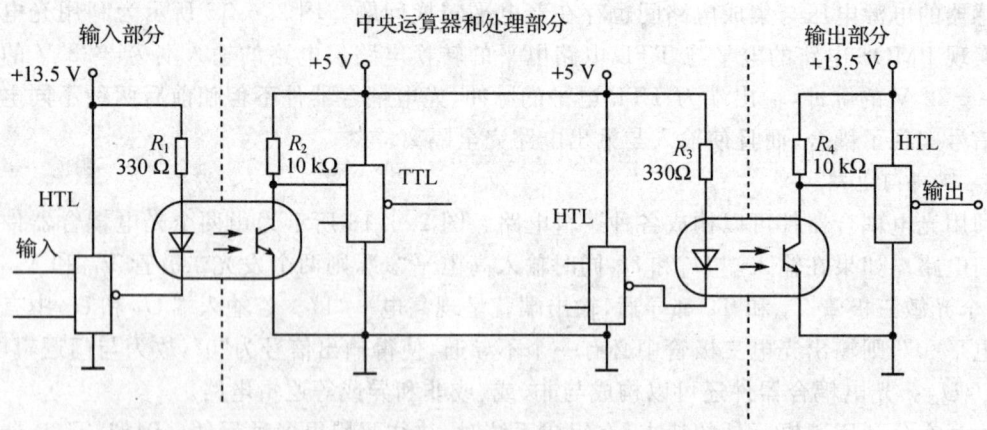

图 2.6.17　光电耦合器件构成的与门电路(二)

◇ 隔离方面的应用

有时为隔离干扰,或者为使高压电路与低压信号分开,可采用光电耦合器件。图 2.6.17 所示电路表明了光电耦合器件的又一种重要的功能,即隔离功能。

在电子计算机与外围设备相连的情况下,会出现感应噪声、接地回路噪声等问题。为了使输入、输出设备及长线传输等外围设备的各种干扰不串入计算机,以便提高计算机工作的可靠性,亦可采用光电耦合器件把计算机与外围设备隔离开来。

2.7 低噪声放大器设计

在高灵敏度及高精度的检测仪表中,传感器所接收的非电量被测信号往往是非常微弱的,其中某些信号还可能具有较宽的频谱。因此,与这些传感器相连接的前置放大器不仅要求有高增益,更重要的是必须具有低噪声性能,即要求放大器输出端的噪声电压尽可能地小,只有这样,才能检测微弱的信号。

2.7.1 噪声的基本知识

噪声是一种与有用信号混杂在一起的随机信号,它的振幅和相位都是随机的,因此,不能预测噪声的瞬时幅度;但是,用统计的方法可以预测噪声的随机程度,即可以测定它的平均能量,也就是说可以测定噪声的波形均方根值。由于均方根值具有功率含义,因此可以代表噪声的大小。

1. 电阻中的热噪声及其等效电路

在电子器件中的噪声主要有以下几种:热噪声、低频($1/f$)噪声、散粒噪声及接触噪声。

热噪声又称电阻噪声,任何电阻其两端即使不接电源,在电阻两端也会产生噪声电压。这个噪声电压是由于电阻中载流子的随机热运动引起的。由于电阻中的载流子-电子的热运动的随机特性,因此,电阻两端的电压也具有随机性质。它所包含的频率成分是很复杂的。

可以证明,电阻两端出现的噪声电压的有效值(均方根值)可表示为

$$E_t = \sqrt{4kTR\Delta f} \tag{2.7.1}$$

式中 k——玻耳兹曼常数(1.38×10^{-23} J/K);

T——热力学温度(K);

R——电阻值(Ω);

Δf——噪声带宽(Hz)。

由式(2.7.1)可见,电阻两端的噪声电压与带宽和阻值的平方根成正比。因此,减小电阻值和带宽对降低噪声电压是有利的。

例如,某放大器的输入回路电阻 $R_i = 500$ kΩ,放大器的噪声带宽 $\Delta f = 1$ MHz,在环境温度 $T = 300$ K 下,该放大器输入回路的等效热噪声电压为

$$E_t = \sqrt{4 \times 1.38 \times 10^{-23} \times 300 \times 500 \times 10^3 \times 10^6} \text{ V} = 9.09 \times 10^{-5} \text{ V} = 91 \text{ μV}$$

由此可见,若输入信号的数量级为微伏,则将被热噪声所湮没。因此,在微弱信号的测量中,必

须降低噪声才能提高检测微弱信号的精度。

为便于电阻中热噪声的分析计算,电阻热噪声(或产生热噪声的其他元件)可以用一个无噪声电阻和一个等效噪声电压源表示,如图2.7.1(a)、(b)所示。同样亦可用等效噪声电流源来表示,如图2.7.1(c)所示。

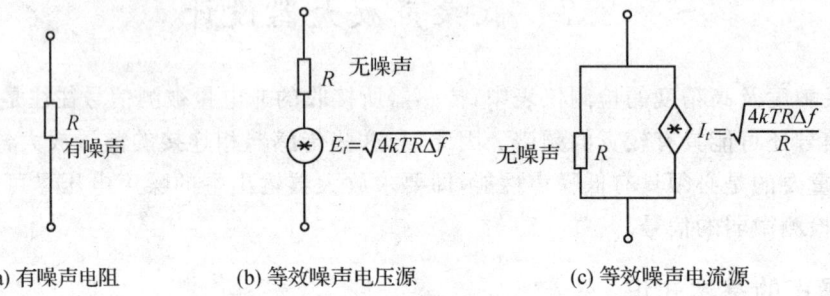

(a) 有噪声电阻　　　(b) 等效噪声电压源　　　(c) 等效噪声电流源

图 2.7.1　电阻热噪声等效电路

2. 散粒噪声

散粒噪声是指在有源电子器件中流动的电流不是平滑和连续的,而是由随机的变化引起的。散粒噪声的均方根电流为

$$I_{sh} = \sqrt{2qI_{dc}\Delta f} \tag{2.7.2}$$

式中　q——电子电荷(1.6×10^{-19} C);

I_{dc}——平均直流电流(A);

Δf——噪声带宽(Hz)。

由式(2.7.2)可见,散粒噪声与$\sqrt{\Delta f}$成正比,即每赫兹带宽含有相等的噪声功率。其功率谱密度在不同频率时为常数,故散粒噪声是一种白噪声。

由式(2.7.2)可得

$$\frac{I_{sh}}{\sqrt{\Delta f}} = \sqrt{2qI_{dc}} = 5.66 \times 10^{-10} \sqrt{I_{dc}} \tag{2.7.3}$$

由式(2.7.3)可见,每单位带宽的均方根噪声电流是流经该器件的直流平均值的函数。因此,可以通过测量流经该器件的直流电流来测量其散粒噪声的均方根噪声电流值。

3. 低频噪声

低频噪声又称$1/f$噪声,由于这种噪声的谱密度与频率f成反比,即f愈低,噪声愈大,故这种噪声称为低频噪声。$1/f$噪声广泛地存在于有源器件如晶体三极管、电子管以及无源器件如电阻(包括热敏电阻)中。这种$1/f$噪声产生的主要原因是由于材料的表面特性造成的。载流子的产生和复合及表面状态的密度都是影响它的主要因素。

$1/f$噪声电压的均方值为

$$E_t^2 = K\ln\left(\frac{f_H}{f_L}\right) \approx K\frac{\Delta f}{f_L} \tag{2.7.4}$$

式中，f_H 和 f_L 分别是噪声带宽的上限及下限值，即 $\Delta f = f_H - f_L$ 为噪声带宽；K 为比例系数。

4. 接触噪声

当两种不同性质的材料接触时，会造成其电导率起伏变化。例如晶体管及二极管焊接处接触不良及开关和继电器的接触点等会产生接触噪声。

每单位均方根带宽的噪声电流 I_f 可近似地用下式表示，即

$$\frac{I_f}{\sqrt{B}} \approx \frac{KI_{dc}}{\sqrt{f}} \tag{2.7.5}$$

式中 I_{dc}——直流电流的平均值(A)；

f——频率(Hz)；

K——与材料的几何形状有关的常数；

B——用中心频率来表示的带宽(Hz)。

由于噪声与 $1/\sqrt{f}$ 成正比，因此在低频段，它将起重要作用。所以它是低频电子电路的主要噪声来源。

2.7.2 噪声电路的计算

1. 噪声电压的相加

当两个不相关的噪声电压源串联时，若噪声电压瞬时值之间没有关系，则称它们是"不相关"的。E_1 和 E_2 代表不相关的噪声源，则总的均方电压等于各发生器均方电压之和，即

$$E^2 = E_1^2 + E_2^2 \tag{2.7.6}$$
$$E = \sqrt{E_1^2 + E_2^2}$$

这就是不相关噪声电压源的均方相加性质，它是计算噪声电路的基本法则，这一法则同样可以推广到噪声电流源的并联。

如果各噪声源都包含部分由共同的现象产生的噪声，同时包含一部分独立产生的噪声，则这种情况的噪声电压之间叫"部分相关"。部分相关的两噪声电压源之和的一般表达式为

$$E^2 = E_1^2 + E_2^2 + 2CE_1E_2$$

上式是普遍的，C 叫做"相关系数"，C 取包括 0 在内的 $-1 \sim +1$ 间的任何值。当 $C=0$ 时，两噪声源不相关，上式即成为式(2.7.6)。$C=1$ 时，两信号完全相关，上式变成 $E^2 = E_1^2 + E_2^2 + 2E_1E_2$，即可以线性相加。当 $C=-1$ 时，表示相关信号相减，即两波形相差 180°。

应该指出，有时为了简化分析，经常可假定 $C=0$，即认为各噪声源之间不相关。这时产生的误差不大。例如，两个电压相等并完全相关，则相加后的均方根值为原来的 2 倍，如按不相关计算，则为 1.4 倍，这样带来的最大误差为 30%。很明显，若是部分相关，或两电压一个远大于另一个，则误差更小。

2. 叠加法的应用

如果噪声电路是一个线性网络,那么利用叠加法来进行多源网络的噪声分析比较方便,下面举例说明。求图 2.7.2 电路中的电流 I,图中 E_1 和 E_2 为两个不相关噪声电压源,R_1 和 R_2 为无噪声电阻。

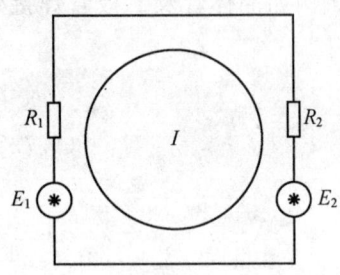

图 2.7.2 电路分析举例

应用叠加原理,首先求 E_1 和 E_2 各自单独作用时引起的回路电流是

$$I_1 = \frac{E_1}{R_1+R_2}, \qquad I_2 = \frac{E_2}{R_1+R_2}$$

对于不相关量来说,根据均方相加法则有

$$I^2 = I_1^2 + I_2^2 = \frac{E_1^2}{(R_1+R_2)^2} + \frac{E_2^2}{(R_1+R_2)^2} = \frac{E_1^2+E_2^2}{(R_1+R_2)^2}$$

从这个简单例子,可得出一条规律:在求几个不相关的噪声源产生的总电流时,首先求各噪声源单独作用时的电流,然后将各个电流均方相加即可。

2.7.3 信噪比与噪声系数

1. 噪声系数

用示波器观察到的放大器输出的噪声波形如图 2.7.3 所示,它与外界干扰引起的放大器交流噪声不同之处在于噪声电压是非周期性的,没有一定的变化规律,属于随机的性质。

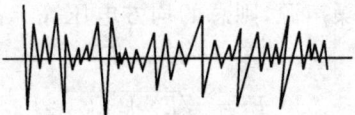

图 2.7.3 噪声波形图

由于放大器的噪声总是与信号相对立而存在的,所以一般来说脱离了信号的大小来讲噪声的大小是没有意义的。例如,当输入信号只有 10 μV 时,则放大器等效到输入端的噪声电压必须低于 10 μV,否则信号将被噪声所湮没。工程上常用信号噪声比 SNR(简称信噪比)来说明信号 S 与噪声 N 之间的数量关系,它的定义是:

$$信号噪声比(SNR) = \frac{信号功率}{信号中含有的噪声功率}$$

所以只有当信号噪声比大于 1 或甚大于 1 时,信号才不致被噪声所湮没,微弱信号才能有效地获得放大。

对于放大器来讲,它不但放大了信号源中包含的噪声,而且由于它自身还会产生一定的噪声,所以它输出端的信噪比必然小于输入端的信噪比。为了说明放大器自身的噪声水平,工程上还使用另外一个指标,叫做噪声系数 F,它定义为放大器输出端的信噪比与输入端的信噪比

之比，即

$$F = \frac{\text{输出端信噪比}}{\text{输入端信噪比}}$$

显然，F 愈小，表示放大器本身的噪声愈小。如果 $F=1$，则表示放大器本身不产生任何噪声，这当然只是一种理想的情况。

F 还可以有以下几个表达式：

$$F = \frac{N_o}{N_t A_p} = \frac{N_o}{N_{to}} \tag{2.7.7}$$

式中　N_o——总有效输出噪声功率(包括源电阻的热噪声和放大器内部噪声)；

　　　N_t——单有源电阻产生的有效热噪声功率(在标准温度 290 K 下)；

　　　A_p——放大器的有效功率增益(即有效输出功率 P_o 对有效输入信号功率 P_i 之比)；

　　　N_{to}——源电阻热噪声在放大器输出端的有效噪声功率，$N_{to} = N_t A_p$。

$$F = \frac{E_{ni}^2}{E_t^2} = \frac{E_t^2 + E_n^2 + I_n^2 R_s^2}{E_t^2} = 1 + \frac{E_n^2 + I_n^2 R_s^2}{E_t^2} \tag{2.7.8}$$

用 dB 表示，有

$$\text{NF} = 10\log F$$

式中，NF 的单位为 dB。

$$\text{NF} = 10\log\left(\frac{\text{总噪声功率输出}}{\text{单独由于 } R_s \text{ 引起的噪声功率}}\right)$$

又为

$$\text{NF} = 10\log\left(\frac{\text{输出端总均方噪声电流}}{\text{单独由于 } R_s \text{ 引起的输出端的均方噪声电流}}\right)$$

或

$$\text{NF} = 10\log\left(\frac{\text{输出端总均方噪声电压}}{\text{单独由于 } R_s \text{ 引起的输出端的均方噪声电压}}\right)$$

实际上，噪声系数用于衡量系统前置放大级，即微弱信号放大电路部分的噪声特性。

2. 最佳源电阻

由式(2.7.8)可见，若总等效输入噪声电压 E_{ni} 近似等于热噪声电压 E_t，则噪声系数 F 为最小。通常，源电阻 R_s 较大及较小时，噪声系数都较大；当 R_s 为某一值时，使 E_{ni} 和 E_t 两条曲线很接近，这一点是最小噪声系数点，亦称为最佳源电阻 $(R_s)_{opt}$。必须指出，最佳源电阻 $(R_s)_{opt}$ 并不等于获得最大输出功率的匹配电阻，可以证明 $(R_s)_{opt}$ 与放大器的输入阻抗之间没有直接关系。噪声系数与源电阻的关系曲线可用图 2.7.4 表示。

最佳源电阻可用下式表示为

$$(R_s)_{opt} = \frac{E_n}{I_n}\bigg|\,E_n = I_n R \tag{2.7.9}$$

所以

$$F_{min} = 1 + \frac{E_n^2 + I_n^2 (R_s)_{opt}^2}{E_t^2} = 1 + \frac{E_n I_n}{2kT\Delta f}$$

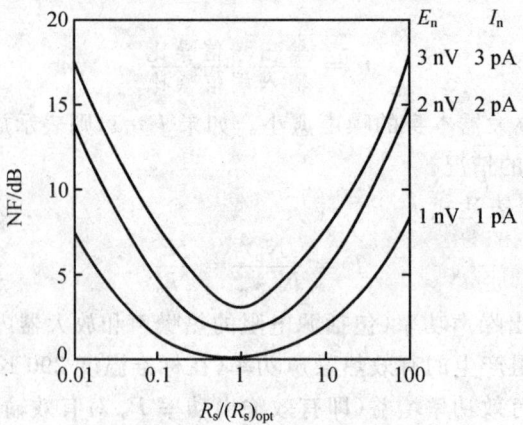

图 2.7.4　噪声系数与源电阻关系曲线

2.7.4　前置放大器的噪声模型

在测试系统中,前置级放大器将贡献最大噪声,提高前置级增益可以减少后级噪声的影响,所以低噪声电路设计的关键是减少前置级的噪声系数及提高前置级功率增益。一个有噪声的前置放大器可以用等效噪声源来代替,如图 2.7.5 所示。

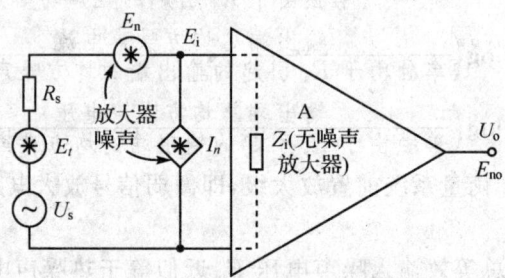

图 2.7.5　放大器输入级等效噪声电路

用噪声的计算方法,可得输入端总噪声电压 E_i 为

$$E_i^2 = \frac{(E_n^2 + E_t^2)}{(R_s + Z_i)^2} Z_i^2 + \frac{I_n^2 Z_i^2 R_s^2}{(R_s + Z_i)^2} \tag{2.7.10}$$

经增益为 A_v 的无噪声放大器放大后,可得放大器输出端总噪声电压为

$$E_{n0}^2 = A_v^2 E_i^2 \tag{2.7.11}$$

则等效输入噪声为

$$E_{ni}^2 = E_{no}^2 / A_{vs}^2$$

式中

$$A_{vs} = \frac{Z_i}{R_s + Z_i} A_v$$

将式(2.7.10)与式(2.7.11)代入 E_{ni} 可得

$$E_{ni}^3 = E_t^2 + E_n^2 + I_n^2 R_s^2$$

如果再考虑到噪声源 E_n 和 I_n 的相关关系,则

$$E_{ni}^2 = E_t^2 + E_n^2 + I_n^2 R_s^2 + 2CE_n I_n R_s$$

2.7.5 一些常用电路的等效输入噪声

1. 共发射极放大级

图 2.7.6 所示共发射极放大级的噪声等效电路如图 2.7.7 所示。图中考虑了放大级所有元件的噪声对放大级等效噪声的影响。其分析方法可分以下步骤:① 画出晶体管小信号等效噪声电路;② 把各元件的噪声源均看成是独立的,即互不相关,并利用叠加原理求集电极输出级的总噪声电压 E_{no};③ 将 E_{no}^2 折算到输入端,即 $E_{ni}^2 = E_{no}^2/A_v^2$。

经分析运算化简可得

$$E_{ni}^2 \approx E_{ts}^2 + E_n^2 \left(\frac{R_s + R_b}{R_b}\right)^2 + I_n [(R_s + R_e)^2 + X_{c1}^2] + E_c^2 +$$

$$\left[\frac{E_1}{(\omega R_1 C_b)^2} + \frac{E_2}{(\omega R_2 C_b)^2} + E_b\right]\left(\frac{R_s}{R_b}\right) + \frac{E_E}{(\omega R_E C_E)^2} \quad (2.7.12)$$

式中,E_n、I_n 为晶体管的 $E_n - I_n$ 等效电路参数;E_1、E_2、E_b 及 E_E 分别为 R_1、R_2、R_b 及 R_E 中的总噪声电压均方根值;E_E 为反馈电阻 R_e 中的噪声;X_{c1} 为耦合电容 C_1 的电抗。

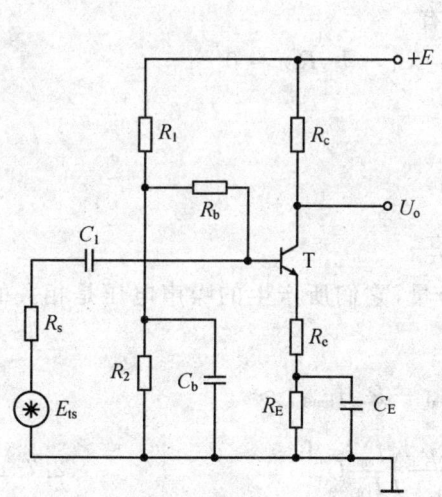

图 2.7.6 共射极放大器

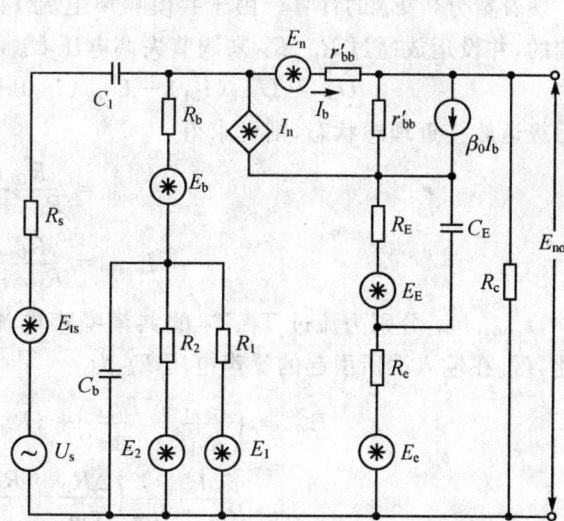

图 2.7.7 共发射极等效噪声电路

从式(2.7.12)可以看出偏置电路对放大级噪声性能的影响,并为如何选择电路参数以减少输入等效噪声提供了理论依据。其结论是:

① 偏置电阻的噪声使 E_{ni} 增大,需选择低噪声系数的电阻做偏置电阻。

② 增大电容 C_b 及 C_E,通常在下限频率上取 $X_{cb}=0.1R_2$,$X_{CE}=0.1C_E$,以减小对 E_{ni}^2 的影响。

③ 耦合电容 C_1 使发生器 I_n 产生的那一部分 E_{ni} 增大。如果从减小噪声的角度来选电容 C_1,就要比按低频响应的要求值增大 10～100 倍。在此条件下式(2.7.12)可化简为

$$E_{ni}^2 \approx E_{ts}^2 + E_n^2\left(\frac{R_s+R_b}{R_b}\right)^2 + I_n^2(R_s+R_c)^2 + E_e^2 + E_b\left(\frac{R_s}{R_b}\right)^2 \quad (2.7.13)$$

由式(2.7.13)还可看出反馈对 E_{ni} 的影响,即由于 R_e 的存在,使其噪声电压 E_e 直接与源电阻热噪声 E_{ts} 相串联,使 E_e 与 E_{ts} 的均方根值直接相加;而且由于 R_s 与 R_e 相串联,使 I_n 所产生的那部分 E_i 也增大了。由此可见,低噪声放大级最好还是不要引入太深的本级负反馈。

2. 高阻抗、低漂移运放的等效输入噪声

如图 2.7.8 所示,设备元件的噪声电压彼此独立,即互不相关,则总的等效输入噪声电压 E_{ni} 为

$$E_{ni}^2 = e_{ni}^2 + E_{n2}^2 + E_{n3}^2 + E_{n4}^2 + E_{n5}^2 + E_{n6}^2 + E_{n7}^2 \quad (2.7.14)$$

式中,E_{n3}、E_{n4} 分别为 e_{n3} 和 e_{n4} 折算到输入端的噪声电压。E_{n2} 为 e'_{n2} 折算到输入端的噪声电压。E_{n5} 和 E_{n6} 分别为因 I'_{n1} 和 I'_{n2} 的存在而折算到输入端的噪声电压,E_{n7} 为因共模噪声电流的存在而折算到输入端的噪声电压。

现着重分析 E_{n7} 的计算。由于共模噪声电流 I_{cmn} 是通过差动级两边的不平衡而反映到输入端的,并设运放通过 R_{s1}、R_{s2} 来调节失调电压 U_{os},则有

$$U_{os} = U_{Gs1}(I_{D1}) - U_{Gs2}(I_{D2}) + I_{D1}R_{s1} - I_{D2}R_{s2} = 0$$

若后级运放接近理想状态,则可求得

$$I_{cmn1} = \frac{R_{D2} I_{cmn}}{R_{D1}+R_{D2}}$$

$$I_{cmn2} = \frac{R_{D1} I_{cmn}}{R_{D1}+R_{D2}}$$

式中,I_{cmn1}、I_{cmn2} 分别为流过 T_1、T_2 的共模噪声电流分量,它们所产生的噪声电压是相关的。因此,I_{cmn} 在输入端所引起的噪声电压 E_{n7} 为

$$E_{n7} = \left(\frac{I_{cmn1}}{g_{fs1}} - \frac{I_{cmn2}}{g_{fs2}}\right) + (R_{s1}I_{cmn1} - R_{s2}I_{cmn2}) \approx$$

$$\frac{I_{cmn}}{R_{D1}+R_{D2}}\left(\frac{\Delta R_D}{g_{fs1}} + \frac{R_{D1}\Delta g_{fs}}{g_{fs1}^2}\right)\frac{I_{cmn}}{I_{DD}}U'_{os} \quad (2.7.15)$$

式中,$\Delta R_D = R_{D1} - R_{D2}$,$\Delta g_{fs} = g_{fs1} - g_{fs2}$,$U'_{os} = U_{Gs1} - U_{Gs2}$。

显然可见,如果输入级两侧完全对称,则共模噪声电流所引起的噪声电压为零。

第 2 章 信号放大电路

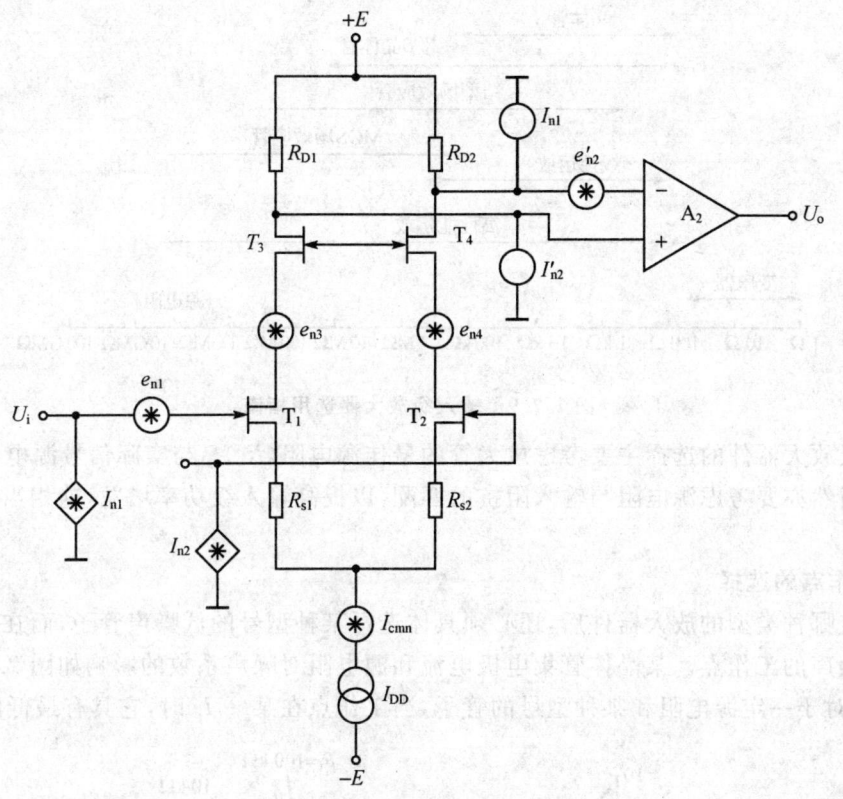

图 2.7.8 DY-04 独立噪声电路

总等效噪声电压 E_{ni}^2 为

$$E_{ni}^2 = e_{ni}^2 + \frac{2g_{fs1}^2 e_{n3}^2}{g_{fs1}} + \frac{e_{n2}'}{g_{fs1}^2 R_{D1}} + \frac{8I_{n1}'}{g_{fs1}^2} +$$

$$I_{cmn}^2 \left[\frac{1}{R_{D1} + R_{D2}} \left(\frac{\Delta R_D}{g_{fs1}^2} + \frac{R_{D1} \Delta g_{fs}}{g_{fs1}^2} \right) \frac{U_{os}'}{I_{DD}} \right] \qquad (2.7.16)$$

2.7.6 低噪声电路设计原则

低噪声电路的设计任务是在给定信号源、放大器增益、阻抗和频响特性等条件下，选择电路元件及参数和适当的工作点，采用合理的结构工艺使噪声特性最佳，以期望获得最低噪声电压以及最大信噪比。

1. 放大器件的选择

如何选择适当的放大器件做低噪声电路的输入级，这是低噪声电路设计的第一步，也是十分重要的一步。可由图 2.7.9 决定如何根据源电阻来选择放大器的类型。

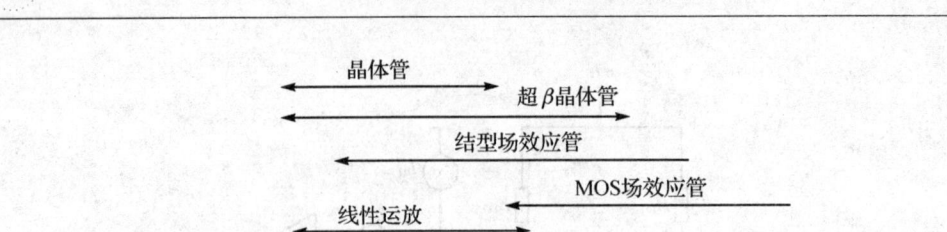
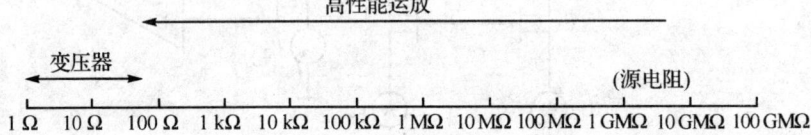

图 2.7.9 输入级放大器选用指南

输入级放大器件的选择主要考虑放大管的最佳源电阻$(R_s)_{opt}$与实际信号源电阻的最佳噪声匹配。当然亦要考虑源电阻与输入阻抗的匹配,以提高输入级功率增益,这相当于降低该级噪声系数。

2. 工作点的选择

在选定哪种类型的放大器件后,还必须具体选择某种型号的低噪声管子,而在管子选定后才选择低噪声的工作点。某晶体管集电极电流和源电阻对噪声系数的影响如图 2.7.10 所示。显然可见,对于一定源电阻和某种型号的管子,当工作点在某一 I_c 时,它具有最低的 NF。

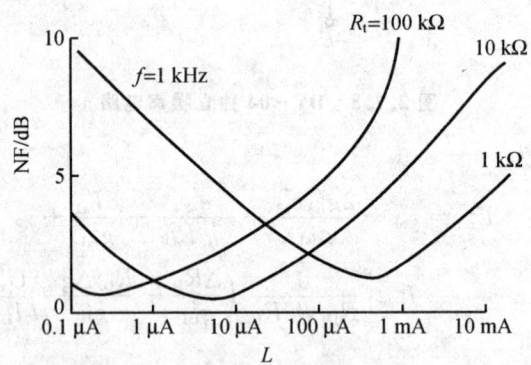

图 2.7.10 I_c 与 NF 的关系

3. 输入级偏置电阻的选择

尽量选用噪声系数小的电阻作为输入级的偏置电阻,这是由于偏置电阻是位于电路噪声最灵敏的部位上。为了减小偏置电路引起的噪声,也可以加旁路电容,使偏置电路的噪声加不到管子的输入回路中。

图 2.7.11 表示不同类型的电阻器测得的过剩噪声系数范围。由图可见,线绕电阻噪声系

数最小。但由于频率上限受到限制,同时价格昂贵,故通常在低噪声电路中均选用金属膜电阻。

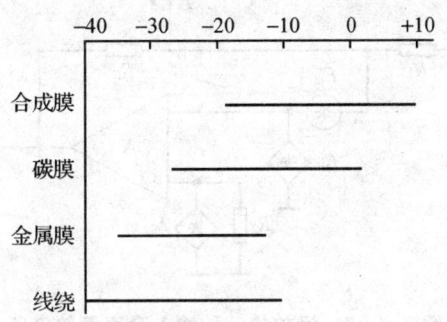

图 2.7.11 不同类型的电阻器测得的过剩噪声系数范围

4. 频带宽度的限制

由于内部器件噪声及外部干扰都随着频率的加宽而增大,因此在满足放大器频率上限及频率下限的前提下,应尽可能地压缩频带宽度。

5. 对直流电源的要求

应减小电路直流供电电源的纹波电压。可以通过设计较好的滤波电路,并采用屏蔽措施来抑制直流电源的噪声及纹波。

6. 工艺措施的要求

要特别注意工艺措施,这是低噪声电路设计的主要内容之一。由于这方面内容已有很多介绍,这里不再重复。以下几个方面要特别注意,即输入级元件的位置及方向,接地线的安排,焊接的质量,高频引线要尽可能短,电源变压器的屏蔽措施等。

7. 负反馈的设计原则

负反馈是电路设计中的重要内容,因此负反馈的设计必须从整机的角度来考虑。但如果仅从降低噪声的角度来看,必须注意反馈电阻所引起的噪声。现以运放为例来说明设计方法。

首先,画出几种负反馈形式的噪声等效电路,由这些等效电路来求得等效输入噪声电压 E_{nf}。

图 2.7.12 为运放的一种输入噪声等效电路。图中 E_{ni} 为运放的等效输入噪声电压,I_{ni1} 和 I_{ni2} 分别为反相端和同相端的输入噪声电流。若运放的电压增益非常大,则可求得输出噪声的均方根值为

$$E_{no}^2 = \left(1 + \frac{R_F}{R_1}\right)^2 (R_1^2 I_{ni2}^2 + E_{ni}^2) + R_F^2 I_{ni1}^2$$

当 $R_F \gg R_1$ 时,上式可表示为

$$E_{no}^2 \approx \left(1 + \frac{R_F}{R_1}\right)^2 (R_1^2 I_{ni2}^2 + E_{ni}^2 + R_1^2 I_{ni1}^2) \qquad (2.7.17)$$

如果电流噪声的影响远小于电压噪声，则

$$E_{no} \approx \left(1 + \frac{R_F}{R_1}\right) E_{ni}$$

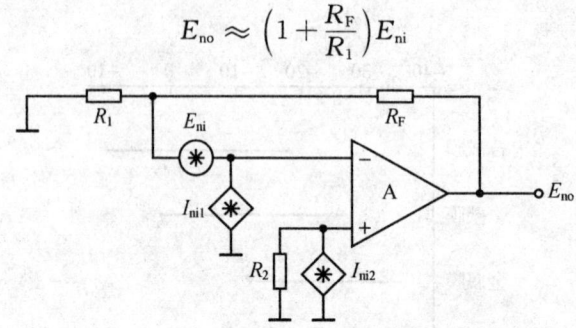

图 2.7.12　运放的一种输入噪声等效电路

在实际应用中，还采用另一种常用的输入噪声等效电路。这种输入噪声等效电路用 $I_n = (I_{ni1}^2 + I_{ni2}^2)^{1/2}$ 来表示噪声电流。图 2.7.13 是同相输入放大器及其等效噪声电路。由等效噪声电路可求得等效输入噪声电压为

$$E_{nf}^2 \approx E_{nS}^2 + E_n^2 + I_n^2 \left(R_s \frac{R_1 R_F}{R_1 + R_F}\right)^2 + E_1^2 \left(\frac{R_F}{R_1 + R_F}\right)^2 + E_F^2 \left(\frac{R_1}{R_1 + R_F}\right)^2 \quad (2.7.18)$$

式中，E_1 及 E_F 分别为电阻 R_1 及 R_F 的热噪声电压。

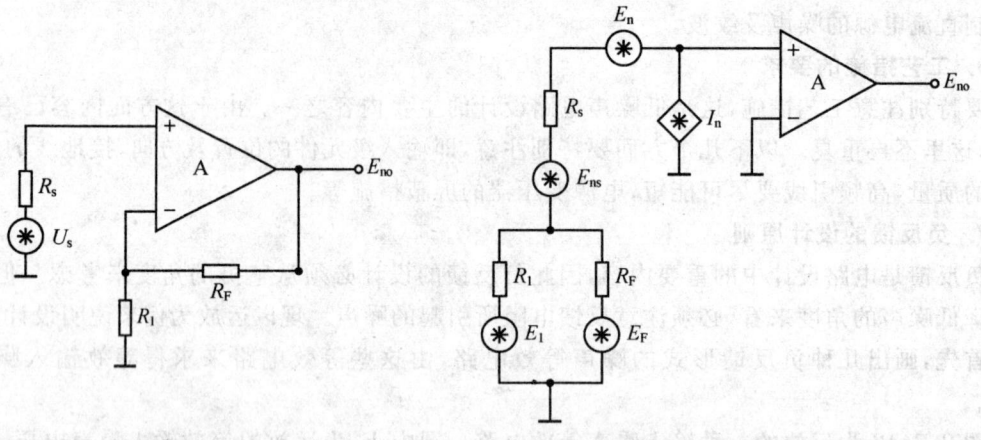

(a) 同相输入放大器　　　　　　　　　(b) 等效噪声电路

图 2.7.13　运放同相输入并联负反馈及其等效电路

图 2.7.14 为运放反相输入并联负反馈及其等效电路，由此可求得该电路的等效噪声电压为

$$E_{ni}^2 \approx E_{ns}^2 + E_n^2 \left(\frac{1 + R_s}{R_F}\right)^2 + I_n^2 R_s^2 + \left(\frac{E_F R_s}{R_F}\right)^2 \quad (2.7.19)$$

式中，E_{ns}、E_F 为电阻 R_s、R_F 的热噪声电压。

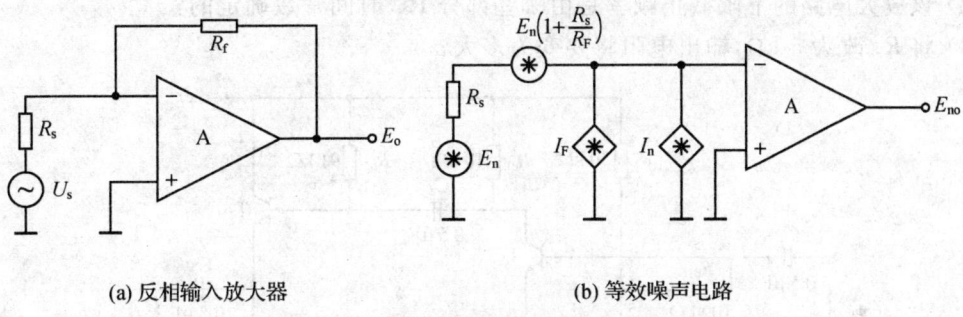

(a) 反相输入放大器 (b) 等效噪声电路

图 2.7.14 运放反相输入并联负反馈及其等效电路图

习题与思考题

2.1 题图 2.1 为二级放大电路,其中: T_1、T_2 为 3DG8,$\beta=50$,$E_C=24$ V,C_1、C_2、C_3、C_{e2} 上的交流压降可以忽略不计,求:

(1) 该电路的输入电阻;
(2) 该电路的输出电阻;
(3) 该电路的电压放大倍数;
(4) 若将 R'_{e2} 短路,求该电路的输入电阻,并与 R'_{e2} 未短路时作一比较。

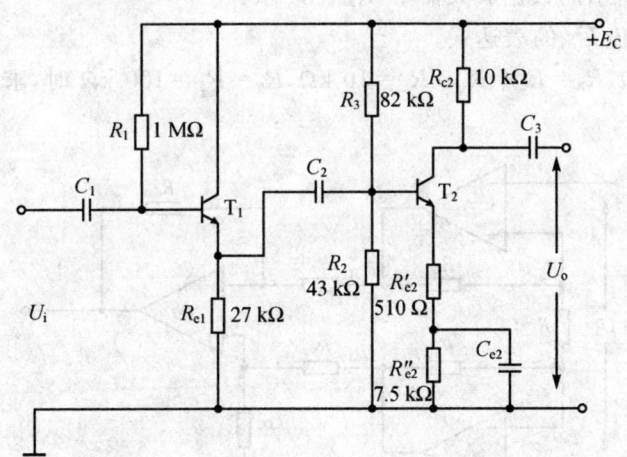

题图 2.1 习题 2.1 用图

2.2 题图 2.2 中,T_1、T_2 的 β 为 50,求:
(1) 该放大电路输入电阻及输出电阻。

(2) 该放大电路的下限截止频率是由哪些部分 RC 时间常数确定的？

(3) 将 R_{c1} 改为 5 kΩ，输出电阻将要变为多大？

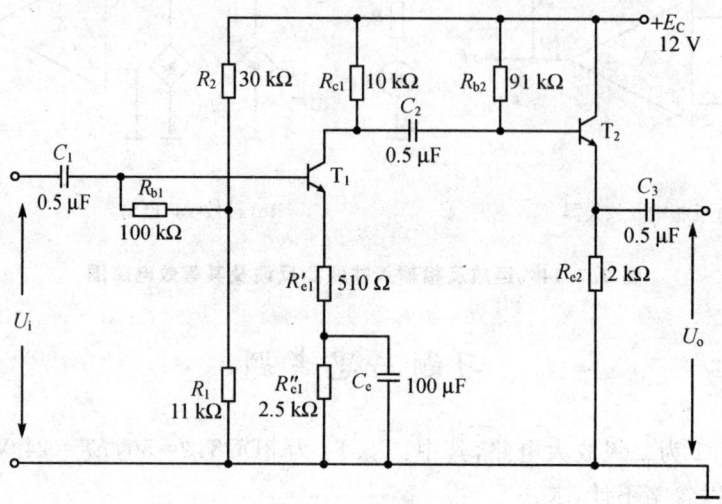

题图 2.2　习题 2.2 用图

2.3　试叙述"动态校零"的稳零技术的实质是什么？自动稳零技术的数据放大器的工作为什么能把温度漂移抑制得很低？

2.4　题图 2.3 所示的数据放大器中，$R_2 = R_3$ 求：

(1) 该电路输出值 U_o 的表达式。

(2) 当 $R_1 = 2$ kΩ，$R_2 = R_3 = R_4 = R_5 = 10$ kΩ，$R_6 = R_7 = 100$ kΩ 时，求：电压放大倍数及输入电阻。

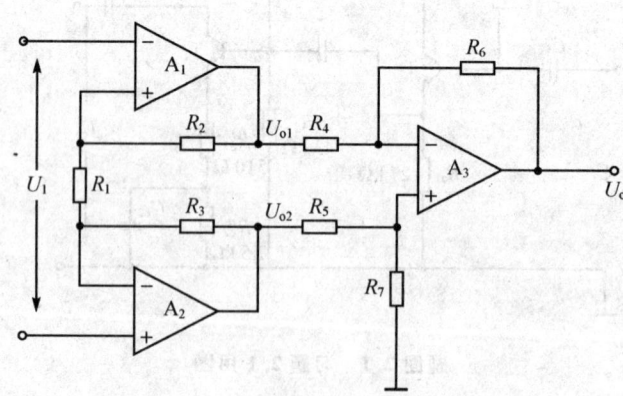

题图 2.3　习题 2.4 用图

2.5 影响放大器漂移的主要因素是什么?

2.6 闭环状态斩波放大器及自动稳零双通道直流放大器的主要设计思想是什么?

2.7 以 5G7650 运算放大器为例,说明该类芯片在电路板的制作工艺上应采用什么措施来提高整机的精度与稳定度?

2.8 题图 2.4 为调制直流放大器,输入 U_i 为直流信号,分析其基本原理,并画出 U_1、U_2、U_3、U_4、U_o 的波形。

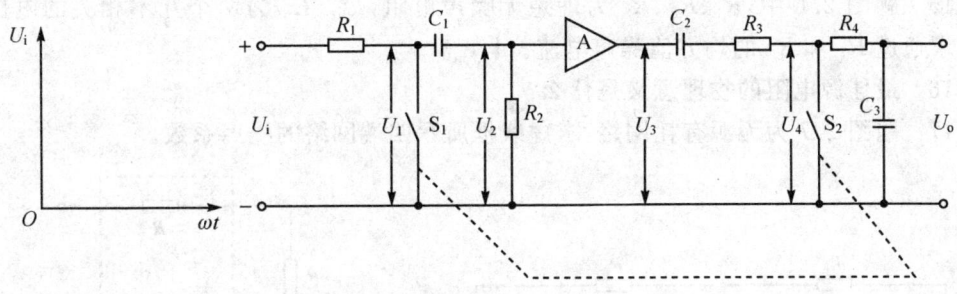

题图 2.4 习题 2.8 用图

2.9 自举原理的实质是什么?自举反馈型高输入阻抗放大器中的关键元件是什么?决定其量值大小的依据是什么?

2.10 题图 2.5 为高输入阻抗放大电路,其中:T_1 为 3DJ6,$g_m = 0.9$ mA/V,T_2 为 3CG6,$h_{fe} = 30$,$h_{ie} = 1.2$ kΩ。

(1) 分析其工作原理;

(2) 画出其等效交流电路;

(3) 求出输入电阻及增益大小。

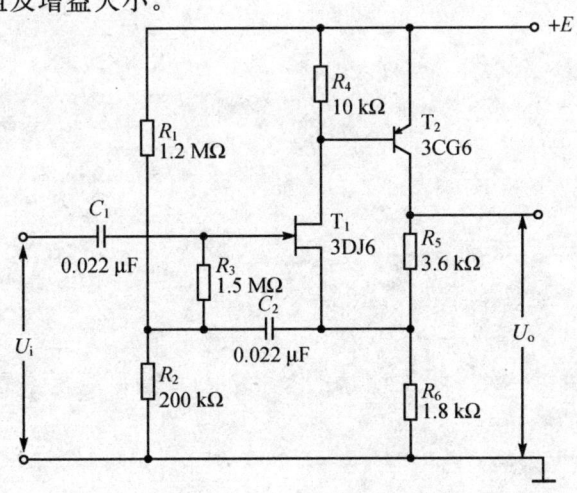

题图 2.5 习题 2.10 用图

2.11 电荷放大器的主要特点是什么？根据这些特点决定了电荷放大器应用在什么场合？

2.12 电荷放大器的实际输出电压与理想情况下的输出电压有什么差别？在实际应用中应注意哪些问题？

2.13 信噪比和噪声系数有什么区别？

2.14 噪声匹配与功率匹配有什么区别？

2.15 题图 2.6 中，R_1、R_2、R_3 为理想无噪声电阻，E_{n1}^2、E_{n2}^2 为两个互不相关的电压噪声源。试求通过 R_1 和 R_2 的均方值噪声电流。

2.16 最佳源电阻的物理意义是什么？

2.17 题图 2.7 为无源有耗网络，求虚线框所示四端网络的噪声系数。

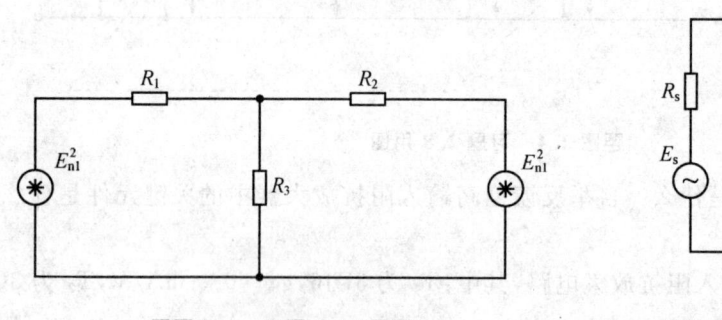

题图 2.6　习题 2.15 用图　　　　题图 2.7　习题 2.17 用图

2.18 光电二极管与普通二极管在结构、工作原理及应用上有什么区别？

2.19 光电耦合器件结构的特点是什么？用途是什么？请各举 1~2 个实例说明。

第 3 章 信号处理电路

非电量参数经传感器转换成电信号后,为了对其特性作进一步的分析研究,必须进行相应的处理,然后才能送入微处理器、记录仪器或显示装置等后续测量单元。

本章主要对一些常用的信号处理电路,如有源滤波电路、特征值检测电路、采样/保持电路等进行分析介绍;对工作原理部分作简要介绍,侧重于分析电路设计过程中、实际应用过程中经常遇到的问题和相应的解决方法。

3.1 有源滤波器的设计

在传感器拾取的测量信号中,除了有价值的信息之外,往往还包含许多噪声以及其他与被测量无关的信号,从而影响测量精度。这些噪声一般随机性很强,难以从时域中直接分离出来,但限于其产生的物理机理,噪声功率是有限的,并按一定规律分布于频域中某个特定频带。因此,可以考虑用滤波电路从频域中实现对噪声的抑制,提取有用信号。

滤波器可以由 R、L、C 等无源元件组成,也可以由无源与有源元件组合而成,前者称为无源滤波器,后者称为有源滤波器。有源滤波器中的有源元件可以用晶体管,也可以用运算放大器。特别是由运算放大器组成的有源滤波器具有一系列优点,体积小、质量轻,可以提供一定的增益,还能起到缓冲作用。近年来,集成有源滤波器得到了快速发展,因此在本节最后对其基本原理也作简要介绍。

3.1.1 有源滤波器的分类和基本参数

按照滤波器的选频特性,可分为高通、低通、带通和带阻滤波器四种。简而言之,低通滤波器就是允许低频信号通过的滤波器,高通滤波器就是允许高频信号通过的滤波器,带通滤波器就是允许特定频率带内信号通过的滤波器,而带阻滤波器就是只抑制特定频率带内信号的滤波器。

1. 低通滤波器

低通滤波器的频率特性如图 3.1.1 所示,实线为理想特性,虚线为实际特性。

低通滤波器输出电压与输入电压之比被称做低通滤波器的增益或电压传递函数 $K(p)$。图 3.1.1 中允许信号通过的频段 $(0\sim\omega_0)$ 被称为低通滤波器的通带,不允许信号通过的频段 $(\omega>\omega_0)$ 被称为低通滤波器的阻带,ω_0 被称为截止频率。图中的曲线 2 在通带内没有共振峰,此时规定增益下降了 $-3\ \mathrm{dB}$ 所对应的频率为截止频率,如 a 点所示;而曲线 3 在通带内有共振峰,此时规定幅频特性从峰值回到起始值处的频率为截止频率,如 b 点所示。

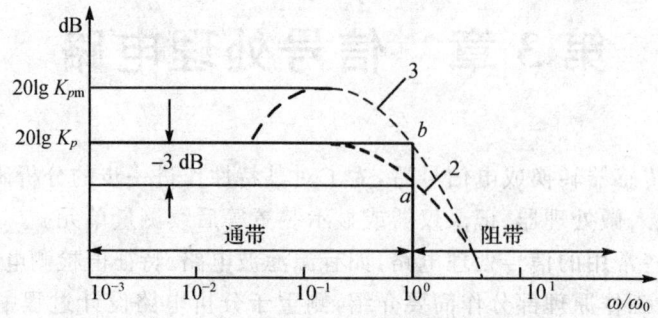

图 3.1.1 低通滤波器特性

2. 高通滤波器

高通滤波器的频率特性如图 3.1.2 所示,实线为理想特性,虚线为实际特性。对于通带内没有共振峰的情况(对应特性曲线 2),规定增益比 K_p 下降了 -3 dB 所对应的频率为截止频率,如 a 点所示;而曲线 3 在通带内有共振峰,此时规定通带中波动的起点为截止频率,如 b 点所示。

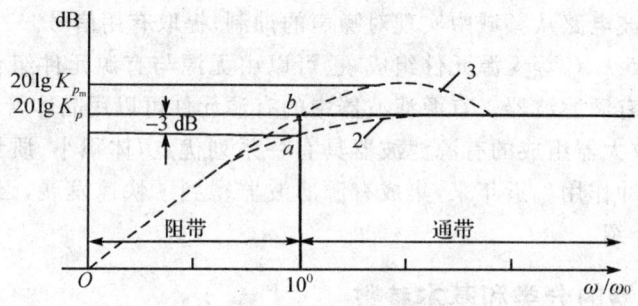

图 3.1.2 高通滤波器特性

3. 带通滤波器

带通滤波器的特性曲线如图 3.1.3 所示,实线为理想特性,虚线为实际特性。可见,在 $\omega_1 \leqslant \omega \leqslant \omega_2$ 的频带内有恒定的增益,而当 $\omega > \omega_2$ 或 $\omega < \omega_1$ 时,增益迅速下降。规定带通滤波器通过的宽度叫做带宽,以 B 表示。带宽中点的角频率叫做中心角频率,用 ω_0 表示。

4. 带阻滤波器

带通滤波器的特性曲线如图 3.1.4 所示,实线为理想特性,虚线为实际特性。

带阻滤波器抑制的频段宽度叫阻带宽度,称频宽,以 B 表示。抑制频宽的中点角频率称中心角频率,以 ω_0 表示。规定抑制频段的起始频率 ω_1 和终止频率 ω_2 按低于最大增益 0.707 倍所对应的频率而定义,如图中 a、b 两点所示。

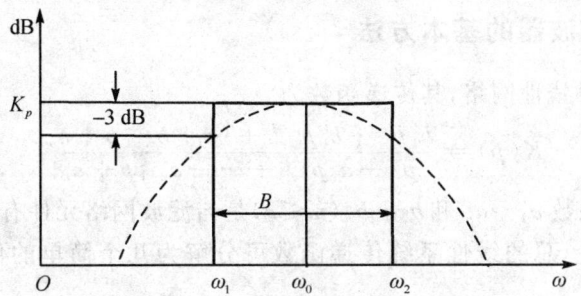

图 3.1.3 带通滤波器特性

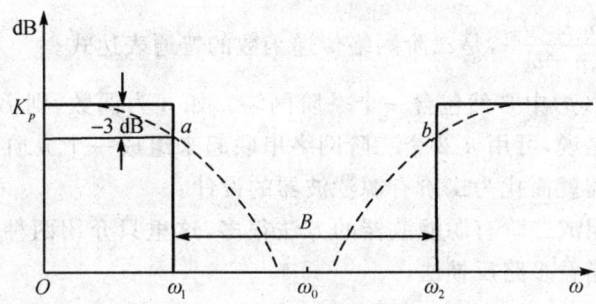

图 3.1.4 带阻滤波器特性

5. 有源滤波器的基本参数

通常用于表述有源滤波器特性及其质量的参数主要有如下几个。

① 谐振频率与截止频率：一个没有衰减损耗的滤波器，谐振频率就是它自身的固有频率。截止频率也称为转折频率，是频率特性下降 3 dB 那一点所对应的频率。

② 通带增益：是指选通的频率中，滤波器的电压放大倍数。

③ 频带宽度：是指滤波器频率特性的通带增益下降 3 dB 所对应的频率范围，这是针对低通和带通而言。高通和带阻滤波器的频带宽度是指阻带宽度。

④ 品质因数与阻尼系数：这是衡量滤波器选择性的一个指标，品质因数 Q 定义为谐振频率与带宽之比；阻尼系数定义为

$$\xi = Q^{-1}/2$$

⑤ 滤波器参数对元件变化的灵敏度：滤波器中某无源元件 x 变化，必然会引起滤波器某 y 参数的变化，则 y 对 x 变化的灵敏度定义为

$$S_x^y = \frac{\mathrm{d}y/y}{\mathrm{d}x/x}$$

这是标志着滤波器某个特性稳定性的参数。

3.1.2 组成有源滤波器的基本方法

有源滤波器是一种线性网络,其传递函数为

$$K(p) = \frac{b_0 p^m + b_1 p^{m+1} + \cdots + b_{m+1} p + b_m}{p^n + a_1 p^{n-1} + \cdots + a_{n-1} p + a_n} \tag{3.1.1}$$

式中,p 为拉氏变量,系数 $a_1 \sim a_n$ 和 $b_0 \sim b_m$($m \leqslant n$)是与滤波网络元件有关的参数。

根据线性系统理论,总的线性系统传递函数可分解为几个简单的传递函数的乘积,因此式(3.1.1)可分解成

$$K(p) = \prod_{i=1}^{n/2} \frac{b_{0i} p^2 + b_{1i} p + b_{2i}}{p^2 + a_{1i} p + a_{2i}} = \prod_{i=1}^{n/2} K_i(p) \tag{3.1.2}$$

式中,$K_i(p) = \dfrac{b_{0i} p^2 + b_{1i} p + b_{2i}}{p^2 + a_{1i} p + a_{2i}}$,是二阶网络传递函数的普通表达式。

如 n 为奇数,则 $K(p)$ 中必然包含一个一阶网络。如 n 为偶数,则 $K(p)$ 是由 $n/2$ 个二阶网络串联组成。也就是说,可用 $n/2$ 个二阶网络串联起来组成一个 n 阶有源滤波器。因此设计一个 n 阶有源滤波器就简化为二阶有源滤波器的设计。

运用运算放大器组成二阶有源滤波器的方法很多,这里只介绍两种常用的基本方法——有限电压源法和无限增益多路反馈法。

1. 有限电压源法

这种结构是把运算放大器构成一个闭环反馈放大器,无源元件均接在放大器的同相输入端,如图 3.1.5 所示。

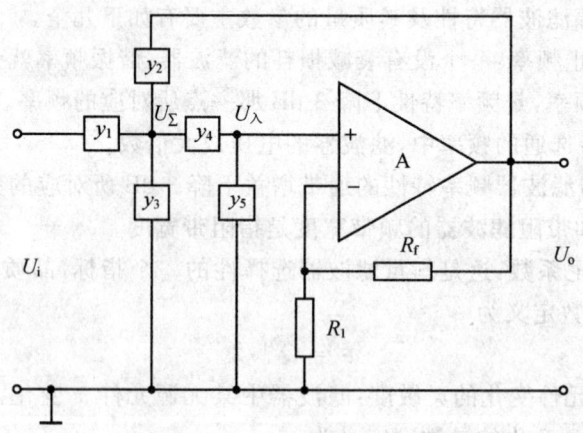

图 3.1.5 有限电压源法

图 3.1.5 中 $y_1 \sim y_5$ 分别表示所在位置无源元件的导纳,由叠加原理可得

$$U_\Sigma = \frac{y_1 U_i + y U_\curlywedge + y_2 U_o}{y_1 + y_2 + y_3 + y_4} \quad (3.1.3)$$

当运算放大器的开环增益足够大时,则

$$\left.\begin{array}{l} U_\curlywedge = \dfrac{U_o}{A_f}, \quad A_f = \dfrac{R_1 + R_f}{R_1} \\[2mm] U_\Sigma = \dfrac{y_4 + y_5}{y_4} U_\curlywedge \end{array}\right\} \quad (3.1.4)$$

将式(3.1.3)代入式(3.1.4)可得

$$\frac{U_o(p)}{U_i(p)} = \frac{A_f y_1 y_4}{(y_1 + y_2 + y_3 + y_4) y_5 + [y_1 + (1 - A_f) y_2 + y_3] y_4} \quad (3.1.5)$$

$y_1 \sim y_5$ 中有任意两个是电容,其他是电阻,就可构成不同类型的二阶滤波器。该方法的特点是使用元件少,对放大器的要求不高。在设计过程中应当注意的问题是:运算放大器的闭环增益 A_f 应当设计得低一些。该方法的不足之处在于由于存在正反馈,品质因数对元件变化的灵敏度较高,稳定性较差。因此在高 Q 值的滤波器中,不易采用这种结构的电路。

2. 无限增益多路反馈方法

这种有源滤波器的结构如图 3.1.6 所示。运算放大器的输出通过 y_4、y_5 反馈到输入端,其输出和输入的关系为

$$\frac{U_o(p)}{U_i(p)} = \frac{-y_1 y_3}{(y_1 + y_2 + y_3 + y_4) y_5 + y_3 y_4} \quad (3.1.6)$$

$y_1 \sim y_5$ 中有任意两个是电容,其他是电阻,亦可构成不同类型的二阶滤波器。该方法的特点是传递函数的极点永远落在左半 s 平面内,因此无须考虑其动态稳定问题;且由于存在很强的负反馈,Q 值对元件变化的灵敏度较低,故可工作在高 Q 值的情况下。

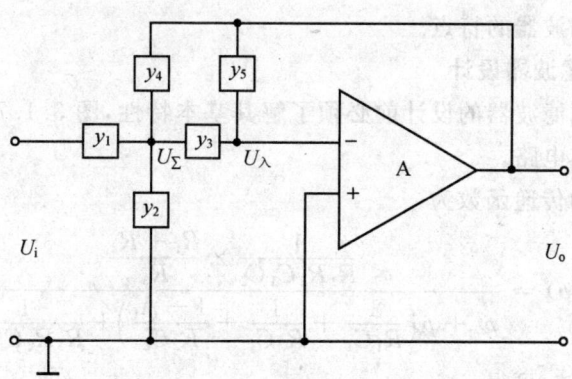

图 3.1.6 无限增益多路负反馈法

3.1.3 有源滤波器的设计步骤

二阶有源滤波器传递函数的普遍形式为

$$K(p) = \frac{b_0 p^2 + b_1 p + b_2}{p^2 + 2\xi\omega_0 p + \omega_0^2} \tag{3.1.7}$$

式中,ξ 为阻尼系数,ω_0 是固有频率。

传递函数 $K(p)$ 的零点分布是由式(3.1.7)中分子的系数 b_0、b_1 和 b_2 所决定的,可分为以下几种情况:

① $b_0 = b_1 = 0, b_2 = K_p\omega_0^2$,式(3.1.7)变为

$$K(p) = \frac{K_p\omega_0^2}{p^2 + 2\xi\omega_0 p + \omega_0^2} \tag{3.1.8}$$

幅频特性表现出低通滤波器的特点。当 $\xi < 1/\sqrt{2}$ 时,幅频特性有峰值出现。

② $b_1 = b_2 = 0, b_0 = K_p$,式(3.1.7)变为

$$K(p) = \frac{K_p p^2}{p^2 + 2\xi\omega_0 p + \omega_0^2} \tag{3.1.9}$$

幅频特性表现出高通滤波器的特点。当 $\xi < 1/\sqrt{2}$ 时,幅频特性有峰值出现。

③ $b_0 = b_2 = 0, b_1 = K_p 2\xi\omega_0$,式(3.1.7)变为

$$K(p) = \frac{K_p 2\xi\omega_0 p}{p^2 + 2\xi\omega_0 p + \omega_0^2} \tag{3.1.10}$$

幅频特性表现出带通滤波器的特点。

④ $b_0 = K_p, b_1 = 0, b_2 = K_p\omega_0^2$,式(3.1.7)变为

$$K(p) = \frac{K_p(p^2 + \omega_0^2)}{p^2 + 2\xi\omega_0 p + \omega_0^2} \tag{3.1.11}$$

幅频特性表现出带阻滤波器的特点。

1. 二阶低通有源滤波器设计

进行二阶低通有源滤波器的设计前必须了解其基本特性,图 3.1.7 是基于有限电压源法的二阶低通滤波器具体电路。

图 3.1.7 中电路的传递函数为

$$K(p) = \frac{\dfrac{1}{R_1 R_2 C_1 C_2} \times \dfrac{R_f + R_2}{R_3}}{p^2 + p\left(\dfrac{1}{R_1 C_1} + \dfrac{1}{R_2 C_1} + \dfrac{1 - A_f}{R_2 C_2}\right) + \dfrac{1}{R_1 R_2 C_1 C_2}} \tag{3.1.12}$$

与式(3.1.8)相比较,可得

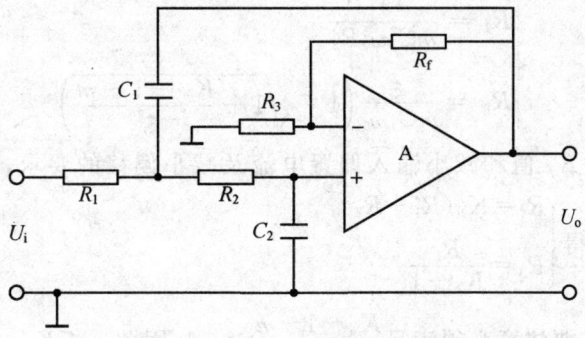

图 3.1.7 基于有限电压源法的二阶低通滤波器

$$\left.\begin{array}{l} K_p = 1 + \dfrac{R_f}{R_3} \\[2mm] \omega_0 = \sqrt{\dfrac{1}{R_1 R_2 C_1 C_2}} \\[2mm] \xi = \dfrac{1}{2}\left[\sqrt{\dfrac{R_2 C_2}{R_1 C_1}} + \sqrt{\dfrac{R_1 C_2}{R_2 C_1}} - (K_p - 1)\sqrt{\dfrac{R_1 C_1}{R_2 C_2}}\right] \end{array}\right\} \quad (3.1.13)$$

若 $\xi \leqslant 1/\sqrt{2}$，则幅频特性中有共振峰出现，共振峰处的角频率 ω_p 和峰值 K_{pm} 为

$$\left.\begin{array}{l} \omega_p = \omega_0 \sqrt{1 - 2\xi^2} \\[2mm] K_{pm} = \dfrac{K_p}{2\xi \sqrt{1 - \xi^2}} \end{array}\right\} \quad (3.1.14)$$

而当 $\xi = 1/\sqrt{2}$ 时，幅频特性为

$$K(\omega) = \dfrac{K_p}{\sqrt{1 + \left(\dfrac{\omega}{\omega_0}\right)^4}} \quad (3.1.15)$$

可见，$\omega = \omega_0$ 时，$K(\omega) = K_p/\sqrt{2}$，这说明了 $\xi = 1/\sqrt{2}$ 时的截止角频率 ω_c 就是低通滤波器的固有角频率 ω_0。

当 $\xi < 1/\sqrt{2}$ 时，幅频特性有峰值，此时截止角频率的定义为幅频特性从峰值回到起始值的角频率，推导可得 $\omega_c = \omega_0 \sqrt{2(1 - 2\xi^2)}$。

在具体设计时，应根据特性要求选择适当的固有角频率、阻尼系数和通带增益，然后计算无源元件的具体数值。但由于已知条件少于待求参数，因此通常先预选电容器 C_1 及其与 C_2 的比例系数 $m(m = C_2/C_1)$，然后再进行其他参数的计算。具体步骤如下所述：

第一步，根据选定的电容器 C_1 及比例系数 m，计算电容器 C_2 的数值；

第二步，由式(3.1.13)得

$$\begin{cases} R_1 = \dfrac{1}{mC_1^2\omega_0^2 R_2} \\ R_2 = \dfrac{\xi}{mC_1\omega_0}\left(1+\sqrt{1+\dfrac{K_p-1-m}{\xi^2}}\right) \end{cases}$$

第三步,按照给定 K_p 值和减小输入偏置电流及减小偏移的要求,确定 R_3 和 R_f,即根据

$$\begin{cases} K_p = 1+\dfrac{R_f}{R_3} \\ R_1+R_2 = R_3 /\!/ R_f \end{cases},\text{可得}\begin{cases} R_f = K_p(R_1+R_2) \\ R_3 = \dfrac{R_f}{K_p-1} \end{cases}\text{。}$$

在选取 m 的时候,要注意必须满足 $\dfrac{K_p-1-m}{\xi^2}\geqslant -1$,因此 $m\leqslant K_p-1+\xi^2$。

可见,整个过程的关键还是在于预选电容 C_1 的数值大小,应根据固有频率 f_0 的要求参考表 3.1.1 进行选取。

表 3.1.1 f_0 与 C_1 的对应范围

f_0/Hz	1~10	10~100	100~1 000	10^3~10^4	10^4~10^5	10^5~10^6
$C_1/\mu\text{F}$	20~1	1~0.1	0.1~0.01	10^{-2}~10^{-3}	10^{-3}~10^{-4}	10^{-4}~10^{-5}

例:已知 $K_p=10$,$f_0=1\,000\text{ Hz}$,$\xi=1/\sqrt{2}$,计算滤波器中无源元件的数值。

解:因 $\xi=1/\sqrt{2}$,幅频特性没有共振峰,则截止频率 f_c 与固有频率 f_0 相等,由表 3.1.1 可预选 $C_1=0.01\ \mu\text{F}$,并取 $m=2$,则 $C_2=mC_1=0.02\ \mu\text{F}$。进一步可得

$$R_2 = \dfrac{\xi}{mC_1\omega_0}\left[1+\sqrt{1+\dfrac{K_p-1-m}{\xi^2}}\right]\approx 27.4\text{ k}\Omega,\qquad R_1 = \dfrac{1}{mC_1^2\omega_0^2 R_2}\approx 4.62\text{ k}\Omega$$

$$\begin{cases} R_f = K_p(R_1+R_2) \approx 320\text{ k}\Omega \\ R_3 = \dfrac{R_f}{K_p-1}\approx 35.6\text{ k}\Omega \end{cases}$$

2. 二阶高通有源滤波器设计

图 3.1.7 中,RC 网络中的电阻、电容互相对调,即可组成二阶高通有源滤波器,如图 3.1.8 所示。

图 3.1.8 所示滤波器的传递函数可以表示为

$$K(p) = \dfrac{\left(1+\dfrac{R_f}{R_3}\right)p^2}{p^2+p\left(\dfrac{1}{R_2C_2}+\dfrac{1}{R_2C_1}+\dfrac{1-A_f}{R_1C_1}\right)+\dfrac{1}{R_1R_2C_1C_2}} \qquad (3.1.16)$$

与式(3.1.9)相比较,并令 $C_1=C_2=C$,则可得

第 3 章 信号处理电路

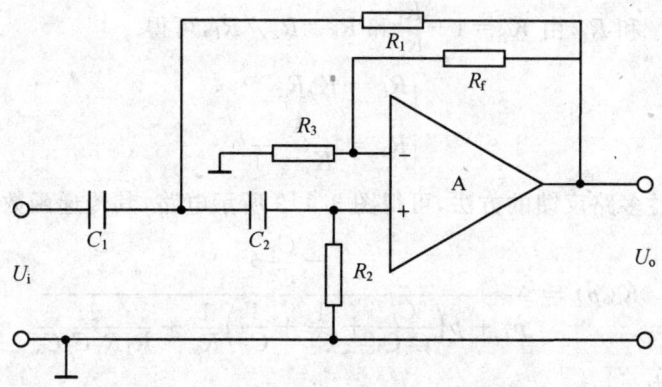

图 3.1.8 基于有限电压源法的二阶高通滤波器

$$\left.\begin{array}{l} K_p = 1 + \dfrac{R_f}{R_3} \\ \omega_0 = \dfrac{1}{C}\sqrt{\dfrac{1}{R_1 R_2}} \\ \xi = \sqrt{\dfrac{R_1}{R_2}} + \dfrac{1}{2}(1-K_p)\sqrt{\dfrac{R_2}{R_1}} \end{array}\right\} \tag{3.1.17}$$

当 $\xi \leqslant 1/\sqrt{2}$ 时,幅频特性会出现共振峰,共振峰处的角频率 ω_p 和峰值 K_{pm} 为

$$\left.\begin{array}{l} \omega_p = \omega_0/\sqrt{1-2\xi^2} \\ K_{pm} = K_p/2\xi\sqrt{1-\xi^2} \end{array}\right\} \tag{3.1.18}$$

这种情况下的截止角频率定义为幅频特性从峰值回到起始值的角频率,经过推导可得 $\omega_c = \omega_0 \times \sqrt{2(1-2\xi^2)}$ 。

而当 $\xi = 1/\sqrt{2}$ 时,幅频特性为

$$K(\omega) = K_p \Big/ \sqrt{1+\left(\dfrac{\omega_0}{\omega}\right)^4} \tag{3.1.19}$$

可见,$\omega = \omega_0$ 时,$K(\omega) = K_p/\sqrt{2}$,这说明了 $\xi = 1/\sqrt{2}$ 时的截止角频率 ω_c 就是高通滤波器的固有角频率,这个特性与二阶低通滤波器相同。

二阶高通有源滤波器的设计步骤与低通滤波器的设计步骤相同,也是先选择适当的固有角频率、阻尼系数和通带增益,然后计算无源元件的具体数值。

第一步,当 $K_p = 1 \sim 10$ 时,可根据 f_0 由表 3.1.1 选取电容 $C_1 = C_2 = C$ 的容量大小;

第二步,由式(3.1.17)导出 R_1 和 R_2 的计算公式:

$$\begin{cases} R_1 = \dfrac{1}{2\omega_0 C}[\xi + \sqrt{\xi^2 + 2(K_p - 1)}] \\ R_2 = 1/\omega_0^2 C^2 R_1 \end{cases}$$

第三步,确定 R_3 和 R_f,由 $K_p = 1 + \dfrac{R_f}{R_3}$ 和 $R_2 = R_3 // R_f$,可得

$$\begin{cases} R_f = K_p R_2 \\ R_3 = \dfrac{R_f}{K_p - 1} \end{cases}$$

若采用无限增益多路反馈的方法,可得图 3.1.9 所示电路,其传递函数可表示为

$$K(p) = \dfrac{-\dfrac{C_1}{C_2}p^2}{p^2 + p\left(\dfrac{C_1}{C_2 C_3} + \dfrac{1}{C_2} + \dfrac{1}{C_3}\right)\dfrac{1}{R_2} + \dfrac{1}{R_1 R_2 C_2 C_3}} \tag{3.1.20}$$

滤波器的特性参数为

$$\left. \begin{aligned} K_p &= \dfrac{C_1}{C_2} \\ \omega_0 &= \dfrac{1}{\sqrt{R_1 R_2 C_2 C_3}} \\ \xi &= \dfrac{1}{2}\sqrt{\dfrac{R_1}{R_2}}\left[\dfrac{C_1}{\sqrt{C_2 C_3}} + \sqrt{\dfrac{C_3}{C_2}} + \dfrac{C_2}{C_3}\right] \end{aligned} \right\} \tag{3.1.21}$$

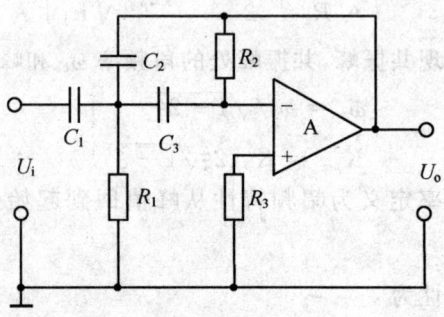

图 3.1.9 基于无限增益多路反馈法的二阶高通滤波器

具体设计时,各无源元件的数值按下式进行计算(预选 $C_1 = C_3 = C$),即

$$\left. \begin{aligned} C_2 &= \dfrac{C}{K_p} \\ R_1 &= \dfrac{2\xi}{\omega_0 C(2K_p + 1)} \\ R_2 &= \dfrac{2K_p + 1}{2\omega_0 C \xi} \end{aligned} \right\} \tag{3.1.22}$$

3. 二阶带通有源滤波器设计

采用无限增益多路反馈法设计带通滤波器的具体电路如图 3.1.10 所示,其品质因数 Q

可以表示为
$$Q = \omega_0/B \tag{3.1.23}$$
式中，ω_0 是中心频率，B 是带宽。

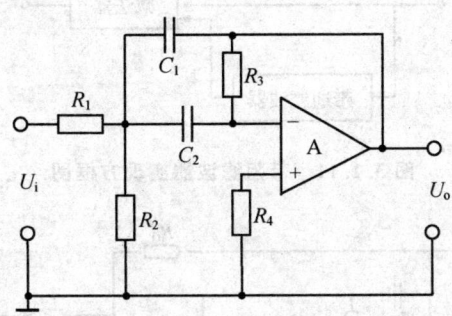

图 3.1.10　基于无限增益多路反馈法的二阶带通滤波器

图 3.1.10 所示电路的传递函数为

$$K(p) = \frac{-\dfrac{p}{R_1 C_1}}{p^2 + \dfrac{p}{R_3}\left(\dfrac{1}{C_1} + \dfrac{1}{C_2}\right) + \dfrac{1}{R_3 C_1 C_2}\left(\dfrac{1}{R_1} + \dfrac{1}{R_2}\right)} \tag{3.1.24}$$

对照式(3.1.10)，并取 $C_1 = C_2 = C$，可得

$$\left. \begin{aligned} K_p &= \frac{R_3}{2R_1} \\ \omega_0 &= \frac{1}{C}\sqrt{\frac{1}{R_3}\left(\frac{1}{R_1} + \frac{1}{R_2}\right)} \\ Q &= \frac{1}{2}\sqrt{R_3\left(\frac{1}{R_1} + \frac{1}{R_2}\right)} \end{aligned} \right\} \tag{3.1.25}$$

具体设计时，类同于前面低通和高通滤波器的设计方法，取 $C_1 = C_2 = C$，并根据表 3.1.1 选取电容的大小，然后即可按照下式进行其他参数的求取，即

$$\left. \begin{aligned} R_3 &= \frac{2Q}{\omega_0 C} \\ R_1 &\cong \frac{Q}{K_p \omega_0 C} \\ R_2 &= \frac{Q}{(2Q^2 - K_p)\omega_0 C} \end{aligned} \right\} \tag{3.1.26}$$

4. 二阶带阻有源滤波器设计

带阻滤波器与带通滤波器的特性完全相反，因此，可将带通滤波器与减法器相结合构造带阻滤波器，如图 3.1.11 所示，具体电路如图 3.1.12 所示。图 3.1.12 中，A_1 组成反相输入型

带通滤波器，即 A_1 的输出电压 U_{o1} 是输入 U_i 的反相带通电压；A_2 组成加法运算电路，因此将 U_i 与 U_{o1} 在 A_2 输入端相加，即可在 A_2 输出端得到带阻信号输出。

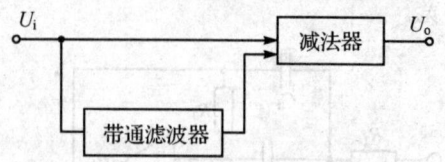

图 3.1.11 带阻滤波器实现方框图

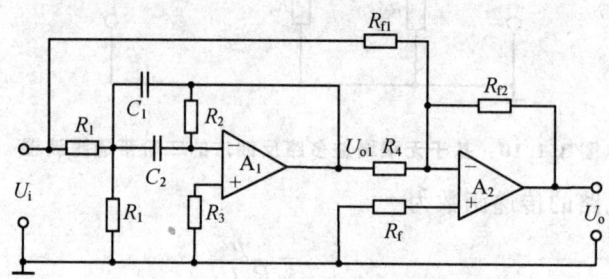

图 3.1.12 二阶带阻滤波器具体电路

由式(3.1.25)可知，输入信号为 ω_0 时，A_1 的输出电压为

$$U_{o1}(\omega_0) = -\frac{R_2}{2R_1}U_i(\omega_0) \tag{3.1.27}$$

为了使 U_{o1} 通过 A_2 后被抑制掉，必须使

$$U_{o1}(\omega_0)\frac{R_{f2}}{R_4} + U_i(\omega_0)\frac{R_{f2}}{R_{f1}} = 0 \tag{3.1.28}$$

则可得

$$\frac{R_2}{2R_1} = \frac{R_4}{R_{f1}} \tag{3.1.29}$$

这是组成如图 3.1.12 所示带阻滤波器的必要条件，图中带通滤波器的设计参数可以参照前述的方法进行设计。

3.1.4 集成有源滤波器

集成化是电子技术发展的必然趋势。集成有源滤波器的实现方法有两类：一类是将运算放大器和无源元件集成到一起，通过外接无源元件调整滤波参数或改变滤波器类型，这种集成滤波器本质上等效于双二阶环电路，这里不作深入讨论；第二类是采用开关电容技术，具有电路简单、调整方便、易于实现数字化编程控制等优势。下面对其原理进行简要介绍。

在前述滤波器设计中，若运算放大器特性理想，则有源滤波器频率特性完全由外部 RC 网络决定,因此,有源滤波器集成化的关键是实现精确而易于调节的 RC 时间常数。利用开关电容网络可以有效地解决这个问题,其基本原理可由图 3.1.13 简单说明。

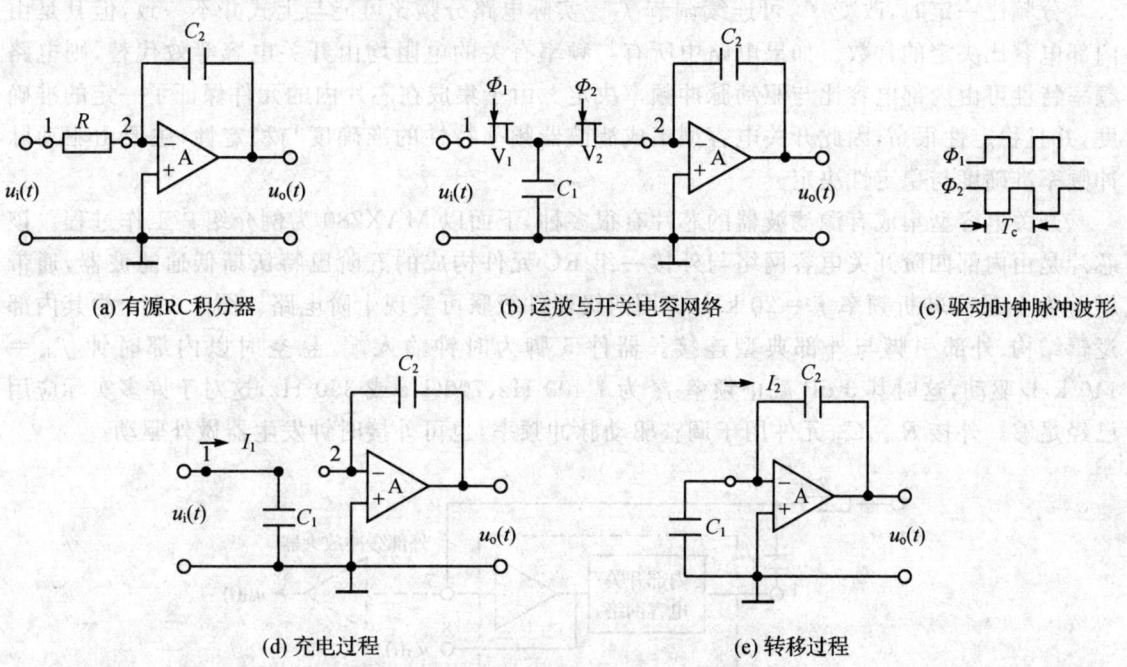

图 3.1.13 开关电容滤波原理

图 3.1.13(a)所示的有源 RC 积分器可由图 3.1.13(b)所示的运放与开关电容网络等效代替。其中 MOS 开关 V_1 和 V_2 分别由两个相互不重叠的时钟脉冲 Φ_1 和 Φ_2 驱动(见图 3.1.13(c))。当 Φ_1 为高电平时,V_1 导通、V_2 截止(见图 3.1.13(d)),信号源 u_i 向电容 C_1 充电:$q_1 = C_1 u_i$。当 Φ_1 为低电平时,V_1 截止、V_2 导通(见图 3.1.13(e)),C_1 储存的电荷转移到 C_2。在一个时钟周期 T_c 内,流过节点 1、2 的平均电流 $i_{av} = C_1 u_i / T_c$。如果 T_c 足够小,上述过程近似连续,节点 1、2 之间构成一个等效电阻 $R_{eq} = u_i / i_{av} = T_c / C_1$。因此,图 3.1.13(b)所示电路的等效时间常数为

$$\tau = C_2 R_{eq} = \frac{T_c C_2}{C_1} = \frac{C_2}{C_1 f_{clk}}$$

显然,τ 仅取决于 C_2/C_1 及驱动周期 T_c,而与电容的绝对值无关。现代 CMOS 制造工艺已可将 C_2/C_1 精确控制在 0.1% 以内。

如果开关电容滤波器的固有角频率 ω_0 可由 $1/\tau$ 等效,则

$$\frac{f_{clk}}{f_0} = \frac{2\pi C_2}{C_1} \tag{3.1.30}$$

式中，$\frac{f_{clk}}{f_0}$ 称为分频比，f_{clk} 为驱动脉冲频率，f_0 为滤波器固有频率。

分频比一定时，改变 f_{clk} 可连续调节 f_0。实际电路分频比可能与上式并不一致，但其是由内部电容比决定的常数。如果电路中所有与频率有关的电阻均由开关电容等效代替，则电路频率特性可由内部电容比与驱动脉冲频率决定。由于集成在芯片内的元件保证了一定的准确度，并且稳定性很高，因此开关电容型集成滤波器频率特性的准确度与稳定性，主要由驱动脉冲频率准确度与稳定性决定。

开关电容型集成有源滤波器的芯片有很多种，下面以 MAX280 为例介绍其工作过程。该芯片是由内部四阶开关电容网络与外接一组 RC 元件构成的五阶巴特沃斯低通滤波器，通带增益为 1，最高转折频率 $f_c = 20\ \text{kHz}$。用两级器件级联可实现十阶电路。图 3.1.14 为其内部逻辑结构、外部引脚与外部典型连接。器件 5 脚为时钟输入端，悬空时以内部时钟 $f_{clk} = 140\ \text{kHz}$ 驱动，这时其 3 dB 截止频率 f_c 为 1 400 Hz、700 Hz 或 350 Hz，这对于许多实际应用已经足够。外接 R_{clk}、C_{clk} 元件用于调整驱动脉冲频率，也可外接时钟发生器做外驱动。

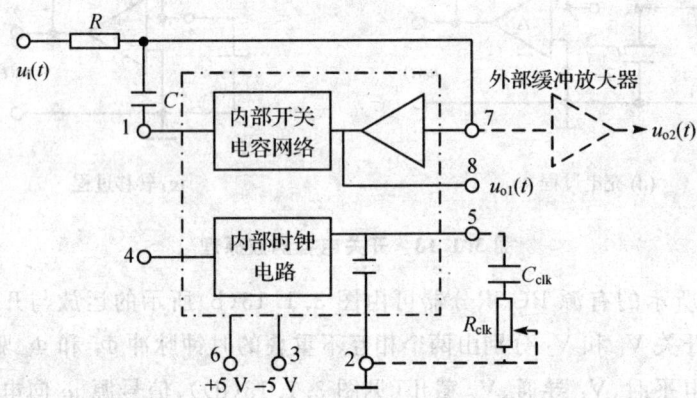

图 3.1.14　MAX280 五阶巴特沃斯低通滤波器

输入信号经外部一阶 RC 网络，由第 7 脚输入芯片，该芯片要求电容 C 由第 1 脚与内部开关电容网络耦合。为实现巴特沃斯特性，要求满足 $RC = 1.62/(2\pi f_c)$；此外，该 RC 网络还起抗混叠滤波的作用。8 脚为缓冲输出端，从该端输出时会引入 2~20 mV 失调电压。为减小失调电压，也可从 7 脚输出，但该端输出阻抗较高，因此使用时应外接缓冲器后输出。

3.2　常用特征值检测电路

绝对值检测、峰值检测和真有效值检测等电路在实际应用中也会经常遇到，下面就对这些电路的基本原理进行简要介绍。

3.2.1 绝对值检测电路

绝对值电路又称全波整流电路,其特点是能将交变的双极性信号转换为单极性信号。在自动检测仪表中常利用绝对值电路的这个特性来对信号进行幅值检测。

1. 绝对值电路原理

在普通的二极管整流电路中,由于二极管死区电压的存在,使得小信号时误差较大。为了提高精度,常采用由线性集成电路和二极管一起组成的绝对值电路,如图 3.2.1 所示。

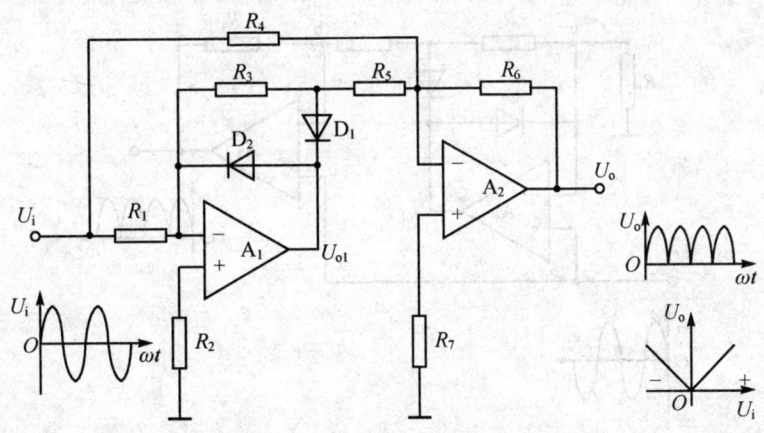

图 3.2.1 绝对值电路

当输入信号 U_i 为正极性时,因为 A_1 是反相输入,所以 D_2 截止、D_1 导通,此时输出电压为

$$U_{o+} = -\frac{R_6}{R_4}U_{i+} - \frac{R_6}{R_5}U_{o1} \tag{3.2.1}$$

式中,U_{o1} 是 A_1 的输出电压,即

$$U_{o1} = -\frac{R_2}{R_1}U_{i+}$$

若选配 $R_1=R_2$,$R_6=R_4=2R_5$,则 $U_{o+}=U_{i+}$。而当输入电压 U_i 为负极性时,D_1 截止、D_2 导通,则 U_{o1} 被 D_1 切断,相应的输出电压 U_{o-} 为

$$U_{o-} = -\frac{R_6}{R_4}U_{i-} = -U_{i-} \tag{3.2.2}$$

由于 $U_{i-}<0$,所以 $-U_{i-}>0$,即有

$$U_o = |U_i|$$

可见,不论输入信号极性如何,输出信号总为正,且数值上等于输入信号的绝对值,因此实现了绝对值运算。

2. 绝对值电路性能的改善

（1）提高输入阻抗

图 3.2.1 所示的电路中，由于采用反相输入结构，故输入电阻较低。因而当信号源内阻较大时，在信号源与绝对值电路之间不得不接入缓冲级，从而使电路复杂化。

为了在简化电路的同时提高输入阻抗，可采用同相输入的方式，如图 3.2.2 所示。这种电路的输入电阻约为两个运算放大器共模输入电阻的并联，可高达 10 MΩ 以上，其工作原理与图 3.2.1 基本相同。

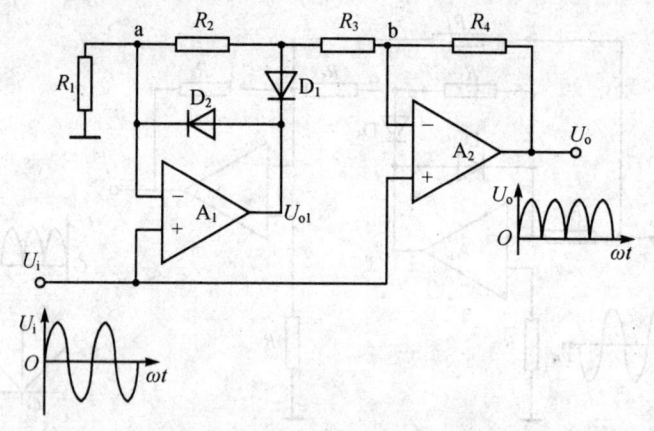

图 3.2.2　高输入电阻绝对值电路

当输入信号 U_i 为正极性时，D_2 导通、D_1 截止，利用叠加原理可得

$$U_{o+} = \left(1 + \frac{R_4}{R_2 + R_3}\right)U_{i+} - \frac{R_4}{R_2 + R_5}U_{i+} = U_{i+} \tag{3.2.3}$$

当输入信号 U_i 为负极性时，D_1 导通、D_2 截止，此时 A_1 的输出电压为

$$U_{o1} = \left(1 + \frac{R_2}{R_1}\right)U_{i-} \tag{3.2.4}$$

U_{o1} 电压与输入信号 U_i 叠加至 A_2 的输入端，因此可得

$$U_{o-} = \left(1 + \frac{R_4}{R_3}\right)U_{i-} - \frac{R_4}{R_3}U_{o1} = \left(1 + \frac{R_4}{R_3}\right)U_{i-} - \frac{R_4}{R_3}\left(1 + \frac{R_2}{R_1}\right)U_{i-} \tag{3.2.5}$$

若选配 $R_1 = R_2 = R_3 = R_4/2$，则 $U_{o-} = -U_{i-}$。由于 $U_{i-} < 0$，所以 $-U_{i-} > 0$。图 3.2.2 所示电路实现了绝对值的运算。

（2）减小匹配电阻

图 3.2.1 和图 3.2.2 中，若要实现高精度绝对值转换，必须精确匹配图中的各个电阻，从而给批量生产带来了困难。图 3.2.3 是改进后的绝对值电路，该电路只需精确匹配 $R_1 = R_2$，即可实现高精度绝对值转换，而选取 $R_4 = R_5$ 是为了减小放大器偏置电流的影响。

图 3.2.3 中，A_1 组成反相型半波整流电路，A_2 组成同相型半波整流电路，两者相加就得到了绝对值电路。其中，由于 D_2、D_4 均工作于反馈回路之中，故其正向压降对整个电路灵敏度的影响将被减小。

当输入信号 U_i 为正极性时，D_1、D_4 导通，D_2、D_3 截止，电路输出 $U_o = U_{o2}$。由于 A_2 实际上是一个电压跟随器，所以 $U_{o2} = U_i$。而当输入信号 U_i 为负极性时，D_1、D_4 截止，D_2、D_3 导通，这时整个电路就成为由 A_1、R_1、R_2 构成的反相器，即

$$U_{o-} = (-U_{i-})\frac{R_2}{R_1} \qquad (3.2.6)$$

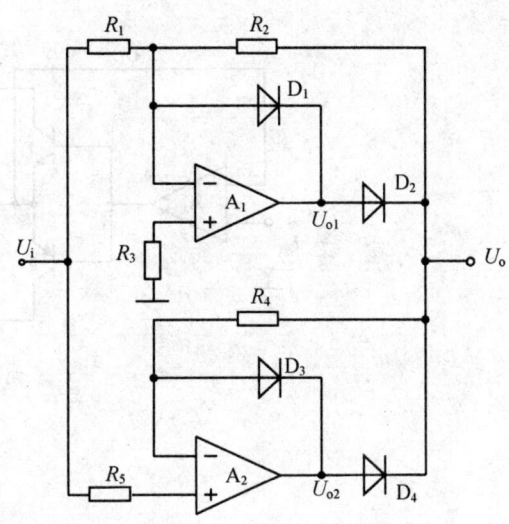

图 3.2.3 改进后的绝对值转换电路

因此，$R_1 = R_2$ 时，即可实现高精度绝对值变换。在实际应用中，为了确保 D_2、D_4 可靠截止，常在 D_1、D_3 中串入适当电阻，以提高 D_1 和 D_3 的反相偏置电压。

（3）精密绝对值电路

上述两个方案中，图 3.2.2 解决了提高输入阻抗的问题，但要匹配多个电阻；图 3.2.3 虽然只需要匹配一对电阻，但由于 A_1 工作在反相状态，所以输入阻抗仍较低。为了彻底解决输入阻抗和电阻匹配的问题，可采用如图 3.2.4 所示的电路。

图 3.2.4 中的 A_1、T_1 和 T_2 以及 A_2、T_3 和 T_4 均组成电压跟随器，可得 $U_1 = U_{i1}$、$U_2 = U_{i2}$。为将两个输入电压之差转换成电流，将 $T_1 \sim T_4$ 组成桥式结构，R 为桥路负载，当 $U_{i1} > U_{i2}$ 时，T_1 和 T_4 导通，T_2 和 T_3 截止，电流按图示方向流动，则

$$I = \frac{1}{R}(U_{i1} - U_{i2}) \qquad (3.2.7)$$

而当 $U_{i1} < U_{i2}$ 时，T_1 和 T_4 截止，T_2 和 T_3 导通，电流与图示方向相反，但流向电流源的电流 I_5 方向不变，因此

$$I_5 = |I| = \frac{1}{R}|U_{i1} - U_{i2}| \qquad (3.2.8)$$

可见，送到电流源的电流与两个输入电压之差的绝对值成正比。电流源电路由 $T_5 \sim T_8$ 组成，输入电流为 I_5，输出电流为 I_o。如果 T_5 和 T_7 及 T_6 和 T_8 之间的参数完全相同，则可以推出 $I_5 \approx I_o$，因此电流源输出电压 U_o 为

$$U_o = E_j - I_o R_o = E_j - \frac{R_o}{R}|U_{i1} - U_{i2}| \qquad (3.2.9)$$

如果使基准电压 $E_j = 0$、$U_{i2} = 0$、$R_o = R$，则

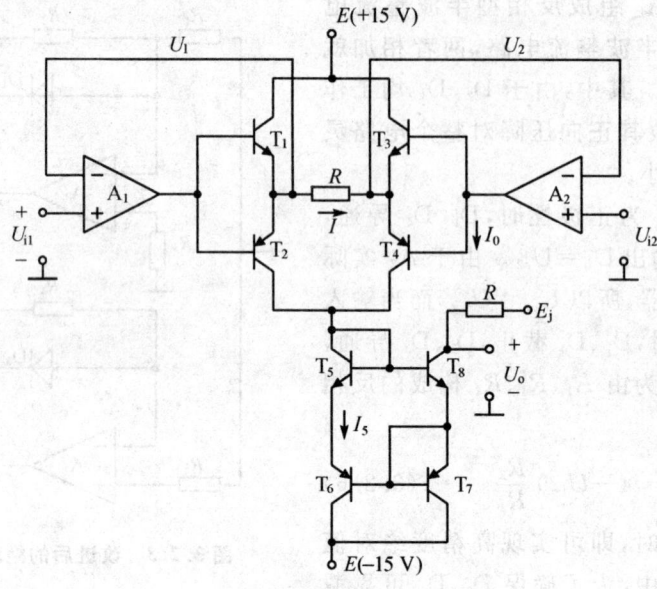

图 3.2.4 精密绝对值电路

$$U_o = -|U_{i1}| \tag{3.2.10}$$

可见,这个电路不仅可以对一个输入量实现绝对值运算,也可以对两个电压之差实现绝对值运算,且输出端的直流电位还可以根据需要,通过改变 E_j 来加以调节。所以这个电路不仅精度高、输入电阻大,而且通用性强,又不需要精密匹配电阻。不过,为了在不同极性输入电压下保证输出电压对称,桥路中四只晶体管的 β 必须精密匹配。此外,电流源电路中的电流传输系数必须稳定,且恒等于 1。因此,这两个电路最好采用集成电路,以便保证管子参数的匹配,确保电路的最终性能。

3.2.2 峰值检测电路

峰值检测电路的基本原理就是利用二极管的单向导电特性,使电容单向充电,记忆其峰值,基本原理如图 3.2.5 所示。图 3.2.5(a) 为求最大值电路,图 3.2.5(b) 为求最小值电路。在下一次检测前需将开关 S 合上,使电容或二极管短路。电路正确工作的条件是:① 信号源内阻 R_s 和二极管正向电阻 R_D 足够小,能使电容迅速充电;② 二极管反向电阻、电容器漏电电阻、开关漏电电阻、后继电路的输入阻抗足够大,使得电容 C 能够较好地保持峰值电压,图中 R 为等效漏电电阻;③ $U_A < U_{i\,max}$,$U_B > U_{i\,min}$,确保二极管能够正常工作;④ 电容 C 要按 U_i 的变化速率正确选择,既能快速反映 U_i 的变化,又能较好地保持峰值电压。

1. 峰值检测电路运算误差

由于泄漏电阻的存在,使得电容 C 不可能保持理想峰值,会存在一定的充放电过程,如

图3.2.5(c)所示。

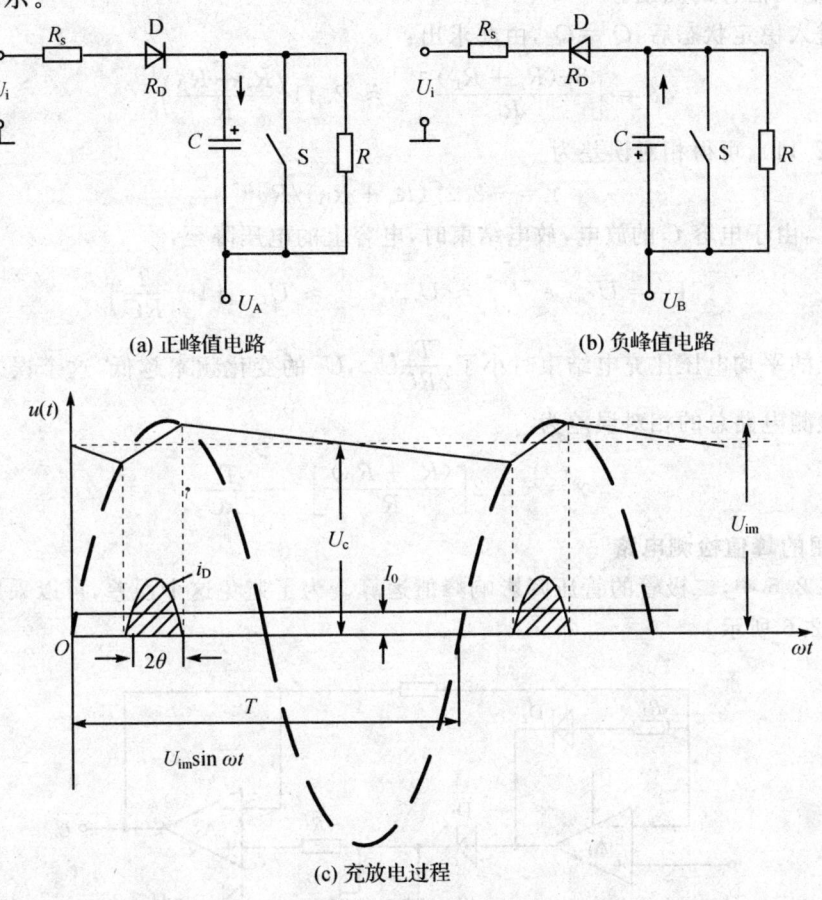

(a) 正峰值电路　　　　　　(b) 负峰值电路

(c) 充放电过程

图 3.2.5　峰值运算电路

由于导电角 θ 很小，可认为导电角对称于峰值，C 的平均充放电电压 $U_C = U_{im}\cos\theta$，相对误差为

$$\gamma = \frac{U_C - U_{im}}{U_{im}} = \cos\theta - 1 \approx -\frac{\theta^2}{2} \tag{3.2.11}$$

式中，U_{im} 为输入信号的峰值。

在 $-\theta \sim +\theta$ 之间，电容 C 的积累电荷 Q_1 为

$$Q_1 = \int_{-\theta/\omega}^{\theta/\omega} \frac{U_{im}\cos\omega t - U_{im}\cos\theta}{R_s + R_D} dt \approx \frac{2U_{im}\theta^3}{3\omega(R_s + R_D)} \tag{3.2.12}$$

式中，R_s 为信号源内阻，R_D 为二极管正向电阻，ω 为输入信号的角频率。

其他时间，电容的放电电荷 Q_2 为

$$Q_2 = \int_{\theta/\omega}^{T-\theta/\omega} \frac{U_{im}\cos\theta}{R} dt \approx \frac{2\pi U_{im}}{\omega R} \tag{3.2.13}$$

式中,T 为输入信号的周期。

电路进入稳定状态后,$Q_1 = Q_2$,由此求出:

$$\theta = \left[\frac{3\pi(R_s + R_D)}{R}\right]^{1/3} \approx 2.11\left(\frac{R_s + R_D}{R}\right)^{1/3} \quad (3.2.14)$$

代入式(3.2.11),可得相对误差为

$$\gamma = -2.2[(R_s + R_D)/R]^{2/3} \quad (3.2.15)$$

实际上,由于电容 C 的放电,放电结束时,电容上的电压降至:

$$U'_C = U_{Cmax} e^{-\frac{T-2\theta/\omega}{RC}} \approx U_{Cmax} e^{-\frac{T}{RC}} \approx U_{Cmax}\left(1 - \frac{T}{RC}\right) \quad (3.2.16)$$

电容上的平均电压比充电结束时小了 $\frac{T}{2RC}U_{im}$,U_i 的变化频率越低,这个误差越大。因此可得峰值检测电路总的相对误差为

$$\gamma = -2.2\left[\frac{(R_s + R_D)}{R}\right]^{\frac{2}{3}} - \frac{T}{2RC} \quad (3.2.17)$$

2. 常用的峰值检测电路

在图 3.2.5 中,二极管的管压降影响峰值运算。为了避免这个误差,可以采用线性整流电路,如图 3.2.6 所示。

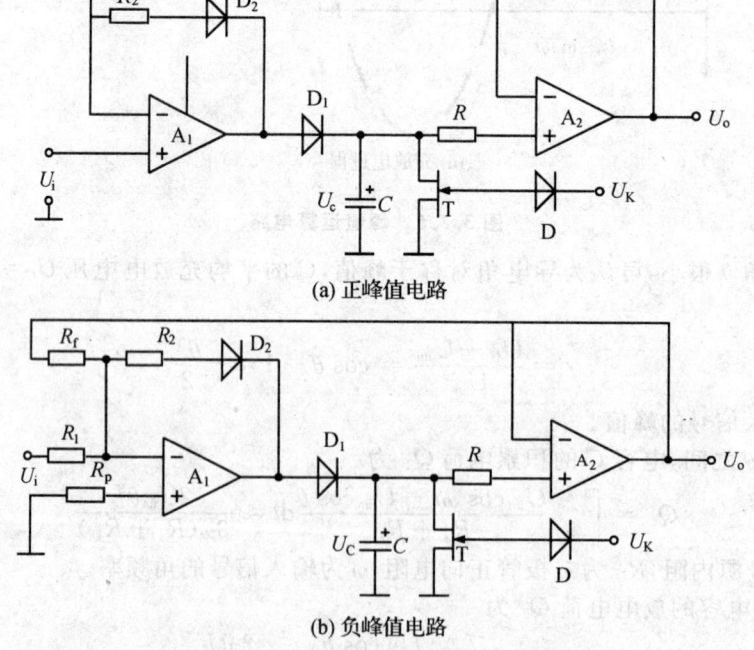

(a) 正峰值电路

(b) 负峰值电路

图 3.2.6 采用线性整流器的峰值运算电路

图 3.2.6(a)为同相端输入形式，A_1 与 D_1、D_2 用做半波线性整流器，A_2 为射级跟随器。电路开始工作前，U_K 瞬时接高电位，场效应管 T 导通，电容 C 放电，这时输出电压 $U_o=0$，随后 T 断开。当 $U_i>0$ 时，A_1 输出为正，D_1 导通、D_2 截止，A_1 为开环放大状态，电容 C 充电；当 $U_o=U_i$ 时，电容 C 才停止充电，U_o 达到 U_i 最大值。当 U_i 减小时，A_1 输出为负，D_2 导通、D_1 截止，电容 C 保持原有充电电压。图 3.2.6(b)为反相端输入形式，其可用于反映 U_i 的负峰值，输出 U_o 的值为正。两个电路均要求 A_2 具有高的输入阻抗。

在精密仪器中，经常需要测量被测参数的最大变化量。图 3.2.7 给出了求峰-峰值的一些方法，图 3.2.7(c)只能用于 $U_{i\max}>0$、$U_{i\min}<0$ 的情况下。

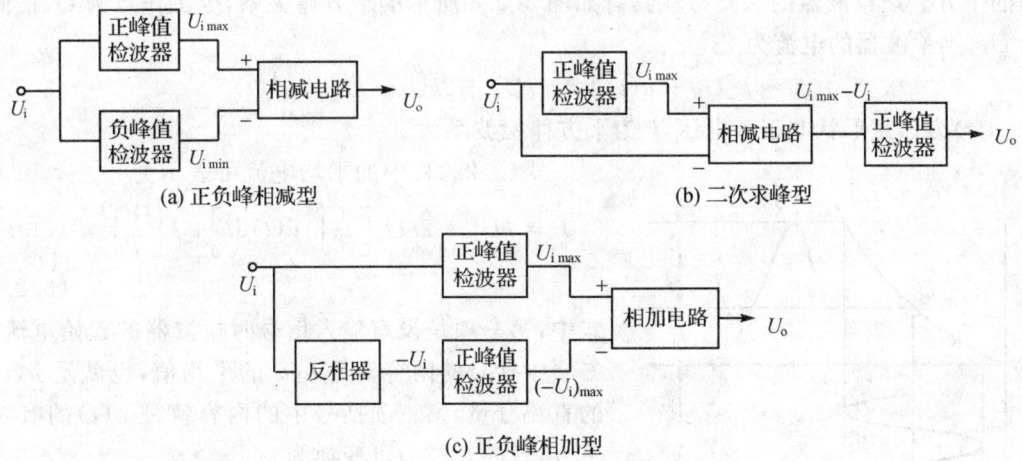

图 3.2.7　峰-峰值检测电路构成原理

3.2.3　真有效值检测电路

有效值在工程上是一种常见的重要参数。在电气工程测量中，它反映交流量（电流、电压等）的大小；在机械振动中，它反映动能和位能的大小，尤其是在随机振动中，如测出某个窄带内的有效值，就可以得到功率谱密度，从而可以对随机振动进行频谱分析或控制。

电气工程中交流电量的测量，一般都是将交流变换成直流以后再进行测量，可以通过平均值、峰值等电路测量相应参数，然后再折算成有效值。当然，如果能直接实现有效值的测量，无疑将具有更好的性能和更高的精度。

以测量交流电流为例，可根据周期性电流的热效应来进行有效值的测量。根据焦耳-楞次定律，周期电流 $i(t)$ 在一个周期 T 内通过电阻 R 所产生的热量为

$$Q = 0.24\int_0^T Ri^2(t)dt \tag{3.2.18}$$

如果同一时间内，有效值电流 I 流过同一个电阻 R，那么其产生的热量是 $0.24RI^2T$。设

两种电流的热效应相等,并定义电流 I 的大小为交流电流的有效值,则

$$I = \sqrt{\frac{1}{T}\int_0^T i^2(t)\mathrm{d}t} \tag{3.2.19}$$

同样,交流电压的有效值为

$$U = \sqrt{\frac{1}{T}\int_0^T u^2(t)\mathrm{d}t} \tag{3.2.20}$$

1. 有效值检波器的工作原理

真有效值检波的实质是平方律检波,即首先要求检波器输出的直流信号能够正比于输入电压的平方。设检波器的伏安特性具有如图 3.2.8 所示的平方律关系,令工作点为 Q,正向偏压为 U_b,则检波器的电流为

$$i = k[U_b + u(t)]^2 = kU_b^2 + 2kU_b u(t) + ku^2(t) \tag{3.2.21}$$

式中,$u(t)$ 为任意形状非正弦电压,k 为平方律检波系数。

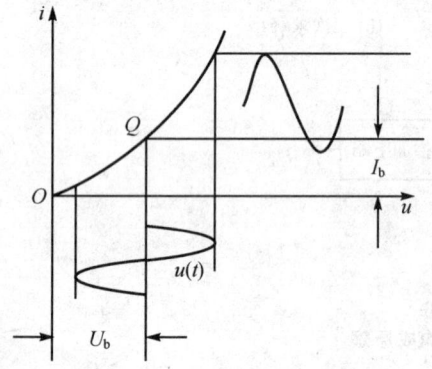

图 3.2.8　平方律检波特性

式(3.2.21)中的平均电流可表示为

$$\bar{I} = kU_b^2 + 2kU_b\left[\frac{1}{T}\int_0^T u(t)\mathrm{d}t\right] + k\left[\frac{1}{T}\int_0^T u^2(t)\mathrm{d}t\right] \tag{3.2.22}$$

式中,第一项是没有输入信号时检波器的起始电流,第二项中括号的内容就是 $u(t)$ 的平均值,也就是 $u(t)$ 中的直流分量,第三项括号中的内容就是 $u(t)$ 的有效值平方,式(3.2.22)可变换为

$$\bar{I} = kU_b^2 + 2kU_b\bar{U} + k\bar{U}^2 \tag{3.2.23}$$

上式中的第一、二项所表示的起始电流和平均电流可在电路中采取措施予以抵消,则检波器在 $u(t)$ 作用下,产生的直流增量为

$$\bar{I} = k\bar{U}^2 \tag{3.2.24}$$

可见,不管 $u(t)$ 的波形如何,经平方律检波器检波后产生的直流分量,均取决于被测电压 $u(t)$ 的有效值。

2. 运算电路构成真有效值检测电路

图 3.2.9 所示为运算电路构成的真有效值检测电路。图中 A_1、A_2 和 A_3 为单位增益的加法器,A_4 为积分器,M 为高精度模拟时分割乘法器。

由图 3.2.9 可知,乘法器的输入为 $U_o - U_i$ 及 $-(U_o + U_i)$,其输出电压为 $\varepsilon = k(U_o^2 - U_i^2)$,式中 k 为乘法器系数。

当系统平衡时,M 输出为零,可得 $k(U_o^2 - U_i^2) = 0$,因此 $U_o = \pm\sqrt{U_i^2}$。可见,系统的输出

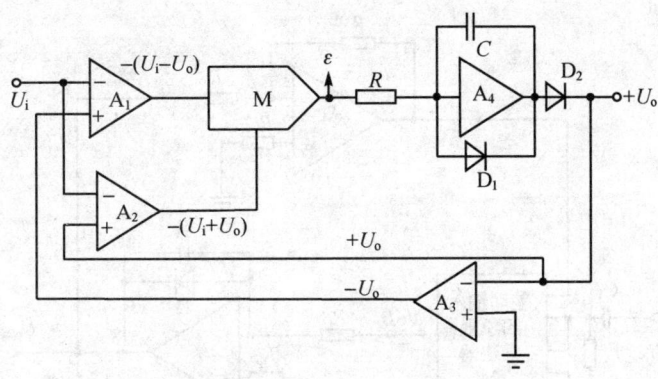

图 3.2.9　运算电路构成真有效值检测电路

电压就代表了输入电压的均方根值,也就是真有效值。

若输入电压不是纯正弦波,而是含有三次谐波,$U_i = U_1 \sin \omega t + U_3 \sin(3\omega t + \varphi_3)$,则

$$U_i^2 = \frac{U_1^2 + U_3^2}{2} - \frac{1}{2}[U_1^2 \cos 2\omega t + U_3^2 \cos(6\omega t + 2\varphi_3)] +$$

$$U_1 U_3 [\cos(2\omega t + \varphi_3) - \cos(4\omega t + \varphi_3)] = \varepsilon_{DC} + \varepsilon_{AC} \quad (3.2.25)$$

可见,乘法器的输出电压含有直流和交流两种分量。如果积分器的时间常数足够大,则交流成分 ε_{AC} 将被滤去,因此

$$U_o = \pm \sqrt{U_i^2} = \pm \sqrt{(U_1^2 + U_3^2)/2} \quad (3.2.26)$$

可见,代表失真电压的真有效值电压 U_o 是有正负极性变化的。图 3.2.9 中由于 D_2 的单向导电作用,使得 U_o 只有正极性输出。

3. 其他形式的真有效值检测电路

(1) 乘法器与开方器组合方式

图 3.2.10 是乘法器与开方器组合式真有效值检测电路。输入电压 $u_i(t)$ 先经乘法器 M_1 使其输出电压 $u_1(t) = u_i^2(t)$,然后再经 R_1、C 将 $u_1(t)$ 积分,最后再通过 A_2、M_2 组成的开方器求其平方根值,即完成了真有效值的检测。

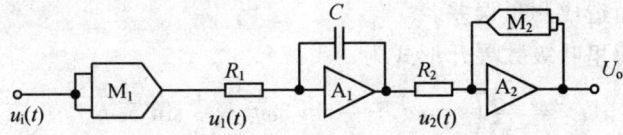

图 3.2.10　乘法器与开方器组合式真有效值检测电路

(2) 平方差式

图 3.2.11 所示是平方差式真有效值检测电路。其中,M 是差动输入四象限乘法器,对应

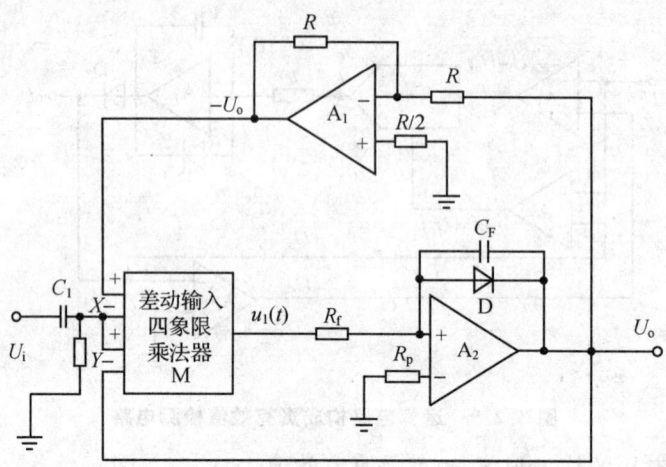

图 3.2.11 平方差式真有效值检测电路

的四个输入信号分别为 X_+、X_-、Y_+ 和 Y_-，其输出量为

$$u_1(t) = -a(X_+ - Y_+)(X_- - Y_-) \tag{3.2.27}$$

根据图 3.2.11 所示连接方式可得

$$u_1(t) = -a(-U_o - U_i)(U_i - U_o) = a(U_i^2 - U_o^2) \tag{3.2.28}$$

由于 A_2 的积分作用，使得 $u_1(t)$ 的稳态值趋近于零，因此积分器的输出电压即为被积电压的平均值，也就达到了有效值检测的目的。

4. 真有效值测量精度与波形的关系

如果采用真有效值测量电路，则理论上讲测量精度应该与波形无关，但因受具体电路特性的限制，故测量精度与波形存在一定的关系。具体说，测量精度主要是受电路的频率响应和可能被测幅度的范围所限制，以致造成有效值相等但波形不同的被测信号中，可能有一部分信号的高次谐波分量超出了电路的允许频率范围，从而引起了精度下降。

（1）谐波分量的影响

任何非正弦信号，都可以按傅里叶级数展开，凡超过有效值测量电路频响之外的高次谐波分量都将被滤去，从而造成测量误差。

以方波为例，其傅里叶级数展开形式为

$$u(t) = \frac{4A}{\pi}\left(\sin\omega t + \frac{1}{3}\sin 3\omega t + \frac{1}{5}\sin 5\omega t + \cdots\right) \tag{3.2.29}$$

其有效值为

$$U = \frac{4A}{\sqrt{2}\pi}\sqrt{1 + \left(\frac{1}{3}\right)^2 + \left(\frac{1}{5}\right)^2 + \cdots} = A \tag{3.2.30}$$

假定基波频率为 1 kHz，仪器通频带是 20 kHz，则仪器只能测到 19 次谐波，即

$$U_\circ = \frac{4A}{\sqrt{2}\pi}\sqrt{1+\left(\frac{1}{3}\right)^2+\left(\frac{1}{5}\right)^2+\cdots+\left(\frac{1}{19}\right)^2} \approx 0.99A$$

则误差为

$$\Delta = \frac{U_\circ - U}{U} \times 100\% \approx -1\%$$

显然,信号频率越高,误差就越大。因此在使用有效值检测电路时,一定要全面衡量电路频响与被测信号频率之间的关系,这样才能保证检测的精度。

(2) 波峰因数的影响

波峰因数 k_p = 峰值/有效值,因此虽有效值相等,但波峰因数不同的信号其峰值也各不相同。波峰因数越大,峰值就越大。此时,信号有效值可能在测量的范围之内,但由于波峰因数太大,其幅值有可能超出测量电路的最大动态范围,因而引起误差。再则,即使测量电路的动态范围足够大,但是高波峰因数的信号其高次谐波分量比较丰富,信号有可能超过测量电路的通频带,进而引起误差。

3.3 采样/保持电路

采样/保持(S/H)电路具有采集某一瞬间的模拟输入信号,根据需要保持并输出采集的电压数值的功能。在"采样"状态下,电路输出跟踪输入模拟信号;转为"保持"状态后,电路的输出保持采样结束时刻的瞬时模拟输入信号,直至进入下一次采样状态为止。这种电路多用于快速数据采集系统以及一切需要对输入信号瞬时采样和存储的场合,如自动补偿直流放大器的失调和漂移、模拟信号的延迟、瞬态变量的测量及模/数转换等。

3.3.1 电路原理

采样/保持电路由存储电容 C、模拟开关 S 及输入、输出缓冲放大器等组成,其原理电路及输入、输出波形如图 3.3.1 所示。图 3.3.1(a)所示原理电路中,当控制信号 U_c 为高电平时,开关 S 接通,模拟信号 u_i 通过 S 向 C 充电,输出电压跟踪输入模拟信号的变化。当 U_c 为低电平时,开关 S 断开,输出电压 $u_\circ$ 将保持在模拟开关断开瞬间的输入信号值。图中输入放大器 A_1 是一个具有优良转换速率和稳定驱动电容负载能力的运算放大器,对 u_i 为高输入电阻,并为开关 S 和电容 C 提供极低的输出电阻,使电容 C 在模拟开关闭合时尽可能快速地充电,及时跟踪输入 u_i。输出放大器 A_2 构成电压跟随器,其输入级由 MOS 场效应晶体管组成,以得到极低的输入偏置电流;A_2 以极高的输入电阻使电容 C 和负载隔离,以确保在保持阶段电容 C 上的电荷不会通过负载放电。

S/H 电路采样过程如图 3.3.1(b)所示,当模拟信号 $u_i = f(t)$ 通过受采样脉冲信号 $f_s(t)$ 控制的开关电路时,开关输出端的信号是时间离散信号。不难看出,若采样脉冲的重复周期

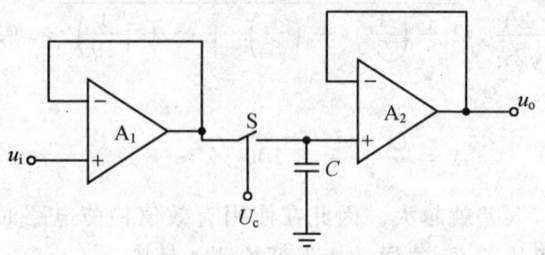

(a) 采样/保持电路电路原理图

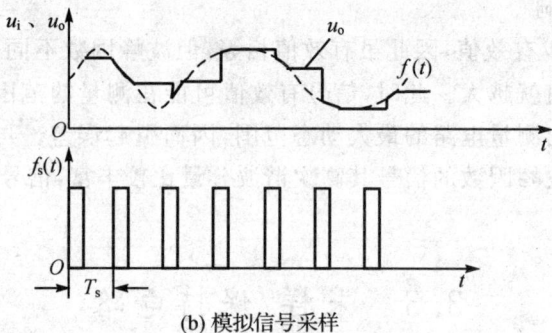

(b) 模拟信号采样

图 3.3.1 采样/保持电路工作原理

T_s 愈小,则获得的离散信号愈多。从离散信号中恢复原信号的必要条件是:若被采样信号 $f(t)$ 的最高频率为 f_{max},则为复现该波形,必须要求采样频率 f_s 大于模拟信号中最高频率的 2 倍,这就是采样定理的基本要求。

从频谱分析的角度看,采样后所获得的离散信号是模拟信号 $f(t)$ 与采样脉冲 $f_s(t)$ 相乘的结果,而周期性采样脉冲 $f_s(t)$ 可以用傅里叶级数表示为

$$f_s(t) = E_0 + E_1 \cos 2\pi f_s t + E_2 \cos 4\pi f_s t + \cdots \quad (3.3.1)$$

式中,$f_s = 1/T_s$ 为采样脉冲的重复频率,因而采样后输出信号的频谱成分为

$$f_s(t)f(t) = E_0 f(t) + E_1 f(t)\cos 2\pi f_s t + E_2 f(t) \cos 4\pi f_s + \cdots \quad (3.3.2)$$

等号右边第一项只使 $f(t)$ 的幅度改变 E_0 倍,不会改变 $f(t)$ 的频谱结构;第二项是 $f(t)$ 与频率为 f_s 的简谐信号相乘,由三角公式写成 $[\cos 2\pi(f_s+f)t + \cos 2\pi(f_s-f)t]/2$ 的形式,以此类推,其中 f 为 $f(t)$ 的频率,其频谱如图 3.3.2 所示。

不难看出,只要离散信号的频谱互不重叠,就可以用一个低通滤波器取出离散信号中 f_{max} 以下的频谱。换句话说,欲从离散信号中恢复原信号的必要条件是:$f_s - f_{max} > f_{max}$,即采样频率 f_s 应高于模拟信号最高频率 f_{max} 的 2 倍,这就是采样定理。实际上,为了保证数据采集精度,一般取 $f_s = (7 \sim 10) f_{max}$,也可在转换前设置抗混叠低通滤波器,消除信号中无用的高频信号。

第3章 信号处理电路

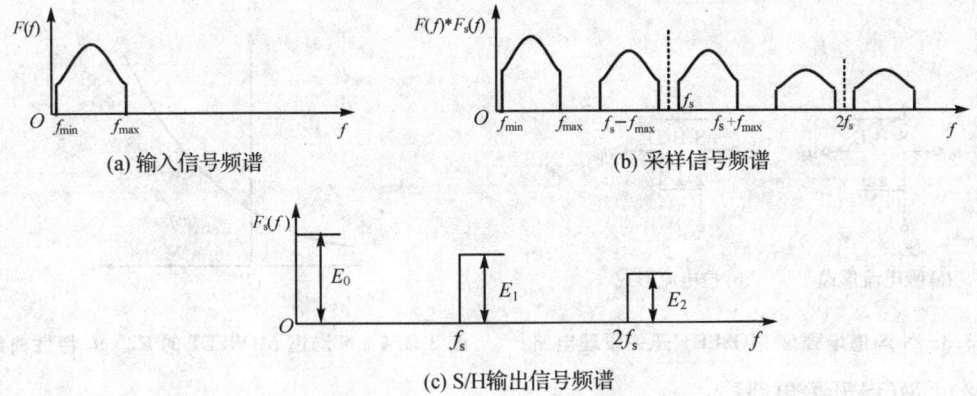

(a) 输入信号频谱 (b) 采样信号频谱

(c) S/H输出信号频谱

图 3.3.2 采样数据信号频谱

3.3.2 模拟开关

构成采样/保持电路的主要元件之一是模拟开关。模拟开关应能接通和断开连续的输入信号：当开关接通时输出电压应跟踪输入电压的变化；当开关断开时，输出电压应保持接通时采得的采样值。实际中常用的开关元件包括双极型晶体管开关、结型场效应晶体管（JFET）开关、MOS型场效应晶体管（MOSFET）开关等。利用增强型 MOSFET 在可变电阻区的压控电阻特性，可以构成性能优良的电子模拟开关，在测控技术中得到了广泛应用。

1. 增强型 MOSFET 开关电路

（1）N 沟道增强型 MOSFET 开关电路

N 沟道增强型 MOSFET 模拟开关原理电路如图 3.3.3 所示。由于场效应晶体管本身结构的对称性，其源极 S 和漏极 D 按实际的电流方向可以互换。在 u_i 吸入电流时，u_i 端为 S，u_o 端为 D；反之，u_i 端为 D，u_o 端为 S。为保证其正常工作，衬底 B 应处于最低电位，使 B 与 S 和 D 之间的两个 PN 结反偏。

N 沟道管工作于可变电阻区的条件为 $0 < u_{GS} - U_T$（其中 U_T 为开启电压），则得

$$u_i < u_c - U_T$$

在栅极 G 上加高电平 $u_c = U_{cH}$，当 $u_i < U_{cH} - U_T$ 时，开关导通，导通电阻 R_{on} 随 u_i 不同而改变，如图 3.3.4 所示。当 $u_i > U_{cH} - U_T$ 时，会导致 N 沟道 MOSFET 移出可变电阻区。通常使用中，R_{on} 应限制在几千欧姆范围内，因此要限制 u_i 的电平范围。

反之，当栅极 G 上加低电平 U_{cL} 时，要保证漏极和源极电位均不能低于 $u_{cL} - U_T$，以保证 MOSFET 开关为截止状态，此时开关的电阻 R_{off} 约为 10^{13} Ω 量级。

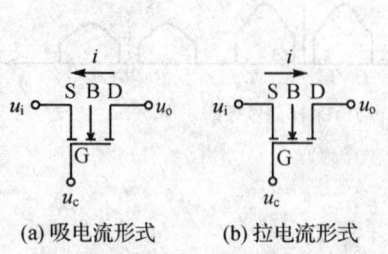 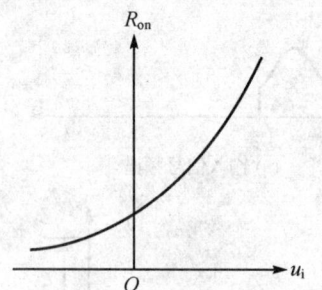

图 3.3.3 N 沟道增强型 MOSFET 开关原理电路   图 3.3.4 N 沟道 MOSFET 的 R_{on}-u_i 特性曲线

（2）CMOS 开关电路

N 沟道增强型 MOSFET 开关的缺点之一是 R_{on} 随 u_i 增大而增大，如果将一个 P 沟道增强型 MOSFET 与之并联构成如图 3.3.5(a) 所示的 CMOS 开关电路，则可以克服这个缺点。P 沟道增强型 MOSFET 的衬底，其外加栅极控制电压与 N 沟通增强型 MOSFET 相反，当控制电压 $u_{GN}=+E$、$u_{GP}=-E$ 时，两管均导通；而当 $u_{GN}=-E$、$u_{GP}=+E$ 时，两管均截止。由于 N 沟道和 P 沟道增强型 MOSFET 电阻变化特性相反，两管电阻可以互补，故其等效电阻基本恒定，与输入模拟信号无关，如图 3.3.5(b) 所示。由图可见，CMOS 开关的 R_{on}-u_i 曲线在 $-E$ 到 $+E$ 范围内较为平坦，且 R_{on} 比较小，这是人们所希望的。

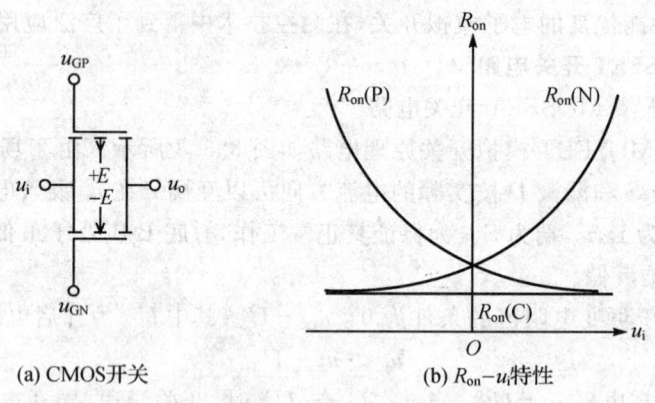

图 3.3.5 CMOS 开关原理及其 R_{on}-u_i 特性

2. 集成模拟开关

集成模拟开关的种类很多，目前，适用于便携应用的新型低功耗模拟开关导通电阻可达 10 Ω、泄漏电流为 2 nA。

C544、CD4066 均为单片集成 CMOS 四模拟开关电路，即在同一芯片上集成了四个独立的、电路结构完全相同的 CMOS 双向模拟开关，其中一路 CMOS 模拟开关如图 3.3.6 所示，其在基本模拟开关的基础上增加了辅助传输门 V_3 和 V_4、负载管 V_5 及两个非门 D_{G1} 和 D_{G2}。当开关导通($U_c=+E$)时，V_3、V_4 及 V_5 可保证 NMOSFET 的衬底与输入信号等电位，这是为了克服衬底 B 至 S 之间偏置电压所引起的导通电阻变化，即 NMOSFET 衬底调制效应。而 PMOSFET 衬底虽接固定电位 $+E$，但因其衬底调制效应很小，故可以忽略。各模拟开关单元共用一个正、负电源端 $+E$、$-E$。通常要求开关控制信号 U_c 的幅度在 $-E\sim+E$ 之间，当 $U_c=+E$ 时，相应开关单元导通而闭合；当 $U_c=-E$ 时，则相应开关单元截止而断开。每个开关单元输入模拟信号幅度 u_i 范围为 $-E\leqslant u_i\leqslant +E$。和有关 MOS 器件的应用注意事项一样，使用 MOS 模拟开关时，要防止静电感应造成栅击穿而导致永久损坏。如 C544，需把其中不用开关的控制输入端 U_c 接至 $+E$ 或 $-E$，不要让其悬空。

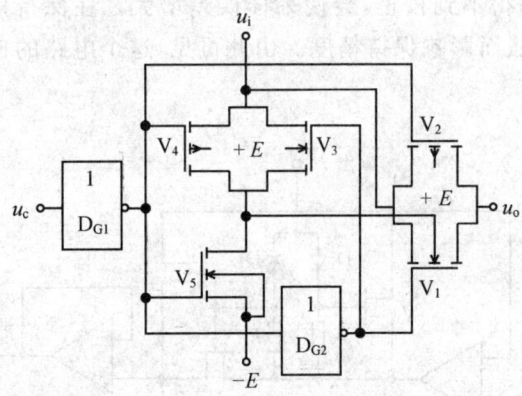

图 3.3.6　含辅助电路的 CMOS 开关电路

3.3.3　采样/保持实用电路

1. 高精度采样/保持电路

图 3.3.7 所示电路是通过减小模拟开关漏电流对存储电容的影响来提高保持精度的。图中的 V 为主开关，V_1 为隔离开关。当控制电压 U_c 为高电平时，NMOS 场效应晶体管 V 和 V_1 导通，电路处于采样阶段。当控制电压 U_c 为低电平时，V 和 V_1 关断，电路处于保持阶段。在保持状态下，主模拟开关 V 的漏电流通过 R 流入运算放大器的输出端。由于该漏电流在 R 上形成的压降很小，一般低于 10 mV，所以 V_1 的漏极与衬底间的电压很小。同样，V_1 源极与衬底之间的电压为运算放大器两输入端的电压差(失调电压)，也很小。在这种条件下，V_1 的漏电流大约减小两个数量级。可见，

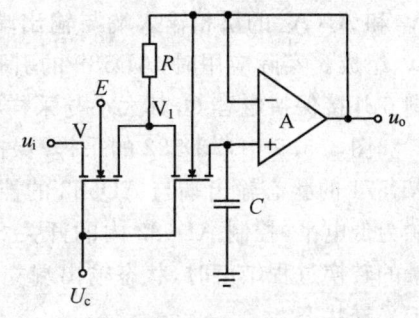

图 3.3.7　高精度采样/保持电路原理图

采用 V_1 后能将 V 与存储电容隔离,一方面使 V 的漏电流不流经存储电容,另一方面又有效地降低了 V_1 的漏电流,从而提高了存储电容的保持精度。

2. 高速采样/保持电路

设计高速采样/保持电路,应采用开环式采样/保持电路方案,选用高速元件,并通过扩增驱动电流来减小存储电容的充电时间。一种实用的电路如图 3.3.8 所示。在采样期间,U_c 为正,V 与 V_2 导通,V_1 截止。V_2 的导通将使 V 和 C 置于 A_1 的闭环回路中,C 上的电压将等于输入电压,而不受 V 的导通电阻的影响。另外,由于 A_1 反相端的偏置电流和 V_1 的漏电流都很小,V_2 导通电阻的压降极小,故其影响可以略去不计,所以 C 上的电压仍能非常精确地等于 A_1 反相端的电压。但由于 A_2 未在反馈回路中,虽然 A_2 使电路工作速度得以提高,但其漂移和共模误差在采样期间得不到校正,会使采样误差增大。在保持期间,V、V_2 截止;除了 V 外,V_2 也将产生漏电流,从而影响保持精度。由此可见,这个电路的速度提高是靠牺牲精度来实现的。

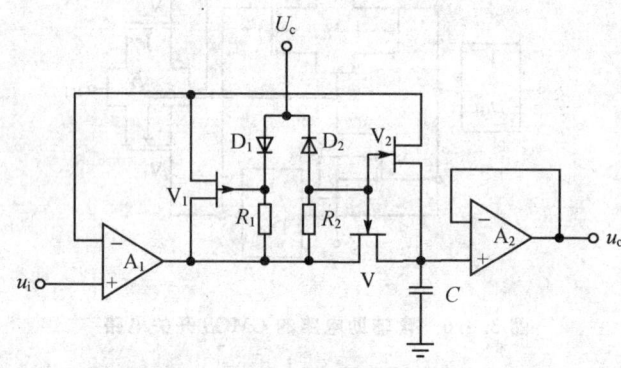

图 3.3.8 高速采样/保持电路原理图

3. 单片集成采样/保持电路

图 3.3.9 所示为单片集成采样/保持放大电路 AD582 的电路原理图,由两级运算放大器 A_1 和 A_2(A_2 的反相输入端与输出端相连)、NMOS 场效应晶体管模拟开关 S 及门控制电路 D_G 组成。实际应用时,AD582 的引脚 3 和引脚 4 之间外接 $100\ \text{k}\Omega$ 电位器用以失调调零,引脚 6 外接保持电容 C,其大小与采样频率和精度有关,引脚 12 输入控制信号 U_c。

图 3.3.9 中,AD582 的采样/保持输出信号 u_o 送入模/数(A/D)转换器 AD571 的输入端,AD571 的状态输出端与 AD582 的控制信号输入端相连接。A/D 转换器启动后,其状态输出端为低电平,控制 AD582 内的开关 S 断开,AD582 处于保持状态;当 A/D 转换器对模拟输入量的转换过程结束时,状态输出端立即变为高电平,使 AD582 内的开关 S 闭合,AD582 又处于采样状态。

第3章 信号处理电路

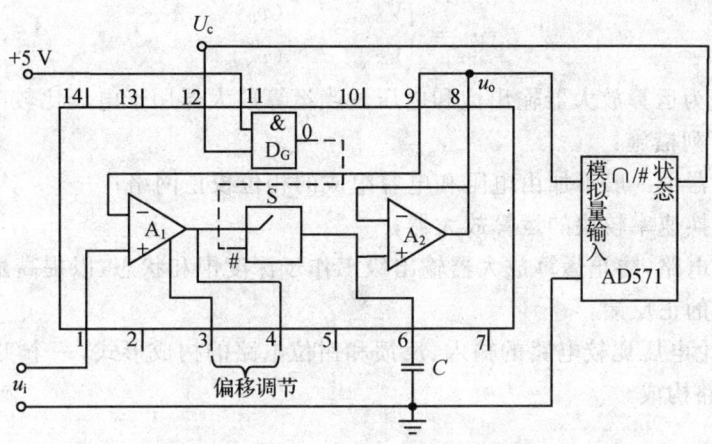

图 3.3.9　AD582 电路原理图

3.4　常用的信号转换电路

3.4.1　电压比较电路

电压比较电路用来对输入信号进行鉴别和比较,以判别其大于还是小于给定信号。在现代测控电路中,往往采用集成电压比较器。采用集成电压比较器的优点是速度快、精度高和输出为逻辑电平。运算放大器可以说是最简单的电压比较器,实际电压比较电路的工作原理和功能可以采用图 3.4.1 所示的电路图来说明。

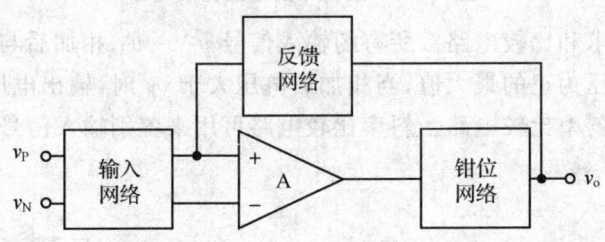

图 3.4.1　电压比较电路的原理框图

v_P 与 v_N 是待比较的输入信号,比较电路的核心是开环运算放大器 A。为了提高比较电路的速度和减少在两信号相等及其附近比较电路出现振荡的现象,比较电路往往需要一定的正反馈,正反馈由反馈网络来实现。比较电路的后续电路往往是数字电路,因此需要其输出的是某种逻辑电平,如 0～5 V 的电平,这就是钳位网络所应起到的作用。

在采用普通开环运算放大器实现最基本的电压比较电路时,电路输出为

$$v_o = \begin{cases} V_{o\,max}^+ & (v_P) \\ V_{o\,max}^- & (v_N) \end{cases} \qquad (3.4.1)$$

式中，$V_{o\,max}^+$、$V_{o\,max}^-$为运算放大器输出饱和电压。当运算放大器用于电压比较电路时，为提高响应速度，可采取下列措施：

① 运算放大器中一般不加由电阻和电容组成的相位校正网络；
② 可选用转换速率较快的运算放大器；
③ 加入钳位电路，防止运算放大器输出级工作于深度饱和状态，以提高翻转速度；
④ 加入一定的正反馈。

下面分别讨论电压比较电路的输入、反馈和钳位电路的构成形式，一个实用的电压比较电路由这三部分电路构成。

1. 输入电路

最简单的比较器输入电路如图 3.4.2 所示。两个信号 v_I 和 v_R 直接输入到运算放大器的两个输入端。当 $v_I < v_R$ 时，电路的输出电压为正的最大值；当 $v_I > v_R$ 时，电路的输出为负的最大值。如果 v_I 和 v_R 对调，则输出信号的极性反向。

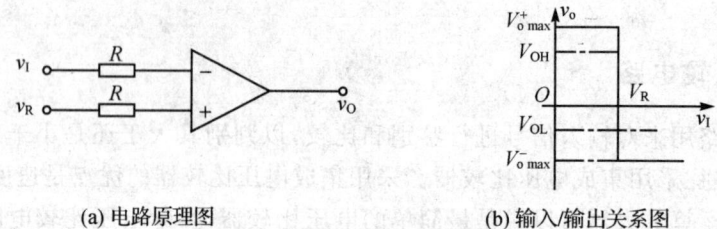

图 3.4.2　最简单的电压比较电路

图 3.4.3 所示为求和比较电路。所有的输入信号 $v_{I1} \sim v_{I1n}$ 相加后与 v_R 相比较，相加后电压小于 v_R 时，输出电压为正的最大值；当相加后电压大于 v_R 时，输出电压为负的最大值。

图 3.4.4 所示为斜率比较电路。斜率比较电路可用来鉴别输入信号的变化率小于或大于某个给定值。

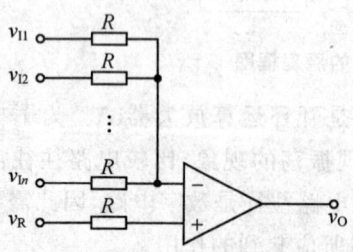　　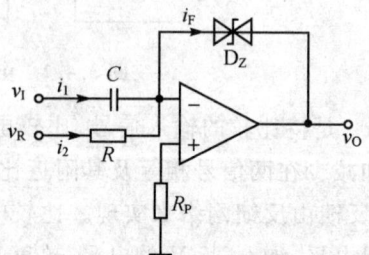

图 3.4.3　求和比较电路原理图　　　图 3.4.4　斜率比较电路原理图

由图 3.4.4 可知

$$i_F = i_1 + i_2 = C\frac{dv_I}{dt} + \frac{v_R}{R} \qquad (3.4.2)$$

当 $i_F > 0$ 时,比较器的输出电压 v_O 为负值;而当 $i_F < 0$ 时,v_O 为正值,所以 $i_F = 0$ 是电路产生翻转的条件。令 $i_F = 0$,则

$$\frac{dv_I}{dt} = -\frac{v_R}{RC} \qquad (3.4.3)$$

可见,当输入电压 v_I 的斜率大于 $-\frac{v_R}{RC}$ 时,v_O 为负值;v_I 的斜率等于 $-\frac{v_R}{RC}$ 时,输出电压翻转;v_I 的斜率小于 $-\frac{v_R}{RC}$ 时,v_O 为正值,从而实现了斜率的比较判断。

2. 反馈电路

最简单的比较电路具有较高的灵敏度,但容易受噪声或干扰的影响,在比较门限附近,容易产生误翻转和振荡。增加一定的正反馈不仅可以克服这一缺陷,还有利于提高比较器的翻转速度。图 3.4.5 所示为采用正反馈网络的比较电路,这种比较电路也称为迟滞比较电路或施密特比较电路。

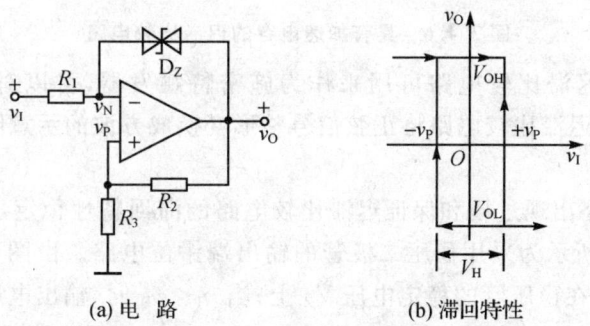

(a) 电 路　　　　　　(b) 滞回特性

图 3.4.5　迟滞比较电路

当输入电压 v_I 由负到正变化时,若 $v_I < v_P$,则 v_O 为正值,此时 v_P 也为正值,且

$$v_P = v_O R_3/(R_2 + R_3) \qquad (3.4.4)$$

考虑到

$$v_O = V_Z + v_N = V_Z + v_P \qquad (3.4.5)$$

式中,V_Z 为稳压二极管的稳压值,则

$$v_O = V_Z(R_2 + R_3)/R_2$$

可见,只要 $v_I < v_P$,则 v_O 维持在 $V_Z(R_2 + R_3)/R_2$。当 v_I 由负变正,且 $v_I = v_P$ 时,v_O 将由正值突变至负值,同理可推出此时的 v_O 大小仍为 $V_Z(R_2 + R_3)/R_2$,极性为负。

当 v_I 由正变负,且 $v_I = -v_P$ 时,输出电压 v_O 由负值重新突变回正值;只要 $v_I < -v_P$,这个

状态将维持下去,因而得到图 3.4.5(b)所示的滞回特性。图中,$+v_P$ 称为上门限电压,$-v_P$ 称为下门限电压,上、下门限电压值之差称为门限宽度 V_H。

图 3.4.6 所示电路为具有加速电容的迟滞比较电路。图中的小电容可以显著提高比较电路的翻转速度。

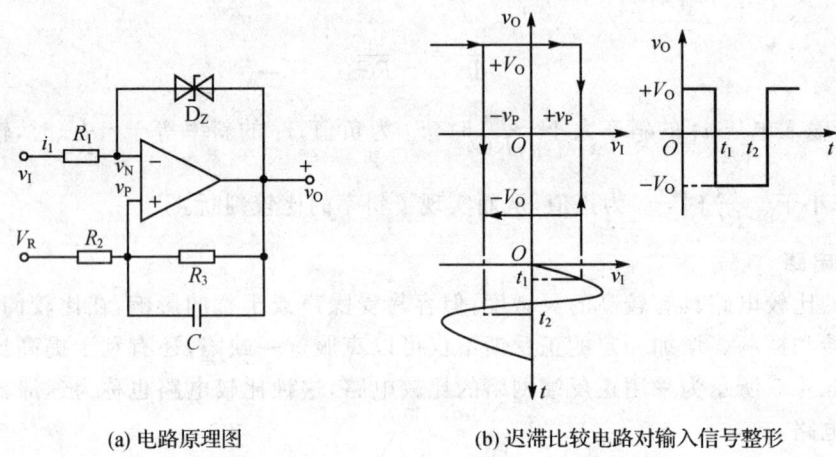

(a) 电路原理图　　　　　　　　　(b) 迟滞比较电路对输入信号整形

图 3.4.6　具有加速电容的迟滞比较电路

具有滞回特性的迟滞比较电路可用来作为施密特触发器,可以对输入信号进行整形。图 3.4.6(b)给出了用迟滞比较电路将正弦信号整形变换成方波的示意图。

3. 钳位电路

为了避免后续电路出现过压和保证迟滞比较电路的滞回特性稳定,需要在其输出加上钳位电路。图 3.4.7(a)所示为采用稳压二极管的输出端钳位电路。由图可知,当 $v_I>v_R$ 时,输出电压为正,且被钳定在稳压管的稳定电压 V_Z 上;当 $v_I<v_R$ 时,输出电压为负,且被钳定在稳压管正向压降 V_D 上。图 3.4.7(b)所示电路采用的是反馈钳位法,将稳压二极管置于负反馈支路中,若令 $v_R=0$(此时的比较电路称为过零比较电路),由图可见,当 $v_I<0$ 时,输出电压为正,且被钳定在稳压管的稳定电压 V_Z 上;当 $v_I>0$ 时,输出电压为负,且被钳定在稳压管正向压降 V_D 上。采用反馈钳位法,且又要使比较电平能为任意值,可采用图 3.4.7(c)所示的电路。由图可知,输出电压的极性由电流 i_3 的方向决定,i_3 的方向如图所示时定为正方向,这时输出电压为负值;而 i_3 为反方向时,输出电压为正值。

由于 i_3 是两个输入电流 i_1 和 i_2 之和,即

$$i_3 = i_1 + i_2 = \frac{v_R}{R_1} + \frac{v_I}{R_2} \tag{3.4.6}$$

令 $i_3=0$,即可得到比较电路的门限电平为

$$v_R' = -R_2 v_R / R_1 \tag{3.4.7}$$

第 3 章 信号处理电路

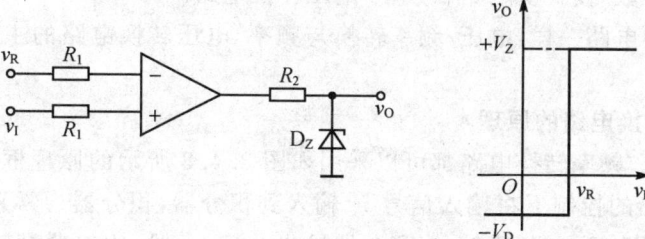

(a) 稳压二极管钳位电路

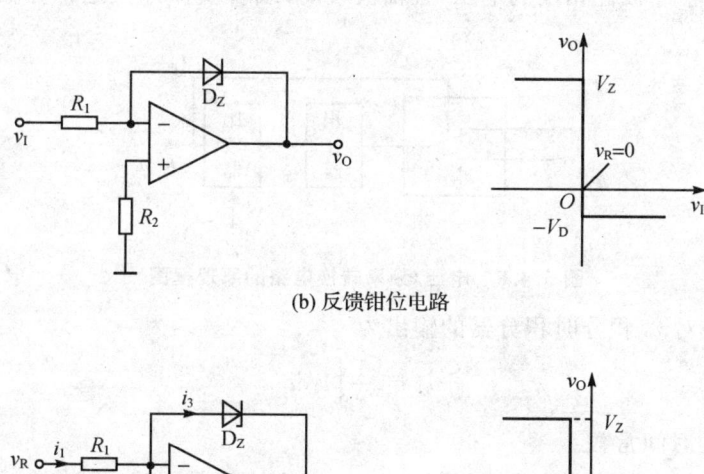

(b) 反馈钳位电路

(c) 比较电平可调整的钳位电路

图 3.4.7 采用稳压二极管的钳位电路

当 $v_I > v'_R$ 时，$i_3 > 0$，输出为负，电压钳定在稳压管正向压降 V_D 上；当 $v_I < v'_R$ 时，$i_3 < 0$，输出为正，电压钳定在稳压管的稳定电压 V_Z 上。只要合适地选择 R_1 和 R_2 的阻值，即可获得任意的门限电平 v'_R，以适应不同的需要。

3.4.2 电压/频率转换电路

电压/频率转换在不同的应用领域有不同的名称：无线电技术中被称为频率调制；信号源电路中被称为压控振荡器；信号处理与变换电路中被称为电压/频率转换电路和准模/数转换电路。电压/频率转换电路有这么多的称呼，说明其应用十分广泛。电压/频率转换电路与频率/电压转换电路是一对变换电路，经常相伴出现。相对应的频率/电压转换电路也有几种不同的名称:鉴频器、准数/模转换电路和频率/电压转换电路。

与其他线性变换电路一样,电压/频率转换与频率/电压转换电路的主要技术指标也是线性度和灵敏度。

1. 电压/频率转换电路的原理

绝大多数的电压/频率转换电路都可以采用如图 3.4.8 所示的原理框图来说明。图中模拟开关在比较器输出的控制下将输入信号 v_I 输入到积分器,积分器通常采用线性积分电路。积分器的输出与参考电压 v_R 相比较,当积分器输出达到 v_R 时,比较器翻转,其输出控制模拟开关切换到 v_F,是与 v_I 极性相反的电压,且幅值较高;或者模拟开关把积分器短路,使积分器的输出迅速回零。

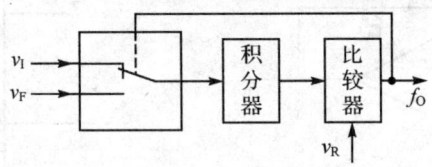

图 3.4.8 电压/频率转换电路的原理框图

假定 $v_I > 0$,在对 v_I 积分时积分器的输出为

$$v_C = \frac{1}{\tau}\int v_I \mathrm{d}t \tag{3.4.8}$$

式中,τ 为积分器的时间常数。

若积分期间内 v_I 不变,经过 T_1 时间后,$v_C = v_R$,则比较器翻转,此时有

$$v_C = \frac{1}{\tau} v_I T_1 = v_R \tag{3.4.9}$$

比较器翻转后,控制模拟开关使积分器迅速回零,这个过程需要的时间为 T_2。在设计电路时使 $T_2 \ll T_1$,则比较器的输出频率为

$$f_O = \frac{1}{T_1 + T_2} \approx \frac{1}{T_1} = \frac{1}{\tau v_R} v_I \tag{3.4.10}$$

可见,电路的输出频率 f_O 与输入信号的幅值 v_I 成正比。

图 3.4.9 所示为一实际的电压/频率转换电路,电路由积分器、电压比较器和恢复单元(模拟开关)等部分组成。

当电源接通后,比较器 A_2 的反相端施加电压 $+V_B$,输出电压 $v_{O2} = -V_{O2\max}$,其使电压输出级处于截止状态,v_O 为负值 $-V_{O\max}$。同时由于 v_{O2} 为负值,所以二极管 D 导通,负电压使作为开关的场效应管 T_2 处于截止状态。当加入输入电压 v_I(假设大于 0)后,A_1 反相积分,输出电压 v_{O1} 负向增加;当 v_{O1} 略小于 $-V_B$ 时,比较器 A_2 翻转,输出由 $-V_{O2\max}$ 跳变至 $+V_{O2\max}$,从而使输出级 T_1 饱和导通,v_O 为 $+V_{O\max}$。同时,$+V_{O2\max}$ 使得二极管 D 截止,场效应 T_2 导通,积分器中的电容 C_1 通过 T_2 迅速放电至零值,此时,比较器 A_2 的反相端输入电压又恢复为

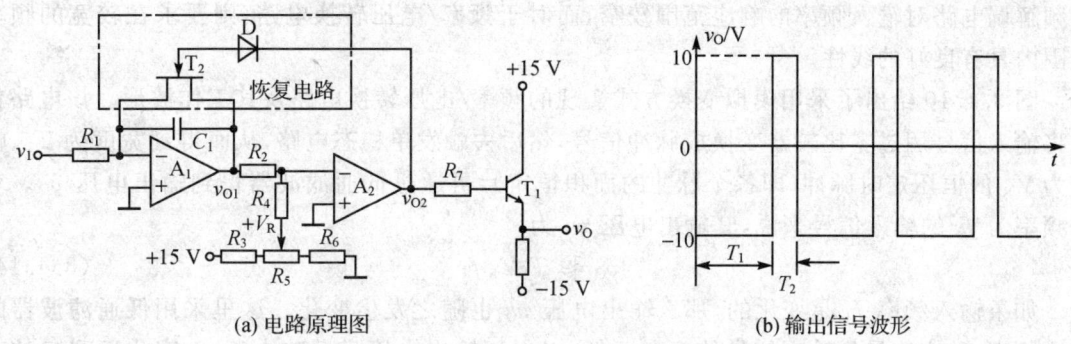

(a) 电路原理图 (b) 输出信号波形

图 3.4.9 恢复型电压/频率转换电路

$+V_B$，使比较器的输出电压再次变为$-V_{O2max}$，并再度进行反相积分，只要输入电压维持在某一电平，上述过程将持续进行，从而产生一定频率的脉冲振荡。

由于该电路的积分器放电时间常数为$R_{on}C_1$（R_{on}是T_2的导通电阻，阻值很小），数值很小，所以该电路的振荡周期T主要取决于反相积分的时间T_1，该时间发生在v_{O1}下降到$-V_B$时，故振荡周期可由下式计算，即

$$T = T_1 + T_2 \approx T_1 = \frac{C_1}{I}V_B \tag{3.4.11}$$

式中，I为电容C_1的充电电流值，$I = \frac{v_I}{R_1}$。

因此，振荡周期为

$$T \approx R_1 C_1 \frac{V_B}{v_I} \tag{3.4.12}$$

振荡频率为

$$f_O \approx \frac{v_I}{R_1 C_1 V_B} \tag{3.4.13}$$

可见，该电压/频率转换电路的输出频率与输入电压有较好的线性关系，调节电阻R_1、电容C_1和基准电压V_B，即可调整输出频率和变换灵敏度。

目前，已有集成度很高的电压/频率转换电路，如美国 ANOLOG DEVICES 公司推出的高精度电压/频率转换器 AD650，由积分器、比较器、精密电流源、单稳多谐振荡器和输出晶体管组成。该电路在±15 V 电源电压下，功耗电流小于 15 mA，满刻度为 1 MHz 时其非线性度小于 0.07 %。其另一特点是既能用做电压/频率转换器，又能用做频率/电压转换器。

2. 频率/电压转换电路

与电压/频率转换电路相反，频率/电压转换电路用来将输入信号的频率转换成与之成比例的电压。

无线电技术中，调频的解调过程实质上就是将频率变换为电压输出的过程。但是，一般的

调频解调电路对输入频率的响应范围较窄,而对于频率/电压转换电路,则要求在较宽的频率范围内具有良好的线性。

图 3.4.10 给出了采用模拟变换方式实现的频率/电压转换电路及其工作波形。该电路首先将输入信号用过零比较器变换成脉冲信号,然后去触发单稳态电路,从而得到宽度为 T_1、幅度为 V_R 的恒压定时脉冲(即各个脉冲的面积恒定),再通过低通滤波器得到输出电压 v_O。对于频率为 f_1 的输入信号来说,其输出电压 v_O 为

$$v_O \approx T_1 V_R f_1 \tag{3.4.14}$$

如果输入频率 f_1 是变化的,那么输出电压 v_O 也随之发生变化。这里采用低通滤波器的截止频率 f_c 应比最低输入信号的频率还低,以保证输出电压只反映由于 f_1 变化而引起的直流变化。模拟变换方式电路简单,但变换精度较低。

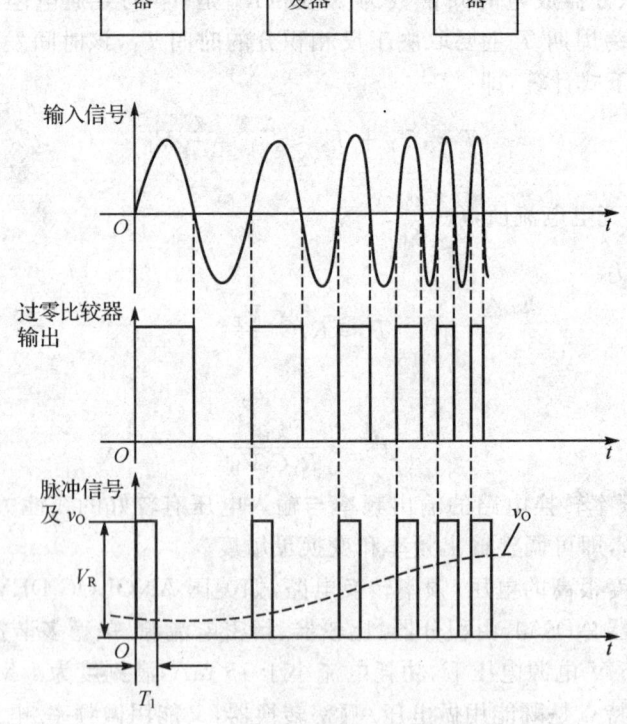

图 3.4.10 模拟变换式频率/电压转换电路

不管是电压/频率转换电路还是频率/电压转换电路,一般情况下应采用集成器件,这样可以得到精度高、电路简单、调整方便的实用电路。

3.4.3 电压/电流转换电路

变送器被广泛地应用于检测及过程控制系统中,其实质上是一种能输出标准信号的传感器。标准信号是物理量的形式和数值范围都符合国际标准的信号,其中应用相当普遍的一类是直流信号。直流具有不受传输线路电感、电容及负载性质的影响,不存在相位问题等优点,所以国际电工委员会将电流信号为 4~20 mA 和电压信号为 1~5 V 确定为过程控制系统电模拟信号的统一标准。因此,在标准和非标准信号之间、不同标准信号之间需要转换器互相转换。在进行信号转换时,要求电流/电压转换器具有低的输入和输出阻抗,而电压/电流转换器则具有高的输入和输出阻抗。

1. 电压/电流转换器

电压/电流转换器用来将电压信号转换为与电压成正比的电流传号,按负载接地与否可分为负载浮地型和负载接地型两类,分述如下。

(1) 负载浮地型电压/电流转换器

负载浮地型电压/电流转换器常见的电路形式如图 3.4.11 所示。图 3.4.11(a)是反相式,图 3.4.11(b)是同相式,图 3.4.11(c)是电流放大式。反相式电路中,输入电压 v_I 加在反相输入端,负载阻抗 Z_L 接在反馈支路中,故输入电流 i_I 等于反馈支路中的电流 i_L,即

$$i_I = i_L = \frac{v_I}{R_1} \tag{3.4.15}$$

式(3.4.15)表明,负载阻抗中的电流 i_L 与输入电压 v_I 成正比,而与负载阻抗无关,从而实现了电压/电流转换。

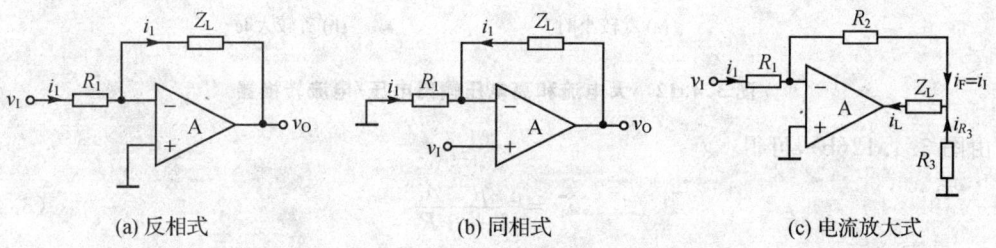

(a) 反相式　　　　　　(b) 同相式　　　　　　(c) 电流放大式

图 3.4.11　负载浮地型电压/电流转换电路

图 3.4.11(b)的转换关系与式(3.4.15)相同;而对图 3.4.11(c)所示的电流放大式电路,经分析可得

$$i_L = \frac{v_I}{R_1}\left(1 + \frac{R_2}{R_3}\right) \tag{3.4.16}$$

可见,调节 R_1、R_2 和 R_3 都能改变电路的转换系数,只要合理地选择参数,电路在较小的输入电压作用下,就能给出较大的与 v_I 成正比的负载电流。但该电路要求运算放大器给出较

高的输出电压。

当需要较大的输出电流或较高的输出电压(负载 Z_L 有较大的阻抗值)时,普通的运放难以满足要求。图 3.4.12 所示为大电流和高电压输出电压/电流转换器。对图 3.4.12(a)所示电路,不难得出

$$i_L = i_1 = \frac{v_1}{R} \tag{3.4.17}$$

由于采用了三极管 T 来提高驱动能力,其输出电流可高达几安培,甚至几十安培。不过当负载 Z_L 的阻抗值较高时,图 3.4.12(a)所示电路中的运放仍然需要输出较高的电压。普通运算放大器的输出最高幅值一般不超过±18 V。即使是高压运算放大器,其输出最高幅值一般也不超过±40 V。因此,必须采取新的设计思路。图 3.4.12(b)所示的电路即可满足负载 Z_L 阻抗值较高时对较高输出电压的需求,该电路同时也能给出较大的负载电流。这是因为采用同相输入方式,也具有很高的输入阻抗。

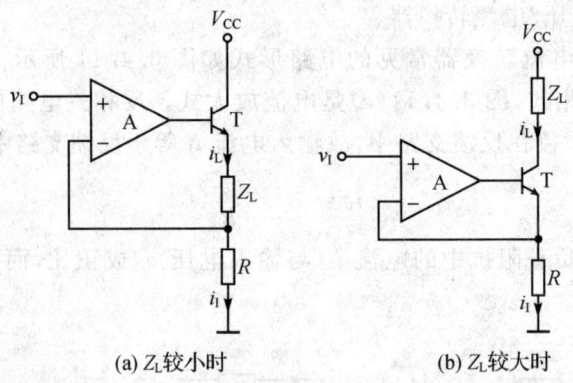

(a) Z_L 较小时   (b) Z_L 较大时

图 3.4.12 大电流和高电压输出电压/电流转换器

由图 3.4.12(b),可得

$$i_L = \frac{\beta}{1+\beta}\frac{v_1}{R} \tag{3.4.18}$$

式中,β 为晶体管 T 的直流电流增益。

当 $\beta \gg 1$ 时,可得

$$i_L = \frac{\beta}{1+\beta}\frac{v_1}{R_1} \approx \frac{v_1}{R} \tag{3.4.19}$$

因此,实际应用时应当选用 β 较大的晶体管,才能获得较好的性能。应当指出的是,图 3.4.12(b)所示电路只能用于 $v_1>0$ 的情况。

(2) 负载接地型电压/电流转换器

图 3.4.13 为一种典型的负载接地型电压/电流转换器,利用叠加原理可以得到

$$v_O = -\frac{R_F}{R_1}v_I + \left(1+\frac{R_F}{R_1}\right)v_L \tag{3.4.20}$$

而 v_L 又可以看成是输出电压 v_O 分压的结果，即

$$v_L = v_O \frac{R_2 /\!/ Z_L}{R_3 + R_2 /\!/ Z_L} \tag{3.4.21}$$

联立式(3.4.20)和式(3.4.21)，可得

$$i_L = \frac{-v_I \dfrac{R_F}{R_1}}{\dfrac{R_3}{R_2}Z_L - \dfrac{R_F}{R_1}Z_L + R_3} \tag{3.4.22}$$

如果

$$\frac{R_3}{R_2} = \frac{R_F}{R_1}$$

则

$$i_L = -\frac{v_I}{R_2} \tag{3.4.23}$$

可见，电路可以给出与输入电压成正比的电流输出，而且与负载阻抗无关。不过，该电路的输出电流将会受到运算放大器输出电流的限制，负载阻抗的大小也将受到运算放大器输出电压的限制，且由于引入了正反馈，电路的稳定性也将降低。

图 3.4.14 为高性能负载接地型电压/电流转换电路，既可以在负载接地的情况下得到很高的变换精度，又具有很高的工作稳定性。

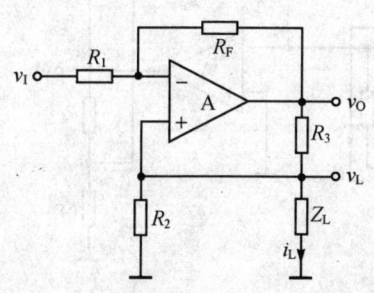
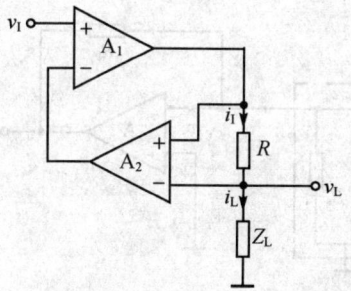

图 3.4.13　负载接地型电压/电流转换电路　　图 3.4.14　高性能负载接地型电压/电流转换电路

电路中 A_1 为普通运算放大器，A_2 为仪器放大器，假定其增益为 K，则

$$v_I = KRi_1 = KRi_L \tag{3.4.24}$$

可得

$$i_L = \frac{v_I}{KR} \tag{3.4.25}$$

电压/电流转换器常用做传感器或其他检测电路中的基准(参考)恒流源，或在磁偏转的示

波装置中用来将线性变化电压转换成扫描用的线性变化电流,或在控制系统中作为可控电流源驱动某些执行装置,如记录仪中记录笔的偏转和电流表的偏转等。

2. 电流/电压转换器

电流/电压转换器用来将电流信号转换为成正比的电压信号。图 3.4.15 所示为电流/电压转换器的原理图。图中 i_s 为电流源,R_s 为电流源内阻。理想的电流源条件是输出电流与负载无关,也就是说电流源内阻 R_s 应该很大。若将电流源接入运算放大器的反相输入端,并忽略运算放大器本身的输入电流,则有 $i_F \approx i_s$。

电流 i_F 在电阻 R_F 上的压降即为电路的输出电压,可以表示为

$$v_O = -i_s R_F \tag{3.4.26}$$

可见,输出电压与输入电流成正比,实现了电流/电压转换。如果 i_s 较小,为满足输出电压的要求,必定要选取较大的电阻 R_F,但这将使输出端的噪声增大,因此对于微弱电流信号而言,应采用图 3.4.16 所示的电路。图中,电容 C_F 的作用是抑制噪声,要求其泄漏电流足够小,以减小对输出电压的影响。

图 3.4.15 和图 3.4.16 在实际应用中均是忽略了运算放大器本身的输入电流,一般情况下运算放大器的输入电流为数十到数百纳安,因此,这两个电路只适用于微安级以上电流的转换。若要测定更为微弱的电流,则应当选取 CMOS 场效应管作为输入级的运算放大器,这种运算放大器的输入电流可以降至皮安级。

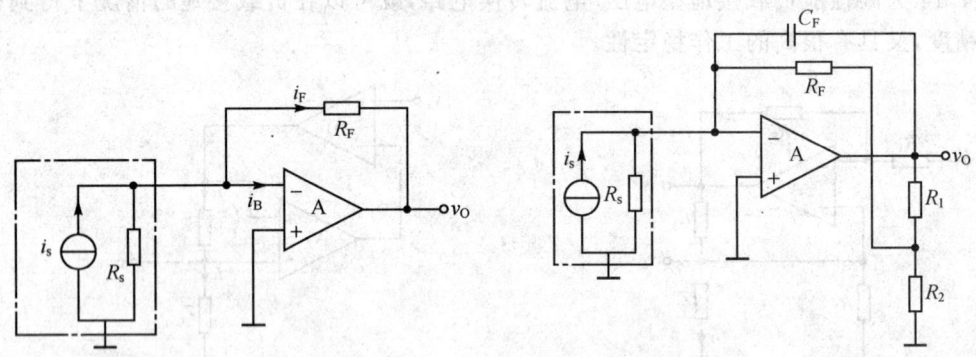

图 3.4.15 电流/电压转换器的原理图　　图 3.4.16 测量微弱电流信号的电流/电压转换电路

实际上,最简单的电流/电压转换电路是一支电阻,根据欧姆定律,流过电阻的电流会在电阻两端产生压降。但在测量微弱的电流或要得到较大的灵敏度时,则需要采用较大阻值的电阻,而较大阻值的电阻又会反过来改变被测电路的状态,从而影响精度。因此,采用这种最简单的电流/电压转换电路很难在灵敏度和精度之间平衡。于是人们根据密勒定律引入运算放大器。由于运算放大器有极高的增益,在上述电路中虽然采用了很大阻值的反馈电阻,但等效到输入端,仅相当于一个很小阻值的电阻。比如,运放的开环增益为 10^5,反馈电阻为 $1\ M\Omega$,

则等效到输入端的电阻仅有 10 Ω。显然,由于运放的引入,使得上述电流/电压转换电路在灵敏度和精度上得到了很好的统一。

电流/电压转换器可作为微电流测量装置来测量漏电流,或在使用光敏电阻、光电池等恒电流传感器的场合,作为一个常见的光检测电路。它也可作为电流信号的相加器,这在数字/模拟转换器中是一种常见的输出电路形式。

习题与思考题

3.1 简述有源滤波器的功能、分类及主要特性参数。

3.2 分别用有限电压源法和无限增益多路反馈法设计一个二阶低通滤波器。特性参数:截止频率为 250 Hz,增益为 5 dB。

3.3 用单一运放设计一个增益为 -1 dB, $f_c = 273.4$ Hz 的三阶高通滤波器。

3.4 如果带通滤波器可等效成低通与高通滤波电路的级联,那么带阻滤波器呢?试证明之。

3.5 试分析题图 3.1 所示有源滤波器的特性,并绘出对应的幅频特性和相频特性曲线。图中:$R_1 = 3.183$ kΩ, $R_2 = 318.31$ kΩ, $R_3 = R_4 = 135.04$ kΩ, $C = C_1 = 0.1$ μF。

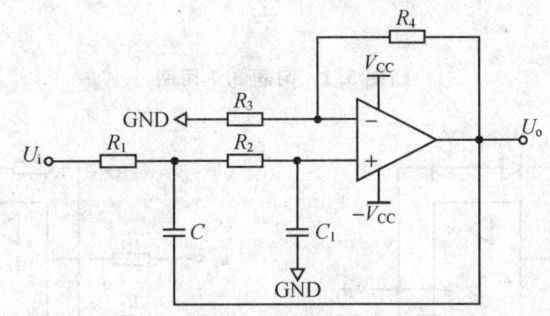

题图 3.1 习题 3.5 用图

3.6 常用的绝对值检测电路的性能改善方法有哪些?各自的特点是什么?

3.7 试分析题图 3.2 所示电路的特性,并推导输入/输出关系。

3.8 试设计一个用于实现峰-峰值为 5 V 的正弦信号的峰-峰值检测电路。

3.9 试述在采样/保持电路中对模拟开关、存储电容及运算放大器这三种主要元器件的选择有什么要求?

3.10 常用的信号转换电路有哪些?试举例说明其功能。

3.11 试分析题图 3.3 所示各电路的工作原理,并画出电压传输特性曲线。

3.12 如果要将 4~20 mA 的输入直流电流转换为 0~3.3 V 的输出直流电压,试设计其

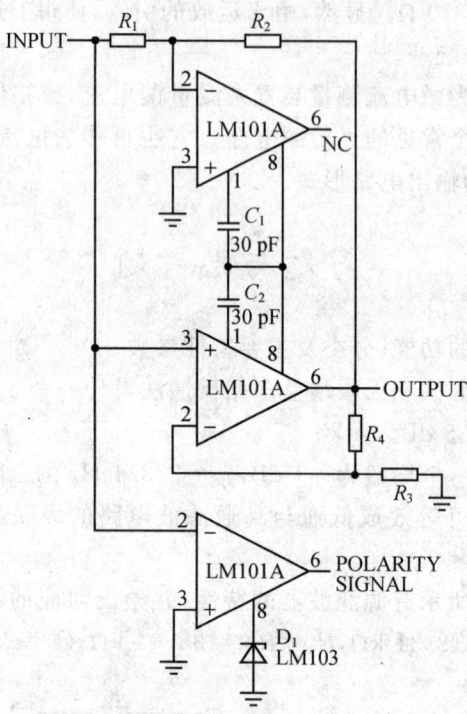

题图 3.2 习题 3.7 用图

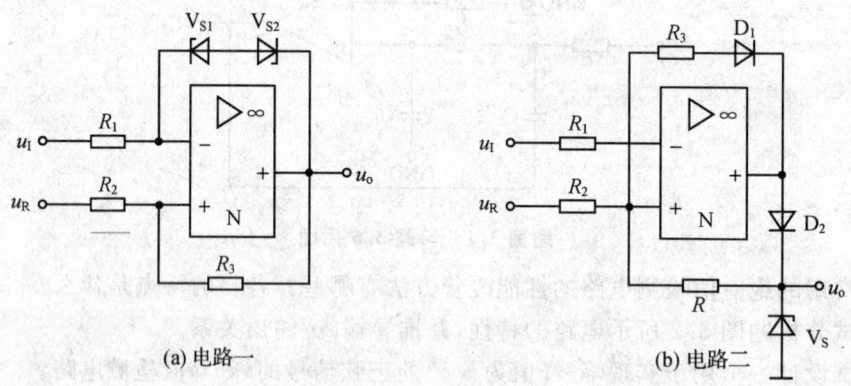

(a) 电路一   (b) 电路二

题图 3.3 习题 3.11 用图

转换电路。

3.13 如题图 3.4 所示的电压/频率转换电路,① 画出 v_{O1} 和 v_O 的波形图;② 求出输出频率 f_o 和输入电压 v_I 之间的关系式;③ 若 $v_I = 5$ V,输出频率为多少?

第3章 信号处理电路

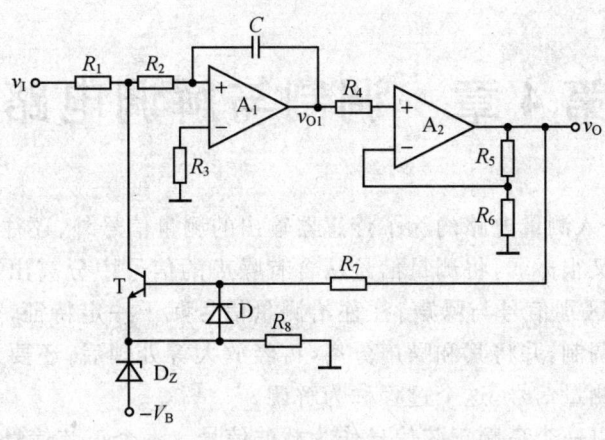

题图 3.4　习题 3.13 用图

第4章 调制与解调电路

在精密测量中,进入测量电路的除了传感器输出的测量信号外,还往往有各种噪声。而传感器的输出信号一般又很微弱,将测量信号从含有噪声的信号中分离出来是测量电路的一项重要任务。为了便于区别信号与噪声,往往给测量信号赋予一定特征,这就是调制的主要功用。将测量信号进行调制,并将其和噪声分离,再经放大等处理后,还要从已经调制的信号中提取反映被测量值的测量信号,这个过程称为解调。

在信号调制中常以一个高频正弦信号作为载波信号。一个正弦信号有幅值、频率、相位三个参数,可以对这三个参数进行调制,分别称为调幅、调频和调相;也可用脉冲信号作为载波信号。调制就是用一个信号(调制信号)去控制另一个作为载体的信号(载波信号),让后者某个参数(幅值、频率、相位、脉冲宽度等)按前者的值变化。

4.1 振幅调制与解调电路

4.1.1 调幅原理与方法

调幅是测量中最常用的调制方式,其特点是调制方法和解调电路比较简单。调幅就是用调制信号 x 去控制高频载波信号的幅值。常用的是线性调幅,即让调幅信号的幅值按调制信号 x 的线性函数变化。线性调幅信号 u_s 的一般表达式可写为

$$u_s = (U_m + mx)\cos \omega_c t \tag{4.1.1}$$

式中,ω_c 是载波信号的角频率;U_m 是调幅信号中载波信号的幅值;m 为调制度。

调制信号 x 可以按任意规律变化,为方便起见,可以假设调制信号 x 是角频率为 Ω 的余弦信号 $x = X_m \cos \Omega t$。当调制信号 x 不符合余弦规律时,可将其分解为一些不同频率的余弦信号之和。在信号调制中必须要求载波信号的频率远高于调制信号的变化频率,包括高于其高次谐波的变化频率。从式(4.1.1)中可以看到,当调制信号 x 是角频率为 Ω 的余弦信号时,调幅信号可写为

$$\begin{aligned} u_s &= U_m \cos \omega_c t + mX_m \cos \Omega t \cos \omega_c t = \\ &\quad U_m \cos \omega_c t + \frac{mX_m}{2}\cos(\omega_c + \Omega)t + \frac{mX_m}{2}\cos(\omega_c - \Omega)t \end{aligned} \tag{4.1.2}$$

式中,包含三个不同频率的信号:角频率为 ω_c 的载波信号 $U_m \cos \omega_c t$ 和角频率为 $\omega_c \pm \Omega$ 的上下边频信号。载波信号中不含调制信号,即不含被测量 x 的信息,因此可取 $U_m = 0$,即只保留两

个边频信号,这种调制称为双边带调制。对于双边带调制,有

$$u_s = mX_m \cos \Omega t \cos \omega_c t = U_{xm} \cos \Omega t \cos \omega_c t \tag{4.1.3}$$

双边带调制的调幅信号波形如图 4.1.1 所示。其中:图 4.1.1(a)为调制信号,图 4.1.1(b)为载波信号,图 4.1.1(c)为双边带调幅信号。双边带调制可用调制信号与载波信号相乘来实现。

为了正确地进行信号调制,必须要求 $\omega_c \gg \Omega$,至少要求 $\omega_c > 10\ \Omega$。在这种情况下,解调时滤波器能较好地将调制信号与载波信号分开,检出调制信号。要求 $\omega_c \gg \Omega$,还与下述现象有关。图 4.1.2 中 1 为调制信号,2 为载波信号。由于信号调制情况的随机性,可能出现图 4.1.2(a)所示的情况,有一个载波的波峰正好在调制信号的最高点。也有可能出现图 4.1.2(b)所示的情况,载波信号对称地分布于调制信号最高点的两侧。如果 $\omega_c = n\Omega$,那么 B 点调制信号的值仅为 A 点的 $\cos(\pi/n)$,由此产生相对误差 $1-\cos(\pi/n) \approx \pi^2/2n^2$。如果要求相对误差小于 1%,则要求 $n>23$;若要求相对误差小于 0.1%,则要求 $n>71$。由于这是极限情况,在实际应用中,n 可以取得比上面算出的值小。

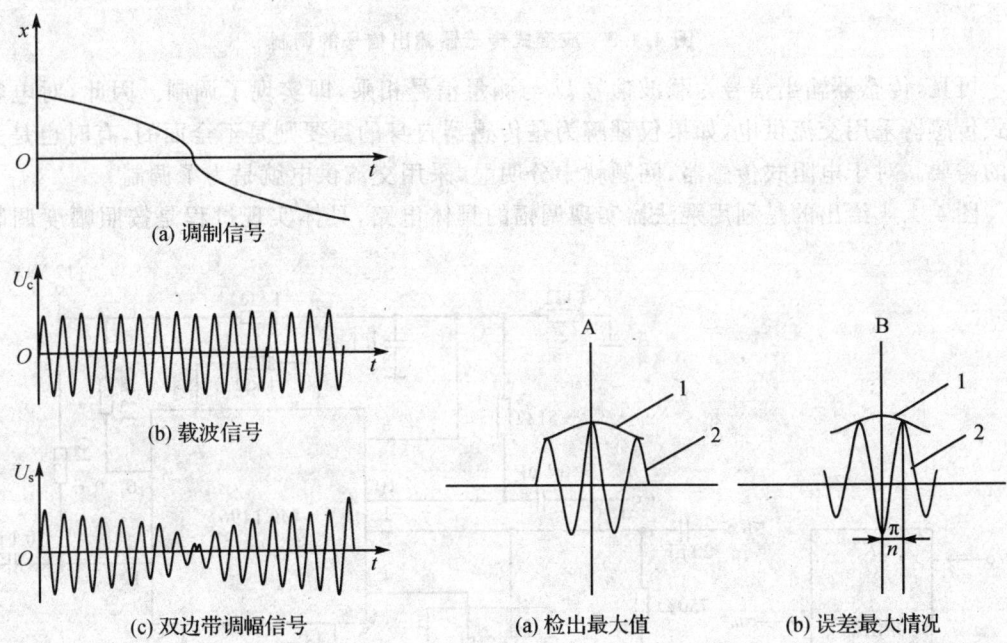

图 4.1.1 双边带调幅信号的形成和波形　　图 4.1.2 调幅信号中峰值可能发生的变化

实现调幅信号的方法有很多种,既可以在传感器内部进行调制,使得输出直接为调制信号,从而达到提高信号抗干扰能力的目的;也可以在传感器输出端通过调制电路进行调制。前者常用的方法有:通过交流供电实现调制、用机械或光学的方法实现调制等;后者常用的方法则是:乘法器调制、开关电路调制和信号相加调制等。

图 4.1.3 给出了交流供电实现调制的一种方法。这里用 4 个应变片测量悬臂梁的变形,并由此确定作用在梁上的力 F 的大小。4 个应变片接入电桥,并采用交流电压供电。设 4 个应变片在没有应力作用的情况下电阻值相等,均为 R,则在力 F 的作用下:

$$U_\text{o} = \frac{U}{4}\left(\frac{\Delta R_1}{R} - \frac{\Delta R_2}{R} + \frac{\Delta R_3}{R} - \frac{\Delta R_4}{R}\right) \tag{4.1.4}$$

式中,$\Delta R_1 \sim \Delta R_4$ 为 4 个桥臂电阻在力 F 作用下的变化量。

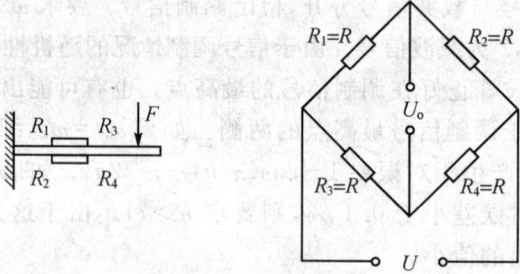

图 4.1.3　应变式传感器输出信号的调制

可见,传感器输出信号为载波信号 U 与测量信号相乘,即实现了调制。因此,对电容和电感式传感器采用交流供电,如果仅理解为是传感器自身的需要则是不全面的,有时也是为了调制的需要。对于电阻式传感器,问题就十分明显,采用交流供电就是为了调制。

图 4.1.4 给出的是利用乘法器实现调幅的具体电路,具体实现过程是按照幅度调制的基

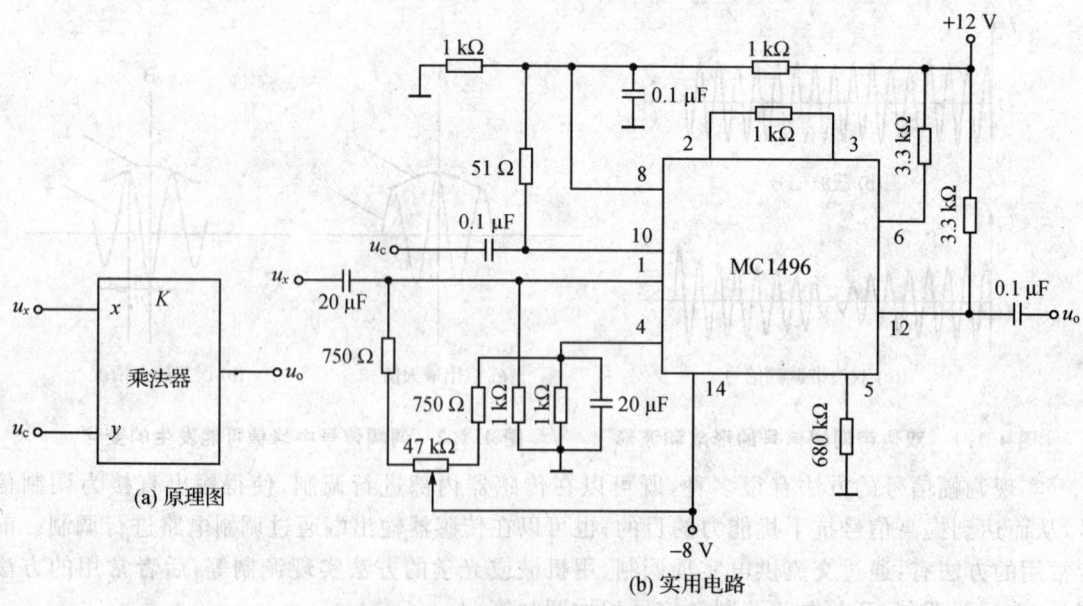

图 4.1.4　用乘法器实现双边带调制

本原理,即将与测量信号成正比的调制信号与载波信号相乘,图 4.1.4(a)是原理图,K 为乘法器增益,其量纲为 V^{-1};图 4.1.4(b)是具体实现电路。

4.1.2 调幅波的解调

从已调信号中检出调制信号的过程称为解调或检波。常用的检波方法有包络检波和相敏检波两种,下面分别加以介绍。

1. 包络检波电路

幅值调制的实质是让已调信号的幅值随调制信号的值变化,因此调幅信号的包络线形状与调制信号一致。只要能检出调幅信号的包络线即能实现解调,这种方法称为包络检波,原理如图 4.1.5 所示。

从图 4.1.5 中可见,只要从图 4.1.5(a)所示的调幅信号中,截去其下半部,即可获得图 4.1.5(b)所示半波检波后的信号,再经低通滤波滤除高频信号后,即可获得所需调制信号,实现解调。可见,只要采用单向导电器件取出其上半部(也可取下半部)波形,即能实现包络检波。包络检波的实质就是建立在整流原理基础上的。

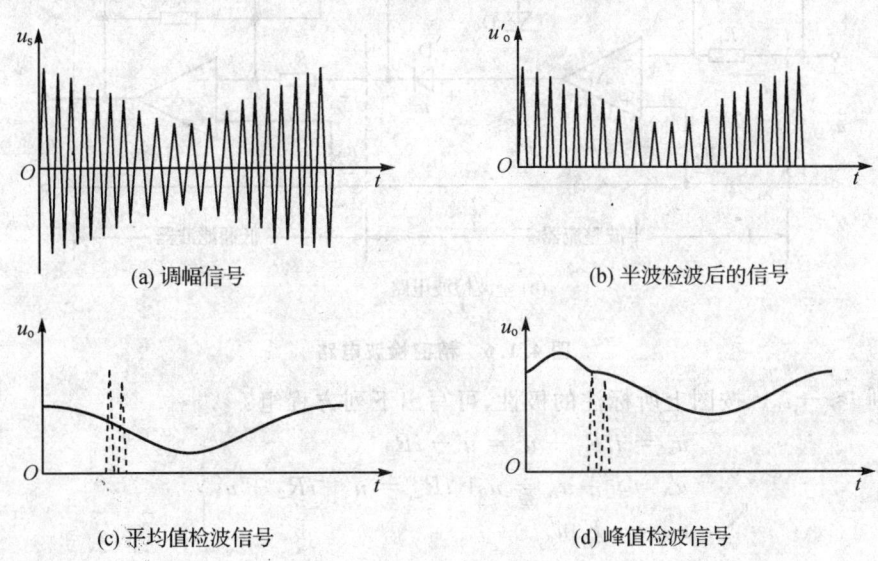

图 4.1.5 包络检波的工作原理

包络检波最基本的实现方法就是利用二极管或三极管进行相应的检波处理。但由于二极管和三极管均存在死区电压,且特性也是一根曲线,因此会给解调结果带来误差。在精密测量中需要进行精密检波处理,如图 4.1.6 所示。

图 4.1.6(a)中,调幅波 u_s 正半周期时,由于运算放大器 A_1 的反相作用,输出为低电平,因此 D_1 导通、D_2 截止,$u_A \approx 0$;在 u_s 的负半周,有 u_A 输出。若集成运算放大器的输入阻抗远

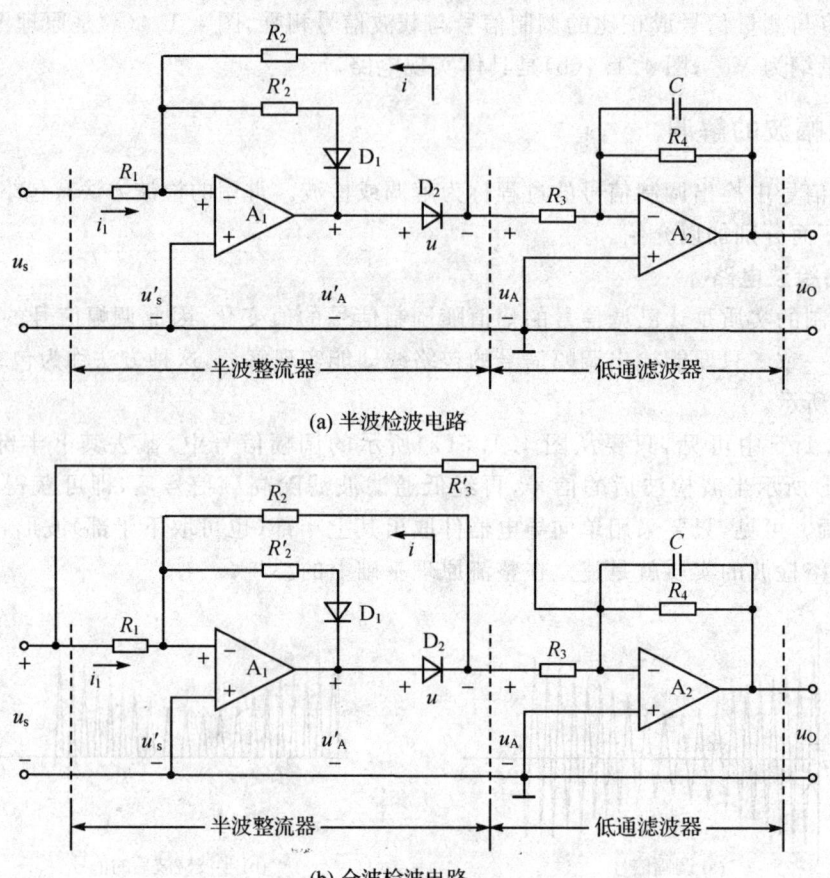

(a) 半波检波电路

(b) 全波检波电路

图 4.1.6　精密检波电路

大于 R_2，则 $i \approx -i_1$。按图上所标注的极性，可写出下列方程组：

$$\left.\begin{array}{l} u_s = i_1 R_1 + u'_s = u'_s - i R_1 \\ u'_A = u + u_A = u + i R_2 = u + i R_2 + u'_s \\ u'_A = - K_d u'_s \end{array}\right\} \quad (4.1.5)$$

式中，K_d 为 A_1 的开环放大倍数，通常很大，假定趋于无穷，求解上式可得

$$u_s = -\frac{R_1}{R_2} u_A \quad 或 \quad u_A = -\frac{R_2}{R_1} u_s \quad (4.1.6)$$

可见，二极管的死区和非线性不影响检波输出。而后续低通滤波器的作用是抑制载波信号，从而在 N_2 的输出端得到包络检波信号，这种检波器属于平均值检波器。

针对图 4.1.6(a) 中 u_s 正半周期没有输出的情况，可以设计图 4.1.6(b) 所示的全波检波电路。与图 4.1.6(a) 相比，A_2 组成了加法电路，取 $R'_3 = 2R_3$，即可实现全波检波的效果。

2. 相敏检波电路

包络检波由于原理简单、电路简单，故在通信中有广泛的应用。但是它有两个问题：一是解调的主要过程是对调幅信号进行半波或全波整流，无法从检波器的输出鉴别调制信号的相位；二是包络检波电路本身不具有区分不同载波频率信号的能力。对于不同载波频率的信号，都以同样的方式进行整流，这就说明其不具有区别信号和噪声的能力。

为了使检波电路具有判别信号相位和选频的能力，需采用相敏检波电路。从电路结构上看，相敏检波电路的主要特点是：除了需要解调的调幅信号外，还要输入一个参考信号。有了参考信号就可以用来鉴别输入信号的相位和频率。参考信号应与所需解调的调幅信号具有同样的频率，采用载波信号做参考信号就能满足这个条件。由于相敏检波电路需要有一个与输入调幅信号同频的信号做参考信号，因此相敏检波电路又称为同步检波电路。

双边带调幅时，只需要将调制信号 $u_x = U_{xm}\cos\Omega t$ 乘以幅值为 1 的载波信号 $\cos\omega_c t$，就可得到双边带调幅信号 $u_s = U_{xm}\cos\Omega t\cos\omega_c t$，若将 u_s 再乘以 $\cos\omega_c t$，即可得到

$$u_c = U_{xm}\cos\Omega t\cos^2\omega_c t = \frac{1}{2}U_{xm}\cos\Omega t + \frac{1}{4}U_{xm}[\cos(2\omega_c+\Omega)t + \cos(2\omega_c+\Omega)t] \tag{4.1.7}$$

利用低通滤波器滤除频率为 $2\omega_c\pm\Omega$ 的高频信号后就得到调制信号 $U_{xm}\cos\Omega t$，只是乘上了系数 1/2。这就是说，将调制信号 u_x 乘以幅值为 1 的载波信号 $\cos\omega_c t$，就可以得到双边带调幅信号 u_s，再乘以载波信号 $\cos\omega_c t$，经低通滤波后就可以得到调制信号 u_x，因此相敏检波可以用与调制电路相似的电路来实现。

相敏检波的实现方法有很多种，如开关式相敏检波、相加式相敏检波、精密整流型相敏检波等。通过式(4.1.7)可以看出，无论采用何种相敏检波方法，其基本解调原理都是一样的，均是采用对应于调制方式的解调方法。

图 4.1.7 为模拟乘法器 MC1496 构成的相敏检波电路，即采用了对应于调制方式的解调方法，主要的区别在于图中增加了由 F007 构成的低通滤波器，以滤除式(4.1.7)中的干扰信号，从而得到调制信号。

前面已经提到，相比较包络检波而言，相敏检波电路具有选频和鉴相的特点，从而起到了抑制噪声、选取有用信号的作用。

(1) 相敏检波的选频特性

从式(4.1.7)可知，相敏检波的工作机理就是将幅度调制信号与频率为 ω_c 的单位余弦信号相乘，再通过滤波将高频信号滤除。滤除载波信号在数学上可以用在载波信号的一个周期内取平均值来表示，若幅度调制信号中含有高次谐波 $u_n\cos n\omega_c t$，则产生的附加输出为

$$u_z = \frac{1}{2\pi}\int_0^{2\pi} u_n\cos n\omega_c t\cos\omega_c t\,\mathrm{d}(\omega_c t) = 0 \tag{4.1.8}$$

可见，相敏检波具有抑制各项高次谐波的能力。

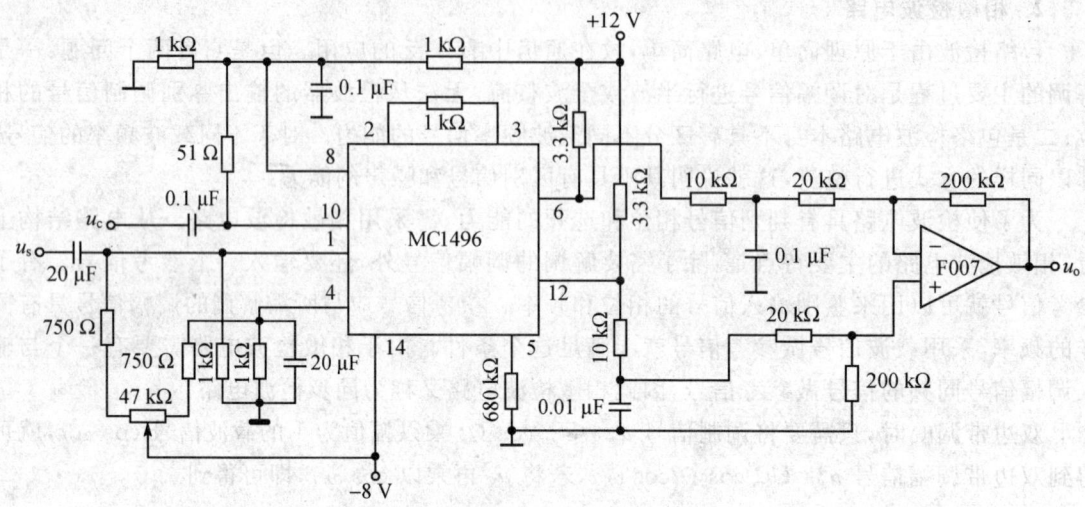

图 4.1.7 用乘法器实现相敏检波

但需指出,在实际的相敏检波电路中常用方波信号作为参考信号,这时幅度调制信号是与归一化的方波信号相乘,高次谐波干扰产生的附加输出为

$$u_z = \frac{1}{2\pi}\int_0^{2\pi} u_n \cos n\omega_c t \left[\frac{1}{2} + \frac{2}{\pi}\cos \omega_c t - \frac{2}{3\pi}\cos 3\omega_c t + \cdots\right] d(\omega_c t) =$$

$$\frac{1}{2\pi}\int_0^{2\pi} u_n \left[\frac{1}{\pi}\cos(n-1)\omega_c t - \frac{1}{3\pi}\cos(n-3)\omega_c t + \cdots\right] d(\omega_c t) \tag{4.1.9}$$

可以看出,对于所有 n 为偶数的高次谐波,输出为零,即相敏检波具有抑制偶次谐波的功能。而对奇次谐波,输出信号的幅值相应为 u_n/π、$u_n/3\pi$、$u_n/5\pi$ 等,即信号的传递系数随谐波次数的增加而衰减,对高次谐波有一定的抑制作用。

若相敏检波的输入信号 u_s 的角频率 ω_s 与 ω_c 无倍数关系,则输出为

$$u_o = \frac{1}{2\pi}\int_0^{2\pi} U_{sm}\cos \omega_s t \cos \omega_c t d(\omega_c t) = \frac{U_{sm}}{4\pi}\int_0^{2\pi}[\cos(\omega_s - \omega_c)t + \cos(\omega_s + \omega_c)t]d(\omega_c t)$$

$$\tag{4.1.10}$$

式中,U_{sm} 为 u_s 的幅值。

当 ω_s 与 ω_c 无倍数关系时,式(4.1.10)的积分结果不为零。但通过分析可知,除了 $\omega_s \approx \omega_c$ 的一个窄频带内,其他频率的信号均得到了较大程度的衰减,这说明了相敏检波电路具有抑制干扰的能力。

相敏检波的选频特性,即对高次谐波的抑制能力可以从图 4.1.8 中看出。

从图 4.1.8 中可以看出,相敏检波的输入信号与参考信号频率相同时,输出电压为正,如图 4.1.8(a)所示。而当输入信号是参考信号频率的 2 倍时(即 $\omega_s = 2\omega_c$),输出的平均值为零。

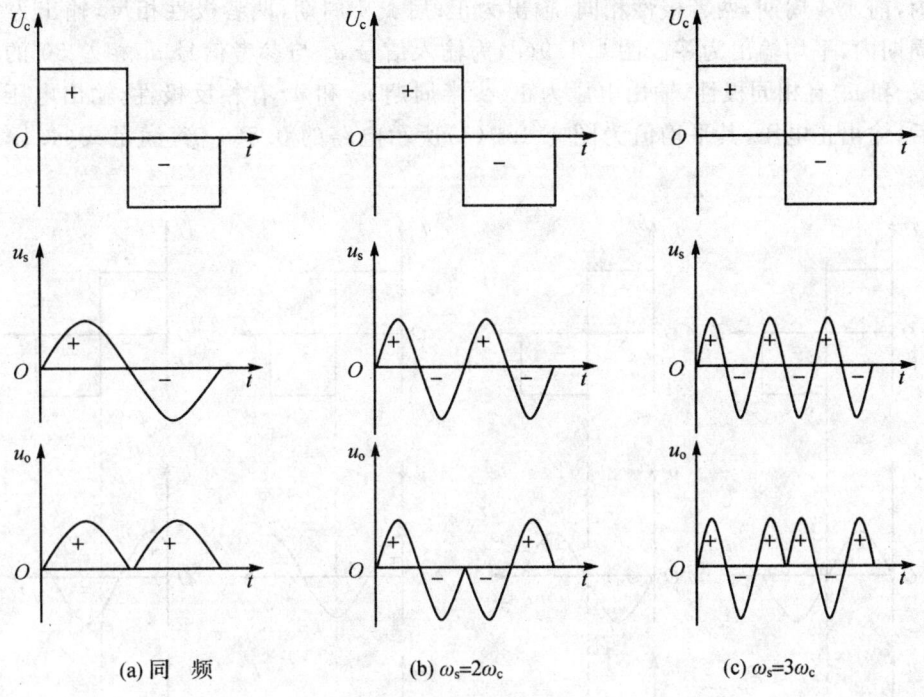

(a) 同频　　　　　　　(b) $\omega_s=2\omega_c$　　　　　　　(c) $\omega_s=3\omega_c$

图 4.1.8　相敏检波电路的选频特性

当输入信号的频率是参考信号的 3 倍时(即 $\omega_s=3\omega_c$),输出信号正负抵消后,有 1/3 的正信号输出,可见相敏检波电路对高次谐波的抑制能力。

(2) 相敏检波的鉴相特性

如果相敏检波的输入信号 u_s 与参考信号 u_c 同频,但有一定相位差,则输出电压为

$$u_o = \frac{1}{2\pi}\int_0^{2\pi} U_{sm}\cos(\omega_c t+\varphi)\cos\omega_c t \mathrm{d}(\omega_c t) = \frac{U_{sm}}{2}\cos\varphi \tag{4.1.11}$$

可见,输出信号随相位差 φ 的余弦而变化。采用归一化的方波信号作为参考信号,对输出电压 u_o 没有影响,因为方波中高次谐波分量 $\cos(n\omega_c t+\varphi)$ 和 $\cos\omega_c t$ 的乘积在一个积分周期内的积分值为零。

相敏检波的鉴相特性使之可以用做相位计电路;也有利于提高抑制干扰的能力。因为在干扰信号中,相位具有随机性,鉴相特性使得频率与参考信号很接近的干扰受到一定程度的抑制。只要干扰的频率与参考信号略有差别,其与参考信号的相位差就不断变化,经低通滤波后的平均输出接近于零。

相敏检波电路的鉴相特性可以通过图 4.1.9 得到直观说明。图 4.1.9(a)为输入信号 u_s 与参考信号 u_c 同相的情况,输出电压恒为正。图 4.1.9(b)为输入信号 u_s 与参考信号 u_c 反相的情况,输出电压恒为负。图 4.1.9(c)为输入信号 u_s 与参考信号 u_c 相差 90°的情况,在 u_c 前

半周期内,前 1/4 周期,两者极性相同,输出为正;后 1/4 周期,两者极性相反,输出为负;在 u_c 的整个周期内,平均输出为零。图 4.1.9(d)为输入信号 u_s 与参考信号 u_c 相差 30°的情况,多半周期 u_s 和 u_c 有相同极性,输出电压为正;少半周期 u_s 和 u_c 有相反极性,输出电压为负;正负相抵后,输出正电压,其平均值为图 4.1.9(a)所示电路的 0.866 倍,满足式(4.1.11)所示规律。

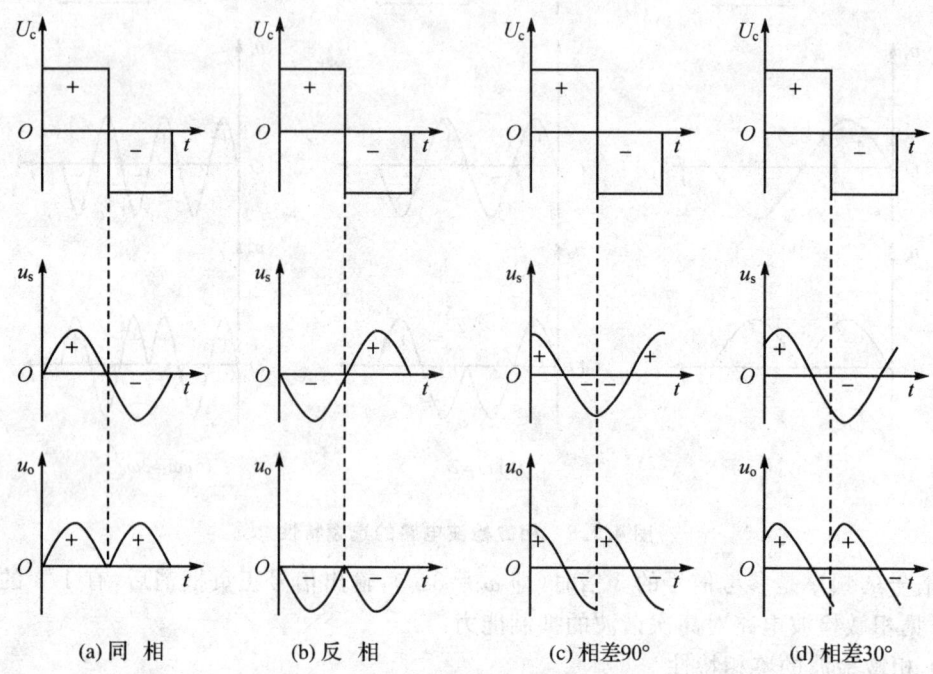

图 4.1.9　相敏检波电路的鉴相特性

相敏检波电路由于具有选频及鉴相功能,能够较好地抑制干扰及噪声,故在精密仪器中获得了广泛应用。其主要用途有:用于各种测量仪器中的解调电路、锁相放大器、鉴相器、基波及奇次谐波检出器和模拟式乘法器等。

4.2　频率调制与解调电路

4.2.1　调频原理与方法

调频就是用调制信号 x 去控制高频载波信号的频率。常用的是线性调频,即让调频信号的频率按调制信号 x 的线性函数变化。调频信号 u_s 的一般表达式可写为

$$u_s = U_m \cos(\omega_c + mx)t \tag{4.2.1}$$

式中,ω_c 是载波信号的角频率;U_m 是调频信号中载波信号的幅值;m 为调制度。

图 4.2.1 绘出了这种调频信号的波形。图 4.2.1(a)为调制信号 x 的波形,可以按任意规律变化;图 4.2.1(b)为调频信号波形,其频率随 x 变化。若 $x = X_m \cos \Omega t$,则调频信号频率可在 $\omega_c \pm m X_m$ 范围内变化。

在调频电路中,为了避免发生频率混叠现象,并便于解调,要求 $\omega_c \gg m X_m$。

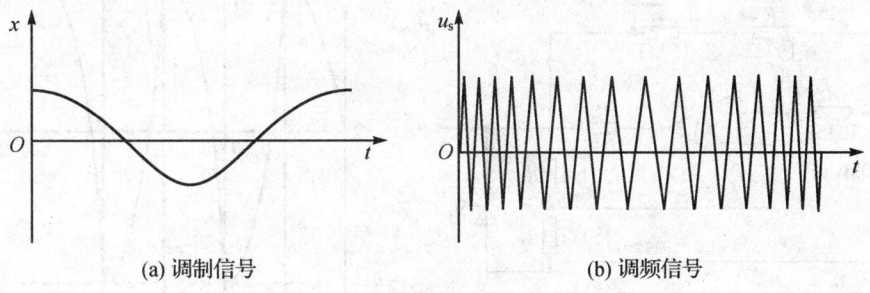

(a) 调制信号　　　　　　　　　(b) 调频信号

图 4.2.1　调频信号的波形

与调幅情况一样,为了提高测量信号的抗干扰能力,常要求从信号形成起就已经是已调信号,因此常常在传感器中进行调制。信号的调频也可以用电路来实现,只要能用调制信号去控制产生载波信号的振荡器频率,就可以实现调频。载波信号可以用 LC、RC 或多谐振荡器产生,只要让决定其频率的某个参数随调制信号变化,就可实现调频。

图 4.2.2 所示为传感器调制的例子,这是一个用来测量力 T 或压力 p 的振弦式传感器。

图 4.2.2 中,振弦 3 的一端与支承 4 相连,另一端与膜片 1 相连,振弦 3 的固有频率随张力 T 变化。振弦 3 在磁铁 2 形成的磁场内振动时产生感应电动势,其输出为调频信号。

图 4.2.3 是通过改变多谐振荡器中的电容实现调频的例子。靠稳压管 V_s 将输出电压 u_o 稳定在 $\pm U_r$。若输出电压为 U_r,则其通过 $R + R_p$ 向电容 C 充电,当电容 C 上充电电压 $u_C > F U_r$ 时(其中 $F = R_4/(R_3 + R_4)$),N 的状态翻转,使 $u_o = -U_r$。$-U_r$ 通过 $R + R_p$ 对电容 C 反向充电,当电容 C 上充电电压 $u_C < -F U_r$ 时,N 再次翻转,使 $u_o = U_r$。这样就

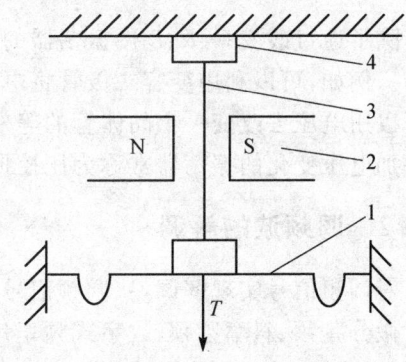

1—膜片;2—磁铁;3—振弦;4—支承

图 4.2.2　测力或压力的振弦式传感器

构成一个在 $\pm U_r$ 间来回振荡的多谐振荡器,其振荡频率 $f = 1/T_0$,由充电回路的时间常数 $(R + R_p)C$ 决定。可以用一个电容传感器的电容作为图中的 C,这样就可使振荡器的频率得到调制。R_p 用来调整调频信号的中心频率。也可用电阻式传感器的电阻做 R,振荡器的频率随被测量的变化得到调制。

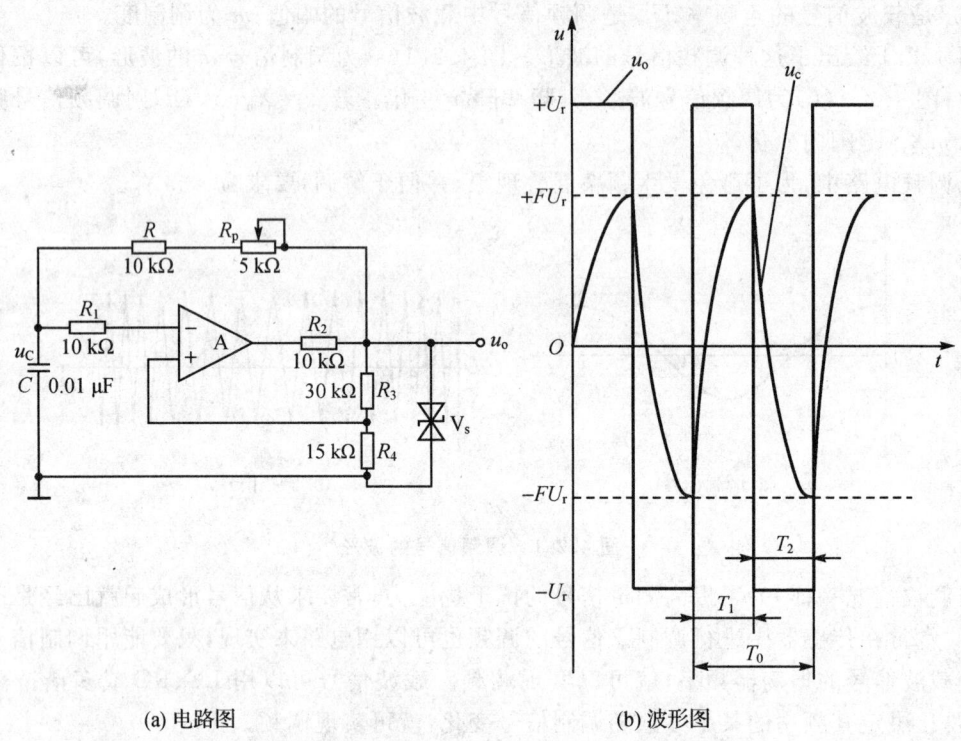

(a) 电路图　　　　　　　　　　　(b) 波形图

图 4.2.3　通过改变多谐振荡器的 C 或 R 实现调频电路

除了通过改变 C、R、L 使振荡器的频率得到调制外,还可以通过电压的变化控制振荡器的频率。例如,可以利用变容二极管将电压的变化转换为电容的变化,实现振荡器的频率调制。也可以用电压去改变一个晶体管的等效内阻,使振荡器的频率发生变化,实现调制。这种频率随外加电压变化的振荡器常称为压控振荡器。

4.2.2　调频波的解调

对调频信号实现解调,从调频信号中检出反映被测量变化的调制信号称为频率解调或鉴频。微分鉴频、斜率鉴频、数字式频率计等方法都可以用来实现调频信号的解调。

1. 微分鉴频

（1）工作原理

对式(4.2.1)所示的调频信号进行求导,可得

$$\frac{\mathrm{d}u_s}{\mathrm{d}t}=-U_\mathrm{m}(\omega_\mathrm{c}+mx)\sin(\omega_\mathrm{c}+mx)t \qquad (4.2.2)$$

这是一个调频调幅信号。利用包络检波检出幅值变化,就可以得到含有调制信息的信号 $U_\mathrm{m}(\omega_\mathrm{c}+mx)$。通过定零,即测定 $x=0$ 时的输出,可以求出 $U_\mathrm{m}\omega_\mathrm{c}$;通过灵敏度标定,即测定 x

变化时输出的变化,即可得到 $U_m m$,从而获得调制信号 x。

(2) 微分鉴频电路

微分鉴频电路的原理如图 4.2.4 所示。图 4.2.4(b)中,电容 C_1 与晶体管 T 的发射结正向电阻 r 组成微分电路。二极管 D 一方面为 T 提供直流偏置,另一方面为电容 C_1 提供放电回路。电容 C_2 用来滤除高频载波信号。

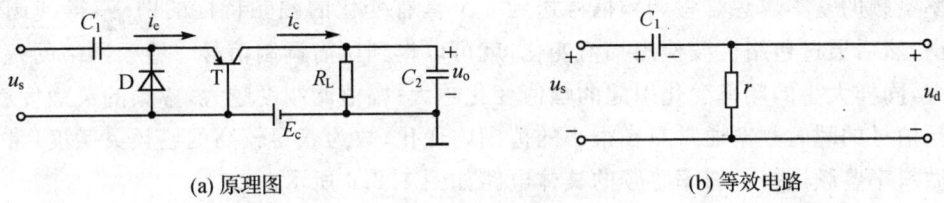

图 4.2.4 微分鉴频电路

在微分电路中,为了正确微分,要求发射结的正向电阻 r 足够小,因而导致了灵敏度的降低。为了提高其性能,可以用单稳电路形成窄脉冲代替微分。其工作原理及相应波形变化如图 4.2.5 所示。

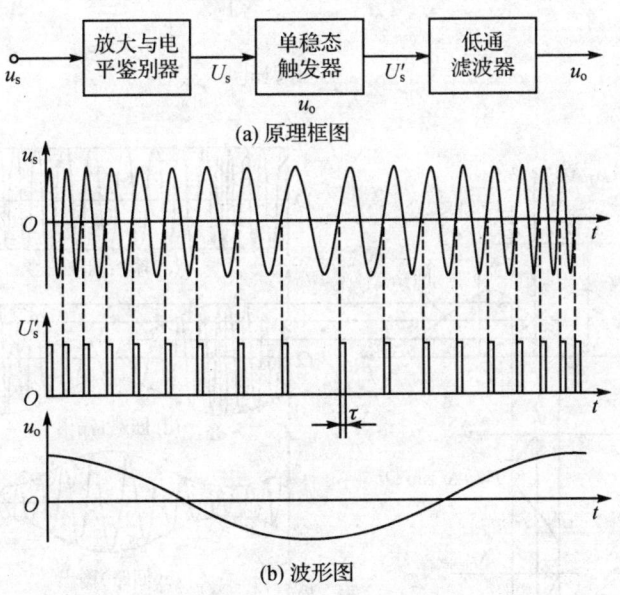

图 4.2.5 窄脉冲鉴频电路

窄脉冲鉴频电路的工作过程为:调频信号 u_s 经放大后进入电平鉴别器,当输入信号超过一定电平时,电平鉴别器翻转,推动单稳触发器输出窄脉冲。u_s 的瞬时频率越高,窄脉冲越密,经低通滤波后的输出电压越高,从而将频率变化转换为电压变化。为了避免发生混叠现

象,要求单稳的脉宽:

$$\tau < \frac{1}{f_m} = \frac{2\pi}{\omega_c + m x_m} \tag{4.2.3}$$

式中,f_m 和 x_m 分别为 u_s 的最高瞬时频率和 x 的最大值。

2. 斜率鉴频

斜率鉴频的基本思想是将调频信号送到一个具有变化的幅频特性的网络,得到调频调幅信号输出,然后通过包络检波检出幅值变化,就可以得到所需调制信号。鉴频网络的幅频特性斜率越大,同样大小的频率变化引起的幅值变化越大;幅值调制度越大,鉴频的灵敏度就越高。由于调频信号的瞬时频率通常只在很小的范围内变化,故为获得较高的鉴频灵敏度,常常用谐振回路做斜率鉴频网络。斜率鉴频的具体电路如图 4.2.6 所示。

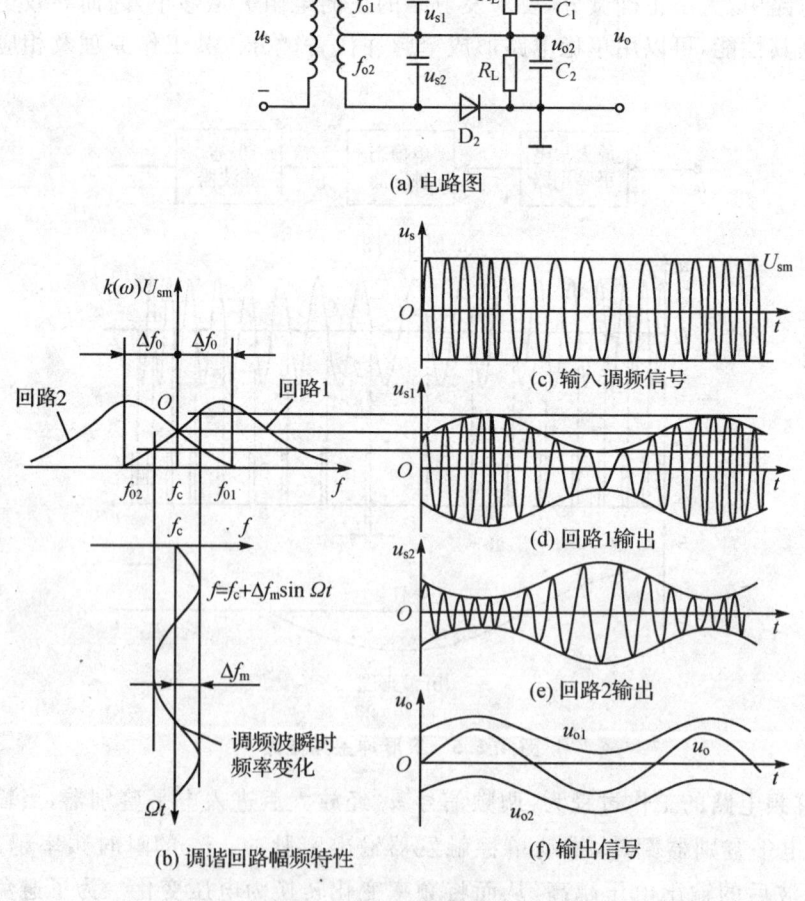

图 4.2.6 双失谐回路鉴频电路

图 4.2.6 中,两个调谐回路的固有频率 f_{01}、f_{02} 分别比载波频率 f_c 高和低 Δf_0。图 4.2.6(b) 为两个调谐回路幅频特性,图 4.2.6(c)是输入的调频信号。随着输入信号 u_s 的频率变化,回路 1 输出 u_{s1} 和回路 2 输出 u_{s2} 分别如图 4.2.6(d)和图 4.2.6(e)所示。回路 1 的输出灵敏度,即单位频率变化引起的输出信号幅值变化 $\Delta U_m/\Delta \omega$ 随频率升高而增大,回路 2 的输出灵敏度随频率升高而减小,总输出为二者绝对值之和。采用双失谐回路鉴频电路不仅使输出灵敏度提高 1 倍,而且使线性得到改善。图 4.2.6(a)中的二极管用做包络检波,电容用于滤除高频载波信号,滤波后的输出结果如图 4.2.6(f)所示。

4.3 相位调制与解调电路

4.3.1 调相原理与方法

调相就是用调制信号去控制高频载波信号的相位,最为常用的是线性调相,即让调相信号的相位按调制信号 x 的线性函数变化。线性调相信号 u_s 的一般表达式可写为

$$u_s = U_m \cos(\omega_c t + mx) \tag{4.3.1}$$

式中,ω_c 是载波信号的角频率;U_m 是调相信号中载波信号的幅值;m 为调制度。

图 4.3.1 给出了调相信号的波形。图 4.3.1(a)为调制信号 x 的波形,图 4.3.1(b)为载波信号的波形,图 4.3.1(c)为调相信号的波形。调相信号与载波信号的相位差随 x 变化。当 $x<0$ 时,调相信号滞后载波信号;当 $x>0$ 时,则超前载波信号。实际上调相信号的瞬时频率在不断变化,由式(4.3.1)可以得到调相信号的瞬时频率为

$$\omega = \omega_c + m\frac{dx}{dt} \tag{4.3.2}$$

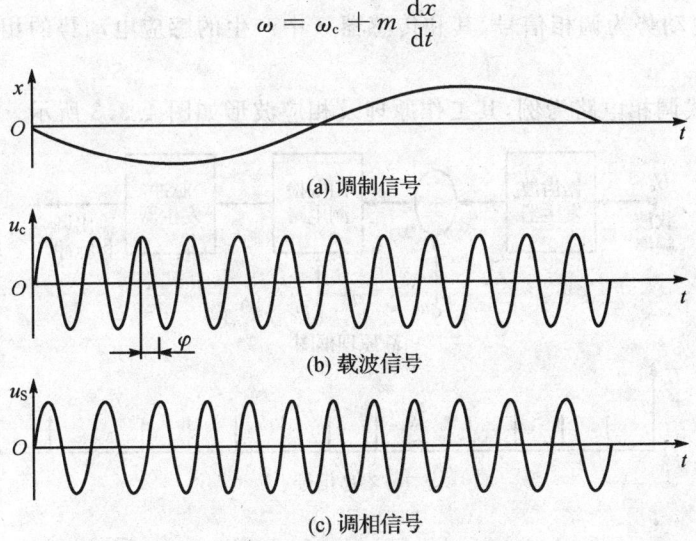

图 4.3.1 调相信号的波形

从式(4.3.1)和式(4.3.2)中可以看到,若调制信号为 x,则 u_s 是调相信号;若调制信号为 dx/dt,则 u_s 是调频信号。如果 x 为被测位移,则 u_s 是调相信号。对于速度 dx/dt,u_s 就是调频信号。从图 4.3.1 也可看到,当 x 值上升时,u_s 频率升高;x 值下降时,u_s 频率减小。调相和调频都使载波信号的总相角受到调制,所以统称为角度调制。

与调幅、调频情况一样,为了提高测量信号的抗干扰能力,也会要求从信号形成起就已经是已调信号,因此常常在传感器中进行调制。电路调制的方法也有很多,调相电桥、脉冲采样式调相电路,都可以在此加以应用。

图 4.3.2 给出了传感器内部实现相位调制的例子,这是一个扭矩传感器。

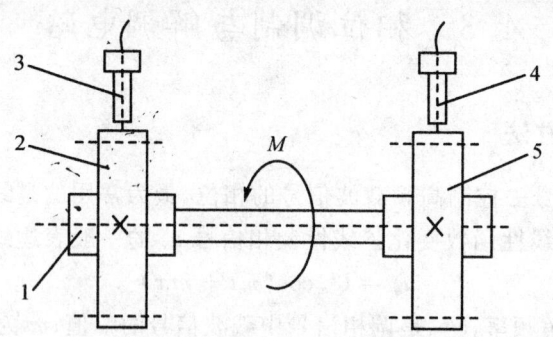

1—弹性轴;2、5—齿轮;3、4—传感器

图 4.3.2 感应式扭矩传感器

其工作过程是:在弹性轴 1 上装有两个相同的齿轮 2 与 5。当齿轮 2 以恒定速度与轴 1 一起转动时,在传感器 3 和 4 中产生感应电动势。由于转矩 M 的作用,使轴 1 产生扭转,传感器 4 中产生的感应电动势为调相信号,其和传感器 3 中产生的感应电动势的相位差与转矩 M 成正比。

以脉冲采样式调相电路为例,其工作原理及相应波形如图 4.3.3 所示。

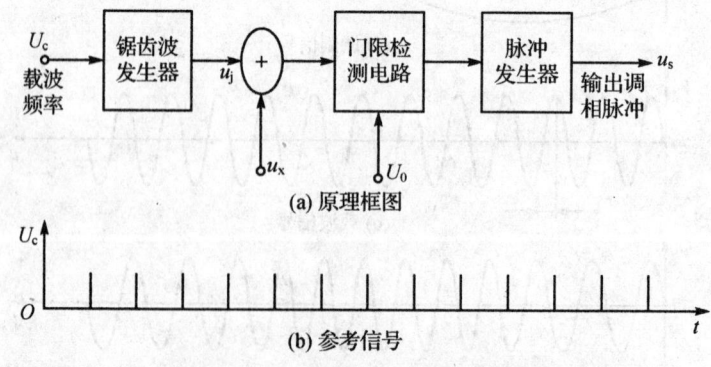

图 4.3.3 脉冲采样式调相电路

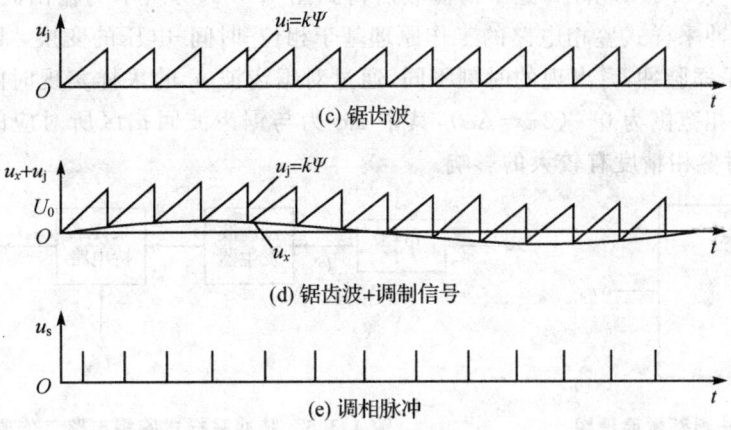

图 4.3.3 脉冲采样式调相电路(续)

从图 4.3.3 中可以看出,参考信号 U_c 经锯齿波发生器后形成锯齿波电压 u_j,其与调制信号 u_x 相加,当两者之和达到门限检测电路的门限电平时,比较器发生翻转,脉冲发生器输出调相脉冲 u_s,如图 4.3.3(e)所示,调相过程结束。

4.3.2 调相波的解调

鉴相就是从调相信号中将反映被测量变化的调制信号检出来,实现调相信号的解调,又称为相位检波。

前面讲到的相敏检波器具有鉴相特性,因此可用相敏检波器鉴相;也曾谈到相敏检波器的基本工作原理是将已调信号乘以调制信号,所以也可以用乘法器实现鉴相,其基本原理如图 4.3.4 所示,图中的 K 为乘法器增益。

乘法器输入为调相信号 $u_s=U_{sm}\cos(\omega_c t+\varphi)$ 与参考信号 $u_c=U_{cm}\cos \omega_c t$。乘法器的输出送入低通滤波器以滤除由于载波信号而引起的高频成分,低通滤波相当于求平均值,整个过程可用下述数学式表示,输出电压为

$$u_o = \frac{K}{2\pi}\int_0^{2\pi} U_{sm}\cos(\omega_c t+\varphi)U_{cm}\cos \omega_c t\, \mathrm{d}(\omega_c t) = \frac{KU_{sm}U_{cm}\cos \varphi}{2} \qquad (4.3.3)$$

式中,乘法器的增益 K 的量纲为 V^{-1},由式(4.3.3)可见,输出信号随相位差 φ 的余弦而变化。在 $\varphi=\pi/2$ 处,有较高的灵敏度与较好的线性。这种乘法器电路简单,其不足之处是输出信号同时受调相信号与参考信号幅值的影响。

脉冲采样式鉴相电路也是广泛应用的一种鉴相电路,其原理如图 4.3.5 所示。

图 4.3.5 中,由参考信号 U_c 形成窄脉冲 U'_c 后送到锯齿波发生器的输入端,形成图 4.3.6 所示的锯齿波信号 u_j,由调相信号 U_s 形成窄脉冲 U'_s 通过采样/保持电路采集此时的 u_j 值,并将其保持下来。采样/保持电路采得的电压值由 U_s 与 U_c 的相应差 ϕ 决定。采样/保持电路输

出 u' 的波形如图 4.3.6(d)所示，经平滑滤波后得到图 4.3.6(e)所示的输出波形 u_o，实现调相信号的解调。脉冲采样式鉴相电路的工作原理基于相位-时间-电压的变换。随 U_s 与 U_c 的相应差 ϕ 的变化，采样脉冲 U'_s 出现的时刻不同，通过对锯齿波 u_j 的采样实现时间-电压的变换。这种鉴相器的鉴相范围为 $0 \sim (2\pi - \Delta\varphi)$，其中 $\Delta\varphi$ 为与锯齿波回扫区所对应的相位角。锯齿波 u_j 的非线性对鉴相精度有较大的影响。

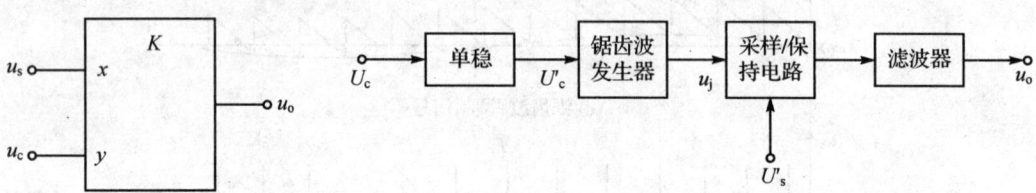

图 4.3.4　乘法器基本原理图　　　图 4.3.5　脉冲采样式鉴相电路工作原理

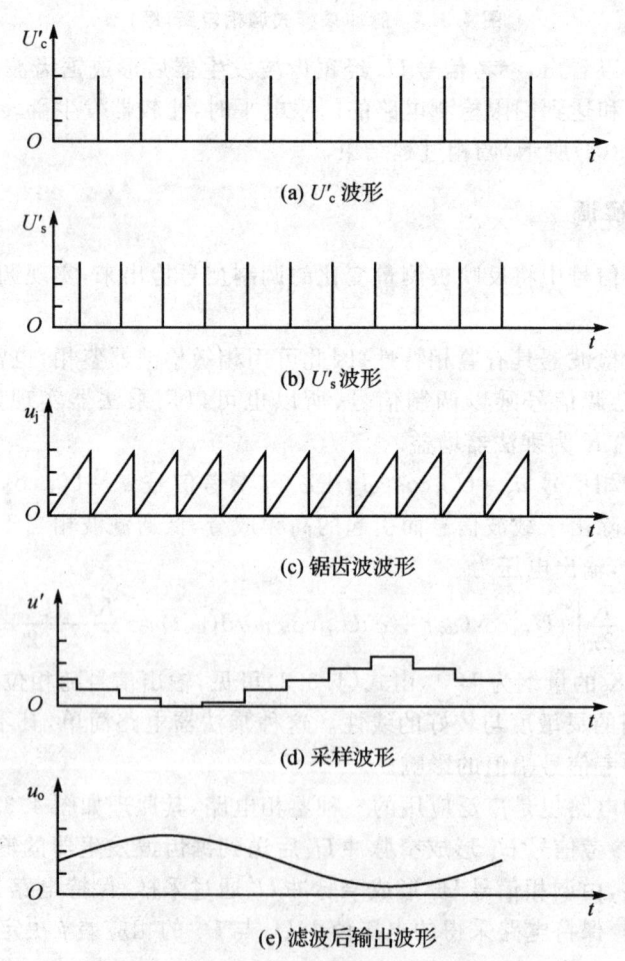

(a) U'_c 波形

(b) U'_s 波形

(c) 锯齿波波形

(d) 采样波形

(e) 滤波后输出波形

图 4.3.6　脉冲采样式鉴相电路的波形

4.4 脉冲调制式测量电路

4.4.1 脉冲调制原理与方法

脉冲调制是指用脉冲作为载波信号的调制方法。脉冲调制可调制脉冲的频率或相位,但因脉冲信号只有 0 和 1 两个电平,所以没有脉冲调幅。在脉冲调制中具有广泛应用的一种方式是脉冲调宽,脉冲调宽的数学表达式为

$$B = b + mx \tag{4.4.1}$$

式中,b 为常量,m 为调制度。

脉冲的宽度为调制信号 x 的线性函数,其波形如图 4.4.1 所示。图 4.4.1(a) 为 x 的波形,图 4.4.1(b) 为脉冲调宽信号的波形。图中 T 为脉冲周期,它等于载波频率的倒数。

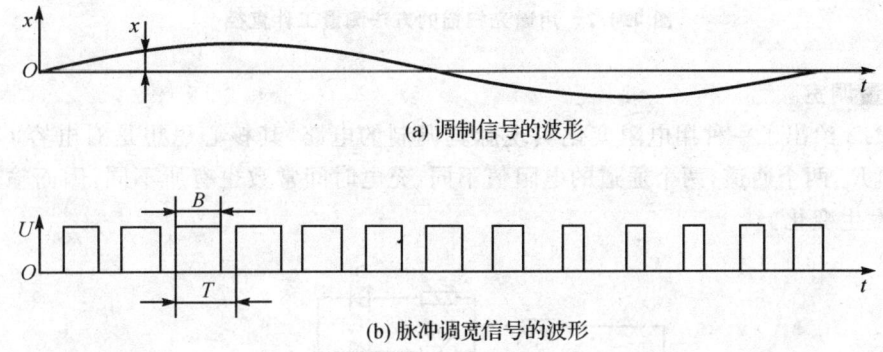

(a) 调制信号的波形

(b) 脉冲调宽信号的波形

图 4.4.1 脉冲调宽信号的波形

脉冲调制即可在传感器内进行,如图 4.4.2 所示,这是一个用激光扫描的方法测量工件直径的例子。

可见,激光器 4 发出的光束经反射镜 5 与 6 反射后,照到扫描棱镜 2 的表面。棱镜 2 由电动机 3 带动连续回转,从而使得棱镜 2 表面反射返回的光束方向不断变化,扫描角为棱镜 2 中心角的 2 倍。透镜 1 将这个扫描光束变成一组平行光,对工件 8 进行扫描。这一平行光束经透镜 10 会聚,由光电元件 11 接收。7 和 9 为保护玻璃,使光学系统免受污染。

当光束扫过工件时,其被工件挡住,没有光线照到光电元件 11 上,对应"暗"的信号宽度与被测工件 8 的直径成正比,即脉冲宽度受工件直径调制。

脉冲调制也可在传感器外部通过电路调制来实现,电路调制的实现方式主要有参量调宽和电压调宽。

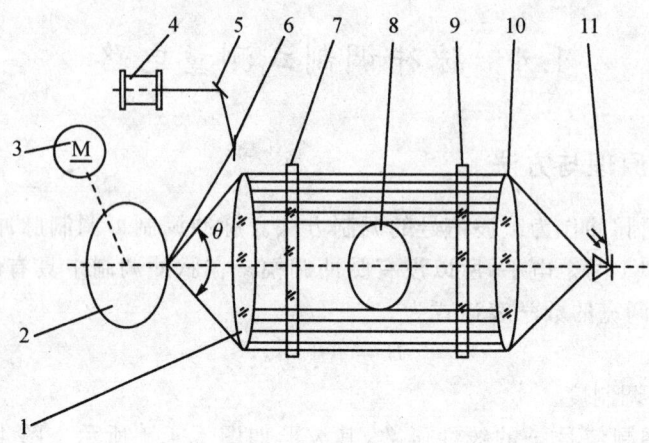

1、10—透镜;2—棱镜;3—电动机;4—激光器;5、6—反射镜;7、9—保护玻璃;8—工件;11—光电元件

图 4.4.2 用激光扫描的方法测量工件直径

1. 参量调宽

图 4.4.3 给出了一种用电阻变化实现脉宽调制的电路,其核心思想是对电容 C 的充电,包括 R_{p2} 和 R_{p3} 两个通道,两个通道的电阻值不同,充电时间常数也有所不同,因而输出信号的占空比将发生变化。

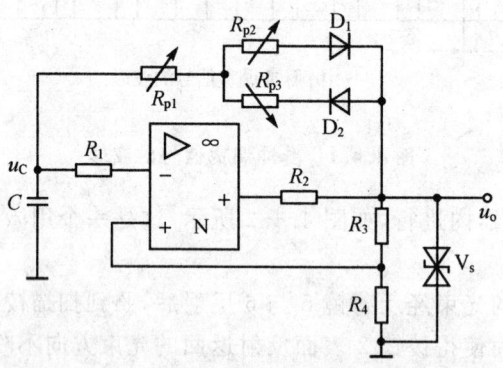

图 4.4.3 用电阻变化实现脉宽调制的电路

实际设计时,$R_{p2}+R_{p3}$ 为常值,使得输出信号的频率不随被测量变化,而占空比随 R_{p2} 和 R_{p3} 的值变化,即输出信号的脉宽受被测信号调制。

2. 电压调宽

图 4.4.4 给出了一种用电压变化实现脉宽调制的电路。图中,运算放大器的同相输入端电位为

$$u_+ = \frac{u_o R_4 + u_x R_3}{R_3 + R_4} \qquad (4.4.2)$$

若 u_x 为正,则 u_+ 随之升高。在 u_o 为正的半个周期内,只有当电容 C 上的电压 u_C 超过 u_+ 时,输出电压才会发生负跳变。u_+ 升高使充电时间延长,即使输出信号 u_o 处于高电平的时间延长。在 u_o 为负的半个周期,u_+ 的升高使 u_C 能够较快地降至 u_+ 之下,从而使输出电压发生正跳变,使得输出信号处于低电平的时间缩短。

通过其工作过程可以看出,u_+ 升高使得输出信号 u_o 处于高电平的脉宽加大,u_o 处于低电平的脉宽减小;反之,u_+ 下降使得输出信号 u_o 处于高电平的脉宽减小,u_o 处于低电平的脉宽加大,从而使脉宽受到调制。

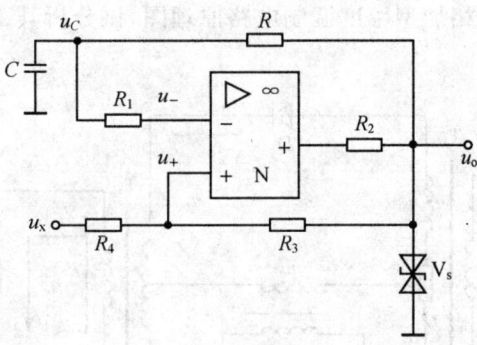

图 4.4.4 用电压变化实现脉宽调制的电路

4.4.2 脉冲调制信号的解调

脉宽调制电路的解调比较简单,脉宽有两种处理方法。一种方法是将脉宽信号 U_o 送入一个低通滤波器,滤波后的输出 U_o 与脉宽 B 成正比。另一种方法是 U_o 用做门控信号,如图 4.4.5 所示。

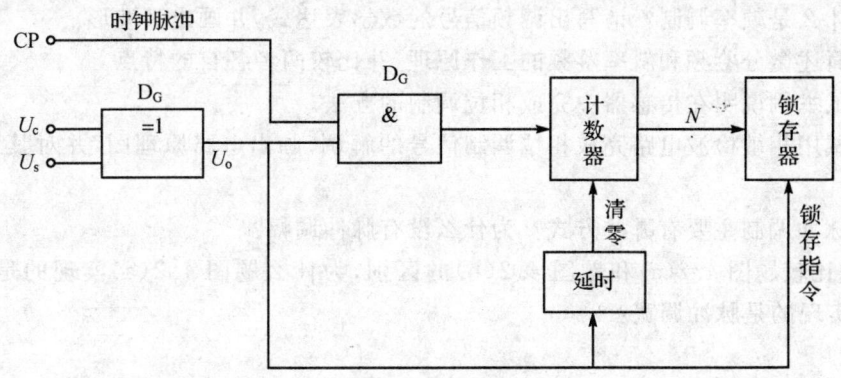

图 4.4.5 数字式相位计工作原理

图 4.4.5 中,当 U_o 为高电平时,时钟脉冲 CP 才能通过 D_G 进入计数器。因此进入计数器的脉冲数 N 与脉宽 B 成正比。脉宽调制解调的两种方法的电路均具有线性特性。

习题与思考题

4.1 什么是信号调制？在测控系统中为什么要采用信号调制？什么是解调？在测控系统中常用的调制方法有哪几种？

4.2 在测控系统中被测信号的变化频率为 $0\sim 1\ 000\ Hz$,应当怎样选取载波信号的频率？应当怎样选取调幅信号放大器的通频带？信号解调后,怎样选取滤波器的通频带？

4.3 题图 4.1 为信号相加型幅度调制电路原理图,试分析其工作原理。在实际工作中应当注意的问题是什么？

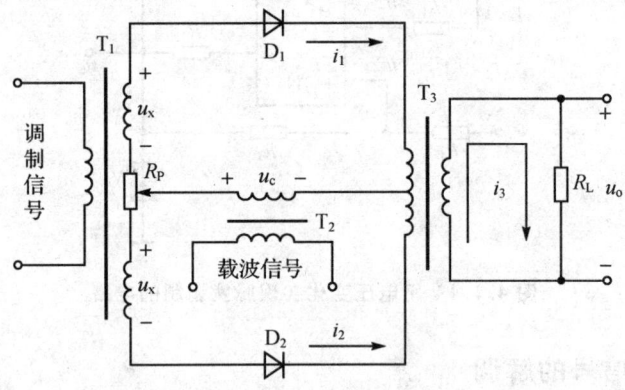

题图 4.1 习题 4.3 用图

4.4 相敏检波电路与包络检波电路在功能、性能及电路构成上最主要的区别是什么？举例说明相敏检波电路在测控系统中的应用。

4.5 什么是频率调制？请写出调频信号的数学表达式,并画出其波形。

4.6 简述微分鉴频和斜率鉴频的工作原理,并比较两者各自的特点。

4.7 试举例说明在传感器中完成相位调制的方法。

4.8 试用相敏检波电路完成相位调制信号的解调,画出电路原理图,并对其工作过程进行简要介绍。

4.9 脉冲调制主要有哪些方式？为什么没有脉冲调幅？

4.10 比较题图 4.2(a) 和题图 4.2(b) 的区别,为什么题图 4.2(a) 实现的是调频,而题图 4.2(b) 实现的是脉冲调宽？

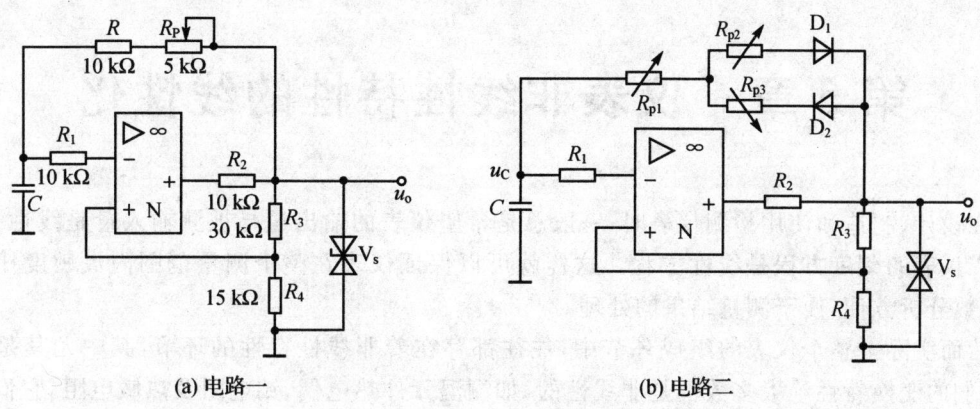

(a) 电路一　　　　　　　　　(b) 电路二

题图 4.2　习题 4.10 用图

4.11　为什么说信号调制有利于提高测控系统的信噪比,有利于提高它的抗干扰能力?其作用通过哪些方面体现?

第 5 章 仪表非线性特性的线性化

在设计、制造和使用检测仪表时,一般总是希望仪表的输出量与被测输入量是线性关系,即要求仪表的刻度方程是线性方程。这样就可以保证仪表在整个测量范围内灵敏度比较均匀,读数分析方便,便于测量结果的处理。

然而实际上整个仪表的组成环节中,往往都存在着非线性特性的环节,其中尤其是传感器,它们的变换特性绝大多数都是非线性的,如测温元件热电偶、铂电阻及热敏电阻,它们输出的电信号与被测温度信号之间的关系都是非线性关系。

解决非线性特性一般可采用三种方法:
① 减小测量范围,即取非线性特性中的一段,以近似值指示。
② 指示仪表采用非线性刻度。
③ 加非线性校正环节。添加非线性校正环节可以采用调理电路实现和软件实现这两种方式。

近年来,由于电子技术的发展,以及各种数字和模拟集成电路、单片机的出现,为检测仪表线性化提供了先进技术和物质基础。

本章首先介绍仪表非线性环节的特性;然后介绍非线性特性补偿原理,并从硬件补偿和软件补偿两个方面介绍非线性环节的线性化方法;最后介绍在智能传感器中用软件编程手段实现非线性特性补偿的方法。

5.1 仪表组成环节的非线性

在自动检测仪表中存在的非线性特性是各式各样的,但是按其非线性类型,可分为两类,即指数曲线型和有理代数函数型。

5.1.1 指数曲线型非线性特性

具有指数曲线型非线性特性的环节,其输出是输入的指数函数,一般可表示为

$$U_o = ae^{bU_i} + c \tag{5.1.1}$$

式中,U_o 为输出量;U_i 为输入量;a,b,c 为常数。

具有指数曲线型非线性特性的元件主要有二极管的正向伏安特性、热敏电阻的温度特性、物质对射线吸收特性等。下面分别介绍在工程中经常碰到的具有指数曲线特性的元件及变换原理。

1. 二极管的非线性特性

二极管是一种半导体器件，其输出电流与输入电压之间的关系可表示为

$$I = I_s(e^{\frac{qU_i}{kT}} - 1) \tag{5.1.2}$$

式中　　q——电子的电荷量，为 1.602×10^{-19} C；

　　　　T——热力学温度(K)；

　　　　k——玻耳兹曼常数，为 1.38×10^{-23} J/K；

　　　　I_s——反向饱和电流。当 PN 结制成后，它基本是一个只与温度有关的系数。

在室温 $t=25$ ℃时，$\frac{q}{kT}\approx 39$ V^{-1}，即 $\frac{kT}{q}=25.7$ mV≈ 26 mV。当输入电压 $U_i\gg 26$ mV 时，$e^{\frac{qU_i}{kT}}\gg 1$，则式(5.1.2)可简化为 $I\approx I_s e^{\frac{qU_i}{kT}}$。

由此可见，二极管的输入与输出之间为指数关系。图 5.1.1 为二极管的正向伏安特性曲线。

2. 热敏电阻的非线性特性

热敏电阻也是一种半导体器件。它具有温度敏感度高等优点，因而经常被用做测温及温度补偿元件，在工作温度范围内，其电阻值与温度之间有如下关系，即

$$R_T = R_{T_0} e^{b(1/T - 1/T_0)} \tag{5.1.3}$$

式中　　T——热力学温度(K)；

　　　　T_0——预定的基准温度(K)；

　　　　R_T——在温度 T 时热敏电阻的阻值；

　　　　R_{T_0}——在温度 T_0 时热敏电阻的阻值；

　　　　b——常数，由材料及制造工艺决定。

由式(5.1.3)可知，热敏电阻的温度特性是一种指数函数。图 5.1.2 是热敏电阻的温度特性曲线。

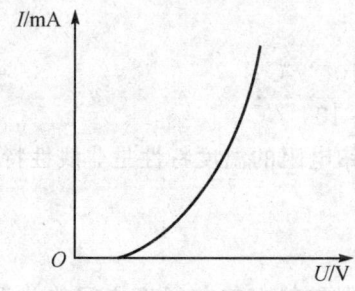

图 5.1.1　二极管正向特性曲线图

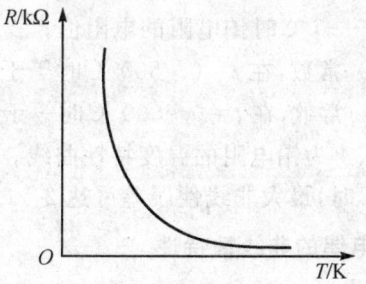

图 5.1.2　热敏电阻温度特性曲线

3. 射线测厚仪变换原理的非线性

射线测厚仪是利用具有一定辐射强度的 β 射线穿透被测板后的剩余强度与板材厚度之间

所存在的固定关系进行板材厚度测量的,这个关系可表达为

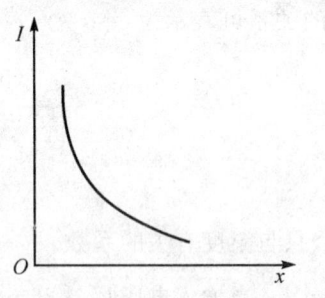

$$I = I_0 e^{-\mu x} \tag{5.1.4}$$

式中 I_0——射到板材表面的入射射线强度;

I——穿过厚度为 x 的板材后的射线剩余强度;

μ——吸收系数,是与辐射源情况和被测材料有关的常数;

x——被测板材的厚度。

可见,被测板厚 x 与射线剩余强度 I 之间的非线性关系服从指数函数规律。图 5.1.3 是射线穿过板材时射线强度的衰减特性曲线。

图 5.1.3 射线强度的衰减特性曲线

5.1.2 有理代数函数型非线性特性

具有有理代数函数型非线性特性的环节,其输出是输入的有理代数函数。一般可表示为

$$U_\circ = a_0 + a_1 U_i + a_2 U_i^2 + \cdots + a_n U_i^n \tag{5.1.5}$$

式中,$U_\circ$ 为输出量;U_i 为输入量;$a_0,a_1,a_2,\cdots,a_n$ 为常数。

在实际测量仪表中,经常遇到的具有有理代数型非线性特性的环节,如铂电阻的非线性特性、热电偶的非线性特性、四臂电桥的非线性特性等。下面分别进行介绍。

1. 铂电阻的非线性特性

铂电阻的测温原理是基于金属导体的电阻值会随温度的变化而改变的原理。在 0~500 ℃ 温度范围内,铂电阻的阻值与温度之间的关系遵循下列关系:

$$R_t = R_0(1 + at + bt^2) \tag{5.1.6}$$

式中 R_t——在温度为 t 时铂电阻的电阻值;

R_0——0 ℃ 时铂电阻的电阻值;

a——常数,在 $t=0\sim500$ ℃ 时等于 $3.975\,2\times10^{-3}$/℃;

b——常数,在 $t=0\sim500$ ℃ 时等于 $-5.888\,0\times10^{-7}$/℃。

图 5.1.4 为铂电阻的温度特性曲线。由图可见,铂电阻的温度特性是非线性特性,且当温度为 250 ℃ 时,最大非线性误差可达 2 %。

2. 热电偶的非线性特性

由图 5.1.5 所示热电偶温度特性曲线可见,热电偶的热电势与温度之间的关系可近似看成是有理代数函数的关系,而且每种热电偶的特性都存在着不同程度的非线性,并可用有理代数方程来表示,其阶次及常系数可根据具体数据和精度要求而确定。

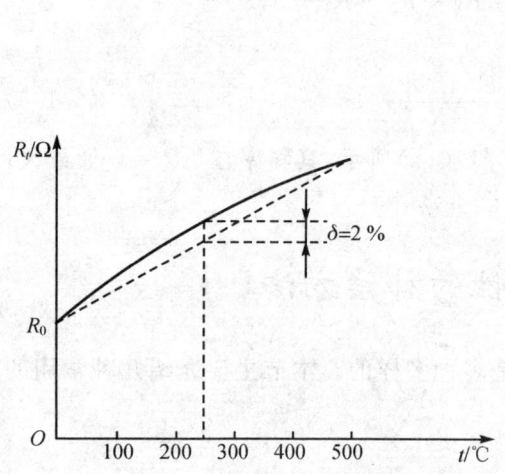

图 5.1.4 铂电阻的温度特性曲线

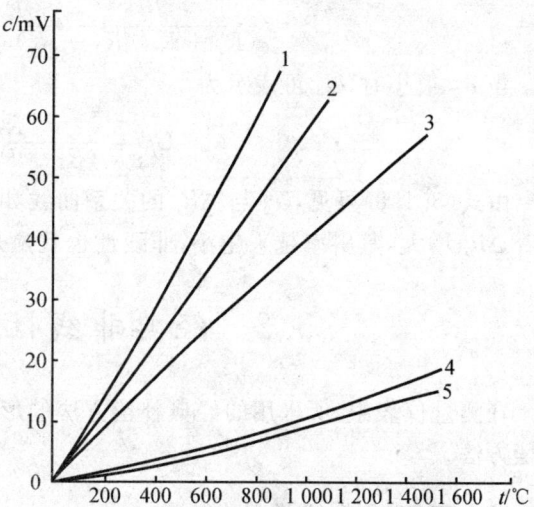

1—镍铬-考铜；2—铁-考铜；3—镍铬-镍铝；4—铂铑合金(87%铑 13%铂)；5—铂铑合金(90%铑 10%铂)；6—铜-考铜

图 5.1.5 典型热电偶的热电势与温度的关系

3. 四臂电桥的非线性特性

四臂电桥在电测系统中应用极广。例如,检测电阻、温度、应变等参数时,传统的方法往往就是将传感器置于电桥中,传感器电阻值的变化使得电桥失去平衡,因此产生输出电压。

如果使用交流电源作为电桥电源,则电桥可用于测量电抗性参数,图 5.1.6(a)是四臂电桥的原理图。

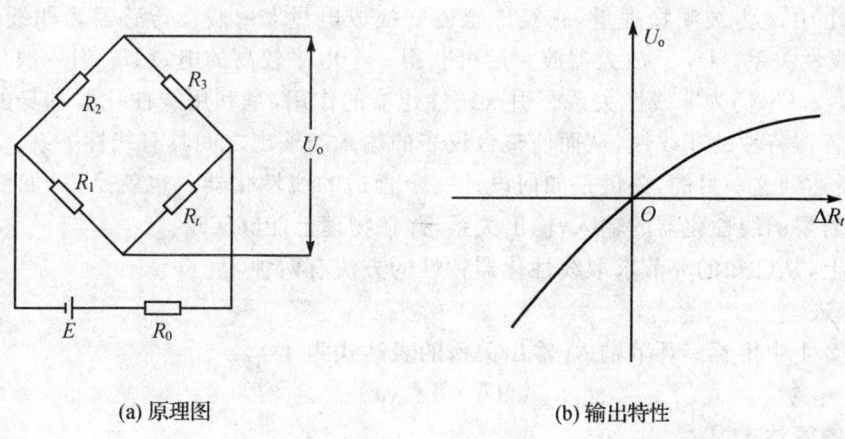

(a) 原理图 (b) 输出特性

图 5.1.6 四臂电桥

图 5.1.6 中, R_t 为敏感元件。R_0 为电源内阻。其输出 U_o 与桥臂元件之间的关系为

$$U_\circ = \frac{R_2 \Delta R_t E}{(R_1 + R_t)(R_2 + R_3) + R_0(R_1 + R_2 + R_3 + R_t)} \quad (5.1.7)$$

当 R_0 很小时,$U_\circ$ 可表示为

$$U_\circ = \frac{R_2 \Delta R_t E}{(R_1 + R_t)(R_2 + R_3)} \quad (5.1.8)$$

由式(5.1.8)可见,$U_\circ$ 与 ΔR_t 的关系曲线如图 5.1.6(b)所示,其斜率在 $\Delta R_t = 0$ 处最大;随着 ΔR_t 增大,其斜率越来越小,非线性也就愈来愈严重。

5.2 经典非线性特性的补偿方法

在测量仪表中,所采用的经典补偿方法的形式是多种多样的。本节主要介绍几种常用的补偿方法。

5.2.1 开环式非线性补偿法

所谓开环式非线性补偿法,就是把一个适当的补偿环节(即线性化器)串接到测量电路中,从而使整台仪表的输入-输出特性获得线性关系。其结构原理一般可用图 5.2.1 所示的框图表示。

图 5.2.1 开环式非线性补偿仪表方框图

图 5.2.1 中 x 为被测物理量,它经传感器变换成电量 U_1,假设传感器为非线性环节,则 $x - U_1$ 为非线性关系。U_1 经放大器放大后可获得一个电平较高的电量 U_2,但一般放大器为线性环节,所以 x、U_2 仍为非线性关系。引入线性化器的作用,是利用线性化器本身的非线性特性来补偿传感器特性的非线性,从而使整台仪表的输入与输出之间具有线性关系。

显然,要达到这一目的,关键是如何设计一个合适的线性化器。也就是说,如何从已知的环节求出所需要的线性化器的输入-输出关系,并在物理上能够实现。

在工程上,从已知的环节求取线性化器特性的方法有两种。

1. 计算法

设图 5.2.1 中传感器环节输入-输出关系的表达式为

$$U_1 = f_1(x) \quad (5.2.1)$$

放大器环节的表达式为

$$U_2 = a + K U_1 \quad (5.2.2)$$

式中,K、a 为常数。

要求整台仪表的输入-输出特性为

$$U_\circ = Sx + b \tag{5.2.3}$$

式中,S、b 为常数。

为了求出线性化器的输入-输出关系表达式 $U_\circ = f_2(U_2)$,可将式(5.2.1)、式(5.2.2)、式(5.2.3)联立,消去中间变量 U_1、x,从而得到线性化器输出-输入关系的表达式为

$$U_2 = a + Kf_1\left(\frac{U_\circ - b}{S}\right) \tag{5.2.4}$$

下面举例说明。图 5.2.2 为一温度测量系统的框图。

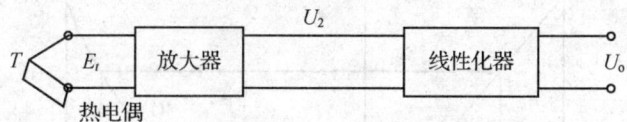

图 5.2.2 温度测量系统框图

已知热电偶的解析表达式为

$$E_t = at + bt^2 \tag{5.2.5}$$

式中,a、b 为常数,对不同的热电偶可根据其热电势-温度表格(业内称为分度表)的数据求出。如对镍铬-考铜热电偶,若测量的最高温度 $t_{\max} = 400\ ℃$,则可求出

$$a = \frac{4E_2 - E_1}{t_{\max}} = \frac{4 \times 14.66 - 31.48}{400} = 6.79 \times 10^{-2} \tag{5.2.6}$$

$$b = \frac{2E_1 - 4E_2}{t_{\max}^2} = \frac{2 \times 31.48 - 4 \times 14.66}{400^2} = 2.7 \times 10^{-5} \tag{5.2.7}$$

上列二式中,E_1 为对应 $t_{\max} = 400\ ℃$ 时的热电势,E_2 为对应 $\frac{1}{2}t_{\max} = 200\ ℃$ 时的热电势;式(5.2.5)是热电偶静特性的工程近似表示。

放大器的表达式为

$$U_2 = KE_t \tag{5.2.8}$$

整台仪表的输入-输出特性要求为

$$U_\circ = St \tag{5.2.9}$$

将式(5.2.5)、式(5.2.8)、式(5.2.9)联立,消去变量 t 和 E_t,则可以得到

$$U_2 = K\left(a\frac{U_\circ}{S} + b\frac{U_\circ^2}{S^2}\right) \tag{5.2.10}$$

上式即是所要求的线性化器输入-输出关系的表达式。式中的 K、a、b、S 均是已知的常数,因此,式(5.2.10)的函数关系被唯一确定。

2. 图解法

线性化器的输入-输出特性除了用计算法求取外,同样也可用图解法来求解;而且,当传感器等环节的非线性特性用计算法比较困难时,用图解法来求取线性化器的输入-输出特性比用

计算法求取还简单、实用。

下面以图 5.2.1 所示的仪表为例来加以说明。

图 5.2.1 所示的仪表由三个环节组成,即传感器、放大器、线性化器。一般传感器与放大器为已知环节。为了求出线性化器的特性,可以从这些已知环节入手。具体方法如下(见图 5.2.3):

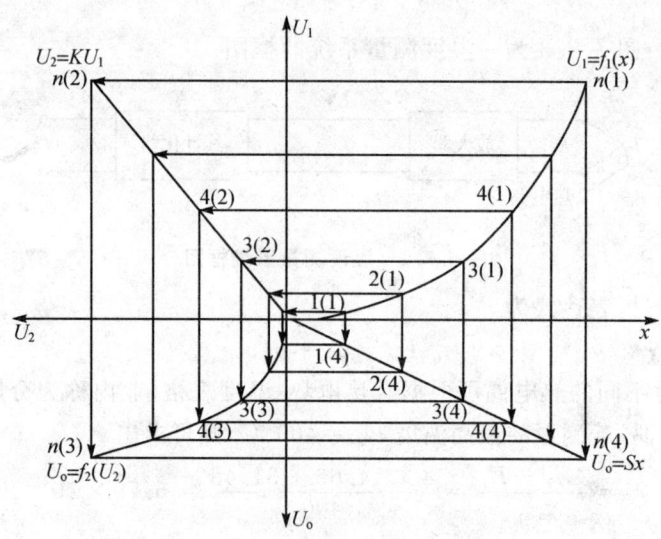

图 5.2.3　图解法求线性化器特性曲线

① 按传感器的表达式或用实验的方法在直角坐标的第 Ⅰ 象限上作出它的特性曲线。横坐标为被测量 x,纵坐标为传感器的输出 U_1。

② 按放大器的表达式用实验的方法在直角坐标的第 Ⅱ 象限上作出它的特性曲线。横坐标为放大器的输出 U_2,纵坐标为放大器的输入 U_1。

③ 在直角坐标的第 Ⅳ 象限上画出对整台仪表所要求的输入-输出特性。横坐标为被测量 x,纵坐标为整台仪表的输出 U_o。

④ 将 x 轴分成 $1,2,\cdots,n$ 段(段数由精度要求决定),并由点 1 引垂线与曲线 $f_1(x)$ 交于点 1(1),与直线 $U_o=Sx$ 交于点 1(4);通过 1(1) 引水平线交于直线 $U_2=KU_1$ 点 1(2),最后分别从点 1(2) 引垂线,从点 1(4) 引水平线,此二线在第 Ⅲ 象限相交于点 1(3),则点 1(3) 就是所求线性化器特性曲线上的一点。同理,按上述步骤可求得线性化器特性曲线上的点 2(3),3(3),$\cdots$,$n(3)$。

通过 1(3),2(3),3(3),$\cdots$,$n(3)$ 画曲线就得到了所要求的线性化器特性曲线 $U_o=f_2(U_2)$。

5.2.2　闭环式非线性补偿法

具有闭环式非线性补偿测量仪表的结构原理一般可用图 5.2.4 所示的框图表示。图中传感器为非线性环节,其非线性规律由它所根据的物理学规律决定。主放大器的放大倍数应足够大,以保证闭环后 U_1 和 U_o 之间的关系主要由反馈网络决定。这里反馈网络为非线性环节,其目的是利用它的非线性特性来补偿传感器的非线性,从而使整台仪表的输入-输出特性具有线性关系。

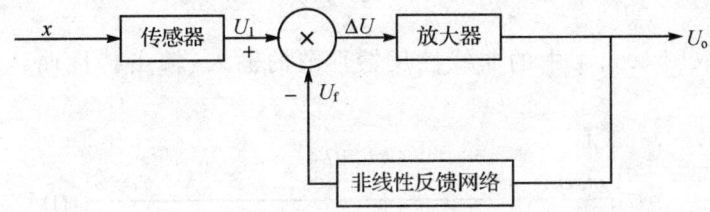

图 5.2.4　闭环式非线性补偿仪表方框图

采用闭环式线性化的核心问题有两个:① 如何根据已知的传感器的非线性特性和所要求的整台仪表的线性来求出非线性反馈环节的非线性特性;② 根据求出的非线性反馈环节的非线性特性,如何从实际上加以实现。

在工程上,从已知的传感器的非线性和所要求的整台仪表的线性特性来求取非线性反馈环节的特性时,同时可采用计算法和图解法。下面分别介绍。

1. 计算法

设在图 5.2.4 中传感器的输入-输出关系的表达式为

$$U_1 = f_1(x) \tag{5.2.11}$$

放大器输入-输出关系的表达式为

$$U_o = K \cdot \Delta U \tag{5.2.12}$$

要求整台仪表所具有的输入-输出关系为

$$U_o = S \cdot x \tag{5.2.13}$$

则由图 5.2.4 可引出下列关系

$$\left. \begin{array}{l} U_1 = f_1(x) \\ \Delta U = U_1 - U_f \\ U_o = K \cdot \Delta U \\ U_o = S \cdot x \end{array} \right\} \tag{5.2.14}$$

由方程组(5.2.14)中消去中间变量 x、ΔU、U_1,可以得到所求的非线性反馈环节的表达式为

$$U_f = f_1\left(\frac{U_o}{S}\right) - \frac{U_o}{K} \tag{5.2.15}$$

例如,传感器的输入-输出关系为 $U_1 = Ae^{-\mu x}$,则根据式(5.2.15)可求出非线性反馈环节的表达式为

$$U_f = Ae^{-\mu \frac{U_o}{S}} - \frac{U_o}{K} \tag{5.2.16}$$

当 $K \gg 1$ 时,上式可简化为

$$U_f \approx A e^{-\mu \frac{U_o}{S}} \tag{5.2.17}$$

式中,A、μ、S 为常数;K 为放大器的放大倍数。

所以只要 K 足够大,则上例中的非线性反馈环节的特性就被唯一确定。

2. 图解法

用图解法求取图 5.2.4 中的非线性反馈环节的输入-输出特性曲线的方法如下(见图 5.2.5):

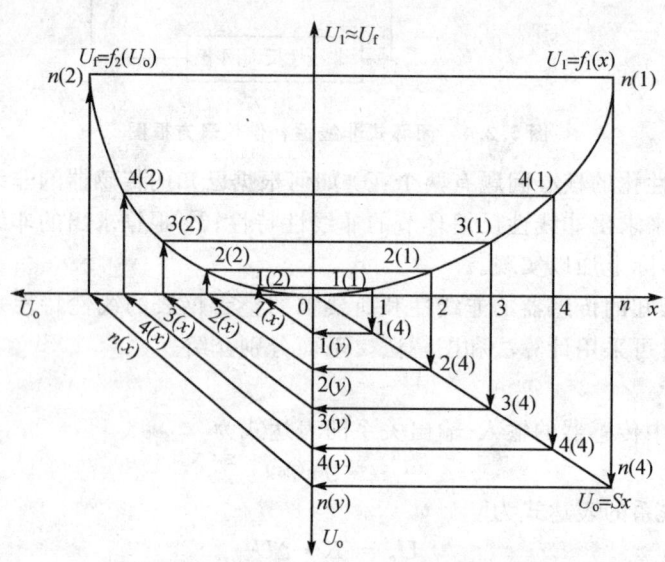

图 5.2.5　图解法求非线性反馈环节的特性

① 将传感器的输入-输出特性曲线 $U_1 = f_1(x)$ 画在直角坐标的第 I 象限。横坐标表示被测量 x,纵坐标表示传感器的输出 U_1。

② 将对整台仪表所要求的特性曲线 $U_o = Sx$ 画在第 IV 象限,横坐标仍表示被测量 x,纵坐标表示整台仪表的输出 U_o。

③ 考虑到主线性放大器的放大倍数足够大,因此有 $U_1 \approx U_f$。所以可将所要求取的非线性环节的输入-输出特性曲线放在第 II 象限。纵坐标表示反馈电压 U_f,并与 U_1 取相同的比例尺,横坐标表示 U_o。

④ 将 x 轴分成几段(段数 n 取决于精度),并由点 1 引垂线分别与 $f_1(x)$ 交于 1(1)点,与 $U_o = Sx$ 交于 1(4)点。将 1(4)点投影在纵坐标轴上,并将求得的点 1(y)引向横坐标 U_o 轴(可用圆规以坐标原点为圆心,通过 1(y)画一圆弧,交于横坐标 U_o 轴的 1 点)。

通过 1(x)点引垂线与通过 1(1)点引的水平线在第 II 象限交于 1(2)点,则点 1(2)就是所

要求取的非线性环节的特性曲线上的一点。

同理,重复以上作图步骤,可以求得非线性环节特性曲线上的 $2(2),3(2),4(2),\cdots,n(2)$ 点。通过这些点画出的曲线就是所要求的非线性反馈环节的特性曲线。

需要指出,采用上述作图法求取非线性反馈环节特性曲线的前提是,主放大器的放大倍数必须足够高,这样,才能近似认为 $U_1 \approx U_f$。这个前提条件在工程上是很容易达到的。

5.2.3 最佳参数选择法

测量电路的元件参数都在不同程度上影响着输出的大小。如果能在起作用的诸参数中选取合适的量值,使输出非线性最小,也能达到线性化的效果。

设仪表的输入-输出关系为

$$y = f(x, k_1, k_2, \cdots, k_n) \tag{5.2.18}$$

式中,x 是输入量,$k_1, k_2, \cdots, k_n$ 是元件参数。根据线性化要求,式(5.2.18)的级数展开式中的二次以上的非线性项应等于 0,于是

$$y^{(i)} = f^{(i)}(x, k_1, k_2, \cdots, k_n) = 0 \tag{5.2.19}$$

式中,$i = 2, 3, \cdots, n, \cdots, m$。

上式是 $(m-1)$ 个方程的方程组,其中待定的参数有 n 个,方程个数 $(m-1)$ 也多于 n,所以方程组无解。一般在 $x - x_0$ 很小时,高次非线性项都非常小,在 $i > n+1$ 后,可认为

$$\frac{1}{i!} y^{(i)} (x - x_0)^2 \approx 0$$

于是取 $(i = 2, 3, \cdots, n+1)$ 时 $y^{(i)}$ 的导数,得到 n 个方程组,若仪表工作范围已定,可用测量段的平均值 $\bar{x}$ 代替 x,则式(5.2.19)中只包含 n 个未知数 k_i,于是可求出满足线性条件的最佳参数 k_i。

现在用图 5.2.6 来说明这个方法的应用。图中 $R(T)$ 是热敏电阻,它随输入量温度 T 变化,输出信号为 U_o。显然,T 与 U_o 有非线性的关系。为了获得线性的输出,下面来选择合适的 R。

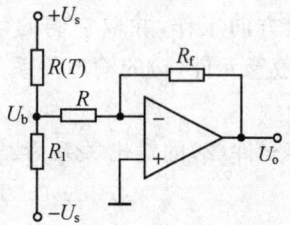

图 5.2.6 选择最佳参数的电路

假定运算放大器是理想的,因此可根据电路图写出下面的方程:

$$\frac{U_b}{R} = -\frac{U_o}{R_f} \tag{5.2.20}$$

$$\frac{U_s - U_b}{R(T)} + \frac{-U_s - U_b}{R_1} = \frac{U_b}{R} \tag{5.2.21}$$

将以上两式合并,得

$$\frac{U_o}{U_s} = \frac{R_f[R(T) - R_1]}{R(T)(R_1 + R) + R_1 R} = U[R(T) \cdot R] \tag{5.2.22}$$

根据式(5.2.22)写出最佳参数的条件：

$$\frac{d^2}{dT^2}\{U[R(T) \cdot R]\} = 0 \tag{5.2.23}$$

式中，R 是待定参数，由于只有一个参数，故只为一个方程。将对应于平均工作温度的值 $R(T_M) = R_{TM}$ 代入式(5.2.23)，求出 R 得

$$R = \frac{R_1 R_{TM}(b - 2T)}{b(R_1 - R_{TM}) + 2T(R_1 + R_{TM})} \tag{5.2.24}$$

式中，b 为常数。

实测结果表明，按式(5.2.24)确定的 R 所设计的电路在 0～25 ℃ 的范围内与同样热敏电阻组成的普通电桥相比，最大非线性偏差要小一个数量级。

5.2.4　差动补偿法

传感器敏感元件的输出 $y(x)$ 的级数形式为

$$y(x) = a_0 + a_1 x + a_2 x^2 + \cdots + a_n x^n \tag{5.2.25}$$

上式表明，传感器敏感元件的输出项中，除了线性项 $a_1 x$ 外，还包含二次以上的高次项，它们是非线性信号的组成部分。一般在小信号的情况下，二次项的数值较大，随着次数的增加，它们的数值渐趋于零。如果能通过某种方法将信号中的非线性项消除，保留线性成分，则能达到线性化的目的。

差动补偿法就是建立在这种想法上的。根据这种方法，只要用两个特性相同的敏感元件在相反方向工作，并取它们的信号差作为传感器的输出，就能使信号的线性度得到改善。例如，设敏感元件(1)的输出关系为

$$y_1(x_1) = a_0 + a_1 x_1 + a_2 x_1^2 + \cdots + a_{2n+1} x_1^{2n+1} \tag{5.2.26}$$

而敏感元件(2)的输出关系为

$$y_2(x_2) = a_0 + a_1 x_2 + a_2 x_2^2 + \cdots + a_{2n+1} x_2^{2n+1} \tag{5.2.27}$$

由于它们特性相同，故有同样的表达式，但在工作时输入是相反的，即 $x_1 = -x_2$，于是

$$y(x) = y_1(x_1) - y_2(-x_2) = 2(a_1 x + a_3 x^3 + \cdots + a_{2n+1} x^{2n+1}) \tag{5.2.28}$$

上式表明，传感器输出 $y(x)$ 中不包含偶次项，只残留奇次项，当奇次项的数值很小时，输出信号的线性度得到很大的改善。

图 5.2.7 实线所示为一具有气隙的铁芯电感线圈。它通过调节气隙 δ 改变电感量 L 来转换信号，这时，衔铁行程 $\Delta\delta$ 是输入信号，则线圈电感量的变化为输出信号。

可以证明，电感量的相对变化为

$$\frac{\Delta L}{L} = \frac{\Delta \delta}{\delta(1 + 1/\delta\mu_s)} \cdot \frac{1}{1 - (\Delta\delta/\delta)[1/(1 + 1/\delta\mu_s)]} \tag{5.2.29}$$

式中,L 为磁路长度,μ_s 为无气隙时环状磁芯的增量磁导率。

如果 $\left|\dfrac{\Delta\delta}{\delta(1+1/\delta\mu_s)}\right| \ll 1$,则其级数形式为

$$\frac{\Delta L}{L} = \frac{\Delta\delta}{\delta}\frac{1}{(1+1/\delta\mu_s)}\left\{1 + \frac{\Delta\delta}{\delta}\frac{1}{(1+1/\delta\mu_s)} + \left[\frac{\Delta\delta}{\delta}\frac{1}{(1+1/\delta\mu_s)}\right]^2 + \cdots\right\} \quad (5.2.30)$$

式中,包含各阶高次项,表明电感线圈的信号变换是非线性的。

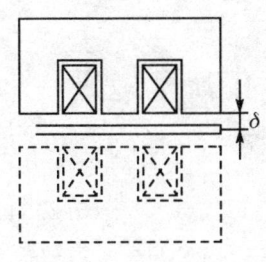

图 5.2.7 差动传感器

为了减小这种传感器的非线性输出,可按图 5.2.7 虚线增设一个特性相同的电感线圈,组成一个差动电感传感器。这时传感器的输出为

$$\frac{\Delta L}{L} = 2\left[\frac{\Delta\delta}{\delta}\frac{1}{1+1/\delta\mu_s} + \left(\frac{\Delta\delta}{\delta}\frac{1}{1+1/\delta\mu_s}\right)^3 + \cdots\right] \quad (5.2.31)$$

由上式可见,当衔铁运动时,一个线圈的电感增加,另一个减小。而传感器的输出信号中已无偶次项的非线性成分,使线性度得到很大的改善。

差动补偿法只能抵消二次以上的偶次非线性项,但希望在敏感元件的输出特性中,三次以上的奇次项应尽量小,以获得较好的线性化效果。

差动补偿法在测量技术中用得十分广泛,它不但能减小测量的非线性成分,而且能消除对两个敏感元件起同样作用的干扰,从而有效地减小误差。但所采用的两个传感器元件应有尽可能一致的特性,这样其补偿效果才更好。

5.2.5 数字控制分段校正法

数字控制分段校正法,其实质就是将图 5.2.8 中的传感器输出特性 $U_{实} = f(x)$ 由逻辑控制电路分段逼近到希望的特性 $U_{校} = K_2 x$ 上去。首先按精度要求把 $f(x)$ 划分为 n 段。当 n 足够大时,每一小段均可看成是直线,并由 $U_{实} = f(x)$ 上的 $1,2,3,\cdots,n$ 点得到相应 $U_{校} = K_2 x$ 上的 $1',2',3',\cdots,n'$ 点。校正电路根据 $f(x)$ 的大小,由逻辑电路判断属于哪一小段上,再经过模拟运算,进行线性变换,使 $f(x)$ 上的 i 段落到 $U_{校} = K_2 x$ 相应的 i 段上。因此,经 n 段校正后,就可得到由 $1',2',3',\cdots,n'$ 点连接起来的校正曲线 $U_{校} = K_2 x$。

由图 5.2.8 可得 $U_{实i}$ 段直线方程为

$$U_{实i} = U_i + K_1(x - x_i) \quad (5.2.32)$$

式中,U_i 为该段的初始值,K_1 为 i 段直线斜率。

相应的第 i 段直线方程为

$$U_{校i} = (U_i - a) + K_2(x - x_i) \quad (5.2.33)$$

式中,a 为 i 段与 i' 段的初始值之差。

令第 i 段与 i' 段的斜率之差为 K,即

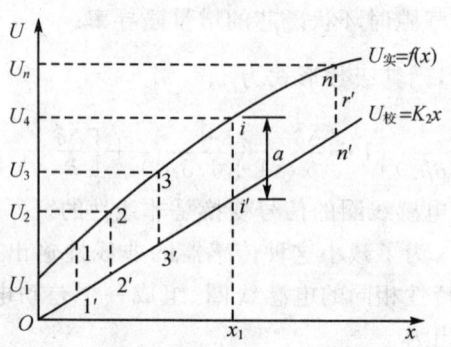

图 5.2.8 输出特性

$$K = K_1 - K_2 \tag{5.2.34}$$

将式(5.2.34)代入式(5.2.33)可得

$$\begin{aligned} U_{校i} &= (U_i - a) + (K_1 - K)(x - x_i) = \\ &\quad [U_i + K_1(x - x_i)] - [a + K(x - x_i)] = \\ &\quad U_{实i} - [a + K(x - x_i)] \end{aligned} \tag{5.2.35}$$

将式(5.2.32)代入上式(5.2.35)可得

$$U_{校i} = U_{实i} - \left[a - \left(\frac{K}{K_1}\right)U_i + \left(\frac{K}{K_1}\right)U_{实i}\right] \tag{5.2.36}$$

式(5.2.36)可由图 5.2.9 所示电路来实现。图中 $a = (2K_1 - |K|)/|K|$,图 5.2.9 的虚线部分是实现线性变换的校正电路,其功能是实现式(5.2.36)中 $\left[a - \left(\frac{K}{K_1}\right)U_i + \frac{K}{K_1}U_{实i}\right]$ 的运算。显然可见,校正电路的参数与 U_i 及 K 值有关。因此,n 段直线中每一段的校正电路参数是不同的,也就是说,n 段有 n 个参数不同的校正电路。为了电路能按式(5.2.36)的关系进行运算,就要求控制电路能根据 $U_实$ 的大小来进行判断,确定属于哪一段,并使该段的校正电路自动接到后面运算放大电路,而其他校正电路均与后面校正电路断开。

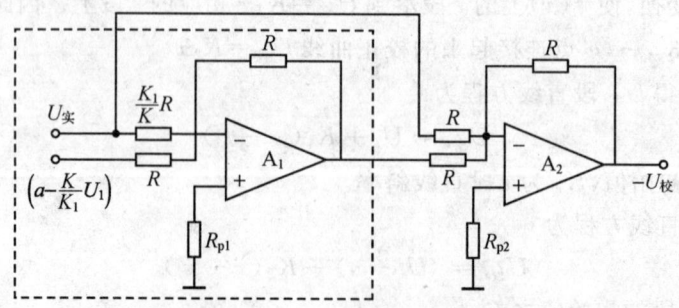

图 5.2.9 模拟运算电路

判断电路可由初值分段比较电路及译码电路组成。图 5.2.10 及图 5.2.11 分别为 $n=8$ 时的初值比较电路及译码电路。其逻辑电路的结构,可由鉴别器 $C_1 \sim C_7$ 的输出状态(见表 5.2.1)写出逻辑控制函数。

由表 5.2.1 可直接列出逻辑函数式为

$$A_0 = C_1 \overline{C_2} + C_3 \overline{C_4} + C_5 \overline{C_6} + C_7$$
$$A_1 = C_2 \overline{C_4} + C_6$$
$$A_2 = C_4$$

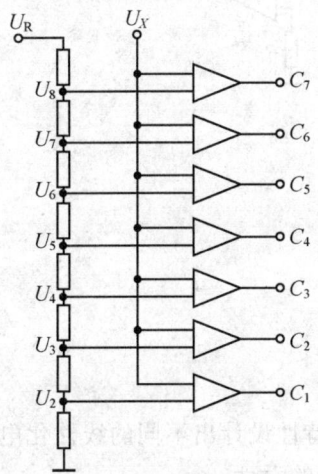

图 5.2.10 初值比较电路

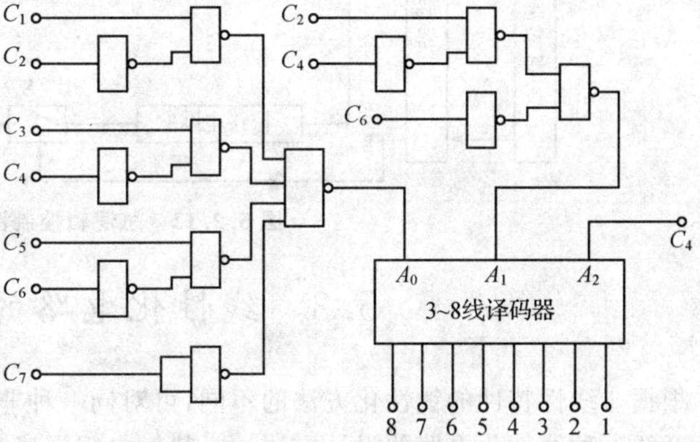

图 5.2.11 逻辑控制电路

表 5.2.1 逻辑状态表

输出状态 U 值	C_1	C_2	C_3	C_4	C_5	C_6	C_7
$U_实 > U_8$	1	1	1	1	1	1	1
$U_8 > U_实 > U_7$	1	1	1	1	1	1	0
$U_7 > U_实 > U_6$	1	1	1	1	1	0	0
$U_6 > U_实 > U_5$	1	1	1	1	0	0	0
$U_5 > U_实 > U_4$	1	1	1	0	0	0	0
$U_4 > U_实 > U_3$	1	1	0	0	0	0	0
$U_3 > U_实 > U_2$	1	0	0	0	0	0	0
$U_2 > U_实 > U_0$	0	0	0	0	0	0	0

该逻辑函数可用"与非"门电路构成,也可用"与或非"门电路构成。图 5.2.11 即是由"与非"门电路组成的逻辑控制电路。由图中译码器输出的 8 条线,即可控制 8 个相应的校正电路。图 5.2.12 是总逻辑控制电路图。

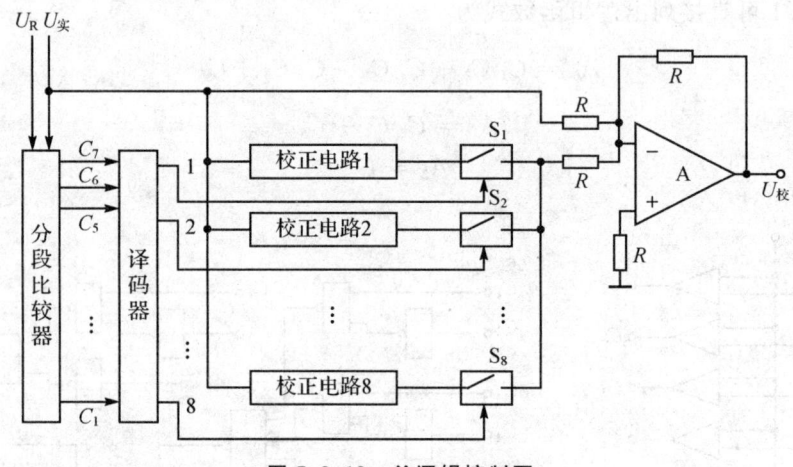

图 5.2.12 总逻辑控制图

5.3 线性化电路的设计

根据非线性特性的线性化方法的不同,可对同一种非线性特性设计出不同的线性化电路。下面介绍一种线性化电路的设计方法——热敏电阻温度变换器的设计。

由热敏电阻的特性可知,热敏电阻的阻值 R_T 与温度 T 之间存在着严重的非线性,为克服这一缺点,在热敏电阻温度变换器中常常采用各种线性化措施。图 5.3.1 所示的变换器,则是利用一个线性运算放大器来使其输出电压与温度之间的关系在预定的使用温度范围内近似线性。它具有线路简单、输出受负载影响小等特点。

下面介绍这种变换器的设计方法。

图 5.3.1 中 R_0 和 D_w 组成简单的稳压电路,提供稳定的电压信号 U_i;A 为理想的运算放大器;R_T 是热敏电阻。为简化讨论,这里不考虑 R_T 的自热效应,则 R_T 的特性为

$$R_T = R_{T_0} \exp\left[b\left(\frac{1}{T} - \frac{1}{T_0}\right)\right] \tag{5.3.1}$$

设 $\dfrac{R_T}{R_3} = r(x)$,$\dfrac{R_{T_0}}{R_3} = r_0(x)$,$\dfrac{T}{T_0} = x$,$\dfrac{b}{T_0} = \beta$,则式(5.3.1)可改写成

$$r(x) = r_0 \exp\left[\beta\left(\frac{1}{x} - 1\right)\right] \tag{5.3.2}$$

而由图 5.3.1 可知:$U_A = U_B = \dfrac{U_i}{R_T + R_3} R_3$,$U_o = \dfrac{-(U_i - U_A)}{R_1} R_2 + U_A$。

第 5 章 仪表非线性特性的线性化

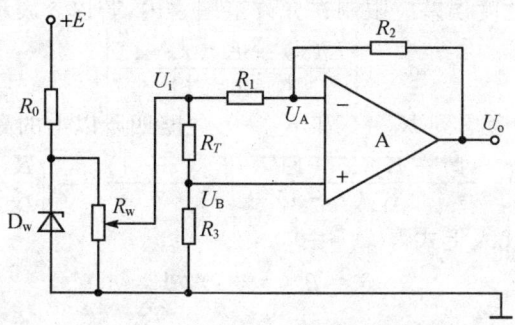

图 5.3.1 热敏电阻温度变换器

由此可知：$U_o = U_i \left[\dfrac{R_3 R_1 - R_2 R_T}{(R_3 + R_T) R_1} \right]$。增益 K 为

$$K = \frac{U_o}{U_i} = \frac{R_3 R_1 - R_2 R_T}{(R_3 + R_T) R_1} = \frac{R_1 - R_2 R_T / R_3}{R_1 (1 + R_T / R_3)} = \frac{R_1 - R_2 r(x)}{R_1 [1 + r(x)]} \tag{5.3.3}$$

由式(5.3.3)可见，增益 K 是温度的函数。

为了得到使 K 近似地与 T 呈线性关系的条件，从而推导出设计变换器的依据，则可用泰勒级数将式(5.3.3)展开，得

$$K(x) = K(1) + \left.\frac{\partial K}{\partial x}\right|_{x=1}(x-1) + \left.\frac{\partial^2 K}{\partial x^2}\right|_{x=1}\frac{1}{2}(x-1)^2 +$$

$$\left.\frac{\partial^3 K}{\partial x^3}\right|_{x=1}\frac{1}{6}(x-1)^3 + \cdots \tag{5.3.4}$$

设 $K_0 = K(1), K_1 = \left.\dfrac{\partial K}{\partial x}\right|_{x=1}, K_2 = \dfrac{1}{2}\left.\dfrac{\partial^2 K}{\partial x^2}\right|_{x=1}, K_3 = \dfrac{1}{6}\left.\dfrac{\partial^3 K}{\partial x^3}\right|_{x=1}$，则

$$K_0 = \frac{R_1 - R_2 r_0}{(1 + r_0) R_1} \tag{5.3.5}$$

$$K_1 = \beta r_0 \frac{1 + R_2/R_1}{(1 + r_0)^2} \tag{5.3.6}$$

$$K_2 = -r_0 \beta \frac{1 + (R_2/R_1)}{(1 + r_0)^2} \left[\frac{\beta}{2} \cdot \frac{(1 - r_0)}{1 + r_0} + 1 \right] \tag{5.3.7}$$

$$K_3 = r_0 \beta \frac{1 + (R_2/R_1)}{(1 + r_0)^2} \left[\frac{\beta^2}{6} \cdot \frac{(1 - 4 r_0 r_0^2)}{(1 + r_0)^2} + \beta \frac{(1 - r_0)}{1 + r_0} + 1 \right] \tag{5.3.8}$$

对于图 5.3.1 所示的温度变换器，希望能满足下面三点要求：

① 在基准温度 T_0 时输出为零，为此应满足 $K_0 = 0$，于是由式(5.3.5)可得

$$r_0 = R_1 / R_2 \tag{5.3.9}$$

② 为使输出随温度呈线性变化，则 K_2 应等于零。于是由式(5.3.7)可得

$$r_0 = \frac{\beta + 2}{\beta - 2} \tag{5.3.10}$$

③ 变换器的增益线性度误差应限制在允许范围之内,若以 δ 表示增益线性度误差,则

$$\delta = \left| \frac{K(x) - K_1(x-1)}{K_1(x-1)} \right| \tag{5.3.11}$$

将式(5.3.4)代入上式,并考虑到 $K_0 = 0$ 和 $K_2 = 0$,忽略四阶以上的高次项,则

$$\delta = \left| \frac{K_1(x-1) - K_3(x-1)^3 - K_1(x-1)}{K_1(x-1)} \right| = \left| \frac{K_3}{K_1}(x-1)^2 \right| \tag{5.3.12}$$

将式(5.3.8)、式(5.3.6)代入上式得

$$\delta = \beta^2 (x-1)^2 / 12$$

所以

$$\delta_{\max} = \beta^2 (x_{\max} - 1)^2 / 12 \tag{5.3.13}$$

式(5.3.9)、式(5.3.10)和式(5.3.13)就是设计变换器参数的依据。

举例:要设计一只热敏电阻温度变换器,其使用温度范围为 $+10 \sim +50$ ℃,增益线性度允许误差为 0.02。设计过程如下:

(1) 选择基准温度 T_0

通常选变换器使用温度范围的中点为 T_0,即

$$T_0 = \left(273 + \frac{10+50}{2}\right) \text{K} = 303 \text{ K}$$

(2) 选择 R_T

$$x_{\max} = \frac{T_{\max}}{T_0} = \frac{273 + 50}{303} \approx 1.07$$

把它代入式(5.3.13)可得

$$\beta^2 (x_{\max} - 1)^2 / 12 \leqslant 0.02, \quad \beta \leqslant \sqrt{\frac{0.02 \times 12}{(1.07-1)^2}} \approx 7$$

因为 $\beta = b/T_0$,所以 $b = \beta T_0 \leqslant 7 \times 303 \text{ K} = 2\,121 \text{ K}$。

根据上述参数选用热敏电阻。

设所选用的热敏电阻为 $b = 2\,006$ K,$\beta = 6.6$,$R_T = 7.5$ kΩ。

(3) 确定 R_3

由式(5.3.10)得 $r_0 = \frac{\beta+2}{\beta-2} \approx 1.87$,则 $R_3 = R_{T_0}/r_0 = 7.5 \text{ kΩ}/1.87 \approx 4 \text{ kΩ}$。

(4) 确定 R_1、R_2

根据 R_{T_0} 的数量级,选 R_2 为 10 kΩ,则由式(5.3.9)可得

$$R_1 = r_0 \cdot R_2 = 1.87 \times 10 \text{ kΩ} = 18.7 \text{ kΩ}$$

(5) 确定增益 K 及 U_i

当 $T = 303$ K 时,增益 K 为 $K_{\max} = K_1(x_{\max} - 1)$。由于

$$K_1 = \beta r_0 \frac{1 + (R_2/R_1)}{(1+r_0)^2} = \beta r_0 \frac{1 + 1/r_0}{(1+r_0)^2} = \frac{\beta}{1+r_0} =$$

$$\frac{\beta}{1+(\beta+2)/(\beta-2)} = \left(\frac{\beta}{2}-1\right)$$

则
$$K_{\max} = \left(\frac{\beta}{2}-1\right)(x_{\max}-1) = 2.3 \times 0.07 \approx 0.16$$

即若取最大输出电压 100 mV，则应取 $U_i = \dfrac{100 \text{ mV}}{0.16} \approx 625 \text{ mV}$。

为减小热敏电阻的自热效应，一般 U_i 不宜太高。

5.4 智能传感器中非线性特性的补偿方法

随着计算机技术的不断发展，智能单元(微机或微处理器)在传感器中发挥了十分重要的作用，它与普通传感器相结合，共同组成了智能传感器，智能单元是智能传感器的核心。传感器所接收到的信号经过一定的硬件电路处理后，以数字信号形式进入计算机；计算机可以根据内存中驻留的软件，实现测量过程中各种控制、逻辑和数据处理以及信号输出等功能，从而使传感器获得智能。数据处理功能包括标度变换、零位校正、非线性校正、灵敏度校正、温度误差补偿修正等。下面就对智能传感器中的非线性校正技术进行简单介绍。

现今所采用的电子传感器中大多数使用半导体工艺制造，信号的处理单元希望传感器提供的信号曲线尽可能是线性关系的，但实际情况都不是很理想，是非线性关系。作为智能传感器系统，丝毫不介意系统前端的传感器及其调理电路至 A/D 转换器的输入-输出特性有多么严格的非线性，如图 5.4.1(a)所示，它都能自动按图 5.4.1(b)所示的反非线性特性进行特性刻度转换，使输出 y 与输入 x 呈理想直线关系(见图 5.4.1(c))。也就是说，智能传感器系统能进行非线性转换，图 5.4.1(d)为其非线性转换框图。这里将介绍几种常用的非线性校正的方法。

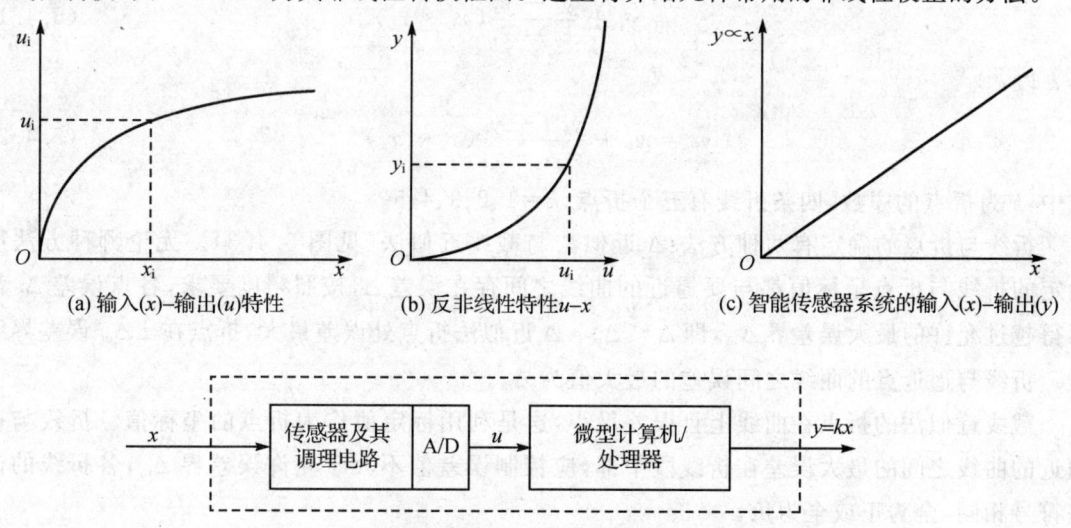

(a) 输入(x)-输出(u)特性　　(b) 反非线性特性 u–x　　(c) 智能传感器系统的输入(x)-输出(y)

(d) 系统简单框图(非线性转换框图)

图 5.4.1　智能传感器系统简单框图及其非线性校正原理

5.4.1 查表法

查表法是一种分段线性插值法,是根据精度要求对反非线性曲线进行分段,用若干折线逼近曲线。如图 5.4.2 所示,将折点坐标存入数据表中,测量时首先要明确对应输入量 x_i 在哪一段,然后根据此段的斜率进行线性插值,即得到输出值 y_i。

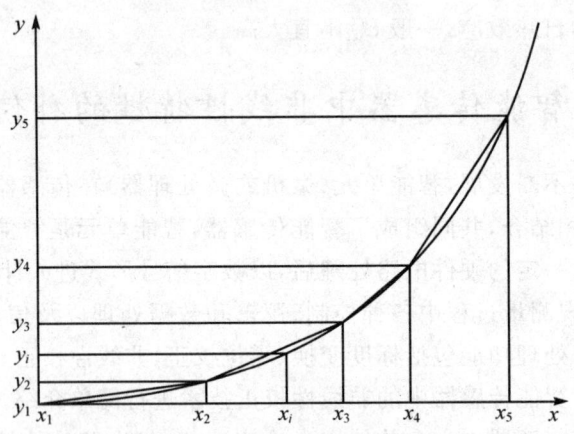

图 5.4.2 反非线性的折线逼近

下面以四段为例进行介绍。设折点坐标值为横坐标 x_1、x_2、x_3、x_4、x_5,纵坐标 y_1、y_2、y_3、y_4、y_5;各线性段的输出表达式为

第 1 段:
$$y_i = y_1 + \frac{y_2 - y_1}{x_2 - x_1}(x_i - x_1) \tag{5.4.1}$$

第 k 段:
$$y_i = y_k + \frac{y_{k+1} - y_k}{x_{k+1} - x_k}(x_i - x_k) \tag{5.4.2}$$

式中:k 为折点的序数,四条折线有五个折点,$k=1、2、3、4、5$。

折线与折点的确定有两种方法:Δ 近似法与截线近似法(见图 5.4.3)。无论哪种方法所确定的折线与折点坐标值都与要逼近的曲线之间存在误差 Δ,按照精度要求,各点误差 Δ_i 都不得越过允许的最大误差界 Δ_m,即 $\Delta_i \leqslant \Delta_m$。$\Delta$ 近似法折点处误差最大,折点在 $\pm \Delta_m$ 误差界线上。折线与逼近点的曲线之间误差的最大值为 Δ_m。

截线近似法的折点在曲线上且误差最小,这是利用标定值作为折点的坐标值。折线与被逼近的曲线之间的最大误差在折线段中部,应控制误差值不大于允许误差界 Δ_m,各折线的误差符号相同,全为正或全为负。

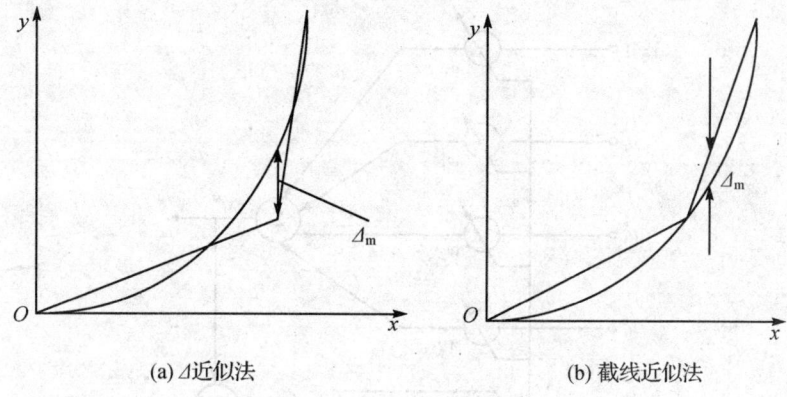

图 5.4.3　曲线的折线逼近

5.4.2　最小二乘曲线拟合法

采用 n 次多项式来逼近非线性曲线。该多项式方程的各个系数由最小二乘法确定。具体步骤如下：

① 列出逼近反非线性曲线多项式方程：$y=a_0+a_1x+a_2x^2+\cdots+a_nx^n$；
② 对传感器及其调理电路进行静态实验标定，得校准曲线；
③ 根据最小二乘法原则来确定待定常数；
④ 将所求得的常数 $a_0\sim a_n$ 存入内存。

5.4.3　函数链神经网络法

进行非线性化处理时，基于函数神经网络法求解反非线性特性多项式：

$$x_i(u_i) = a_0 + a_1 u_i + a_2 u_i^2 + \cdots + a_n u_i^n \tag{5.4.3}$$

式中，$a_0\sim a_n$ 为待定常数。非线性自校正过程如下：

① 传感器及其调理电路的实验标定。由静态标定实验数据列出标定点的标定值，包括 m 个输入值和 m 个输出值，原则上 $m>n$。
② 列出反非线性特征拟合方程，取 $n=3$。
③ 采用函数链神经网络法求上式中的待定常数 $a_0\sim a_3$。

图 5.4.4 给出一个函数链神经网络。图中 $w_j(j=0,1,\cdots,n;n=3)$ 为网络的连接权值，连接权值的个数与反非线性多项式的阶数相同，即 $j=n$。假设神经网络的神经元是线性的，函数链神经网络的输入值为 $1,u_i,u_i^2,u_i^3$；u_i 为静态标定实验中获得的标定点输入值。

函数链神经网络的输出值为

$$x_i^{\text{est}}(k) = \sum_{j=0}^{3} u_i^j w_j(k) \tag{5.4.4}$$

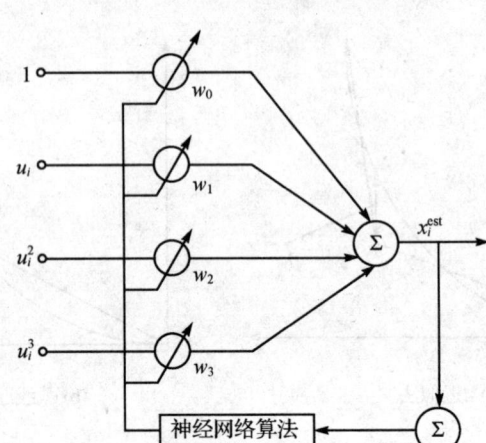

图 5.4.4 函数链神经网络

式中，x_i^{est} 为输出估计值。

将其与标定值进行比较，得估计值误差为

$$e_i(k) = x_i - x_i^{est}(k) \tag{5.4.5}$$

式中，x_i 为第 i 个标定点的输出值，也是神经网络的第 i 个期望值；$x_i^{est}(k)$ 为第 k 步神经网络输出估计值。

经神经网络算法不断调整权值 $w_j(j=0,1,\cdots,n;n=3)$，直至估计误差 $[e_i(k)]$ 的均方值足够小。权值调节式为

$$w_j(k+1) = w_j(k) + \eta_i e_i(k) u_i^j \tag{5.4.6}$$

式中，η_i 为影响迭代的稳定性和收敛速度的因子。

当权值调节趋于稳定时，所得到的权值$(w_j:w_0,w_1,w_2,w_3)$即为多项式的待定常数。一般权值的初始值为一随机数，w_0 与 w_1 为同一数量级，w_2 比 w_1 至少低一个数量级，w_3 比 w_2 低更多数量级，数量级依据非线性特性的非线性程度的不同而不同。

习题与思考题

5.1 仪表组成环节的非线性产生原因是什么？请举例（非书上）说明。

5.2 书中讲述了 5 种非线性特性的补偿方法，请讲述各种方法的核心问题是什么？运用于哪些场合最合适？各举一例说明。

5.3 用数字控制分段校正法对题图 $5.1 f(x)$ 曲线进行校正，画出总逻辑控制图。

5.4 题图 5.2 为热敏电阻温度变换器，使用温度范围为 $0\sim 100\ ℃$，$R_{(T)50\ ℃}=5\ k\Omega$，用最

佳参数选择法写出 R、R_1 的表达式。

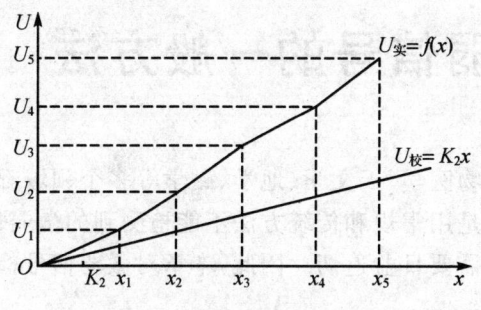

题图 5.1 习题 5.3 用图

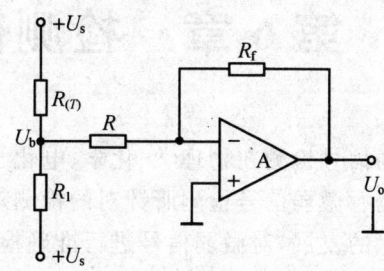

题图 5.2 习题 5.4 用图

5.5 智能传感器与传统传感器相比具有哪些特点？

5.6 简述智能传感器非线性校正的方法与传统传感器相比有哪些不同。

第6章 检测微弱信号的一般方法

微弱信号检测在物理学、化学、电化学、生物医学、天文学、地学、磁学等多个领域都具有广泛的应用。微弱信号检测所针对的检测对象,是用常规和传统方法不能检测到的微弱量,随着科学技术的发展,对微弱信号进行准确检测的需要日益迫切。因此,本章对微弱信号检测的基本概念及一般方法进行简要介绍。

6.1 微弱信号检测的基本概念

6.1.1 微弱信号检测概述

除少数基本量的测量方法(如时间、长度、质量等)是用"原器"或"准原器"与被测对象作比较而得到测量结果外,大量的物理、化学、工程技术参量的测量,是利用相关物理现象做成的传感器来进行测量的。如温度的测量,可用最简单的热胀冷缩现象将温度变化转换成长度变化进行。由于当前电学及电子学技术的快速发展,因此大量的被测参数被转换成了电信号后再进行测量。

任何传感器在进行信息转换或转换后进行信息测量时,都不可避免地会带进一些"噪声"信号,通常包括:传感器本身的噪声、测量仪表系统的噪声及其他的随机噪声。此外,被测对象本身在测量时间内的起伏,也应算做测量中的噪声。

按照传统观念,若信号低于噪声,是不可能进行测量的。因此,通常讲,各种噪声之和本质上决定了测量的精度,也就决定了测量的灵敏度(对较强或中等强度信号)和可以检测到的下限(对弱信号)。如果想要降低测量的下限,首先要设法降低各种噪声的水平,尤其以降低传感器的噪声为关键。

降低噪声是提高测量精度的关键,但并不是唯一的方法。另外一种方法就是微弱信号检测技术,能够有效地将湮没在噪声中的有用信号提取出来,从而使测量下限可低于测量系统的噪声水平,这也是微弱信号检测方法与非微弱信号检测技术的关键差别。

各种微弱信号的检测方法,都是基于研究噪声规律(如噪声、幅度、频率、相位等)和分析信号特点(如信号频谱、相干性等)的,然后利用电子学、信息论和其他数学及物理方法,来对被噪声湮没的微弱信息进行提取、测量。由于目前对电子噪声研究比较成功,故微弱信号检测与电子技术联系密切,发展较快;与其他方面,如光学方面的联系,则大有发展的空间。

6.1.2 微弱信号检测的基本方法

由于微弱信号的特点不同,故检测方法也有所差别。通常的微弱信号检测方法包括:① 降低传感器与放大器的固有噪声,尽量提高信噪比;② 研制适合弱检测原理并能满足特殊需要的器件;③ 利用弱信号检测技术,通过各种手段提取信号。实际应用中应当综合应用上述方法,但主要的还是第③条,即研究其检测方法。由于检测方法必须根据信号的特点与之相适应,因此发展了多种检测方法。

1. 频域的窄带化技术

单频余弦(或正弦)信号,或频带很窄的正、余弦信号,由于频率固定,可通过限制测量系统带宽的方法,把大量带宽外的噪声排除,称为窄带化技术。若信号有相干性,而噪声无相干性,则可利用相干检测技术,把与信号频率和相位不同的噪声大量排除。

窄带化技术的核心是利用相应的滤波器排除噪声。例如,对光噪声可以采用滤色片;电噪声可利用带通滤波器。有源带通滤波器多由运算放大器组成,一般情况下带宽不可能做得很窄,品质因数基本上在 10~100 之间,因而排除噪声的能力有限,难以满足极弱信号的检测。20 世纪 50 年代发展起来的锁相放大器,是以相敏检波器为基础的,通过相干分析的方法抑制噪声干扰,等效品质因数可达 10^8,具有很强的抑制噪声能力。

2. 时域信号的平均处理

信号若是脉冲波列,则有很宽的频域,因此相干检测难以达到要求。此时,可根据噪声是随机信号的特点,采用多次测量取平均的方法来抑制噪声的影响,这种逐点多次采样测量,并进行平均值求取的方法,称为平均处理。

Boxcar 积分器的思想在 20 世纪 50 年代就被提出,但直到 1962 年才得以具体实现。其缺点首先是取样效率低,不能充分利用信号波形;其次是不利于低重复频率的信号恢复,从而限制了使用。近年来,随着计算机的普及,在 Boxcar 积分器的基础上发展了信号的多点数字平均器,平均器工作的特点是信号每出现一次,逐次取样很多点(如 $2^{10}=1\,024$),可最大限度地改善信噪比或节约时间。

3. 离散量的计数统计

有些信号可以看成是一些脉宽极窄的脉冲信号,需要测量的是单位时间内到达的脉冲数,而不是脉冲的形状,例如光子流、宇宙射线流的测量。这些脉冲的计数统计方法,要选择或设计传感器,能使信号有尽量相近的窄脉冲幅度输出,之后利用幅度甄别器大量排除噪声计数,利用信号的统计规律来决定测量参数和数据修正。目前应用比较成熟的离散量测量仪器是光子计数器。

4. 单次信息的并行检测

某些情况下,事件只发生一次,而人们想从中获取更多信息。例如测量单次闪光光谱,想从一次闪光中获得其许多谱线的辐射强度;有时会希望同时获得许多点的测量值,如一个区域的光强度(即获得图像)或一个空间某一瞬间的电场分布等。这些均需采用并行检测的方法。并行检测的关键是采用传感器阵列,实现并行检测的基本条件是多通道传感器和信息的快速存取。

6.1.3 微弱信号检测的发展趋势

综上所述,对于微弱信号的检测是根据不同的信号和噪声采取不同的方法。目前尚有许多类型的信号,需研究新的、更好的弱信号检测方法。因此,弱信号检测技术还将不断发展和开拓。其发展方向主要包括两个方面:一是理论方面,二是仪器、技术方面。

理论方面主要从以下几个方面进行深入研究:噪声理论和模型及其克服途径;应用功率谱方法解决单次信号的捕获;少量积累平均而极大改善信噪比的方法;快速瞬变的处理;对低占空比信号的再现;测量时间的减少以及随机信号的平均等。

仪器、技术方面,要不断改善传感器的噪声等特性,针对新的方案,设计新的弱信号检测仪器和对原有仪器加以改进。许多弱检测技术既相独立,又密切相关,如能互相联系起来,可将检测水平提高到一个新的高度。例如,将模拟锁相量化后,再作数字平均,有可能集统一锁相、平均与光子计数技术为一体。

6.2 常用的微弱信号检测方法

前面已经简要介绍了微弱信号的检测方法,在实际应用时,应当根据不同的信号、不同的要求、不同的条件,采用不同的检测方法。窄带滤波法、锁定放大法、取样积分法和相关分析法是常用的检测方法,本章将加以分析介绍。

6.2.1 窄带滤波法

窄带滤波法对应了6.1.2小节中的频域窄带化技术,其核心思想是利用信号的功率谱密度较窄,而噪声的功率谱密度相对很宽的特点,使用一个窄带通滤波器,将有用信号的功率提取出来。由于窄带通滤波器只让噪声功率的很小一部分通过,而滤掉了大部分的噪声功率,所以输出信噪比能得到很大的提高。

例如,对$1/f$噪声来说,当其通过一个传输系数为K_v、带宽$B=f_2-f_1$的系统后,则输出噪声为

$$E_{\text{now}}^2 = \int_{f_1}^{f_2} K_v^2 K \frac{1}{f} df = K_v^2 K \ln\left(1+\frac{B}{f_1}\right) \tag{6.2.1}$$

式中,E_{now}为输出噪声电压。

从式(6.2.1)可以看出,带宽越窄,输出噪声电压的均方值就越小,对噪声的抑制能力就越强。

也可以通过有限正弦信号及白噪声的功率谱密度曲线来说明窄带滤波法是如何提高信噪比的,如图 6.2.1 所示。

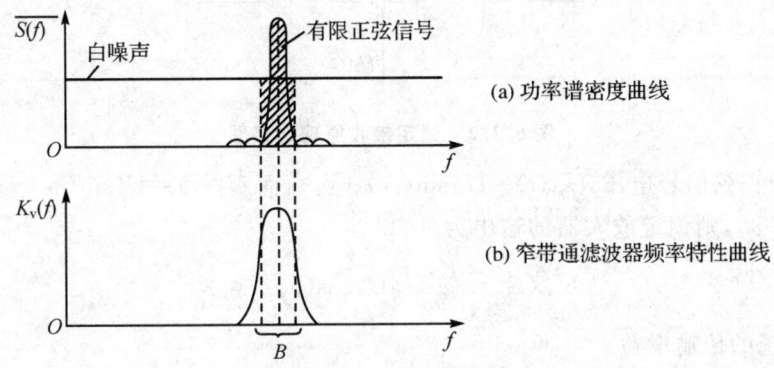

图 6.2.1　窄带滤波法图例

可见,使用窄带通滤波器后,则

$$输出信噪比 = \frac{信号主峰下的面积}{画斜线的矩形面积} > 1$$

如果 B 选得很窄,则输出信噪比还能更大一些。

窄带通滤波器的实现方式很多,常见的有双 T 选频、LC 调谐、晶体窄带滤波器、金属振子机械滤波器等。其中双 T 选频和金属振子机械滤波器可以做到相对带宽(B/f_0)等于千分之几左右(f_0 为中心频率),晶体窄带滤波器可以做到等于万分之几左右,LC 调谐的相对带宽则比它们都要大。这些滤波器的带宽相比其他方法,带宽还是太宽,因此这种方法不能检测深埋在噪声中的信号,通常它只用在对噪声特性要求不很高的场合中。

最后需要说明,窄带滤波法不仅适用于周期性正弦信号波形的复现,而且也能用来检测单次信号是否存在。需要说明的是,对于单次信号而言,由于通过滤波器后,信号的一小部分频率分量被滤掉了,所以这种方法不能复现单次信号的波形,而只能用来提取信号存在与否的信息。

6.2.2　锁定放大法

在 6.1.2 小节中也提到,相干检测能够锁定信号的频率和相位,只有与锁定信号既同频又同相的噪声信号才有可能保留下来,因此噪声被极大程度地抑制,这也是一种带通滤波器的设计思路,能够获得很高的品质因数,从而避免了窄带滤波法中常规带通滤波器因品质因数不高而带来的性能欠佳问题。

锁定接收法的原理电路如图 6.2.2 所示。其中 $U_i(t)$ 为输入信号,$U_2(t)$ 为参考信号,这两个信号同时输给乘法器进行运算,然后再经过积分器,最后得到输出信号 $U_o(t)$。

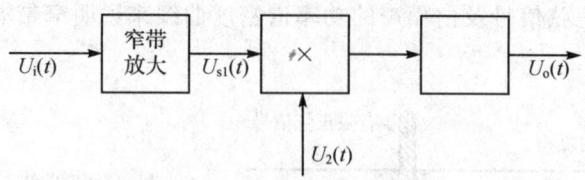

图 6.2.2　锁定接收原理电路图

若 $U_i(t)$ 为正弦信号电压,$U_{s1}(t)=U_{s1}\sin(\omega_1 t+\phi_1)$,而 $U_2(t)=U_2\sin(\omega_2 t+\phi_2)$,亦为正弦电压,并且 $\omega_1=\omega_2$,则锁定放大器的输出为

$$U_{so}(t)=\frac{K_v}{2}U_{s1}U_2\cos(\phi_1-\phi_2) \tag{6.2.2}$$

式中,K_v 为系统的传输增益。

由于输入信号的相角 ϕ_1 及参考信号的相角 ϕ_2 均为常数,因而式(6.2.2)为恒定值,也就是说锁定放大器得到了直流输出信号。

如果 $U_{n1}(t)$ 为窄带白噪声(或称窄带高斯噪声),$U_{n1}(t)=\rho(t)\sin[\omega_1 t+\phi(t)]$,其中的幅度 $\rho(t)$ 和相角 $\phi(t)$ 均随时间作不规则变化,$U_2(t)=U_2\sin(\omega_2 t+\phi_2)$,并且 $\omega_1=\omega_2$,则锁定放大器的输出为

$$U_{no}(t)=\frac{1}{2T}U_2\int_0^T \rho(t)\{\cos[\phi(t)-\phi_2]-\cos[2\omega_1 t+\phi(t)+\phi_2]\}dt \tag{6.2.3}$$

则当积分时间 $T\to\infty$ 时,$U_{no}(t)=0$,这表明当积分时间很大时,锁定放大器对噪声的抑制能力很强。在实际中,由于 T 不可能做得很大,或者有时为了制作方便,积分器用低通滤波器来代替,这时锁定放大器输出的噪声不为零,而是在零附近起伏变化。

衡量锁定放大器噪声特性的指标也是用信噪比改善来表征的,即

$$\text{SNIR}=\Delta f_{ni}/\Delta f_c \tag{6.2.4}$$

式中,Δf_{ni} 为输入白噪声带宽,Δf_c 为锁定放大器等效噪声带宽。

锁定放大器是 20 世纪 60 年代才出现的精密测量仪器,几十年来通过不断的研制和改进,锁定放大器已逐渐成为多用途分析仪器,广泛用于光学、声学、振动、磁学、热学、超导、微波、半导体等到各个方面。目前,国外正着力于进一步扩大锁定放大器的功能,同时从电路结构上研制新的锁定放大器。如为了解决方波调制时产生的奇次谐波干扰,设计了脉冲载波调制锁定放大器;为了进一步增强抑制噪声的能力,设计了外差式锁定放大器等。

6.2.3　取样积分法

对于湮没在噪声中的正弦信号的幅度和相位,可以采用锁定放大的方法进行检测,但要恢复湮没在噪声中的脉冲波形,则锁定放大法无能为力。因为脉冲波形的上升沿和下降沿含有丰富的高次谐波分量,锁定放大器输出端的低通滤波器会滤除高次谐波分量,从而导致脉冲波

形的畸变。取样积分法就是为了解决这个问题而出现的。

前面已经提到,取样积分器在1962年由美国科学家Klein利用电子技术加以实现,并命名为Boxcar积分器。为了恢复湮没在噪声中的快速变化的微弱信号,必须把每个信号周期分成若干时间间隔,间隔大小取决于恢复信号所要求的精度;然后对这些时间间隔的信号进行取样,并将各周期中处于相同位置的取样进行积分或平均。积分过程常用模拟电路实现,称为取样积分,平均过程常由计算机以数字处理的方式实现,称为数字式平均。对于非周期的慢变信号,常用调制或斩波的方式赋予一定的周期性,之后再进行取样积分或数字式平均处理。随着集成电路技术和微型计算机技术的快速发展,以微型计算机为核心的数字式信号平均器得到了越来越广泛的应用。

1. 取样积分的基本原理

取样积分包括取样和积分两个连续的过程,其基本原理如图6.2.3所示。周期为T的信号$s(t)$叠加了干扰噪声$n(t)$,形成被测信号$x(t)=s(t)+n(t)$,经过放大输入到取样开关。$r(t)$是与被测信号同频的参考信号,也可以是被测信号本身。触发电路根据参考信号波形的情况(例如幅度或上升速率)形成触发脉冲信号,触发脉冲信号再经过延时后,生成一定宽度T_g的取样脉冲,控制取样开关S的开闭,完成对输入信号$x(t)$的取样,取样后的信号送入积分器进行积分处理,以消除噪声的影响,最终恢复出信号$s(t)$。

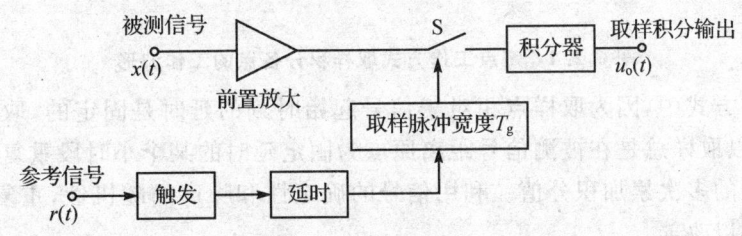

图6.2.3 取样积分基本原理

取样积分的工作方式可分为单点式和多点式两大类。单点式取样在每个信号周期内只取样和积分一次,而多点式取样在每个信号周期内对信号取样多次,并利用多个积分器对各点取样分别进行积分。单点式电路相对简单一些,但是对被测信号的利用率低,需要经过很多信号周期才能得到测量结果;与此相反,多点式电路相对复杂一些,但对被测信号的利用率高,经过不太多的信号周期就可以得到测量结果。

单点式取样又可以分为定点式和扫描式两种工作方式。定点式工作方式是反复取样被测信号波形上某个特定时刻点的幅度,例如被测波形的最大点或距离过零点某个固定延时点的幅度,检测功能与锁定放大器有些类似。扫描工作方式虽然也是每个周期取样一次,但是取样点沿着被测波形周期从前向后逐次移动,这可以用于恢复和记录被测信号。

以定点式取样积分为例,采用图6.2.3所示的工作原理,可以得到各点的工作波形,如

图 6.2.4 所示。图中,参考触发信号经过延迟 T_d 之后,电路产生宽度为 T_g 的取样脉冲,对被测信号的固定部位进行取样积分,可以看出,在每个信号周期内,取样积分只进行了一次,在 T_g 期间取样并积分,而在其他时间开关 S 断开,保持积分结果,输出信号呈现阶梯式累积的波形。经过多个周期的取样积分后,输出信号趋向于被测信号取样点处的平均值。

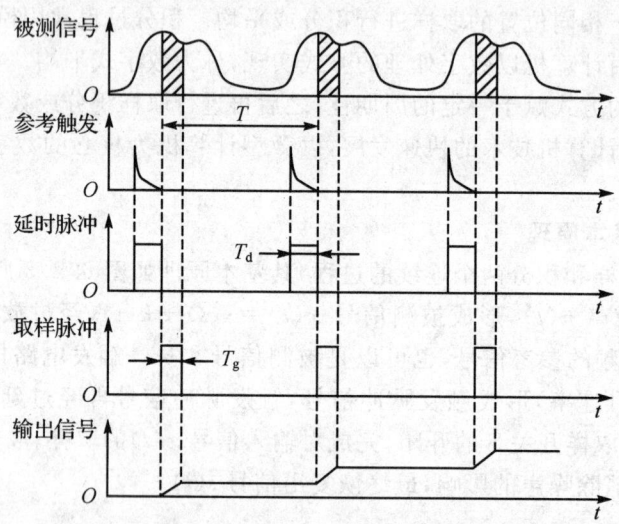

图 6.2.4 定点工作方式取样积分各点的工作波形

在定点工作方式中,因为取样点相对于信号起始时刻的延时是固定的,取样脉冲宽度 T_g 也保持不变,所以取样总是在被测信号距离原点为固定延时的某个小时段重复进行,积分得到的结果是该时段的多次累加积分值。利用信号的确定性和噪声的随机性,重复取样积分的结果将使信噪比得以改善。

2. 取样积分器的参数选择

无论是定点工作方式还是扫描工作方式,取样脉冲宽度的选择至关重要,因此下面就对其选取原则进行分析。

取样脉冲宽度 T_g 不能选得太宽,否则会造成信号中高频分量的损失,使得恢复的信号失真。下面以正弦信号为例,说明取样脉冲宽度 T_g 的选择原则。

对于图 6.2.5 所示的正弦波,$x(t) = V_m \sin \omega t$,以取样脉冲宽度 T_g 对 $x(t)$ 取样,设取样脉冲的中心时刻为 t_0,则信号取样后的输出电压为

$$x(t) = V_m \sin \omega t, \qquad t_0 - \frac{T_g}{2} \leqslant t \leqslant t_0 + \frac{T_g}{2} \tag{6.2.5}$$

经积分器积分后的输出为

$$u_o(t_0) = \int_{t_0 - (T_g/2)}^{t_0 + (T_g/2)} V_m \sin \omega t \, dt = \frac{2V_m}{\omega} \sin \frac{\omega T_g}{2} \sin \omega t_0 \tag{6.2.6}$$

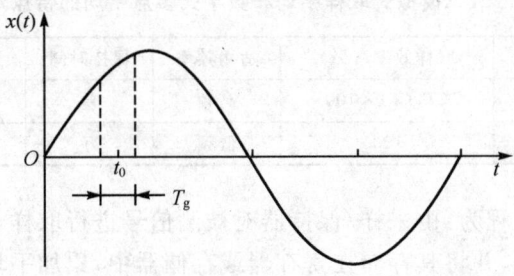

图 6.2.5　正弦波定点取样

当 ω 很低时,式(6.2.6)可以近似为

$$u_o(t_0) = \int_{t_0-(T_g/2)}^{t_0+(T_g/2)} V_m \sin \omega t\, dt = \frac{2V_m}{\omega} \frac{\omega T_g}{2} \sin \omega t_0 = V_m T_g \sin \omega t_0 \tag{6.2.7}$$

对比式(6.2.6)和式(6.2.7),当 ω 很高时,因为 $\sin(\omega T_g/2) < \omega T_g/2$,所以积分输出电压会下降,引起信号中高频分量的损失,损失程度可以表示为

$$A = \frac{\sin(\omega T_g/2)}{\omega T_g/2} \tag{6.2.8}$$

可见,取样积分对高频分量的衰减系数 A 与 fT_g 有关,如图 6.2.6 所示。如果要求取样积分对被恢复信号最高频率 f_c 的衰减不大于 3 dB,即要求 $A > 0.707$,则可得 $f_c T_g \leqslant 0.42$,也就是说,希望恢复信号的频率越高,取样脉冲的宽度就要越窄。但是 T_g 也不能选取得过窄,T_g 越窄则测量时间越长,因此实际应用当中应当综合各方面因素加以考虑。

3. 数字式平均的基本原理

在微弱信号检测领域,常常遇到有限时段的信号重复出现许多次的情况,相邻出现的信号之间的时间间隔可能是固定值,也可能是变化量,这样的信号称为重复信号。当各次重复信号之间的时间间隔为固定值时,该信号就是周期信号。如果这样的信号被噪声污染,通过对多次重复的信号进行数字式平均,就可以改善其信噪比。

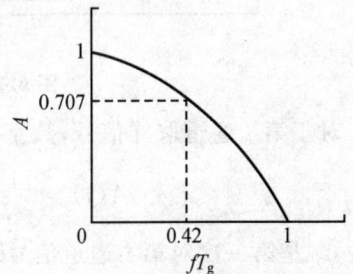

图 6.2.6　取样积分衰减系数 A 与 fT_g 的关系

与单点取样积分器系统相比,多点数字式平均方法在每个信号周期内取样多次,信号利用率更高,且利用数字式累加代替模拟电路积分,并利用数字式存储器存储处理结果,没有漏电和漂移问题,因此数字式多点平均方法得到了广泛应用。模拟式取样平均和数字式多点平均的特点对比如表6.2.1所列。

表 6.2.1 模拟式取样平均和数字式多点平均的特点对比

方法	取样效率/(%)	适用频率	保持时间	取样脉冲宽度
模拟式取样平均	$(T_g/T)\times 100$	高频	差	窄(分辨好)
数字式多点平均	100	低频	好	较宽(分辨差)

数字式平均的工作过程为:由采样/保持器对被测信号进行取样,再由 A/D 转换器将被测信号取样值变换为数字量,并将其存储在寄存器或存储器中;累加平均的运算过程由微处理单元或数字信号处理器完成,运算结果存储在寄存器或存储器中,并可由 D/A 转换器输出相应的模拟量。

数字式平均的运算过程如图 6.2.7 所示。假定被测信号为周期信号,周期为 T,在每个周期的起始处触发取样过程,每个周期内均匀取样 M 次,取样时间间隔为 Δt。

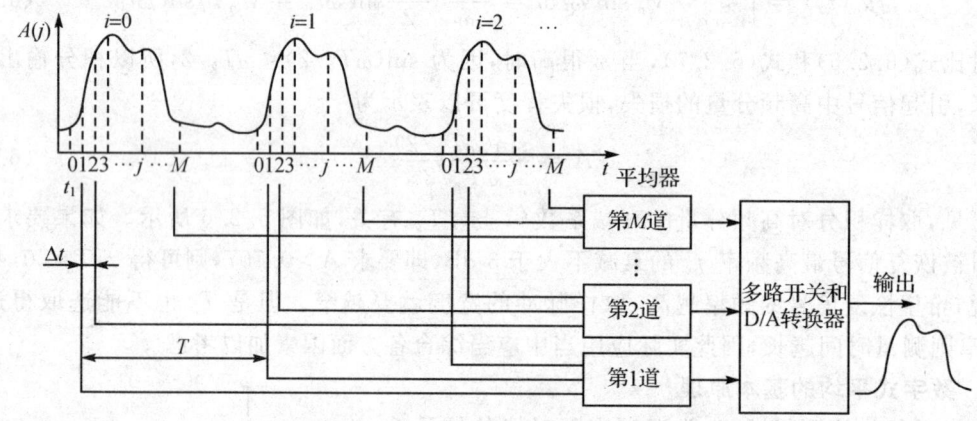

图 6.2.7 数字式平均的取样和运算过程

对于第 j 通道取样信号,数字式平均的运算过程可以表示为

$$A(j) = \frac{1}{N}\sum_{i=0}^{N-1} x(t_j + iT) \qquad j=1,2,3,\cdots,M \tag{6.2.9}$$

式中,t_j 是第一次对第 j 通道信号取样的时刻。

对于各个采样点,按照式(6.2.9)可分别计算出每个采样点对应的数字平均值,并经过 D/A 转换器输出,即可得到平均后的被测信号波形。因为被测信号为确定性信号,所以多次平均后仍然为信号本身;而干扰为随机噪声,多次平均后其有效值会大为减小,从而提高了信噪比。

式(6.2.9)采用的是一种批量算法,采集完 N 个数据后,再由计算机计算平均值。这种算法的缺点是计算量较大,需要做 N 次累加和一次除法才能得到一个平均结果,所以获得结果的频次较低。

为此,可采用递推式平均算法,当每个取样数据到来后,可以利用新数据对此前所有数据的平均结果进行更新,相对于每个取样数据,都会得到一个新的平均结果。随着一个个取样数据的到来,平均结果的信噪比越来越高,被测信号的波形逐渐清晰。针对几种不同的平均次数 N,图 6.2.8 给出了逐渐清晰的被测波形。

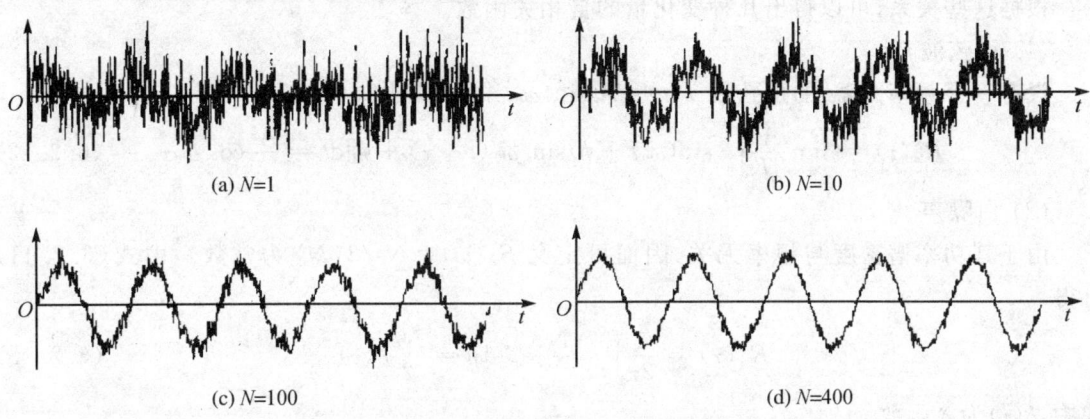

图 6.2.8 递推式平均算法输出波形

对于周期不同的重复信号,运用数字平均方法的关键是如何确定每段信号的起始点,也就是说,取样过程要与信号的出现保持同步。如果重复信号是由某个其他信号源激励所产生的,即使该激励信号是非周期或不规则的,那么也可以利用该激励信号作为每次重复开始取样的同步信号。如果无法从其他信号源或先验知识确定每段信号的起始点,则只能由测量信号本身来确定各次重复的起始点,例如利用被测信号的幅度或斜率来触发取样过程。对于噪声污染严重的信号,上述确定起始点的方法会遇到困难,必须采用比较复杂的检测和处理方法,这往往需要一定的时间。为了在确定信号起点的过程中不丢失信号的前段数据,需要在信号通道中设置延时环节或记录装置,这样才能在确定信号的起始点后(这需要一段时间的信号),再从起始点处开始取样;也可在确定信号起点的过程中就对信号进行取样和存储,确定起始点后,再确定这些取样数据的取舍及序号。

6.2.4 相关分析法

相关分析法利用周期性信号不同时刻的幅值具有相关性,而噪声随时间的变化具有随机性的特点,对它们求相关函数。根据相关函数的差别,可以将周期性信号从噪声的湮没中提取出来。

根据随机过程理论,一个变化量 $x(t)$ 的自相关函数定义为

$$R_x(\tau) = \lim_{T\to\infty} \frac{1}{T}\int_0^T x(t)x(t-\tau)\mathrm{d}t = \overline{x(t)x(t+\tau)} \qquad (6.2.10)$$

式中，τ 为延迟时间，T 为观测时间。

此外，变化量 $x(t)$ 的功率谱密度 $S_x(\omega)$ 与 $R_x(\tau)$ 之间满足傅里叶变换关系，即

$$R_x(\tau) = \frac{1}{2\pi}\int_{-\infty}^{\infty} S_x(\omega) e^{j\omega\tau} d\omega \tag{6.2.11}$$

根据这些关系，可以得出几种变化量的自相关函数。

(1) 正弦波

设有一个频率为 ω_0 的正弦波 $x(t) = A\sin(\omega_0 t + \phi)$，则由式(6.2.10)可得

$$R_x(\tau) = \lim_{T\to\infty} \frac{A^2}{T}\int_0^T \sin(\omega_0 t + \phi)\sin[\omega_0(t+\tau) + \phi]dt = \frac{A^2}{2}\cos\omega_0\tau \tag{6.2.12}$$

(2) 白噪声

由于其功率谱密度与频率无关，因而可定义 $S_x(\omega) = N_0/2$（N_0 为常数），由式(6.2.11)可得

$$R_x(\tau) = \frac{1}{2\pi}\int_{-\infty}^{\infty} \frac{N_0}{2} e^{j\omega\tau} d\omega = \frac{N_0}{2}\delta(\tau) \tag{6.2.13}$$

式中，$\delta(\tau)$ 为 δ 函数。

(3) 带通白噪声

带通白噪声的功率谱密度具有以下特点：

$$S_x(\omega) = \begin{cases} N_0/2 & (\omega_0 - \Omega) < \omega < (\omega_0 + \Omega) \\ 0 & \text{（其他频率）} \end{cases}$$

由式(6.2.11)可得

$$R_x(\tau) = \frac{1}{2\pi}\int_{\omega_0-\Omega}^{\omega_0+\Omega} \frac{N_0}{2} e^{j\omega\tau} d\omega = \frac{N_0\Omega}{2\pi} \frac{\sin(\Omega\tau)}{\Omega\tau} e^{j\omega_0\tau} \tag{6.2.14}$$

三种变化量自相关函数 $R_x(\tau)$ 随 τ 变化的波形如图 6.2.9 所示。

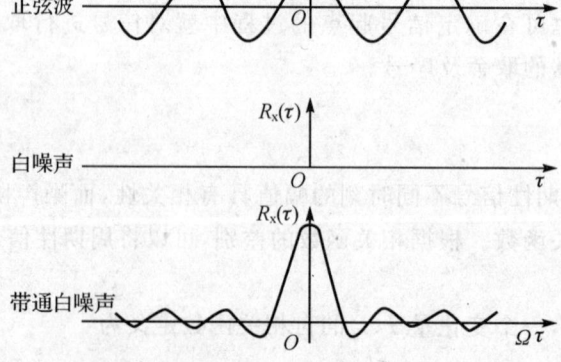

图 6.2.9　几种变化量自相关函数 $R_x(\tau)$ 随 τ 变化的波形

从图 6.2.9 中可以看出,当 τ 足够大时,噪声变化量的自相关函数趋近于零,而正弦波信号的自相关函数却是按余弦振荡方式取值。因而如果变化量中包含了正弦信号及噪声,则当 τ 足够大时,自相关函数仍然不为零,必然说明噪声背景中存在周期性信号。

图 6.2.10 所示为相关分析法的基本原理电路图。

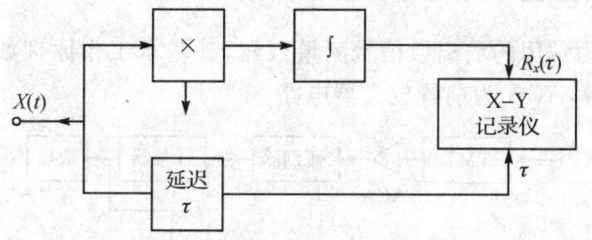

图 6.2.10 相关分析法基本电路原理

图 6.2.10 中,延迟时间 τ 由延迟时间发生器来改变其大小,对应一组 τ,在 X-Y 记录仪上便得到 $R_x(\tau)$-τ 变化曲线图,根据变化曲线图的特点即可进行微弱信号的识别与检测。

6.3 弱离散信号的检测

6.3.1 离散信号检测的特点

信号总是随时间变化的。时域信号的研究重点是单个信号的"波形",不重视其重复规律。而研究离散信号,则不重视单个离散信号的波形,主要研究信号的重复规律,即"信号密度"及其随时间的变化。因此,总是把离散信号看成是多个"单体"组成的群体,整个离散信号可视为脉冲列。若离散信号是等间距的脉冲列,则测量的是脉冲速率(频率)。若离散信号是非周期性的,则只能测量其平均速率。

离散信号除具有多个单体组成的整体流特征外,多数具有随机性的特点,即就单个脉冲而言,其出现不仅是非周期的,而且是随机的。随机并不是没有规律,多次测量结果是有统计规律的。离散信号有随机性,但测量时间足够长时,测量结果接近平均值。因此,对离散信号不再有周期、占空比等概念,但有平均周期、平均速率的概念。离散信号测量的重点是信号密度,少数情况下研究其幅度,但不研究其波形。

弱离散信号是指信号幅度与噪声幅度相当或更小,也就是说,相对于探测器的灵敏度而言,信号幅度较小。信号按幅度分强弱的概念,本身是随探测器技术(噪声水平)、测量方法的发展而变化的,如光的强弱概念的变化。没有光电器件时,测量毫瓦级的光已经非常困难了,毫瓦级光束即是弱光流。但有了光电晶体管、光电倍增管后,利用静电计等电量、电流和电压检测设备,可检测到 $10^{-6}\sim10^{-8}$ W(10^7·光子/秒)的光,此时只有低于微瓦量级的光才是弱光。目前的问题是还有比这更弱的光,如几个光子,这就要求更弱光的检测。当然,若能作单光子检测,则将获得最高检测极限,所有的弱光检测问题就都解决了。目前已经能够作单光子的检测。

6.3.2 光子计数器的基本原理

光子计数器是最为常用的弱离散信号测量仪器,其基本工作原理如图6.3.1所示。图中的PMT为光电倍增管,ACA为前置放大器电路。

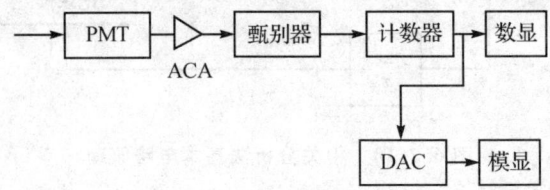

图 6.3.1 光子计数器原理框图

可见,对于非电离散信号测量(如光信号),要求有对单体信号的转换器(如光电倍增管),以求获得电脉冲列。而对于电离散信号的测量,则直接可接入放大器电路的输入端。放大器的输出信号进入脉冲序列甄别器,进行噪声脉冲的排除;之后,送入脉冲计数器作时间计数。最后按照不同的要求进行模拟显示或数字显示。下面就对原理框图中的几个关键技术环节进行简要分析。

1. 光电倍增管

对于光子计数器中的光电倍增管,有以下几个方面的问题需要加以注意,以具体指导实际器件的选取。

(1) 要有极低的噪声

用做光子计数器的光电倍增管(PMT),在光谱响应范围合适的前提下,要求有极低的噪声,这里的低噪声主要是指噪声脉冲数要少。PMT的噪声主要是由于阴极和第一打拿极热电子发射造成的,后级打拿极热发射、阳极漏电流、场致发射、光反馈和离子反馈等因素也有可能产生一定程度的噪声。噪声脉冲按幅度来分,可分为A、B、C、D四类。A类脉冲的幅度小、数目多;B类噪声脉冲的幅度与光电发射的脉冲相当。C类和D类脉冲的脉冲幅度大于B类。通过分析可以看出,A、C、D类脉冲与有效脉冲的区别明显,因此可用屏蔽和幅度甄别的方法解决。因此,降低噪声的目标主要是B类噪声的减少,而减少的最有效手段就是降低光电倍增管的工作温度,以减低热发射引起的噪声。

而其他噪声的消除,则要在PMT的设计、制作、工艺、选材上加以注意。例如要防止光反馈、离子反馈;要注意边缘毛刺放电、场致发射;要注意窗材料含放射性同位素,引起光电子出射等。

(2) 要有良好的单峰特性

光电倍增器的脉冲高度分布曲线如图 6.3.2 所示。图中,横坐标是 PMT 各种输出脉冲的幅度,纵坐标是脉冲计数的结果。从图中可以看出,在光子产生的脉冲幅度处有一个峰,称为单光子峰。

为更好地利用幅度甄别器,消除 A、C、D 类脉冲,用于光子计数器的 PMT,需要其脉冲高度分布曲线有明显的单光子响应峰,这是选择 PMT 的重要依据。

(3) 要有较宽的计数坪区

用做光子计数的 PMT,在相同的入射光下,不同的外加阴极、阳极电压时,会有不同的信噪比特性,而且各电压下的计数率也有所不同。因此,为了减小误差和有较宽的使用电压范围,应当选用计数坪区特性好的 PMT。

图 6.3.3 是 PMT 的计数坪区示意图。图中横轴是所加高压值,随高压的增加,暗电流沿线 1 变化;而光照时,计数速率按线 2 变化;其中有一段变化缓慢区域是作为光子计数测量的区域。从图中线 1 和线 2 的比较可以看出,坪区的开头是信噪比最大的区域;而坪区的结尾处,是信噪比最小的地方。因此实际使用时,应选坪区开头附近。

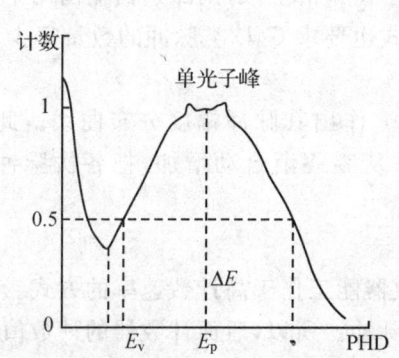
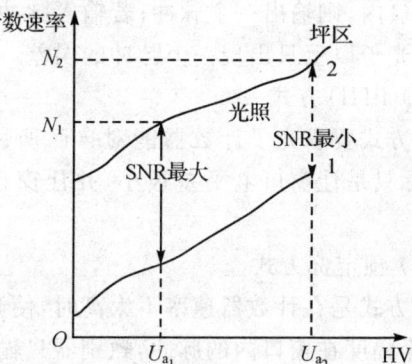

图 6.3.2　光电倍增器的脉冲高度分布曲线　　图 6.3.3　PMT 的计数坪区示意图

除了上述几点之外,在 PMT 的选取时,还要注意以下几点:① 第一打拿极电压要高,偏置电路的电流要小;② 阳极电路时间常数要小;③ 接地与屏蔽工艺要重点考虑等。这些都是确保在光子计数器中 PMT 性能良好的关键因素。

2. 前置放大器

PMT 的输出特点表现为毫伏级的窄脉冲。为了能够高速计数,放大器输出的脉冲也必须保持原有宽度,其前后沿时间应尽量短。因此,要求放大器必须是宽频带放大器。而根据放大器通带宽度 Δf 与输出脉冲上升时间 t_r 间的关系(输入脉冲设为矩形):

$$\Delta f \times t_r \approx 0.35 \tag{6.3.1}$$

则假设 $t_r = 2.5\ \mathrm{ns}$,放大器的带宽为 $1.75\ \mathrm{GHz}$。也就是说,光子计数器对放大器的带宽要求很高。

3. 脉冲幅度甄别器

对脉冲幅度甄别器的要求是能够有如下 5 种工作方式。

(1) 单电平工作方式

该方式是确定一个电平作为甄别标准。如果输入脉冲幅度高于甄别标准,则输出一个脉冲。如果低于甄别标准,则无脉冲输出。这种方式下,若将标准电平选得略高于入射光子输出的脉冲幅度,则可将大量后级打拿极产生的噪声脉冲排除。该方式可用于高幅度噪声脉冲可略去不计的情况。

(2) 窗口方式

该方式规定了两个标准电平,输入信号只有在两个电平之间时才有一个脉冲输出。这种方式能够将入射光子形成的电脉冲的可能幅度都夹于其内,而将幅度低于或高于窗口上下限的噪声脉冲排除。

(3) 校正方式

在窗口工作方式下,针对光电倍增管脉冲堆积效应引起的测量误差,规定若输入脉冲幅度介于窗口内,则输出一个脉冲;若输入脉冲幅度大于窗口的上限,则甄别器输出两个脉冲,以修正两个光子以上只出现一个脉冲的误差。此种方式也要求 C、D 类脉冲的数量很少。

(4) PHD 方式

该方式要求光子计数器能对自己所用的 PMT 作出其脉冲幅度分布曲线。此种工作方式,实际只是让窗口电平差很小,并让窗口下电平从零逐渐自动增加,把各次脉冲计数绘成曲线。

(5) 预定标方式

该方式是在计数器速率不太高时,使光子计数器能工作于高计数速率的方式。此时,每输入 10 个幅度在窗口内的脉冲,甄别器只输出 1 个脉冲。所以,后面计数器的计数值,是实际数值的 1/10,这样对计数器的计数速率可要求稍慢。

除上述 5 种工作方式的要求外,还要求甄别器速度要快,最好完成一次甄别的时间少于 10^{-8} s,这样才可能测量到光子流密度高达 10^7 个/秒的情况。实际应用中,最常用的甄别器电路是施密特触发电路。

6.3.3 光子计数器应用举例

成像激光雷达是一种主动遥感技术,通过测量发射与接收激光脉冲之间的时间间隔,可以获得精度极高的距离数据,以绘制地表三维高程图。

传统的激光雷达采用线性探测体制,不能有效利用激光回波中的光子能量,且系统功耗高、质量和体积庞大。光子计数成像激光雷达采用高重频、低脉冲能量的激光发射机和能探测单个光子事件的光电倍增管,把对目标的探测由对波形的探测转换为对光子的计数,不仅可以充分利用回波光子能量,还能减小激光器内部光学损坏的风险和接收望远镜口径,提高长期可靠性,减轻质量,减小体积和降低功耗。光子计数成像激光雷达具有很高的灵敏度,对同一个激光主波信号,由于暗电流和背景光噪声等影响,会产生多个回波脉冲信号,因此需要记录测量范围内每个主波信号对应的所有回波信号,即系统必须测量一个启动(start)脉冲与多个对应停止(stop)脉冲之间的时间间隔,并要求较高的精度。

一般成像雷达的时间间隔测量系统仅具备对 3~5 个时间事件的测量能力,显然不能满足光子计数成像激光雷达的设计要求。因此,研究人员设计了用于光子计数成像激光雷达的时间间隔测量系统,其在光子计数成像激光雷达中的位置如图 6.3.4 所示。

从图 6.3.4 中可以看出,光子计数成像激光雷达是把从激光发射到激光回波返回这段时间区间内所有光子事件,包括随机背景噪声和信号都看做潜在的有效数据记录下来,通过一定处理算法将有效距离数据从记录数据中提取出来。

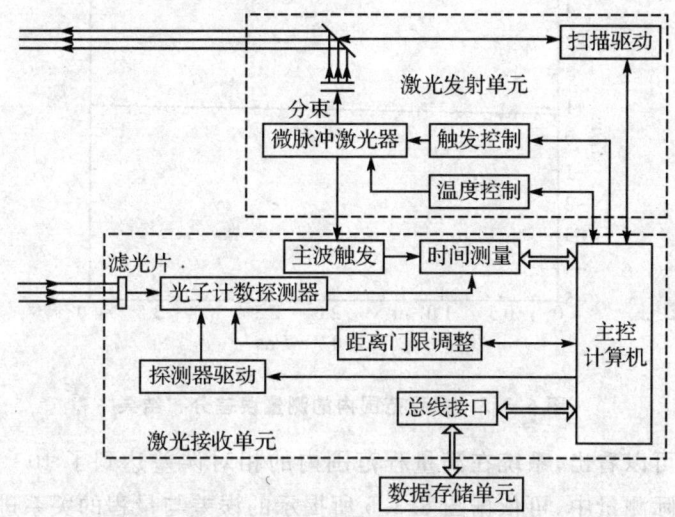

图 6.3.4　光子计数成像激光雷达的结构框图

为了验证光子计数器的精度,需要一个稳定且可调节的时间间隔作为测试源,为此,研究人员专门设计了延时产生电路,该电路能产生两个时间间隔稳定并可精密调节的窄脉冲。在测试源的激励下,测试了 6 个标准时间间隔的精度情况,结果如表 6.3.1 所列。

表 6.3.1　对 6 个标准时基输入信号的测试结果

标准时间间隔 T/ns	最小值 T_{min}/ns	最大值 T_{max}/ns	平均值 T_{avg}/ns	标准差 σ/ps
0.966	1.043	1.317	1.181	45.766
4.83	4.883	5.268	5.056	64.384
14.49	14.431	14.760	14.589	39.297

续表 6.3.1

标准时间间隔 T/ns	最小值 T_{min}/ns	最大值 T_{max}/ns	平均值 T_{avg}/ns	标准差 σ/ps
24.15	24.060	24.362	24.199	42.295
38.64	38.299	38.765	38.492	68.956
48.3	47.956	48.395	48.184	71.568

分析表中的数据可知，时间间隔测量的标准差 < 80 ps，对应的测距误差 < 12 mm，完全能够满足精度要求。

光子计数器系统量程范围内的测量误差分布结果如图 6.3.5 所示。图中，横坐标为标准时间间隔，纵坐标为距离标准值的偏差。

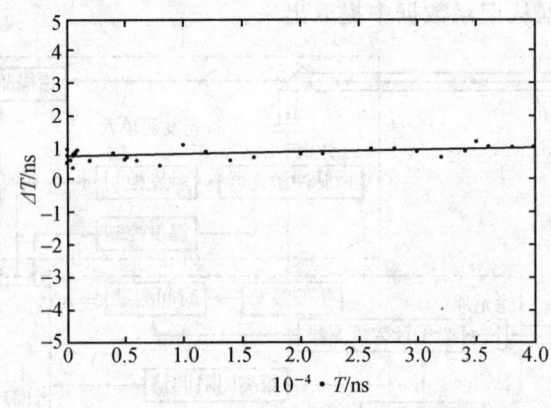

图 6.3.5 量程范围内的测量误差分布结果

从图 6.3.5 中可以看出，系统在满量程范围内的相对误差达到了 10^{-5} 数量级，也能够满足设计要求。在实际测量中，可依据图 6.3.5 所揭示的误差与量程的关系进行误差修正，以进一步提高测量精度。

6.4 微弱并行检测技术

6.4.1 微弱并行检测技术概述

在物理、化学、工程等学科的研究或测量中经常会有多种谱的检测，如光谱、能谱、质谱等。广义上讲，研究某个参数随另一变量（自变量）而变化的函数（因变量）关系，就形成了一种谱。在谱研究中，若按自变量一点点地检测对应的应变量，称为单点检测（或串行检测）。并行检侧则是相对于串行检测而言的，是指同时获取各自变量对应的因变量值，例如用照相乳胶法测量宇宙射线能谱。

相比较串行检测,并行检测具有如下特点:
① 获得的是同时谱,谱中因变量的相对变化受研究对象不稳定因素的影响较小;
② 测量整谱的时间快,为研究时间分辨谱创造了条件;
③ 可以研究瞬态现象;
④ 检测灵敏度较串行检测低,且某些情况下检测质量较串行检测要差一些。

因此,在微弱信号的并行检测中,关键环节是要提高检测的灵敏度。随着光电技术、计算机技术和射线探测技术的快速发展,对于光谱和核物理中的辐射测量,已经发展出了较好的微弱信号并行检测仪器。如对光谱测量,光学多道分析仪(简称 OMA)能够获得较高的灵敏度,在很多领域都得到了广泛的应用。

6.4.2 光学多道分析仪的原理

光谱测量的并行检测技术可分为两大类:一类是以傅里叶变换为理论基础的多路传输技术,另一类是多道探测技术。第一类目前只在红外谱区得到实用,而多道技术几乎可以做所有光谱波段方面的工作。

光学多道分析的概念是在 1970 年由 Margoshes 提出的。其原始设想是将电视摄像头与光栅光谱仪结合,用于光谱测量。因为其既有光电探测的特点(灵敏度高),又有乳剂干板的像存储能力,所以很快就被制成系统和成为商品,其工作原理如图 6.4.1 所示。

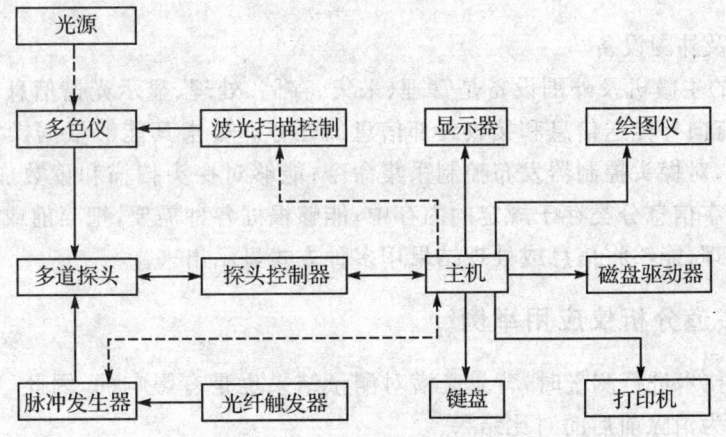

图 6.4.1 光学多道分析仪的系统框图

从图 6.4.1 中可以看出,光学多道分析仪首先通过多色仪将光源的光展成光谱,然后即可通过多道探头完成并行检测。也就是说,光学多道分析仪应当包括分光设备、多道信息采集、控制处理和显示存储几大部分。

(1) 分光设备

图 6.4.1 中的多色仪实现了光展开成光谱的功能,称之为分光设备。不同于摄谱仪的是,由于采用的是平面光电多道探头,因此其输出谱线像是直线。而如果要适应宽谱段的数据采集,则必须具有波长扫描的能力。和普通单色仪一样,它也是靠转动色散元件来完成波长扫描的。多色仪为保持扫描线性,总是采用光栅做色散元件,并配以正弦变化的转动装置,确保波长扫描的性能。

(2) 多道信息采集

多道信息采集包括多道探头、探头控制器、脉冲发生器和光电触发器四大部分,其作用是进行光谱的并行采集。

多道探头的基本要求是:光电转换效率要高,内部噪声要小;像元足够多,像元尺寸和间隔要小;波长响应范围要宽;探测速度要快,以适应高速采集的情况。在探头的光电转换过程中,要考虑像元的曝光控制,要考虑像元的电信号输出方式,因此需要探头控制器来指导探头工作。实际工作时,希望探头采光时间可调,有时还希望能周期性地曝光。为此,最好是用一个脉宽可调、重复率可调、能外同步的脉冲发生器来控制电光快门。这种供探头专用的脉冲发生器,称为选通脉冲发生器。脉冲发生器工作时需要有外触发脉冲输入,而实际情况是,即使脉冲发生器不选通,很多光谱实验也需要信息采集与光源同步,即要求 OMA 主机和探头控制器能输入或输出同步触发脉冲。若光谱源有 TTL 电脉冲输出,则可直接加以使用,否则,常配有光电触发器。对其要求主要是响应快、灵敏度高,通常用雪崩光电二极管配合施密特电路来达到。

(3) 主微机及外围设备

OMA 系统的主微机及外围设备是管理、采集、存储、处理、显示光谱信息(或图像信息)的中央机构,并负有向外传送信息和接收外部信息的任务。要求其能够根据操作者的命令或事先规定好的程序,对探头控制器发布控制采集命令;能够对探头扫描和读数加以控制;能够把控制器送来的数字信息分类存于规定的内存中;能够根据各种需要,把当前或以前的光谱原始数据进行数据处理;能够将信息或处理结果用多种方式显示出来。

6.4.3 光学多道分析仪应用举例

利用 OMA 技术进行测量时,背景光谱对测量结果也是有影响的,因此,应当将其予以消除。图 6.4.2 即为消除前后的对比结果。

图 6.4.2(a)是背景光谱,主要成分是暗电流噪声。图 6.4.2(b)是对测量光源所采的谱,由于信号较弱,故信噪比较差。图 6.4.2(c)则是 OMA 利用计算机进行处理后,从图 6.4.2(b)中扣除图 6.4.2(a)的结果,效果有明显改善。

在探头各像元间,由于制作等原因,相同光强照射时响应的数值是不同的。另外,光学系统的光谱传输效率也是不相同的(例如由于光栅效率的变化)。因此,在组成系统后应该对各

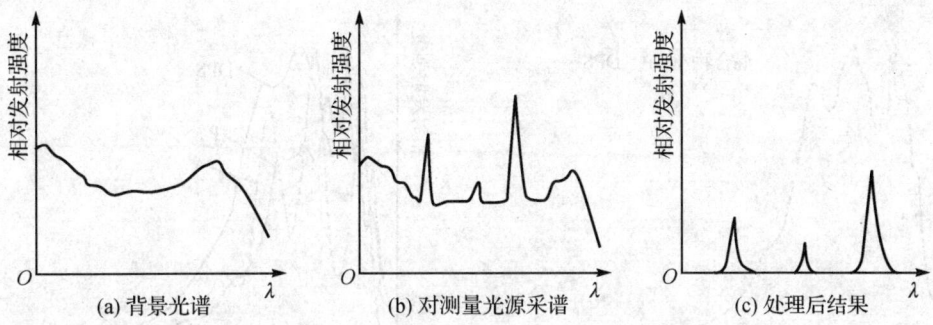

图 6.4.2　扣除背景前后的对比结果

道作一次光谱响应校准,将校正的归一化因子存入计算机,以后每次采得的光谱,都应用修正因子进行修正。图 6.4.3 就是对一个环乙烷溶液的发射谱作了修正后的谱图,谱线间的相对强度修正前、后是不相同的。

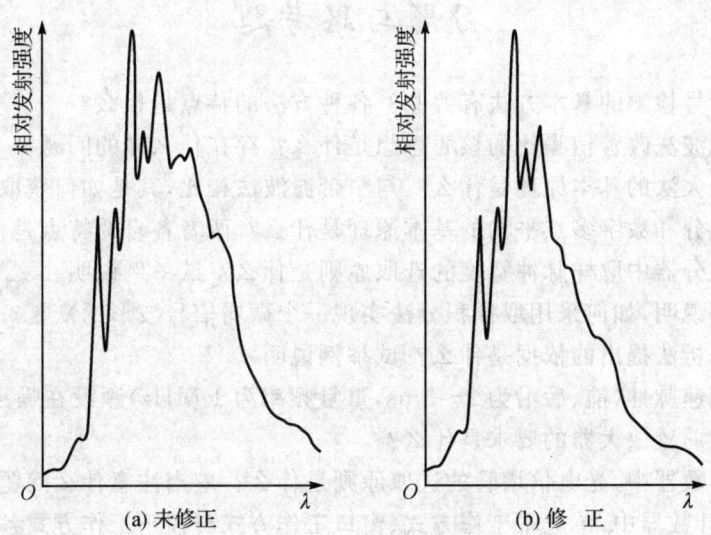

图 6.4.3　环乙烷溶液的光谱修正

最后以多种元素同时检测为例,假定溶液中含有三种成分:蒽、芘、二苯基硫脲,溶液浓度为 $1\ \mu g/mL$,利用 OMA 技术可以获得其发射光谱,如图 6.4.4 所示。

图 6.4.4(a)是三种化合物的发射光谱,图 6.4.4(b)是单独成分的发射光谱。可见,OMA 成功地实现了多种元素的同时测定,大大减少了分析混合物时所要求的化学分离步骤的程度与数量。

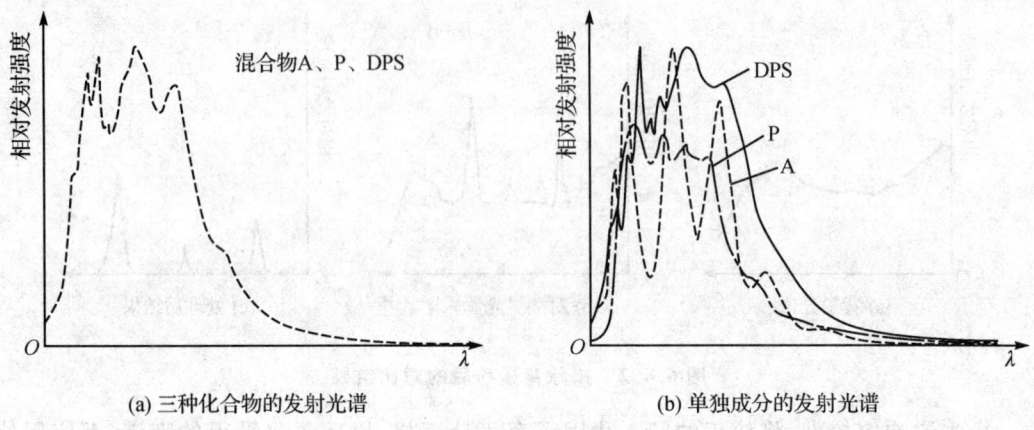

(a) 三种化合物的发射光谱　　　(b) 单独成分的发射光谱

图 6.4.4　蒽、芘和二苯基硫脲的发射光谱

习题与思考题

6.1　微弱信号检测的基本方法有哪些？各种方法的特点是什么？

6.2　窄带滤波法改善信噪比的核心思想是什么？存在什么样的问题？

6.3　锁定放大法的基本原理是什么？与窄带滤波法相比，其是如何获取更高信噪比的？

6.4　取样积分和数字多点平均的基本原理是什么？两者各自的特点是什么？

6.5　取样积分器中取样脉冲宽度的选取原则是什么？试举例说明。

6.6　试举例说明，如何采用取样积分法实现一个微弱信号波形的恢复？

6.7　相关分析法提出的依据是什么？试举例说明。

6.8　有一高速脉冲(前、后沿为 $2\sim 3$ ns，重复频率为 1 MHz)湮没在噪声中，若用光子计数器进行检测，对前置放大器的要求是什么？

6.9　光子计数器中，光电倍增管的选取原则是什么？应当注意什么问题？

6.10　光子计数器中，单电平工作方式、窗口工作方式与校正工作方式各自的特点和适用的条件是什么？

6.11　光多道光谱分析系统由几部分组成？各部分的主要功能是什么？

第7章 抗干扰技术

检测仪器大部分都安装在测试现场,而测试现场的环境有时是非常恶劣的,声、光、电、磁、振动,以及化学腐蚀、高温、高压等的干扰都可能存在。这些干扰轻则影响测量精度,重则使仪器无法正常工作。在控制系统中,由于干扰的影响,轻则使系统控制精度降低,严重时可能使系统控制失灵,以致降低产品的质量,甚至使生产设备损坏,造成事故。

要设计、制造一台高精度、高稳定性的检测仪器,除了正确设计和精密加工以外,还必须根据仪器使用时的环境,采取适当的抗干扰措施,才能保证仪器在恶劣环境中,对干扰有较强的抑制能力,使仪器能正常工作。

有效的抗干扰措施,必须"对症下药"才能收到良好的效果。如果盲目采用抗干扰措施,误认为措施越多越好,则不仅会效果不明显,甚至还会造成相反的效果。

为了更好地采取有针对性的抗干扰措施,就必须清楚地了解干扰的来源及干扰的传播途径、各种抗干扰技术的理论基础与技术方法。

7.1 干扰的来源

7.1.1 外部干扰

外部干扰主要来自自然界以及各种设备(主要是电气设备)的人为干扰。

1. 自然干扰

自然干扰来自各种自然现象,如闪电、雷击、宇宙辐射、太阳黑子的活动等,即主要来自天空。因此,自然干扰主要对通信设备、导航设备的影响较大;而对一般工业检测仪器,虽有一定影响,但不是太大。

2. 人为干扰

人为干扰主要是由各种用电设备所产生的电磁场、电火花(如电动机、开关的启停)造成的干扰,以及电火花加热、电弧焊接、高频加热、可控硅整流等强电系统所造成的干扰。这些干扰主要是通过供电电源对测量装置和仪器产生影响。在大功率供电系统中,大电流输电线周围要产生交变电磁场,因此对安放在输电线附近的仪器也会产生干扰。若低电平的信号线有一段与输电线相平行,则通过信号线对仪器也会产生干扰。

7.1.2 内部干扰

内部干扰有些是由仪表内部各种元件的噪声引起的。例如,电阻中随机性的电子热运动引起的热噪声;半导体、电子管内载流子的随机运动引起的散粒噪声;在两种不同导体接触的地方(如开关和继电器的触点、焊接点等),由于两种材料不能完全接触,引起电导率的起伏而产生的接触噪声;因布线不合理,寄生参数、泄漏电阻等耦合形成寄生反馈电流所造成的干扰;工艺上不合理造成的干扰。

有关有源和无源器件所产生的各种噪声的计算,请参看第 2.7 节低噪声放大器设计。

7.2 干扰的传输途径

各种干扰能够对仪表产生不良的影响,除了有干扰源存在及被干扰的对象之外,还必须具有从干扰源到被干扰对象之间的干扰途径。换句话说,形成干扰的影响必须具备三个因素,即
① 干扰源;
② 对干扰敏感的被干扰对象;
③ 干扰源到被干扰对象之间的传输途径。

以上三个因素之间的关系如图 7.2.1 所示。研究和分析干扰的传输途径,对掌握干扰的实质及抑制干扰都是十分重要的。因此,在分析干扰时,首先要找到有哪些干扰源存在,被干扰的对象中有哪些元件对干扰是敏感的,以及干扰是如何传输和通过哪些途径传输的。

为了消除和抑制干扰,除了消除或减弱干扰源,以及使被干扰对象对干扰不敏感之外,抑制或切断干扰的传输途径是重要的手段之一。

图 7.2.1 形成干扰影响三因素之间的关系

7.2.1 电场耦合

电场耦合是由于两支电路(或元件)之间存在着寄生电容,使一条支路上的电荷通过寄生电容传送到另一条支路上去,因此又称电容性耦合。

图 7.2.2 所示为仪表测量线路因受电场耦合而产生干扰的示意图及其等效电路。

图 7.2.2 中,M 为对地具有电压 U_{ng} 的干扰源;B 为电子线路中输入端裸露在机壳外的导体;C_m 为 M 与 B 之间的寄生电容;Z_i 为电子线路的输入阻抗;U_{nc} 为测量电路输出端的干扰电压。

设 $C_m=0.01\ \text{pF}, U_{ng}=5\ \text{V}, f=1\ \text{MHz}, Z_i=0.1\ \text{M}\Omega, K=100$。若 $Z_i \ll 1/\omega C_m$,则 B 点的

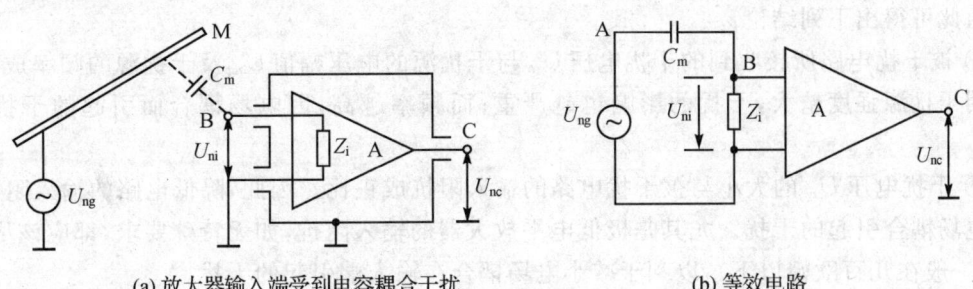

(a) 放大器输入端受到电容耦合干扰　　　　(b) 等效电路

图 7.2.2　电场耦合对测量线路的干扰

干扰电压为

$$U_{ni} = U_{ng}\omega C_m Z_i = 5 \times 2\pi \times 10^6 \times 0.01 \times 10^{-12} \times 10^5 \text{ V} = 31.4 \text{ mV}$$

而放大器输出端的干扰电压为

$$U_{nc} = K \cdot U_{ni} = 3.14 \text{ V}$$

显而易见,这样大的干扰电压是不能容忍的。

在一般情况下,通过电场耦合传输干扰电压可用图 7.2.3 来表示。图中 U_{ng} 是干扰源的电压;C_m 是寄生电容;Z_i 是被干扰电路的输入阻抗。

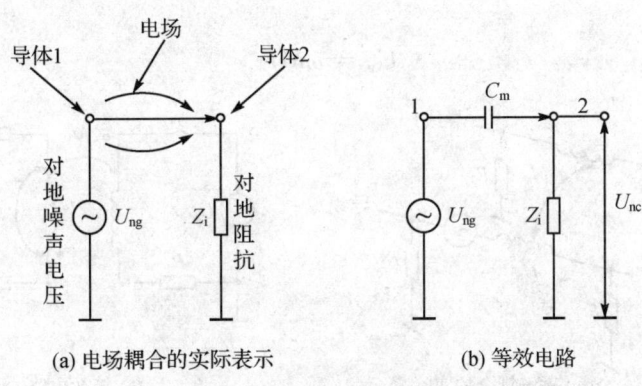

(a) 电场耦合的实际表示　　　　(b) 等效电路

图 7.2.3　电场耦合等效电路

由图 7.2.3 可得,在被干扰电路输入端所产生的干扰电压为

$$U_n = \frac{j\omega C_m Z_i}{1 + j\omega C_m Z_i} U_{ng} \tag{7.2.1}$$

若 $|j\omega C_m Z_i| \ll 1$,则上式可化简为

$$U_n \approx j\omega C_m Z_i U_{ng}$$

其幅值为

$$U_n \approx \omega C_m Z_i U_{ng}$$

由此可得出下列结论:

① 被干扰电路所接收到的干扰电压 U_n 与干扰源的电压幅值 U_{ng} 及干扰源的频率成正比。这说明干扰源强度越大,干扰的影响也越严重;而频率越高,因电场耦合而引起的干扰也越严重。

② 干扰电压 U_n 的大小与被干扰电路的输入阻抗成正比。因此,降低电路的输入阻抗,可减小电场耦合引起的干扰。尤其是极低电平放大器的输入阻抗,如无特殊要求,都应该尽可能小些(一般在几百欧姆以下),以利于减小电场耦合在输入端引起的干扰。

③ 干扰电压 U_n 的大小正比于干扰源与被干扰电路之间的寄生电容 C_m。因此,合理的布线使寄生电容减小,会有利于减小电场耦合而引起的干扰。

7.2.2 磁场耦合(互感性耦合)

当两个电路之间有互感存在时,一个电路中电流的变化,就会通过磁场耦合到另一个电路。电气设备中的变压器及线圈的漏磁就是一种常见的通过磁场耦合的干扰源。另外,两根平行的导线也会产生这种干扰。

图 7.2.4 是两个电路之间的磁场耦合及其等效电路。图中 I_1 是电路"1"中的电流,就是干扰电流;M 是两支电路之间的互感;U_n 是电路"2"中所引起的感应干扰电压。由图中等效电路可得

$$U_n = \omega M I_1 \tag{7.2.2}$$

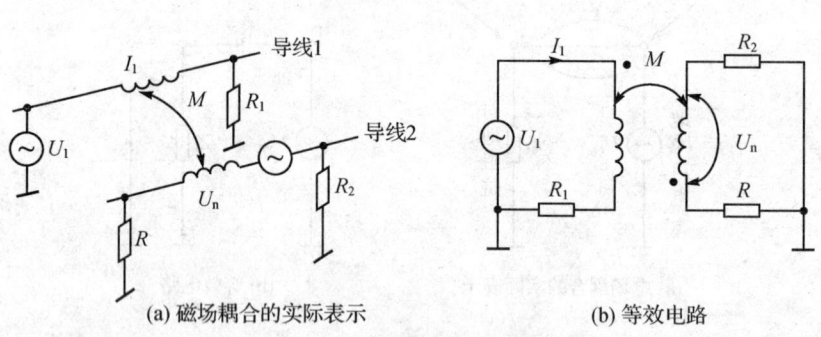

(a) 磁场耦合的实际表示　　　　　　(b) 等效电路

图 7.2.4　磁场耦合及其等效电路

由此可得下列结论:

① 被干扰电路所感应的干扰电压 U_n 与干扰源的电流成正比。
② 干扰电压 U_n 与干扰源的变化频率成正比。
③ 干扰电压 U_n 与互感系数成正比。

下面举一实例来说明耦合的影响。图 7.2.5 是一交流电桥测量电路受磁场耦合干扰的示意图。图中,U_x 为电桥输出的不平衡电压,导线 D 在电桥附近产生磁场,并耦合到电桥测量

电路上。若 $I_1=10\text{ mA}, M=0.1\text{ }\mu\text{H}$,则干扰源的频率为 10 kHz(因交流供电电源频率相同)。
由式(7.2.2)可得
$$U_{on}=\omega MI_1=2\pi\times 10^4\times 0.1\times 10^{-6}\times 10\times 10^{-3}\text{ V}=62.8\text{ }\mu\text{V}$$

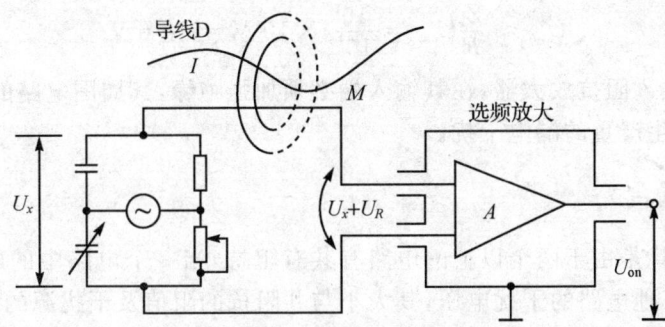

图 7.2.5　磁场耦合对交流电桥的干扰

显然,尽管干扰电流 I_1 是微弱的,其磁场耦合 M 也是很微弱的,但还是在电桥的输出端产生了 62.8 μV 的干扰电压,从而影响到电桥的测量精度。

7.2.3　漏电流效应

由于电子线路内部的元件支架、接线柱、印刷电路板、电容内部介质或外壳等绝缘不良,流经漏电电阻(绝缘电阻)的漏电流就会引起干扰。特别是当漏电流流入测量电路的输入级时,其影响就特别严重。

图 7.2.6 表示由漏电流引起干扰的等效电路。图中,U_{ng} 为干扰源,R 为漏电电阻,Z_i 为漏电流流入电路的输入阻抗,U_{on} 为 Z_i 两端所产生的干扰电压。

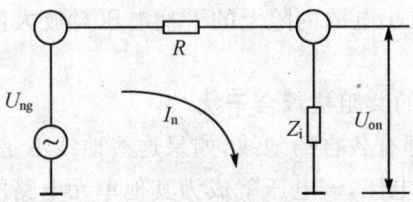

图 7.2.6　漏电流干扰等效电路图

由图 7.2.6 可得
$$U_{on}=U_{ng}\frac{Z_i}{R+Z_i}\approx\frac{Z_i}{R}U_{ng} \tag{7.2.3}$$

漏电流所引起的干扰在下列情况下更为严重:
① 在高输入阻抗的直流放大器输入端;
② 测量电路附近有高压直流电源;

③ 测量高压电压。

例如,设输入阻抗为 $Z_i=10$ MΩ 的高输入阻抗放大器附近有一直流电压源 $U_{ng}=10$ V,U_{ng} 对 Z_i 的漏电电阻 $R=10^{10}$ Ω,则在高输入阻抗放大器输入端所引起的漏电干扰电压为

$$U_{on} \approx \frac{Z_i}{R} U_{ng} = \frac{10^7}{10^{10}} \times 10 \text{ V} = 10 \text{ mV}$$

由此可见,对于高输入阻抗放大器,在其输入端必须加强绝缘,其周围电路的安排若绝缘不良,则漏电流感应会产生严重的漏电干扰。

7.2.4 共阻抗耦合

共阻抗耦合干扰是由于两个以上的电路有共有阻抗,当一个电路中的电流流经共阻抗产生压降时,就成为其他电路的干扰电压,其大小与共阻抗的阻值及干扰源的电流大小成比例。

共阻抗耦合干扰在测量电路的电子放大器中是一种常见的干扰,对多级放大器来说,就是一种寄生反馈;当满足正反馈条件时,可能引起自激振荡,使仪器无法稳定工作。

1. 通过电源内阻的共阻抗耦合干扰

多级放大器或多单元电子仪器,一般都共用一个直流稳压电源。但由于直流稳压电源的内阻不可能等于零,而且电源引线还有寄生电感和导线电阻,这就成为各部分电路的共阻抗。

图 7.2.7(a)表示两台三级电子放大器由同一直流电源 E 供电。在各级输入信号 U_{i1}、U_{i2} 激励下,上下两台放大器分别产生交流电流 i_1、i_2,当上面放大器输出电流 i_1 流经电源内阻 Z_c 时,在 Z_c 上产生 $U_1=i_1 Z_c$ 的电压。此电压 U_1 经电路传输到下级放大器,就成为下级放大器的干扰电压。

防止电源内阻引起的干扰,可采取以下措施:

① 减小电源的输出内阻;

② 接入去耦滤波电路,减小电源内阻上的干扰电压对放大器前级的影响(如图 7.2.7(b)所示)。

2. 通过公共接地线阻抗的共阻抗耦合干扰

在仪表的各单元电路上都有各自的地线,如果这些地线不是一点接地,各级电流就流经公共地线,则在地线电阻上产生电压,该电压就成为其他单元电路的干扰电压,如图 7.2.8 所示。

图 7.2.8 中 1#、2#、3# 三块插件板上安装了三块单元电路,其接地方式如图所示。其中 3# 板工作电流最大,通过公共地线 BA 接地,3# 板输出电流在 BA 的阻抗上要产生电压降。由于 1# 板接地点在 A 点,A 点的电位将通过 R_1 耦合到 2# 板的输入端。而 2# 板的接地点在 B 点,则 BA 上电压降就成为它的干扰电压。干扰电压经放大后再输送给 3# 板。由于 3# 板上受到干扰电压的影响,使电流又发生变化,于是在 BA 线上的电压降也发生变化。最后,又经 1# 板耦合到 2# 板输入端,形成一个闭环的寄生反馈。当满足了一定条件时,这个环路就会产生自激振荡,使仪器无法稳定工作。

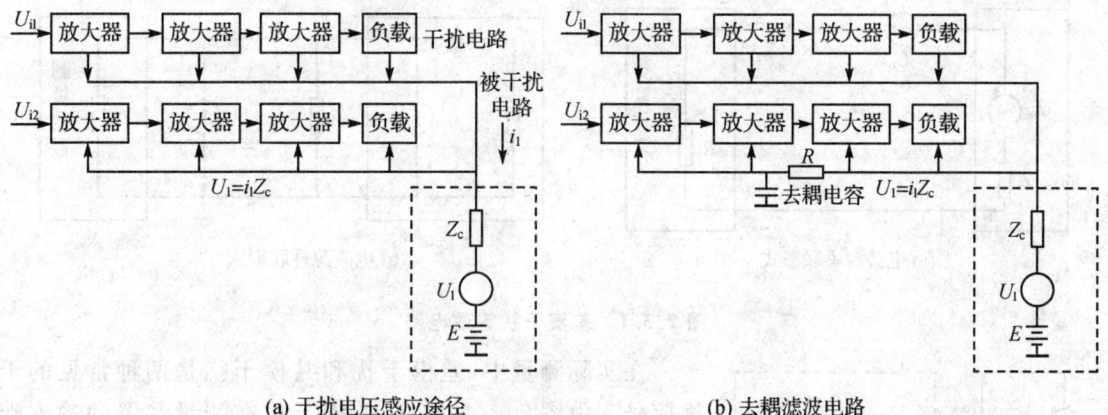

(a) 干扰电压感应途径 (b) 去耦滤波电路

图 7.2.7　电源内阻产生的共阻抗干扰

如果仪器在同一输出端有几路负载输出,则任一路负载的变化,都会通过输出阻抗耦合而影响其他输出电路。不过在一般条件下,通过输出阻抗对其他输出电路影响不大。

防止公共地线阻抗的共阻抗耦合干扰的最好措施是采用一点接地。在多级放大器中,应将每一级接地点汇在一点,然后再将各级接地点接到公共的地线上去。同时要注意禁忌用金属底板本身做放大器的公共回路,以免引起共阻抗耦合干扰。

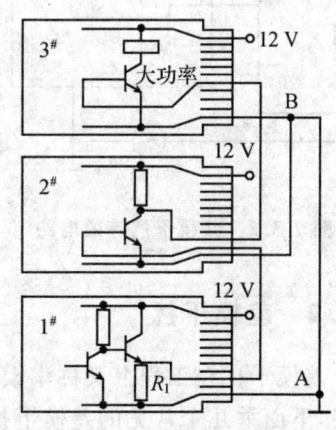

图 7.2.8　公共接地线阻抗引起的共阻抗干扰

7.3　差模干扰与共模干扰

7.3.1　概　述

安装在工业生产现场的仪器,可能会遇到各种各样的干扰,根据干扰在电路输入端的作用方式及其与有用信号电压的关系,可将干扰分为差模和共模两种形态。

图 7.3.1 中,U_n 表示差模干扰等效电压;Z_n 表示干扰源等效阻抗;I_n 表示干扰等效电流。

① 差模干扰:干扰信号和有用信号按电势源的形式串联作用在输入端(或按电流的形式并联作用在输入端),如图 7.3.1 所示。

② 共模干扰:干扰信号使两个输入端的电位相对于某一公共端一起变化,如图 7.3.2 所示。

图 7.3.2 中:U_n 表示共模干扰等效电压。

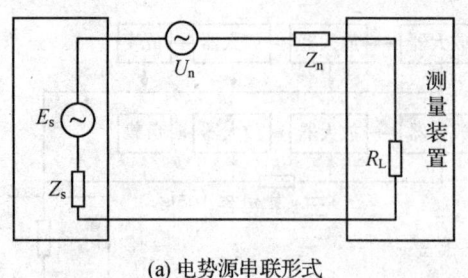
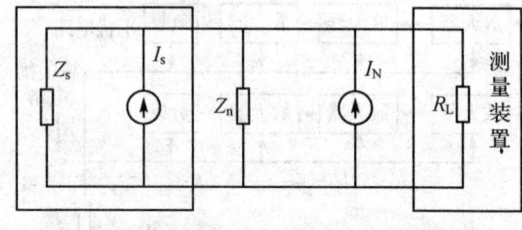

(a) 电势源串联形式　　　　　　　　　(b) 电流源并联形式

图 7.3.1　差模干扰等效电路

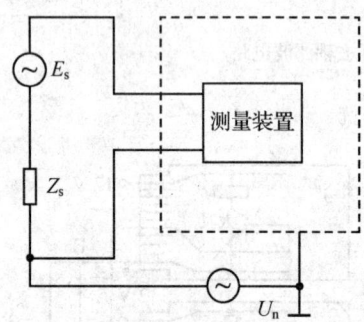

图 7.3.2　共模干扰等效电路

在实际测量中,差模干扰和共模干扰是两种常见的干扰信号。由图 7.3.2 可见,差模干扰在测量装置的输入端与有用信号相串联,当差模干扰大于有用信号时,仪器就无法精确测量有用信号。因此,差模干扰对仪器的影响是显而易见的。分析图 7.3.2 中的共模干扰,似乎在测量装置的输入端不会产生电位差,因而不会直接影响测量结果。但是,共模干扰在一定的条件下(例如输入回路的两端不对称),也会转化为差模干扰。因为共模干扰电压一般都比较大,所以有时对仪表的影响更为严重。由于共模干扰的耦合机理及传输电路不易搞清楚,因而排除它也比较困难。

7.3.2　差模干扰

差模干扰在工程上又称串模干扰、常态干扰、横向干扰或正态干扰。造成差模干扰的原因很多,下面举几个常见的差模干扰例子。

1. 交变磁场耦合

图 7.3.3 表示用热电偶测量温度的方框图。当热电偶的信号线附近有大功率交流电气设备(例如变压器、高频感应加热炉、电磁线圈等)时,在这些大功率电气设备周围都有较强的磁场存在,其交变磁通穿过热电偶的信号线回路,就会感生电势 U_n,产生差模干扰电压。

2. 漏电电阻耦合

图 7.3.4 表示在高输入阻抗放大器的输入端附近有直流电源 E_n,若绝缘性能不好(如印刷电路板绝缘性能不好),则漏电流就会在放大器输入端产生差模干扰。

图 7.3.5 中电容 C_1 和 C_2 的漏电也会在晶体管输入回路中产生差模干扰。

3. 共阻抗耦合

图 7.3.6 中经整流器电路的滤波电容 C 流过的脉动电流,在 AB 段电阻上产生电压降 U_n,此电压与信号电压 U_s 相串联。因此,U_n 也是差模干扰电压。

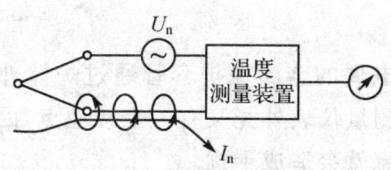
图 7.3.3　交变磁场引起差模干扰

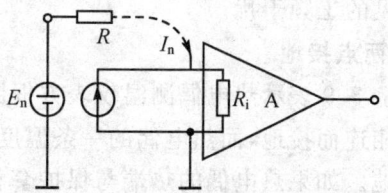
图 7.3.4　漏电耦合引起差模干扰之一

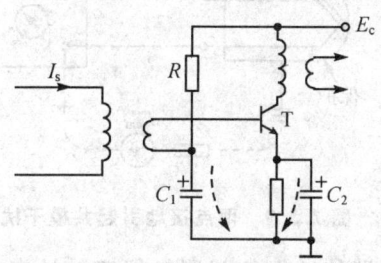
图 7.3.5　漏电耦合引起差模干扰之二

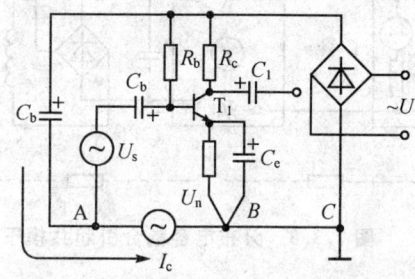
图 7.3.6　共阻抗耦合引起差模干扰

7.3.3　共模干扰

共模干扰在工程上又称为同相干扰或纵向干扰。

共模干扰源至少有一端不是信号电路的一部分,共模干扰只有在转化为差模干扰后,才对仪表测量电路起干扰作用。共模干扰的产生原因很多,现举例说明如下。

1. 漏电流耦合

图 7.3.7 是用热电偶测量电阻炉温度的方框图。由于加热丝引出棒是用耐火砖支撑着,在温度很高时,耐火砖的绝缘电阻急速下降,会使接在交流电源上的电阻丝与热电偶之间产生漏电,因而产生共模干扰。

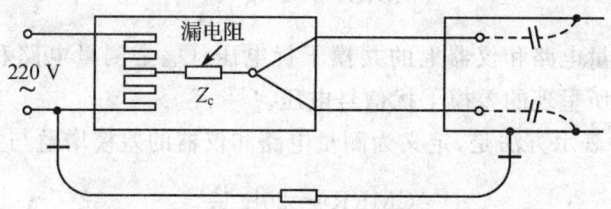
图 7.3.7　漏电流耦合引起共模干扰

2. 分布电容耦合

图 7.3.8 表示电源变压器的初级电压,经初、次级绕组之间的分布电容,再经整流滤波电路、信号电路和信号电路与地之间的分布电容,最后到地,形成电流回路,因而产生了电子仪器

中最常见的工频干扰。

3. 两点接地

图 7.3.9 表示热电偶测温仪表方框图。其中,热电偶的金属保护套管通过炉体外壳与生产管路相连而接地,而热电偶的一条温度补偿导线与测量仪表外壳又有一个接地点,因而形成两点接地。如果热电偶的热端与保护套相接,则地电流就会造成干扰。

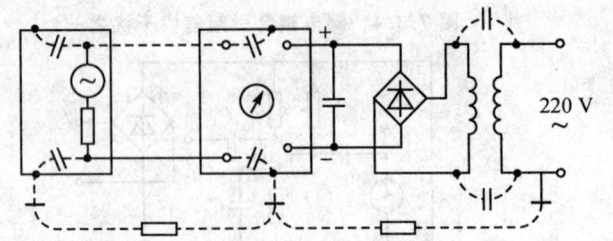

图 7.3.8 分布电容耦合引起共模干扰

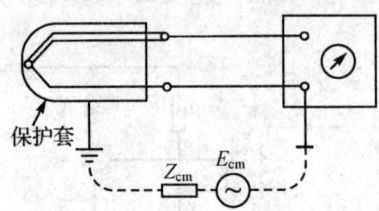

图 7.3.9 两点接地引起共模干扰

另外,在远距离测量中,由于使用长电缆,使传感器端的地电位与测量仪表的地电位之间引起电位差,因而也会产生共模干扰。

4. 共模干扰抑制比

(1) 共模干扰抑制比的定义

在测量电路和仪器受共模干扰作用以后,只有当共模干扰转换为差模干扰,才会对测量电路和仪器产生有害的影响;也就是说,测量电路和仪器受共模干扰影响的大小,取决于共模干扰转换为差模干扰的大小。还可以这样分析,作用于测量电路和仪器的同样大小的共模电压对测量结果影响越小,即表示该测量电路和仪器的抑制共模干扰的能力越强。通常用共模抑制比(CMRR)来衡量这种能力。

CMRR 通常有两种表示方法,一种是

$$\text{CMRR} = 20\lg \frac{U_{cm}}{U_{cd}} \tag{7.3.1}$$

式中,U_{cm} 是作用在测量电路和仪器上的共模干扰电压;U_{cd} 是测量电路和仪器在 U_{cm} 作用下,转换为在信号输入端所呈现的差模干扰信号电压。

CMRR 的另一种表示方法是,定义为测量电路和仪器的差模增益与共模增益之比,即

$$\text{CMRR} = 20\lg \frac{K_d}{K_c} \tag{7.3.2}$$

式中,K_d 是差模增益;K_c 是共模增益。

以上两种表示方法中,式(7.3.2)更适合于测量电路中放大器的共模抑制能力的计算。

(2) 共模干扰抑制比的计算

图 7.3.10 是长电缆传输的差动测量电路。图中,R_1、R_2 为长电缆的等效电阻;Z_1、Z_2 为

长电缆对线路地的分布电容和漏电电阻的合成阻抗,也可理解为共模干扰源阻抗;U_{cm}是由于长电缆引起两端接地(传感器地和仪表地)的电位差,也就是共模干扰源;U_s是有用的被测信号电压。

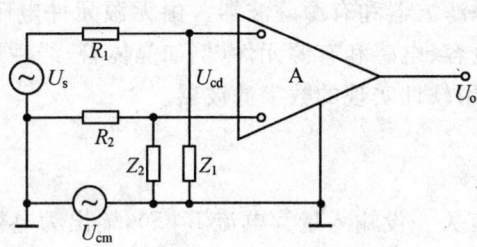

图 7.3.10　共模干扰等效电路

由图 7.3.10 所示的等效电路可见,当分析共模干扰时,可将 U_s 短路,因此,R_1、R_2、Z_1、Z_2 组成四臂电桥,共模干扰电压 U_{cm} 是供桥电压,在 U_{cm} 的作用下,放大器的输入端出现不平衡电压 U_{cd},此电压 U_{cd} 就是由共模电压 U_{cm} 转换而来的等效差模电压。由图可得

$$U_{cd} = U_{cm}\left(\frac{Z_1}{R_1+Z_1} - \frac{Z_2}{R_2+Z_2}\right) \tag{7.3.3}$$

因此该电路的共模抑制比为

$$\text{CMRR} = 20\lg\frac{U_{cm}}{U_{cd}} = 20\lg\frac{(R_1+Z_1)(R_2+Z_2)}{Z_1R_2 - Z_2R_1} \tag{7.3.4}$$

由式(7.3.4)可见,当 $Z_1R_2 = Z_2R_1$ 时,即测量电路差动输入端完全平衡时,共模抑制比趋向无限大。但实际上,这是难以达到的。一般情况下,大多是 $Z_1Z_2 \gg R_1R_2$。当 $Z_1 = Z_2 = Z$ 时,式(7.3.4)可化简为

$$\text{CMRR} = 20\lg\frac{Z}{R_2 - R_1} \tag{7.3.5}$$

由式(7.3.5)可见,若长电缆传输阻抗对称(即 $R_1 = R_2$),并且减小电缆对地的分布电容和漏电(即 Z_1、Z_2 较大),则可提高此差动测量电路抗共模干扰的能力。

7.4　抗干扰技术

应用硬件抗干扰措施是经常采用的一种有效方法。实践表明,通过合理的硬件电路设计,可以削弱或抑制绝大部分干扰。本节主要讲述在工程上广泛采用的一些硬件抗干扰电路的工作原理及参数设计,主要包括滤波技术、屏蔽技术、隔离技术、接地技术、浮空技术及其他抗干扰的措施。

7.4.1　滤波技术

滤波是为了抑制噪声干扰。在数字电路中,当电路从一个状态转换成另一个状态时,就会

在电源线上产生一个很大的尖峰电流,形成瞬变的噪声电压。当电路接通与断开电感负载时,产生的瞬变噪声干扰往往严重妨碍系统的正常工作。所以应在电源变压器的进线端加入电源滤波器,以削弱瞬变噪声的干扰。

滤波器按结构分为无源滤波器和有源滤波器。由无源元件电阻、电容和电感组成的滤波器为无源滤波器;由电阻、电容、电感和有源元件(例如晶体管、线性运算放大器)组成的滤波器为有源滤波器。此外,还有用软件实现的数字滤波器。

1. 无源滤波器

(1) 电容滤波器

电容 C 的电抗与频率有关。设输入量为电流 $I_C(S)$,输出为电压 $U_o(S)$,如图 7.4.1(a)所示,则传递函数为

$$A(S) = \frac{U_o(S)}{I_C(S)} = \frac{1}{CS}$$

频率特性为

$$A(j\omega) = \frac{U_o(j\omega)}{I_C(j\omega)} = \frac{1}{j\omega C}$$

对数幅频特性为

$$20\lg A(\omega) = 20\lg \frac{1}{\omega C} = -20\lg \omega C$$

显然,随着频率 $\omega = 2\pi f \to \infty$,滤波器的输出电压衰减逐渐增加,起到了低通滤波效果。其输入-输出特性如图 7.4.1(d)所示。

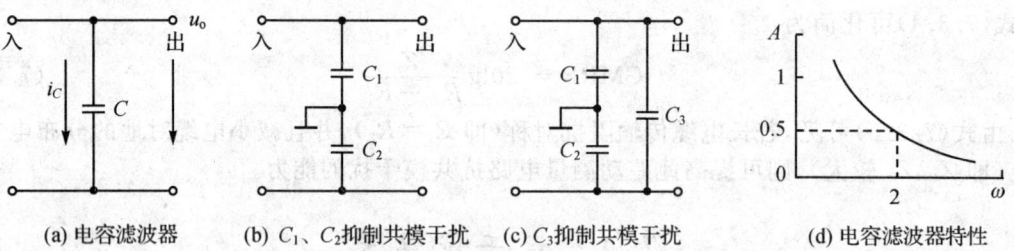

(a) 电容滤波器　　(b) C_1、C_2 抑制共模干扰　　(c) C_3 抑制共模干扰　　(d) 电容滤波器特性

图 7.4.1　电容滤波器的结构与特性

滤波器的电容要具有耐压高、绝缘好、温度系数小和自谐振频率高等特性。

图 7.4.1(a)结构最简单,接在干扰源线间能衰减串模噪声;接在干扰源和地线间能衰减共模噪声;接在印刷电路板中的直流电源线和地线间能抑制电源噪声。图 7.4.1(b)中,电容器中点接地,能够把噪声电流旁路入地,消除共模噪声。图 7.4.1(c)中的 C_3 接在电源线间,这种结构能有效地抑制共模(由 C_1、C_2 完成)和串模噪声(由 C_3 完成)。

(2) 电感滤波器

电感 L 的电抗与频率有关。设输入量为电流 $I_L(S)$，输出为电压 $U_L(S)$，且与电流变化方向相反，如图 7.4.2(a) 所示。传递函数为

$$A(S) = \frac{U_L(S)}{I_L(S)} = LS$$

频率特性为

$$A(j\omega) = \frac{U_L(j\omega)}{I_L(j\omega)} = j\omega L$$

对数幅频特性为

$$20\lg A(\omega) = 20\lg \omega L$$

显然，随着频率 $\omega = 2\pi f \to \infty$，电感线圈两端电压 U_L 将增加。由于电感串联在线路中，因此滤波器的输出 $U_o = U_i - U_L$ 将衰减，起到了滤波的效果。电感滤波器的输入-输出特性如图 7.4.2(b) 所示。

滤波器中的电感器件应在负载电流情况下具有不饱和、温度系数小和直流电阻低等性质。为了避免负载电流使电感发生饱和，可选用共模扼流圈或不易饱和的磁心线圈。

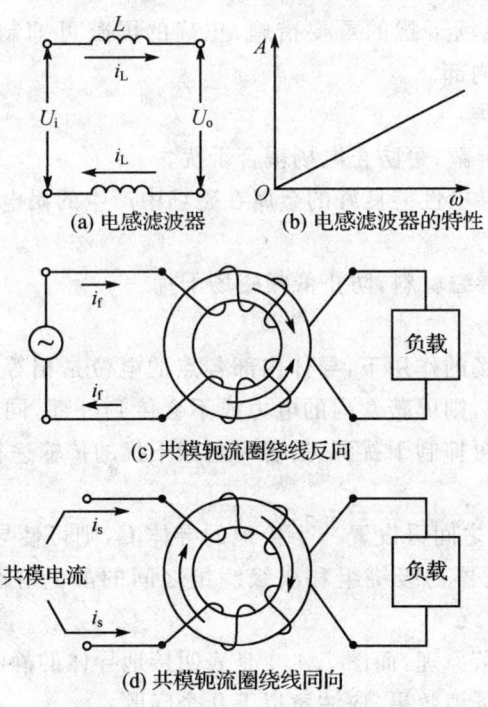

(a) 电感滤波器　　(b) 电感滤波器的特性

(c) 共模扼流圈绕线反向

(d) 共模扼流圈绕线同向

图 7.4.2　电感滤波器的结构与特性

电感线圈有两种,即常模扼流圈和共模扼流圈。图7.4.2(a)是常用结构,串接在线路中对高频噪声有很大的阻抗,可以抑制高频噪声电流。电源线路中使用的常模扼流圈是把导线绕在磁心上制成的;微弱信号线路中的电感线圈可以自制,其方法是将漆包线缠绕在电阻上,漆包线两头焊在电阻引脚上。

图7.4.2(c)表明共模轭流圈的绕制方向相反。线圈中的负载电流因方向相反,所形成的磁场互相抵消,不会出现磁饱和。同样,当出现串模噪声时,也会因极性相反而使磁通互相抵消,因而基本上不起电感的作用。图7.4.2(d)表明当出现共模噪声时,两个线圈所产生的磁通方向相同,使电感作用加倍,因而对线路与地线间的共模噪声起到很强的抑制作用。

2. 有源滤波器

由电阻、电容和运算放大器组成了 RC 有源滤波器。RC 有源滤波器可做成混合型集成电路,体积小。该滤波器的谐振频率由 RC 网络参数任意设定,网络的损耗由运算放大器补偿。同时可做成高品质因数,当 Q 值一定时,谐振频率可调。因此,RC 有源滤波器是当前应用较多的一种滤波器,在3.1节有源滤波器的设计中已有详细介绍。

7.4.2　屏蔽技术

屏蔽技术是抑制电、磁场干扰的重要措施,正确的屏蔽可抑制干扰源(如变压器等干扰源),或阻止干扰进入仪表内部。

屏蔽可以分为以下几类:

① 静电屏蔽,即电场屏蔽,可防止电场耦合干扰。

② 电磁屏蔽,即利用导电性能良好的金属在磁场中产生的涡电流效应来防止高频磁场的干扰。

③ 磁屏蔽,即采用高导磁材料,防止低频磁场干扰。

1. 静电屏蔽

静电屏蔽是指在静电场的作用下,导体内部各点的电位是相等的,即在导体内无电力线。因此,若将金属屏蔽盒接地,则屏蔽盒内的电力线不会传到外部,同时外部的电力线也不会穿透屏蔽盒进入内部。前者可抑制干扰源,后者可阻截干扰的传输途径,所以静电屏蔽可以抑制电场的干扰。

如果在两个导体 A、B 之间再设置一个接地的导体 G,则可使导体 A、B 之间的分布电容耦合大大减弱。例如,变压器初级绕组和次级绕组之间的静电屏蔽就是基于这一原理而设计的。

图7.4.3表示静电屏蔽原理,而图7.4.4是表明接地导体的静电屏蔽作用。

为了达到较好的静电屏蔽效果,应注意以下几个问题:

① 选用低电阻的金属材料(导电性好)做屏蔽盒,以铜和铝为宜;

② 屏蔽盒要良好接地;

③ 尽量缩短被屏蔽电路伸出屏蔽盒外的导线长度。

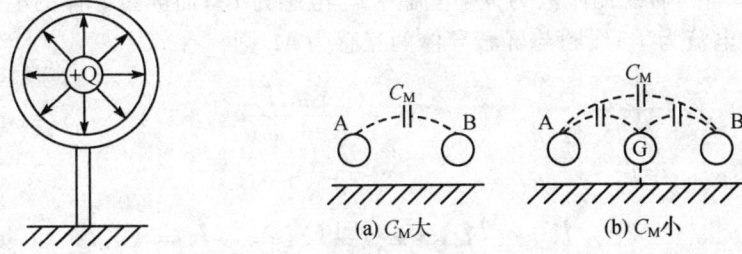

图 7.4.3 静电屏蔽原理　　图 7.4.4 接地导体的静电屏蔽作用

2. 电磁屏蔽

（1）电磁屏蔽原理

电磁屏蔽主要是抑制高频电磁场的干扰。它是采用导电性良好的低电阻金属材料,利用高频电磁场能在屏蔽导体内产生涡电流,再利用涡电流产生的反磁场来抵消高频干扰磁场,从而达到磁屏蔽的效果。

根据电磁屏蔽的原理,将屏蔽罩接地,其目的是兼顾静电屏蔽的作用。

电磁屏蔽罩的材料必须选择导电性良好的低电阻金属,如铜、铝或镀银铜板等。

当屏蔽罩上必须开孔或开槽时,应十分注意孔和槽的位置。如果所开的孔或槽与金属电磁屏蔽罩上的涡电流流动方向相垂直,则会阻碍涡电流的形成,以致影响电磁屏蔽的效果。当所开的槽顺着涡电流流动的方向,则对电磁屏蔽影响较小。在静电屏蔽罩上由于没有电流流过,则开槽的位置与静电屏蔽的效果无关。

必须注意:如果电磁线圈需要进行电磁屏蔽,则其屏蔽罩的直径必须比线圈的直径大 1 倍以上,否则将使线圈电感量大大减小,致使 Q 值也降低。

（2）电磁屏蔽效果的计算

下面以图 7.4.5 所示电磁屏蔽的实例来估算其屏蔽效果。

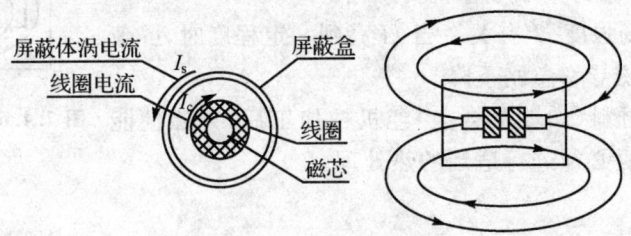

图 7.4.5 磁屏蔽原理

由于屏蔽导体中所产生涡电流的方向与被屏蔽线圈中的电流方向相反,因此,在屏蔽罩外部,屏蔽导体感应涡电流产生的磁场与线圈所产生的磁场相反,从而使线圈泄漏到屏蔽罩的磁力线很小,即起到了电磁屏蔽的作用。

图 7.4.5 中,若线圈匝数为 n_c,电流为 I_c,电感为 L_c;而屏蔽导体的电阻为 R_s,电感为 L_s,匝数 $n_s=1$,电流为 I_s;线圈与屏蔽导体的互感为 M,则

$$\dot{I}_s = \frac{j\omega M \dot{I}_c}{R_s + j\omega L_s}$$

高频时,$R_s \ll \omega L_s$,于是

$$\dot{I}_s \approx \frac{M}{L_s}\dot{I}_c = k\sqrt{\frac{L_c}{L_s}}\dot{I}_c \approx k\frac{n_c}{n_s}\dot{I}_c = k n_c \dot{I}_c \tag{7.4.1}$$

式中,k 为耦合系数,可用下式表示为

$$k = \frac{M}{\sqrt{L_1 L_2}}$$

由式(7.4.1)可见,当频率很高时,I_s、I_c 成正比。当频率很低时,因 $R_s \gg \omega L_s$,则

$$\dot{I}_s \approx \frac{\gamma \omega M}{R_s}\dot{I}_c \tag{7.4.2}$$

即低频时 I_s 与频率成正比。式(7.4.2)说明频率低时,在屏蔽导体上感生的涡电流小,即抑制线圈磁场的能力差,所以屏蔽效果不好。因此,这种电磁屏蔽仅适用于高频。

3. 磁屏蔽

由于电磁屏蔽对低频磁场干扰的屏蔽效果不好,因此,对低频磁场的屏蔽,要用高磁导率材料做屏蔽罩,使干扰磁力线在屏蔽罩内构成回路,屏蔽罩外的漏磁通很少,从而抑制低频磁场的干扰作用。磁屏蔽原理如图 7.4.6 所示。

磁屏蔽罩要选择高磁导率的铁磁材料,如坡莫合金等,并且要有一定厚度,以减小磁阻。

设计磁屏蔽罩应注意以下问题:

① 频率升高时,高磁导率屏蔽罩的磁导率要下降,如坡莫合金在频率超过 500 Hz 时,其磁导率就要急剧下降。

② 磁导率与磁场强度 H 有关。当 H 高到一定程度时,屏蔽体达到磁饱和,致使磁导率急剧下降。

③ 高磁导率磁材料(如坡莫合金)经机械加工后,导磁性能要降低,因此加工以后必须进行适当的热处理。

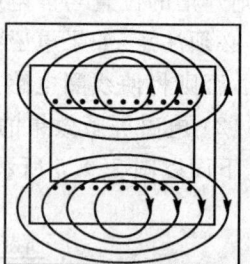

图 7.4.6 磁屏蔽原理示意图

4. 驱动屏蔽

(1) 驱动屏蔽原理

驱动屏蔽是将被屏蔽导体的电位,经严格地用 1∶1 电压跟随器去驱动屏蔽层导体的电位,即可非常有效地抑制通过分布电容引起的静电耦合干扰,如图 7.4.7 所示。图中,E_n 是导体 M 的电场;而相对于导体 B,E_n 是干扰源,C 是导体 B 外地屏蔽导体。导体 M 对屏蔽层 C

的分布电容为 C_{1s}，导体 B 对屏蔽 C 的分布电容为 C_{2s}，Z_i 是导体 B 对地的阻抗。

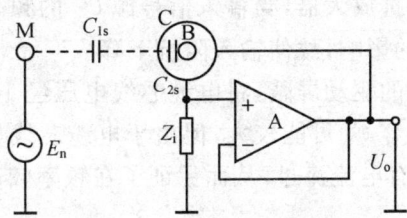

图 7.4.7　驱动屏蔽原理

当屏蔽层 C 作为静电屏蔽时，只要将 C 接地即可。此时，只有在理想情况下，导体 B 才不受干扰源 E_n 的影响。但实际上，理想的静电屏蔽是不存在的。因而，干扰源经分布电容 C_{1s}、C_{2s} 的耦合对导体 B 产生干扰。如果 E_n 是交流干扰源，则通过 C_{1s} 经屏蔽导体 C 有交流电流流入地，而使屏蔽导体 C 上各点的电位不相同。因此，通过分布电容 C_{2s} 的耦合对导体 B 还会产生干扰。

如果采用驱动屏蔽，即导体 B 的电位经 1∶1 电压跟随器后接到屏蔽导体 C 上，若 1∶1 跟随器是理想的，则导体 B 和 C 是等电位，即在导体 B 之外，屏蔽体 C 内侧的空间内没有电力线存在。因此，干扰源 E_n（M 的电场）就不会再影响到导体 B。虽然导体 B 与屏蔽体 C 之间的分布电容客观上还是存在的，但由于 B 和 C 之间等电位，因此，分布电容 C_{2s} 不起任何作用。这是驱动屏蔽的实质所在。

实际上，图 7.4.7 中的 1∶1 电压跟随器不可能是理想的。这是因为开环增益 A_d 不会无限大，即

$$U = \frac{A_d}{1+A_d} U_B \tag{7.4.3}$$

或表示为

$$U_B - U_C = \frac{1}{1+A_d} U_B \tag{7.4.4}$$

由式（7.4.4）可见，U_B 与 U_C 是不可能得到等电位的。

设不加驱动屏蔽时，B 和 C 的电位差为 U_B，通过 C_{2s} 感生的电荷为 $Q = C_{2s} U_B$。增加驱动屏蔽后，B 和 C 的电位差为 $U_B - U_C = U_B \frac{1}{1+A_d}$，则通过 C_{2s} 感生的电荷为 $q = C_{2s} U_B \frac{1}{1+A_d}$。由此可得

$$\frac{q}{Q} = \frac{1}{1+A_d} \tag{7.4.5}$$

由式（7.4.5）显而易见，加驱动屏蔽后，通过分布电容 C_{2s} 耦合干扰的影响减小了 $\frac{1}{1+A_d}$ 倍。

(2) 驱动屏蔽的应用

图 7.4.8 所示为高输入阻抗放大器,当输入信号源 U_s 的频率较高时,由于输入电缆的芯线与屏蔽层将受分布电容 C_s 的影响,故使输入阻抗下降。

如果采用如图 7.4.9 所示的驱动屏蔽,将电缆芯线电压经 1∶1 电压跟随器后,接到电缆屏蔽层,此时,尽管电缆分布电容 C_s 可能较大,但由于电缆芯线与屏蔽层之间是等电位的,C_s 不再起耦合作用,C_s 上也就没有电流流过,从而保证了在频率较高时,高输入阻抗放大器的输入阻抗不致降低。

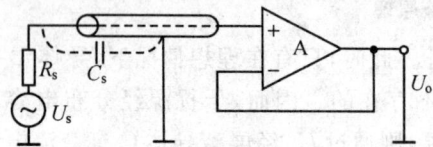
图 7.4.8　高输入阻抗放大器

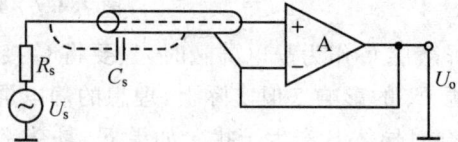
图 7.4.9　驱动屏蔽提高放大器输入阻抗

图 7.4.10 所示的驱动屏蔽用来提高差动输入测量电路的共模抑制比。由于电缆屏蔽层接到输入晶体管的发射极,屏蔽层的电位跟随共模干扰电压 U_{cm},使共模干扰经电缆分布电容耦合而造成的干扰影响减小,从而提高了测量电路的共模抑制比。

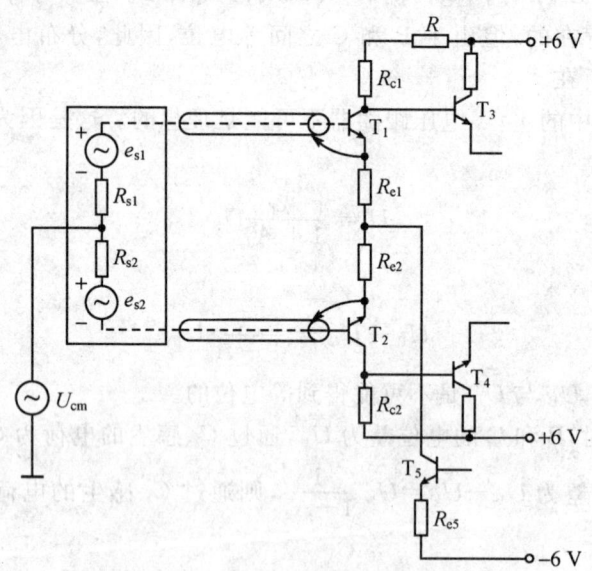
图 7.4.10　驱动屏蔽改善共模抑制比

7.4.3　隔离技术

信号隔离的目的之一是从电路上把干扰源和易干扰的部分隔离开来,使测控装置与现场仅保持信号联系,但不直接发生电的联系。隔离的实质是把引进的干扰通道切断,从而达到隔离现场干扰的目的。

1. 光电隔离

光电隔离是由光电耦合器件来完成的。由于光电耦合器不是将输入侧和输出侧的电信号进行直接耦合,而是以光为媒介进行间接耦合,故具有较高的电气隔离和抗干扰能力。具体原因分析如下:

① 光电耦合器的输入阻抗很低(一般为 100 Ω～1 kΩ),而干扰源内阻一般都很大(10^5～10^6 Ω)。按分压比原理,传送到光电耦合器输入端的干扰电压就变得很小了。

② 由于一般干扰噪声源的内阻都很大,虽然也能供给较大的干扰电压,但可供出的能量却很小,只能形成很微弱的电流。而光电耦合器的发光二极管只有通过一定的电流才发光,因此,即使是电压幅值很高的干扰,由于没有足够的能量,也不能使二极管发光,显然,干扰就被抑制掉了。

③ 光电耦合器输入/输出间的电容很小(一般为 0.5～5 pF),绝缘电阻又非常大(一般为 10^{11}～10^{13} Ω),因而被控设备的各种干扰很难反馈到输入系统中去。

④ 光电耦合器的光电耦合部分是在一个密封的管壳内进行的,因而不会受到外界光的干扰。

光电耦合器的输入部分为红外发光二极管,可采用 TTL 或 CMOS 数字电路驱动,如图 7.4.11 所示。在图 7.4.11(a)中,输出电压 U_o 受 TTL 电路反相器控制。当反相器的输入信号为低电平时,输出信号为高电平,发光二极管截止,光敏三极管不导通,U_o 输出为高电平;反之,U_o 输出为低电平。R_F 是限制发光二极管的正向电流 I_f。TTL 门电流作为红外发光二极管的控制驱动时,其低电平最大输入电流 I_{OL} 为 16 mA,在一般情况下,取 I_f 为 10 mA。在 TTL 门电路输出低电平忽略不计时(一般为 0.2 V 左右),R_F 的计算公式为

$$R_F = \frac{U_i - U_f}{I_f} = \frac{5\text{ V} - 1.0\text{ V}}{10\text{ mA}} = 400\text{ Ω}$$

R_L 为负载电阻。若使光电耦合器工作在饱和状态,取光敏三极管电流为 0.5 mA 时,R_L = 30 kΩ,则电流传输比 I_c/I_f = 1/20。

图 7.4.11(b)为 CMOS 门电路驱动控制。当 CMOS 反相器输出为高电平时,T 晶体管导通,红外发光二极管导通,光电耦合器中的输出达林顿管导通,继电器 J 吸合,其触点可完成规定的控制动作;反之,当 CMOS 门输出为低电平时,T 管截止,红外发光二极管不导通,达林顿管截止,继电器 J 处于释放状态。

由于 CMOS 门驱动电流很小,故应加一级晶体管开关电路,以满足红外发光二极管正向电流 I_f 的要求。R_F 的计算公式为

$$R_F = \frac{V_{DD} - V_f - V_{ces}}{I_f}$$

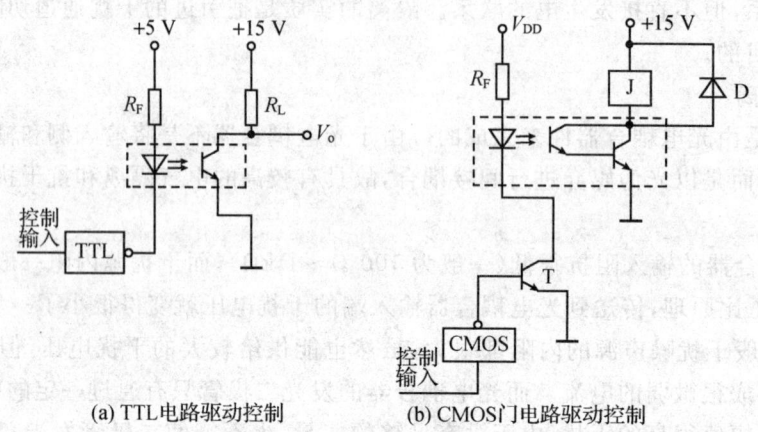

(a) TTL电路驱动控制 (b) CMOS门电路驱动控制

图 7.4.11 应用举例

式中,V_{DD} 为 CMOS 门电路电源电压;V_f 为二极管正向压降;V_{ces} 为 T 晶体管饱和压降。

  T 晶体管一般选用开关晶体管,如 3DK6、3DK8 等。其放大倍数 β 为 60~100。

  选用输出部分为达林顿管的光电耦合器,其电流传输比可达 5 000 %,即 $I_c=50I_f$,适用于负载较大的应用场合。在采用光电耦合器驱动电磁继电器的控制绕组时,应在控制绕组两侧反向并联二极管 D,以抑制吸动时瞬态反电势的干扰,从而保护输出管。

  在使用光电耦合器时,应注意区分输入部分和输出部分的极性,防止接反而烧坏器件。光电耦合器在电路中不应靠近发热元件,其工作参数不应超过规定的极限参数。

2. 继电器隔离

  继电器的线圈和触点之间没有电气上的联系,因此,可利用继电器的线圈接收电气信号,利用触点发送和输出信号,从而避免强电和弱电信号之间的直接接触,实现了抗干扰隔离,如图 7.4.12 所示。

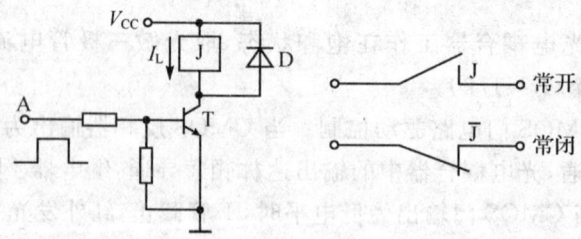

图 7.4.12 继电器隔离

  当输入高电平时,晶体三极管 T 饱和导通,继电器 J 吸合;当 A 点为低电平时,T 截止,继电器 J 则释放,完成了信号的传送过程。D 是保护二极管。当 T 由导通变为截止时,继电器线圈两端产生很高的反电势,以继续维持电流 I_L。由于该反电势一般很高,故容易造成 T 的击穿。加入二极管 D 后,为反电势提供了放电回路,从而保护了三极管 T。

3. 变压器隔离

脉冲变压器可实现数字信号的隔离。脉冲变压器的匝数较少,而且一次和二次绕组分别缠绕在铁氧体磁芯的两侧,分布电容仅几 pF,所以可作为脉冲信号的隔离器件。图 7.4.13 所示电路外部的输入信号经 RC 滤波电路和双向稳压管抑制噪声干扰,然后输入脉冲变压器的一次侧。为了防止过高的对称信号击穿电路元件,脉冲变压器的二次侧输出电压被稳压管限幅后进入测控系统内部。

脉冲变压器隔离法传递脉冲输入/输出信号时,不能传递直流分量。微机使用的数字量信号输入/输出的控制设备不要求传递直流分量,所以脉冲变压器隔离法在微机测控系统中得到广泛应用。

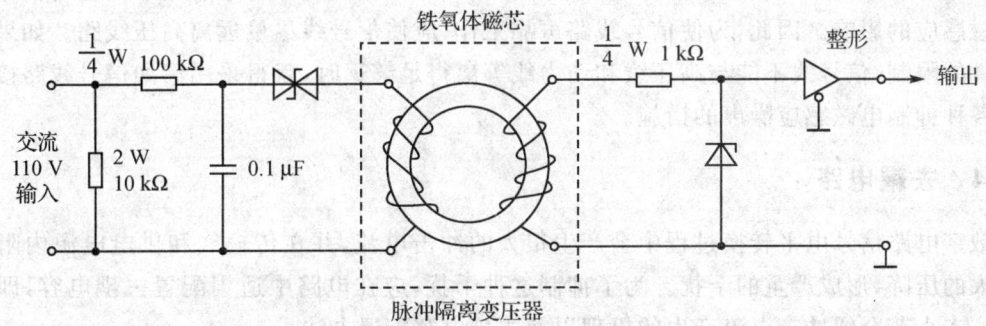

图 7.4.13 脉冲变压器隔离

4. 布线隔离

检测设备的配线设计,除了力求满足美观、经济和便于维修等要求外,还应满足抗干扰技术的要求,合理布线。检测系统中容易产生噪声的电路主要有以下几种:

① 指示灯、继电器和各种电动机的驱动电路,电源电路,晶闸管整流电路,大功率放大电路等。

② 连接变压器、蜂鸣器、开关电源、大功率晶体管、开关器件等的线路。

③ 供电线路、高压大电流模拟信号的传输线路、驱动计算机外部设备的线路和穿越噪声污染区域的传输线路等。

将微弱信号电路与易产生噪声污染的电路分开布线,最基本的要求是信号线路必须和强电控制线路、电源线路分开走线,而且相互间要保持一定距离。配线时应区别分开交流线、直流稳压电源线、数字信号线、模拟信号线、感性负载驱动线等。配线间隔越大,离地面越近,配线越短,则噪声影响越小。但是,实际设备的内外空间是有限的,配线间隔不可能太大,只要能够维持最低限度的间隔距离即可。

表 7.4.1 列出了信号线和动力线之间应保持的最小间距。

表 7.4.1 动力线和信号线之间的最小间距

动力线容量	与信号线的最小间距/cm
125 V、10 A	30
250 V、50 A	45
440 V、200 A	60
5 kV、800 A	120 以上

当高电压线路中的电压、电流变化率很大时,便产生激烈的电场变化,形成高强度电磁波,对附近的信号线有严重干扰。近些年,大功率控制装置普遍使用晶闸管,晶闸管是通过电流的通断来控制功率的。当晶闸管为非过零触发时,会产生高次谐波,所以靠近晶闸管的信号线易受电磁感应的影响。因此,为使信号线路可靠工作,应使信号线尽量远离高压线路。如果受环境条件的限制,信号线不能与高压线和动力线等离得足够远时,就得采用诸如信号线路接电容器等各种抑制电磁感应噪声的措施。

7.4.4 去耦电路

数字电路信号电平转换过程中会产生很大的冲击电流,并在传输线和供电电源内阻上产生较大的压降,形成严重的干扰。为了抑制这种干扰,应在电路中适当配置去耦电容,即去耦电路。本小节介绍冲击电流产生的机理以及去耦电容配置方法。

1. 尖峰电流的形成原理

数字电路从电源供给的高电平电流 I_{OH} 和低电平电流 I_{OL} 是不同的,即 $I_{OL} > I_{OH}$。以图 7.4.14 所示与非门为例,设输出电压如图 7.4.15(a)所示,则理论上电源电流的波形如图 7.4.15(b)所示。而实际上的波形大致如图 7.4.15(c)所示,它具有很短暂而幅值很大的尖峰电流。尤其是在输出低电平 U_{OL} 转变到 U_{OH} 的时刻更为突出。

上述这种尖峰电流可能干扰整个测控系统或电子设备的正常工作。电源电流的波形随所用组件的类型和输出端所接的电容负载而异。

产生尖峰电流的主要原因如下:

① 输出级 T_3、T_4 管短时间同时导通。例如,在与非门由输出低电平转向高电平的过程中,输入电压的负跳变在 T_2 与 T_3 的基极回路内产生很大的反向驱动电流;由于 T_3 的饱和深度设计得比 T_2 大,反向驱动电流将使 T_2 首先脱离饱和而截止。T_2 截止后,其集电极电位上升,促使 T_4 导通。可是此时 T_3 还未脱离饱和,因此在极短的一段时间内,T_3 和 T_4 将同时导通,从而产生很大的 i_{C4},使电源电流形成尖峰电流。图 7.4.14 中的 R_4 正是为了限制此尖峰电流而设的。低功耗型 TTL 门电路中的 R_4 较大,因此其尖峰电流较小。当输入电压由低电平变为高电平时,与非门输出电平由高变低,这时 T_3 和 T_4 也可能同时导通。但是当 T_3 开始

进入导通时，T_4 处于放大状态，两管的集-射间电压较大，故所产生的尖峰电流较小，不致对电源电流产生较大的影响。

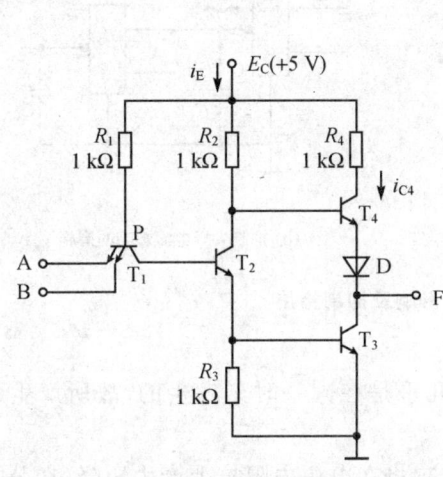

图 7.4.14　TTL 与非门

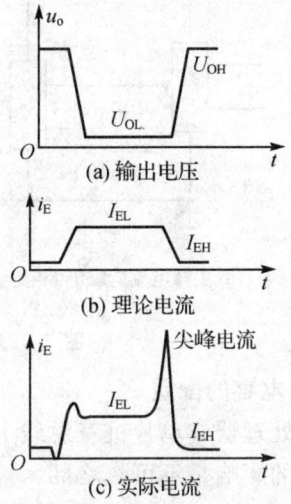

图 7.4.15　电源中的尖峰电流

② 产生负载电流的另一个更主要的原因是负载电容的影响。与非门输出端实际上存在着负载电容 C_L（见图 7.4.16(a)）。当门的输出由逻辑"0"转换至"1"时，电源电压由 T_4 对电容 C_L 充电，因而形成尖峰电流。电流 $i_{C4} \approx C_L \dfrac{du_o}{dt}$。

由此可见。尖峰电流值由负载电容 C_L 和门的开关速度所决定。负载电容 C_L 愈大，尖峰电流也愈大；门的开关速度愈快，亦即其平均时延愈小时，尖峰电流也愈大。

当与非门的输出由逻辑"1"转至逻辑"0"时，电容 C_L 通过 T_3 放电。此时放电电流不通过电源，故 C_L 的放电电流对电源电流无影响。

在 CMOS 电路逻辑状态发生转换的瞬间，也会出现两只场效应管同时导通的情况。有一个尖峰电流从电源通过两只场效应管流向地。这个尖峰电流是在 CMOS 电路改变逻辑状态时发生的，它的数量大小由两个分量构成。第一个分量是跳变过程中的两只场效应管同时导通时所流过的电流。输入信号跳变过程越长，此尖峰电流分量的平均值也就越大，因此，对于 CMOS 电路来说，缓慢地上升和下降应竭力避免。第二个分量为 CMOS 逻辑门输出点电容的充电电流。该分量的平均值等于其面积(对时间的积分)与其重复频率的乘积。可见充电电流的平均值将随着时钟频率的提高而线性地增大。

实践证明，在大多数情况下，不管是 TTL 门还是 CMOS 门，由负载电容充电所造成的尖峰电流较之两管同时导通时所造成的影响大得多。

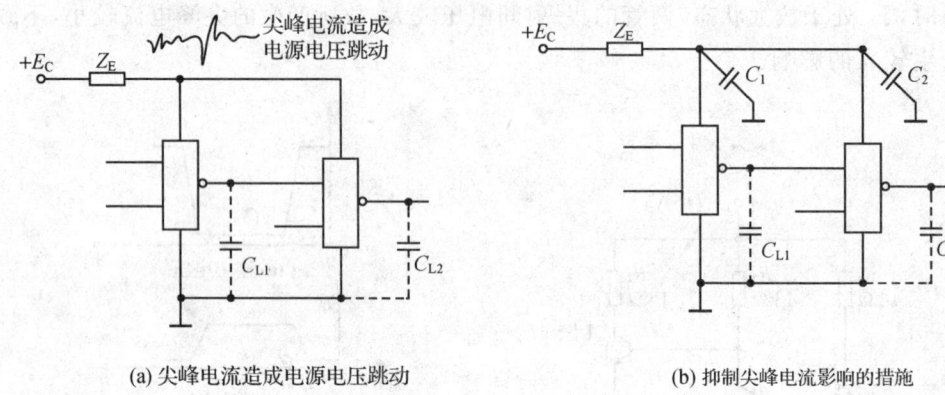

(a) 尖峰电流造成电源电压跳动　　　　(b) 抑制尖峰电流影响的措施

图 7.4.16　尖峰电流的影响及抑制措施

2. 去耦电容的配置

由于微处理器或单片机三总线上的信息变化几乎是在同一时刻发生的,故所产生的尖峰电流对系统的影响是不可忽略的。

尖峰电流的存在给数字系统带来了不良影响,它将在电源内阻抗上产生压降,在公共传输导线阻抗上产生压降,使供电电压跳动,如图 7.4.17 所示,从而形成一个干扰源。

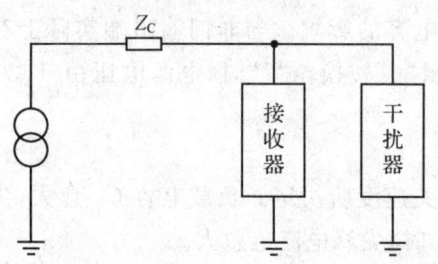

图 7.4.17　经供电电源或控制电路的耦合

欲降低尖峰电流的影响,一种方法就是在布线上采取措施,使杂散电容降至最小;另一种方法是设法降低供电电源的内阻,使尖峰电流不致引起过大的电源电压波动。但较为常用的办法是在门电路的电源线端与地线端加接电容 C_1 和 C_2 (见图 7.4.16(b)),称为去耦电容。电容 C_1 和 C_2 的典型值可做如下估算。

实验表明,电源尖峰电流可达 40~50 mA。假定尖峰电流的变化为 $\Delta i = 50$ mA,持续时间 $\Delta t = 20$ ns,要求电源端电压的跳动 $\Delta e_c \leqslant 0.1$ V,则

$$C = \frac{\Delta i}{\Delta e_c / \Delta t} = \frac{50 \times 10^{-3} \times 20 \times 10^{-9}}{0.1} \text{ F} = 0.01 \text{ μF}$$

如同前面所述,数字电路的开关动作很快,如 TTL 的动作时间为 5~10 ns,这样便会产生瞬变电流,在电源内阻抗和公共阻抗作用下,产生所谓的开关噪声。开关噪声使电源电压发生振荡。因印刷电路板的噪声容限很低,会导致数字电路发生误动作,因此,在印刷电路板的各个集成电路配置去耦电容,应视为印刷电路板设计的一项常规做法。去耦电容一方面提供和吸收该集成电路开门、关门瞬间的充放电能量,另一方面旁路掉该器件的高频噪声。去耦电容的选用并不严格,可按 $C = 1/f$ 选用,其中 f 为电路频率,即 10 MHz 取 0.1 μF,100 MHz 取

0.01 μF。对微机控制系统，取 0.1～0.01 μF 都可以。

7.4.5 接地技术

接地技术往往是抑制噪声的重要手段。良好的接地可以在很大程度上抑制系统内部噪声的耦合，防止外部干扰的侵入，提高系统的抗干扰能力；反之，若接地处理得不好，会导致噪声耦合，形成严重干扰。因此，在抗干扰设计中，对接地方式应予以认真考虑。

1. 概　述

电气设备中的"地"，通常有两种含义：一种是"大地"，另一种是"工作基准地"。

所谓"大地"，这里是指电气设备的金属外壳、线路等通过接地线、接地极与地球大地相连接。这种接地可以保证设备和人身安全，提供静电屏蔽通路，降低电磁感应噪声。而"工作基准地"是指信号回路的基准导体(如控制电源的零电位)，又称"系统地"。这时的所谓接地是指将各单元、装置内部各部分电路信号返回线与基准导体之间的连接。这种接地的目的是为各部分提供稳定的基准电位。对这种接地的要求是尽量减小接地回路中的公共阻抗压降，以减小系统中干扰信号公共阻抗耦合。

电气设备接地的目的有三个：一是为各电路的工作提供基准电位；二是为了安全；三是为了抑制干扰。现将后两点详述如下：

① 安全。根据用电法规，电气设备的金属外壳必须接地，称为安全接地。其目的是可以防止电气设备的金属外壳上出现过高的对地电压以及漏电流而危害人身、设备的安全。

② 抑制干扰。电子设备的某些部分与大地相接可以起到抑制干扰的作用。例如，金属屏蔽层接地可以抑制变化电场的干扰；双绞线中，一根作信号线，另一根两端接地可防止电磁干扰；大型电子设备往往具有很大的对地分布电容，合理选择接地点可以削弱分布电容的影响等。

根据电气设备中回路的性质，可将接地方式分为三类：

① 安全接地。设备金属外壳等的接地。

② 工作接地。信号回路接于基准导体或基准电位点。

③ 屏蔽接地。电缆、变压器等屏蔽层的接地。

2. 安全接地

当用电设备的绝缘物质层由于受到外部的机械损伤、系统过电压或者本身老化等原因而导致绝缘性能大大降低时，设备的金属外壳、操作手柄等导电部分会出现较高的对地电压。因此，人触及这些部位时，会发生触电危险。人体触电所受到的伤害程度取决于流过人体电流的大小。流过 0.2～1 mA 的电流使人感到麻刺；流过 5～20 mA 的电流使肌肉收缩而不能自行脱离电源；当电流大于几十 mA 时，心肌则停止收缩和扩张。触电危急程度又与电流通过人体的时间有关，如果电流与时间的乘积超过 50 mA·s，便导致触电死亡。

按照一般的人体电阻值，可以根据各种环境对安全电压值作出规定：普通的环境为 50 V

左右；潮湿环境和手持设备为 24 V 左右。凡工作电压超过上述安全电压的用电设备、人可接触的部位(如外壳、框架、机座、操作手柄等金属部件)都必须接地，称为安全接地。

电气设备的安全接地有下面两种形式。

(1) 保护接地

保护接地就是将电气设备在正常工作情况下不带电的金属外壳等与大地之间用良好的金属连接。图 7.4.18 表示在中性点非直接接地系统中，有接地装置电阻为 r_d 的电气设备，当绝缘损坏、外壳带电时，接地电流将同时沿接地极和人体两条道路流过。流经人体的电流与流经接地极的电流比为

$$\frac{I_{ren}}{I_d} = \frac{r_d}{r_{ren}}$$

式中 I_d、r_d——沿接地极流过的电流及电阻(可称为接地电阻)；

r_{ren}、I_{ren}——人体电阻及流过人体的电流。

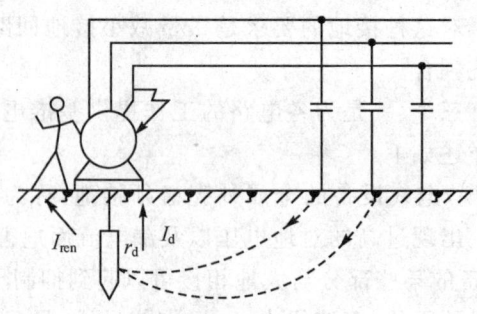

图 7.4.18 保护接地

为了限制流过人体的电流，使其在安全电流以下，必须使 $r_d \ll r_{ren}$。安全电流一般可取值如下：

对交流电流：33 mA；对直流电流：50 mA。

(2) 保护接零

在低压三相四线制中，如果变压器二次侧中性点接地，则称为零点。这时，由中性点引出的线不叫中性线而叫做零线。在这种系统中，无论设备是否设有保护接地，均不能防止人体触电的危险。分析如下：

① 电气设备外壳不接地。如图 7.4.19 所示，当外壳带电时，人体触及外壳及外壳流过人体的电流为

$$I_{ren} = \frac{U_X}{r_{ren} + r_0}$$

式中 U_X——相电压(V)；

r_{ren}——人体、鞋、地点总电阻(Ω)；

r_0——接地极体电阻(Ω)。

因为 $r_0 \ll r_{ren}$,假定 $r_{ren} = 1\,500\ \Omega$,则 $I_{ren} \approx \dfrac{220\ \text{V}}{1\,500\ \Omega} = 0.147\ \text{A}$,超过安全允许值。

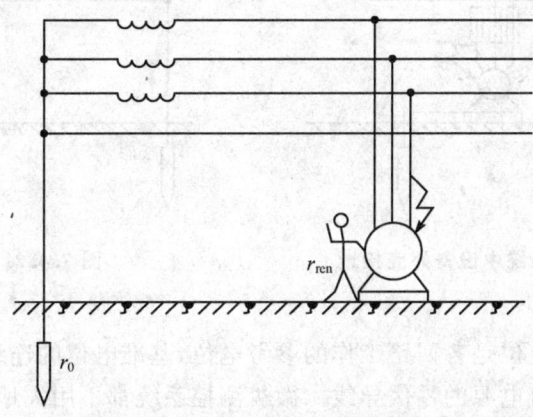

图 7.4.19　电气设备外壳不接地,人体触电电流

② 在接零系统中设备外壳接地。如图 7.4.20 所示,当 $r_0 \ll r_d$ 或 r_0 略大于 r_d 时,在设备外壳上的电位 $U_d = I_d \cdot r_d$。如果要使 U_d 达到安全值,例如 $U_d = 50\ \text{V}$,则

$$\frac{220}{r_0 + r_d} r_d = 50$$

$$\frac{r_0}{r_d} = \frac{220 - 50}{50} = 3.4$$

设 $r_0 = 4\ \Omega$,则 $r_d = 1.18\ \Omega$,要使电气设备实现这样小的接地电阻非常困难,且造价昂贵。为了安全起见,要求接设备的电源处熔体熔断,但当设备容量较大时(如额定电流 $I_e = 100\ \text{A}$),按照熔体额定电流 I_{ers} 必须小于或等于 3 倍导线发热容许通过的电流 I_{ux} 的原则,有

$$I_{res} \leqslant 3 I_{ux} = 3 I_e = 300\ \text{A}$$

为了保证人身安全,接地电阻 r_d 应为

$$r_d \leqslant \frac{50\ \text{V}}{300\ \text{A}} = 0.17\ \Omega$$

$$r_0 = 3.4 r_d \approx 0.58\ \Omega$$

无论是接地极体本身电阻 r_0 或者接地极对地的接地电阻 r_d,实现上面那样小的阻值非常困难,这时变压器低压侧中心点对地电压 $U_0 = 220\ \text{V} - 50\ \text{V} = 170\ \text{V}$。如果有人接触到中性点连接的导线,显然是不安全的。

③ 接零保护。所谓接零保护,是指用电设备外壳接到零线,当一相绝缘损坏与外壳相连时,则由该相、设备外壳、零线形成闭合回路。这时,电流一般来说是比较大的,从而引起保护器动作,使故障设备脱离电源,如图 7.4.21 所示。

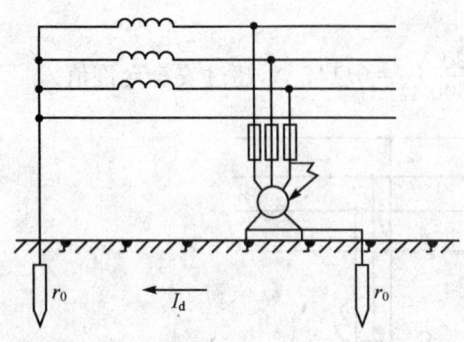

图 7.4.20 接零系统中设备外壳接地

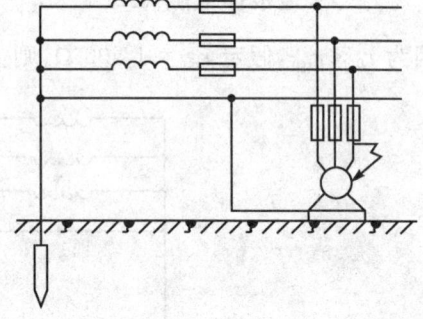

图 7.4.21 接零保护

3. 工作接地

控制系统中的基准电位是各回路工作的参考电位,基准电位的连线称为工作地(又称系统地),通常是控制回路直流电源的零伏导线。微机测控系统都不用大地作为信号返回路径。

电子设备的工作接地方式有三种:浮地方式、直接接地方式和电容接地方式。

(1) 浮地方式

浮地方式是指装置的整个地线系统和大地之间无导体连接,它是以悬浮的"地"作为系统的参考电平,在 7.4.6 小节中有详细叙述。

(2) 直接接地方式

当控制设备有很大的对地分布电容时,只要合理选择接地点,就可以抑制分布电容的影响。

(3) 电容接地方式

即经过电容器把工作地与大地相连,接地电容主要是为高频干扰分量提供对地的通道,抑制分布电容的影响;但电容对低频仍是开路,当作为工作地基准的外壳对地电位因外部干扰而发生波动时,通过对地分布电容出现位移电流进入到设备内部,使设备不能正常工作。

电容式接地主要用于工作地与大地间存在直流或低频电位差的情况,所用的电容应具有良好的高频特性和耐压性能,一般选 $2\sim10~\mu F$。

4. 屏蔽接地

如果测量电路是一点接地,电缆的屏蔽层也应一点接地。下面通过具体例子说明接地点的选择准则。

① 当信号源不接地,而测量电路(放大器)接地时,电缆屏蔽层应接到测量电路的接地端(公共端)。

图 7.4.22 所示是一个信号源不接地,而测量电路接地的测量系统。图中,U_{G1} 是因测量电路接地不良而引起的对地电位,U_{G2} 是两接地点的电位差。

电缆屏蔽层只有一个接地点,如图 7.4.22 所示可有 A、B、C、D 四种连接方案。由图分析显然可见,若电缆屏蔽层按 A、B、D 中任意一种方案,则共模干扰均要在测量线路输入端产生差模干扰电压 U_{12}。而只有当电缆屏蔽层接上 C 点时,差模干扰电压 $U_{12} \approx 0$,即共模干扰电压不会转换成差模干扰电压。因此,电缆屏蔽层接 C 是最可取的。

② 当信号源接地,而测量电路(放大器)不接地时,电缆屏蔽层应接到信号源的接地端(公共端)。

图 7.4.23 所示是一个信号接地而测量电路不接地的测量系统。该系统的电缆屏蔽层亦有图中所示 A、B、C、D 四种连接方案。只有 A 方案才能使测量电路输入端没有噪声干扰电压。图中,U_{G1} 是信号源公共端(即接地点)与地电位的电位差;U_{G2} 为两个接地点的电位差。

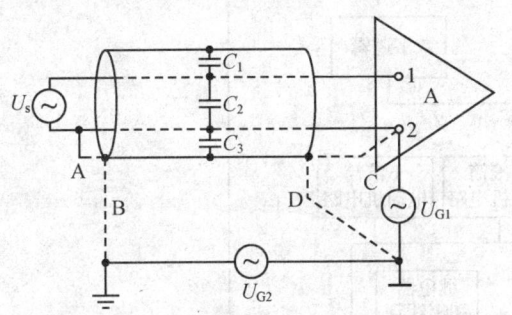
图 7.4.22 电缆屏蔽层接地系统之一

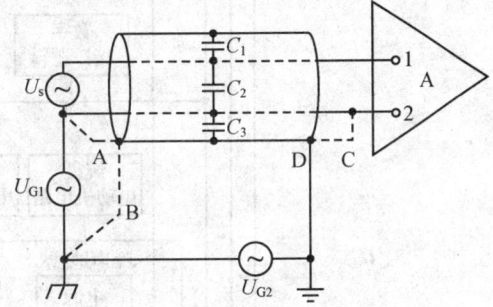
图 7.4.23 电缆屏蔽层接地系统之二

5. 微机测控系统的接地技术

(1) 一点接地和多点接地

1) 一点接地

一点接地是仪器接地系统的基本准则。在较复杂的电子仪器中,输入信号的地线属于低电平回路。而功率级或是电动机、继电器的地线若处理不当,会带来干扰,称为噪声地线。另一条是机壳的金属件地线。这三条地线要互相分开,不要共用。正确的接地方法是,将三条地线连接在一起,再通过一点接地,如图 7.4.24 所示。

图 7.4.25 表示一台九通道数字式磁带记录仪,它有三条信号地线、一条噪声地线和一条金属件地线。因为放大器的地线最灵敏,所以将九个放大器的地线分两条设置。其中,五个放大器共用一条地线,而另外四个放大器共用一条地线。因为九个写入电路的工作电平较读出放大器的要高,所以与数字接口逻辑电路、数控逻辑电路共用第三条地线。三个磁带盘控制电机和继电器、螺线管等则作为噪声地线接地。但因这些部件中,磁带盘的电机控制

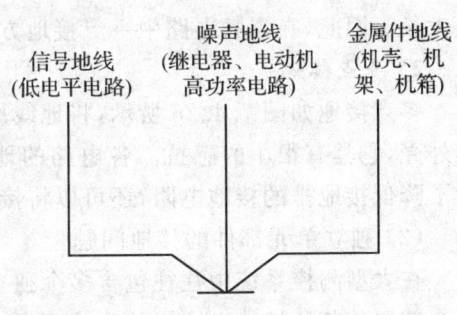
图 7.4.24 三条地线一点接地

电路最为灵敏,所以它的地线距接地点最近。而机壳则与金属件地线连接。这三种地线与机壳连接后,再一点接至电源地线。

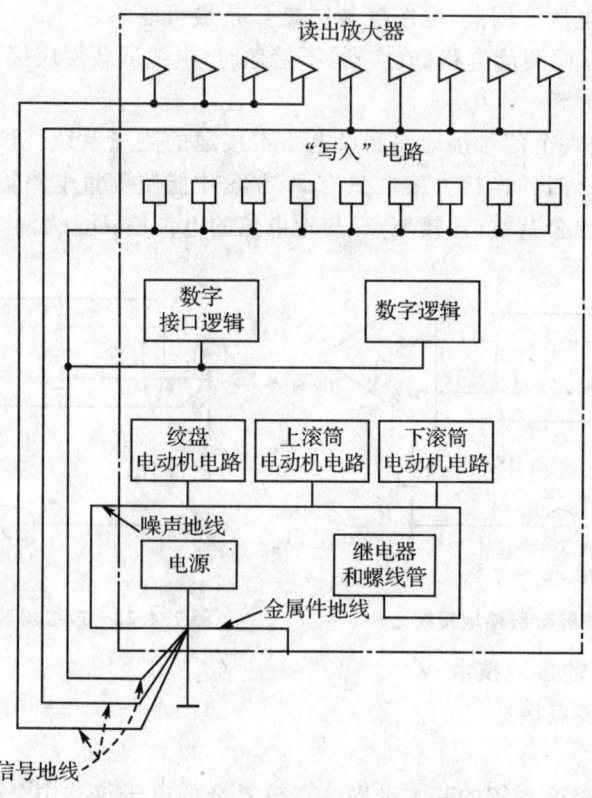

图 7.4.25 九通道数字式磁带记录仪典型接地系统

这种接地方式可以避免各个工作电路的地电流耦合,减少相互干扰。当电路在高频时,地线阻抗中的感抗分量增大。欲想减少感抗,就得缩短地线的长度,而采用一点接地方式往往连线太长。因此,在高频电路中一点接地方式不适用,应采用多点接地方式。

2) 多点接地

多点接地如图 7.4.26 所示,将地线用接地汇流排代替。这种接地排可以是高频部分的屏蔽外壳,它具有很小的感抗。各电路的地线应以最短的距离分别就近接到低阻抗接地排上。为了降低接地排的接地电阻,还可以将接地排镀银。若为印刷电路板,则应加宽地线。

(2) 独立单元部件的接地问题

在大型测控系统中往往包含多个独立单元部件,为了防止公共阻抗耦合引起的交叉干扰,每个装置的各种接地方式只能有自己的专用接地线,然后将这些接地线会集于一点接地,如图7.4.27 所示。

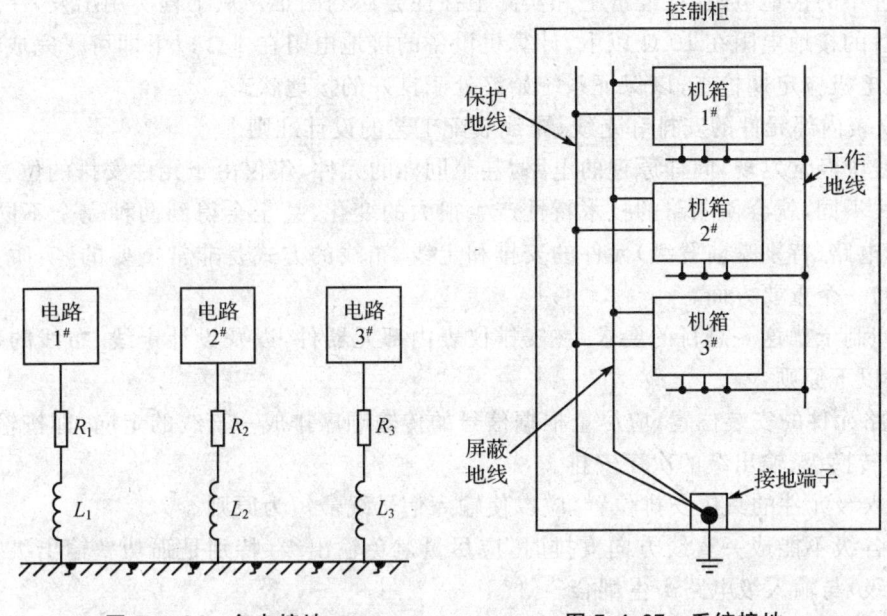

图 7.4.26 多点接地　　　　图 7.4.27 系统接地

对于测控系统中的高频设备,最好将整个装置屏蔽起来,并将外壳接地(即屏蔽接地),以达到电磁屏蔽和静电屏蔽的目的。

变压器中性线往往存在很大的不平衡电流,因此,严禁测控系统工作地与中性线混接。

(3) 接地装置和接地电阻

在电气控制设备中,可能有多种接地极,如避雷接地极、供电变压器中性点接地极、电子设备的保护接地极和屏蔽接地极等,它们分为强电保护接地极和弱电抗干扰接地极。由于强电设备工作时或发生故障时可能产生很大的地电流,造成接地极附近的地电位大幅度变动,所以,计算机装置和其他电子设备的弱电抗干扰接地极要远离强电设备的接地极。一般应保持表 7.4.2 所列的最短距离。

表 7.4.2　接地点(极)间的最短距离

接地设备类别	接地点(极)间最短距离/m
电子设备与高压供电变压器的中性点	20
电子设备与避雷针	20
电子设备与一般电气设备	15
计算机与其他控制设备	15

接地用的导线本身都有一定的阻抗。虽然减小接地电阻能在一定程度上改善接地效果,

但若追求过小的接地电阻,在经济上和实际上往往会遇到困难。从工程实用出发,一般要求电子控制设备的接地电阻在 10 Ω 以下,计算机设备的接地电阻在 4 Ω 以下即可。完成接地安装后,对接地电极应定期检查,以保证系统始终处于良好的接地状态。

(4) 仪表内部元件的安排和走线、布线装配工艺的设计准则

在实践中经常发现,同样原理的电路,甚至同样的元件,仅仅由于元件安排的位置和走线、布线的方式不同,就会使电路的技术特性产生很大的变化,甚至会得到两种完全不同的结果。由此可见,电路(特别是前置级)元件的安排和走线、布线的方式是非常重要的,实质上它是抗干扰措施的一个重要方面。

根据抑制干扰这一总目的要求,在安排仪表内部元器件,以及设计走线、布线的装配工艺时,应遵循以下原则:

① 电路元件的安装位置,应尽量根据信号的传输顺序排成一直线的走向,即按输入级、放大级、信号转换级、输出级的次序安排。

● 输入级元件的具体安排位置,应以使输入信号线最短为原则。

● 当各级不能成一直线方向安排时,应尽量避免输出级(特别是强功率输出级和高压输出级)与输入级电路产生耦合。

● 各级电路元件,应尽量按它们在电路上的先后次序安排。各级元件不要互相交叉和混合安排。

● 当电路板面积较小时,还要考虑合理利用空间。

总之,各级电路的安排原则是,力求使电信号传输合理,防止引起寄生耦合,避免造成互相干扰或产生自激振荡。

② 电路中的热源(如大功率管等)以及电磁感应耦合元件(如变压器、扼流圈、振荡线圈等)的安装位置应远离输入级。它们之间也要尽量安排得远些,如输入变压器、振荡线圈及输出变压器要相互远离,并且要互相垂直安装,使其漏磁通互不影响。

③ 高输入阻抗放大器输入级的印刷电路板走线应设计屏蔽保护环,防止漏电流经线路板绝缘电阻流入输入端(详见 2.4 节高输入阻抗放大器的设计)。

④ 低电平测量电路中的电源变压器和输入变压器除相互远离外,还必须加屏蔽罩。低频磁屏蔽罩最好采用坡莫合金之类的低磁通密度和高磁导系数的材料。屏蔽罩接地点的选择应根据仪表的整体屏蔽系统而定,切不可千篇一律。

电路输入级或其他元器件,如果需要静电屏蔽,可选用铜、铝等低电阻材料做屏蔽盒。若需要高频电磁屏蔽(如振荡线圈等),可选用导电性良好的金属材料做屏蔽盒。

⑤ 对电路较复杂、单元电路较多的仪表,可将有关单元电路分块装配,必要时将输入级与高频振荡级均用屏蔽层隔离。

⑥ 仪表内部的布线原则如下:

● 输入级的弱信号线与输出级的强信号线以及电源线应尽量远离。

- 直流信号线与交流信号线应远离。
- 输入级与其他可能引起寄生耦合的线,严禁平行走线,应尽可能远离。
- 放大器各放大级的接地元件应采取一点接地的方式。
- 低电平信号的地线、干扰源的地线和金属机壳的地线应分开设置,最后集中一点接地。
- 不同电缆的输入信号线要互相交织,禁忌平行。
- 输入电缆的屏蔽层应选择适当的接地点,而具体接地点的选择,应由仪表的整体屏蔽系统而定。

7.4.6 浮空(浮置、浮接)技术

如果测量仪器放大器的公共线不接机壳,也不接大地,则称为浮空。被浮空的测量系统,其测量电路与机壳或大地之间没有任何导电性的直接联系。

浮空的目的是要阻断干扰电流的通路。当测量系统被浮空后,测量电路的公共线与大地(或外壳)之间的阻抗(绝缘电阻)很大,因此浮空与接地相比能更强地抑制共模干扰电流。不过,由于寄生电容的存在,在测量系统浮空后,容性电流还是存在的,只是较小而已。

图 7.4.28(a)所示为桥式传感器测量系统,R_L 和 R_H 是具有温度补偿的电阻式传感器。测量电路有内、外两层屏蔽罩,测量电路与内屏蔽罩之间是互相绝缘的,即是浮空的。内屏蔽是通过信号线的屏蔽层在信号源处接地。

共模干扰源(指地电位差)形成的电流回路如图 7.4.28(b)所示,图中 A、B 两点的干扰电压为 $U_n = I_H R_H - I_L R_L$。如果 $R_H + R_i \gg R_L$,则 $I_H \ll I_L$,$|U_n| \approx I_L R_L \approx (I_{C_1} + I_{C_2}) R_C$。因为地电位差主要是由 $f = 50$ Hz 的工频电压产生的,如果 $C_1 = 10$ pF, $C_2 = 0.01$ μF, $C_3 = 0.001$ μF, $C_4 = 0.01$ μF,则可认为 $X_{C_1} \gg X_{C_4} \gg R_L$, $X_{C_3} \gg R_s$, $X_{C_2} + X_{C_4} \gg R_L$。如果不考虑 C_2 求 I_{C_1} 和不考虑 C_1 求 I_{C_2},进行近似计算后可得 $I_{C_1} \approx U_{cm}/X_{C_1}$, $I_{C_2} \approx R_s/X_{C_3} U_{cm}/(X_{C_2} + X_{C_4})$。因此,$I_{C_1} \gg I_{C_2}$,$I_L \approx I_{C_1}$,可得

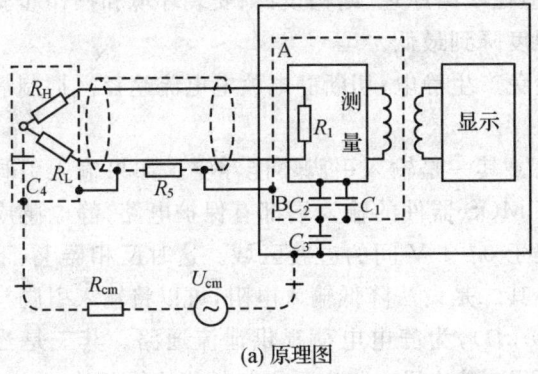
(a) 原理图

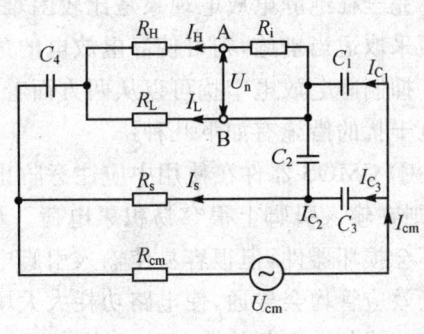
(b) 等效电路

图 7.4.28 浮空测量系统

$$|U_n| \approx I_{C_1} R_L \approx \frac{U_{cm} R_L}{X_{C_1}}$$

则该浮空测量系统的共模抑制比为

$$\mathrm{CMRR} = 20\lg \frac{E_{cm}}{U_n} = 20\lg \frac{X_{C_1}}{R_L} = 20\lg \frac{10^4}{\pi} \mathrm{dB} = 110 \text{ dB}$$

7.4.7 静电放电干扰

　　静电的起因是两种不同物质的物体互相摩擦时,正负电荷分别积蓄在两种物体上。例如,人体或工具器械上积存的静电、化纤衣物的摩擦引起的静电,当它们与系统接触时便会放电,形成静电放电干扰。又如,在干燥的冬季,人们从户外回来,脱下合成纤维的外衣时,常会听到"噼啪"之类的声音,这就是静电放电现象,其放电电压可高达 2~30 kV。经验证明,人体所带的静电一般为 10 V~15 kV。

　　在电子控制设备外壳上放电是经常见到的放电现象,放电电流流过金属外壳,产生电场和磁场,通过分布阻抗耦合到壳内的电源线、信号线等内部走线,引起误动作。电子控制设备的信号线或地线上也可直接放电。如键盘或显示装置等接口处的放电,其干扰后果更为严重。

　　微机测控系统中广泛使用的 CMOS 芯片,是最易受静电干扰的器件。尽管现在应用的大多数 CMOS 器件采取了一些保护措施来防止静电干扰,但是,由于器件本身结构的特点,对静电引起的破坏仍然不可掉以轻心。CMOS 器件结构的显著特点是输入阻抗极高,可高达 1 000 MΩ;内部的极间电容量很小,不超过 1 pF。当带有静电的人体接触到 CMOS 器件的控制极时,人体向 CMOS 器件放电。由于输入阻抗极高,故放电电荷不能泄入接地极,而是注入控制极。极间电容立即被充电到很高的电压,把氧化膜击穿,放电电流流入器件内部;瞬时值高达几十安的放电电流使器件发热,迅速烧熔,导致损坏。

　　完全杜绝静电放电现象是比较困难的。但在线路原理、结构设计、安装环境和操作步骤等方面采取适当措施,则可使静电放电的危害程度降到最低。

　　抑制静电放电干扰可以从两方面着手:避免产生静电;切断静电放电电流途径。抑制静电放电干扰的措施有如下几种:

　　① CMOS 器件在使用中应注意防止静电。其一是输入引脚不能浮空。如果输入引脚浮空,则在输入引脚上很容易积累电荷。尽管 CMOS 器件的输入端都有保护电路,静感应一般不会损坏器件,但很容易使输入引脚电位处于 0~1 V 间的过渡区域。这时反相器上、下两个场效应管均会导通,使电路功耗大大增加。其二是设法降低输入电阻,可以将输入引脚与电源之间或与地之间接入一个负载电阻(1~10 kΩ),为静电电荷提供泄流通路。其三是当用 CMOS 器件与长传输线连接时,应通过一个 TTL 缓冲门电路之后再与长传输线相连。

　　② 环境湿度以维持在 45 %~65 % 为宜。因为静电的生成与湿度有密切关系,环境越是

干燥,越容易产生静电。

③ 机房地板应使用绝缘性能差的材料,如铺设有导电性的塑料地板为好。

④ 检验设备时,最好在操作台上放置接地的金属极,以使操作人员身上的静电立刻入地。

⑤ 操作人员工作时,不可穿容易带静电的化纤衣服和鞋帽等。

⑥ 操作人员在工作时本身应有接地措施,如手腕上系戴金属接地的链镯等。

⑦ 焊接元器件时,务必使用烙铁头接地的电烙铁。其他设备、测试仪器及工具也应有良好的接地措施。

⑧ 搬运、储存及装配作业过程中,应注意使 CMOS 器件的各个引脚保持相同电位,如用铝箔包装,或者放于有良好导电性的包装袋或盒子中。

⑨ 若难以营造不易产生静电的环境,则应从提高电子设备表面的绝缘能力着手。在可能发生静电放电的部位加强绝缘或加以屏蔽,并保证接地良好。例如,柜体表面涂刷绝缘漆;操作开关等部位留足隔离间隙等;也可以用绝缘薄膜等遮盖整个机柜。这样,虽然带电的人或物体触碰设备,也不至于产生放电电流。

7.4.8 漏电干扰的防止措施

漏电干扰发生在绝缘层老化变质、绝缘能力下降处;或者发生在由于系统工作环境潮湿,导致尘埃落在印刷电路板或配电盘面之后形成的导电层处。漏电电流可能导致某些逻辑部件的输入端引入虚假信号而使控制失灵;或者强电压通过漏电途径而击穿弱电器件。

防止漏电流的产生可从两方面入手:其一是保持优良的运行环境,防止漏电流产生;其二是切断漏电流的流通通路,使漏电流不进入工作的元器件中。

① 保持微机测控系统工作环境干燥、空气流通,没有严重的灰尘,并定期清理印刷电路板表面或配电盘面。这样可以从根本上杜绝漏电流的产生。

② 对于强电设备和弱电设备,要分别安装在不同的印刷电路板或配电板上,以防止高电压通过漏电通路而击穿弱电设备。

③ 测控系统中的某些灵敏部位,可以用接地环路将其包围起来。一旦产生漏电流,这些电流会通过接地环而入地,不会造成对电路某些灵敏部件的干扰。图 7.4.29 中的 A 点代表电路部分的敏感点,外部用接地印刷环路所环绕。

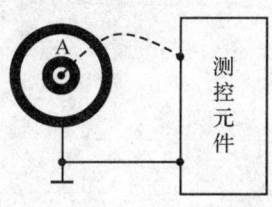

图 7.4.29 接地环路

习题与思考题

7.1 电路受干扰与电路噪声在物理意义上有什么区别?

7.2 差模干扰与共模干扰在物理意义上有什么区别?

7.3 在数字电路中,对尖峰电流干扰能采用什么措施进行抗干扰?

7.4 为什么说良好的接地技术是提高系统抗干扰能力的一个重要方面?

7.5 在微机测控系统中可采用哪两种接地系统?应用场合有什么不同?请各举两个实例说明。

7.6 检测仪表内部的布线原则是什么?为什么?

7.7 抑制静电放电干扰有什么措施?

7.8 在测控系统中对漏电干扰应采取什么措施?

第8章 传感器调理电路的可靠性设计

8.1 概　述

对于调理电路,可靠性设计和预计是至关重要的,它直接决定着调理电路甚至整个系统的安全性和有效使用寿命。在本章中,以飞行器中二氧化碳分压传感器信号调理电路为例进行可靠性分析和预计。由于输入给调理电路的信号很微弱,因此在调理电路的设计中必须充分考虑到弱信号的保护、地线连接、噪声屏蔽等问题,以保证弱信号能够无失真地放大,以提高调理电路工作的可靠性,从而保证整个系统的可靠性设计指标。根据这一原则,在调理电路原理设计、元器件的选用和印刷电路板的设计等方面,采取了一系列的措施,来保证和提高调理电路的可靠性。

针对调理电路进行的可靠性设计、预计及地线布设方案设计,对于提高电路工作的稳定性和可靠性,以及对弱信号的保护都有很大的帮助。系统地研究的结果将有助于调理电路安全、稳定地工作,不仅适用于二氧化碳分压传感器信号放大电路,还可以推广到一般的传感器信号调理电路,具有很广泛的实用性。

8.2　举例电路简介

由于本章是以飞行器中二氧化碳分压传感器信号调理电路为例,进行一系列的可靠性分析及预计,因此,首先对该信号调理电路进行功能及原理的介绍。

8.2.1　调理电路的功能

二氧化碳分压传感器信号调理电路是对二氧化碳分压传感器输出的具有很高输出阻抗的微弱电压信号进行无失真的放大和调理。该电路包括:
① 二氧化碳分压值信号放大电路;
② 温度信号放大电路;
③ 光源的恒流源电路。
该电路与二氧化碳分压传感器组成一个完整的系统,它工作在飞行器的环境中,监测舱内的二氧化碳含量,对人身安全起到保障作用。

8.2.2 电路介绍

1. 二氧化碳分压值信号放大电路

(1) 电路功能及精度指标

在信号探测部分,光电管将二氧化碳分压值的变化量转化为 2.5~5.5 mV 微弱电压的变化量。二氧化碳分压值信号放大电路的作用就是将该微弱电压信号进行无失真的放大和调理,消除高频噪声的干扰,以便后续电路进行 A/D 转换和信号处理。

该电路输出为 0.8~4.2 V 直流电压信号,输出误差不超过±6 mV,输出电阻不大于(1±0.2) kΩ。

(2) 电路工作原理

该电路的原理图如图 8.2.1 所示,图 8.2.2 为给该电路中的 ICL7650 芯片提供±5 V 电压的稳压电路原理图。

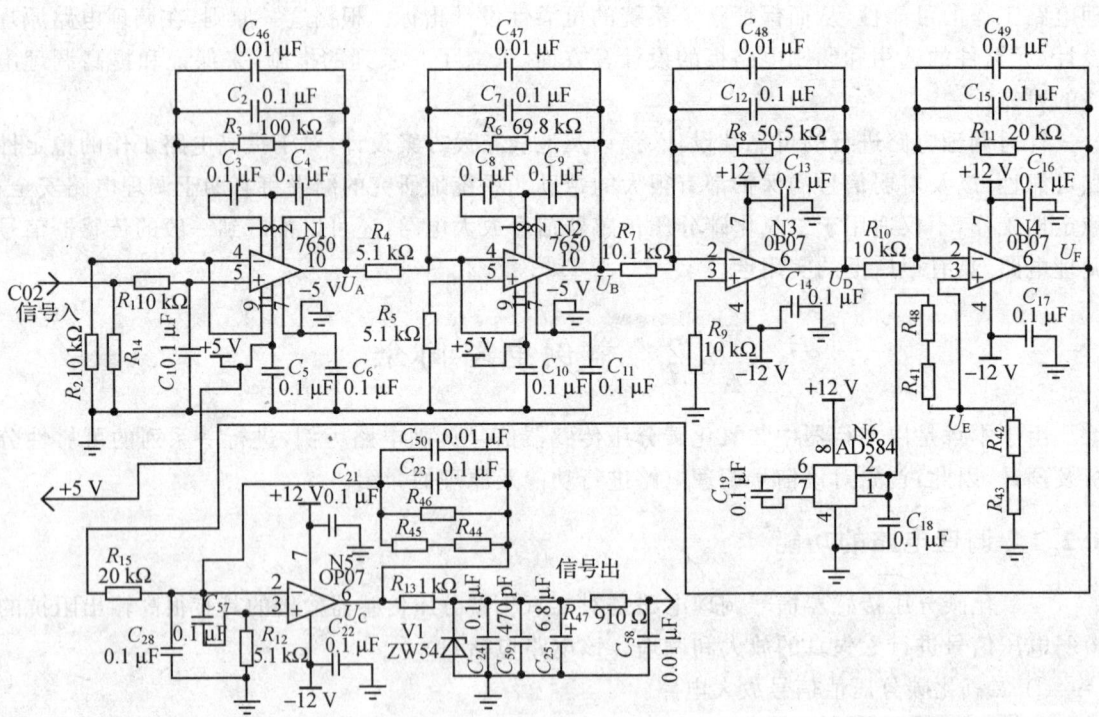

图 8.2.1 二氧化碳分压值信号放大原理图

两个斩波自稳零低漂移运算放大器 ICL7650 构成前置放大级。表征二氧化碳分压值的电压信号经 R_1 输入到 N1 的同相端,该级的放大倍数为 $1+R_3/R_2=1+100\ \text{k}\Omega/10\ \text{k}\Omega=11$ 倍。N1 的输出经电阻 R_4 输入到 N2 的反相端,该级的放大倍数为 $-R_6/R_4=-69.8\ \text{k}\Omega/5.1\ \text{k}\Omega\approx$

第 8 章 传感器调理电路的可靠性设计

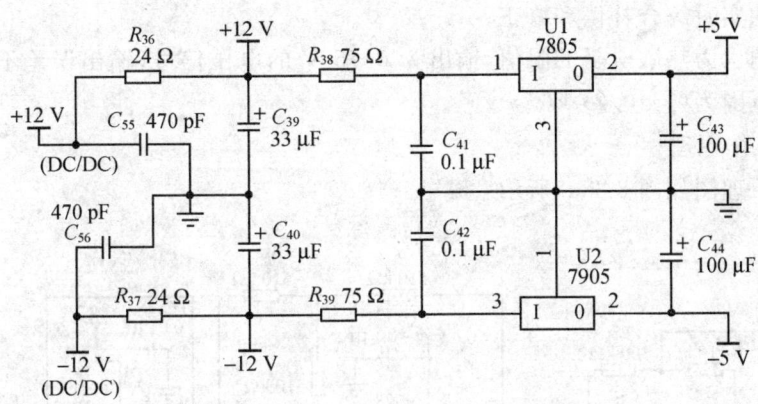

图 8.2.2 ±5 V 参考电压产生电路原理图

-13.7 倍。设输入电压变化范围为 $2.5 \sim 5.5$ mV，则 N2 的输出应为 $2.5 \text{ mV} \times 11$ 倍 $\times$ (-13.7) 倍 $= -376.75$ mV 到 $5.5 \text{ mV} \times 11$ 倍 $\times (-13.7)$ 倍 $= -828.85$ mV。

N3 为中间放大级，该级的放大倍数为 $-R_8/R_7 = -50.5 \text{ k}\Omega/10.1 \text{ k}\Omega = -5$ 倍，则 N2 的输出经过 N3 放大为 $(-376.75 \text{ mV}) \times (-5 \text{ 倍}) \approx 1.884$ V 到 $(-828.85 \text{ mV}) \times (-5 \text{ 倍}) \approx 4.144$ V。

N4 同电压基准 AD584 及电阻 $R_{40} \sim R_{43}$ 构成减法器，减法器 N4 的输出 U_F 为

$$U_F = U_E \times [(R_{10} + R_{11})/R_{10}] - U_D \times (R_{11}/R_{10}) =$$
$$3U_E - 2U_D =$$
$$3U_E - 2 \times (1.884 \text{ V} - 4.144 \text{ V}) =$$
$$3U_E - (3.768 \text{ V} - 8.288 \text{ V})$$

U_E 由 AD584 输出 5 V 基准电压经 R_{41}、R_{40} 与 R_{42}、R_{43} 分压得到，即为 N4 同相端输入电压。

最后一级 N5 为放大驱动级，其放大倍数 $x = -R_{16}/R_{15}$，$R_{16} = R_{46} // R_{45} + R_{44}$。最终输出电压为 $0.8 \sim 4.2$ V，因此，有

$$(3U_E - 3.768 \text{ V}) \cdot x = 0.8 \text{ V} \tag{8.2.1}$$
$$(3U_E - 8.288 \text{ V}) \cdot x = 4.2 \text{ V} \tag{8.2.2}$$

解式(8.2.1)、式(8.2.2)组成的方程组，可以得到 $U_E \approx 0.902$ V，$x \approx -0.75$，即

$$R_{16} = -R_{15} \cdot x = -20 \text{ k}\Omega \times (-0.75) = 15 \text{ k}\Omega, \qquad R_{16} = R_{46} // R_{45} + R_{44}$$

在实际调试过程中，只需将电阻 $R_{40} - R_{43}$，$R_{44} - R_{46}$ 配置到理论计算值附近，反复微量调节，即可得到正确的输出结果。考虑到是在飞行器上用，故不能用电位器替代。

2. 温度信号放大电路

(1) 电路功能及精度指标

该电路将热敏电阻随光学探头内温度的变化（$10 \sim 80$ ℃）而变化的电阻值转化为电压的变化进行输出，以便后续电路进行 A/D 转换和信号处理，对二氧化碳分压传感器的测量结果

进行温度漂移的实时综合补偿和修正。

该电路的输入为热敏电阻的阻值,输出为 $0 \sim 5$ V 的电压信号,输出误差不超过 ± 2 mV,输出电阻值的范围为 (1 ± 0.2) kΩ。

(2) 电路工作原理

该电路的原理图如图 8.2.3 所示。

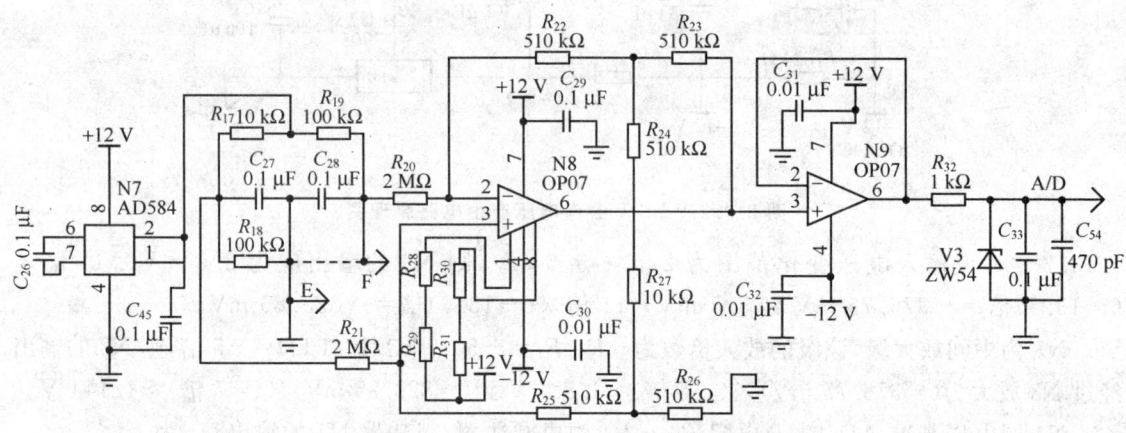

图 8.2.3 温度信号放大电路原理图

感受光学探头内温度变化的热敏电阻设计在探头的壳体中,它的输出信号线通过插座进入温度放大电路,与 R_{17}、R_{18} 和 R_{19} 构成电桥,于是热敏电阻随温度变化而产生的阻值变化由电桥电路转化为电压的变化。电阻 $R_{20} \sim R_{27}$ 与放大器构成增益可调的放大电路,其中随 R_{24} 和 R_{27} 组合串联的阻值不同,便会获得不同的放大倍数。这样,即使选用了不同特性的热敏电阻,也可以通过调整 R_{24} 和 R_{27} 的阻值使得放大器的输出端产生所需要的输出电压值。同时,该电路的使用也较为成熟,且采用差分输入,适于电桥电路的双端输出。

增益可调的放大电路输出的计算公式为

$$U_0 = (2 \cdot R_2/R_1) \cdot (1 + R_2/R_0) \cdot (U_2 - U_1) \tag{8.2.3}$$

这里 $R_{20}=R_{21}=R_1=2$ MΩ;$R_{22}=R_{23}=R_{25}=R_{26}=R_2=510$ kΩ;$R_{24}+R_{27}=R_0=510$ kΩ$+10$ kΩ$=520$ kΩ;U_1、U_2 分别为电桥两端的输出电压。

由此,将各电阻值代入式(8.2.3)中,可得放大器的输出电压为

$$U_0 = (2 \times 510 \text{ kΩ}/2\,000 \text{ kΩ}) \times (1 + 510 \text{ kΩ}/520 \text{ kΩ}) \times (U_2 - U_1) \approx 1 \times (U_2 - U_1)$$

运算放大器 OP07(N9)作为增益可调放大电路输出电压信号的跟随驱动级,最后输出稳定的电压信号。

该电路中,热敏电阻的主要性能参数为 $\beta = 4\,300$,$R_0(t=25\ ℃)=100$ kΩ。

根据热敏电阻的特性公式：

$$R_t = R_0 \cdot e^{\beta(1/T - 1/T_0)} \quad (T \text{ 为热力学温度}, T_0 = (25+273) \text{ K} = 298 \text{ K})$$

得 $t = 10$ ℃ 时热敏电阻的阻值：

$$R_{(T=283 \text{ K})} = 100 \cdot e^{4\,300(1/283 - 1/298)} = 214.9 \text{ K}$$

$t = 80$ ℃ 时热敏电阻的阻值：

$$R_{(T=353 \text{ K})} = 100 \cdot e^{4\,300(1/353 - 1/298)} = 10.56 \text{ K}$$

在电路中，由于 R_{20} 和 R_{21} 为 2 MΩ 的电阻，因此就可以近似地认为 U_1、U_2 端流过 R_{20} 和 R_{21} 的电流为 0，所以

$$U_2 = R_{18}/(R_{17} + R_{18}) \times 5 \text{ V} = 100 \text{ kΩ}/(100 \text{ kΩ} + 10 \text{ kΩ}) \times 5 \text{ V} \approx 4.55 \text{ V}$$

$$U_{1\text{MAX}} = R_T/(R_{19} + R_T)|_{T=283} \times 5 \text{ V} = 214.86 \text{ kΩ}/(100 \text{ kΩ} + 214.86 \text{ kΩ}) \times 5 \approx 3.14 \text{ V}$$

(U_1 在 10 ℃ 时的电压值)

$$U_{1\text{MIN}} = R_T/(R_{19} + R_T)|_{T=353} \times 5 \text{ V} = 10.56 \text{ kΩ}/(100 \text{ kΩ} + 10.56 \text{ kΩ}) \times 5 \text{ V} \approx 0.48 \text{ V}$$

(U_1 在 80 ℃ 时的电压值)

所以

$$U_{\text{OMAX}} = U_2 - U_{1\text{MIN}} = 4.55 \text{ V} - 0.48 \text{ V} = 4.07 \text{ V}$$

$$U_{\text{OMIN}} = U_2 - U_{1\text{MAX}} = 4.55 \text{ V} - 3.14 \text{ V} = 1.14 \text{ V}$$

即温度信号放大电路在 10～80 ℃ 的温度变化范围内，输出电压值的范围为 1.14～4.07 V。

3. 光源的恒流源电路

(1) 电路功能及精度指标

该电路为二氧化碳分压传感器光学探头部分的光源提供 185 mA 的稳定电流，以使光源能够稳定地工作。

输出误差不超过 ±1.5 mA。

(2) 电路工作原理

该电路的原理图如图 8.2.4 所示。

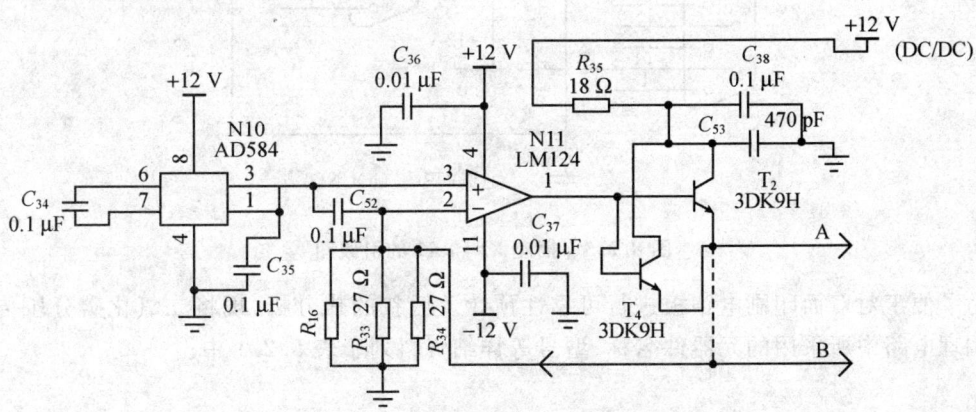

图 8.2.4 光源的恒流源电路原理图

图 8.2.4 中，A、B 端之间接光源。为了使光源中流过的电流恒定，由运算放大器 LM124 和一个 NPN 晶体管 3DK9H 构成电流负反馈电路，放大器的同相端由 AD584 提供稳定的 2.5 V 电压，输出端连到 NPN 晶体管的基极，晶体管工作在放大区。当流过光源的电流增大时，B 点的电位升高，即放大器反相输入端的电压绝对值增大，则放大器输出电位下降，即三极管的基极 b 和发射极 e 之间的电压 U_{BE} 下降，从而使得基极电流 I_B 和集电极电流 I_C 减小，以使光源中的电流始终维持在恒定的数值。

图 8.2.4 中，电阻 R_{33} 和 R_{34} 并联，结果为 27 Ω/2＝13.5 Ω，则流过光源的电流为 2.5 V/13.5 Ω≈185 mA。

8.2.3 电路中的元器件

二氧化碳分压传感器信号调理电路双面印刷电路板将上述三部分电路集中排布，电路中的外引线由两个插座(17 芯和 25 芯)分别引入，引线图如图 8.2.5 所示。

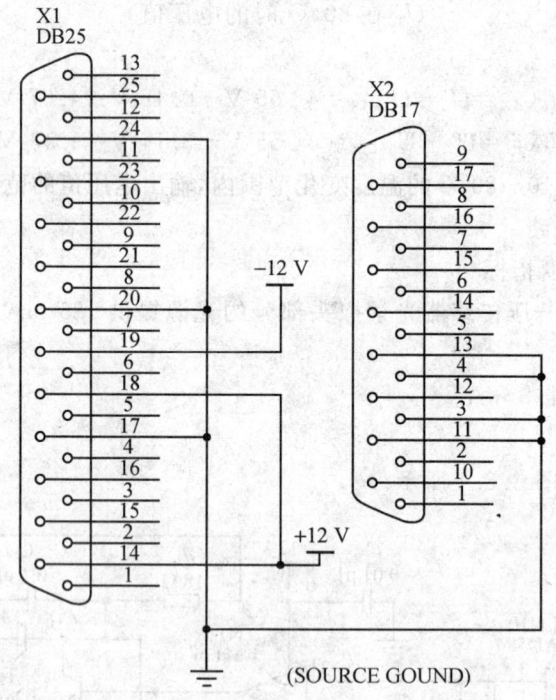

图 8.2.5 插座 X1 和 X2 的引线图

为了便于对双面印刷电路板进行可靠性预计及后叙的热分析，现将二氧化碳分压传感器信号调理电路中所采用的元器件名称、型号等详细资料列于表 8.2.1 中。

表 8.2.1 二氧化碳分压传感器信号调理电路双面印刷电路板元器件明细表

元器件名称	参考名称	型 号	数 量
电阻	R_1、R_2	RJK53-0.125W-10K-B-N	2
	R_3	RJK53-0.125W-100K-B-N	1
	R_4	RJK53-0.125W-5.1K-B-N	1
	R_5	RJ14-0.25W-5.1K±5%	1
	R_6	RJK53-0.125W-69.8K-B-N	1
	R_7	RJK53-0.125W-10.1K-B-N	1
	R_8	RJK53-0.125W-50.5K-B-N	1
	R_9	RJ14-0.25W-10K±5%	1
	R_{10}	RJK53-0.125W-10K-B-N	1
	R_{11}	RJK53-0.125W-20K-B-N	1
	R_{12}	RJ14-0.25W-5.1K±5%	1
	R_{13}	RJ14-0.25W-1K±5%	1
	R_{14}	RJ14-0.25W-2M±5%	1
	R_{15}	RJK53-0.125W-20K-B-N	1
	R_{16}	RJK53-0.125W-*-B-N	1
	R_{17}	RJK53-0.125W-10K-B-N	1
	R_{18}、R_{19}	RJK53-0.125W-100K-B-N	2
	R_{20}、R_{21}	RJK53-0.125W-2M-B-N	2
	R_{22}~R_{26}	RJK53-0.125W-510K-B-N	5
	R_{27}	RJK53-0.125W-*-B-N	1
	R_{28}	RJK53-0.125W-*-B-N	1
	R_{29}	RJK53-0.125W-*-B-N	1
	R_{30}	RJK53-0.125W-*-B-N	1
	R_{31}	RJK53-0.125W-*-B-N	1
	R_{32}	RJ14-0.25W-1K±5%	1
	R_{33}、R_{34}	RJK55-0.5W-27-B-N	2
	R_{35}	RJ17-2W-18±5%	1
	R_{36}、R_{37}	RJ14-0.25W-24±5%	2
	R_{38}、R_{39}	RJ14-0.25W-75±5%	2
	R_{40}	RJK53-0.125W-*-B-N	1
	R_{41}	RJK53-0.125W-*-B-N	1
	R_{42}	RJK53-0.125W-*-B-N	1
	R_{43}	RJK53-0.125W-*-B-N	1
	R_{44}	RJK53-0.125W-*-B-N	1
	R_{45}	RJK53-0.125W-*-B-N	1
	R_{46}	RJK53-0.125W-*-B-N	1
	R_{47}	RJ14-0.25W-910±5%	1

续表 8.2.1

元器件名称	参考名称	型 号	数 量
电容	$C_1 \sim C_{24}$	CT4L-2-50V-0.1u±5%	24
	C_{25}	CAK-10V-6.8u	1
	$C_{26} \sim C_{28}$	CT4L-2-50V-0.1u±5%	3
	$C_{29} \sim C_{32}$	CT4L-1-50V-0.01u±5%	4
	$C_{33} \sim C_{35}$	CT4L-2-50V-0.1u±5%	3
	$C_{36}、C_{37}$	CT4L-1-50V-0.01u±5%	2
	C_{38}	CT4L-2-50V-0.1u±5%	1
	$C_{39}、C_{40}$	CAK-25V-33u	2
	$C_{41}、C_{42}$	CT4L-2-50V-0.1u±5%	2
	$C_{43}、C_{44}$	CAK-10V-100u	2
	C_{45}	CT4L-2-50V-0.1u±5%	1
	$C_{46} \sim C_{51}$	CT4L-1-50V-0.01u±5%	6
	C_{52}	CT4L-2-50V-0.1u±5%	1
	$C_{53} \sim C_{56}$	CY22-100V-470p	4
	C_{57}	CT4L-2-50V-0.1u±5%	1
	C_{58}	CT4L-1-50V-0.1u±5%	1
	C_{59}	CY22-100V-470p	1
集成电路	$N_1、N_2$	1CL7650	2
	$N_3 \sim N_5、N_8、N_9$	OP07A	5
	$N_6、N_7、N_{10}$	AD584T	3
	N_{11}	LM124	1
	U_1	W78L05	1
	U_2	W79L05	1
晶体管	$V_1、V_3$	ZW54	2
	V_2	3DK9H	1
电连接器	X1	J36A-26ZJB	1
	X2	J27-17TJ0W	1

注：型号 RJK53-0.125W-*-B-N 中的 * 号代表该电阻的阻值在实际硬件调试中确定。

8.3 调理电路的可靠性设计

8.3.1 原理设计的可靠性措施

原理设计的可靠性措施主要从元器件的使用方法、电路设计的原则等方面进行论述。三部分电路原理设计的可靠性措施分述如下。

1. 二氧化碳分压值信号放大电路

在二氧化碳分压值信号放大电路的原理设计上，主要采用了以下 8 点可靠性保证措施：

① 运算放大器采用的是斩波稳零式集成运放 ICL7650 及 AD 公司的超低噪声精密运放 OP07，在前置放大级采用 ICL7650。

ICL7650 的主要性能指标是：
- 输入失调电压低，U_{os} 为 $\pm 1 \sim \pm 5$ μV(25 ℃)；
- 输入偏置电流低，I_{BIOS} 为 $2 \sim 10$ pA；
- 输入失调电压长时间漂移低，为 100 μV/月；
- 超低电压漂移，为 0.01 μV/℃；
- 高转换速率，为 2.5 V/μs；
- 高增益带宽，为 2 MHz；
- 高共模抑制比 CMMR：$-5 \sim +2.3$ V 时为 $120 \sim 130$ dB；
- 低噪声，峰-峰值为 2 μV(0～10 Hz)。

选用 ICL7650 作为前置放大器，是因为从性能指标可以看出它具有以下几个突出的优点：
- 当对微弱信号进行高精度放大时，器件的固有噪声是影响放大特性的主要限制因素，而 ICL7650 的输出电压噪声极低，提高了低频信号的放大精度，因此，很适合做小信号输入的调理电路的前置放大器；
- 由于输入失调电压、失调电压漂移和输入偏置电流极低，故使 ICL7650 在较广的温度范围内保持了高的直流放大精度；
- 有内部频率补偿，简化了外部电路，提高了整个调理电路工作的可靠性；
- 长期稳定性和精度保证了该器件在较长的时间内有较低的失调电压漂移；
- 由于具有高共模抑制比和电源抑制比，故大大降低了输入基准误差。

OP07 的主要性能指标是：
- 输入失调电压低，V_{os} 为 $25 \sim 150$ μV；
- 电压漂移低，为 $0.6 \sim 2.5$ μV/℃；
- 低噪声，峰-峰值为 0.35 μV(0.1～10 Hz)；
- 较高增益带宽，为 0.6 MHz；
- 转换速率较高，为 0.3 V/μs；
- 输入偏置电流低，I_{BIOS} 为 $2 \sim 12$ nA；
- 高共模抑制比 CMMR：频率在 1 kHz 时为 98 dB。

从主要性能指标可以看出，OP07 的最大优点是：

- 有较高的增益带宽及转换速率；
- 输入失调电压及电压漂移低、噪声低。

因此，用它作为多级放大器的器件，放大二氧化碳的输入信号。

② 采用稳压电源 W78L05 和 W79L05 为运放 ICL7650 提供±5 V 稳定的供电电源，以保证运放能够稳定工作。

③ 电压基准采用可编程精密电压基准 AD584，它的性能特点是：
- 精度高；
- 通过引脚编程可以获得 4 种电压输出，分别为 10 V、7.5 V、5 V 和 2.5 V；
- 无需外接元器件；
- 静态电流低，最大不超过 1.0 mA；
- 温度范围大，为 $-55 \sim +125$ ℃；
- 电流输出稳定，为 10 mA。

④ 二氧化碳分压值信号输出端通过由电阻 R_1 和电容 C_1 组成的 RC 滤波电路，滤掉了高频干扰信号。

⑤ 电路中多数电阻均采用精密电阻，如中间放大级 N3 的反相端输入电阻 R_7 和反馈电阻 R_8 等，可以由表 8.2.1 看出。这一措施保证了放大微弱信号的精确性。

⑥ 所有运算放大器的反馈电阻均并联 0.1 μF 和 0.01 μF 的反馈电容，目的在于进行相位的超前补偿，防止产生自激振荡。

⑦ 所有集成电路的正负电源端均通过 0.1 μF 的电容并联接地，起到去耦的作用。

⑧ 采用多级运放进行信号放大，可以防止采用一级运放进行放大所带来的由于放大倍数过大而产生的自激振荡问题。

2. 温度信号放大电路

在温度信号放大电路的原理设计上，主要采用了以下两点可靠性保证措施：
① 采用 AD584 作为电压基准，提供+5 V 稳定电压；
② 差分放大器和电压跟随器均采用超低噪声精密放大器 OP07。

3. 光源的恒流源电路

在光源的恒流源电路的原理设计上，主要采用了以下可靠性保证措施：
① 采用 AD584 作为电压基准；
② 采用军用器件 LM124 作为电压比较器；
③ 晶体管采用中功率三极管 3DK9H。

本项目元器件的选择首先是查阅了国家颁布的 QPL 表及各工程型号的 PPL 表，从而确定器件的型号与对应的质量等级。

8.3.2 元器件选型及应用的可靠性措施

1. 元器件的选用

(1) 国产电子元器件的选用

选用国产元器件时,应根据设备的质量和可靠性要求优先在按国家标准(GB)、国家军用标准(GJB)、"七专"技术条件(QZJ)、电子工业部标准(SJ)组织生产并经质量认证列入合格产品目录的器件中选用。

对于国家军用标准系列产品的选择,应优先查阅国家颁布的 QPL 表或工程型号的 PPL 表,确定器件的型号对应的质量等级。

(2) 进口电子元器件的选用

国外的元器件在质量、可靠性方面是分为不同档次的,即根据元器件不同的可靠性特性划分不同的质量等级。为了确保军用设备的系统所用元器件的可靠性,国外形成了一整套军用元器件的 QPL 表。列入 QPL 表中的元器件都是由经过鉴定合格的生产厂家生产并通过质量鉴定的合格产品,具有良好的质量和可靠性保证。当可靠性要求高的军用场合需要选用进口元件时,应尽量选用列入其相应 QPL 表中的产品。

同时,在选用进口元器件时,可以参考国外同类机构制定的优选元器件清单中的元器件。如参考美国国家航空宇航局(NASA)制定的优选元器件清单,或参考欧洲空间局(ESA)的优选元器件清单进行选择。

本课题设计中的元器件是严格按照国家军用标准选用的,统一采购,质量严格把关。

2. 元器件的可靠性应用

元器件选择固然重要,但许多应用因素也在很大程度上影响着元器件的实际失效率和可靠性。因此,掌握电子元器件可靠性应用的各种因素是可靠性设计的重要方面。

元器件可靠性应用中一个很重要的手段就是元器件的降额使用,即在设计中将加给元器件的热、电和机械应力限制到低于它们规定的或经过证明的能力水平,使元器件在使用中承受的应力低于其设计的额定值。因为,在最大负荷下工作的元器件实际是不可靠的,它很可能因过应力而失效,因此电子元器件的降额使用是非常重要的。按降额程度的不同,有Ⅰ、Ⅱ、Ⅲ级降额,反映了不同的降额尺度。按照规定,飞行器座舱应该采用Ⅰ级降额,是最大程度上的降额,因此本调理电路的元器件按Ⅰ级降额应用。

(1) 集成电路的可靠性应用

可靠性的应用措施如下。

① 电源:Ⅰ级降额,应使其工作电源电压小于其允许的绝对最大值电压的 70%。OP07 的最大电源电压为±18 V,降额后应小于±18 V 的 70%,即为±12.6 V;ICL7650 的最大电源电压为±7.5 V,降额后应小于±7.5 V 的 70%,即为±5.25 V;AD584 的最大电源电压为 40 V,降额后应小于 40 V 的 70%,即为 28 V。本电路中的 OP07、ICL7650 和 AD584 分别采

用±12 V、±5 V和±12 V的电源供电,均满足降额要求。

② 去耦:每个集成电路的电源供应端都用0.1 μF的电容并联接地去耦,抗电磁干扰。

③ 输入信号:对于ICL7650,输入信号均不超过10 mV,相对于最大输入电压5 V,符合降额60 %的要求。对于OP07,其最大输入电压为12 V,降额后应小于12 V的60 %,即为7.2 V。在实际电路中,输入运放OP07的电压均小于7.2 V,所以输入信号也满足降额要求。

(2) 电阻器的可靠性应用

① 在精度和稳定性要求高的地方,必须采用噪声及温漂小的金属膜电阻器。

② 金属膜电阻器的主要降额参数是环境温度和功率。环境温度小于额定温度的50 %。在二氧化碳分压值信号放大电路和温度信号放大电路中,所用的电阻器额定功率为1/4 W,而实际工作时各个电阻器消耗的功率均不超过0.1 W;在光源的恒流源电路中电阻器的额定功率为1 W,实际工作功率为2.5 V乘以100 mA,为0.25 W,皆满足降额要求。

(3) 电容器的可靠性应用

① 旁路去耦电容选用独石电容,它价格低,特性范围宽,具有较高的频率容量。

② 各个电路中的电解电容均选用固体钽电解电容器,它具有较高的体积比电容率,对时间与温度呈良好的稳定性,可靠性较高。

③ 电容器降额的主要应用参数是直流电压和环境温度。Ⅰ级降额的直流电压小于额定直流电压的50 %,元器件的温度应低于额定温度减去10 ℃。本电路中的额定直流电压为100 V,实际工作电压小于12 V,达到了小于100 V的50 %即50 V的要求。选用的电容器的额定温度为180 ℃,实际工作温度最高为95 ℃,低于180 ℃减去10 ℃(为170 ℃)的要求。因此,电容的直流电压降额和环境温度降额均满足Ⅰ级降额的要求。

(4) 晶体管的可靠性应用

① 在光源的恒流源电路中采用了中功率三极管3DK9H,它的降额功率为700 mV,最高结温$t_{CM}=175$ ℃。在电路中所消耗的功率为320 mW,小于700 mW的50%(为350 mW)的要求。3DK9H的应用温度小于95 ℃,满足175 ℃减去10 ℃(为165 ℃)的要求。因此,晶体三极管3DK9H的功率降额和温度降额均满足Ⅰ级降额的要求。

② 电路中3DK9H常因功耗较大而发热,因此将它安排在电路板的边缘,以便于其散热。

8.3.3 印刷电路板设计的可靠性措施

为了保护弱信号,使在印刷电路板上的弱信号能够进行无失真的放大,在印刷电路板设计时主要考虑抗电磁干扰。本电路中印刷电路板的设计采用了以下措施来提高其工作的可靠性。

① 在印刷电路板上,弱信号的走线尽可能地短,且两边用较粗的地线(不小于3 mm)进行屏蔽保护,以防止其他电路的漏电流及电磁干扰进入信号输入电路。

② 为了保证信号的无失真放大,信号线应尽可能地宽,并尽量减少过孔。为此,在双面印

刷电路板中,顶层(元件面)基本上均排布信号线和电源线,而底层(焊接面)应尽可能地增大接地面积,地线面积应占整体印刷电路板面积的 40%,这也是一种屏蔽手段,同时从插件输入的地线出发,形成一个地线回路;在三印刷电路板中则增加了一个中间层(电源面),所有 $\pm 5\,V$ 和 $\pm 12\,V$ 的电源线均排布在该层,元件面和焊接面则与双面印刷电路板相似。

③ 运算放大器的输入端与输出端应尽量远离,否则会在两端之间产生杂散电容,使输出信号返回到输入端,形成正反馈而产生自激振荡。

④ 印刷电路板中的条状线不要长距离平行,否则会在两线之间形成电感耦合及寄生电容耦合。对双面布线的印刷电路板,应使两面线条垂直交叉,以减少磁场耦合,有利于抑制干扰。

⑤ 二氧化碳分压值信号放大电路与温度信号放大电路的地线都自成一个系统,最终在插座上与输入的地信号汇合。光源的恒流源电路因电路中流过的电流比较大,也自成一个系统,最终也在插座上汇合;同时用粗线将该电路与其他的两个电路隔开,而该粗线最终也在插座上与输入的地线汇合,构成单点接地,消除共模阻抗耦合,避免产生接地回路。

⑥ 每个集成电路芯片的正负电源端都有 $0.1\,\mu F$ 的陶瓷电容并联接地去耦,且此电容排布在电源与地之间,并尽量接近集成芯片的电源端,这样可以消除该芯片周围分布电容的影响。

⑦ 微弱信号经过的过渡孔、信号放大电路的正负输入端都在元件面走线,在焊接面用地线包围。

⑧ 印刷电路板上有多种电源,每个电压源均要在入口处设置去耦电路,防止互相干扰。常用的是 RC 滤波电路,如图 8.3.1 所示,其中 C_1 滤除高频干扰,电容值在 $0.01 \sim 0.1\,\mu F$,为非电解电容;C_2 滤除低频干扰,电容值在 $10 \sim 100\,\mu F$,为电解电容。

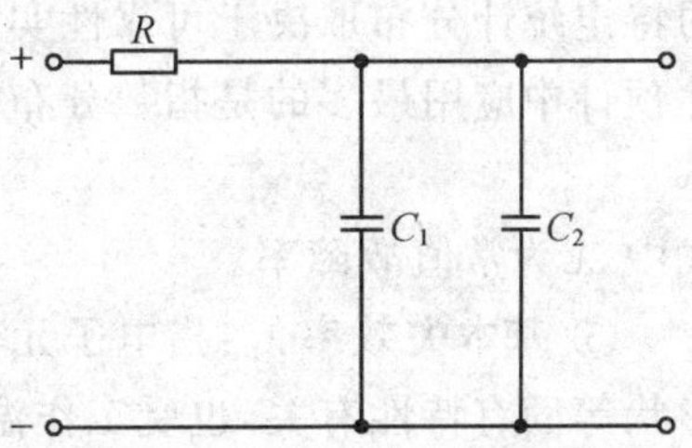

⑨ 印刷电路板的过渡孔必须两面焊接,以提高印刷电路板的可靠性。

⑩ 在印刷电路板的装配工艺上,不用集成电路管座,集成电路直接焊在印刷电路板上,这样可抗冲击与振动,同时避免管座与集成电路之间产生的分布电容的影响。

⑪ 在印刷电路板上不留下空白铜箔层,要将它们接地,否则它们可以充当发射天线或接收天线。

图 8.3.1 RC 滤波器电路

8.4 调理电路的可靠性预计

根据电子元器件可靠性经验数据的规律性,对仪器整机系统未来的可靠性水平进行估计,通过对整机系统所含分系统、组件乃至元器件可靠性指标分配的调整,改进设计,最终使整机系统达到指标要求的可靠性水平。可靠性预计是决策设计、改进设计和确保研制的产品达到可靠性指标要求的不可缺少的技术手段与环节。

8.4.1 有关的基本概念

① 可靠度函数 $R(t)$：指产品在规定的使用条件下，在规定的时间内完成规定功能的概率，即产品工作到某一时刻之前不发生故障的概率。它是规定时间 t 的函数，称为可靠度函数。

② 积累寿命分布函数 $F(t)$：又称不可靠度，它表示产品的寿命 T 比规定时间 t 短的概率，即产品在 t 时间之前发生故障的概率。它也是规定时间 t 的函数，且与可靠度函数有如下关系：

$$F(t) = 1 - R(t)$$

$F(t)$ 的微分称为故障密度函数 $f(t)$。

③ 故障率密度 $\lambda(t)$：指产品工作到某一时刻，单位时间内发生故障的比例。从概率意义上说，即产品工作到时刻 t 仍正常，而它在 $(t, t+\Delta t)$ 中发生故障的概率。用公式表示为

$$\lambda(t) = f(t)/R(t)$$

④ 可靠性参数模型的统计分布：$R(t)$、$F(t)$、$f(t)$ 等可靠性参数模型通常符合一些标准型统计分布，如正态分布、对数正态分布、指数分布、伽马分布、威布尔分布等，不同的情况下使用的特定统计分布取决于可靠性实验所得到的数据。可靠性工程中最重要、也是电子设备可靠性预计中应用最多的是指数分布，它的可靠度预计函数计算公式为

$$R(t) = \exp(-\lambda t)$$

式中，λ 为常值故障率。

⑤ 基本失效率 λ_b：指电子元器件在电应力和温度应力下的失效率，它主要与器件的种类、形状等固有特性有关，也受工作温度和工作电应力与额定电应力之比的影响。

⑥ 环境类别和环境系数 π_E：环境类别是指电子设备正常工作的环境类型；环境系数 π_E 是指不同环境类别的环境应力（除温度应力之外）对元器件失效率影响的调整系数。

⑦ 质量等级和质量系数 π_Q：元器件质量等级是指元器件在制造、实验及筛选过程中其质量的控制等级；质量系数是指不同质量等级对元器件工作失效率影响的调整系数。

⑧ 平均无故障工作时间 MTTF(Mean Time To Failures)：指不可修产品在故障前的工作时间的期望值。

$$\mathrm{MTTF} = \int R(t) \cdot \mathrm{d}t$$

8.4.2 可靠性预计方法

对于电子系统的可靠性预计，相对于系统的成熟程度有元器件计数法及应力分析法。具

体简述如下：

① 元器件计数法：对可靠性进行快速初步的估计，适用于签订合同和设计的初期。

② 应力分析法：预计时要求有详细的元器件可靠性参数，预计出的可靠性指标也更为精确。它适用于电子设备和系统的电路设计与实际硬件设计的后期已具备详细的元器件清单的情况。

在本项目中，选用应力分析法对调理电路进行了可靠性预计。

8.4.3 可靠性的预计

按技术指标要求，调理电路在工作时间不长于 720 h 时，可靠度函数 $R(t)$ 应不小于 0.989 966。

根据国家军用标准 GJB/Z 299B—98《电子设备可靠性预计手册》（以下简称《手册》），以二氧化碳分压传感器信号调理电路双面印刷电路板和三层印刷电路板为例，采用应力分析法进行可靠性预计。有关数据均取自《手册》中第 5.1 节《元器件应力分析可靠性预计法》。具体预计过程如下：

1. 集成电路

模拟集成电路工作失效模型为

$$\lambda_p = \pi_Q \cdot [C_1 \cdot \pi_T \cdot \pi_V + (C_2 + C_3) \cdot \pi_E] \cdot \pi_L$$

式中，π_Q：质量系数。印刷电路板 $\pi_Q = 0.1$（见表 5.1.1.1-3《半导体集成电路质量等级与质量系数 π_Q》），即执行 GJB 597—88，且经军用电子元器件质量认可合格的产品。

π_E：环境系数。二氧化碳分压传感器信号调理电路应用于飞行器舱（AIF），其环境系数 $\pi_E = 17$（见表 5.1.1.1-2《环境系数 π_E》）。

π_L：成熟系数。在这里 $\pi_L = 1$，即符合产品相应的标准或已稳定生产的成熟品（见表 5.1.1.1-4《成熟系数 π_L》）。

π_T：温度应力系数。计算公式为

$$\pi_T = A e^{-B/(273\ ℃ + T_j)}$$

由表 5.1.1.1-5a《计算温度应力系数 A、B 的值》，对于模拟电路密封封装，$A = 9.481 \times 10^9$，$B = 7\ 532$。

T_j：电路处于最恶劣状态时的结温，可用下式计算，即

$T_j = T_c + 5\ ℃ = 65\ ℃$（见表 5.1.1.1-5《半导体集成电路结温近似值》）

T_c：管壳温度（℃）。参照表 5.1.1.1-5b《半导体集成电路管壳温度的参考值》。对于飞行器舱环境 $T_c = 60\ ℃$（AIF）。

因此，模拟集成电路的温度系数为

$$\pi_T = 9.481 \times 10^9 \times e^{-7\ 532/(273+65)} \approx 1.990\ 8$$

也可以查表 5.1.1.1-11《密封双极型及 MOS 型模拟电路的 π_T》，可知：$T_j = 65\ ℃$ 时，

$\pi_T = 1.99$。

π_V：电压应力系数。由表 5.1.1.1-15《CMOS 电路的 π_V》得：当 $T_j = 65\ ℃$、集成电路应用的工作电源电压 $V_S = 12\ V$ 时，$\pi_V = 0.79$。

C_3：封装复杂度失效率($10^{-6}/h$)。由表 5.1.1.1-28《封装复杂度失效率 C_3》可得，见表 8.4.1。

C_1 与 C_2：电路复杂度失效率($10^{-6}/h$)。由表 5.1.1.1-19《双极型及 MOS 型模拟电路的复杂度失效率》可得，见表 8.4.2。

表 8.4.1 二氧化碳分压传感器信号调理电路
（半导体集成芯片的电路复杂度失效率和封装失效率($10^{-6}/h$)）

器件	晶体管数	封装形式	功能引出端数	$C_1/\mu F$	$C_2/\mu F$	$C_3/\mu F$	数量
ICL7650	57	DIP8	8	0.337	0.030	0.033	2
ADOP07	19	DIP8	8	0.294	0.027	0.033	5
AD584	16	DIP8	8	0.250	0.025	0.33	3
LM124	76	DIP14	14	0.724	0.048	0.035	1
W78L05	17	7039	3	0.260	0.025	0.028	1
W79L05	25	7309	3	0.346	0.030	0.028	1

综上所述，即可算出印刷电路板上各集成电路的工作失效，其结果见表 8.4.2。

表 8.4.2 二氧化碳分压传感器信号调理电路的半导体集成芯片工作失效率

系数	ICL7650	ADOP07	AD584	LM124	W78L05	W79L05
π_Q	0.1	0.1	0.1	0.1	0.1	0.1
π_E	17	17	17	17	17	17
π_L	1	1	1	1	1	1
π_T	1.99	1.99	1.99	1.99	1.99	1.99
π_V	0.79	0.79	0.79	0.79	0.79	0.79
C_1	0.337	0.294	0.250	0.724	0.260	0.346
C_2	0.030	0.027	0.025	0.048	0.025	0.030
C_3	0.033	0.033	0.033	0.035	0.028	0.028
单个元器件失效率	0.160 080	0.148 220	0.137 903	0.251 520	0.132 675	0.152 995
器件个数	2	5	3	1	1	1
总失效率	$\lambda_{p1} = 2.012\ 115\ 9 \times 10^{-6}/h$					

2. 半导体分立元件

该电路中的半导体分立元件是中功率晶体三极管 3DK9 和稳压二极管 ZW54。

① 对于晶体管 3DK9,其工作失效率模型为

$$\lambda_p = \lambda_b \times \pi_E \times \pi_Q \times \pi_A \times \pi_{S2} \times \pi_R \times \pi_C$$

式中,π_E:环境系数。对于飞行器舱环境(AIF),$\pi_E=15$(见表 5.1.2.1《环境系数 π_E》)。

π_Q:质量系数。按印刷电路板所属质量等级(军用电子元器件质量认可合格的产品),$\pi_Q=0.1$(见表 5.1.2.1-2《质量系数 π_Q》)。

π_A:应用系数。在光源的恒流源电路中,3DK9 工作在放大区,应属于线性放大的工作类型。所以,$\pi_A=1$(见表 5.1.2.1-3《应用系数 π_A》)。

π_R:额定功率系数。$\pi_R=1$(见表 5.1.2.1-4《额定功率系数 π_R》)。

π_{S2}:电压应力系数。对于 3DK9,S2:外加电压(V_{CE})/额定电压(V_{CEO})(%)=5/20×100 %=25 %。根据表 5.1.2.1-5《电压应力系数 π_{S2}》得 $\pi_{S2}=0.3$。

π_C:种类系数。由表 5.1.2.1-6《种类系数 π_C》得,单晶体管 $\pi_C=1$。

λ_b:基本失效率。其模型为

$$\lambda_b = A \cdot \exp[N_T/(T+273+\Delta T \cdot S)] \cdot \exp[(T+273+\Delta T \cdot S)/T_M]^P$$

对于 NPN 晶体管。各参数值为

A:失效率水平调整参数。$A=3$。

N_T、P:形状参数。$N_T=-1\,403$,$P=12$。

T_M:最高允许结温。$T_M=448$ K。

ΔT:T_M 与满额时最高允许温度的差值。$\Delta T=150$ K。

S:工作电应力与额定电应力之比。

对于硅单晶体管器件,$S=(POP/P_M) \cdot C$。其中,P_M 为晶体管的额定功率,即最大耗散功率,对于 3DK9,$P_M=0.7$ mW;POP 为使用功耗,POP$=0.32$ W;C 为电应力调整系数,且对于 T_s(工作环境温度)大于 25 ℃,T_M(最高允许结温)$=175$ ℃ 的硅器件,$C=(175-T_s)/150=(175-35)/150=0.933$。所以,对于晶体管 3DK9,电应力比为

$$S = (0.32/0.7) \times 0.933 \approx 0.426\,5$$

根据表 5.1.2.1-8《硅 NPN 晶体管基本失效率 10^{-6}/h》,$\lambda_b=0.187\times 10^{-6}$/h。

综上所述,晶体管三极管 3DK9 的工作失效率为

$$\begin{aligned}\lambda_{p2-1} &= \lambda_b \times \pi_E \times \pi_Q \times \pi_A \times \pi_{S2} \times \pi_R \times \pi_C = \\ &\quad 0.187 \times 10^{-6} \times 15 \times 0.1 \times 1 \times 0.3 \times 1/h = \\ &\quad 0.084\,15 \times 10^{-6}\,h\end{aligned}$$

② 对于稳压二极管 ZW54,其失效率模型为

$$\lambda_p = \lambda_b \times \pi_E \times \pi_Q \times \pi_A$$

式中,π_E:环境系数。对于飞行器舱环境(AIF),$\pi_E=13$(见表 5.1.2.8《环境系数 π_E》)。

π_Q:质量系数。$\pi_Q=0.1$,即所选元器件符合 A_3 级标准(见表 5.1.2.8-2《质量系数 π_Q》)。

π_A:应用系数。对于 ZW54,$\pi_A=1$(见表 5.1.2.8-3《应用系数 π_A》)。

λ_b:基本失效率。根据表 5.1.2.8-8《二极管基本失效率》可得 $\lambda_b=0.098\times10^{-6}/h$。

综上所述,稳压二极管 ZW54 的工作失效率为

$$\lambda_{p2-1}=\lambda_b\times\pi_E\times\pi_Q\times\pi_A=$$
$$0.098\times10^{-6}\times13\times0.1\times1/h=0.127\,4\times10^{-6}/h$$

3. 电阻器

在本电路中所选的电阻器全部为精密金属膜电阻器,它的工作失效率模型为

$$\lambda_p=\lambda_b\times\pi_E\times\pi_Q\times\pi_R$$

式中,π_E:环境系数。对于飞行器舱环境(AIF),$\pi_E=5.0$(见表 5.1.4.2-1《金属膜式电阻器环境系数 π_E》)。

π_Q:质量系数。$\pi_Q=0.3$(见表 5.1.4.2-2《金属膜式电阻器质量系数 π_Q》)。

π_R:阻值系数。$R\leqslant100\,k\Omega$ 时,$\pi_R=1$;$100\,k\Omega<R\leqslant1\,M\Omega$ 时,$\pi_R=1.6$;$1\,M\Omega<R<10\,M\Omega$ 时,$\pi_R=3$(见表 5.1.4.2-3《阻值系数 π_R》)。

λ_b:基本失效率。与电应力比 S 有关,本电路板的电阻器设计实际工作功率为额定功率的 25%,即 $S=0.4$。根据表 5.1.4.2-4《金属膜式电阻器基本失效率 $10^{-6}/h$》可得 $\lambda_b=0.007\times10^{-6}/h$。

综上所述,电阻器的工作失效率为

当 $R\leqslant100\,k\Omega$ 时,$\lambda_p=0.007\times10^{-6}\times5.0\times0.3\times1/h=0.010\,5\times10^{-6}/h$;

当 $100\,k\Omega<R\leqslant1\,M\Omega$ 时,$\lambda_p=0.007\times10^{-6}\times5.0\times0.6\times1.6/h=0.016\,8\times10^{-6}/h$;

当 $1\,M\Omega<R<10\,M\Omega$ 时,$\lambda_p=0.007\times10^{-6}\times5.0\times0.3\times3/h=0.031\,5\times10^{-6}/h$。

而由表 8.2.1 所列二氧化碳分压传感器信号调理电路双面印刷电路板元器件明细表可得:小于等于 $100\,k\Omega$ 的电阻共 40 个;大于 $100\,k\Omega$ 而小于等于 $1\,M\Omega$ 的电阻共 5 个;大于 $1\,M\Omega$ 而小于 $10\,M\Omega$ 的电阻共 2 个。因此,电阻器的工作失效率为

$$\lambda_{p3}=40\times0.010\,5\times10^{-6}/h+5\times0.016\,8\times10^{-6}/h+$$
$$2\times0.031\,5\times10^{-6}/h=0.567\times10^{-6}/h$$

4. 电容器

在本电路板中共有两种电容器:瓷介电容器和电解电容器。

(1) 瓷介电容器

其失效率模型为

$$\lambda_p=\lambda_b\times\pi_E\times\pi_Q\times\pi_{CV}$$

式中,π_E:环境系数。对于飞行器舱环境(AIF),$\pi_E=7.7$(见表 5.1.6.4-1《环境系数 π_E》)。

π_Q:质量系数。$\pi_Q=0.3$(见表 5.1.6.4-2《质量等级与质量系数 π_Q》)。

π_{CV}:电容量系数。$C=0.1~\mu F$ 时,$\pi_{CV}=1.6$;$C=0.01~\mu F$ 时,$\pi_{CV}=1.3$(见表 5.1.6.4-3《瓷介电容器电容量系数 π_{CV}》)。

λ_b:基本失效率。根据表 5.1.6.4-7《瓷介电容器的基本失效率 $10^{-6}/h$》,可得 $\lambda_b=0.016~6\times10^{-6}/h$。

综上所述,电容器的工作失效率为

当 $C=0.1~\mu F$ 时,$\lambda_p=0.016~6\times10^{-6}\times7.7\times0.3\times1.6/h=0.061~35\times10^{-6}/h$;

当 $C=0.01~\mu F$ 时,$\lambda_p=0.016~6\times10^{-6}\times7.7\times0.3\times1.3/h=0.049~58\times10^{-6}/h$。

(2) 电解电容器

其失效率模型为

$$\lambda_p = \lambda_b \times \pi_E \times \pi_Q \times \pi_{CV} \times \pi_{SR}$$

式中,π_E:环境系数。对于飞行器舱环境(AIF),$\pi_E=8.3$(见表 5.1.6.6-1《环境系数 π_E》)。

π_Q:质量系数。$\pi_Q=0.003$(见表 5.1.1.6-2《质量等级与质量系数 π_Q》)。

π_{CV}:电容量系数。$C=100~\mu F$ 时,$\pi_{CV}=1.6$;$C=33~\mu F$ 时,$\pi_{CV}=1.3$;$C=6.8~\mu F$ 时,$\pi_{CV}=1$(见表 5.1.6.6-3《电容量系数 π_{CV}》)。

π_{SR}:串联电阻系数。$\pi_{SR}=0.07$(见表 5.1.6.6-4《串联电阻系数 π_{SR}》)。

λ_b:基本失效率。根据表 5.1.6.6-4《固体钽电解电容器的基本失效率 $10^{-6}/h$》,可得 $\lambda_b=0.036\times10^{-6}/h$。

综上所述,电容器的工作失效率为

当 $C=100~\mu F$ 时,$\lambda_p=0.36\times10^{-6}\times8.3\times0.003\times1.6\times0.07/h=0.000~100~396\times10^{-6}/h$;

当 $C=33~\mu F$ 时,$\lambda_p=0.036\times10^{-6}\times8.3\times0.003\times1.3\times0.07/h=0.000~081~57\times10^{-6}/h$;

当 $C=6.8~\mu F$ 时,$\lambda_p=0.036\times10^{-6}\times8.3\times0.003\times1\times0.07/h=0.000~062~74\times10^{-6}/h$。

(3) 电容器的总失效率

由表 8.2.1 所列二氧化碳分压传感器信号调理电路双面印刷电路板元器件明细表可得:$0.1~\mu F$ 的瓷介电容共 40 个;$0.01~\mu F$ 的瓷介电容共 5 个;$100~\mu F$ 的电解电容共 2 个;$33~\mu F$ 的电解电容共 2 个;$6.8~\mu F$ 的电解电容共 1 个。因此,电容器的工作失效率为

$$\begin{aligned}\lambda_p &= 40\times0.061~35\times10^{-6}/h+5\times0.049~85\times10^{-6}/h+2\times0.000~100~396\times10^{-6}/h+\\&\quad 2\times0.000~815~7\times10^{-6}/h+1\times0.000~062~74\times10^{-6}/h=\\&\quad 2.703~7\times10^{-6}/h\end{aligned}$$

5. 印刷电路板连接器

其失效率模型为

$$\lambda_p = \lambda_b \times \pi_E \times \pi_Q \times \pi_P \times \pi_K$$

式中,π_E:环境系数。对于飞行器舱环境(AIF),$\pi_E=4.3$(见表 5.1.10-3《环境系数 π_E》)。

π_Q:质量系数。$\pi_Q=0.7$(见表 5.1.10-4《质量等级与质量系数 π_Q》)。

π_P：接触件系数。对于双面印刷电路板，其接触件数为 17 和 25，所以 $\pi_P=3.57$（接触件数为 17）和 4.78（接触件数为 25）。对于三层印刷电路板，其接触件数为 9 和 15，所以 $\pi_P=2.44$（接触件数为 9）和 3.28（接触件数为 15）。

π_K：插拔系数。插拔频率在 $\leqslant 0.05$ 次/h 时，取 $\pi_K=1.0$（见表 5.1.10 - 6《插拔系数 π_K》）。

λ_b：基本失效率。根据表 5.1.10 - 2《连接器的基本失效率 10^{-6}/h》可得，工作温度为 20 ℃ 时，$\lambda_b=0.007\ 1\times 10^{-6}$/h。

综上所述，双面印刷电路板连接器的工作失效率为
$$\lambda_{p5}=[0.007\ 1\times 10^{-6}\times 4.3\times 0.7\times (3.57+4.78)]/\mathrm{h}=0.178\ 4\times 10^{-6}/\mathrm{h}$$

三层印刷电路板连接器的工作失效概率为
$$\lambda_{p5}=[0.007\ 1\times 10^{-6}\times 4.3\times 0.7\times (2.44+3.28)]/\mathrm{h}=0.122\ 2\times 10^{-6}/\mathrm{h}$$

6. 印刷电路板

其失效概率模型为
$$\lambda_p=\pi_E\times \pi_Q\times \pi_C\times (\lambda_{b1}\times N+\lambda_{b2})$$

式中，λ_b：基本失效率。$\lambda_{b1}=0.000\ 17\times 10^{-6}$/h；$\lambda_{b2}=0.001\ 1\times 10^{-6}$/h。

π_E：环境系数。对于飞行器舱环境（AIF），$\pi_E=8.0$（见表 5.1.12.1 - 1《环境系数 π_E》）。

π_Q：质量系数。$\pi_Q=1.0$（见表 5.1.12.1 - 2《质量系数 π_Q》）。

π_C：种类系数。对于双面印刷电路板，$\pi_C=1.0$；对于三层印刷电路板，$\pi_C=1.3$（见表 5.1.12.1 - 3《种类系数 π_C》）。

N：金属化孔数。对于双面印刷电路板，$N=131$；对于三层印刷电路板，$N=30$。

综上所述，双面印刷电路板的工作失效率为
$$\lambda_{p6}=8\times 1\times 1\times (0.000\ 17\times 10^{-6}/\mathrm{h}\times 131+0.001\ 1\times 10^{-6}/\mathrm{h})=0.187\ 0\times 10^{-6}/\mathrm{h}$$

三层印刷电路板的工作失效率为
$$\lambda_{p6}=8\times 1.3\times 1\times (0.000\ 17\times 10^{-6}/\mathrm{h}\times 30+0.001\ 1\times 10^{-6}/\mathrm{h})=0.049\ 6\times 10^{-6}/\mathrm{h}$$

7. 焊接点

其失效率模型为
$$\lambda_p=N\times \lambda_p\times \pi_E\times \pi_Q$$

式中，π_E：环境系数。对于飞行器舱环境（AIF），$\pi_E=6.0$（见表 5.1.12 - 1《环境系数 π_E》）。

π_Q：质量系数。$\pi_Q=1.0$（见表 5.1.12 - 2《质量等级与质量系数 π_Q》）。

λ_b：基本失效率。当焊接点采用印刷电路板烙铁焊时，焊接点的基本失效率为 $0.000\ 092\times 10^{-6}$（见表 5.1.12 - 4《焊接点的基本失效率 10^{-6}/h》）。

N：焊接点个数。对于双面印刷电路板，$N=353$；对于三层印刷电路板，$N=333$。

综上所述，双面印刷电路板焊接点的工作失效率为

$$\lambda_{p7} = 353 \times 0.000\,092 \times 10^{-6} \times 6 \times 1/\text{h} = 0.194\,856 \times 10^{-6}/\text{h}$$

三层印刷电路板焊接点的工作失效率为

$$\lambda_{p7} = 333 \times 0.000\,092 \times 10^{-6} \times 6 \times 1/\text{h} = 0.183\,816 \times 10^{-6}/\text{h}$$

8.4.4 可靠性预计的结果

由于调理电路板中的各元器件之间是并联关系,因此,其总的失效率为各元器件的失效率之和。

双面印刷电路板的工作失效率为

$$\lambda_{PA} = \sum \lambda_{Pi} = \lambda_{P1} + \lambda_{P2-1} + \lambda_{P2-2} + \lambda_{P3} + \lambda_{P4} + \lambda_{P5} + \lambda_{P6} + \lambda_{P7} =$$
$$(2.012\,159 + 0.084\,15 + 0.127\,4 + 0.567 + 2.703\,7 +$$
$$0.178\,4 + 0.187\,0 + 0.194\,856) \times 10^{-6}/\text{h} = 6.055 \times 10^{-6}/\text{h}$$

三层印刷电路板的工作失效率为

$$\lambda_{PB} = \sum \lambda_{Pi} = \lambda_{P1} + \lambda_{P2-1} + \lambda_{P2-2} + \lambda_{P3} + \lambda_{P4} + \lambda_{P5} + \lambda_{P6} + \lambda_{P7} =$$
$$(2.012\,159 + 0.084\,15 + 0.127\,4 + 0.567 + 2.703\,7 +$$
$$0.122\,2 + 0.049\,6 + 0.183\,816) \times 10^{-6}/\text{h} = 5.850 \times 10^{-6}/\text{h}$$

对于电子设备其可靠性参数满足指数分布,因此其平均无故障工作时间 $\text{MTTF} = 1/\lambda_p$。
可靠度函数 $R(720\,\text{h}) = \exp(-\lambda_p t)$,$t$ 为连续工作时间。

所以,双面印刷电路板的平均无故障时间 MTTF 为

$$\text{MTTF} = 1/\lambda_{PA} = 1/6.055 \times 10^{-6}/\text{h} \approx 0.165\,2 \times 10^{6}\,\text{h}$$

三层印刷电路板的平均无故障时间 MTTF 为

$$\text{MTTF} = 1/\lambda_{PB} = 1/5.850 \times 10^{-6}/\text{h} \approx 0.170\,9 \times 10^{6}\,\text{h}$$

双面印刷电路板的可靠度函数为

$$R(t = 720\,\text{h}) = \exp(-\lambda_p t) = \exp(-6.055 \times 10^{-6} \times 720) = 0.995\,65$$

三层印刷电路板的可靠度函数为

$$R(t = 720\,\text{h}) = \exp(-\lambda_p t) = \exp(-5.850 \times 10^{-6} \times 720) = 0.995\,80$$

8.4.5 可靠性预计的结论

由调理电路的可靠性预计结果不难看出,在相同的环境条件下,选用相同的元器件,采用相同的制作工艺,三层印刷电路板的可靠性要高于双面印刷电路板。

与 8.4.3 小节中提出的技术指标相比,双面与三层印刷电路板构成的二氧化碳调理电路的可靠性预计所得的可靠度函数均大于 0.989\,966,符合技术指标要求,调理电路板的设计是成功的,可以进行加工及调试。

8.4.6 可靠性预计的注意事项

进行可靠性预计时应注意以下事项：

① 应尽早地进行可靠性预计，以便当任何层次上的可靠性预计未达到可靠性分配值时，能及早地在技术上和管理上予以注意，采取必要的措施。

② 在产品研制的各个阶段，可靠性预计应反复迭代进行。在方案论证和初步设计阶段，由于缺乏较准确的信息，所作的可靠性预计只能提供大致的估计值，为设计者和管理人员提供关于达到可靠性要求的有效反馈信息。随着设计工作的进展，产品定义进一步确定和可靠性模型更加细化，可靠性预计工作应反复进行。

③ 可靠性预计结果的相对意义比绝对值更为重要。一般预计值的误差在 1~2 倍之内可认为是正常的。通过可靠性预计，可以找到系统易出故障的薄弱环节，从而加以改进；在对不同的设计方案进行优选时，可靠性预计结果是方案优选、调整的重要依据。

④ 可靠性预计值应大于成熟期的规定值。

习题与思考题

8.1 传感器调理电路可靠性设计及预计的基本概念是什么？

8.2 传感器调理电路可靠性设计分几个阶段？各阶段的重点是什么？

8.3 进行电子元器件选择和控制的目的是什么？包括哪些环节？

8.4 如何确立元器件的可靠性应用？

8.5 选用一块传感器调理电路板，采用应力分析法，计算出该板的可靠度函数。若不符合技术要求，应作哪些改进？

8.6 进行可靠性预计时应注意什么？

第 9 章 传感器调理电路的仿真

本章首先介绍电路仿真的概念,基于常用电路仿真软件 OrCAD/Pspice,详细介绍电路仿真软件的使用方法、电路仿真过程及步骤。通过电路实例,介绍电路在环境温度、环境噪声影响下仿真的工作状况。通过仿真结果分析,总结出设计的电路最终能达到的技术指标和精度指标。

其次,本章介绍电路板热分析的概念、方法和步骤,采用 BETAsoft 软件对印刷电路板电路实例进行热分析,通过印刷电路板上元器件的发热情况分析,可以了解电路板上元器件的布局合理性。

最后介绍印刷电路板在实验室模拟工作条件下进行电路热测试的方法,给出电路板热设计评价方法。

作为辅助设计和分析手段,电路仿真性能分析、热分析和测试可以有效提高电路设计的正确性、安全性、合理性和可靠性。

9.1 电路的计算机仿真

仿真就是根据实际的设计系统或物质结构,采用建模的思想、高级的数学算法和先进的计算机软硬件技术建造物理或数学模型,代替实际系统进行试验和研究。

仿真所遵循的基本原则是相似原理,即几何相似、环境相似和性能相似。依据这个原理,仿真可分为物理仿真和数字计算机仿真。仿真作为一种实验手段,在实际的科研中已得到越来越广泛的应用,而且已经成为科研工作中不可缺少的一个环节。例如飞船登陆的仿真、飞行器的飞行仿真等。

随着集成电路与计算机的迅速发展,以电子计算机辅助设计 CAD(Computer Aided Design)为基础的电子设计自动化 EDA(Electronic Design Automation)技术已经渗透到电子系统和专用集成电路设计的各个环节。

9.1.1 电路仿真的基本概念

电路的仿真就是使用相关的软件工具,在所设计的电路硬件实现之前,先对电路的功能进行模拟,进行有关信息的分析和优化,以保证实现的电路指标最优。电路的仿真为设计者提供了极大的方便,避免了不必要的浪费和重复性工作,因此可以节约开发时间,缩短研制周期,节省研制费用,尤其在制作成本比较高的航空航天产品的研制中,具有很高的实用价值。

9.1.2 电路仿真软件 OrCAD 介绍

随着计算机技术的飞速发展和大规模集成电路的广泛应用,电子产品不断更新,电子电路 CAD 及电子设计自动化(EDA)已成为电路分析和设计中不可或缺的工具,相关的软件也层出不穷,软件更新的速度也非常快。例如用于电路分析和仿真的软件 PSpice 平均不到两年就更新一次。1998 年 1 月,开发 PSpice 的 MicroSim 公司与 OrCAD 公司强强联合,构成了 Windows 环境下运行的电子 CAD 软件系统,并于 1999 年 9 月推出 OrCAD 9.0 版本。2005 年 10 月推出 OrCAD 10.5 版本。

OrCAD 软件主要包括三大部分内容。

(1) OrCAD Capture(电路图设计)

包含 OrCAD Capture CIS 和 Capture CIS Studio(10.5 版本)。OrCAD Capture CIS 是原理图输入和元器件管理工具,无论是设计一个新的电路,修改已有的 PCB 原理图,或是绘制 HDL 方框图,包括内部的元器件信息系统管理,系统都提供了快捷、通用的设计输入功能。Capture CIS Studio 作为 PCB Design Studio 为设计人员提供了原理图输入的一个设计工作平台,包括 Capture CIS 的所有功能,是一个强大的设计输入解决程序。

(2) PSpice(电路性能仿真)

包括 PSpice A/D 及 PSpice AA(10.5 版本)。其中 PSpice A/D 是模拟、数字或模/数混合标准仿真程序。而 PSpice Advanced Analysis(简称 PSpice AA)是高级仿真程序。用户可以在 PSpice A/D 分析的基础上,调用 PSpice AA 的几个特色工具进行分析,最大程度地提高设计电路的性能及可靠性。

(3) OrCAD Layout Plus(电路板设计)

OrCAD Layout Plus 是 OrCAD 的 PCB 编辑器,是用来建立及绘制复杂多层电路板的设计平台。

OrCAD 与 EWB 软件等都是当前国际上关于电子电路设计与仿真应用非常广泛的优秀软件,与其他电路仿真软件相比,具有界面直观、操作方便、分析功能更强、元器件参数库及宏模型库也更加丰富等优点。它改变了一般电路仿真软件输入电路必须采用文本方式的不便,设计者采用图形输入方式可以很直观、方便地在电路设计窗口绘制电路,并对电路进行各种模拟分析,如不符合设计要求,可随时调整电路结构及元器件参数,重新进行模拟分析,直到满足设计要求。这种电子电路的分析、设计与仿真工作蕴含于轻点鼠标之间,大大提高了电子电路设计者的工作质量和效率。

9.1.3 电路仿真软件 OrCAD/PSpice 的仿真功能

OrCAD 进行电路模拟分析的核心软件是 PSpice A/D。OrCAD/PSpice 具有电子工程设计的全部分析功能,不但能完成模拟数字电路分析,而且能完成数/模混合电路分析。其主要分析功能有以下几种。

(1) 直流分析

直流分析包括电路的静态工作点分析；直流小信号传递函数值分析；直流扫描分析；直流小信号灵敏度分析。

在进行静态工作点分析时，电路中的电感全部短路，电容全部开路，分析结果包括电路每一节点的电压值和在此工作点下的有源器件模型参数值。这些结果以文本文件方式输出。

直流小信号传递函数值是电路在直流小信号下的输出变量与输入变量的比值，输入电阻和输出电阻也作为直流解析的一部分被计算出来。进行此项分析时，电路中不能有隔直电容。分析结果以文本方式输出。

直流扫描分析可作出各种直流转移特性曲线。输出变量可以是某节点电压或某节点电流，输入变量可以是独立电压源、独立电流源，以及温度、元器件模型参数和通用(global)参数(在电路中用户可以自定义的参数)。

直流小信号灵敏度分析是分析电路各元器件参数变化时对电路特性的影响程度。灵敏度分析结果以归一化的灵敏度值和相对灵敏度形式给出，并以文本方式输出。

(2) 交流小信号分析

交流小信号分析包括频率响应分析和噪声分析。PSpice 进行交流分析前，先计算电路的静态工作点，决定电路中所有非线性器件的交流小信号模型参数，然后在用户所指定的频率范围内对电路进行仿真分析。

频率响应分析能够分析传递函数的幅频响应和相频响应，可以得到电压增益、电流增益、互阻增益、互导增益、输入阻抗、输出阻抗的频率响应。分析结果均以曲线方式输出。

PSpice 用于噪声分析时，可计算出每个频率点上的输出噪声电平以及等效的输入噪声电平。噪声电平都以噪声带宽的平方根进行归一化。它们的单位是 V/sqrt(Hz)。

(3) 瞬态分析

瞬态分析即时域分析，包括电路对不同信号的瞬态响应，时域波形经过快速傅里叶变换(FFT)后，可得到频谱图。通过瞬态分析，也可以得到数字电路时序波形。

另外，PSpice 可以对电路的输出进行傅里叶分析，得到时域响应的傅里叶分量(直流分量、各次谐波分量、非线性谐波失真系数等)。这些结果以文本方式输出。

(4) 参数扫描

参数扫描包括温度特性分析(temperature analysis)和参数扫描分析(parametric analysis)。

PSpice 程序通常是在标准温度即 27 ℃时进行各种分析和模拟，当用户指定温度时，可以分析电路在不同温度下的特性。

参数扫描分析是指定参数按照指定的规律变化时，电路特性的分析和计算。

(5) 统计分析

统计分析包括蒙特卡罗(Monte Carlo)分析和最坏情况(worst case)分析。

蒙特卡罗分析是分析电路元器件参数在它们各自的容差(容许误差)范围内,以某种分布规律随机变化时电路特性的变化情况,这些特性包括直流、交流或瞬态特性。

最坏情况分析与蒙特卡罗分析都属于统计分析,所不同的是,蒙特卡罗分析是在同一次仿真分析中,参数按指定的统计规律同时发生随机变化;而最坏情况分析则是在最后一次分析时,使各个参数同时按容差范围内各自的最大变化量改变,以得到最坏情况下的电路特性。

(6) 逻辑模拟

逻辑模拟包括数字模拟(digital simulation)、数/模混合模拟(mixed A/D simulation)和最坏情况时序分析(worst-case timing analysis)。

9.1.4 使用 OrCAD/PSpice 进行电路仿真的步骤

电路原理图的绘制是电路分析、模拟和优化设计的第一步。利用 OrCAD Capture 绘图比用其他电路 CAD 绘图软件更加简单、方便、快捷。使用 OrCAD Capture 绘制原理图一般按照以下步骤进行:进入 OrCAD Capture 绘图区→放置电路元件(包括电源和接地元件)→连线→设置元件的属性等。有的电路图可能还包括调整画图页规格、放置网络标识及电路图的后处理等步骤。

具体工作步骤如下:

① 启动 OrCAD Capture,进入原理图输入编辑环境。

② 建立新的工程文件,存入硬盘自己建的文件夹中,如图 9.1.1 所示。

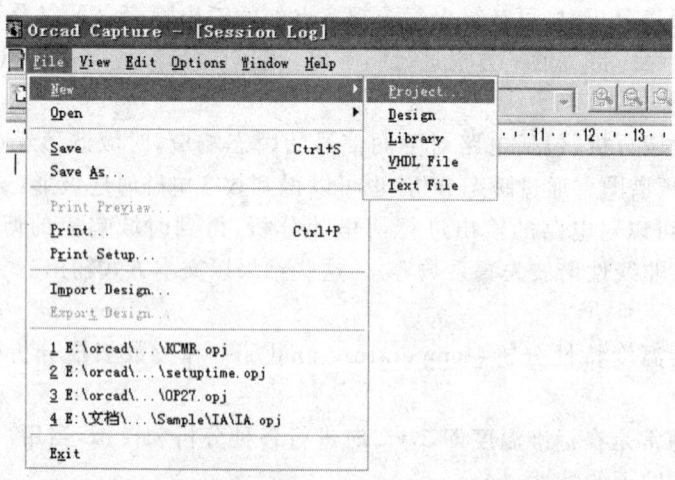

图 9.1.1 新原理图输入——创建新工程界面

在单击 File/New/Project... 功能选项后，出现 New Project 对话框，如图 9.1.2 所示。在 Name 栏输入电路名称，然后在 Location 栏输入要存储的磁盘文件夹路径。如果要改变路径，则单击"Browse..."按钮选择路径。如果只要绘制一张单纯的电路图，不需要做任何进一步处理，就可以在 Create a New Project Using 栏内选择 Schematic 选项。Analog or Mixed A/ 选项表明新建的工程以后用于数/模混合仿真。PC Board Wizard 选项表明新建的工程以后用来进行印刷电路板设计。

由于在这里是想对设计的电路进行仿真，所以单击 Analog or Mixed A/ 选项，新建一个原理图界面。

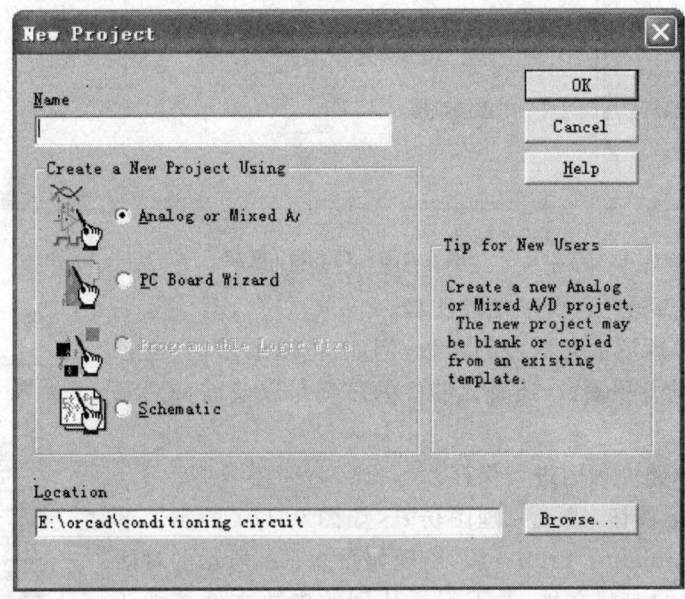

图 9.1.2　New Project 对话框

选择完成后，会出现如图 9.1.3 所示的 Capture 框架。在该框架中，共有三个子窗口，其中一个子窗口是默认的空白图纸 Page1。每个子窗口都是标准的 Windows 窗口，有"最大化"、"最小化"、"往下还原"和关闭功能。

其中项目管理窗口（Project Manager）用于对 OrCAD Capture 软件各种功能的统一管理和运作。一个工程对应一个项目管理窗口。绘制电路时，电路图的编辑处理（包括新绘制电路图）都是在电路图编辑（Page Editor）窗口中进行的。信息查看（Session Log）用于信息运行过程的记录以及运行中产生的出错信息的显示。

③ 画出所设计的电路原理图。在图 9.1.3 的最右边是绘制电路图使用的工具栏。这是一个可浮动的工具栏，可以将它拖拽到屏幕画面的任何地方。

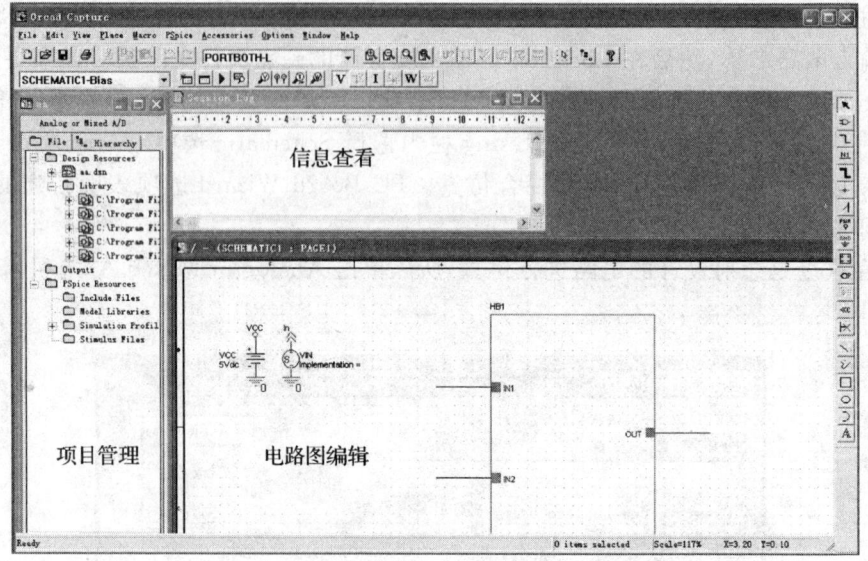

图 9.1.3　Capture 框架

图 9.1.4 是对工具栏部分功能的注释。

④ 标注电路原理图中元器件的参数，例如：电阻的阻值、电容的电容值、电压源的各项参数，还有元器件的序列号以及需特别测量的点的网络标号。

⑤ 将画好的电路原理图进行保存。

⑥ 单击 PSpice 按钮，进入原理图仿真，如图 9.1.5 所示。单击 PSpice\New Simulation Profile 后，出现如图 9.1.6 所示的对话框。这是一个新建的参数文件，并不需要从别的参数文件继承任何设置参数，所以在 Inherit From 栏内设为 none。

⑦ 单击 Create 按钮，就会打开一个设置 PSpice 仿真参数的集成对话框 Simulation Setting，如图 9.1.7 所示。在这个对话框中，Analysis type 是分析类型。共有四种分析类型，Time Domain (Transient) 为时域扫描分析；DC Sweep 为直流扫描分析，AC Sweep 为交流扫描分析；Bias Point 为偏置点扫描分析。

在进行具体的分析任务时，会出现不同的参数设置界面，可根据实际需要进行设置。

⑧ 参数设置完成后，单击"确定"按钮，就会进入仿真分析，之后会依据实际的仿真任务，出现不同的仿真结果界面。

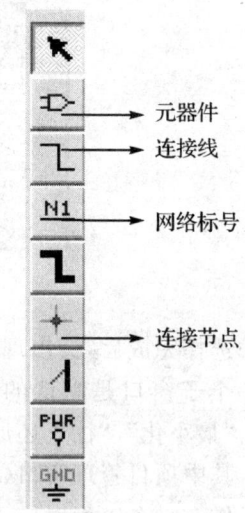

图 9.1.4　绘图工具栏

第9章 传感器调理电路的仿真

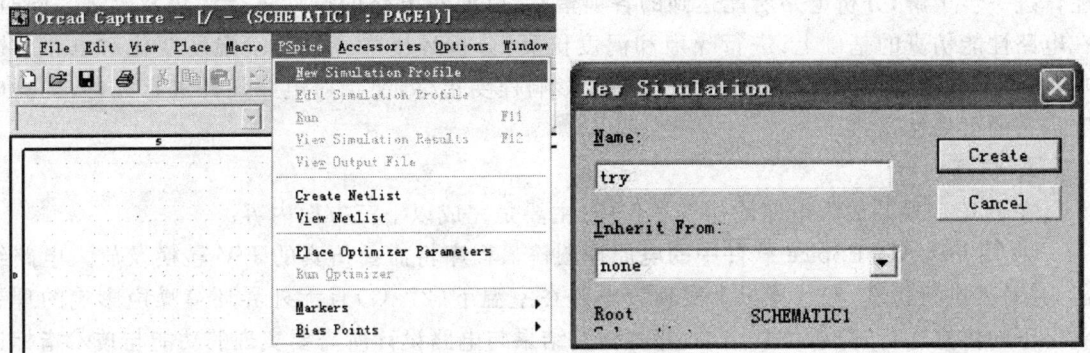

图 9.1.5　PSpice\New Simulation Profile 功能菜单　　图 9.1.6　New Simulation 对话框

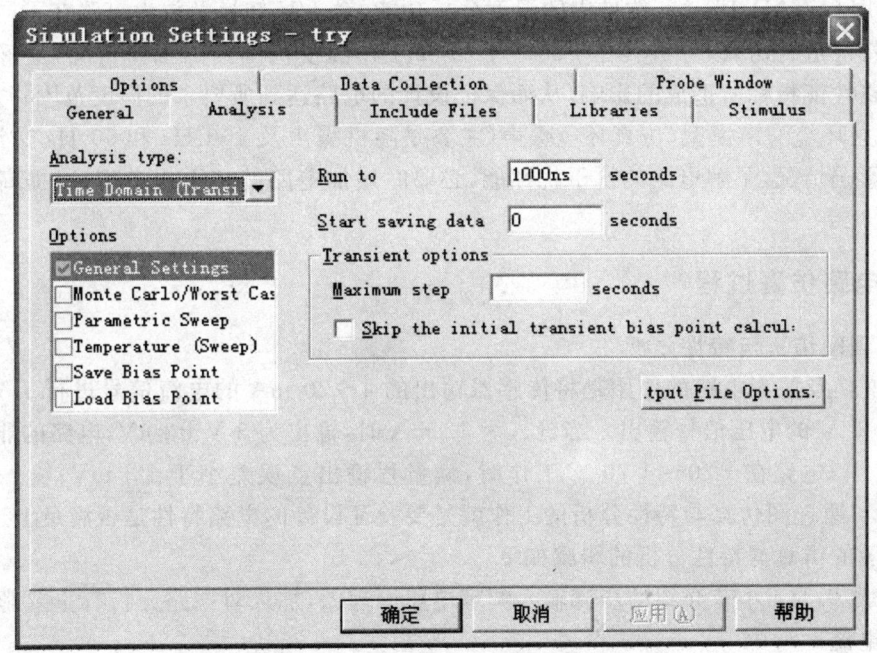

图 9.1.7　Simulation Setting 对话框

9.1.5　电路的仿真实例

1. 仿真目的

用 OrCAD/PSpice 软件对 I/V 变换及放大电路进行原理图仿真，分析电路设计的正确性，在硬件电路制板之前验证所设计的各部分电路是否能够实现预期的功能，对电路的各项性能作进一步了解,分析电路所能达到的各项指标,以便对电路的设计进行优化及改进。同时,在电路性能仿真的基础上,进行噪声和温度仿真,分析环境噪声及环境温度变化对电路的影响,以得到电路的抗干扰性能和受环境温度影响程度指标,便于对电路设计进行完善,提高电路运行的可靠性。

2. 仿真内容

在 I/V 变换及放大电路的仿真工作中,主要是完成以下三方面内容:

① 用 OrCAD/PSpice 软件中的电原理图输入程序将需要仿真的 I/V 转换及放大电路绘出,并对其进行仿真,在计算机上实现该电路在室温下(27 ℃)且无外界环境噪声影响的理想状态下的仿真运行,分析仿真结果,并将仿真结果与电路设计所需要实现的功能与技术指标进行对比,分析电路是否具有设计所要求的功能,是否达到应有的技术指标,验证电路设计的准确性和可靠性。必要时应调整电路的某些元器件参数,使系统进一步优化。

② 利用 OrCAD/PSpice 软件中的温度分析功能,对 I/V 转换及放大电路在不同温度影响下的输出特性进行仿真,分析其在－20～＋70 ℃工作温度范围内的工作情况,了解环境温度变化对电路性能指标所造成的影响,从而保证设计的电路达到所要求的温度范围指标。

③ 建立环境噪声模型,仿真环境噪声(主要是随机噪声及 400 Hz 和 50 Hz 交流小信号)对电路的影响情况,了解电路的抗干扰性能,必要时增加电路的抗干扰措施,以提高电路的抗干扰能力。

9.1.6 电路仿真过程

1. 原理图仿真与特性分析

I/V 变换及放大电路的作用是将传感器输出的 4～20 mA 的电流信号进行 I/V 转换,并放大为 1～5 V 的电压信号输出。当输入为 12 mA 时,输出为 3 V±3 μV,电路的非线性误差小于 0.01 %;电路在－20～＋70 ℃工作时,满量程输出点误差小于±3 mV;输入阻抗大于 1 000 MΩ。原理图仿真与特性分析的工作就是要验证设计的电路特性是否满足上述要求。

原理图的仿真与特性分析的步骤如下:

① 按照 9.1.4 小节介绍的步骤输入调理电路原理图,加入对电路分析有重要影响的观测点(电压、电流)。

输入的原理图如图 9.1.8 所示。

② 调整电路中元器件的参数及名称,使其与设计的电路相符。为了能够完成仿真,原理图输入时需要说明的是:用直流电流源 I_{in} 来模拟传感器输出的 4～20 mA 的电流信号。

③ 对电路进行直流扫描,用 I_{in} 来模拟传感器的输出(4～20 mA)。直流扫描参数设置界面如图 9.1.9 所示。

第 9 章 传感器调理电路的仿真

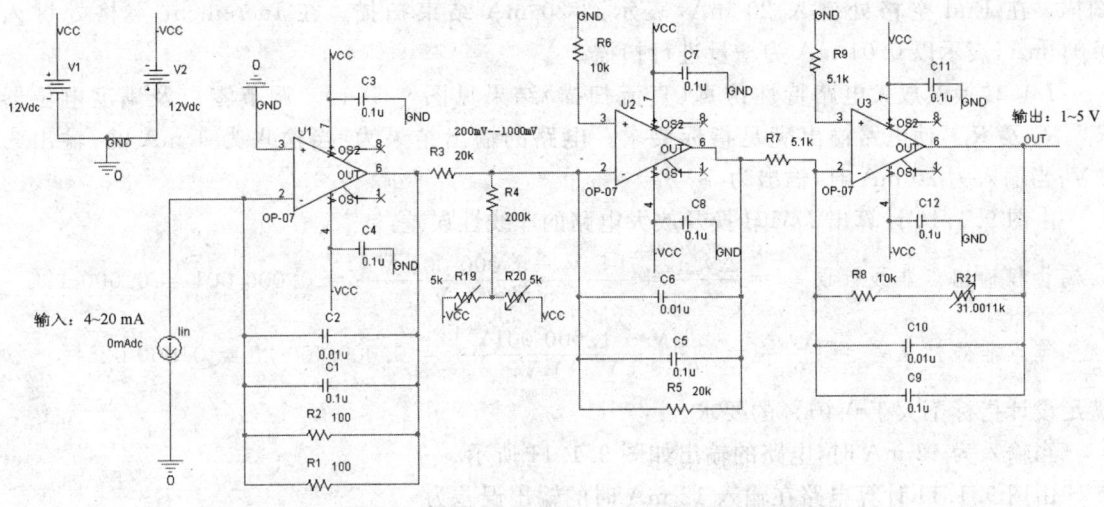

图 9.1.8　I/V 转换及放大电路仿真用原理图

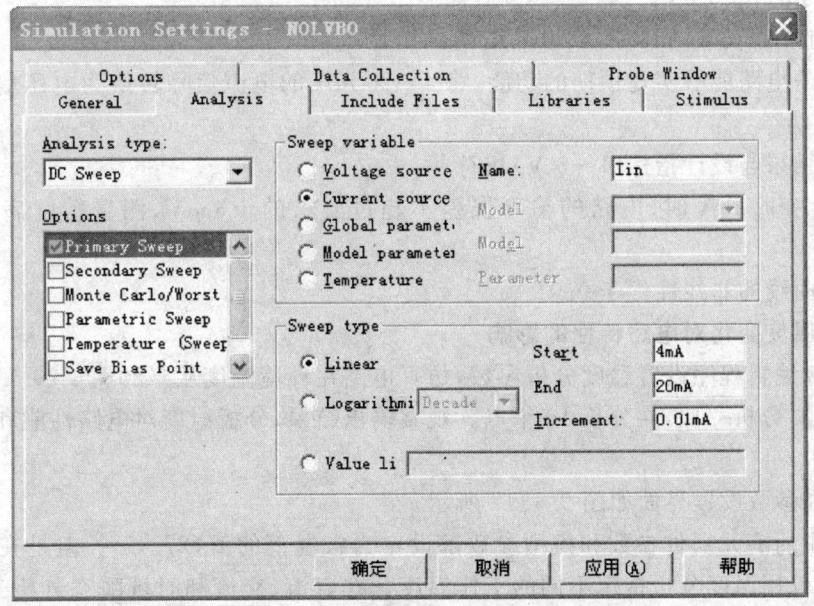

图 9.1.9　直流扫描参数设置界面

在分析类型(Analysis type)下拉式列表框中选择 DC Sweep(直流扫描)选项。在 Options 选项中勾选 Primary Sweep(初级扫描)。在 Sweep variable(扫描变量)中点选 Current source (电流源),且在 Name 中键入 Iin,表示设定电流源 I_{in} 为扫描变量。在 Sweep type(扫描类型) 中点选 Linear(线性),即 Iin 作线性扫描分析。在 Start 空格处键入 4 mA,表示从 4 mA 开始

285

扫描。在 End 空格处键入 20 mA，表示到 20 mA 结束扫描。在 Increment 空格处键入 0.01 mA，表示以 0.01 mA 为增量进行扫描。

I/V 转换及放大电路特性仿真(直流扫描)结果见图 9.1.10。调节零点及满度电位器 R_{19}、R_{20} 及 R_{21}，使电路输出满足指标要求。电路的输出结果为：当输入为 4 mA 时，输出为 1 V；当输入为 20 mA 时，输出为 5 V。

由图 9.1.10 计算出 I/V 转换及放大电路的非线性误差：

$$满量程输出点非线性误差 = \frac{\Delta y_{max}}{y_{FS}} = \frac{|5\ V - 5.000\ 004\ V|}{5\ V - 1\ V} = 0.000\ 001 = 0.000\ 1\%$$

$$零点非线性误差 = \frac{\Delta y_{max}}{y_{FS}} = \frac{|1\ V - 1.000\ 001 V|}{5\ V - 1\ V} = 0.000\ 000\ 25 = 0.000\ 025\%$$

满足设计指标不大于 0.01% 的要求。

当输入为 12 mA 时，电路的输出如图 9.1.11 所示。

由图 9.1.11 计算电路在输入 12 mA 时的输出误差为

$$3.000\ 001\ 91\ V - 3\ V = 0.000\ 001\ 91\ V = 1.91\ \mu V$$

满足所要求的 3 V±3 μV。

通过直流扫描仿真，可以得到以下结论：

① 设计的电路能够实现预期的功能，将 4~20 mA 的电流信号转换为电压信号后进行放大和调理；

② 输出结果与设计指标(1~5 V)相符；

③ 输入为 12 mA 时，电路的输出误差不超过要求的 ±3 μV，测量精度满足设计指标要求；

④ 特性曲线的非线性优于 0.01%。

2. 环境温度变化对电路特性的影响

用激励源编辑程序设置温度分析参数，仿真电路在环境温度从 -20~+70 ℃ 时的工作情况。每隔 10 ℃ 分析一次，共分析 10 个点。观察输出结果，分析温度对电路性能和输出结果的影响。

温度扫描参数设置界面如图 9.1.12 所示。

PSpice 中所有元器件参数和模型参数都设定为常温下的值(27 ℃)。但是在进行基本分析的同时，可以用温度分析指定不同的工作温度。在直流、交流和时域瞬态分析三大分析中，都能对元器件参数和模型参数进行温度分析。本次温度特性仿真选择在时域瞬态分析中进行。

在分析类型(Analysis type)下拉式列表框中选择时域瞬态分析(Time Domain)选项。在 Options 选项中勾选 Temperature(Sweep)(温度扫描)。选中 Repeat the simulation for each of the temperatures，并填入 -20 -10 0 10 20 30 40 50 60 70，中间用空格隔开。此项是选择

第 9 章 传感器调理电路的仿真

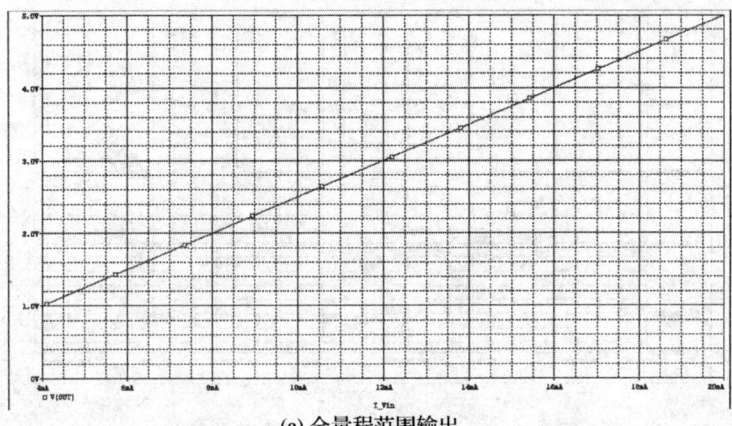

(a) 全量程范围输出

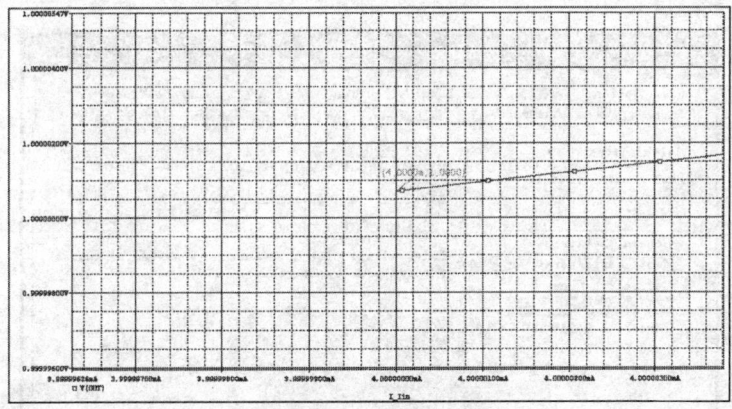

(b) 零点输入/输出及误差

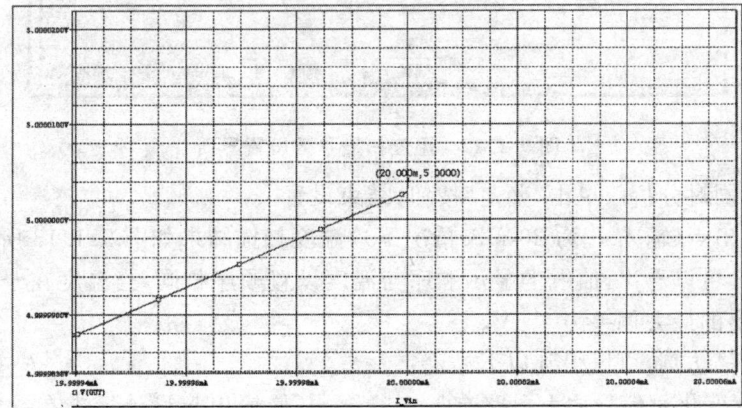

(c) 满量程点输入/输出及误差

图 9.1.10　直流扫描结果

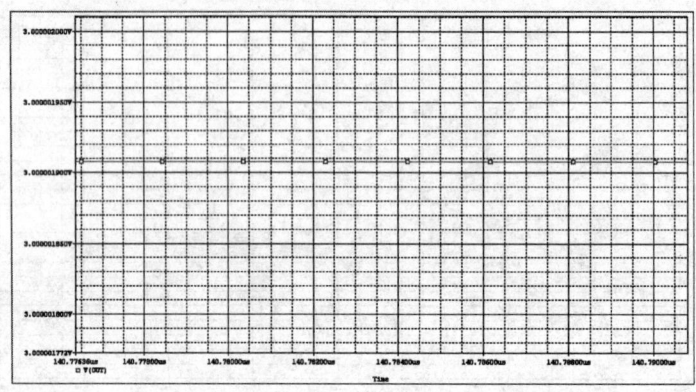

图 9.1.11 输入为 12 mA 时电路的输出

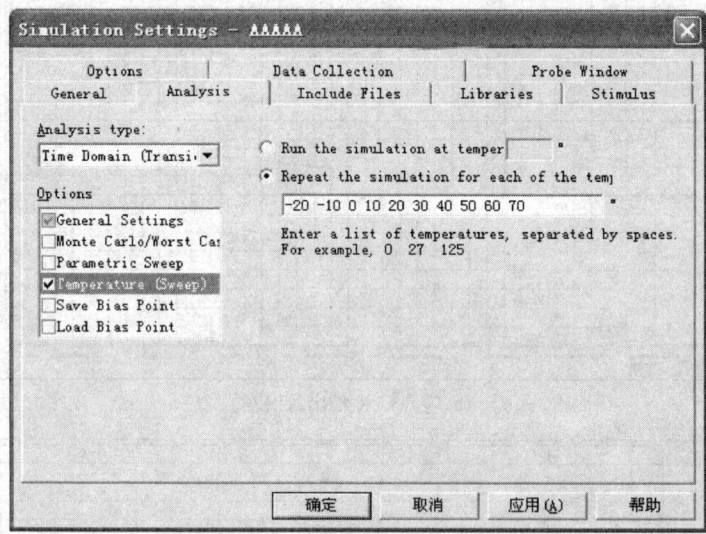

图 9.1.12 温度扫描参数设置界面

若干个温度进行同时分析。单击"确定"按钮,结束设置。

在满量程输出点(输入 I_{in} 为 20 mA 情况下),温度扫描结果如图 9.1.13 所示。

从图 9.1.13 可以看出,曲线的显示顺序与温度设置顺序相同,当温度在 $-20 \sim +70$ ℃ 范围内变化时,输出的最大偏差为 4 μV。

通过温度扫描仿真,可以得到以下结论:

① 环境温度变化对信号放大电路有一定的影响,使输出与设计标准有一定的偏差,但是偏差值不大;

② 电路在接近于室温(30 ℃)下工作时,其输出值与理论值之间的误差最小,性能最为

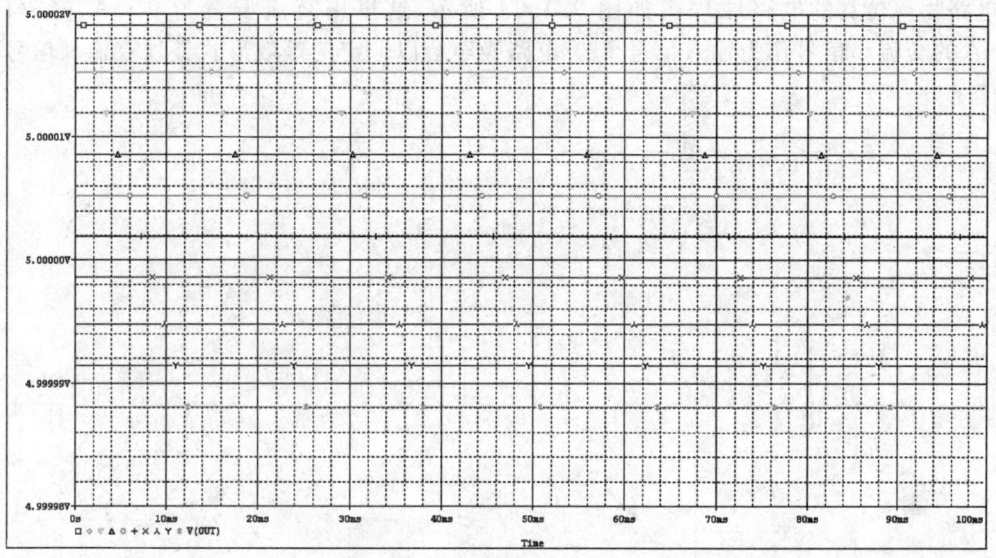

图 9.1.13 温度扫描结果

理想;

③ 电路的温漂指标满足设计要求。

3. 噪声对电路特性的影响

分析仿真噪声对电路特性的影响,须使用 OrCAD/PSpice 软件的噪声分析功能。噪声分两种,一种是电路噪声,一种是环境噪声。电路中所计算的噪声通常是电阻上产生的热噪声、半导体元器件产生的散粒噪声和闪烁噪声。电路噪声的仿真分析是与交流分析(AC sweep)一起使用的。而环境噪声指的是由于输入信号受环境噪声的影响而使得输出发生变化的现象。环境噪声仿真分析是与时域瞬态分析(time domain/transient)一起使用的。

(1) 电路噪声仿真分析

电路噪声分析的设置包含于交流分析设置的对话框中。也就是说,电路噪声分析和交流分析是一同进行的。交流分析是把交流输出变量作为频率的函数计算出来;电路噪声分析的输出数据也是频率的函数,其横轴坐标为频率。

元件自然产生的噪声一般称为白噪声(white noise),它所涵盖的频率范围由 0 Hz 延伸至频率无限大。由于它是随机产生的,无法知道其大小及发生时间,而且无法避免,所以只能用统计的方法估算它,噪声能量因为温度的升高而变大。电阻和半导体元件都会自然产生噪声,这对电路工作会产生相当程度的影响。噪声分析将每一个元件在某些频率范围内产生的噪声合并于某一点,然后做均方根计算,产生一个等效的噪声输入信号源。若将此噪声信号置于输入端,就可以于输出端得到等效的噪声输出。输出噪声信号规定以 ONOISE 命名,而等效输入噪声信号则以 INOISE 命名。

电路噪声仿真的电路原理图如图 9.1.14 所示,这里用直流偏置为 0 mA、峰-峰值为 5.5 mA 的交流小信号作为输入信号 I_{in}。电路噪声会以一定的等效形式叠加在输入信号上。

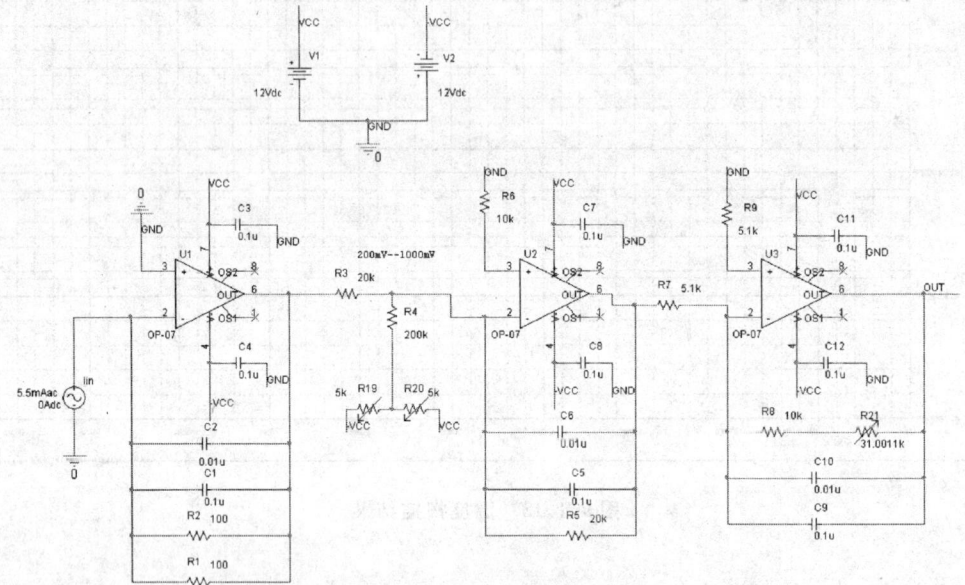

图 9.1.14　电路噪声仿真用调理电路原理图

电路噪声分析参数设置界面如图 9.1.15 所示。

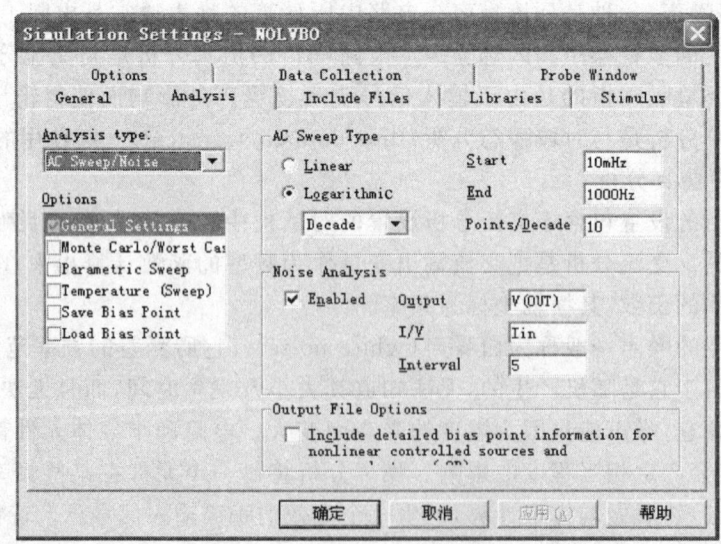

图 9.1.15　噪声分析参数设置界面

在 Analysis type(分析类型)下拉式列表框中选择 AC Sweep/Noise(交流扫描)选项。在 Options 选项中勾选 General Settings(初级扫描)。在 AC Sweep Type(交流扫描类型)中点选 Logarithmic(对数),且在下拉菜单中选 Decade,表明横坐标的单位是十倍频程。在 Start 空格处键入 10 mHz,表示从 10 mHz 开始扫描。在 End 空格处键入 1 000 Hz,表示到 1 000 Hz 结束扫描。在 Points/Decade 空白处键入 10,表示每十倍频程有 10 个扫描点。在 Noise Analysis(噪声分析)栏中,选中 Enabled 有效,在 Output 空格中填入 V(OUT),表示针对此节点电压进行噪声分析。在 I/V 空格处填入 Iin,表示每一噪声源以均方根等效移至 Iin 处,作为输入。在 Interval 的空格处填入 5,表示每隔 5 个频率点便在文字输出文档中输出一份噪声输出资料。单击"确定"按钮,结束电路噪声分析的设置。

运行 PSpice/Run 后,出现如图 9.1.16 所示的空白画面。选择工具栏中 Trace 下面的 Add Trace,添加需要显示的噪声输出曲线,如图 9.1.17、图 9.1.18 所示。

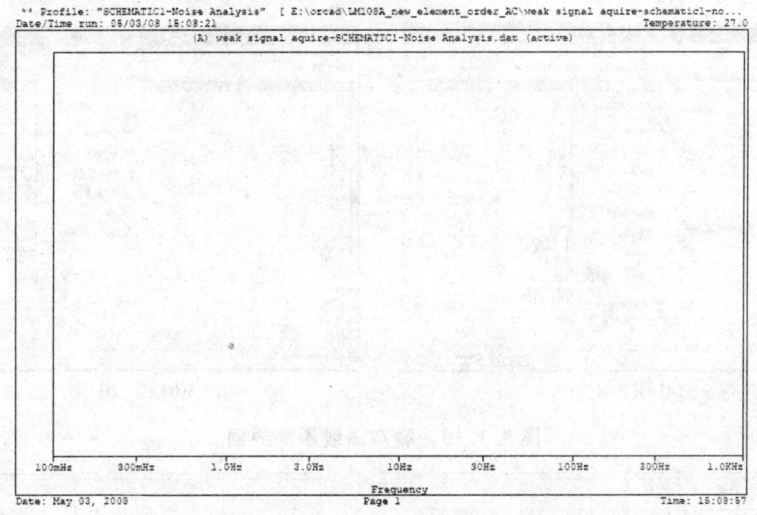

图 9.1.16 噪声分析空白画面

电路噪声仿真输出结果如图 9.1.19、图 9.1.20 所示。

图 9.1.19 中表示的是在电路噪声分析时,将每一个元件在某些频率范围内产生的噪声合并后做均方根计算而产生的等效噪声输入信号源。该等效噪声随着频率的增大而增大。

图 9.1.20 是在等效电路噪声影响下的输出,由图可以看出,设计的电路频响具有低通滤波特性,对高频噪声具有很好的抑制作用。电路的通频带(-3 dB)为 44.36 Hz(从记录的数据文档中读出)。

(2) 环境噪声仿真分析

环境噪声分析首先需要进行的工作就是编辑噪声源,设置噪声源中各个信号源的参数,使得噪声源的输出更接近于随机噪声信号。编辑的噪声信号如图 9.1.21 所示。

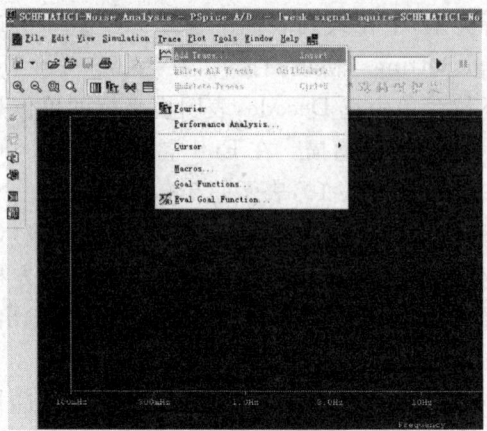

图 9.1.17　增加噪声曲线界面

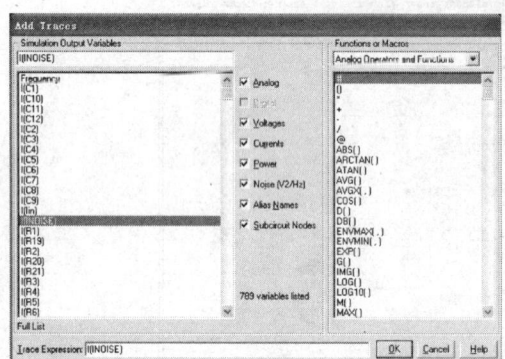

(a) 输　入

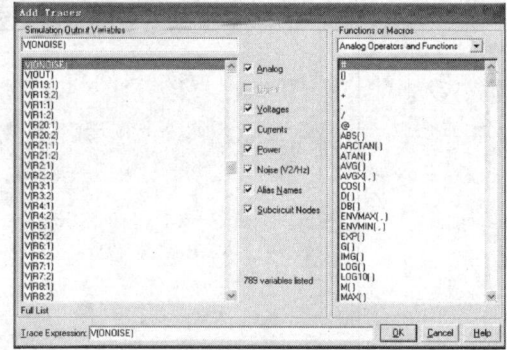

(b) 输　出

图 9.1.18　噪声曲线添加界面

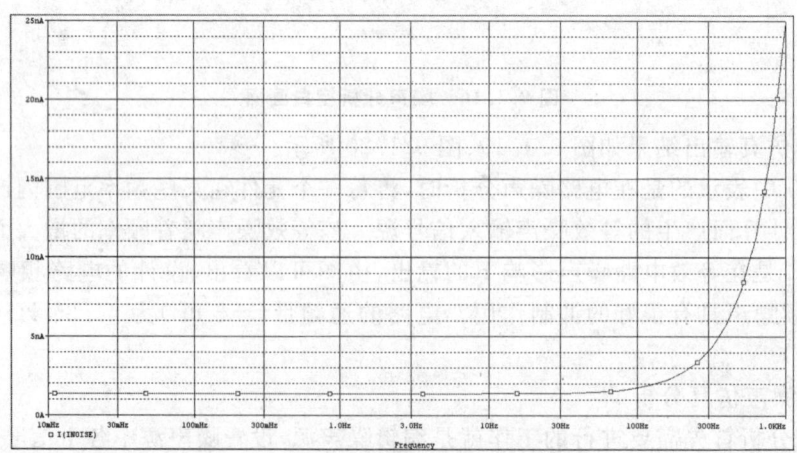

图 9.1.19　电路噪声信号源(INOISE)

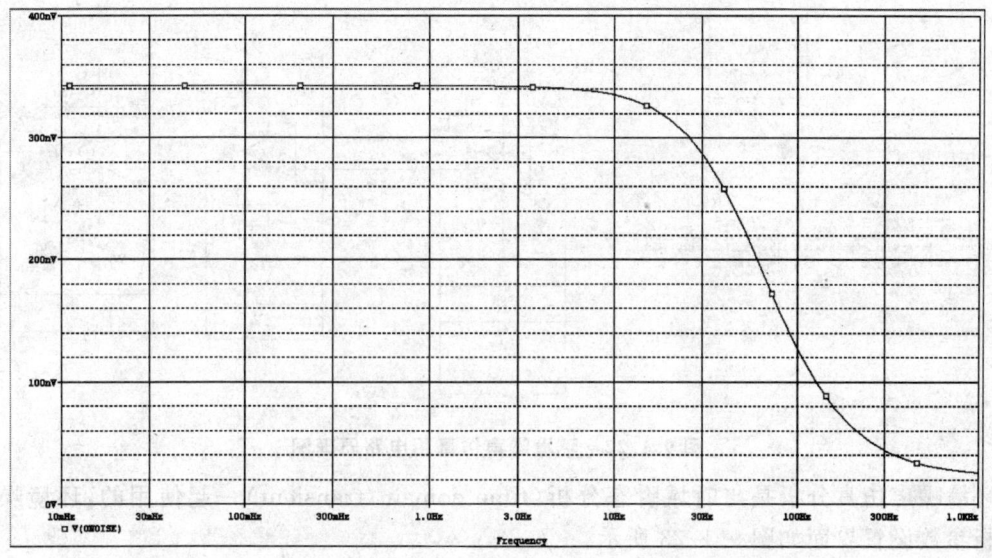

图 9.1.20　噪声扫描仿真结果(ONOISE)

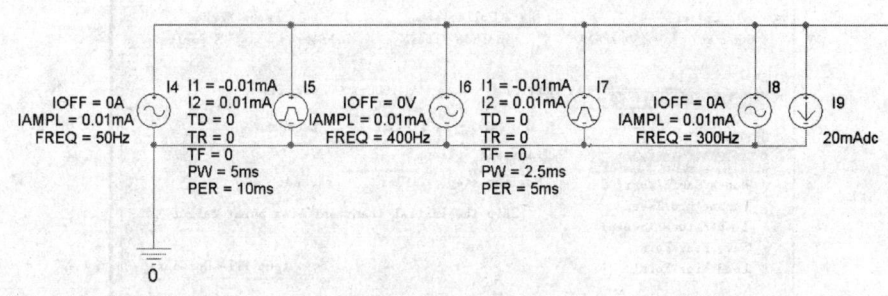

图 9.1.21　环境噪声源信号

环境噪声源信号由信号源 I4、I5、I6、I7 和 I8 叠加而成,各信号源的信息如下:
① I4 是一个正弦信号源,其幅值为 0.01 mA,频率为 50 Hz,偏移量为 0 mA;
② I5 是一个方波信号源,其低电平为 －0.01 mA,高电平为 0.01 mA,频率为 100 Hz;
③ I6 是一个正弦信号源,其幅值为 0.01 mA,频率为 400 Hz,偏移量为 0 mA;
④ I7 是一个方波信号源,其低电平为 －0.01 mA,高电平为 0.01 mA,频率为 200 Hz;
⑤ I8 是一个正弦信号源,其幅值为 0.01 mA,频率为 300 Hz,偏移量为 0 mA。

在噪声源中 50 Hz 的交流信号主要模拟 50 Hz 的工频干扰,400 Hz 的交流信号主要模拟航空航天机载供电系统中 400 Hz 的电源供电干扰。其他信号用于模拟随机干扰信号。

在环境噪声仿真时,用编辑的噪声源与直流信号源 I9(20 mA,代表满量程输入)代替调理电路中的输入 I_{in},如图 9.1.22 所示。

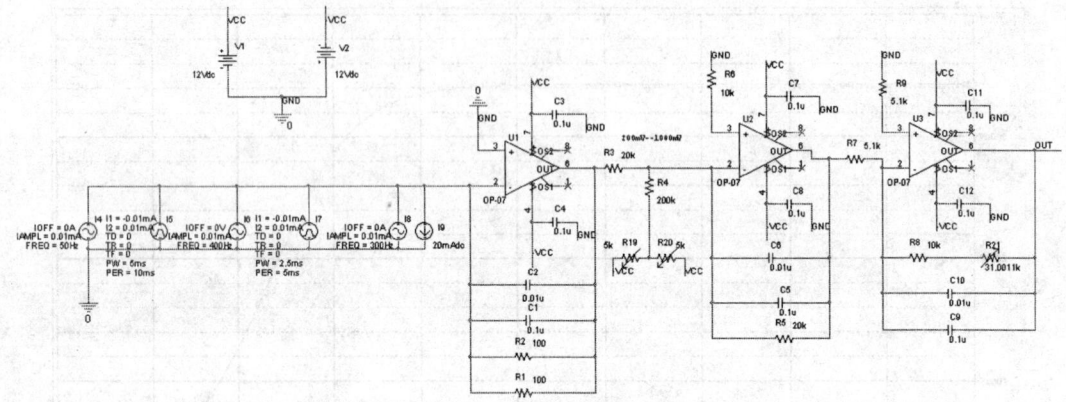

图 9.1.22　环境噪声仿真用电路原理图

环境噪声仿真分析是与时域瞬态分析（time domain/transient）一起使用的，环境噪声仿真分析参数设置界面如图 9.1.23 所示。

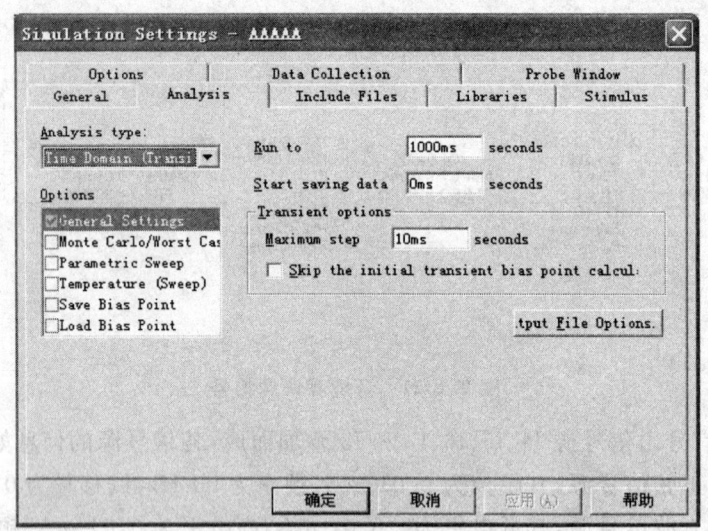

图 9.1.23　环境噪声仿真参数设置界面

在 Analysis type（分析类型）下拉式列表框中选择时域瞬态分析（Time Domain/Transient）选项。在 Options 选项中勾选 General Settings。在 Run to 空格处键入 1 000 ms，表示记录时间到 1 s。在 Start saving data 空格处键入 0 ms，表示从 0 ms 开始记录数据。单击"确定"按钮，结束环境噪声分析的设置。

运行 PSpice/Run 后，可以得到仿真结果。图 9.1.24～图 9.1.26 为输入信号 I_{in} 经过第一级运放 I/V 转换、二级运放和最后的电路输出 V_{out} 的仿真输出波形。

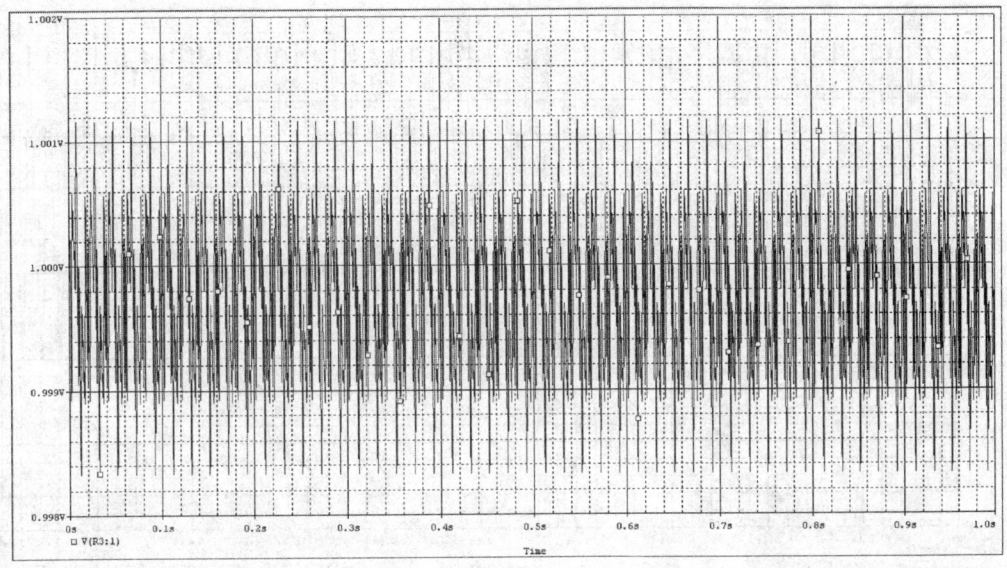

图 9.1.24　叠加了随机噪声的输入信号经过一级运放 I/V 转换后的输出信号

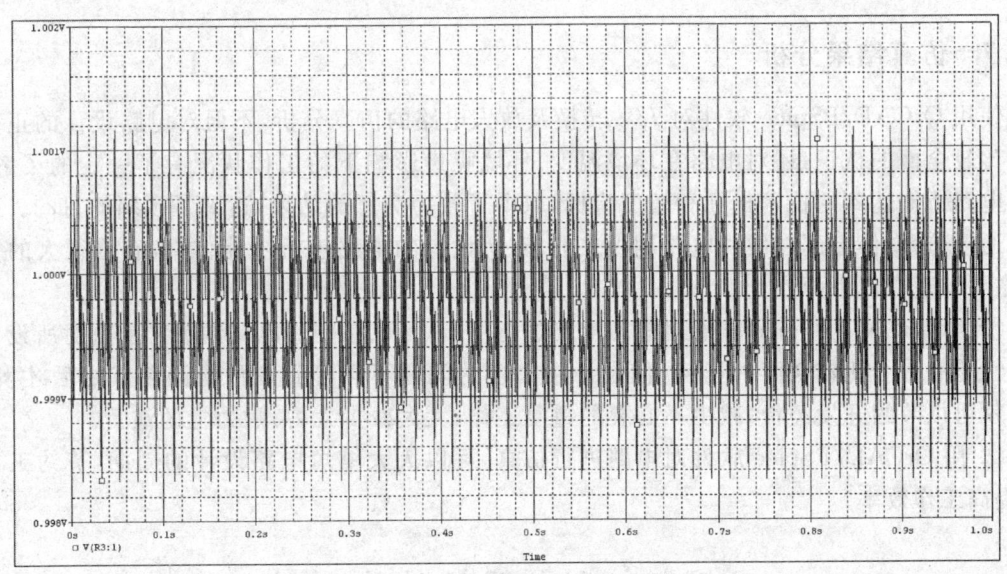

图 9.1.25　经过第二级运放后的输出信号

从图仿真结果可以看出,由于电路设计时采用了有源低通滤波器,所以调理电路有较好的低通滤波特性,可以起到抑制高频干扰的作用。所设计的电路可以实现对 50 Hz、400 Hz 干扰的抑制。

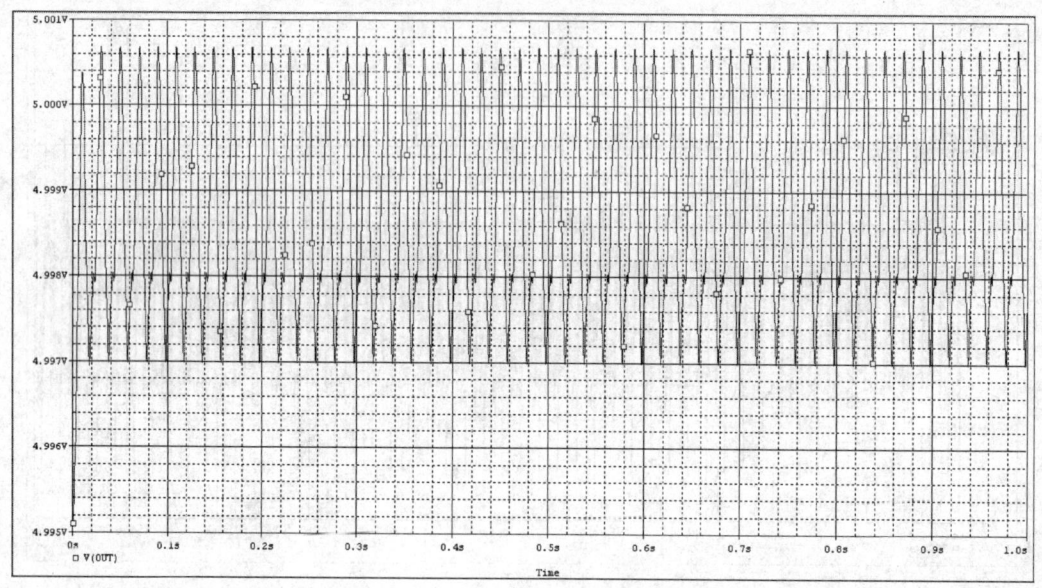

图 9.1.26 电路的最终输出波形

9.1.7 仿真结果分析

使用 OrCAD/PSpice 软件对 I/V 转换及放大电路的仿真分析,不但对电路设计的正确性有了比较全面的认识,还对电路在环境温度、环境噪声影响下的工作状况有了一定的了解,验证了电路所能达到的技术指标和精度指标,取得了较为满意的结果,达到了预期的目的。

通过仿真,体会到在硬件电路制板之前,对所设计的电路进行功能仿真,有着很大的优越性,主要体现在以下两点:

① 用 OrCAD/PSpice 软件对模拟电路进行仿真,可以在硬件电路制成之前就对所设计的电路性能有一个比较全面的了解,使设计中出现的问题不必等到硬件电路制成之后才发现。这样就可以节约开发经费,减少不必要的重复工作,大大减少人力、财力上的浪费。

② 用 OrCAD/PSpice 软件对电路进行仿真,可以大大缩短电路设计的周期,节约工作时间,提高工作效率。

9.2 印刷电路板的热分析

温度是影响电子产品可靠性的一个重要环境因素。一般来说,电子产品的故障率随着温度的增加而呈指数的增长,如图 9.2.1 所示。从图中可以看出,半导体器件和微电子器件对温度最为敏感,半导体器件的故障率随温度的增加而呈指数增长,其电性能参数(如耐压、漏电流、放大倍数、允许功率等)也是温度的函数。

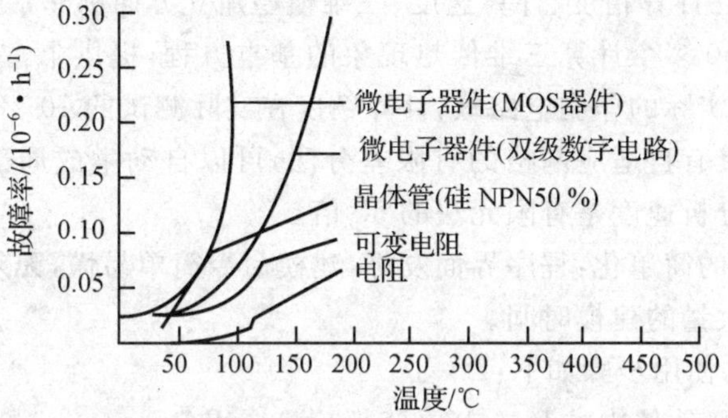

图 9.2.1 电子产品温度与故障率的关系

在航空航天等高科技产品中,热设计、热分析技术日益得到重视。例如,一个典型的航天器要经历低至 200 ℃多和高达 10 000 ℃的飞行温度环境,工作时间长达几天甚至几年。在飞行期间,既要承受恶劣的飞行温度环境,还要克服自身发热器件工作产生的温升,因此,精心的热设计和热分析是必不可少的。又如导弹电子设备,由于安装空间小,热密度相对较大,热设计、热分析也是一项重要的设计工作。

对电子产品进行热设计、热分析的目的是基于对系统热交换过程的分析和热场的计算或测量,从热源、热流、散热等方面对电子产品进行热控制,以达到减少参数漂移、保持电器性能稳定和提高产品可靠性的目的。

9.2.1 热分析的目的与方法

进行印刷电路板热分析的目的是确定印刷电路板及其元器件的温度分布,对设计的电路板在实际环境下正常工作时的发热情况有一个总体了解,衡量电路板上元器件的布局是否合理。根据印刷电路板的发热情况,考虑是否需要加入另外的导热元件,并采取合理的导热措施。对印刷电路板的元器件排布不合理之处进行进一步改进,使电路板具有更好的热性能。

获得印刷电路板及其元器件温度场的途径主要有数字分析计算和热测量两种方式。热场的数字分析计算方法主要适用于产品的设计过程,此时尚无实物产品可供测量。用产品热测量的方式来确定实物产品表面温度及温度场是很方便的,所得结果也更为准确。

热场的数字分析计算必须考虑热交换的三种途径:热传导、热对流、热辐射。电子产品的热场数值计算是相当复杂的,可以借助相关软件,通过计算机辅助热分析来实现。

9.2.2 BETAsoft – Board 软件的特点

美国 Dynamic Soft Analysis 公司的 BETAsoft 软件是一个优秀的热分析软件,可以完成器件级、电路板级和系统级电子产品的热分析。本小节主要介绍电路板级热分析软件 BETAsoft-Board。该软件在计算精度、计算速度、三维模型建立方面都非常出色,其特点如下。

- 精度高:具有 50 多个计算三维传热现象的基本方程,提供丰富的设计参数选择方式,可准确地模拟实际的印刷电路板,计算精度在实际测试的 10% 以内。
- 速度快:采用具有自适应网格的有限差分法,可以自动生成局部细化网格。在相同的计算精度下,分析速度是有限元法的 50 倍。
- 三维建模命令的简单化:程序界面友好,建模命令简单易懂,无须使用者具备传热学知识,可以节约大量的建模时间。

BETAsoft 软件的使用步骤如下:

① 进入 BETAsoft 软件中的 Board(电路板)菜单,用 Properties(特性)命令设置电路板的特性,如电路板的几何尺寸、层的厚度和板中金属部分传导率等参数,为电路板热分析作准备。

② 进入 Library(元件库)菜单,选择 Woring-Library(工作库)命令,用适当的方式向工作元件库中添加所要分析的电路板中的元件。如果元件库存有需要的元件,则可直接将该元件从主元件库中调出或按需要的名字复制到工作元件库中;如果主元件库未存有需要的元件,则可以通过用参数添加和形状添加的方法,将其添加到工作元件库中。

③ 当电路板中需要的所有元件都已在工作元件库中编辑好以后,可以选择 Placement/component(放置/元件)命令将各个元件放置在已经定义好的电路板上。在放置元件时,软件可以提供对话框,用来设置元件在电路板上的精确坐标,并对需要精确分析的元件进行说明。

④ 在电路板布局图完成之后,还可以根据需要加入别的热学器件,如热壑(heat sink)和导热螺钉(screw)等。

⑤ 绘制电路板边界(boundary),为电路板设置边界条件。

⑥ 设置电路板工作的环境条件,这包括电路板在机箱中的位置、空气流动情况、邻近电路板或机箱壁的热效应等。

⑦ 在 Analyze(分析)菜单中选择 Run(运行)命令,对所设置好的电路板进行热分析。

⑧ 在 Analyze 菜单中选择 Load(装载)命令,装入分析结果,以备使用者进行观察。

⑨ 查看热分析结果,BETAsoft 软件允许使用者对以下几种结果进行观察:
- 以不同的颜色显示电路板中各个元件的功率(power)的大小;
- 以不同的颜色显示元件的温度(component temperature);
- 以不同的颜色显示元件的结温和壳温超过期望值(excess temperature)的大小;
- 显示电路板温度(board temperature)分布图,该温度为电路板厚度方向的平均温度;
- 如果使用者在电路板设置时加入热条(高发热电路板覆线),则还可以显示热条的温度(hot trace temperature)。

⑩ 热分析的结果数据(numerical output)保存在后缀名为.OUT 的文件中,包括具体操作条件、元件的详细情况、壳温和结温以及整个电路板的总功耗等。

9.2.3 印刷电路板的热分析方法

本文中选用了二氧化碳分压传感器内的三块调理电路板(电路原理图请参见图 8.2.1、图 8.2.3 和图 8.2.4)作为研究对象,该三块电路板工作在某航天器舱内的一个传感器机箱内,电路板上元器件布局完全相同,包括分压传感器信号调理电路、光源恒流源电路等。进行印刷电路板热分析的目的是根据实际工作中元器件的功耗情况、印刷电路板在机箱内位置的分布情况、工作环境条件和通风条件等具体工作情况,确定印刷电路板及其元器件的温度分布,对设计的电路板在实际环境下正常工作时的发热情况有一个总体了解,定量分析电路中各个元器件工作时的温度,根据热分析的结果,衡量电路板上元器件的布局是否合理。在设计好的印刷电路板正式制作之前,就可以了解印刷电路板的发热情况,考虑是否需要加入另外的散热元件,并采取合理的散热措施,对印刷电路板的元器件排布不合理之处进行进一步改进,使其具有更好的热性能。

1. 热分析重点

在对二氧化碳传感器信号调理电路印刷电路板的热分析中,重点在于:

① 分析为电路提供 ±5 V 电压的两个稳压参考源器件 W78L05 和 W79L05 的发热情况。这两个器件功耗比较大,工作时温度较高,所以应该进行重点分析。

② 分析光源恒流源电路的发热情况。该部分电路为二氧化碳分压传感器的光源部分提供恒定的电流,以保证光源能够稳定地工作。由于该电路通过一个较大功率的 NPN 型三极管 3DK9 的发射极产生恒定的电流,电路的功耗比较大,且该部分的稳定性对整个电路的工作有重大影响,所以应该进行重点分析。

2. 热分析过程

按照 BETAsoft 软件的步骤添加元器件,如图 9.2.2 所示。

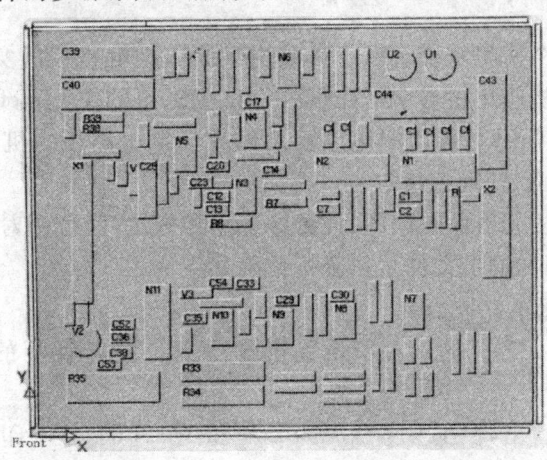

图 9.2.2 印刷电路板元器件布局图

在对二氧化碳分压传感器信号调理电路和印刷电路板进行热分析时,一些关键参数对结果起着至关重要的作用,尤其是一些热敏感、功耗大的器件,在具体分析时也应给予重点考虑,力求做到参数设置准确无误。在本电路中,重点分析的元件有 R33、R34、R35,因为它们是光源恒流源电路中的重点元器件。而对于一些非重点分析的,且对整个电路板热分析结果影响不大的元器件,在设置参数时可统一取平均值。

电路板特性参数、元器件形状参数都可以在相关手册中查到,而元器件功耗是对热分析结果起着重要作用的参数,应该给予精确的设置。但在实际分析中,完全准确的元件功耗值不可能得到,所以应具体问题具体分析。

- 对于集成元件,可以查出其在正常工作时的功耗,然后按照热损耗占工作功率的 10% 进行计算。
- 对于重点分析的电路中电阻的功耗,采用理论计算值则更为合理。如光源恒流源电路中的三个电阻 R33、R34、R35 的功耗分别为 0.25 W、0.25 W 和 0.856 W。
- 对于电路中其余各部分的电阻,由于电路中信号比较弱,故统一取功耗为 0.08 W。
- 电路中的大部分电容起了三个作用:滤波、移相、旁路。由于该电路中的信号是弱直流信号,所以电容的功耗很低,统一取为零。
- 为电路提供±5 V 稳定电压的电压参考源 W78L05 和 W79L05 的热损耗比较大,根据美国国家半导体公司的《通用线性电子器件数据手册》,取其功耗为 0.4 W。
- 光源恒流源电路中提供稳定电流的大功率三极管 3DK9 的功耗也比较大。3DK9 的集电极与发射极之间的电压降为 1.2 V,流经集电极的电流为 185.0 mA,则三极管 3DK9 的功耗为 1.2 V×185 mA,约 0.222 W,取为 0.3 W。

在电路板的环境条件设置中,主要参考了二氧化碳分压传感器信号调理电路的各种技术指标,如:环境温度设置为 25 ℃;大气压力为 101 kPa;空气相对湿度为 0.5;印刷电路板的辐射率取通用值 0.8。

此外设置系统为一个密闭系统。以下参数均根据印刷电路板的实际工作情况具体设置,例如几块印刷电路板在机箱中的位置,如分别分布在机箱的左侧(left of the rack)、中间(in rack)、右侧(right of the rack);各印刷电路板之间或印刷电路板与机箱壁之间的距离(board spacing);空气流动的方向、流动速度等。

在绘制好印刷电路板元器件布局图、设置好各项参数之后,分别对三块印刷电路板进行热分析,得到热分析结果图和输出文件。热分析结果如下。

(1) 三块印刷电路板的共同点

① 由于三块电路板元器件的功耗值设置相同,所以三块电路板的功率分布状况一致,如图 9.2.3 所示。

从图 9.2.3 中可以看出,稳压参考源 W78L05 和 W79L05(位于印刷电路板右上方)、光源恒流源电路中的大功率三极管 3DK9 和电阻 R33、R34、R35(位于电路板左下方)的功率比较大,其中 R35 的功率最大,达到 0.7 W。

② 三块电路板的温度分布基本相同,如图 9.2.4～图 9.2.6 所示。

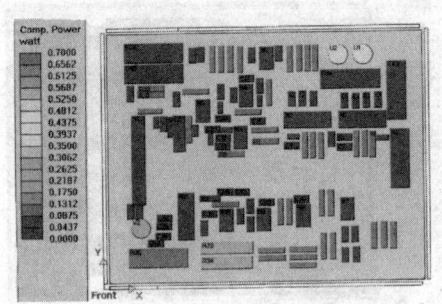

图 9.2.3 印刷电路板功率分布图

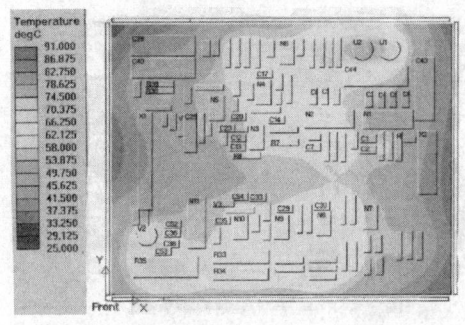

图 9.2.4 印刷电路板 1 温度分布图

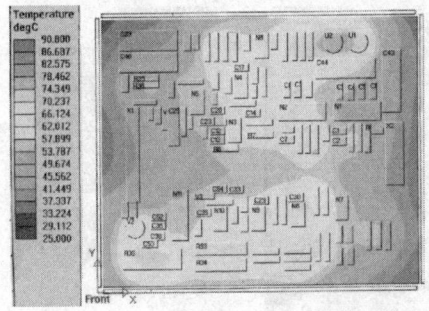

图 9.2.5 印刷电路板 2 温度分布图

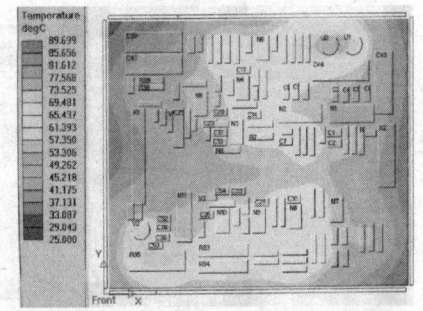

图 9.2.6 印刷电路板 3 温度分布图

从这三张图可以看出,高温部分主要集中在稳压参考源部分和光源恒流源部分,是电路板上温度比较高的区域。其中,稳压参考源部分的温度在 80 ℃左右,光源恒流源部分的温度在 70 ℃左右。

(2) 三块印刷电路板的不同点

三块印刷电路板热分析的不同之处在于三块板上的元器件工作温度有一些差异,如图 9.2.7～图 9.2.9 所示。板 1(位于机箱的左侧)、板 2(位于机箱的中间)和板 3(位于机箱的右侧)的温度依次有所下降,这与电路板在机箱中的位置、受邻近印刷电路板或机箱壁的辐射情况、机箱内空气的流动情况有关。

3. 热分析结论与改进措施

通过用 BETAsoft - Board 软件对二氧化碳分压传感器信号调理电路印刷电路板进行热分析,由热分析的结果可以得到以下结论和改进措施:

① 印刷电路板中的稳压参考源 W78L05 和 W79L05 采用 TO-5 封装形式,并且排布在一起,而且这两个元件的功耗又比较高,从热分析的结果可以看出,这两个元件的自身温度以

及附近印刷电路板的温度均比较高,造成局部高温,导热效果不好,应进行相应的改进。改进措施如下:

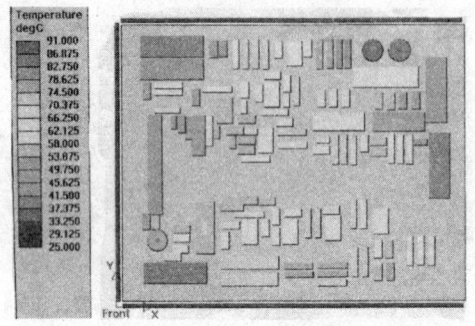
图 9.2.7 印刷电路板 1 元器件工作温度图

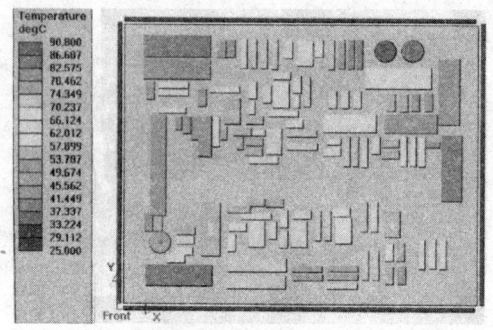
图 9.2.8 印刷电路板 2 元器件工作温度图

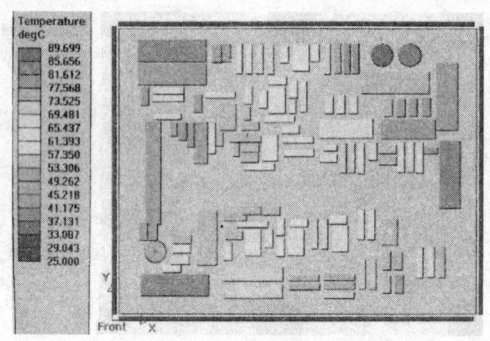
图 9.2.9 印刷电路板 3 元器件工作温度图

- 将 W78L05 和 W79L05 分开排布,这样可以在一定程度上消除 W78L05 和 W79L05 之间的相互影响,以使电路板的高温部分不过于集中;
- 将 W78L05 和 W79L05 的封装形式改为 TO-220,这种封装形式的散热条件比较好,并且可以加入导热螺钉进一步散热,这样可以改善印刷电路板局部过热的情况,有利于产生的热量尽快地散失;
- 在 W78L05 和 W79L05 这两个元件上加散热片,也可以将这两个元件产生的热量尽快散发出去。

② 光源的恒流源电路中,大功率三极管 3DK9 和电阻 R33、R34、R35 的功耗均比较大,并且排布在一起。但是考虑到电路的完整性,不便于把这几个元器件分散排布,采用的改进措施主要是:

- 在 3DK9 上加散热片;
- 采用复合管的形式,即用两个 3DK9 并联作为一个三极管使用,这样,每个三极管就可以在更大的范围内降额使用，以减少单个三极管的热损耗；
- R33、R34、R35 采用大功率电阻，R33、R34 用 1 W 的电阻，R35 用 2 W 的电阻。

通过使用 BETAsoft–Board 软件对二氧化碳分压传感器信号调理电路印刷电路板进行热分析，对整个电路板和各个元器件的发热情况有了一个总体的了解，并针对热分析的结果提出了一定的改进措施，进一步改善了电路板的散热条件，从而保证每个元器件能够更加稳定地工作。热分析已达到了目的，在本项目应用中取得了良好的效果。

9.3 印刷电路板的热测试

所谓热测试就是使电子设备在实验室模拟的工作条件下测量设备的温度。热测试是评价电子设备热设计并确定其可接受与否的重要方法。

热测试可以测量整个电子设备、小型装配件（如微电子电路、印刷电路板、插件、模块），也可以测量单个元器件，因此用途十分广泛。

9.3.1 热测试的目的与方法

热测试就是为了验证电子设备的热设计，具体来讲，主要有以下四个目的：
- 验证热设计是否最优；
- 验证热设计指标是否满足要求；
- 发现硬件缺陷；
- 测量功耗。

热测试的方法有很多种，可以根据测量参数和传感器是否同被测点接触来分类。同被测点接触的叫做接触法，否则叫做非接触法。

接触法主要有温度表法、色标法、热电偶法和 PN 结法；非接触法主要有红外线法、激光法和电子法。

9.3.2 印刷电路板的热测试步骤

在对二氧化碳分压传感器信号调理电路印刷电路板进行热分析后，又完成了对该板的热测试。测试时让电路板在二氧化碳分压传感器装置内工作，在室温下模拟系统的工作条件，测量电路板中一些重点元器件的工作温度，了解它们在正常工作时的发热情况。热测试的结果可以与用电路板热分析软件 BETAsoft–Board 对电路板的分析结果作比较，进一步了解电路板以及二氧化碳分压传感器装置的传热情况。通过对热测试结果的分析，可以发现电路板在热设计方面存在的问题，从而提出进一步的改善方法，使热设计方案得到优化。

此次测试时 3DK9 依然采用单管形式，R33、R34 用 1 W 的电阻，R35 用 2 W 的电阻。

在这次热测试中采用接触法。测量设备包括一台笔记本电脑、一台热测试仪和一组热敏电阻传感器。在具体测量时,将每一路温度传感器用 502 胶粘在需要进行测温的元件上,温度传感器通过耐热导线连入热测试仪中。将热测试仪启动后,利用笔记本电脑与热测试仪之间的接口对热测试结果进行采样和显示。平均采样时间可以通过计算机来设置(如 10 s、20 s、30 s 等)。每次采样的时间和采样的结果将保存在数据文件中,以备分析和查阅。

热测试步骤如下:

① 测试前的准备工作。根据热分析软件 BETAsoft-Board 对该电路板热分析的结果,选取电路板中温度较高的元器件进行热测试,包括稳压参考源 W78L05 和 W79L05,光源恒流源电路中几个重要的元器件如 3DK9、R33、R34、R35 等;同时,兼顾一些距离这些元件较近的电阻、电容和集成电路作为代表元件,以了解一般元件在工作时的总体温度范围,如 C35、N10 等。

在测试中每一路传感器和一个被测元件严格对应,以便对热测试结果进行分析。例如 3 通道传感器对应 3DK9;4 通道传感器对应 R35。

② 将二氧化碳分压传感器壳体打开,温度传感器由后盖板上的通气孔接入,对应地粘在被测元件上之后,再将传感器壳体装好。

③ 接好各个电路板的电源和测试线,打开电源,让电路工作。

④ 测量调理电路的输出,在输出正常的情况下打开测试仪的开关,测试仪开始工作。

⑤ 打开笔记本电脑,运行测试程序,对测试结果进行采样和保存。

⑥ 分析热测试结果,并与电路板热分析结果进行对比,得出结论和改进意见。

9.3.3 热测试的结果与改进措施

1. 热测试的结果

在热测试过程中,共分两个阶段进行测量。第一阶段为电路开始工作阶段,即电路在刚接通电源后的工作阶段。该阶段测试时间为 20 min。第二阶段为稳定工作阶段,即电路在稳定工作条件下,系统中的热交换也已逐渐达到了平衡工作阶段。该阶段测量时间为 240 min。热测试过程中,每隔 30 s 进行一次采样。

测量结果如图 9.3.1 和图 9.3.2 所示。

由这两图可以看出,元器件在初始工作阶段温度均比较低,之后随着时间的延长,温度也在不断地升高。在接通电源 80 min 左右达到最高温度,后来又略有下降,而且温度趋于稳定,表明系统达到了热平衡。

其他元器件也有类似的情况。从整个热测试数据中看出,电阻 R35 的温度最高,在 82 ℃ 左右;R33、R34 次之,在 65 ℃ 左右;三极管 3DK9 的温度 56 ℃ 左右。其余元器件的温度均在 40～50 ℃ 之间。

2. 结论与改进措施

通过对热测试结果的分析,并将热测试结果与热分析结果进行比较,可以得出以下结论:

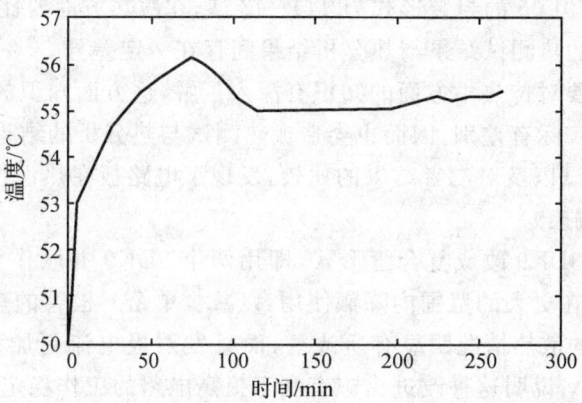

图 9.3.1　3DK9 温度测试结果曲线

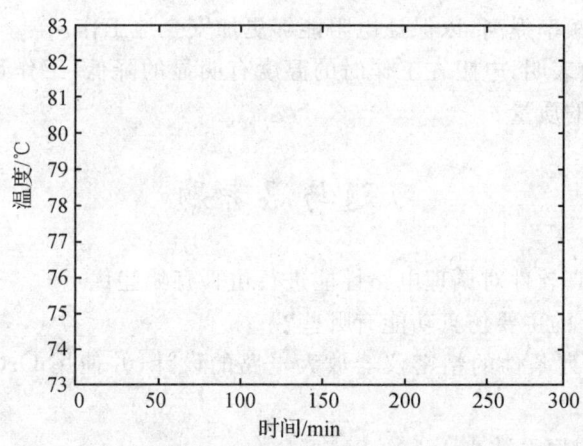

图 9.3.2　R35 温度测试结果曲线

① 光源恒流源电路中,三个电阻 R33、R34、R35 的温度比较高,热测试与热分析的结果完全一致。因此,应该适当提高这三个电阻的额定功率,使其更加稳定、可靠地工作。

② 晶体三极管 3DK9 的热测试结果比热分析结果稍微偏低。出现这种现象可能是由于在热分析中参数设置存在一定误差,并且电路板的环境参数设置与热测试实际环境温度有一些差异。

③ 稳压参考电源 W78L05 和 W79L05 的热测试结果在 45 ℃ 左右,而其热分析结果在 80 ℃ 左右,存在较大差异,其原因主要有以下两点:

- 热分析时设置的 W78L05 和 W79L05 的封装形式是 TO-5(金属圆壳式),且考虑到焊接时这两个元件与电路板之间的距离较近,因此对于一些传热参数(如热阻、空气隙等)设置得比较苛刻。而实际进行热测试时,由于客观条件的限制,实际电路板安装的

W78L05 和 W79L05 的封装形式为 TO-92 型,在散热方面要比 TO-5 好。这样就有可能造成元件的热测试结果与热分析结果间存在一定差异。

● 在热分析时需要对传热学方面的知识有深入了解,这方面知识的不足也会使在热分析时参数设置与实际有差别,因而也会造成热测试与热分析的结果有偏差。

通过热分析、热测试以及对二者结果的比较,发现了电路板在热设计方面一些不尽合理的地方,提出以下改进措施:

① 将晶体三极管 3DK9 改成复合管形式,即用两个 3DK9 并联作为一个三极管使用,这样,每个三极管就可以在更大的范围内降额使用,以减少单个三极管的热损耗。

试验表明,3DK9 的散热情况明显有所改善,而且发射极电流更加稳定,比用单个三极管的试验数据均方差要小,说明这种改进措施有利于提高电路的工作稳定性,使电路的工作可靠性得到了提高。

② 进一步提高 R33、R34、R35 的功率,R33、R34 可以用 2 W 的电阻,R35 可以用 4 W 的电阻,使电阻使用的降额率提高,以保证电阻能够更加安全地工作。

实际改进后的试验表明,电阻在工作时的温度有明显的降低,工作性能良好,得到了用户好评,确保了军品产品的质量。

习题与思考题

9.1 采用电路仿真软件对调理电路性能进行仿真有哪些优点?

9.2 OrCAD 软件的主要仿真功能有哪些?

9.3 完成满足下列条件的精密仪器放大电路的设计,并使用 OrCAD 软件完成电路的仿真。

(1) 增益:1 000,温度系数小于 5×10^{-6}/℃;

(2) 零点:温度漂移小于 0.1 μV/℃;

(3) 非线性误差小于 0.01 %;

(4) 共模抑制比:交流 50 Hz 优于 120 dB;

(5) 输入阻抗:>1 000 MΩ;

(6) 工作温度范围:-20~+70 ℃。

9.4 对印刷电路板进行热分析和热测试的目的是什么?

9.5 简述印刷电路板热分析的步骤。

第10章 传感器调理电路实例分析

本章为传感器调理电路的实例分析,共列举了24个实例。在每个实例中,突出了该课题在调理电路设计上的难点、解决的措施及效果,因此每个实例均有自己的新颖点。

10.1~10.9节为应用在航空方面的实例,10.10~10.12节为应用在航天方面的实例。以上实例突出了航空航天产品的特殊需求及采取的相应措施。10.13~10.19节、10.23~10.24节为传感器调理电路在光纤传感技术、火灾报警技术、测井技术、振动监测技术等方面的应用。10.20~10.22节突出了医疗仪器设计的特殊需求及采取的相应措施。

这些实例均在第1~7章的理论基础上设计与研制成功,同时已在工程实践中应用。理论基础与实际应用相结合,能使读者较容易消化、接受该学科的知识。

10.1 航空发动机磨损在线监测仪电路

航空发动机是飞机的"心脏",发动机的故障一直威胁着飞机飞行的安全。航空发动机失效的可能性很多,而零部件磨损所造成的发动机故障在飞行故障中占有相当大的比例。磨损类故障属于发动机的早期故障,若不及时采取措施,经过一定时间的发展,往往会导致像断裂等严重失效事故,其后果是不堪设想的。由于磨损而引发的发动机故障大多是逐渐发展起来的,在发展过程中有很多征兆,因而可以通过检测的方法取得有关磨损的信息。

滑油系统是航空发动机的重要组成部分,它的功用是向齿轮、轴承的工作表面输送滑油,带走由于高速转动所产生的摩擦热,以及周围的高温零件传来的热量,维持轴承、齿轮的正常温度状态,并在轴承的滚道与滚子间、相啮合的齿面间形成连续的油膜,起到润滑的作用。

由于工作时发动机的许多部件均会因旋转、摩擦而产生磨损,因而引起发动机出现故障。据统计,由摩擦、磨损而引发的故障在整个发动机故障中占有相当大的比例。而在滑油中悬浮着许多金属屑末,分析滑油中金属屑末的成分及含量,就能了解发动机的磨损状况。

目前,国内外常用的滑油分析方法主要有光谱分析法(SOAP)、铁谱分析法以及油滤磁堵屑末收集法等,这些方法都为离线检测法。离线检测法需要定期人工取样、清洗及烘干,比较繁琐,而且检测周期长,在送检期间飞机必须停飞,降低了飞机的利用率。离线检测的最大缺点就是非实时性,它对飞机飞行过程中突发的故障不能作出及时的预报或警告,因而不能采取相应的措施避免突发事故所造成的损失。所以,滑油磨损在线监测正受到越来越多的重视。

本文采用同位素X射线荧光分析技术,构成了航空发动机滑油磨损在线监测系统,实时监测飞机发动机滑油中金属屑末的成分及含量,有助于及时了解发动机的磨损信息,对发动机故障实现早期预报。

10.1.1 监测的理论基础

同位素 X 射线荧光法(简称 IXRF 法)采用同位素作为激发辐射源,去激发待测样品。当待测样品的原子接收到由同位素辐射源辐射出的能量后,产生光电效应,其核外电子发生跃迁,原子由基态跃迁到激发态。由于激发态是不稳定状态,根据能量最低原理,该原子势必要由激发态回到基态从而释放出一定的能量,这个过程叫做退激发。原子退激发所释放出的能量体现在受激原子将释放出一定波长的荧光,荧光的波长符合 Moseley 定律:

$$\lambda = B/(Z-C)^2 \quad (10.1.1)$$

式中,B 和 C 为常数;Z 为原子序数。

由此可见,不同原子所释放出的荧光的波长不同,所以,荧光的峰值波长称为该原子的特征波长。由于原子的特征波长的范围属于 X 射线范围内,所以又可将其称为原子的特征 X 射线。

X 射线是电磁波,具有波粒二象性,其粒子性是指它的能量以光子的形式表现出来。当光子的波长为 λ 时,它的能量为

$$E = hc/\lambda \quad (10.1.2)$$

式中,h 为普朗克常数;c 为光速;λ 为波长;E 为能量。

从式(10.1.2)可以看出,波长与能量一一对应,波长的不同,意味着特征 X 射线的能量不同。例如 Fe、Cu 的特征 X 射线的能量分别为 6.398 keV 和 8.04 keV。如果某一特定波长的特征 X 射线的荧光强度不同,则表明该物质的含量不同。IXRF 法就是通过检测原子特征波长的方法来判断物质的存在及含量。

特征 X 射线由探测器接收,本课题选用正比计数管作为探测器。由于它不需要附加设备,故体积、质量均适合安装在航空发动机上。它以脉冲工作方式并依靠气体倍增现象放大气体中产生的初始离子对的电荷 Q:

$$Q = n_0 eM$$

式中,M 为气体倍增系数,e 为电子电荷,n_0 为初始离子对个数。金属屑末粒子能量不同,所能激发的 n_0 是不同的,所以在 M、e 为常数时 n_0 不同,总电荷量 Q 是不同的。因此,电荷脉冲幅度代表了金属种类,而脉冲的计数值代表了金属的含量。

X 射线的激发过程可用图 10.1.1 表示。

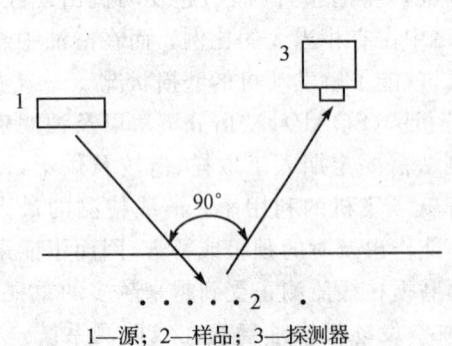

1—源;2—样品;3—探测器

图 10.1.1 X 射线荧光的激发过程

10.1.2 监测系统的组成

监测系统的作用就是获得滑油中金属屑末的种类及含量,并实时显示出来,其工作原理框图如图10.1.2所示。

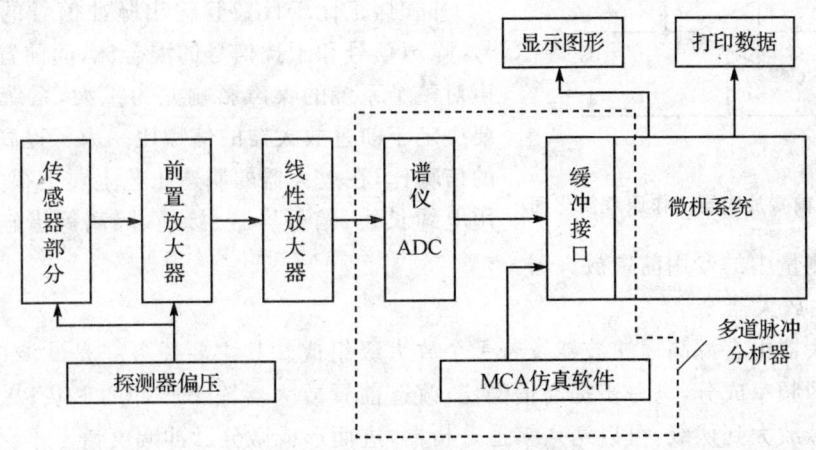

图 10.1.2 监测系统原理框图

1. 传感器部分

传感器由辐射源、探测器及高压电源三部分组成。根据本系统测定的金属屑末以铁、铜、铝三种金属为主,我们选用 Pu^{238} 低能密封 X 射线源为辐射源。探测器为正比计数管 J453Z(国产),所加偏压为 1 700 V 左右的小型化高压电源。按其辐射原理,辐射源、油液与探测器三者之间有一定的几何尺寸。我们在实验室的样机是靠自行设计的测量装置来保证的,该测量装置的示意图如图 10.1.3 所示。

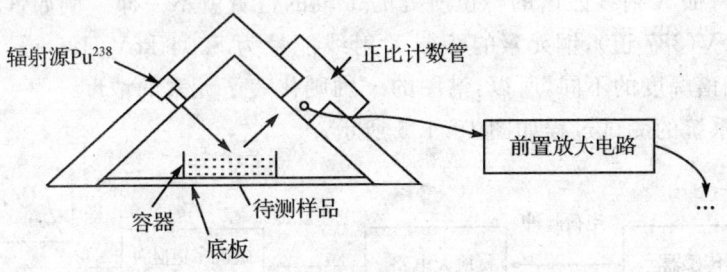

图 10.1.3 试验时测量装置位置示意图

2. 前置放大器与线性放大器

(1) 前置放大器

它由电荷放大器组成,正比计数管输出的是核电荷脉冲。通过电荷放大器将电荷量转换

为电压量,它的工作原理如图10.1.4所示。通过带有电容负反馈的电流积分器,输出电压 V_0 的简化式为

$$V_0 \approx \frac{-Q}{C_f}$$

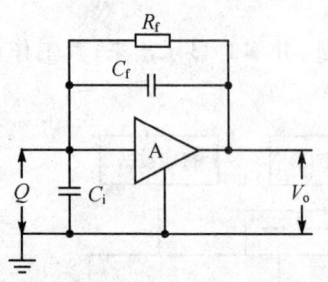

同时,正比于计数管输出脉冲信号的是核脉冲信号、噪声信号和干扰信号的混合体,而前置放大器的噪声对整个系统的噪声影响尤为重大,系统的信噪比主要决定于前置放大器的信噪比。为了提高前置放大器的信噪比,在放大器的制造工艺上要下很大功夫,如使用电缆长短、信号屏蔽、接地、隔离等措施。本课题选

图 10.1.4 前置放大器工作原理简化图

用了核辐射测量中的专用前置放大器。

(2) 线性放大器

线性放大器由有源高通滤波器及若干个放大级组成。其主要任务一是滤波成形,滤去噪声信号相应的频率成分,进一步提高信噪比,改造前置放大器输出脉冲的形状;二是把前置放大器输出信号放大到伏级,可以送入多道分析器,进而形成微分脉冲幅度谱。本课题选用了与核辐射测量中与专用前置放大器配合的线性放大器,它输出成形脉冲幅度是金属磨屑对应元素原子序数的确定函数,成形脉冲计数正比于滑油杂质的浓度。

3. 多道脉冲分析器及微机部分

多道脉冲分析器接收到的电压脉冲信号由谱仪 ADC 通过 A/D 变换转化为数字信号,不同的脉冲幅度按幅值大小分别存储在不同的存储器内,由微机通过缓冲接口并借助于 MCA 仿真软件就可以将这些数字信号用微分脉冲幅度谱的形式实时显示出来。该谱图的 x 轴代表了特征 X 射线能量(单位为 keV)的大小,又称道址。由于元素不同,该元素的特征 X 射线的能量不同,其特征 X 射线能谱的峰位所处的 x 轴的位置就不一样。例如铁元素的特征 X 射线能量为 6.4 keV(387 道),铜元素的特征 X 射线能量为 8.04 keV(485 道)。而元素的浓度差异将导致其能谱幅度的不同,所以,谱图的 y 轴则代表了元素的浓度。

总之,监测系统的测试过程如图10.1.5所示。

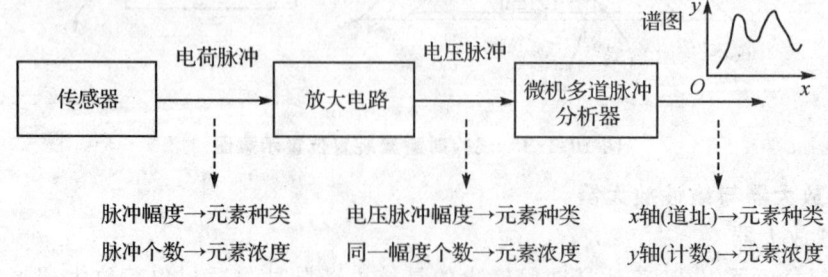

图 10.1.5 监测系统的测试过程

该系统在发动机上的安装可分为两部分,采用一种特制管道代替滑油管道的一部分,传感器与前置放大器应与该管道安装在一起,体积尽量小,质量尽量轻,其他部分均可远离发动机,这样的结构更有利于安装。

监测系统获得的能谱图如图 10.1.6 所示。

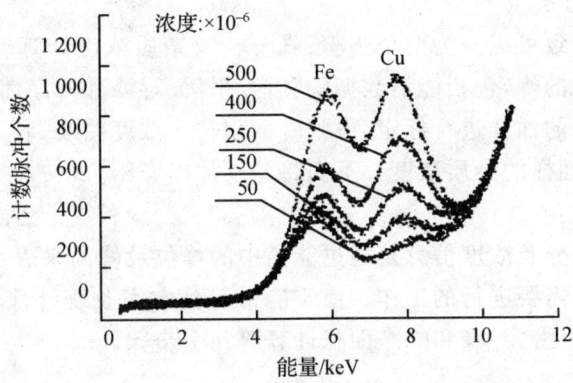

图 10.1.6　监测系统获得的能谱图

10.1.3　能谱的数据处理

为了能够实现滑油中金属杂质浓度的自动监测,必须对所获得的能谱数据进行进一步的处理。

1. 能谱数据的特点

能谱中除了包含表征待测样品中元素的种类及含量的信息外,还受本底及统计涨落的影响。所谓本底,就是指当待测样品中不包括某种杂质时,样品的能谱在该杂质的特征波长处也有计数,该计数值被称做本底,也可称做背景。造成本底的因素很多,主要有大气和环境中天然放射性的存在、辐射源中辐射出与待测元素相同的射线、样品周围存在相同元素而引起的干扰等。另外,被测射线与探测器(或其周围介质)通过不同的物理过程产生的或被测样品在射线的作用下通过不同的激发过程而造成的干扰也构成本底。

根据 IXRF 法的机理可知,由于核辐射及探测器计数的随机性,使得计数值积分存在统计涨落,即在某一平均值附近上下波动。而对于滑油磨损在线监测来说,由于监测对象是悬浮于滑油中的金属颗粒,颗粒悬浮的深度、油液的散射等因素都会对监测数据造成干扰,引起数据上下波动。

所以,用 IXRF 法进行发动机滑油磨损在线监测时所获得的能谱数据具有以下特点:
① 待测元素的能谱是一系列类似高斯曲线的峰;
② 高斯峰信号叠加在本底之上,而且受统计涨落的影响很大;
③ 高斯峰-峰位代表了待测元素的种类,峰的净面积代表了待测元素的含量;

④ 高斯峰的宽度由探测器的分辨率决定,探测器分辨率好,峰高而尖;分辨率差,峰低而宽。

为了从实验能谱中分离出有用的信号,必须对所获得的数据进行一定的处理,从而最大程度地消除本底和统计涨落的影响。

2. 能谱数据处理方法

能谱的数据处理大致可以分为两个步骤:峰分析及杂质浓度计算。所谓峰分析是由能谱数据中找到全部有意义的峰,包括能谱数据的剥谱、平滑、寻峰和峰净面积计算等几个步骤;通过对含有不同浓度杂质的油样进行标定,得到峰面积——浓度曲线,利用这条曲线进行插值计算,就可以计算出待测油样的杂质浓度。下面将分别加以介绍。

(1) 峰分析

由于待测杂质的成分及浓度信息是通过能谱中的峰位及峰高来表示的,所以,峰分析工作是能谱数据处理中首先需要进行的工作。由于能谱受到本底及统计涨落的影响,因而峰分析包括能谱数据的剥谱、平滑、寻峰和峰净面积计算等几个步骤。

1) 剥 谱

所谓剥谱,就是从杂质油能谱中减去不含杂质的基础油能谱,从而消除本底的影响,如图 10.1.7 所示。为了消除随机干扰的影响,基础油能谱数据的获取采用 n 次采样取平均的方法。通常 n 为 3～5。

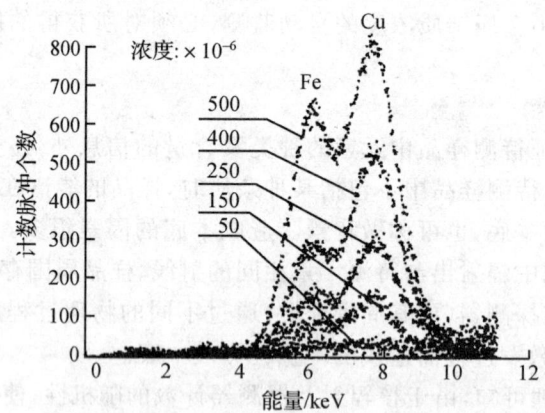

图 10.1.7 不同浓度油样谱图(已剥离)

2) 平 滑

谱数据的平滑就是采用平滑滤波器对能谱数据进行滤波,以消除统计涨落及噪声的影响。经过平滑后的能谱曲线应尽可能地保留平滑前谱曲线中有意义的特征,峰的形状和峰的净面积不应产生很大的变化,否则,就失去了平滑的意义。

平滑滤波器选择时要考虑到滤波器窗口的大小及平滑次数。窗口太小或太大,平滑效果都不好。平滑次数多,平滑效果就好;但是,随着平滑次数的增加,会使得原谱数据的峰形发生畸变,从而降低能谱数据的处理精度。

本课题中选用的平滑滤波器为 SAVITZKY 滤波器,平滑窗口为 11 点,平滑次数为 2~3 次。

谱数据平滑前后的效果如图 10.1.8、图 10.1.9 所示。

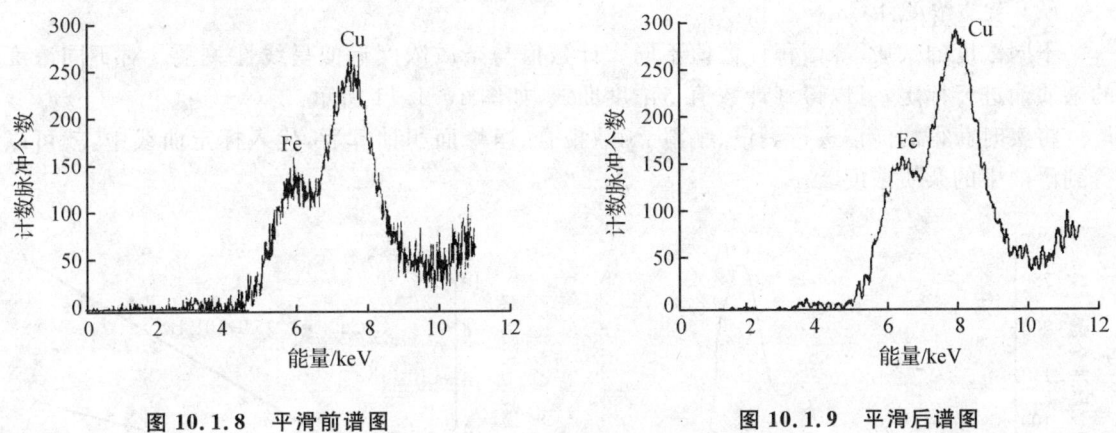

图 10.1.8 平滑前谱图   图 10.1.9 平滑后谱图

3) 寻　峰

寻峰是谱数据处理工作中最重要的步骤,因为能谱中一系列高斯曲线的峰位代表了待测杂质的种类,而高斯峰的净面积则代表了待测杂质的浓度。特别是在用计算机进行自动能谱分析的工作中,更需要找到一种可靠的、快速的、能自动进行寻峰的方法。

在发动机磨损在线监测系统中,根据在线的需要,选用了正比计数管作为探测器。正比计数管的特点是体积小、质量轻、不需要外加附属设备。但是,它最大的缺点就是分辨率很差,只有 22%。从能谱中可以看出,铜、铁元素的半宽度 FWHM(高斯峰的全高度处的半宽度)分别为 106 道和 96 道。这么宽的半宽度使得统计涨落所造成的误差很大,而且,铁、铜的能谱发生混叠,这一切无疑给数据处理增加了难度。

对于叠加在高本底上、受高统计涨落影响、半宽度很宽的弱峰,常用的能谱数据寻峰方法在使用中出现了很多的问题。根据本课题能谱的特点,在实际数据处理中设计了一种逐次迭代逼近函数拟合法进行能谱处理。

逐次迭代逼近函数拟合法的原理是采用最小二乘法对高斯曲线进行函数拟合,拟合的方法是采用逐次迭代逼近技术。由于高斯曲线的峰位与杂质种类是一一对应的,基本上不发生变化,所以首先进行的工作是比较曲线峰位处的计数值,对计数值较大的曲线先进行拟合。拟合的区间开始时选得比较小,这样做是减小能谱混叠的影响。第二步工作是拟合另外一条曲线,拟合前应从能谱数据中减去第一条曲线的影响。这样反复迭代多次,每次曲线拟合时增加拟合区间宽度,直到拟合数据宽度等于高斯曲线的半宽度。用逐次迭代逼近函数拟合法进行谱处理的结果如图 10.1.10 所示。

用逐次迭代逼近函数拟合法解谱的优点是可以直接得到能谱的数学表达式，即
$$y_1 = A_1 \exp[(x-\mu_1)^2/(-2\sigma_1^2)] \tag{10.1.3}$$
式中，A_1、σ_1、μ_1 分别为 P_1 峰的高度、方差及峰位。由 $FWHM \approx 2.355\sigma$ 可以求出峰的半宽度。除此之外，由式（10.1.3）可以直接计算出高斯峰的净峰面积，一举两得。

（2）杂质浓度计算

不同浓度的杂质，峰面积计数值不同。计数值与杂质浓度近似呈线性关系。对不同浓度的杂质油进行标定，可以得到计数值与浓度曲线，如图 10.1.11 所示。

将实时获得的能谱进行剥谱、平滑、函数拟合、净峰面积计算后，代入标定曲线中，就可以得到滑油中的杂质浓度。

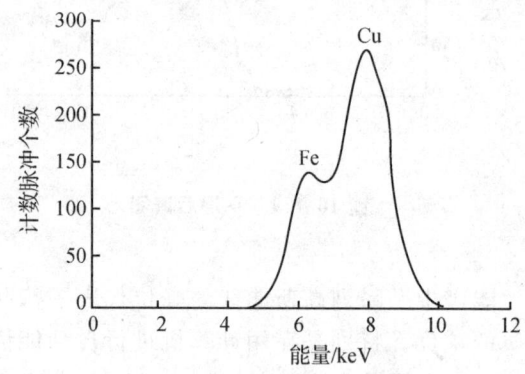

图 10.1.10　逐次迭代逼近函数拟合谱

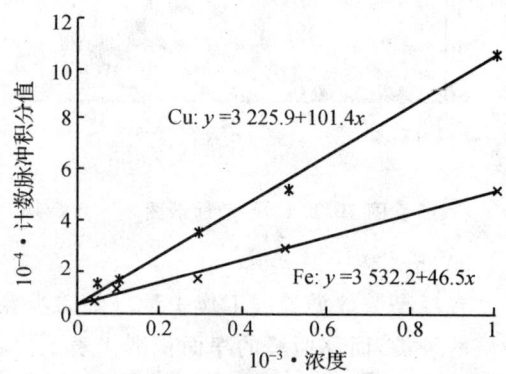

图 10.1.11　计数值-浓度曲线

10.1.4　实验结果

利用原理样机对航空发动机滑油磨损在线监测进行了大量的实验。其中包括时漂、重复性、双元素测定、油液流速影响实验等。实验中采用了含有不同浓度的铜、铁成分的标准油样。

1. 时　漂

从图 10.1.12 中看出，在 500 s 左右纯铜板的计数值误差在均值的 $\pm 2\%$ 之内浮动。

2. 双元素测定

从图 10.1.7 中可以看出该系统可以从滑油中测出铁、铜混杂的两种金属元素。现因条件限制，所用的正比计数管能量分辨率较低（23%），还无法分辨原子序列相近的两种元素。若样机进一步加以完善，则可以测出更多的金属杂质元素。

3. 重复性

以平均校准曲线为中心，求出标准偏差 σ_r。得到重复性指标：

第 10 章 传感器调理电路实例分析

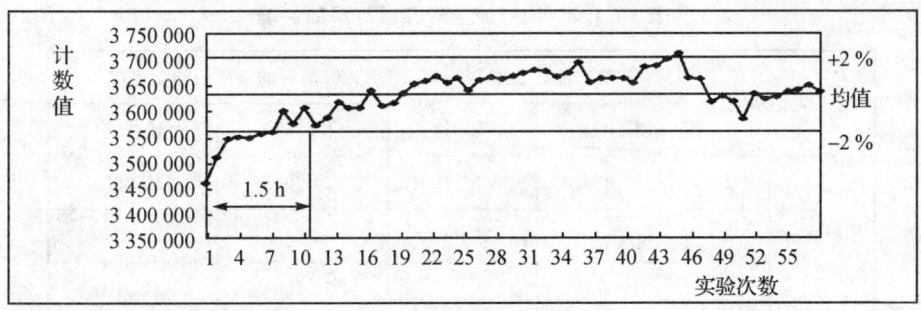

实验时间:1997年4月1日　　　　预热时间:30 min
采样时间:500 s　　　　　　　　被测样品:纯铜板
计数值积分区间:432~538道　　　峰值所在道址:485道

图 10.1.12　时漂试验结果

$$\delta_R = \frac{\sigma_r}{y_{FS}} \times 100 \text{ \%}$$

其值如表 10.1.1 所列。

表 10.1.1　输出特性指标

类　别	Cu	Fe
重复性/(%)	2.146	1.294
最小探测极限/×10^{-6}	4.37	17.64

4. 最小探测极限

最小探测极限 MDL(Minimum Detective Limit)是指在置信度为 99.7 %时,被测元素的净计数值高于本底计数标准偏差 3 倍时的最低浓度或最小量。它的物理意义是:当待测样品中的净计数值高于本底计数标准偏差 σ_r 的 3 倍(置信度为 99.7 %)时,就可以断定样品中有显著于本底被测量的元素存在。在低浓度辐射测量时,MDL 是衡量测试系统及测量方法好坏的一个重要指标,MDL 越少越好。

$$\text{MDL} = \frac{3\sqrt{N_0}}{N/C} \tag{10.1.4}$$

式中,N_0 为本底计数值,C 为被测元素的浓度,N/C 为单位浓度的净计数。其值见表 10.1.1。

5. 流速影响

由于滑油在实际管道中是流动的,故设计了油液的不同浓度流速对比的实验,结果见表 10.1.2。可以看出,油液流速对实验结果基本上没有影响。

表 10.1.2　油液流速对实验结果的影响

类别		基础油计数值/个		0.01%的杂质油计数值/个	
		快速	慢速	快速	慢速
实验次数	1	47 454	48 872	54 997	55 961
	2	49 143	50 969	55 745	55 121
	3	49 789	50 176	56 469	54 010
平均值		48 795	50 006	55 737	55 031
方差		1 205.7	1 058.8	736.03	978.64

注:快速流动时流量为 1 mL/s;慢速流动时流量为 0.3 mL/s。

10.1.5　结　论

同位素 X 射线荧光法是一种被广泛应用于多种领域的元素定量分析和检测的研究方法,由于采用同位素作为激发辐射源,具有体积小、质量轻、传感器部分装配简单、结构紧凑、操作简便等许多优点,特别适合于在线自动监测。将该种方法用于航空发动机磨损在线监测,是它在故障监测领域中应用的新尝试。

在自行设计的滑油磨损在线监测的系统上,用不同浓度的铜油液、不同浓度的铁油液及不同浓度的铜铁混合油液进行了大量的实验。通过这些实验,验证了 IXRF 法用于航空发动机磨损在线监测的可行性。

总之,对航空发动机磨损进行在线监测,不仅是必要的,而且也是可行的。同时,该项技术具有广泛的应用前景,将其推广到大型旋转机械进行的故障在线监测领域,不仅可以对大型旋转机械的故障实现早期预报,而且可以用视情维修代替定期维修,提高设备的可靠性,降低维修费用。所以,滑油磨损在线监测技术的推广,可以带来较大的经济效益和社会效益。

10.2　基于磁致伸缩机理的航空燃油液位测量仪电路

高精度燃油测量及综合管理系统的研究,一直都是飞机机载设备领域亟待解决的难题之一。目前国内外飞机上,最常用的燃油液位测量传感器是电容式传感器。传统的电容式传感器测量时存在很多缺点,其最大的问题就是测量受介质本身的温度、介电常数、密度等特性的影响大。另外,测量精度低、非线性和一致性差也是其存在的主要问题。这些因素直接影响了整个燃油测量系统的测量精度。

磁致伸缩液位测量技术是随着新材料的应用和信号处理技术不断进步而发展起来的一种

新型的液位测量技术。由于磁致伸缩材料本身体积小、质量轻,同时具有高强度、高韧性、耐腐蚀、受外界环境影响小等特点,并具有优异的电磁特性,因此由它制成的液位测量传感器在精确度、线性、重复性、可靠性等方面有着显著的优点,在各个领域显示了巨大的潜力。

10.2.1 磁致伸缩效应

磁致伸缩现象是由美国科学家 James Prescott Joule 于 1842 年发现的。一些铁磁和亚铁磁材料在其居里温度以下,在磁场中受到磁化作用时,其几何形状和大小发生微小变化的现象,称为磁致伸缩现象;相反地,由于形状变化而使材料磁化强度发生变化的现象称为磁致伸缩逆效应。磁致伸缩可以用磁致伸缩系数 λ 来表征:

$$\lambda = \Delta L/L \tag{10.2.1}$$

式中,L 为材料的原始长度,ΔL 为长度变化量。从能量角度来看,磁致伸缩及其逆效应为电磁场能和机械能间相互转化的结果。利用磁致伸缩效应可以使电磁能转换为机械能,而利用磁致伸缩逆效应则能够使机械能转换为电磁能。

磁致伸缩及其逆效应是一组基本的物理现象,它们有很多表现形式。根据铁磁材料在磁场中几何尺寸变化的形式不同,磁致伸缩效应可以分为纵向效应、横向效应、扭转效应和体积效应等。与磁致伸缩效应相关的有重要使用意义的效应还有很多,现列举如下。

① 维德曼效应:铁磁体同时为纵向磁场和环周磁场所磁化时试件发生扭转的现象。由于纵向磁场和环周磁场的共同作用,使磁畴的排列发生改变或转动,在宏观上就表现为铁磁体的扭转。维德曼效应可以用来测量材料的磁致伸缩、激发超声波及产生微位移等。

② 维德曼逆效应:置于环周磁场中的铁磁体在受到扭转变形时会产生纵向磁化;置于纵向磁场中的磁体受到扭曲变形时会产生周向磁化的现象。铁磁体磁畴在环周(或纵向)磁场作用下会重新分布,从而形成纵向(环周)磁化。维德曼逆效应可以用来测量微弱磁场、微位移及微扭矩等。

③ 磁弹性波的发生及传播效应:若在细长、高磁导率材料的一端发生磁场变化,则磁致伸缩也会随时间变化,即发生磁致伸缩波(弹性波转变为超声波)。该磁致伸缩波在材料中传输,也会诱发磁化随时间变化,并传输到另一端。依据这一特性可以制成声呐等回波拾取装置。

④ ΔE 效应:由于磁场作用导致材料弹性模量降低的现象。铁磁体受到应力后会导致磁畴重新排列和重新取向,这样就在材料理想的弹性应变之外多了个磁致应变,进而导致材料弹性模量降低。利用这一效应可以制造信号延迟线和弱磁场传感器等装置。

⑤ ΔG 效应:由于磁场作用导致材料切变模量变化的现象。这一效应类似于 ΔE 效应,成因及应用都有些类似。

⑥ 大巴克豪森效应:对某些超磁致伸缩材料进行预伸缩,并按一定时间间隔施加磁场,则磁致伸缩量呈阶跃式变化,与此相应,磁导率也会发生变化的现象。该效应是磁双稳器件的基础,可以用来检测磁场、转速、距离等物理量。

10.2.2 磁致伸缩液位传感器测量机理

磁致伸缩液位传感器主要是利用磁致伸缩效应中的维德曼效应,使两个不同磁场相交,产生扭转效应并激发出扭转波,再利用磁致伸缩逆效应接收该信号,计算这个信号被探测的时间,便能间接准确地测量出液面的位置。

如图10.2.1所示,波导丝和接收带均为磁致伸缩材料所制成,在波导丝一端加一电流激励脉冲,脉冲沿波导丝传播,根据电磁场理论,电脉冲同时伴随着一个环形磁场 H 以光速进行传播。当环形磁场遇到浮子中的永磁铁在波导丝中产生的纵向恒定磁场时,将形成一个螺旋形磁场,从而引起材料扭转形变并激发出扭转波。该扭转波以恒定速率沿着波导丝向两端传播,传到波导丝末端的波被阻尼元件吸收,而传回传感器回波接收部件的扭转波传到接收带上转化为纵波,由于磁致伸缩逆效应,使得接收线圈中的磁通量发生变化,产生感生电动势。通过电路处理,将产生的感生电动势转化为电脉冲,送到主要由计数器组成的时间差测量电路中,通过计算发射脉冲与接收脉冲之间的时间 t 来确定浮子的位置,从而达到液位测量的目的。由于弹性波在磁致伸缩材料中的传播速度为

$$v = \sqrt{G/\rho} \tag{10.2.2}$$

式中,G 为剪切弹性模量,ρ 为质量密度,故浮子与回波拾取装置间的距离为

$$l = v \cdot t \tag{10.2.3}$$

由式(10.2.3)即可计算出准确的液面高度。

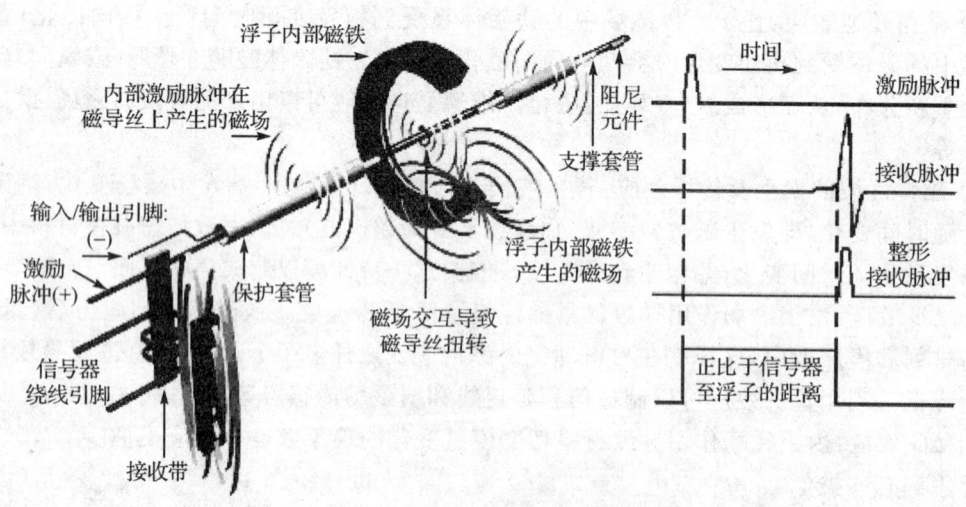

图 10.2.1　磁致伸缩液位传感器原理图

10.2.3 磁致伸缩液位测量系统

磁致伸缩液位测量系统原理框图如图 10.2.2 所示。由脉冲发生电路发射电脉冲来激发磁致伸缩效应,产生超声扭转波,同时打开高频计数器开始计数。当超声波传播到接收装置时,接收装置将感应出感生电动势,也就是机械波信号转化为电信号。经过信号调理电路将该电信号进行处理,提取出较好的位置信号,将此位置信号作为高频计数器的计数停止信号来终止计数器的计数,并将计数值保存下来。单片机读取该计数值,并通过换算处理,计算出被测液位的精确高度,并通过串行口数据发送到上位机。

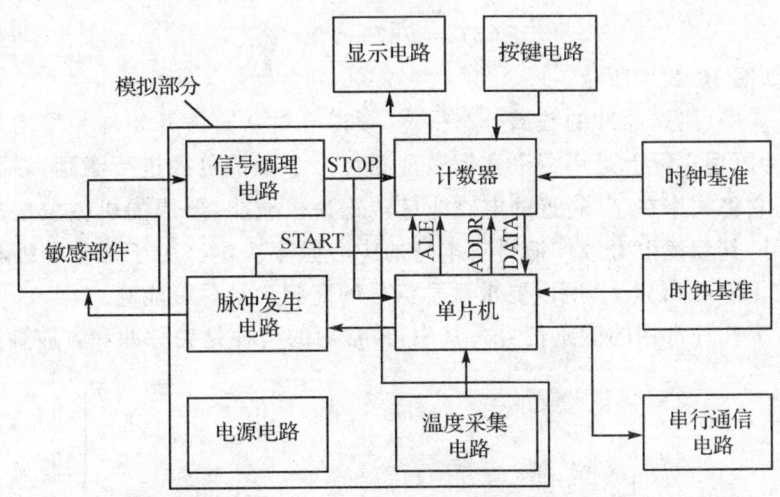

图 10.2.2 磁致伸缩液位测量系统原理框图

传感器的结构示意图如图 10.2.3 所示,主要包括测量头、测杆和浮子三部分。测量头中封装了测量电子部件和回波信号接收部件(控制着测量的启停、信号接收与处理等功能,是整个测量系统的控制与信息处理单元)。测杆是实现测量目的的关键部件,它包含了敏感材料——磁致伸缩丝、必要的保护管及位于测杆末端的阻尼部件。磁致伸缩丝是实现测量功能的关键部件,它性能的好坏直接决定了测量系统能否工作。在丝外面包有两层保护管,内管是电绝缘的,作用是将磁伸丝和外面的电路回线隔离开;外管为硬质金属材料,它将内管和丝封装起来。由于要长期浸泡在油中,所以要求外管的耐腐蚀性能好。阻尼部件安装在测杆的末端,作用是将传过来的扭转波吸收到,而不让扭转波发生末端发射,对测量形成干扰。

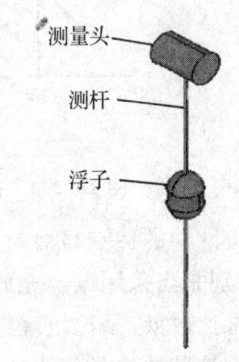

图 10.2.3 传感器结构示意图

1. 激励脉冲的选择

激励脉冲的选择包括脉冲类型的选择和脉冲宽度及幅值的选择。

激励电路的作用是将一定形式的激励脉冲加在磁致伸缩材料上,使材料发生磁致伸缩效应,激发出超声波。因此,激励信号的特性将直接影响激发出来的超声波的特性。通过实验研究,在这里采用宽带窄脉冲原理来选择激励脉冲。宽带窄脉冲中的单个脉冲可用高斯脉冲近似表示为

$$f(t) = E e^{-(t/\tau)^2} \qquad (10.2.4)$$

式中,τ 为脉冲宽度,E 为激励脉冲幅度。由傅里叶变换可得到其频谱为

$$F(\omega) = \sqrt{\pi} E \tau e^{-(\omega\tau/2)^2} \qquad (10.2.5)$$

其频谱分析图如图 10.2.4 所示。

从图 10.2.4 中可见,脉冲的频谱分布很宽,频谱分量从直流开始随频率增加而呈指数下降。宽带窄脉冲原理实际上是用一个宽带激励源对一个窄带负载进行激励,磁致伸缩材料起到选频的作用,它将频率在 f_0 附近的电磁能量转化为机械能,形成的机械波信号是一个时域上仍较窄的信号,其频率由磁致伸缩材料本身的中心频率决定。由于磁致伸缩材料本身的频率较高,一般在 100 kHz 以上,所以要求激励信号的高频含量尽可能高。

图 10.2.5 为几种常用的激励信号。其中,最常用的两种是尖脉冲和方波脉冲。

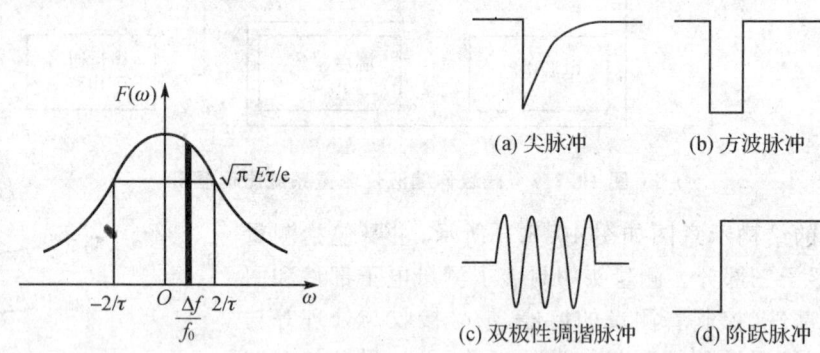

图 10.2.4 高斯脉冲频谱图　　图 10.2.5 常用的几种激励脉冲

尖脉冲的优点显而易见,它含有非常丰富的高频分量,而且电路要求简单,需要的电能也少,特别是当采用电容充放电作为尖脉冲产生电路时,不需要电源的瞬间大功率供电,对电源的要求比较低,是比较理想的激励信号。

方波脉冲也是常用的激励信号,在脉冲宽度较窄时,也同样能产生高频分量丰富的激励信号;同时,电路的设计也简单。

但是,采用尖脉冲激励信号时,由于信号只有一个跳变,所以激励出来的有效信号和电流经过回波拾取装置时产生的干扰信号都只有一个波包。如果采用方波脉冲信号,在脉冲的上

升和下降沿均能产生激励,也就是有先后两个波包。通过控制方波脉冲的宽度,可以控制先后两个波包的间隔时间。在某个或某些特定的间隔时间上,可以使间隔 Δt 恰好等于有效信号的一个周期,这样两个波包相干涉,有效信号可以得到干涉加强的信号。同样,对于激励在线圈中产生的干扰信号,可以使 Δt 等于半个周期的奇数倍,这样可以使干扰信号干涉削弱。

对于激励电流的大小,可用 ANSYS 的仿真曲线得出,如图 10.2.6 所示。从仿真曲线中可以看出,激励出的力和扭矩值是随着电流的增大而不断增大的,从这方面来考虑,激励电流越大越好。同时由于电源需要在几 μs 以内提供强大的电流,du/dt 的值将达到 10^6 以上,所以,考虑到电源的特性,该激励电流不宜不过大。因此,实验中取 1 A 的激励电流。

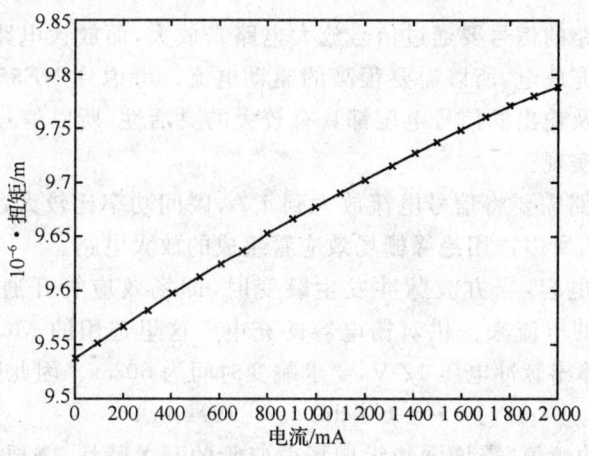

图 10.2.6 电流-扭矩关系的 ANSYS 仿真曲线

2. 激励电路的设计

激励电路包括信号产生电路和信号放大电路两部分。

方波脉冲发生电路有许多种,其中最简单的是利用施密特触发器,如图 10.2.7(a)所示。其中,方波振荡周期可表示为

$$T = T_1 + T_2 = RC\ln\left(\frac{V_{DD} - V_{T-}}{V_{DD} - V_{T+}} \cdot \frac{V_{T+}}{V_{T-}}\right) \tag{10.2.6}$$

式中,V_{T+} 和 V_{T-} 是施密特触发器的特性参数。

在此基础上,只要稍加修改即可制成占空比可调的多谐振荡电路,如图 10.2.7(b)所示。

采用 NE555 设计的激励信号产生电路如图 10.2.8 所示。其工作原理基本与上述的施密特触发器一样。其振荡周期为

$$T = (R_1 + R_2) \cdot C_{11} \cdot \ln 2 \tag{10.2.7}$$

通过调节式(10.2.7)中 R_1 的大小来调节脉冲输出的频率。而脉冲的宽度由 R_2 和 C_2 来共同确定。

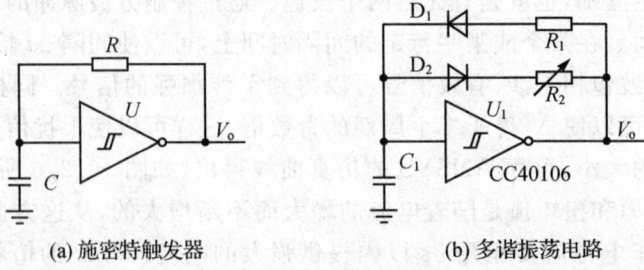

(a) 施密特触发器   (b) 多谐振荡电路

图 10.2.7 施密特多谐振荡电路

由于信号产生电路的信号要通过信号放大电路来放大,而放大电路在瞬间开通、关断时,会有瞬间的寄生电容充放电,所以需要很高的驱动电流。考虑到 NE555 输出的电流较大,而且需要的供电电压以及输出的信号电压都具有较大的灵活性,所以信号产生电路采用 NE555 组成的多谐振荡器来实现。

由于激励放大电路需要将信号电流放大到 1 A,瞬间功率比较大,而且要求器件的开通、关断时间较短(ns 级),所以选用绝缘栅场效应管组成的放大电路。

场效应管存在栅电容,当方波脉冲发生跳变时,即场效应管开通、关断时,会有较大的 du/dt,这时需要很大的电流来提供对栅电容的充电。这里选用的 MOSFET 是 IRFU120N,其栅电容为 330 pF,输出脉冲电压 12 V,要求跳变时间为 50 ns。因此所需要的驱动电流为

$$i = C \cdot du/dt = 79.2 \text{ mA} \tag{10.2.8}$$

因此,为提高脉冲幅值,需增强绝缘栅场效应管的开关特性,需要设计合理的驱动电路。常用的栅极驱动电路有 CMOS 缓冲器并联驱动、场效应管对管驱动和双极型三极管功率驱动三种形式。在这里,采用双极型三极管对管驱动,电路图如图 10.2.9 所示。

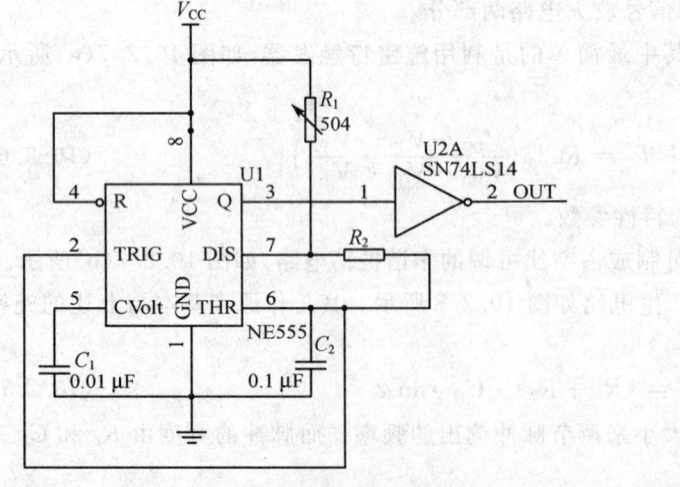

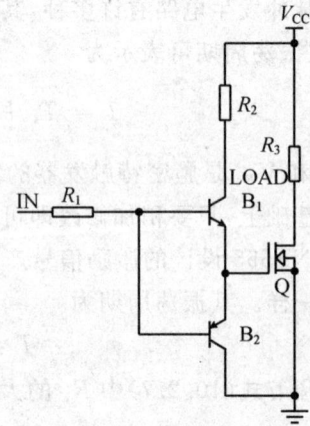

图 10.2.8 NE555 多谐振荡电路   **图 10.2.9 双极型三极管对管驱动电路**

当控制信号为低电平时,双极型三极管 B_1、B_2 对管的基极电位为低电位,流过 NPN 型三极管 B_1 的基极电流近似为零,三极管 B_1 截止,相当于集电极与发射极间串联大电阻,而流过 PNP 型三极管 B_2 的电流迅速达到饱和电流,三极管 B_2 饱和导通,N 沟道绝缘栅场效应管 Q 的栅极近似接地,场效应管截止。当控制信号为高电平时,双极型三极管 B_1、B_2 对管的基极电位为高电位,流过 NPN 型三极管 B_1 的基极电流迅速达到饱和,三极管 B_1 饱和导通;而流过 PNP 型三极管 B_2 的基极电流近似为零,三极管 B_2 截止,绝缘栅场效应管 Q 的栅极电位几乎等于 V_{CC},场效应管导通。这样通过三极管对管和场效应管驱动,可以产生较快的开关速率,具有较大的峰值电流,且可以提高开关速度。

3. 回波拾取装置结构设计

回波拾取装置的任务就是接收超声扭转波并将其转化成电信号。最常用的检测方法是采用逆磁致伸缩效应,用线圈进行接收变换,线圈的放置方式有以下两种:

① 如图 10.2.10(a)所示,直接将线圈缠到敏感丝上,当回波信号传播至线圈处时,敏感丝磁导率的变化在线圈中产生感应电动势。这种放置方法直接利用逆效应,接收扭转波进行变换,优点是结构简单,不用添加其他结构,也不用通过其他变换,直接将机械信号转化为电信号。该方法的缺点是由于激励电流脉冲和回波脉冲都要在敏感丝上传播,所以在线圈上得到的感应电动势信号会非常复杂,难以处理。

② 如图 10.2.10(b)所示,在敏感丝上垂直放置一段与敏感丝同质的薄带,将线圈缠绕在薄带上,为了结构的对称和改善变换信号的质量,采用两个线圈对称缠绕在带上。这种放置方法属于间接检测,它将敏感丝上磁致伸缩变化的扭转波,通过接收带转变为薄带上纵向的磁致伸缩变化。这种方法的优点是能够避开激励脉冲直接通过线圈中心造成的强大干扰,并且利用两个线圈同时检测,可以利用差模放大来消除共模干扰。缺点是较之前者来说,结构要复杂,并且要保证接收带与波导丝之间良好的连接。

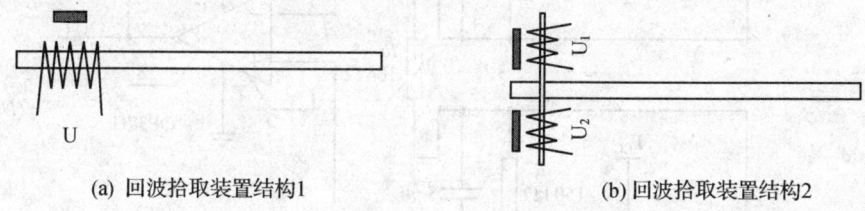

(a) 回波拾取装置结构1　　　　　　　　(b) 回波拾取装置结构2

图 10.2.10　回波拾取装置结构比较

综合分析两种方案,为了得到质量较好的检测信号,采用第②种检测方式,将扭转波转化为接收带上的纵波,然后用两个线圈同时检测。

4. 回波信号调理电路设计

由于接收到的信号十分微弱,大约 6 mV,并且几乎被噪声所覆盖,因此需要将信号通过信号调理电路调理才能输送给计数器。对信号处理之前必须对检测到的弱信号进行放大。由于之前设计回波拾取装置时是采用两个线圈同时检测,因此在信号调理时就可以采用差分放大来消除部分共模干扰。由于信号过于微弱,因此还要再加一级放大。之后,通过频率特性进行滤波,从而再次消除干扰,提取信号。然后通过比较电路,将位置信号进行整形,变为脉冲的形式送给计数器。信号调理电路的系统框图如图10.2.11所示。

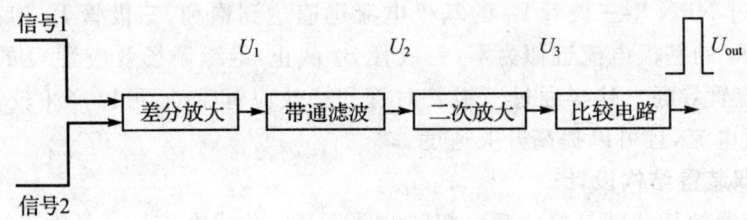

图 10.2.11　信号调理电路的系统框图

(1) 差分放大电路

由于检测到的信号比较微弱,且频率较高(在 200 kHz 左右),因此对于差分放大电路,要求输入阻抗高,对共模抑制比高,对称性好,而且频带足够宽。经过选择,采用仪用三运放同相差分放大电路,其电路图如图10.2.12所示。

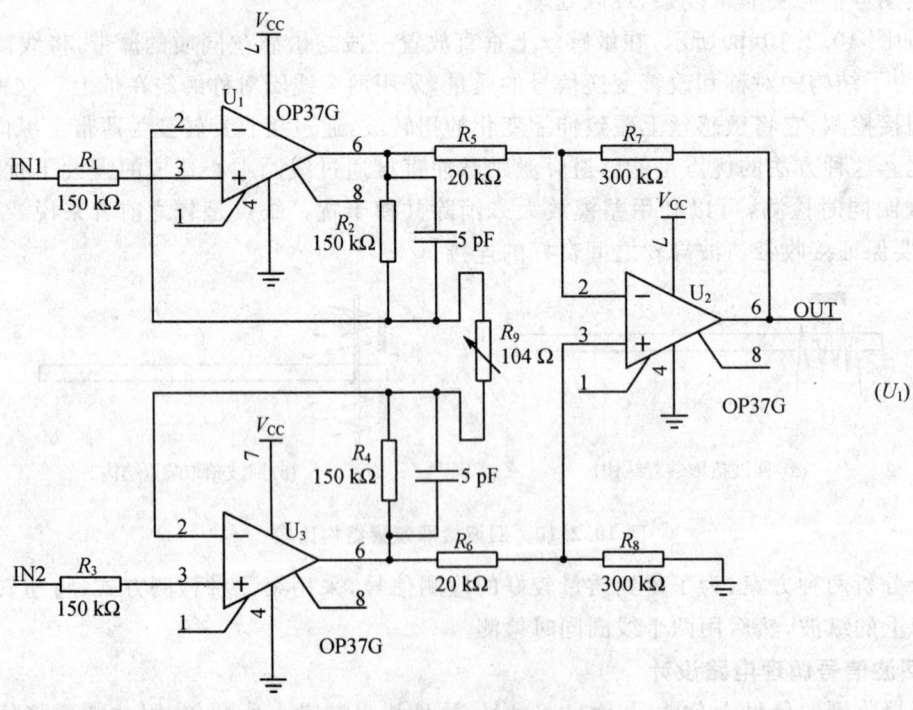

图 10.2.12　仪用差分放大电路

由电路图可以看出,该放大器从输入级到输出级电路保持着完好的对称。其差动增益为

$$A_d = \frac{R_7}{R_5}\left(1 + \frac{2R_2}{R_9}\right) \tag{10.2.9}$$

通过调节式(10.2.9)中的可调电阻 R_9 便可改变电路的增益,而不影响电路的对称性。该电路的共模抑制比 CMRR 决定于放大器 U_2 的 CMRR 和 $R_7/R_5 = R_8/R_6$ 这一等式的精确程度。因此 $R_5 \sim R_7$ 全部采用精密电阻,以保证放大电路有较高的 CMRR。

由于信号频率为 200 kHz 左右,对于普通的运算放大器来说频率较高,而且还要保证对弱信号的放大作用,所以要求放大器的带宽增益积不小于 10 MHz。这里选用高频运放 OP37G,其带宽增益积为 63 MHz。由于 OP37G 在设计时为了提高高频响应,其补偿量较小,当反馈较深时会出现自激现象,故需要对其进行频率补偿。在这里采用超前补偿,在 R_2 和 R_4 上分别并联一个 5 pF 的电容,这样相当于在环路增益曲线 f_z 处增加了一个零点。其中:

$$f_z = \frac{1}{2\pi R_2 C} = 212 \text{ kHz} \tag{10.2.10}$$

它使得放大电路稳定工作。

(2) 滤波器设计

滤波器可以采用无源滤波器和有源滤波器来实现。在亚音频频率范围内,LC 无源滤波器的设计需要大电感和大电容,体积大,成本也高,此时有源滤波器更为实用,因为有源滤波器可设计较高的阻抗,可使电容的数值大大减小。在高频范围内,大多数运算放大器的开环增益不够,而 LC 无源滤波器则可达到几百兆赫的频率范围,因此在高频范围内多采用 LC 无源滤波器进行滤波。对于这里的有效信号,其中心频率为 180 kHz,无论是采用有源滤波,还是采用 LC 无源滤波,都是可以实现的。

若采用 LC 无源滤波器进行滤波,其电路图如图 10.2.13 所示,为四阶巴特沃兹无源滤波器。采用这种 LC 无源滤波器的优点是结构简单,成本较低,整个电路由 4 个小电容和 4 个小电感组成,体积也较小,而且不受放大器开环增益的影响。其缺点是参数不容易调整,与去归一化后的元件值相同的实际元件很难找到,且对元件的 Q 值要求较高;经过 LC 滤波后,信号往往有很大的衰减,需要专门加一级放大电路对信号进行放大。

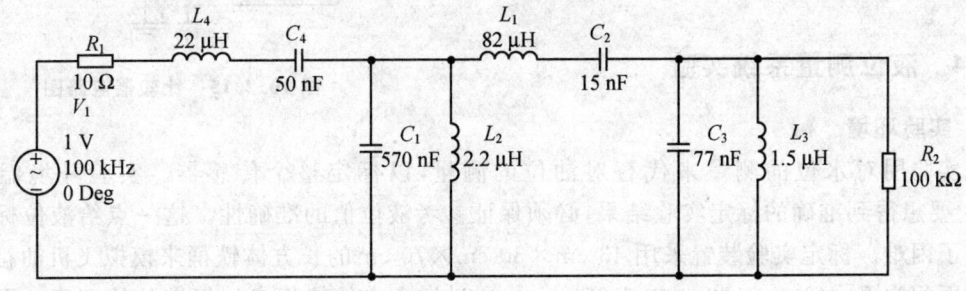

图 10.2.13 四阶巴特沃兹无源滤波器

若采用有源滤波器进行滤波,既可采用高频运放来设计滤波器,又可采用专用的集成滤波芯片来完成。考虑到成本和体积的问题,采用 MAXIM 公司的 MAX275 滤波芯片可以达到滤波要求。采用这种设计方法的优点是元件容易选择,滤波器的各项参数容易调节,对信号实现滤波的同时可对信号进行放大;其缺点是成本比较高。考虑到实验中可能需要改变滤波器的参数,于是采用 MAX275 来设计有源滤波放大电路。其电路图如图 10.2.14 所示。

图 10.2.14 可调带通滤波器

(3) 比较电路设计

为了便于数字信号采集部分能够较稳定地采集到该信号,必须对该信号进行整形。这里采用比较器来检测有效信号的第一个上升沿,将有效信号变为脉冲的形式送给数字采集系统。出于对信号检测的精度考虑,要求比较器具有较短的响应时间,这里选用摩托罗拉的 LM311 比较器。电路图如图 10.2.15 所示。

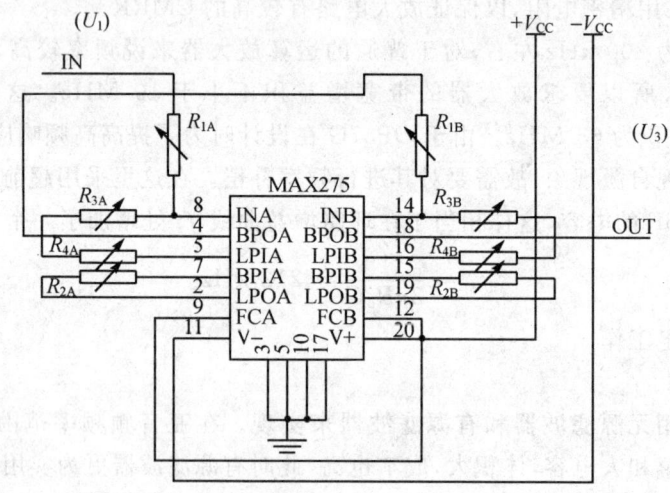

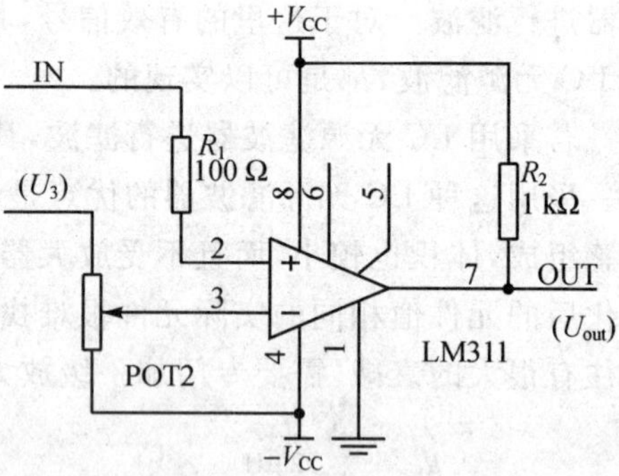

图 10.2.15 比较器电路图

10.2.4 液位测量系统实验

1. 实验环境

该实验用对水位的测量来代替对油位的测量,以标定整个传感器。实验环境温度为 19 ℃。要想得到准确的标定实验结果,必须保证参考液位值的准确性。这一点给液位标定实验带来了困难。标定实验装置采用 43 cm×30 cm×70 cm 的长方体铁桶来模拟飞机油箱。桶的横截面积为 $S=43\text{ cm}\times30\text{ cm}=1\,290\text{ cm}^2$,通过注入水的体积来计算液位的高度。用量筒每次量取 625 mL 的水,则液面高度上升 $\Delta h = \Delta V/S = 0.484\,5$ cm。由于这样进行注水,需要很多次操作,会产生比较大的累积误差,而且时间有限,所以这里只对 $10\sim 20$ cm 的范围进行了标定实验。

2. 标定实验及数据处理

标定实验数据如表 10.2.1 所列。

表 10.2.1 传感器液位标定数据表

行 程	位移/cm	10	11	12	13	14	15	16	17	18	19	20
正行程	计数器计数值	4 028	3 974	3 912	3 859	3 794	3 735	3 675	3 614	3 556	3 498	3 439
		4 029	3 975	3 935	3 852	3 792	3 735	3 676	3 619	3 558	3 501	3 440
		4 028	3 971	3 911	3 852	3 793	3 737	3 675	3 616	3 557	3 499	3 438
反行程		4 030	3 971	3 911	3 854	3 796	3 736	3 672	3 616	3 557	3 499	3 440
		4 028	3 970	3 911	3 854	3 794	3 735	3 676	3 616	3 557	3 501	3 439
		4 030	3 972	3 911	3 853	3 793	3 936	3 676	3 619	3 558	3 500	3 439

根据实验数据绘出曲线如图 10.2.16 所示。由图可以看出正行程与反行程重合在一起,线性度较高。用最小二乘法拟合出曲线为

$$y = -0.016\,934x + 78.246\,936 \tag{10.2.11}$$

式中,x 为计数器计数值,y 为实际的液位值。

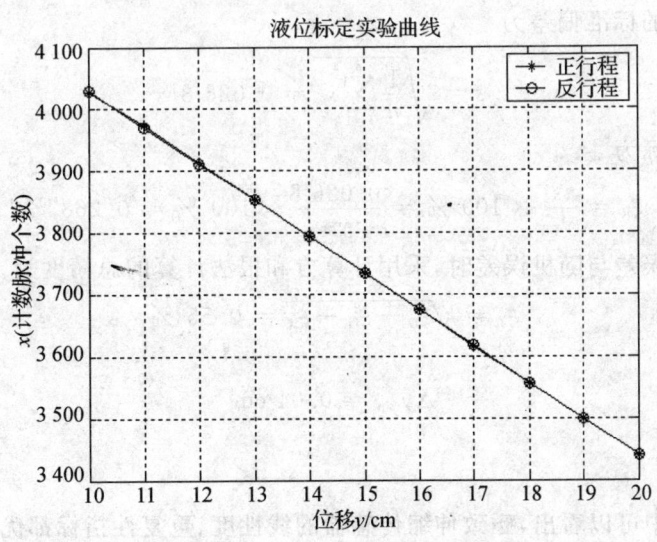

图 10.2.16 液位标定实验曲线

计算出线性度为

$$\xi_L = \frac{|(\Delta y_L)_{\max}|}{y_{FS}} \times 100\% = \frac{0.0227}{10} \times 100\% = 0.227\% \quad (10.2.12)$$

式中,y_{FS}为满量程输出,$(\Delta y_L)_{\max}$为测量点中的最大偏差。

迟滞为

$$\xi_H = \frac{(\Delta y_H)_{\max}}{2y_{FS}} \times 100\% = \frac{0.0847}{2 \times 10} \times 100\% = 0.4235\% \quad (10.2.13)$$

式中,y_{FS}为满量程输出,$(\Delta y_H)_{\max}$为正反行程中的最大偏差。

重复性:利用极差法计算出各个点处的正行程标准偏差 s_{ui} 和逆行程标准偏差 s_{di} 的值。根据 $s_i = \sqrt{0.5(s_{ui}^2 + s_{di}^2)}$ 求出每个测量点的标准偏差,如表10.2.2所列。

表10.2.2 各个测量点的标准偏差

测量点(i)	1	2	3	4	5	6
正行程标准偏差(s_{ui})	−0.0089	−0.0355	−0.0355	−0.0621	−0.0177	−0.0177
逆行程标准偏差(s_{di})	−0.0177	−0.0177	0	−0.0089	−0.0266	−0.0177
标准偏差(s_i)	0.0140	0.0280	0.0251	0.0443	0.0226	0.0177
测量点(i)	7	8	9	10	11	
正行程标准偏差(s_{ui})	−0.0355	−0.0443	−0.0177	−0.0266	−0.0177	
逆行程标准偏差(s_{di})	−0.0355	−0.0266	−0.0089	−0.0177	−0.0089	
标准偏差(s_i)	0.0355	0.0366	0.0140	0.0226	0.0140	

整个测试过程的标准偏差为

$$s = \sqrt{\frac{1}{n}\sum_{i=1}^{n} s_i^2} = 0.0268 \quad (10.2.14)$$

传感器的重复性指标为

$$\xi_R = \frac{s}{y_{FS}} \times 100\% = \frac{0.0268}{y_{FS}} \times 100\% = 0.268\% \quad (10.2.15)$$

当考虑到系统误差与随机误差时,采用计算方和根法计算的总精度为

$$\xi_a = \sqrt{\xi_L^2 + \xi_H^2 + \xi_R^2} = 0.55\% \quad (10.2.16)$$

分辨率为

$$\Delta y_{\min} = 0.04 \text{ cm} \quad (10.2.17)$$

10.2.5 结 论

从上面的分析中可以看出,磁致伸缩传感器的线性度、重复性指标都优于目前使用的电容式传感器。将磁致伸缩液位测量技术用于飞机的高精度数字式燃油油量测量,可以大大提高

油量测量的精度和准确性,对飞机的安全性与飞行性能的提高、飞机飞行品质的改善、军机精确计算续航时间和延长滞空时间、提高战斗力等方面,有着直接现实的意义。

10.3 高精度航空燃油密度实时测量仪电路

航空燃油是飞机飞行的动力之源,燃油的质量直接影响到飞机在飞行中的续航能力、重心保持、应急告警等功能。燃油油量指示系统 FQIS(Fuel Quantity Indication System)是十分重要的机载设备,它测量燃油量的两个值,即燃油的体积和质量。其中,燃油的质量是通过燃油的密度乘以电容式体积油量传感器测量到的燃油体积而得到的。这样,燃油密度的测量就是飞机燃油油量测量系统中的一个关键环节。

密度测量的准确性对飞机燃油进行高精度实时测量是十分重要的,其原因如下:

① 在役飞机的油量测量系统都是用电容式传感器来测量燃油体积的。它垂直地插入油箱中,油量高度的变化引起电容量的变化。要由此参数得到燃油的质量,就必须乘以燃油的密度。这就需要对燃油的密度进行实时测量。

② 随着当今燃油的日益短缺,在飞机或其他设备中更需有效地利用燃油。只有研究高精度的燃油质量测量装置,才能够解决这一矛盾。而对燃油密度进行高精度实时测量则是其中重要的一环。

③ 燃油的密度不是一个恒定不变的值,它会随着飞机飞行高度、大气压力以及分布在飞机各部位的油箱(主油箱、辅助油箱)温度的变化而改变。另外,环境压力及温度的变化对密度的影响也比较复杂。也就是说,当飞机处于不同环境时,其油箱中燃油的密度是不同的。为了能够及时地反映这一变化,就必须对燃油密度进行实时监测。

④ 现有的燃油量测量装置的测量精度在空中只能达到满刻度的±4%左右,一般大型运输机满载油量通常为几十吨到上百吨,即使按 1% 的精度来计算,其误差也有几百千克,这也是飞行控制中所不能接受的,但目前仍在勉强使用。从今后的发展方向来看,研制具有较高精度的燃油量测量系统是十分必要的,而其中离不开对燃油的密度进行高精度实时监测。

综上所述,对飞机燃油的密度进行高精度实时监测是十分必要的,也是非常有意义的。

另外,燃油密度测量不仅是飞机燃油量测量系统所必需的,同时对燃油质量流量测量也是需要的,因为对于一些非直接感受燃油质量的流量计,都必须进行密度的实时补偿,才能有效地提高测量精度。

10.3.1 测量的机理

本文介绍的是基于物质对辐射射线吸收原理的航空燃油密度的测量。

一些原子核能自发地放出射线而转变成另外一种原子核,这种自发转变过程称为核衰变。具有这种性质的原子核称为放射性原子核。放射性原子核衰变有三种主要形式:α 衰变、β 衰变和γ跃迁。其中,γ跃迁产生γ射线,它不带电荷,不能直接使原子电离。当一束γ射线通过物质时,会由于光电效应、康普顿效应和电子对效应而损失能量,并逐渐被物质吸收。显然,γ射线强度越大,与物质作用的次数越多,被吸收的数目也越多。可以证明,透过吸收物质之后,γ射线强度的衰减服从式(10.3.1)所示的指数函数规律:

$$I = I_0 \exp(-\mu_m \rho L) \tag{10.3.1}$$

式中,I_0 为入射射线的强度,μ_m 为物质的质量吸收系数,ρ 为物质的密度,L 为射线所透过的物质的厚度。由上式可以看出,当射线穿透的物质厚度一定时,即式中的 μ_m 和 L 一定时,从物质中透射出的射线强度与该物质的密度成一一对应的关系。利用这一原理,首先标定出射线的强度 I 与燃油密度 ρ 之间的工作曲线。测量未知燃油的密度时,只需测量透射过该燃油的γ射线的强度,再通过曲线插值,就可以得到这种油液的密度了。

10.3.2 测量系统的构成

实验室飞机燃油密度测量系统的原理方框图如图 10.3.1 所示。

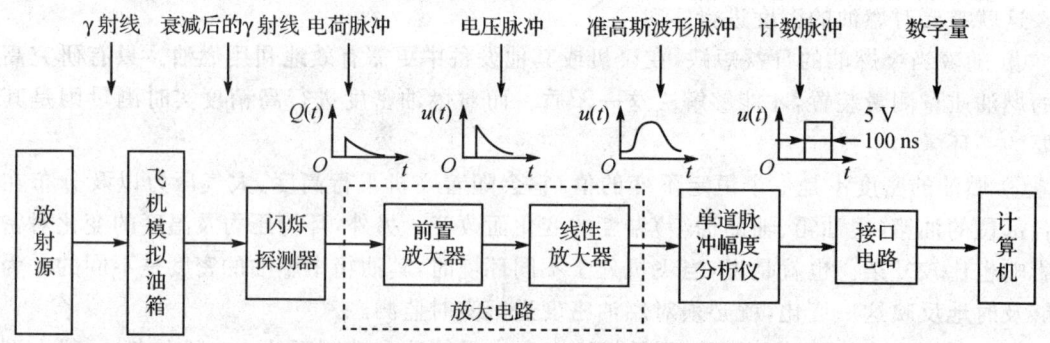

图 10.3.1 飞机燃油密度测量系统原理方框图

同位素放射源发出的γ射线透过装有待测燃油的模拟油箱后,由于燃油对射线的吸收而造成γ射线的衰减。衰减后的γ射线被闪烁探测器所探测,并将γ射线粒子转换为电荷脉冲,经单道脉冲幅度分析仪的处理,输出脉冲宽度为 100 ns、幅度为 5 V 的标准方波信号。接口电路的作用就是在计算机控制的时间内对单道脉冲幅度分析仪输出的方波信号进行计数,并将计数的结果输入计算机中进行处理。计算机中显示测量到的计数值,并代入已标定的燃油密度与测量计数值之间的函数公式,解算出被测燃油的密度,并实时加以显示。

1. 放射源

放射源是一种含有放射性核素的物质,放射性核素是一种能发生衰变并产生高能粒子的原子。

在利用物质对辐射射线的吸收原理测量航空燃油密度时,需要一种强度适中、稳定且对人体不构成伤害的γ放射源,并具有长时间的稳定性。同时,为了满足实时测量的要求,还必须考虑放射源的体积、质量和密封等要求。于是选用能够发射低能 γ 射线的 ^{241}Am 同位素放射源。其主要优点有：

① γ 放射源可以制成多种形状和活度，适合多种测量场合；

② γ 射线穿透能力强，适于利用射线吸收原理进行的测量；

③ Am^{241} 放射源主要发射 20 keV 和 60 keV 的 γ 光子，能量很低，操作起来十分安全；

④ Am^{241} 的半衰期为 458 年，因此在测量过程中由于核素衰变而造成的射线强度的减小可以忽略不计；

⑤ Am^{241} 放射性活度为 22.2×10^7 Bq，适合实验室应用；

⑥ Am^{241} 放射源的体积小，质量轻，安装方便。

综上所述，选取活度为 22.2×10^7 Bq 的 Am^{241} 同位素放射源，完全能够满足测量的要求。在实际应用中，主要应考虑放射源的准直、密封等问题，以使测量能够达到满意的效果。

2. 闪烁探测器

放射性辐射是不能够直接测量的，然而辐射粒子与物质相互作用会引起一些效应，适当选择置于放射路径上并在其有效范围内的介质，利用光学或电子学技术，使用适当的仪器，可以利用这些效应来测量辐射的强度和辐射的能量。测量系统中感受辐射并把它们转换成电信号的部件就是辐射探测器。

通常用于对 γ 射线进行探测的是闪烁探测器。其工作原理是某些有机或无机物质的特有性质，即在放射性辐射作用下产生闪光或发出荧光。很弱的荧光或闪烁可以用光/电信号转换器，即光电倍增管来探测和放大。闪烁正比于入射粒子的能量，又由于光电倍增管的线性特性，因此从它的电压输出就可以获得关于粒子能量的信息。

闪烁探测器具有时间分辨本领好、信号大小与能量成正比、电信号的幅度大、探测效率高、死时间短、实际寿命是无限的等优点。

3. 传感器结构设计

传感器采用防锈铝材料，在设计时主要基于结构简单、安装方便和便于实验的原则。其形状尺寸应根据辐射源的能量、探测器的位置和尺寸及实验需要来确定。

传感器的结构及探测系统构成如图 10.3.2、图 10.3.3 所示。

从图 10.3.2 中可以看出，传感器主要由夹具 1 和夹具 2 两个部分构成，它们之间采用螺纹连接。放射源安装在夹具 2 中，通过密封螺钉紧固并密封，以保证安全。整个传感器放置在用防锈铝材料制成的模拟油箱中，通过夹具 1 上的 4 个安装孔，用螺栓和螺母固定在模拟油箱壁上，如图 10.3.3 所示。在试验时，将待测油样倒入模拟油箱，传感器会全部浸没在油液中。这样，待测油样就会通过夹具 2 的通油孔进入到夹具 1 和夹具 2 配合而成的空腔 A 中。同位素放射源发出的 γ 射线会透过油箱壁和待测油样射出，并被探测器探测到。由于夹具的壁厚是不变的，它所造成的射线强度的衰减是一个定值，因此，出射射线的强度就完全取决于被测燃油的密度。闪烁探测器位于油箱的一侧（见图 10.3.3），接收出射的 γ 射线，将反映燃油密

度变化的 γ 射线强度信号转化为电信号,并输入核仪器中进行处理。

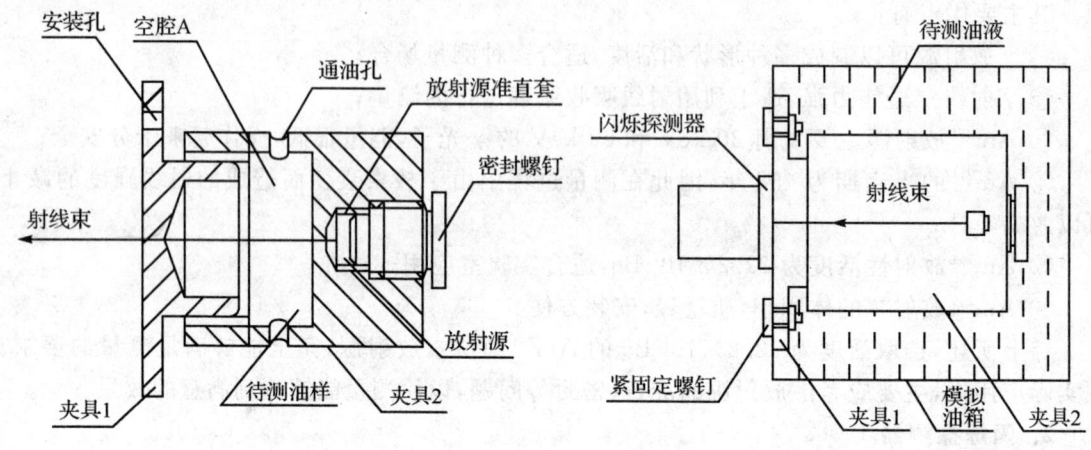

图 10.3.2 传感器结构示意图　　图 10.3.3 探测系统构成示意图

4. 放大电路

光电倍增管输出的电荷脉冲比较微弱,且具有很高的输出阻抗,必须用电荷放大器进行前置级放大,实现信号放大和阻抗匹配。线性脉冲放大器可以在进一步放大脉冲信号的同时,将输出信号整形为准高斯波形的脉冲信号,以保证脉冲的幅度分布信息不发生畸变,便于单道脉冲幅度分析器进行分析处理。

5. 单道脉冲幅度分析器

为了对闪烁探测器探测到的信号按照脉冲幅度进行分选,需要采用脉冲幅度分析器。单道脉冲幅度分析器可以在设定能量区间内对闪烁探测器探测到的粒子进行计数,并转换为标准的矩形脉冲信号。在测量过程中,将单道脉冲幅度分析器的阈值(窗)设置为尽可能包含 Am^{241} 源发射能谱的整个能量范围。探测器探测到放射源的 γ 光子均能够通过单道脉冲幅度分析器并转化为标准的矩形脉冲信号。人们所关心的则是与 γ 射线强度成正比的射线的粒子数。

6. 接口电路

接口电路板结合其驱动程序,能够完成对单道脉冲幅度分析器所输出的脉冲信号进行定时计数的功能。接口电路通过标准 ISA 总线与计算机的 CPU 进行数据交换。在设计过程中采用 Lattice 公司生产的在系统可编程 ISP(In System Programmable)逻辑芯片 ispLSI 1032 来实现主要的数字逻辑功能。接口电路的原理图如图 10.3.4 所示。

接口电路共包括以下 5 个模块。

① ISP 逻辑功能模块:完成定时、计数、地址译码与控制功能;

② ISA 总线驱动模块:用来驱动总线,减轻 ispLSI 1032 芯片的负载;

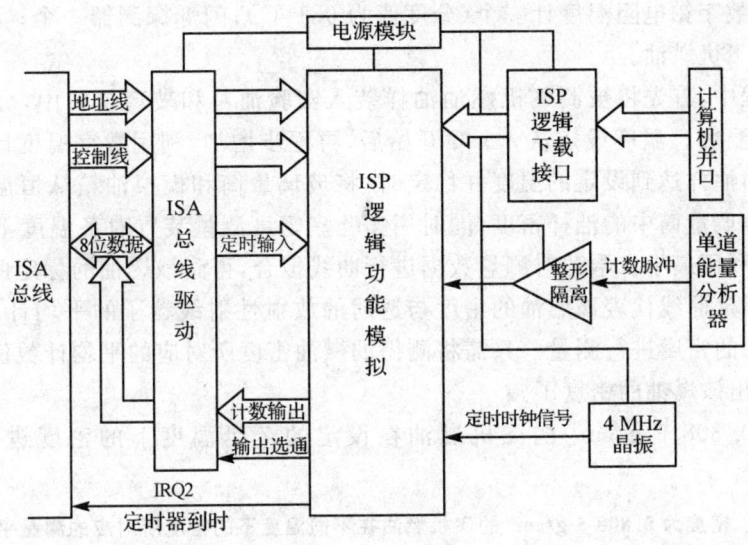

图 10.3.4 接口电路原理图

③ 脉冲隔离与整形模块:将单道能量分析器输出的脉冲信号进行隔离与整形,然后输入 ISP 逻辑功能模块进行处理;

④ 电源模块:为整个电路板提供稳定的直流电源;

⑤ ISP 逻辑下载接口:用来实现在系统的编程功能。

其中,ISP 逻辑功能模块是接口电路的核心部分,接口电路的所有逻辑功能都在这里实现。

7. 计算机

用 Visual Basic 软件编写的"航空燃油密度实时测量"软件具有友好的人-机交互界面。用户可以根据测量需要设置采样次数和每次采样的时间,实现测量仪器自检和燃油密度的测量。

10.3.3 测量系统对飞机燃油密度的测量

在飞机飞行过程中,燃油密度的改变主要是由环境温度变化引起的,环境压力对燃油密度的影响并不大。为了模拟环境温度变化所引起的燃油密度变化的情况,首先对不同温度下一种飞机燃油的密度进行了标定,并利用标定曲线测量各温度下该种燃油的密度,并求出测量的精度。实验燃油油样是委托中国石油科学研究院制作的,为我国航空飞行器所应用的燃油之一,其体积为 1 L,标准密度(101 kPa,20 ℃)为 0.808 5 g/cm³。

实验设备包括:恒温箱一台(恒温精度为 0.1 ℃);SY-Ⅱ型密度计一套;玻璃量筒一支(体

积为 250 mL);数字铂电阻温度计一个(分度值为 0.1 ℃);闪烁探测器一个;实验室燃油密度测量装置;被测飞机燃油。

在实验过程中,首先将被测飞机燃油油样装入实验油箱和玻璃量筒中,分别放进恒温箱中,并设定恒温温度。温度设定从 −5 ℃ 开始后,再逐步增加,利用数字温度计对油样温度进行实时测量。当油样达到设定的温度并稳定时,将玻璃量筒和模拟油箱从恒温箱中取出。利用密度计测量玻璃量筒中的油样密度,同时用实验室密度测量装置对各温度下被测燃油的密度进行测量,并利用最小二乘法对测量数据进行曲线拟合,得到该燃油的标定曲线。

拟合出的标定曲线代表该燃油的密度与透射的放射性射线粒子的平均计数值的关系,利用它可以对燃油的密度进行测量。只需将测得的燃油密度所对应的平均计数值代入标定曲线中,就可以解算出该燃油的密度了。

对密度为 0.808 5 g/cm³ 的飞机燃油在设定的 7 个温度下的密度进行标定的结果见表 10.3.1。

表 10.3.1 密度为 0.808 5 g/cm³ 的飞机燃油在不同温度下的密度所对应的测量平均计数值

设定温度/℃	实测温度/℃	实测密度/(g·cm⁻³)	平均计数值 $\bar{x}$	测量结果的均方差 S_x
−5.0	−5.0	0.825 2	964 077.00	1 142.63
0.0	−0.4	0.822 1	966 277.33	732.07
10.0	10.0	0.814 0	974 397.67	676.12
20.0	20.0	0.807 6	977 490.33	781.94
30.0	30.0	0.800 7	981 822.00	1 232.47
40.0	40.0	0.792 0	987 799.33	698.05
50.0	50.0	0.784 6	992 911.67	1 221.89

对以上实验数据按照指数函数关系进行最小二乘曲线拟合,得到燃油密度与探测器平均计数值之间的标定曲线,如图 10.3.5 所示。图 10.3.5 的实验条件是:采样时间 100 s;设备预热时间 30 min;各温度下测量次数 10 次。

曲线的拟合公式为

$$I = 1\ 734\ 520.204 \exp(-0.710\ 7\rho)$$

式中,$I_0 = 1\ 734\ 520.204$。

$$\mu_m L = 0.710\ 7$$

燃油密度与测量的平均计数值符合指数函数规律,与理论上物质对辐射射线的吸收原理公式相符合。在较小的燃油密度变化范围内(图 10.3.5 中显示为 0.78 ~ 0.83 g/cm³),该标定曲线近似为一条直线。曲线的拟合精度计算如表 10.3.2 所列。

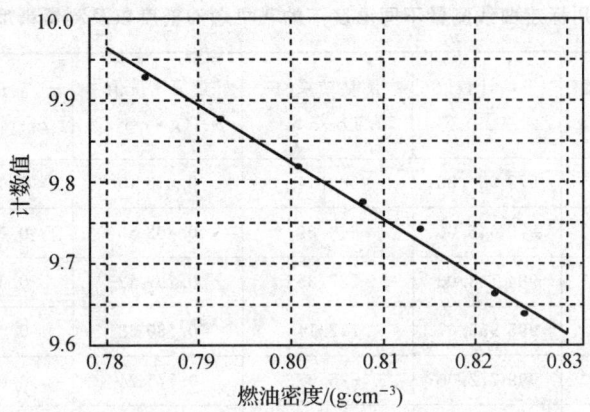

图 10.3.5　密度为 0.808 5 g/cm 的飞机燃油在不同温度下的
密度与测量平均计数值的标定曲线

表 10.3.2　密度为 0.808 5 g/cm³ 的飞机燃油在不同温度下的密度与
测量平均计数值的标定曲线的拟合精度计算

燃油密度/(g·cm⁻³)	测量值 $\overline{x}$	拟合值 x'	拟合值与测量值之差 $\Delta x(\overline{x}-x')$	误差平方和 D	max($\overline{x}$)
0.825 2	964 077.00	964 896.308	−819.308		
0.822 1	966 277.33	967 024.467	−747.137		
0.814 0	974 397.67	972 607.322	1 790.348		
0.807 6	977 490.33	977 041.252	499.078	4 919 166.115	992 911.67
0.800 7	981 822.00	981 844.229	−22.229		
0.792 0	987 799.33	987 933.82	−134.494		
0.784 2	922 911.67	993 425.564	−513.894		

曲线的拟合精度为

$$\xi = \frac{\sqrt{D/n}}{\max(\overline{x})} \times 100\% = \frac{838.295}{992\ 911.67} \times 100\% \approx 0.1\%$$

可以看出，标定曲线具有较高的拟合精度，能够满足燃油密度的测量要求，因此，可以利用该标定曲线实现对于不同温度下的飞机燃油密度的测量。同样，测量密度为 0.808 5 g/cm³ 的飞机燃油在设定的 7 个温度下的密度，利用该标定曲线解算出密度值，并与相同温度下用密度计测得的密度值进行比较，得到测量的精度指标。测量结果及相关精度指标的计算见表 10.3.3。

表 10.3.3　用标定曲线测量不同温度下的飞机燃油密度以及测量精度指标的计算

设定温度/℃	实测密度值 $\rho_i/(\text{g}\cdot\text{cm}^{-3})$	平均计数值 $\bar{x}$	测量结果的均方差 S_x	解算密度值 $\rho'_i/(\text{g}\cdot\text{cm}^{-3})$	测量误差 $\Delta_i=|\rho_i-\rho'_i|$	误差平方和 $D=\sum\limits_{i=1}^{7}\Delta_i^2$
−5.0	0.819 8	972 984.33	680.14	0.813 45	0.002 95	
0.0	0.809 8	979 646.00	660.89	0.803 85	0.002 05	
10.0	0.805 9	984 133.00	722.35	0.797 42	0.001 12	
20.0	0.790 3	995 955.67	712.14	0.780 62	0.004 58	5.541 4×10⁻⁵
30.0	0.784 1	999 772.00	626.37	0.775 24	0.001 56	
40.0	0.773 8	1 007 589.00	834.83	0.764 28	0.002 02	
50.0	0.770 1	1 011 084.67	774.92	0.759 41	0.003 71	

测量精度指标为

$$\xi=\frac{\sqrt{D/n}}{\bar{\rho}}\times 100\%=\frac{\sqrt{D/n}}{1/7\sum\limits_{i=1}^{7}\rho_i}=\frac{2.814\times 10^{-3}}{0.793\ 5}\times 100\%\approx 0.4\%$$

同时,利用该系统对其他种类飞机燃油密度进行测量,测量精度指标均为 0.4% 左右。

10.3.4　提高航空燃油密度测量精度的方法

在利用同位素放射性原理测量航空燃油密度时,不可避免地存在各种干扰因素,这些因素均会给测量结果带来误差,从而影响到密度测量的精度。在实际应用中,由于飞机处于一个不断变化的飞行环境中,各种干扰因素比较多,要进行航空燃油密度高精度的实时测量,就为测量系统的设计提出了更高的要求。从这个角度来讲,如果不考虑测量系统的抗干扰性能,那么既使建立了非常精确的测量系统与被测航空燃油密度之间输入/输出特性的数学模型,在实际应用中由于受到外界干扰因素的影响,也不能够达到足够高的测量精度。因此,提高测量系统的抗干扰性能,使测量系统在有干扰因素存在的情况下仍然能够稳定地工作,并保证足够的密度测量精度,就是一个必须予以解决的问题。

在式(10.3.1)中:$I=I_0=\exp(-\mu_m\rho L)$,μ_m 是恒定不变的;燃油的厚度也均为模拟油箱的厚度 L,不变,但是理论分析和实验结果表明,I_0 的波动是放射性测量中存在的固有现象。

在利用物质对射线的吸收原理测量航空燃油密度的过程中,放射源的衰变、探测器与放射源之间相对位置的变动、测量仪器性能的波动以及测量环境条件的变化均会引起 I_0 的波动,成为测量中的干扰因素,影响到密度测量的精度。因此,提高航空燃油密度测量系统的抗干扰性能，保证测量的高精度，就必须从消除掉 I_0 波动的角度进行考虑。根据这一思想，提出了以下两种方法。

1. 测量结果修正方法

该方法的设计思想是在不改变测量系统硬件条件的情况下，通过对测量结果进行修正，使得在不同时间、不同环境条件下对同一被测样品进行测量的结果具有可比性。该方法的原理分析如下：

物质对射线均具有吸收能力，如果不考虑测量过程中存在的其他因素，则可以将测量过程简化为：放射源发射的 γ 射线大部分被待测航空燃油油样所吸收，另一小部分则被飞机模拟油箱所吸收。设 I_1 表示射线透过模拟油箱后的强度；I_2 表示射线透过油箱及待测燃油后的强度。假设射线首先被飞机模拟油箱吸收，再被待测燃油吸收，那么根据物质对射线的吸收公式可得

$$I_2 = I_1 \exp(-\mu_{mf} L_f \rho_f) \tag{10.3.2}$$

式中，μ_{mf} 为待测油样的质量吸收系数；L_f 为待测油样的厚度；ρ_f 为待测燃油的密度。

设 I_{11}、I_{12} 分别为在环境条件 A、B 下对没有装待测燃油的空飞机模拟油箱的测量结果。I_{21}、I_{22} 分别为在环境条件 A、B 下对待测燃油油样的测试结果。由式(10.3.2)分别可以得

$$I_{21} = I_{11} \exp(-\mu_{mf} L_f \rho_f) \tag{10.3.3}$$

$$I_{22} = I_{12} \exp(-\mu_{mf} L_f \rho_f) \tag{10.3.4}$$

将式(10.3.3)与式(10.3.4)相比得

$$I_{21} = \frac{I_{11}}{I_{12}} I_{22} \tag{10.3.5}$$

令式(10.3.5)中 $\frac{I_{11}}{I_{12}} = k$，并定义 k 为修正系数，则

$$I_{21} = k I_{22} \tag{10.3.6}$$

式(10.3.6)的意义在于：在环境条件 B 下对于一种燃油密度测量结果 I_{22} 可以转化为环境条件 A 下所对应的该燃油密度的测量结果 I_{21}，只需要乘以一个 k 就可以了。而该 k 则等于在 A、B 这两个环境条件下所对应的空油箱的计数值 I_{11} 和 I_{12} 的比值。

这一结论的实际意义在于：如果将 I_{11} 看做标定工作曲线时(环境条件 A)对空油箱的测量结果，将 I_{12} 看做用工作曲线对燃油密度进行测量时(环境条件 B)对空油箱的测量结果，那么，利用式(10.3.6)就可以把在条件 B 下燃油密度的测量数据 I_{22} 换算成与标定工作曲线时的条件 A 一致的一组数据 I_{21} 了，即经过修正的测量数据与标定工作曲线时放射源的 I_0 是一致的，从而能够利用已标定的工作曲线解算出被测燃油密度，而不需要考虑 I_0 的波动造成的影响了。

实验证明，利用该方法对测量结果进行修正，测量精度能够从 1% 提高到 0.2%，有效地验证了这种方法的正确性。

2. 双探测器差动测量方法

该方法的设计思想是使用两个完全对称的探测器共同对一个放射源发出的射线进行测

量,外界干扰能够同时被两个探测器检测到,并转化为同样形式、同等幅度的电信号,再通过信号处理将这个由外界干扰所引起的误差信号抵消掉,在原理上就能够有效地消除干扰因素的影响。

图 10.3.6 为改变射线透射过的燃油厚度的双探测器差动测量系统的示意图。

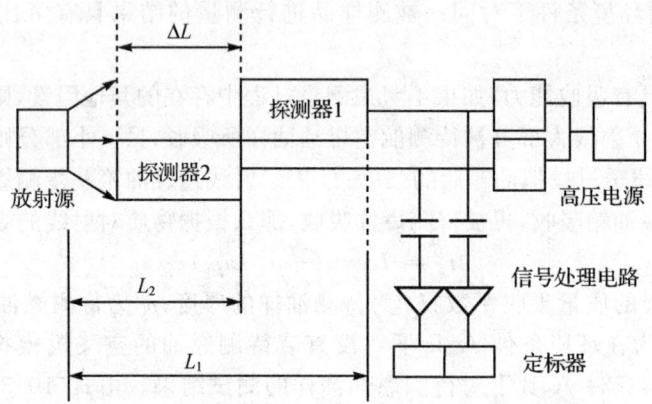

图 10.3.6　改变射线透射过的燃油厚度的双探测器测量系统

在图 10.3.6 中,设探测器 1 和探测器 2 所探测到的射线的强度分别为 I_1 和 I_2,那么根据物质对放射射线的吸收原理公式可以得到

$$I_1 = I_0 \exp(-\mu_m \rho L_1) \tag{10.3.7}$$

$$I_2 = I_0 \exp(-\mu_m \rho L_2) \tag{10.3.8}$$

式中,L_1 为被探测器 1 探测到的 γ 射线所经过的油液厚度;L_2 为被探测器 2 所探测到的 γ 射线所经过的油液厚度。

将式(10.3.7)与式(10.3.8)相比可得

$$I_1/I_2 = \frac{I_0 \exp(-\mu_m L_1 \rho)}{I_0 \exp(-\mu_m L_2 \rho)} = \exp[-\mu_m(L_1 - L_2)\rho] =$$

$$\exp[\mu_m(L_2 - L_1)\rho] = \exp(\mu_m \Delta L \rho) \tag{10.3.9}$$

从式(10.3.9)可以看出,在 I_1 和 I_2 相除的过程中,I_0 被抵消。从式(10.3.9)中可以解算出被测航空燃油的密度为

$$\rho = \frac{1}{\mu_m \Delta L} \ln\left(\frac{I_1}{I_2}\right) \tag{10.3.10}$$

由于在测量过程中,物质的 μ_m 和两个测量通道燃油厚度之差 ΔL 是固定不变的,因此,燃油密度就仅与 I_1 和 I_2 的比值有关,而与 I_0 无关。所以 I_0 的波动不会对测量结果造成影响,说明该方法能够达到提高测量系统抗干扰性能的目的。

根据改变射线透过被测燃油的厚度的设计思想,设计出用于双探测器差动测量系统的实验夹具和模拟油箱。其中,两个测量通路中被测油样厚度的改变主要是通过夹具的特殊结构

实现的。夹具的结构及系统的构成示意图如图 10.3.7 和图 10.3.8 所示。

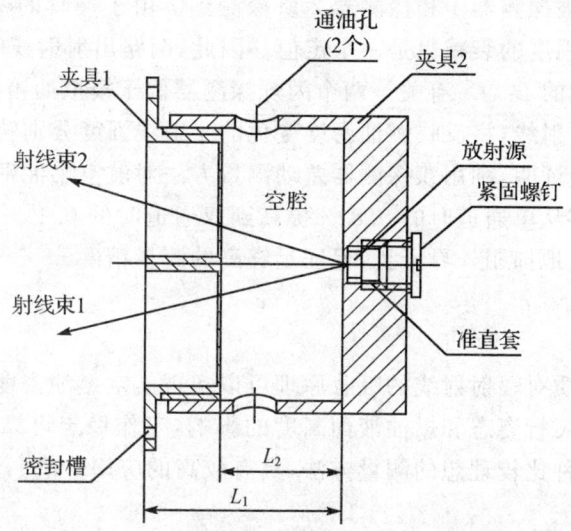

图 10.3.7 双探测器差动测量系统夹具的结构示意图

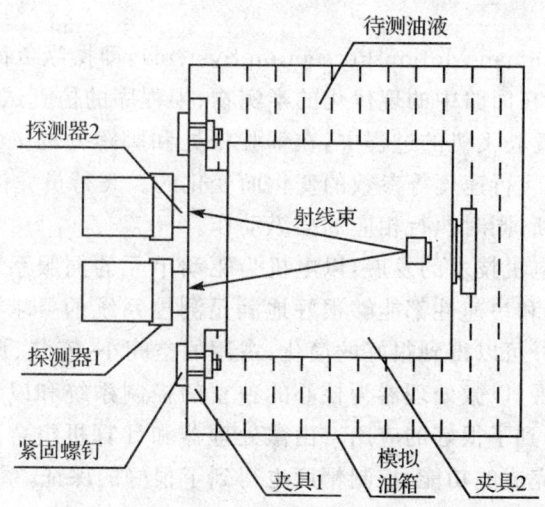

图 10.3.8 双探测器差动测量系统构成示意图

从图 10.3.7 中可以看出,双探测器差动测量系统的夹具主要由夹具 1 和夹具 2 两个部分构成,它们之间采用螺纹连接。整个夹具放置在用防锈铝材料制成的模拟油箱中,通过夹具 1 上的 4 个安装孔,用螺栓和螺母固定在模拟油箱壁上,如图 10.3.8 所示。在测量时,整个装置位于模拟油箱内,将待测油样倒入模拟油箱,装置会全部浸没在油液中。这样,待测油样就会通过夹具 2 的通油孔进入到夹具 1 和夹具 2 配合而形成的空腔中(见图 10.3.7)。在利用双探测器差动测量系统测量航空燃油密度时,同位素放射源发出的两束γ射线会分别透过夹具壁和待测油样射出,并被探测器1和探测器2所探测到。由于夹具的壁厚对于两路射线是一样的,它所造成的射线强度的衰减也是一个定值。因此,两路出射射线的强度就完全与被测燃油的密度和各通路燃油的 L_1、L_2 有关。两个闪烁探测器位于模拟油箱的一侧(见图10.3.8),分别接收出射的两路γ射线,将反映燃油密度变化的γ射线强度分别转化为电信号,并输入该仪器中进行处理。实验证明,利用双探测器差动测量方法对航空燃油密度进行测量,其标准工作曲线的拟合精度能够从单通道时的 0.8% 提高到双通道时的 0.1%,充分说明了双探测器差动测量系统能够有效地抑制外界干扰,保证足够高的测量精度。

10.3.5 结 论

实验表明,利用物质对辐射射线的吸收原理可以实现航空燃油密度实时测量,且不会对燃油造成污染,不受飞机飞行姿态和燃油液面高度的影响,工作稳定可靠,能够达到比较高的测量精度。因此,它是一种比较理想的测量方法,具有较高的应用价值。

10.4 航空数字人感系统电路

人感系统 HMPS(Human Motion Perception System),即操纵负荷系统,是飞行模拟器中的一个关键环节,也是人在回路中的现代化的半实物、半程序的仿真试验设施。人感系统的主要作用是模拟飞行员在驾驶飞机的过程中,在驾驶杆处和脚蹬处的操纵力感觉。操纵力的大小是随着飞机飞行高度、飞行速度等参数的变化而变化的。飞行员凭借这种感觉,可以对飞机飞行状态作出正确的判断,同时执行相应的操纵动作。

随着自动化控制和电机技术的发展,以电机为驱动单元的伺服系统在工业控制等方面得到了广泛的应用,其功率和快速性都能够很好地满足测控系统的要求。采用这种加载方式的人感系统的机械组成部分可以得到很好的简化,占用的空间小,安装、调试均十分方便。

随着数字技术的发展,以微处理器为核心的独立的控制系统和以计算机为核心的数据处理系统,在工程实际中得到了很好的应用。由微处理器和计算机组合而成的测控系统可以完全代替以往由模拟电路完成的功能,控制精度也得到了很好的保证,系统运行更为可靠。它的通用性很强,其机械部分保持不变,只要在软件中修改几个飞行控制参数,就可以适应各种型号的飞机。

本文研究的数字人感系统是采用以 DSP 微处理器为核心的数字式控制的直流电机加载的新型人感系统。

10.4.1 人感系统的组成

数字人感系统由纵向、横向和方向三个通道组成,其中纵向通道的组成原理框图如图10.4.1

所示。

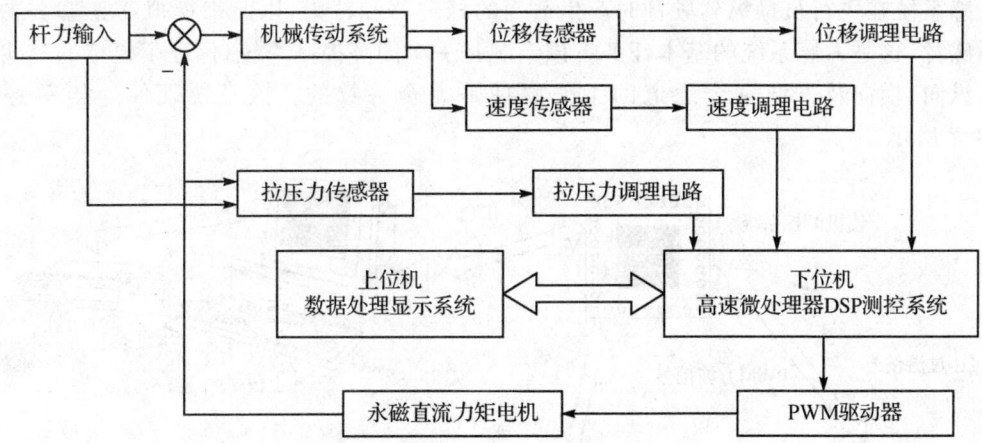

图 10.4.1 数字人感系统工作原理图

该系统是由下位机(高速微处理器 DSP 系统)和上位机(工控机)及直流力矩电机组合而成的测控系统。下位机系统采用 TMS320F240 性能评估板,该评估板功能齐全,具有 16 路 A/D 及 9 路独立的 PWM,只需要设计辅助的接口电路就可以实现所需的功能。

为了保证人感系统模拟的真实性,要求加载装置能够提供一定的力矩,同时具有较高的快速性,所以系统负荷加载执行机构也尤为重要。利用力矩电机的堵转特性可以提供较大的输出力矩。直流力矩电机输出力矩去平衡驾驶杆力,输出力矩的大小及力矩的波动直接影响到人感系统的品质。因此,合理的电机控制方式也是比较关键的。PWM 控制方式与其他控制类型相比较,功率损耗小,同时 PWM 波产生的高频微振有利于克服电机轴上的静摩擦力,有利于改善伺服系统低速运行和快速启动特性以及正反转特性。

在机械结构上,采用齿轮传动,可以尽量减少对直流电机最大输出力矩的要求,这样可以降低电机的成本,同时齿轮传动间隙问题可以采用齿隙可调的安装方式等相应措施来解决。

10.4.2 人感系统的工作原理

当操纵驾驶杆时,拉压力传感器、位移传感器和速度传感器分别感受来自驾驶杆的杆力、位移和速度,经过传感器调理电路,转换成电流传输到下位机系统。下位机系统构成的测控系统完成数据采集、杆力模型计算等工作,并与实测力进行比较,得到理论杆力与实测力的差值——偏差力。该偏差力按照一定的控制补偿算法进行调节,同时输出 PWM 信号到力矩电机 PWM 驱动单元,驱动力矩电机按照某个方向转动,去平衡驾驶杆力。当系统处于平衡状态时,力矩电机处于堵转状态。

操纵驾驶杆的过程就是直流力矩电机不断平衡驾驶杆力的过程,在整个调节过程中,驾驶杆力始终是主动的,电机则从动地做相应转动,所以该系统也是一个力伺服系统。

人感系统在飞行员操纵驾驶杆时产生适当的杆位移和杆力,以此来模拟驾驶真实飞机时的操纵感觉,这是人感系统的基本任务。该系统是一个闭环控制系统,保证了模拟的真实性和精度。纵向、横向及方向三个通道的工作原理是完全一致的。该系统硬件连接示意图如图10.4.2所示。

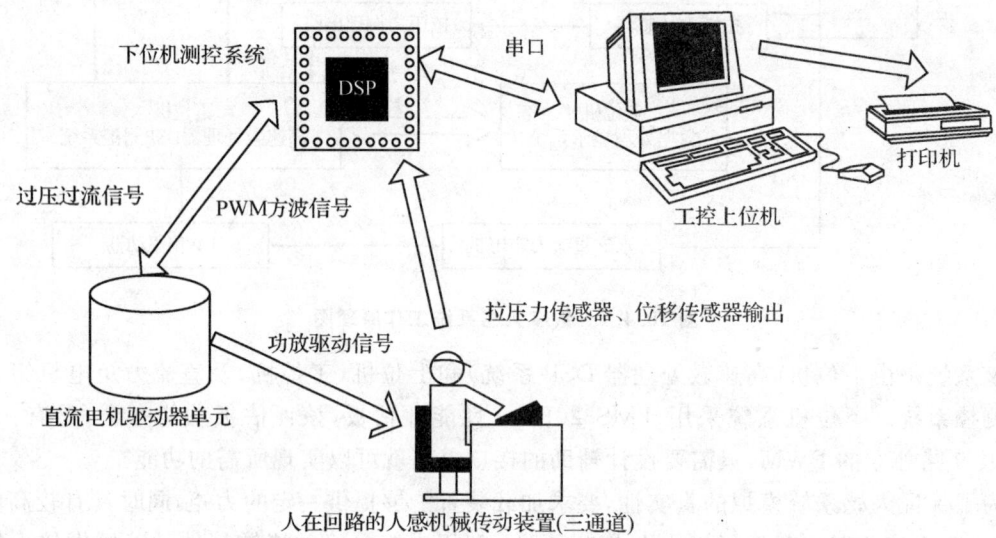

图10.4.2　数字人感系统硬件环节连接示意图

10.4.3　人感系统的仿真

在数字人感系统设计过程中,使用 Matlab 软件进行仿真。通过仿真结果可以了解整个系统的性能品质,对设计合理的控制算法起到了辅助作用。仿真框图如图10.4.3所示。

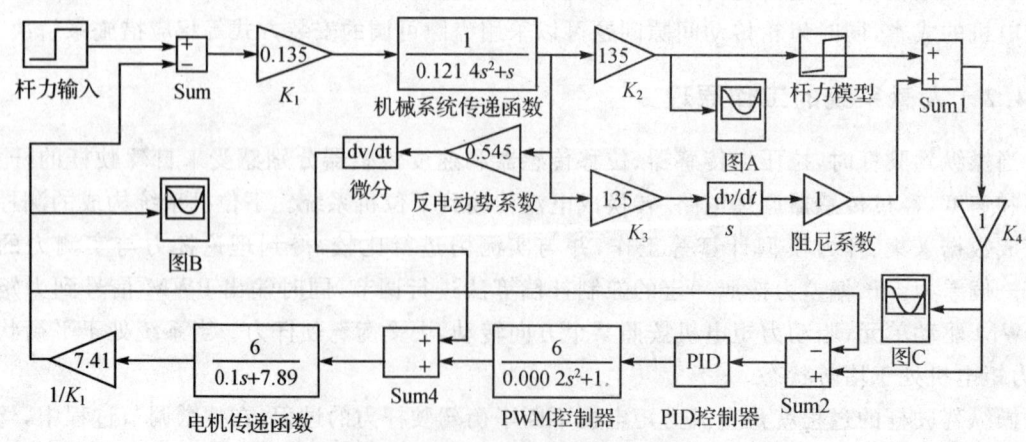

图10.4.3　数字人感系统仿真框图

框图中各环节的传递函数均是从实际的物理环节抽象出来的。在仿真过程中不断地修改控制器参数,可以实现对力的快速跟踪。例如当杆力输入为 100 N 时,实测杆力对理论模型力的跟踪情况如图 10.4.4、图 10.4.5 所示,驾驶杆位移曲线如图 10.4.6 所示。

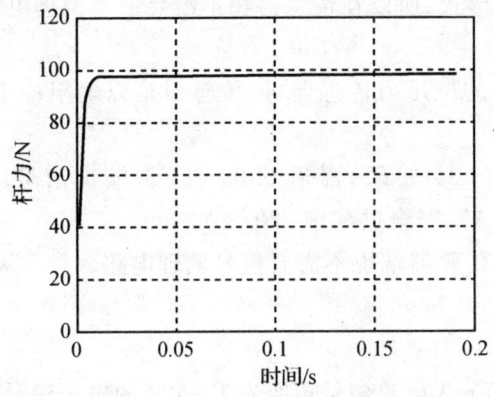

图 10.4.4 实测杆力曲线

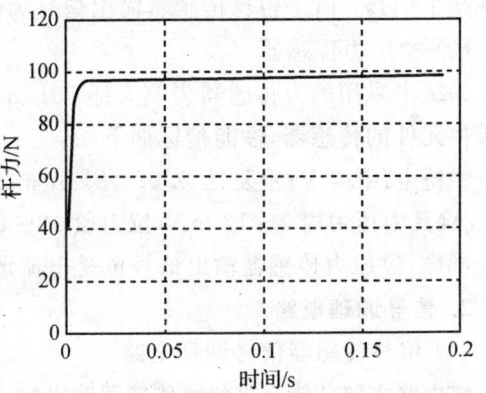

图 10.4.5 理论杆力曲线

由图 10.4.4、图 10.4.5 曲线可以看出,实测杆力对理论杆力有良好的跟踪能力。选择合理的 PID 控制器参数,可以获得最佳的动态响应。控制算法的选择既要保证控制精度,又要考虑控制过程的实时性。过于复杂的算法固然可以取得更好的控制精度,但是,实现起来也比较复杂,实时性也不能保证。

10.4.4 传感器调理电路

在数字人感系统中,使用到两种类型的传感器——线位移传感器和拉压力传感器,分别检测驾驶杆的位移和受力情况。传感器都安装在远端的

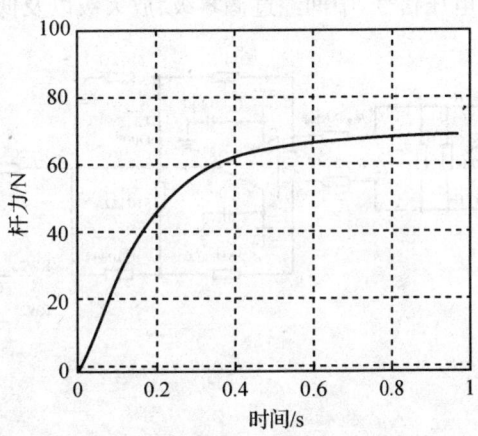

图 10.4.6 杆位移曲线

机械系统上,并且均为电流信号输出,所以其信号可以远距离传输到下位机系统,但需要下位机端的信号调理电路(简称信调电路)。人感系统中没有直接使用速度传感器,而已在下位机系统中利用位移输入量微分得到速度,省去了一个物理环节,降低了成本和机械加工的工作量。由于纵向、横向以及方向三个通道电路结构一致,故以纵向通道信号调理电路为例简单说明。

1. 传感器性能指标

(1) 线位移传感器

系统中采用的位移传感器为安徽某传感器厂生产的 WYDC-150L 型线位移传感器,性

能指标如下：

行程 0～150 mm；线性度误差 0.2 %；动态频率 0～200 Hz；输出信号 4～20 mA。

该类型位移传感器是在交流型差动变压器式位移传感器的基础上发展起来的，内部激磁频率达 1 kHz。由于位移传感器输出信号为电流形式，所以在传感器端不需要信号调理电路。

（2）拉压力传感器

系统中采用的力传感器为航天部 701 所生产的拉压力传感器，该传感器是以电阻应变片为转换元件的传感器，性能指标如下：

供桥电压 12 V；重复性 0.02 %FS；非线性 0.04 %FS；滞后 0.03 %FS；输出信号 4～20 mA（其中压力段 4～12 mA，拉力段 12～20 mA）；安全过载率 120 %。

同样，拉压力传感器输出信号也是电流形式，传感器端也不需要信号调理电路。

2. 信号调理电路

（1）位移传感器信号调理电路

该电路主要功能是将位移传感器输出的 4～20 mA 电流信号转换为 1～5 V 的电压信号，送至 A/D 转换输入端，如图 10.4.7 所示。来自传感器的 4～20 mA 电流信号经过 I/V 转换，变换为电压信号，中间经过调零级、放大级以及低通滤波级，最后经过跟随级转换成为 1～5 V 的信号

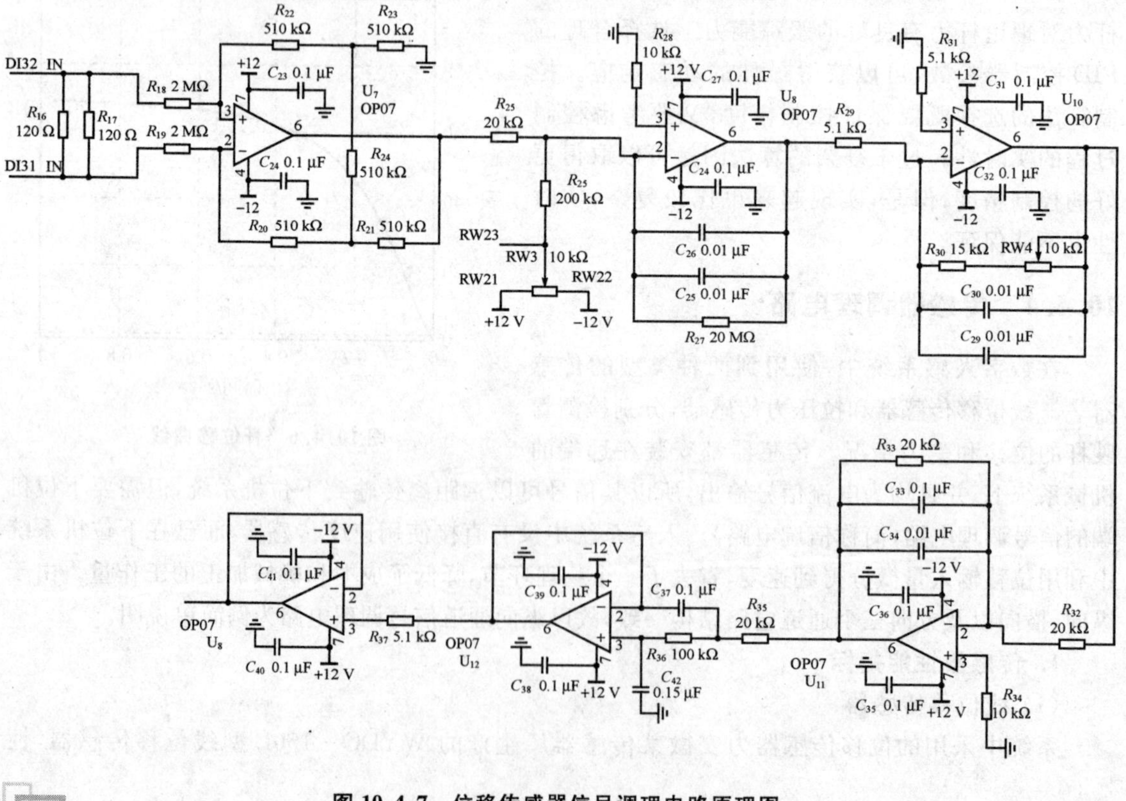

图 10.4.7 位移传感器信号调理电路原理图

送至 A/D 转换输入端。位移零点为 3 V，共分 1~3 V 段（推杆段）和 3~5 V 段（拉杆段）。

电压信号与驾驶杆握力点处位移之间的折算关系为

$$驾驶杆握力点处位移 = \frac{|U_{输出} - U_{零点}|}{U_{量程}} \times K_{位移折合系数} = \frac{|U_{out-3}|}{2} \times 243.98 \text{ mm}$$

具体信号传递关系：拉压力传感器处于自由状态时输出电流为 12 mA，经过第一级电阻采样，变换为电压信号，约 -0.6 V；经过第二级调零电路补偿，输出为准确的 $+0.6$ V 信号；第三级为电压放大级，放大倍数为 -5，将 $+0.6$ V 信号放大为 -3 V；第四级为极性转换，将 -3 V 转换为 $+3$ V；第五级为二阶低通滤波器，截止频率为 100 Hz，滤除高频干扰信号；第六级为跟随器，保证了位移传感器信号调理电路输出阻抗很低。

（2）拉压力传感器信号调理电路

该电路的主要功能与位移传感器信号调理电路的功能类似，也是将 4~20 mA 的电流信号转换为 1~5 V 的电压信号，送至 A/D 转换输入端，如图 10.4.8 所示。简单介绍如下：来自拉压力传感器的 4~20 mA 的电流信号，经过电阻采样转换为电压信号，经过调零级、放大级、低通滤波级跟随级后变为 1~5 V 的电压信号送至 A/D 转换输入端。拉压力信号零点为 3 V，也分为 1~3 V（压力段）和 3~5 V（拉力段）。

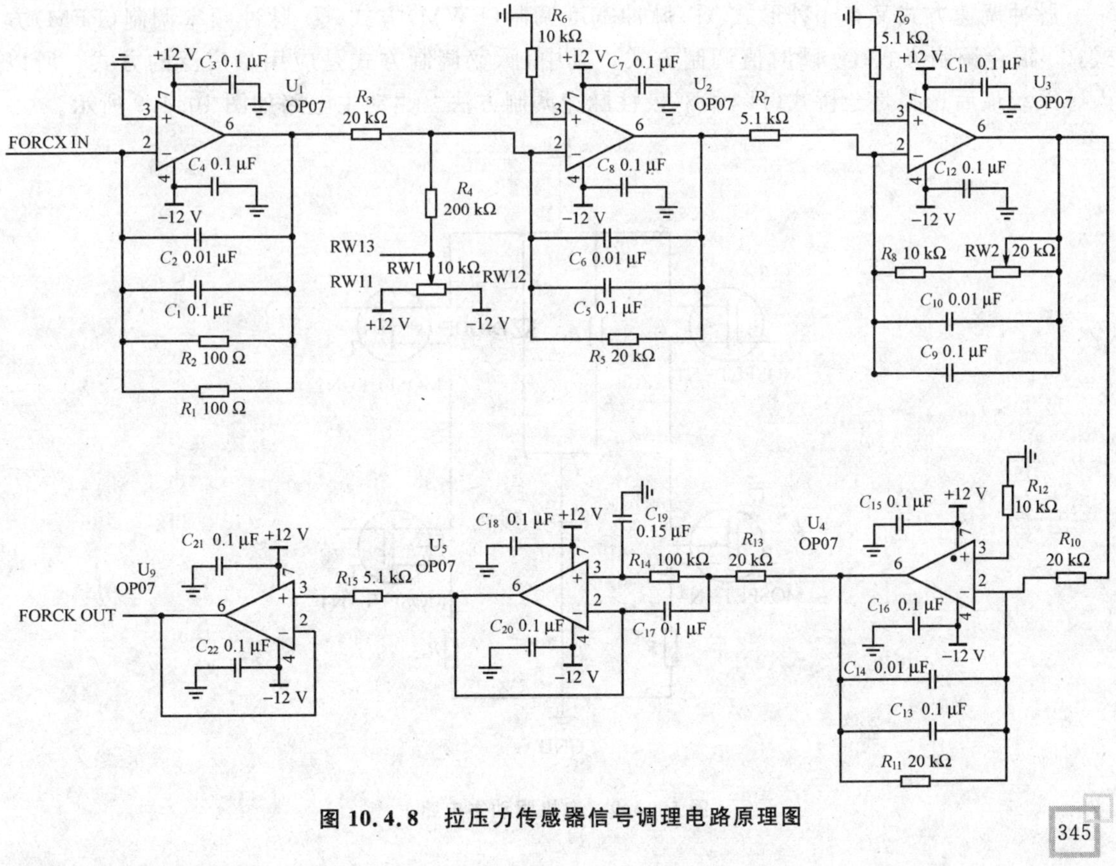

图 10.4.8　拉压力传感器信号调理电路原理图

电压信号与驾驶杆握力点处感受力之间的折算关系为

$$驾驶杆握力点处力 = \frac{|U_{输出} - U_{零点}|}{U_{量程}} \times K_{位移折合系数} = \frac{|U_{out} - 3|}{2} \times 130.67 \text{ N}$$

位移传感器延伸杆处于中间位置时输出电流为 12 mA，经过第一级电流/电压转换，变换为电压信号，约 -0.6 V；经过第二级调零电路补偿，输出为准确的 $+0.6$ V 信号；第三级为电压放大级，放大倍数为 -5，将 $+0.6$ V 信号放大至 -3 V；第四级为极性转换，将 -3 V 转换为 $+3$ V；第五级为二阶低通滤波器，截止频率为 100 Hz；第六级为跟随器，保证位移信号调理电路输出阻抗很低，易与下一级电路匹配。

10.4.5 直流电机驱动电路

直流电机调速主要有两种方法：一种是晶闸管整流器调速，一种是脉冲调速。晶闸管整流器是一种将电网交流电压变换为直流电压输出的整流装置。脉冲调速系统是利用半导体开关器件将输入的直流电压变换为电压脉冲形式来控制直流电机转速，与工作在 50 Hz 电网换向的晶闸管整流器-直流电机系统相比，具有快速控制和较高的抗干扰能力，并且有好的调速平滑性和宽的调速范围，损耗小，效率高。根据系统需要，选择脉冲调速方式。

脉冲调速方式又有 4 种形式：① 脉冲宽度调制（PWM）方式；② 脉冲频率调制（PFM）方式；③ 混合调制方式；④ 瞬时值调制方式。其中，脉宽调制方式是应用最广泛的方式。所以人感系统最后选择是全桥式（H 桥）双极性脉宽调制方法。驱动主电路如图 10.4.9 所示。

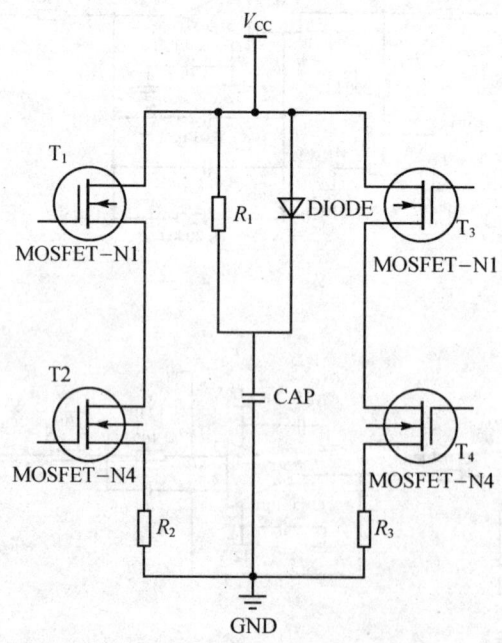

图 10.4.9 电机驱动主电路

PWM 信号进入系统后,首先经过反向器 74LS04 变成四路 PWM 信号加到四路驱动电路上,驱动 4 只 MOSFET 管,实现电流的正向流动和反向流动。MOSFET 管的驱动电路如图 10.4.10 所示。

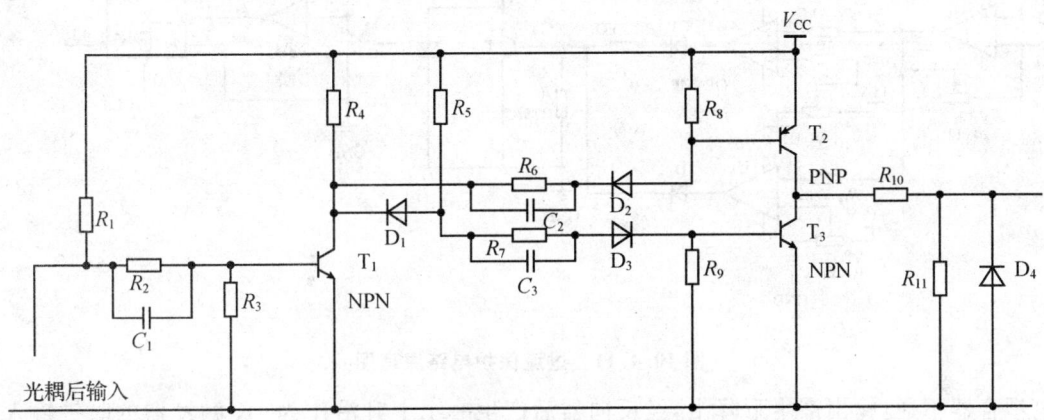

图 10.4.10 MOSFET 驱动电路

该驱动电路原理如下:当光电耦合器隔离后输入为高时,T_1 导通,T_2 导通,T_3 截止,V_{CC} 通过饱和导通的 T_2 给 MOSFET 管的栅极充电,栅极电压变为高,该 MOSFET 管被驱动。当光电耦合器隔离后输入为低,T_1 截止,T_1 集电极为高,T_2 截止,V_{CC} 通过 R、C 和二极管给 T_3 基极加正向电压,T_3 导通,则 MOSFET 管的栅极电压通过 T_3 迅速放掉,使栅极电压变为零。

10.4.6 保护电路

为了提高人感系统的安全性以及可靠性,当电机发生过压、过流或者出现下位机无 PWM 波输出的时候,驱动器能够予以保护。

1. 过流保护电路

过流保护电路原理如图 10.4.11 所示。通过采样电阻采集 MOSFET 驱动桥臂上的电流 I_{1F}、I_{2F},再通过运放进行一次差动放大,输出信号为 ±0.8 V。当输出信号为正时,说明电机电枢电流正向流动;当输出信号为负时,说明电枢电流反向流动。通过接运放 A_2、A_3 的可调电阻 VR2、VR3 设定电机正反转电流保护值,对采集到的电流进行窗口检测。当电流超过设定的值时,NPN 三极管 T_1 导通,光电耦合器不通,其输出产生下降沿,经反向器反向产生上升沿,作为 J、K 触发器 74LS73 的时钟信号。在触发器 J=1,K=0,置位信号为高的情况下,Q 端输出信号被锁存,直至上位机发送低电平清除信号,Q 端信号才能被清除。

2. 过压保护电路

过压保护电路原理与过流保护电路类似,如图 10.4.12 所示。当电压采样值高于设定值时,运放构成的比较器状态翻转(由低电平翻转至高电平),输出高电平,NPN 三极管 T_2 导通,

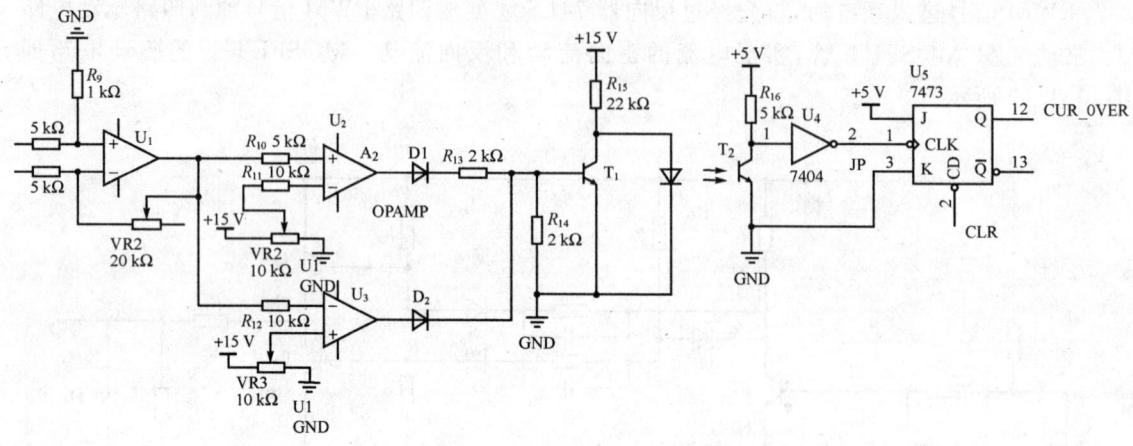

图 10.4.11 过流保护电路原理图

光电耦合器不通,输出产生下降沿,经反向器后产生一个上升沿作为 JK 触发器的时钟输入信号。在 J=1,K=0,置位端为高的情况下,Q 端输出信号被锁存,直至上位机发送低电平清除信号,Q 端信号才能被清除。

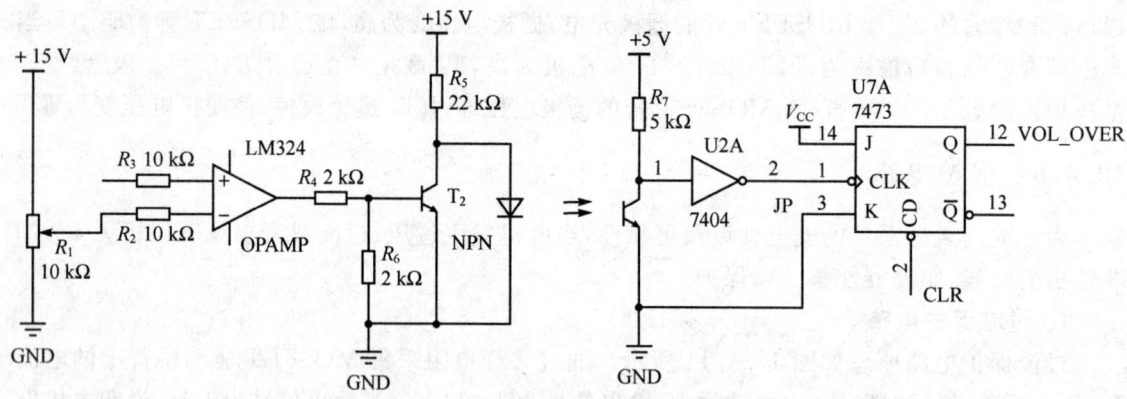

图 10.4.12 过压保护电路原理图

10.4.7 人感系统软件

本系统软件分为上位机软件和下位机软件。其中,上位机软件是用 Visual C++编制的,下位机是用 TMS320F240 汇编语言编制的。上下位机是通过串口进行通信的。上位机软件主要完成数据显示、参数修改、下位机程序下载等任务;而下位机软件则完成系统的测控任务,然后将数据上传到上位机显示处理。

人感系统对实时性要求很高,对处理速度方面要求如下:① 每个采集信号应该在下次采样结束之前处理完,也就是说,计算时间必须小于采样时间;② 按照 Shannon 定理,为保证信息不丢失,采样频率应大于信号带宽的 2 倍。普通的单片机已经难以满足这一要求,所以采用了基于 DSP 的解决方案,选用的 DSP 芯片为 TMS320F240。该类芯片主要应用于控制方面,是 16 位定点高速数字处理器。

10.4.8 结 论

人感系统采用电机伺服系统对负荷加载,它相比弹簧与液压伺服加载来说,体积小,结构简单,具有良好的力响应和高可靠性。该系统采用以 DSP 微处理器为核心的上下位机结构模式,构成了一个完整的测控系统,简单实用。通过上位机修改参数,既可以模拟不同类型飞机的杆力-位移特性,同时该系统又是一个独立的子系统,具有可移植性,可广泛地应用在各种类型的飞行模拟器中。

10.5 基于压电传感器阵列的结构健康监测仪电路

飞机上的一些特殊结构,如飞机桁架、飞机蒙皮、起落架等,其安全性十分重要。一旦这些结构中发生紧固件松动或者裂纹损伤,往往带来巨大的损失。因此有必要对飞机结构的健康状况进行实时的监测,及时地发现结构件的损伤和失效。

虽然传统的局部无损检测技术已经成功地应用于检查结构部件的裂纹、松动等损伤,但这种技术往往需要大型的仪器设备或人的近距离操作,而且只能对结构进行局部的、离线的检测。然而在特殊的环境中,人或大型设备往往难以直接与结构进行接触,因此传统的无损检测技术不能完成对这些结构的检测,更无法及时地对结构损伤进行预测。

20 世纪 80 年代末出现了结构健康监测(structural health monitoring)技术,采用埋入或表面粘贴的传感器系统作为神经系统,使其以生物界的方式感知结构内部结构状态和外部环境,在线监测结构的"健康"状态,使得结构的故障诊断由传统阶段逐渐步入了智能化阶段。

结构健康监测技术的本质是以一种实时的、在线的监测来代替对设备定期的、离线的检测,实时地反映出结构的工作状态,及时发现结构的损伤,确定其位置、形状、大小,进而采取必要的维修措施。结构健康监测的出现使得结构在安全监控和性能改善方面产生了质的飞跃。因此,结构健康监测近几年已经引起世界各主要发达国家的极大重视,被列为优先发展的研究领域和优先培育的 21 世纪高新技术产业之一。

结构健康监测技术将带来维修策略的重大变化,使维修策略逐渐由定期维修转变为"视情维修"。"视情维修"即按照结构的状态而进行预防和维修,通过对设备的故障预测、检测和隔离,以及关键部件寿命跟踪、故障报告和寿命预测,实现在准确的时间对准确的部位采取准确的维修,从而有效地减少维修项目,减少设备的故障率。例如,采用"视情维修"制定维修大纲,使得美国海军对 F—4J 的维修周期延长了 20 %,发动机大修周期由 1 200 h 延长到 2 400 h;

采用健康预测与管理技术的美军第四代联合攻击战斗机 JSF(Joint Strike Fighter),预计保障设备减少了 50%,维护人员减少了 20%~40%,架次生成率增加了 25%。

结构健康监测技术将使结构的安全性能产生质的飞跃。未来的航天结构设计,像航天飞机、宇宙空间站之类,都需要植入健康管理系统来提高其安全可靠性。利用 SHM 在结构工作的同时,就可以监测结构的状况来诊断损伤的发生,使得未来的航空航天结构更加轻便、寿命更长,更加安全可靠,而且维护费用更低。

此外,在民用建筑设施方面,结构健康监测也有巨大的应用价值。世界上许多国家的古建筑,塔、桥梁、隧道、大坝以及其他一些建筑都需要经常检测以确保它们的结构安全,保证它们可以经受住各种环境的作用。这些检测可以找出建筑物潜在的损伤,让人们在损伤恶化之前对建筑进行修缮。对于新的建筑设施,尤其是价值较高的大型建筑来说,如果从一开始就对其进行监测来及早发现损伤的征兆,就可以避免不必要的损失,而且还能大大延长建筑的寿命,其受益远比监测本身付出的成本高出许多。这对于中国、新加坡、日本等拥有大量高大建筑和高大桥梁的国家来说意义重大。除了针对高大建筑之外,对于费用昂贵的精密设施,如发电站、海底隧道和港口保护设施等都具有重要意义。

10.5.1 压电传感器进行结构损伤检测的机理

飞机结构健康状态监测就是要在线监测飞行过程中重要构件的应变(临界载荷)、振动模态(如固有频率、固有振型和模态阻尼)、Lamb 波(结构中传播的激励产生的应力波)和声发射(即结构承载时因损伤而发出的应力波)等信息的变化,通过信息处理、计算分析和损伤模式识别等措施判定损伤的性质、位置和程度。

结构中的损伤会引起应力集中、裂纹扩展,这些损伤以及损伤周围的边界都会引起在结构中传播的主动监测信号的反射、散射和能量的吸收。

通常对应变和振动模态的测量可以使用能够测量加速度、位移或应变等信息的传感器;利用声发射信号的检测则需要类似于超声检测用的换能器;用 Lamb 波进行损伤检测需要 Lamb 波的激励(actuator)和接收(receiver)换能器。所以,Lamb 波测量系统中需要采用驱动器主动发射激励信号,构成激励-接收系统。

研究资料表明,压电传感器动态特性好,而且其正、逆压电效应在测量时可以同时被利用(正压电效应用于信号的拾取,逆压电效应用于激励),目前被广泛用于监测结构的振动模态、Lamb 波及声发射信号等。采用一个或几个压电传感器在结构的表面激发出主动监测信号,同时采用一个或多个压电传感器在结构的表面接收结构响应信号。对响应信号进行采集和分析,可以实现结构中损伤的实时监测。

如图 10.5.1 所示,四个压电陶瓷片粘贴在结构表面。actuator 作为激励元件,sensor1、sensor2、sensor3 分别作为三个信号拾取元件,D1 为结构中的损伤。如果结构健康,传感器所接收的信号仅存在从激励器激励出的健康波形;如果结构中存在损伤 D1,则监测信号在结构中传播时会与损伤 D1 发生相互作用而造成监测信号中部分能量的反射和散射,反射能量中的一部分会被损伤周围的 sensor1 与 sensor3 所接收,而 sensor2 的拾取信号中会丢失这部分能量。通过对传感器接收的信号进行分析,来提取结构损伤的有关信息。

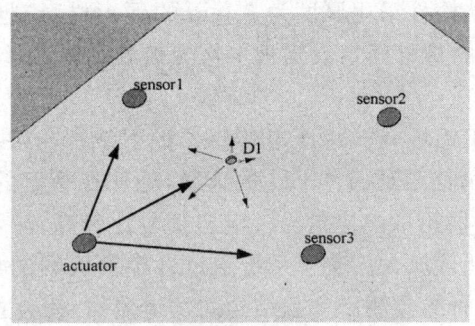

图 10.5.1　损伤检测原理示意图

10.5.2　基于压电传感器阵列的健康监测仪总体方案

为了实现对结构实时的、在线的监测,采用主动激励检测法,利用压电传感器收发双重的功能,在压电传感器上激励出损伤探测信号进行探测。损伤探测信号在传播的过程中,会受到损伤部位的影响而产生散射、反射等作用,使得损伤探测信号中包含了结构损伤的信息。利用压电传感器接收损伤探测信号,从中提取损伤的特征信息,即可完成对损伤的监测。监测仪总体方案如图 10.5.2 所示。

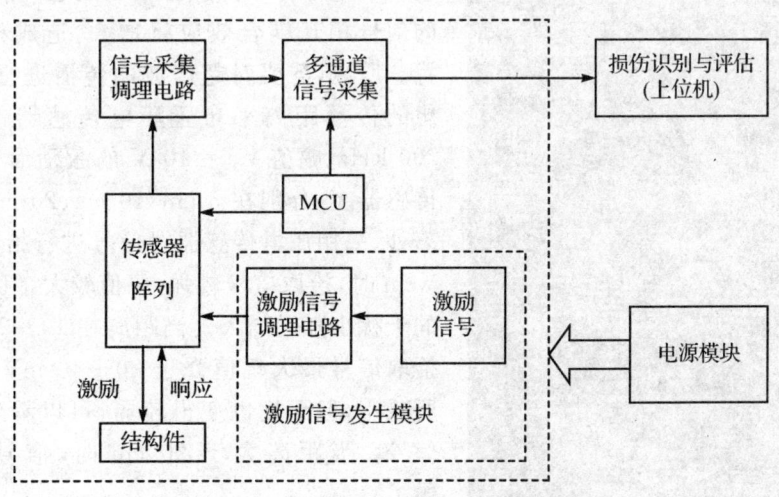

图 10.5.2　健康监测仪的总体方案图

由信号发生器和激励信号调理放大电路组成的激励信号发生模块,产生激励信号给传感器阵列,MCU 选通用于激励的传感器对结构件产生激励信号,在结构件中产生损伤探测波,由分布在结构件上的传感器阵列接收探测信号。原始信号经过信号采集调理电路预处理模块的处理后,由信号采集系统采集并传输到上位机,在上位机上利用损伤识别算法完成对结构件的损伤识别与评估。其中结构件采用厚度为 2 mm 的硬铝材料制成,这是飞机机翼蒙皮等的常用材料。采用直径为 $\phi 3$ 的螺栓固定在铝板上作为被测对象,系统用监测螺栓的松紧来模拟机翼蒙皮铆钉的松动情况。

压电传感器阵列铺设于铝板上。将压电传感器的引线引出,由 MCU 控制各个压电传感器的激励和信号拾取。激励信号通过 MCU 的选通,施加在特定的压电传感器上,与此同时,MCU 控制相应的压电传感器拾取响应信号。响应信号比较微弱,不能直接采集,需要通过采集信号调理电路单元进行调理放大。整个系统通过各个模块间的相互协作,不断地对结构件进行循环检测,形成一种实时的监测。一旦结构间发生损伤,就会立刻被检测出来。

10.5.3 压电传感器的布局

压电传感器的布局主要是为了在结构中产生较好的损伤探测的振动信号。此时,主要考虑压电传感器相互之间的距离、传感器与螺栓之间的距离、紧固件与压电传感器的排布方式等几个因素。

超声波在铝板上传播时,由于声波作用面的不断扩大以及波动形式的能量与其他形式能量之间的相互转化,使得单位面积上的波能量随着传播距离的增加而减小。如果传感器阵列中激励点与信号拾取点距离太大,则信号会变得较微弱。如果各个传感器距离太近,各个传感器之间的信号相互耦合效应将增大,造成相互之间的干扰。所以,需要对超声波的传播进行测试,选择理想的传播距离来布置压电传感器。采用频率为 200 kHz、幅值 $V_{pp}=10$ V 的激励信号施加在压电传感器上,分别在 5 cm、10 cm、20 cm 等不同的距离处,采用压电传感器对信号进行拾取。在距离为 5 cm 时,拾取信号较强,幅值较大,但传感器信号间的干扰也随之增大。当距离在 10~20 cm 之间时,拾取信号最大幅值介于 20~40 mV 之间,虽然有所减小,但干扰也变得较弱,可以看到良好的拾取信号。当距离大于 20 cm 时,信号就变得太微弱了。

为了便于信号的后期处理,将传感器之间的距离定为 10 cm 进行传感器铺设。如图 10.5.3 所

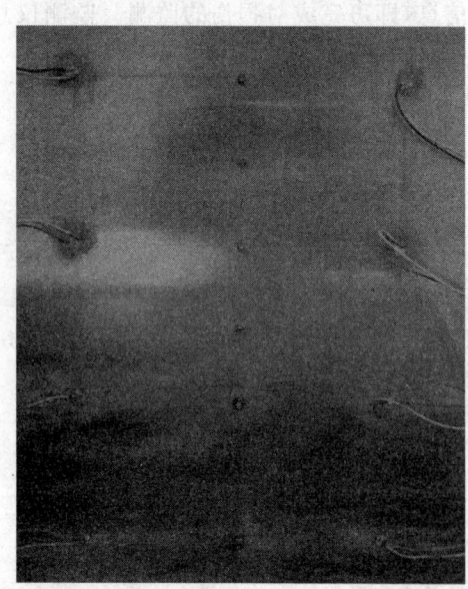

图 10.5.3 实验装置中压电传感器的铺设

示,在铝板上以间隔 5 cm 铺设螺栓作为检测对象,在螺栓列的两侧相距 10 cm 处铺设两列压电传感器,各列中传感器之间的间距为 10 cm。压电传感器采用厚度为 0.25 mm、直径为 12 mm 的 PZT-45 型圆薄片形压电片,可承受最大电压为 80 V,径向谐振频率约为 200 kHz。将压电传感器正反两面镀银,并引出引线。采用这种排布方式,可以使得各个被测螺栓位于两个压电传感器的连线上,将这两个传感器中的一个作为激励元件产生主动健康监测信号,一个作为拾取元件拾取监测信号,则在信号从激励元件向拾取元件传播的过程中必定会经过该路径上的螺栓,于是与螺栓的松紧状态有关的信息就会体现在拾取信号中。

10.5.4 监测仪调理电路

1. 激励信号调理放大电路

固体薄平板中传播的主动监测信号主要为 Lamb 波。传统的 Lamb 波的产生方式一般为表面激发,即将超声换能器紧贴或粘贴在固体的表面,固体表面的部分区域受到换能器的力的作用,将超声波由受力处发向固体内部和它的表面。

不同种类的换能器将激发不同类型、不同分布的作用力,这些力所激发出来的超声波类型也各不相同。常用的超声换能器一般有压电换能器、磁致伸缩换能器、静电换能器等。近来随着检测技术的发展,出现了一些新的激发方式,如激光超声换能器、电磁声换能器(EMATS)、空气耦合换能器等。然而这些新的激发方式需要特殊的设备,还不是非常实用。相比之下,压电传感器经过半个多世纪来的发展,各项性能都比较完善,可以以很小的体积实现较高效率的电/机械能转换,并且随着压电薄膜技术的发展,压电传感器越来越适合于在结构表面进行大规模的传感器阵列铺设。而磁致伸缩换能器,由于磁场的施加相对复杂,磁场大小的控制也远比电场困难,因此这里选用压电传感器来激发 Lamb 波。

压电式传感器分为谐振式和非谐振式。在压电晶体的频率响应曲线中有一个固定的谐振频率,即中心频率 f_0。谐振式传感器工作于该谐振频率 f_0 附近,灵敏度高,但带宽受到限制,一般用于发射型换能器,也可用于窄带接收。非谐振式传感器一般工作在 1/3 谐振频率以下频段,灵敏度较低,但有很平坦的响应,故一般可用于宽频带接收。

为了获得较高的灵敏度,使压电传感器处于谐振状态,对传感器施加谐振频率附近的激励,即 $f=200$ kHz 的正弦波脉冲,正弦脉冲的重复频率为 100 Hz,如图 10.5.4 所示。激励信号在谐振频率附近就会引起激励元件共振,发出较强的主动监测信号。为了使监测信号向四周对称传播,压电元件采用薄圆片形状并工作在径向振动模式。通过不断地发射正弦脉冲,就会不断地激励起主动监测信号,这样一旦结构出现损伤,就会立即被探测出来。

选用信号发生器来产生所需激励信号的波形。信号发生器必须满足以下两个条件:① 必须具有可编程功能或猝发信号产生功能,能够产生正弦脉冲;② 采样频率和输出信号频率要高,以产生高精度的激励信号,减小仪器误差。

针对压电陶瓷频率特性以及损伤探测波频率的要求,激励信号的频率应达到 200 kHz 以

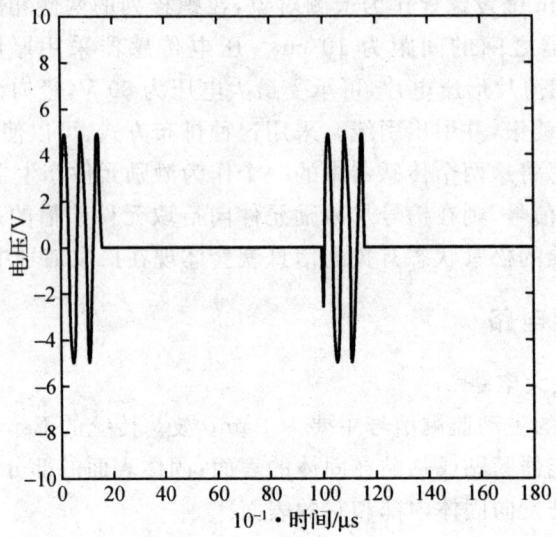

图 10.5.4 激励信号波形

上,幅度峰-峰值应达到 10 V 以上,并且要求具有驱动容性负载的能力。信号发生器输出的信号不能够直接满足该要求,必须进行功率放大和调整才能够驱动压电传感器。

这里采用 OPA552 集成功率运放对激励信号进行调理放大。OPA552 输出电压峰-峰值可达 60 V,摆率可达 24 V/μs,带宽增益积为 12 MHz,输出最大电流为 200 mA。电路图如图 10.5.5 所示。

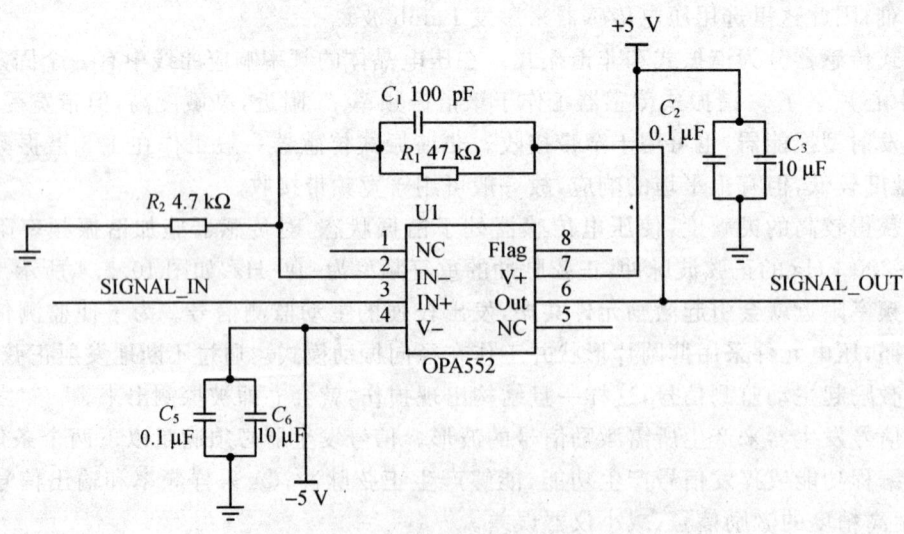

图 10.5.5 激励信号调理放大电路

压电陶瓷作为放大电路的负载,属于容性负载。放大器有一个较小的等效输出电阻,当它与外部容性负载相接时,就会在运放传递函数上产生一个附加的极点,如图 10.5.6 所示。

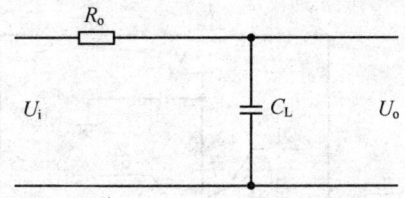

图 10.5.6　放大器容性负载等效电路图

该电路的传递函数为

$$A = \frac{U_o}{U_i} = \frac{1}{1 + j\omega R_o C_L} \tag{10.5.1}$$

式中,R_o 为放大器的输出阻抗,C_L 为负载电容。由此可见,负载电容的存在,会在频率为 $f_p = \frac{1}{2\pi R_o C_L}$ 处给放大电路增加一个附加的极点并产生 $-90°$ 的附加相移,使得放大电路不稳定,产生自激振荡。

为了防止电路自激振荡,在放大电路中加入电容 C_1 进行超前补偿,将相位超前而破坏自激振荡的相位条件。加入 C_1 后,放大电路的反馈系数变为

$$F = \frac{R_2}{R_2 + R_1 // \frac{1}{j\omega C_1}} = \frac{R_2}{R_2 + R_1} \cdot \frac{1 + j\omega R_1 C_1}{1 + j\omega (R_1 // R_2) C_1} \tag{10.5.2}$$

由式(10.5.2)可以看出,当加入 C_1 后,相当于在 $f_1 = \frac{1}{2\pi R_1 C_1}$ 处增加了一个零点,在 $f_2 = \frac{1}{2\pi (R_1 // R_2) C_1}$ 处增加了一个极点。由于 $f_1 < f_2$,因此在 f_1 与 f_2 之间出现了相位超前,超前最大相移为 $90°$。这里 $f_1 \approx 34$ kHz,$f_2 \approx 373$ kHz,而所加激励信号为 200 kHz,因此不会引起自激振荡。

2. 信号采集调理电路

从传感器直接获得的信号比较微弱,只有 40 mV 左右。弱信号在传输过程中更容易受到各种信号和辐射的影响,因此要通过调理电路将信号放大,以提高信号的抗干扰能力。信号调理电路必须要有较高的共模抑制比,以及较低的噪声和零漂,尽量减小对弱信号的干扰;同时,还要具有较高的带宽,实现对弱信号无失真的放大。

选用集成运算放大器 OP37G 来设计信号调理电路。OP37G 带宽增益积可达 63 MHz,输入噪声只有 3 nV/Hz$^{\frac{1}{2}}$,最高输入偏置电压只有 25 μV,满足要求。电路图如图 10.5.7 所示,选取输入电阻 R_1 和反馈电阻 R_f 分别为 100 Ω 和 20 kΩ,使电路的放大倍数约为 200 倍。

刚好将幅度为 40 mV 的信号放大为 8 V 左右,利于进行信号的传输和采集。同时在电源的正负极分别加入电源滤波电容对电源进行滤波处理。

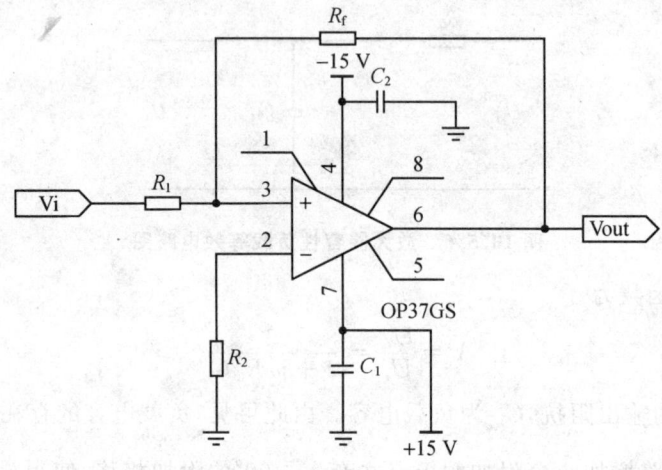

图 10.5.7　压电传感器信号调理电路

10.5.5　实验及结果

采用厚度为 2 mm 的硬铝材料作为损伤监测对象,压电传感器采用直径为 $\phi 8$,厚度为 0.25 mm 的 PZT5 型压电陶瓷,分别用来做激励与信号拾取。如图 10.5.8 所示,各个元件的

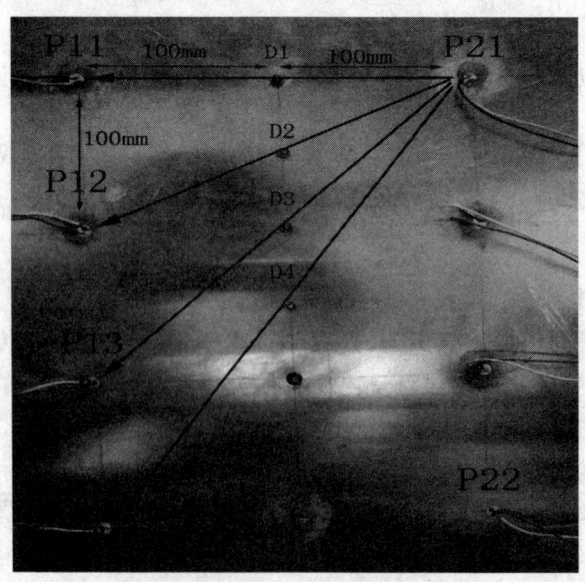

图 10.5.8　实验实物图

间距均为 10 cm,由 P21 施加频率为 100 kHz、V_{pp} 为 10 V 的正弦激励信号,P11～P14 对监测信号进行拾取。对拾取的信号采用基于小波分析的信号能量分析方法,即可通过 4 条信号传播路径分别监测螺栓 D1～D4 的松动情况。

1. 单路径上的信号处理

在 D1 紧固和松动两种情况下分别采集路径 P21～P11 的信号,如图 10.5.9 所示。原始信号中波形很复杂,各种纵向、横向的波形叠加在一起,很难直接发现损伤信号与未损伤信号之间的区别。因此,采用小波包分析来进行损伤特征提取。对拾取信号前 500 个采样点用 db10 小波函数将信号进行小波包分解并计算小波包树前 10 个节点的能量,如表 10.5.1 所列。

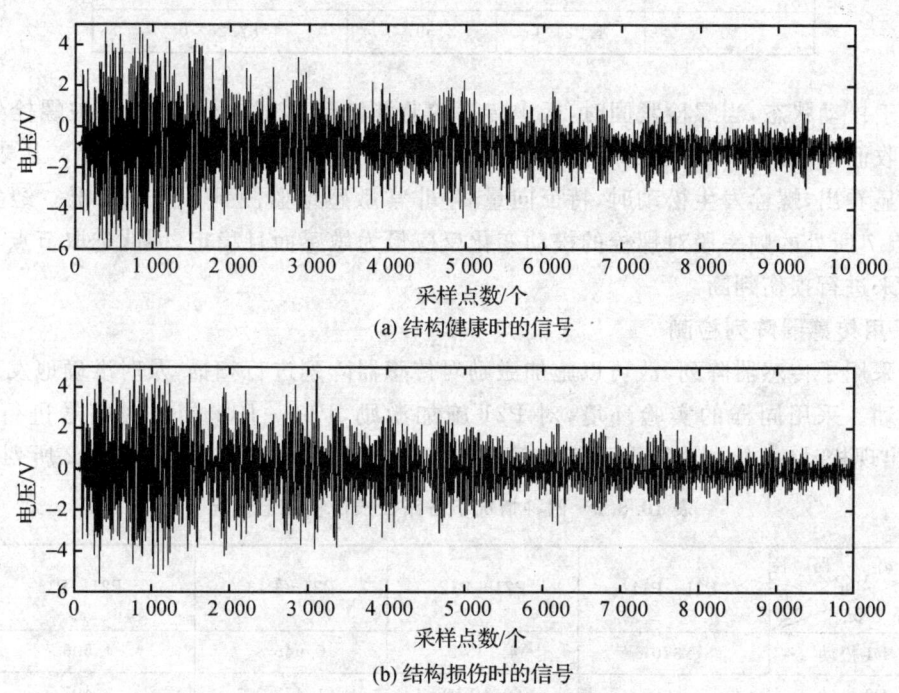

图 10.5.9 健康和损伤状况下拾取信号的对比

表 10.5.1 小波包节点能量与损伤特征向量

状态 数值 节点	紧固时	松动时	特征向量 $d_j^2/(\%)$
1	31.986 0	62.191 0	94.432 0
2	0.008 1	0.008 7	6.701 2
3	30.157 0	58.650 0	94.483 0
4	1.900 9	3.602 7	89.533 0

续表 10.5.1

数值 节点 \ 状态	紧固时	松动时	特征向量 $d_j^7/(\%)$
5	0.001 0	0.001 3	31.435 0
6	0.006 9	0.007 5	9.006 4
7	25.093 0	47.017 0	87.370 0
8	4.646 4	8.723 0	87.740 0
9	0.011 1	0.008 6	22.407 0
10	1.921 0	3.597 2	87.262 0

相对于松动状态,当螺栓紧固时,板中传播的监测波到达螺栓处,其能量被螺栓处的边界反射和吸收而造成的衰减程度深。因此紧固时的小波包节点能量就相对较小。从表 10.5.1 中可以明显看出,螺栓发生松动时,特征向量 d_j^7 非常敏感地监测到了这一情况。经多次试验发现,节点 7 所处的频率段对螺栓的松动变化反应最为敏感而且稳定,因此选取节点 7 的损伤特征向量来进行损伤判断。

2. 采用传感器阵列检测

由于采用了传感器阵列,故可以施加激励对传感器阵列进行扫描,及时准确地发现并定位螺栓的松动。采用同样的实验环境,对 P21 施加激励,P11~P14 同时对信号进行处理,在 D1~D4 出现松动时,检测小波包分解的第 7 节点的损伤特征向量,如表 10.5.2 所列。

表 10.5.2 四种情况下各路径损伤特征值情况

$d_j^7/(\%)$ \ 路径 情况	P21~P11	P21~P12	P21~P13	P21~P14
D1 松动	87.370 0	4.145 2	6.945 8	4.506 7
D2 松动	2.832 7	60.107 0	1.472 0	3.497 5
D3 松动	4.295 8	3.794 3	59.469 0	4.289 4
D4 松动	3.831 1	0.733 5	3.391 4	120.180 0

将 4 种情况绘制成曲线,如图 10.5.10 所示。从图中可以明显看出,通过传感器阵列的扫描,当结构上某个紧固件松动时,该紧固件所在的信号路径的损伤特征值会明显增大。例如螺栓 D2 发生松动时,第 2 条路径(P21~P12)的损伤特征值增大到 60.1%,而其他路径的损伤特征值均接近于 0,由此可以在大型结构表面迅速检测并定位出紧固件的损伤。但从数据中也可以看出,4 种情况下发生损伤时,相应路径损伤特征值的改变并不是相同的。这是由于各条路径的路径长度、传感器粘贴工艺和传感器特性的不一致性造成的。在采用表驱动法进行

标定时,可以通过在各条路径的驱动表中设置相应的补偿系数来调整,增加其一致性。在多个损伤同时发生时,会出现多个路径的损伤特征值同时增大的情况,采用同样的定位方法可以同时定位出所有的损伤点。

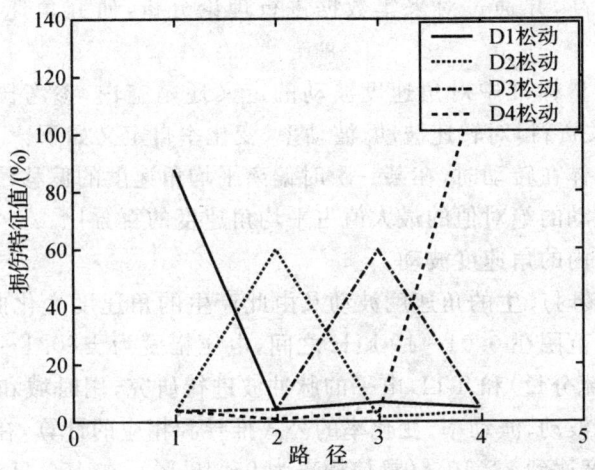

图 10.5.10　4 种情况下各路径损伤特征值

10.5.6　结　论

实验结果表明,将压电传感器阵列分布在大型结构的紧固件中,并采用小波包能量提取损伤特征值的方法,可以迅速有效地对结构紧固件的健康状况进行监测,能够准确及时地发现结构的损伤状况,是传统的无损检测手段无法比拟的,具有一定的理论价值和实际意义。

10.6　航空标定转台的角速度波动检测仪电路

转台和离心机分别是标定航空用的角速度陀螺和加速度计的必备设备,其转动平稳性对角速度陀螺和加速度计标定数据的可信度有很大影响。实际标定时,转台和离心机以某一恒定角速度 ω 运行,角速度陀螺和加速度计位于以转台和离心机中心为圆心,以 r 为半径的圆周上。以离心机为例,如果它在转动过程中角速度发生 $\Delta\omega$ 的波动,将使加速度计的标定数据有 $(\Delta\omega)^2 r$ 的积累误差,从而对加速度计的质量评定产生重大影响。对匀速运动时的角速度波动进行监测与分析,将提高计量的可信度。

测出作为标定设备如转台等其他旋转体的角速度波动,不但可以减小它本身误差造成的被标定对象的误差积累,而且对标定设备的研制和改进起到很好的促进作用,同时为拟定该类非标准设备的检测规程打下基础。因此,该课题的研究是属于探索性强的应用性研究。

10.6.1 角速度波动技术研究的内容

研制作为工业标准的测试系统的目的,是对转台等标定设备进行合格性检验,其测量方法要确保测量精度足够高,并通过对采集数据进行理论分析,研究角速度波动的偏移曲线等问题。

目前,国家级的计量标准中对角速度波动的定义还是空白,参考国内外转速波动(rotational fluctuation)相关资料,对转速波动、波动率、变化率自定义如下。

波动:转台等旋转体在转动时,在某一瞬时偏离平均角速度的偏移量。

波动率:角速度波动的绝对值的最大值占平均角速度的百分比。

变化率:单位时间内的角速度波动。

以旋转体匀速旋转时产生的角速度波动及由此产生的角速度变化曲线为研究的对象,主要完成内容有:对频率范围在 0.01~10 kHz 之间,电压幅度为 ±(0.1~5) V 的三角波、正弦波(有 0~0.1 V 的直流分量)和 TTL 电平的脉冲波进行研究,用时域和频域两个不同的理论分析方法,完成角速度波动、波动率、变化率的公式推导和相应的计算,在 0.01~100 Hz 内,角速度波动测量不确定度达到 3×10^{-6}(置信概率为 95.45%),在 100 Hz 以上至 10 kHz,角速度波动测量不确定度达到 1×10^{-5}(置信概率为 95.45%),检测仪输入阻抗大于 20 MΩ。

10.6.2 检测仪的组成

检测仪的组成框图如图 10.6.1 所示。

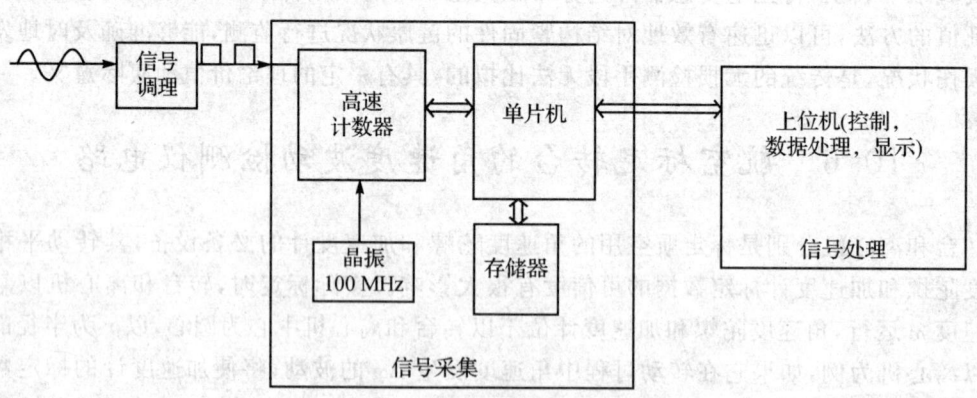

图 10.6.1 检测仪组成框图

检测仪由信号调理、信号采集和信号处理三个部分组成。

1. 信号调理

检测仪测量的目的是对角速度波动的测量,所以与信号幅值基本无关。输入信号有正弦波、三角波及脉冲波,必须把正弦波、三角波变换成 TTL 电平的脉冲信号,然后与脉冲波一起送到信号采集。因此,主要分析正弦波、三角波的信号调理电路。

按技术条件,调理电路设计时必须考虑:
- 输入阻抗大于 20 MΩ。
- 在 0.01~100 Hz 时,整机角速度波动的测量不确定度达到 3×10^{-6}(置信概率为 95.45 %),所以,调理电路角速度测量不确定度就必须小于 3×10^{-6}(置信概率为 95.45 %)。

当输入为正弦波、三角波时,电路原理框图如图 10.6.2 所示。

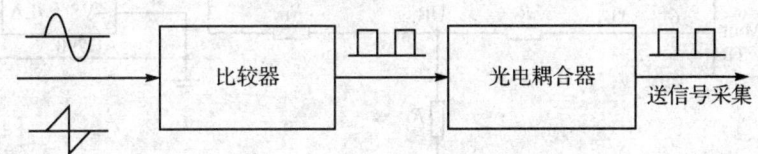

图 10.6.2　输入为正弦波、三角波电路原理图

输入正弦波、三角波首先经过比较器,变为 TTL 电平的脉冲信号,再经过光电耦合器,与输入端隔离后,进入后级信号采集部分。

(1) 比较器

输入信号可以与设置的参考电压同时通过比较器,得到脉冲信号,难点在于输入信号幅度范围很宽,是从 0.1~5 V。若输入信号在 0.1 V,则参考电压必须选在 0~0.1 V 之间,因为在 0 V 附近,干扰会很大,将使输出信号频繁在高低电平之间变化,产生很大误差。

若采用两个不同阈值电压来触发高低电平,则只要干扰信号的电压不超过阈值范围,比较器的输出就不会受到影响,这就是滞回比较器。滞回比较器的原理是用正反馈的方法,通过外接一定电阻,增加电路的抗干扰性能。滞回比较器分为同相滞回和反相滞回两种。为了在设计电路时,理论计算该调理电路的角速度测量的不确定度必须小于 3×10^{-6}(置信概率为 95.45 %)的技术指标要求,设计了由同相滞回比较器和反相滞回比较器组成的电路进行理论分析。

电路的元器件主要包括比较器、基准电压源(产生参考电压 U_r)和高速光电耦合器三种。为了满足技术指标要求,选择芯片基于高速、高阻抗和低漂移三个准则。

1) 比较器选用

比较器选用 AD 公司高速精密比较器 AD790,它的主要指标如下:

① 供电电压 V_s 有单 +5 V、±5 V、+5 V/12 V 和 ±15 V 四种,在此处应用其 ±5 V 双电压源,减少上升沿毛刺;差模输入范围 $\pm V_s$,满足输入信号 0.1~5 V 的要求。

② 建立时间≤45 ns,远远高于技术指标的 10 kHz 的输入信号。

③ 输入阻抗为 20 MΩ,满足信号调理部分对输入阻抗的要求。

2) 基准电压源的选用

基准电压源选用 AD 公司的精密电压源 AD586,它的输出电压为 5 V,温漂为 2×10^{-6}/℃。

3) 高速光电耦合器的选用

光电耦合器选用 6N137 高速光电耦合器,开关时间为 75 ns,输入兼容 TTL 电平,输出也为 TTL 电平，便于输入到后级进行信号采集。

由上述元器件构成的同相及反相滞回电路原理图如图 10.6.3 及图 10.6.4 所示。

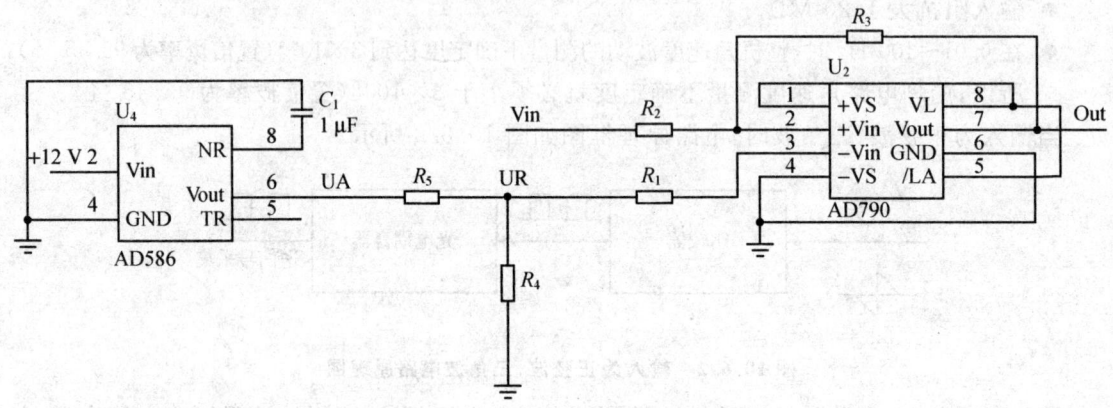

图 10.6.3　同相滞回特性电路原理图

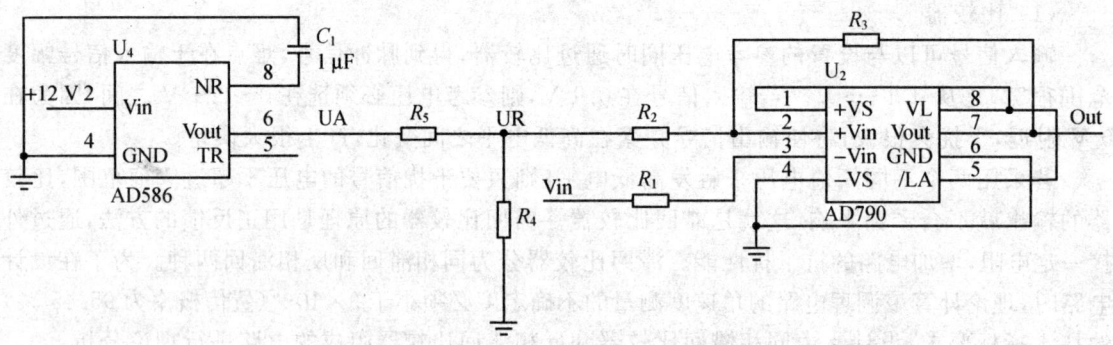

图 10.6.4　反相滞回特性电路原理图

产生测量误差的主要原因是环境温度的变化，表现为电路中电阻温漂造成的误差、基准电压源温漂造成的误差。最终使信号阈值电压发生上下漂移，进而使信号的脉宽发生变化。

本课题中选用精密电阻，阻值精度达到 1/10 000，温漂为 $5×10^{-6}/℃$，基准电压源温漂为 $2×10^{-6}/℃$。

通过计算，信号同相输入比较器后造成的周期测量相对误差如下：

阈值电压正向温漂时为 $2.75×10^{-6}$，阈值电压负向温漂时为 $2.75×10^{-6}$。

角速度的测量误差在信号调理部分就体现在周期测量误差上，调理电路技术指标要求角速度测量不确定度小于 $3×10^{-6}$（置信概率为 95.45 %），所以应用同相滞回特性电路是可以满足调理电路角速度测量不确定度的要求的。

同样，信号反相输入比较器后造成的周期测量相对误差如下：

阈值电压正向温漂时为 0.9×10^{-7}，阈值电压反向温漂时为 0.9×10^{-7}。

采用反相滞回特性电路，可以使周期测量相对误差较好地达到技术指标的要求，所以采用该特性电路。检测仪的信号调理电路原理图如图 10.6.5 所示。

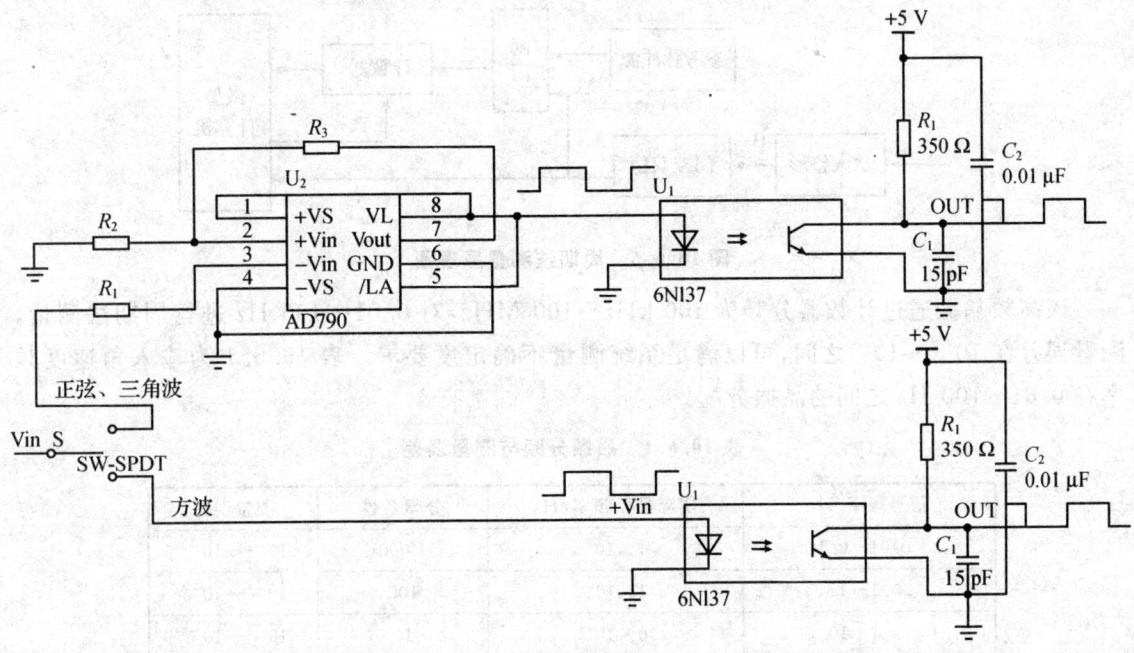

图 10.6.5　信号调理部分电路原理图

（2）光电耦合器

输入信号经过比较器后，还需通过高速光电耦合器 6N137，光电耦合器能起到与后级信号采集部分隔离的作用，6N137 的建立时间为 45 ns。

脉冲信号经过光电耦合器会造成一定的延时误差，为了消除或者减小这个误差，在信号处理时使用光电耦合器输出波形的单沿（上升沿或者下降沿），用一个周期来进行角速度测量，以减少延时误差。

2. 信号采集

（1）数据采集

角速度的测量可以归结为信号脉宽的准确测量。由于被测角速度范围为 0.01 Hz～10 kHz，为了满足角速度波动测量的不确定度要求，角速度测量采用了两种方法分别进行。

1）周期法测量

被测角速度为 0.01～100 Hz 时采用周期法测量，周期法测量原理是用标准参考脉冲 f_r 来测量被测信号的脉宽，得到被测信号的周期。该测量方法原理图如图 10.6.6 所示，该测量方法会引起±1个脉冲的计数误差,即原理性误差,因此,选择一个高精度高频晶振作为参考脉冲源显得尤为重要。本课题采用北京某石英晶体有限公司的高频晶振(100 MHz),输出为TTL电平,带温度补偿,标称精度为$6×10^7$,年稳定度达到$3×10^{-7}$。

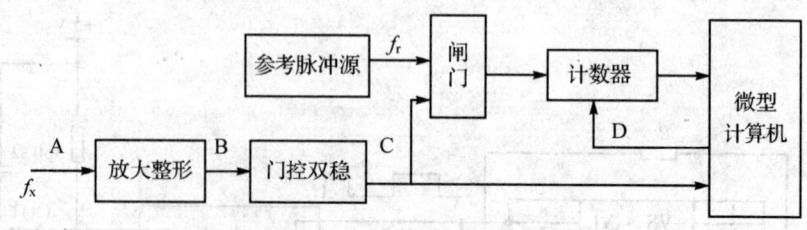

图 10.6.6　周期法测量原理图

该高频晶振通过计数器分频为 100 kHz~100 MHz,对 0.01~100 Hz 进行周期法测量,测量误差在 10^{-7}~10^{-6} 之间,可以满足系统测量不确定度要求。表 10.6.1 为输入角速度频率在 0.01~100 Hz 之间的晶振分配。

表 10.6.1　晶振分频与测量误差

信号频率/Hz	实际晶振频率/Hz	分频系数	测量误差
0.01~0.1	$1×10^5$	1 000	10^{-7}~10^{-6}
0.1~1	$1×10^6$	100	10^{-7}~10^{-6}
1~10	$10×10^6$	10	10^{-7}~10^{-6}
10~100	$100×10^6$	1	10^{-7}~10^{-6}

2) 多周期法测量

被测角速度大于 100 Hz 时采用多个周期测量方法,测量原理图如图 10.6.7 所示。该方法是采用两个计数器,计数器 1 累计闸门开启时间内的参考脉冲 f_r 的个数,计数器 2 对被测信号 f_x 进行计数。利用计算机自动控制计数闸门开启 m 个被测信号周期的时间,使计数器在一次测量中得到的读数值接近满量程,使被测频率误差均很小。

在 100 Hz~2 kHz 时用单个周期信号作为一个测量单位,在 2~10 kHz 时以 2 kHz 为单位,用多个周期进行测量,这种方法保证了测量数据能够反映角速度波动的频率。

(2) 电路组成

采集部分硬件组成框图如图 10.6.8 所示。

1) 单片机

单片机完成硬件部分控制,并做简单的数据计算、与上位机通信等,选用 80196,其晶振频率为 12 MHz,内部总线宽度为 16 位,每条指令的运行周期短,执行速度较快。

由于单片机的存储空间只有 64 KB,故在片外扩充了两片 DS1230,它为非易失性 SRAM,

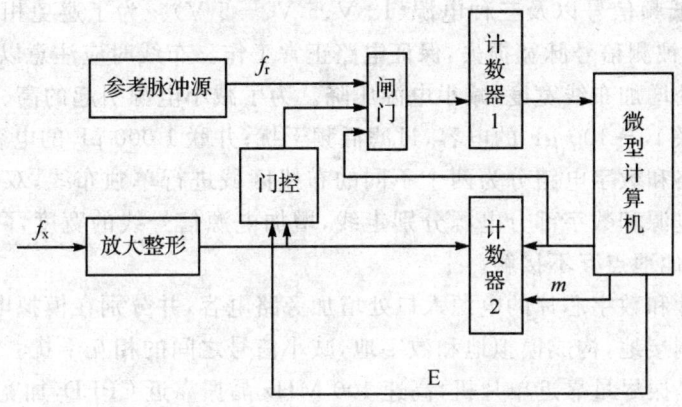

图 10.6.7 多周期法测量原理图

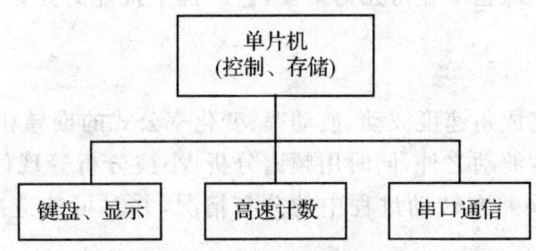

图 10.6.8 硬件组成框图

内部有高能量纽扣电池,理论上数据可保存 10 年,读取速度达 150 ns,起到了快速 RAM 的作用。

2) 键盘与显示

键盘输入和显示控制均由可编程键盘、显示器口芯片 8279 完成,它用于单片机系统,可以提高 CPU 效率,并使接口电路更具有通用性。

3) 高速计数

为了与高速晶振相匹配,计数器采用了 CPLD 高速器件(XC9514XL-5TQ100C)作为 24 位计数器,通过在线编程实现计数器功能。它服从表 10.6.1 的分频与计数,计数误差在 $10^{-7} \sim 10^{-6}$ 之间。

4) 串口通信

串口通信负责与上位机(PC)进行数据交换。通过 MAX232 电平转换芯片,将 TTL 电平转换为 -12 V 电平。

(3) 印刷电路板的设计

制作的印刷电路板中包括了模拟电路、单片机及外围电路、键盘和显示电路、通信接口电路、CPLD 及外围电路、电源 6 个部分。印刷电路板的设计综合了模拟信号、数字信号、高频

(100 MHz)信号、低频信号以及三种电源(12 V、5 V、-5 V)。为了避免相互之间的串扰,尽量减小布线造成的被测信号脉宽损失,保证电路正常工作。布线时应注意以下几点：

- 电源入口处增加布线宽度,减小电源压降。为了减小电源引起的高、低频干扰,在电源入口处并联 10~100 μF 的电容,过滤低频干扰;并联 1 000 pF 的电容,过滤高频干扰。
- 将模拟电路和数字电路分为两个不同的布线区域进行单独布线,双方之间互不干扰。模拟部分电源和数字部分电源分别走线,增加电源信号线的宽度,两者仅在电源入口处汇合,其他地点互不接触。
- 在模拟芯片和数字芯片的电源入口处增加旁路电容,并分别在模拟电路部分和数字电路部分覆铜接地,构成模拟地和数字地,减小信号之间的相互干扰。
- 单片机的晶振尽量靠近单片机,高速 100 MHz 晶振靠近 CPLD,加宽 100 MHz 的输出信号宽度,减小高频信号对其他信号的干扰。

印刷电路板工艺在该课题中显得尤为重要,它的抗干扰能力是该电路板能否调试成功的关键。

3. 信号处理

信号处理部分主要完成角速度波动、波动率、变化率公式的推导和计算。除了应用时域等经典方法直接显示角速度波动之外,同时用频谱分析、小波分析等现代信号处理方法,观察角速度波动范围的变化和误差在转动过程中的分布情况,并对可能造成波动的原因作初步的判断。

由信号采集得到的角速度数据为一系列高频晶振的计数值 $N_i(i=1,2,\cdots,n)$,晶振的周期已知为 μ,则对应的频率为

$$f_i = \frac{m}{N_i \times \mu}$$

式中,m 为一次测量的被测脉冲个数,从而得到瞬时角速度

$$\omega_i = \frac{m}{N_i \times \mu} \times 2\pi \quad (i=1,2,\cdots,n)$$

转台的标准角速度为 ω,角速度波动 $\Delta\omega_i = \omega_i - \omega$,角速度波动率为

$$\delta_\omega = \frac{\Delta\omega_i}{\omega} \times 100\%$$

角速度变化率为

$$\omega'_i = \frac{\Delta\omega_i}{T} = \frac{\Delta\omega \times m}{N_i \times \mu}$$

根据中华人民共和国国家军用标准 GJB 3756—99《测量不确定度的表示及评定》,本课题是对高速基准脉冲数进行计数,用计数脉冲数来进行角速度波动的分析,获得的数据是直接得到的数据,在军用标准中属于 A 类标定方法。

推导出置信概率为 95.45% 的角速度测量不确定度为

$$U_\omega = 2\sqrt{\frac{1}{n(n-1)}\sum_{i=1}^{n}\left(2\pi\frac{1}{C_{Ti}\cdot T} - 2\pi\frac{1}{C_B\cdot T}\right)^2}$$

式中,C_B 为单个被测脉冲周期内高速标准脉冲的理论计数个数,C_{Ti} 为单个被测脉冲周期内,高速标准脉冲个数的测量值。

10.6.3 系统的软件组成

整个系统的软件分为上位机和下位机软件两个部分,组成如图 10.6.9 所示。其中下位机软件主要完成信号的采集和存储工作;上位机用不同的处理方法对下位机采集的信号进行处理,完成角速度波动、波动率、变化率的测量和分析。

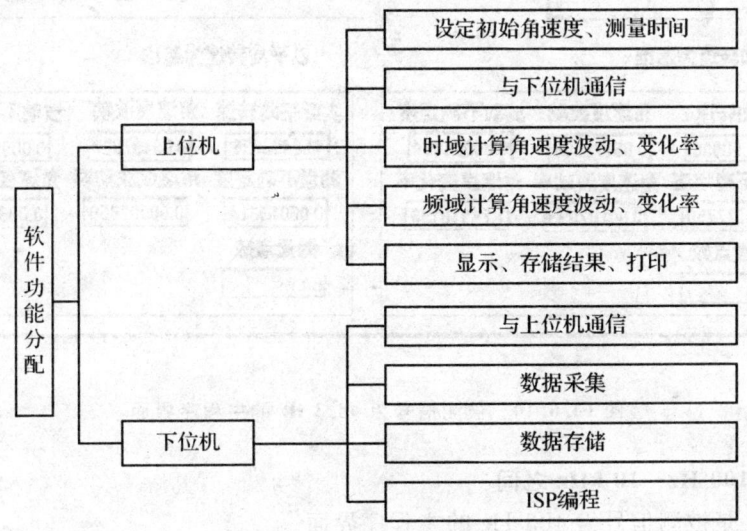

图 10.6.9 系统软件的组成

10.6.4 系统联调

系统调试按输入角速度对应频率分为两个部分,分别是 0.01~100 Hz、100 Hz~10 kHz。

1. 频率在 0.01~100 Hz 之间

按表 10.6.1 应分 4 个测量挡,通过 CPLD 对外接标准晶振进行分频,由 24 位计数器进行计数,每个测量挡的测量不确定度必须在 $10^{-7} \sim 10^{-6}$ 之间。

图 10.6.10 是被测信号为 48.3 Hz 的主程序界面。

以平均转速为基准,角速度波动的不确定度为 2.75×10^{-6}(置信概率为 95.45%),符合技术指标的要求。

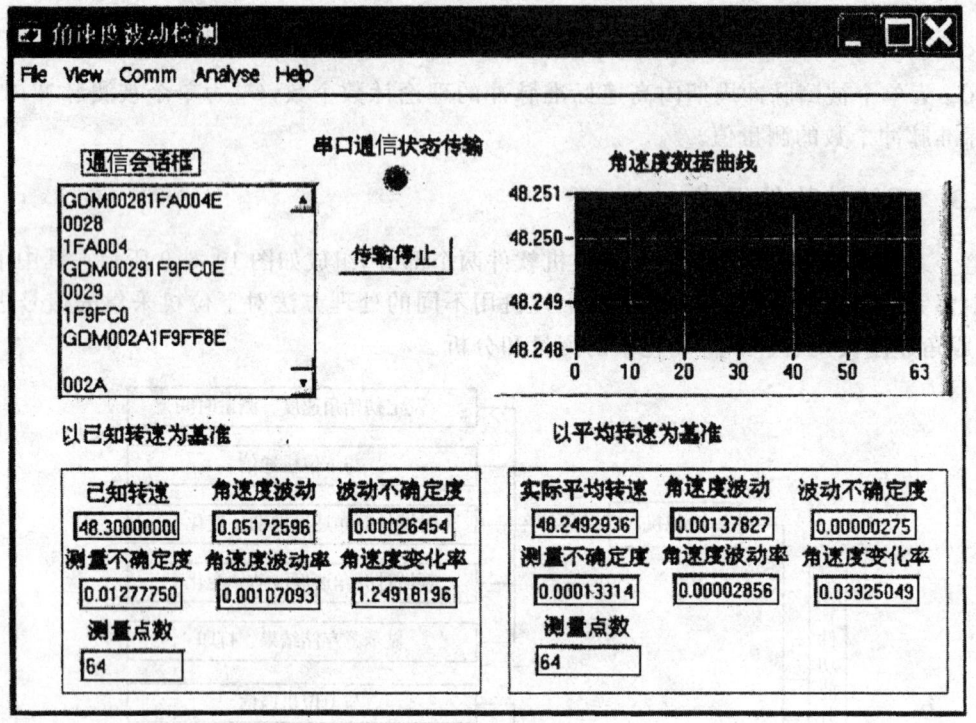

图 10.6.10 被测信号为 48.3 Hz 的主程序界面

2. 频率在 100 Hz～10 kHz 之间

图 10.6.11 是被测信号为 483 Hz 的主程序界面。

以平均转速为基准,角速度波动的不确定度为 2.73×10^{-6}(置信概率为 95.45 %),符合技术指标的要求。

图 10.6.12 是被测信号为 5.9 kHz 的主程序界面。

以平均转速为基准,角速度波动的不确定度为 5.2×10^{-6}(置信概率为 95.45 %),符合技术指标的要求。

从图 10.6.10～图 10.6.12 中可以看出:以平均转速为基准,该测试仪的角速度波动不确定度达到了技术指标的要求。

角速度波动的测量精度还可以进一步提高,可以从以下两个方面着手:
- 硬件精度的提高。如果提高比较器、精密电阻等自身的精度,则可以使信号转换精度相应提高,从而减小信号转换造成的信号测量脉宽影响;提高晶振的频率(如使用 ECL 输出),使用更快的 CPLD 芯片,可以使数据采集部分造成的脉宽误差损失降低,从而提高系统的测量不确定度。

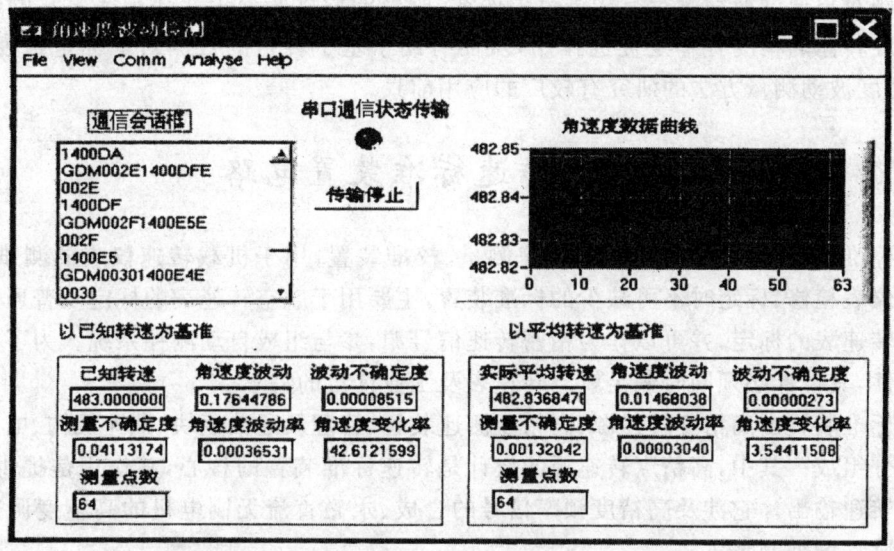

图 10.6.11 被测信号为 483 Hz 的主程序界面

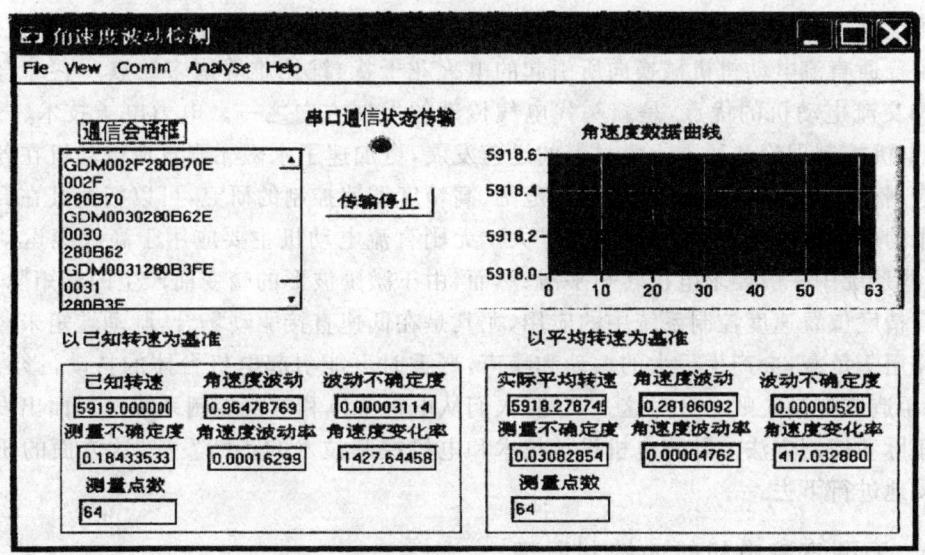

图 10.6.12 被测信号为 5.9 kHz 的主程序界面

- 数据采集所使用的多周期法存在 ±1 计数的原理性误差。要减小这个原理性误差,除了提高晶振速度之外,还可以将此原理性误差再进行分解。若使用快速电容充放电法,使 ±1 原理性误差有比较具体的量值,则可以将多周期法的测量精度提高一个数量级以上。

本课题对角速度波动测量方法进行了探索，所需的后续研究工作还很多。它的研究对提高转台等旋转体的精度有一定促进作用，从而有助于基于转台的被测对象标定精度的提高。因此，角速度波动测量方法的研究有较广的应用前景。

10.7 转速标准装置电路

转速标准装置，是一种高精度的转速测量、校准装置，用于机载转速仪表的测试和校准。它是测速仪表检修、标定时不可缺少的标准装置，主要用于航空转速表的标定及普通转速传感器和数字转速表的标定，并可以作为精密转速信号源，参与组成自动测控系统。为了提高该设备的通用性，其设计必须同时满足航空转速表及工业计量的需求。

转速标准装置由高精度转速源、高精度测速装置、管理及通信模块、减速机构、电源配给模块等几部分组成。其中，高精度转速源的设计是转速标准装置的核心，其作用是提供高精度、宽范围的转速输出。它涉及高精度频率信号的合成、永磁直流无刷电机的高精度调速稳速控制和转矩脉动的抑制。

转速标准装置所采用的无刷直流电机既具备交流电动机结构简单、工作可靠、维护方便、寿命长等优点，也具备普通直流电动机运行效率高、转矩大、调速方便、动态性能好等优点，同时克服了普通直流电动机机械换向所引起的电火花干扰、维护难等诸多缺点。它综合了直流电动机和交流电动机的优点，是新一代电气传动的发展方向之一。电力电子技术、微电子技术、新型电机控制理论和稀土永磁材料的迅速发展，更加速了永磁无刷直流电动机在各领域内的广泛应用。而对永磁直流无刷电机宽范围、高精度调速控制的研究，可以拓宽其在高性能控制系统中的应用范围，使其优势进一步扩大。无刷直流电动机主要应用于高性能运动控制系统，在这些系统中一般要求电机转矩平滑；然而，由于激励波形的畸变而产生的转矩脉动，限制了它在高精度位置速度控制系统中的应用，尤其是在低速直接驱动场合，脉动转矩未经减速机构直接作用于负载，会产生很大的振动和噪声，严重时可能引起电机台体的抖动，影响电机的性能，甚至造成控制失败。针对这一问题，人们从电机本体和电机控制系统两方面出发提出了多种转矩脉动控制方法。随着电机设计技术和电机控制技术的不断发展，这方面的研究还会不断深入地进行下去。

10.7.1 无刷直流电机转速控制原理

无刷直流电机是利用电子换向技术代替传统直流电机的机械换向的一种新型直流电机，它保持着有刷直流电机的优良机械及控制特性，在电磁结构上和有刷直流电机一样，但它的电枢绕组放在定子上，转子上放置永久磁钢。无刷直流电机的电枢绕组像交流电机的绕组一样，采用多相形式，经由逆变器接到直流电源上，定子采用位置传感器实现电子换向代替有刷直流电机的电刷和换向器，各相逐次通电产生电流。该电流和转子磁极主磁场相互作用，产生转矩。和有刷直流电机相比，无刷直流电机由于革除了滑动接触机构，因而消除了机械故障的主要根源。无刷直流电机的转子与定子的结构与有刷直流电机相反：转子为永磁式，定子为电枢，散热性能比有刷直流电机好。由于转子上没有励磁绕组，因此转子铜损忽略不计。又由于转子和主磁场同步旋转，因此铁损极小；除了轴承旋转产生摩擦损耗外并无电刷和换向器间的摩擦损耗，因而进一步提高了电动机的效率。根据不同的绕组接法，控制方法可分为三相半控、三相全控Y形连接、三相全控三角形连接。全控型根据通电次序的不同可分为两两通电方式和三三通电方式。

在本设计当中，无刷直流电机采用了两相导通星形三相六状态工作方式，其控制比较简单，性能最好，如图10.7.1所示。

各IGBT的导通顺序为T_1、$T_2 \to T_2$、$T_3 \to T_3$、$T_4 \to T_4$、$T_5 \to T_5$、$T_6 \to T_6$、T_1，如图10.7.1所示。当T_1、T_2导通时，电流的路线为电源$\to T_1 \to$ A相绕组、B相绕组和C相绕组$\to T_2 \to$地。其中，B相与C相串联，再与A相并联。如果A相绕组中的电流为I，则B、C两相绕组中的电流约为$I/2$，总电磁转矩约为单相电磁转矩的2倍。但各相绕组在反电动势的过零点导通，在反电动势平顶部分关断，瞬时电磁转矩存在转矩脉动。

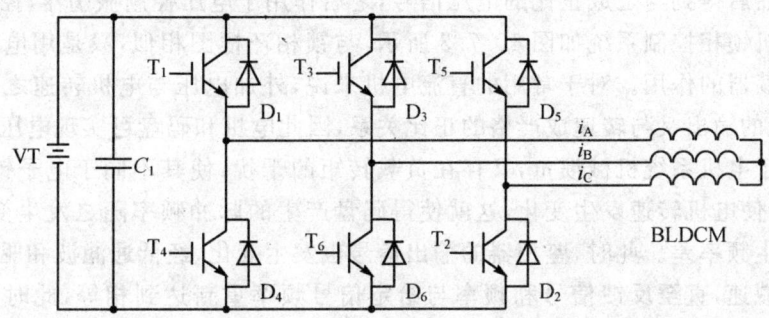

图10.7.1 无刷直流电机的工作方式

10.7.2 电机锁相控制

锁相环PLL(Phase Locked Loop)技术也称自动相位控制技术，出现于20世纪30年代，最早的应用是40年代电视接收机的行扫描电路和供色度信号解调的副载波振荡电路。直到70年代初期，随着低成本高性能集成锁相环电路的出现，锁相技术才在工业领域成为整个通信和电子领域的一项重要技术。锁相环是频率和相位的同步控制系统，实现输入参考信号和反馈信号的频率相等、相位差恒定。利用锁相环技术可实现数字信号的同步，将这个思想引入电机的速度控制系统中，则能够实现稳态精度很高的转速控制。

锁相环(简称PLL)是一种反馈控制系统，也是闭环跟踪系统，其输出信号的频率跟踪输入信号的频率。当输出信号频率与输入信号频率相等时，输出电压与输入电压保持固定的相位差值,故称为锁相环路,简称锁相环。

锁相环的基本构成如图 10.7.2 所示,由三大部分组成:鉴频鉴相器(FPD)、环路滤波器、电压控制振荡器。鉴频鉴相器有鉴频和鉴相的双重功能。当输入和输出信号频率相同时,它能检测出输入和输出信号的相位差,并将其转化为脉冲信号;当频率不相同时,输出为非线性的频差信号,将输出向频差减小的方向改变。环路滤波器一般为低通滤波器,用于滤除鉴相器输出的高频分量和干扰信号。压控振荡器是电压/频率转换电路,其输出频率取决于环路滤波器的输出,也就是取决于鉴频鉴相器的输出。

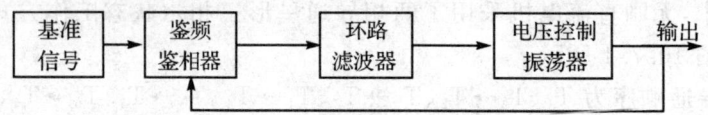

图 10.7.2　锁相环的基本结构

整个锁相环的工作原理为:电压控制振荡器产生的输出频率作为反馈频率,在鉴频鉴相器中与基准频率进行频率和相位的比较。鉴频鉴相器的输出反映了其频率差和相位差。此信号经过环路滤波器后得到与之成正比的电压信号,之后作用于电压控制振荡器,控制输出频率。

传统的电机锁相控制系统如图 10.7.3 所示,与锁相环框图相似,只是用电机和码盘代替了电压控制振荡器的作用。对于常用的直流电机来说,外加电压与电机转速之间有良好的线性关系,而码盘的输出又与转速成严格的正比关系,因此电机和码盘可实现电压控制振荡器的作用;但是,由于电机系统机械惯量,又存在负载转矩的干扰,使其不同于电子锁相环,一旦负载出现扰动,会使电机转速发生变化,这就使得码盘产生的脉冲频率随之发生变化,它和给定信号频率就产生频率差。此时,鉴相器的输出信号也发生变化,经低通滤波和驱动电路而使电机短暂升速或减速,直至反馈信号和频率与给定信号频率重新达到相等,此时电机重新达到稳态。

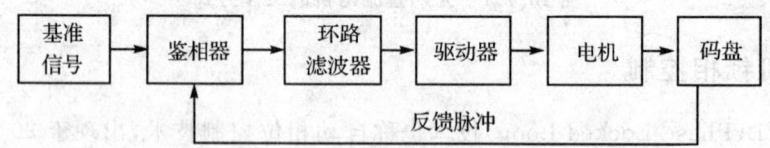

图 10.7.3　电机锁相控制系统结构

10.7.3　转速标准装置的组成及工作原理

转速标准装置的工作原理就是采用锁相技术及 PWM 鉴相技术相结合的电机控制技术控制直流无刷电机,并采用转矩脉动抑制策略,使得转速标准装置在较大的转速输出范围内具有较高的精度和稳定性。

转速标准装置的总体框图如图 10.7.4 所示,其功能如下:通过人机交互部分,输入要检测的仪表的速度值,主控制器控制控制脉冲产生单元产生与转速对应的控制脉冲信号,同时辅助调压部分输出相应的电压值;电机码盘输出与电机转速成正比的反馈脉冲信号,这个信号与控制脉冲信号在鉴频鉴相器(FPD)中作比较,FPD输出的相位差信号作为控制信号直接控制电机。当控制脉冲信号与反馈脉冲信号同频后,电机即运行在锁相状态,输出转速具有很高的精度。副控制器用于控制电机减小低转速下电机的转矩脉动。当电机锁相时,人机交互部分中的显示器可以实时显示当前速度以供校验仪表使用。

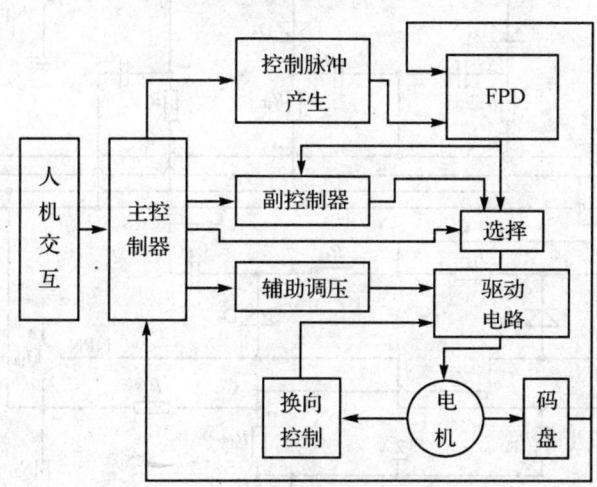

图 10.7.4 转速标准装置的总体框图

现介绍锁相控制系统中两个重要的关键环节:鉴频鉴相器(FPD)和驱动器的设计原理。

1. 鉴频鉴相器

鉴频鉴相器的输入为基准脉冲信号和电机转速反馈脉冲信号,当工作于鉴相状态时,其输出为与相位差成正比的脉冲信号;当工作于鉴频状态时(两个输入信号不同频时),输出为高电平或为低电平,从而可以快速控制电机速度,使反馈信号与输入信号同频。

为了实现输入信号不同频时的输出要求,设计的鉴频鉴相器由分立的晶体管电路组成,如图 10.7.5 所示。这种鉴频鉴相器的特性如图 10.7.6～图 10.7.8 所示。

如图 10.7.6 所示,当基准脉冲信号频率高于反馈脉冲信号时,即电机转速比给定速度慢时,输出为恒定的高电平,这样电机会以最大的速度加速,从而快速达到给定速度。

如图 10.7.7 所示,当基准脉冲信号频率低于反馈脉冲信号时,即电机转速比给定转速快时,输出为占空比极低的脉冲信号,电机会较快地减速,从而接近给定速度。

如图 10.7.8 所示,当基准脉冲信号频率与反馈脉冲信号相同时,鉴频鉴相器进入鉴相工作状态,其输出为与相位差成正比的脉冲信号,相位差越大,占空比越大。在此状态下电机进入稳态,保持与基准脉冲信号高度一致的速度运行。

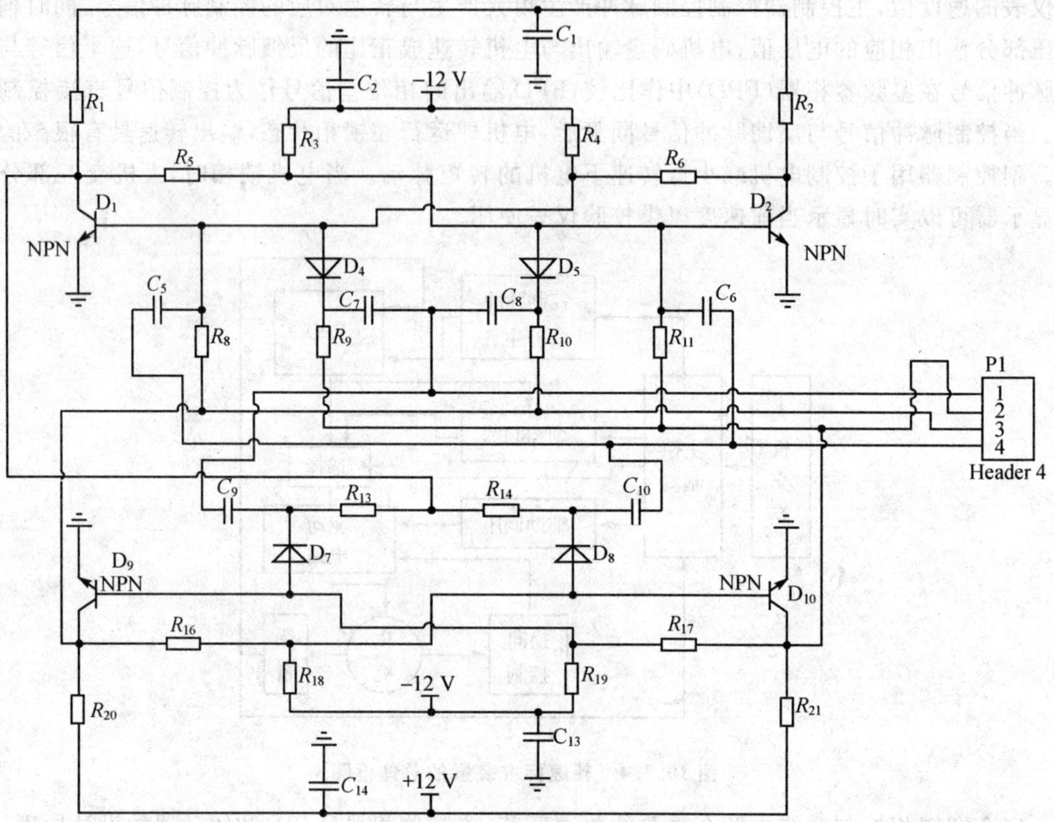

[图 10.7.5 鉴频鉴相器电路图]

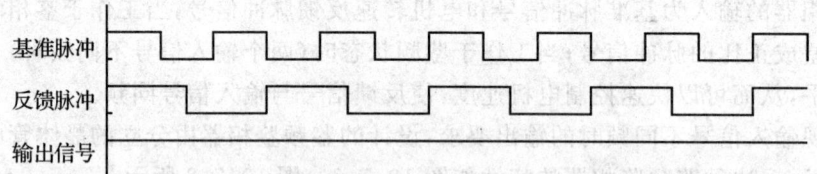

图 10.7.6 当基准信号频率高于反馈脉冲信号时，FPD 的输入/输出

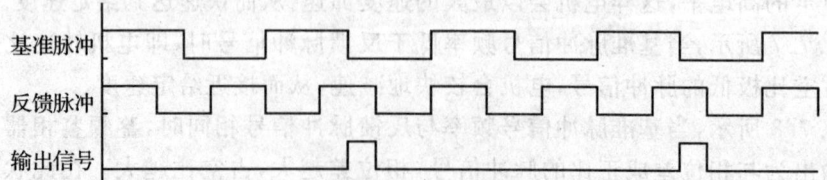

图 10.7.7 当基准信号频率低于反馈脉冲信号时，FPD 的输入/输出

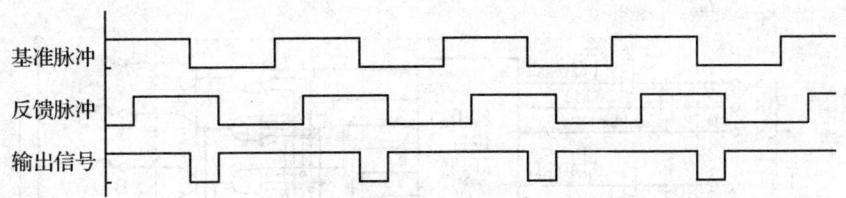

图 10.7.8　当基准信号频率等于反馈脉冲信号时，FPD 的输入/输出

2. 驱动器

直流无刷电机驱动部分主要包括换向电路和驱动电路。换向电路通过检测电机三个光电传感器的输出得到电机转子的位置信号，并根据电机转子的位置输出相应的三相控制信号，从而控制驱动部分驱动 IGBT 三相桥，最终控制电机正常运转。此部分结构图如图 10.7.9 所示。

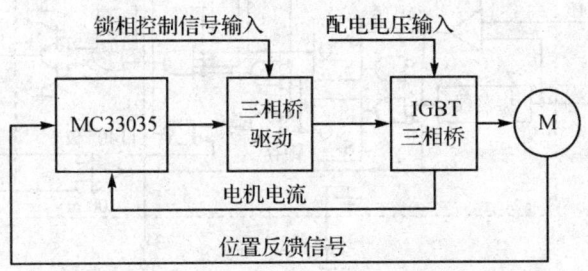

图 10.7.9　直流无刷电机的驱动电路结构图

为了保证电路的可靠性，防止控制器工作异常时损坏电机和驱动电路，这里采用专用无刷电机控制芯片 MC33035 控制换向。

MC33035 是 MOTOROLA 公司研制的第二代无刷直流电机控制专用集成电路。它具备了执行一个全特性、开环、三相或四相电机控制系统所需的全部功能。由于在制造过程中使用了双极型模拟技术，所以该产品可以在恶劣的工业环境中提供高品质特性并且十分坚固耐用。其结构如图 10.7.10 所示。

MC33035 包括一个用于确定换向顺序的转子位置译码器，一个可以为传感器提供功率补偿的温度补偿参考基准，一个频率可编程的锯齿波发生器，一个全通误差放大器，一个脉冲宽度调制比较器，三个集电极开路顶部驱动输出，以及三个适用于驱动功率 MOSFET 的理想大电流推挽式底部驱动输出。

MC33035 还具有几种保护功能，如欠压锁定功能，延迟时间可选的循环电流超限锁定停车功能，内部过热停车功能，以及一个便于与微处理器相连的故障输出信号；除此之外，还包括开环速度控制，正向、反向旋转控制，启动使能控制，以及动态制动控制等功能。

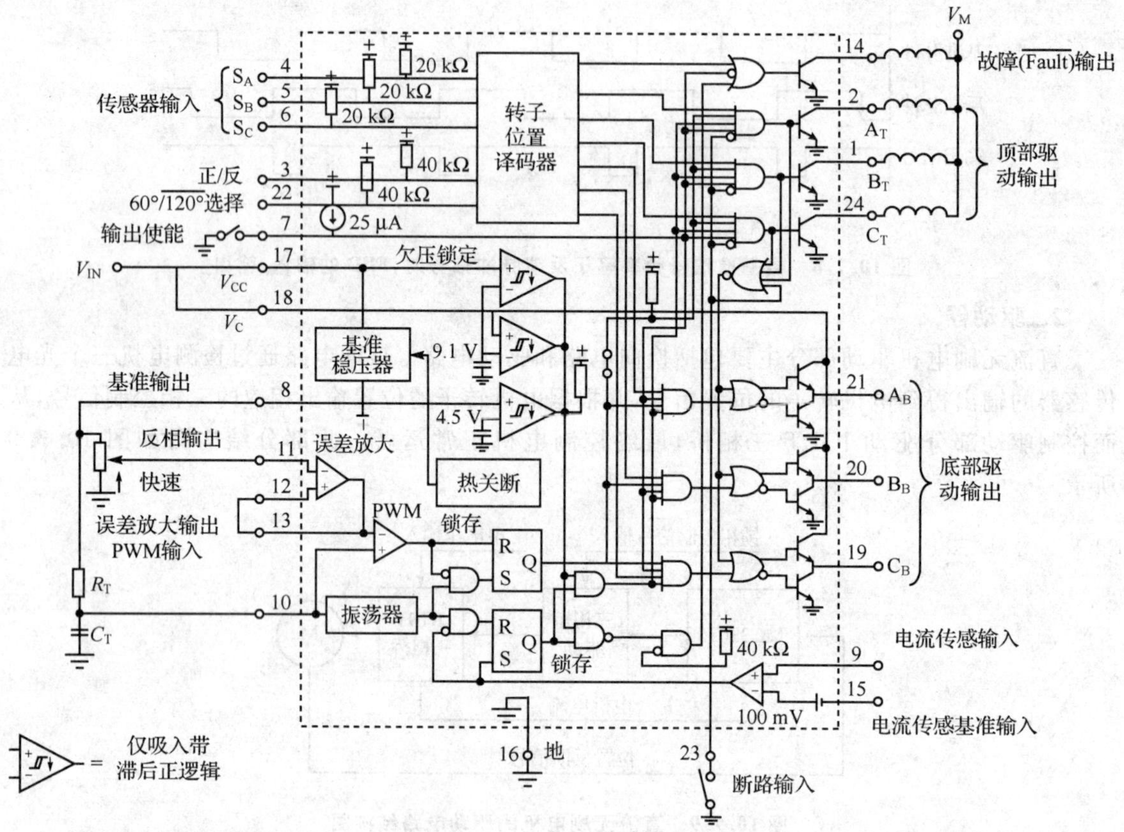

图 10.7.10 MC33035 结构图

这里 MC33035 仅仅用于换向,其 PWM 控制功能在电路上被屏蔽。而锁相控制信号直接加于驱动电路上,控制电机调速。同时,配电电压加于 IGBT 三相桥上,可以实现线性调压和双模控制中的另一种控制。

MC33035 自带过流保护电路和位置信号错误保护,当电流检测引脚电压过高或三路位置信号错误时自动切断控制输出。IGBT 三相桥通过采样电阻接地,测量采样电阻的电压就可以得出经过电机的电流,将此信号接至 MC33035 电流检测脚即可实现过流保护。

为了实现 IGBT 的高速开关,本文设计了一种高速的驱动电路,电路采用高速耐高压的分立晶体管作为门极驱动。如图 10.7.11 所示,采用 NE555P 控制的升压电路保证上桥臂门极电压高于漏极 8~12 V,保证了 IGBT 的正常开通。此电路的开关速度高于 100 kHz,经实验验证,电机转速在 200~8 000 r/min 时都可以稳定地锁相,并且各驱动管和 IGBT 无过压、发热现象出现。

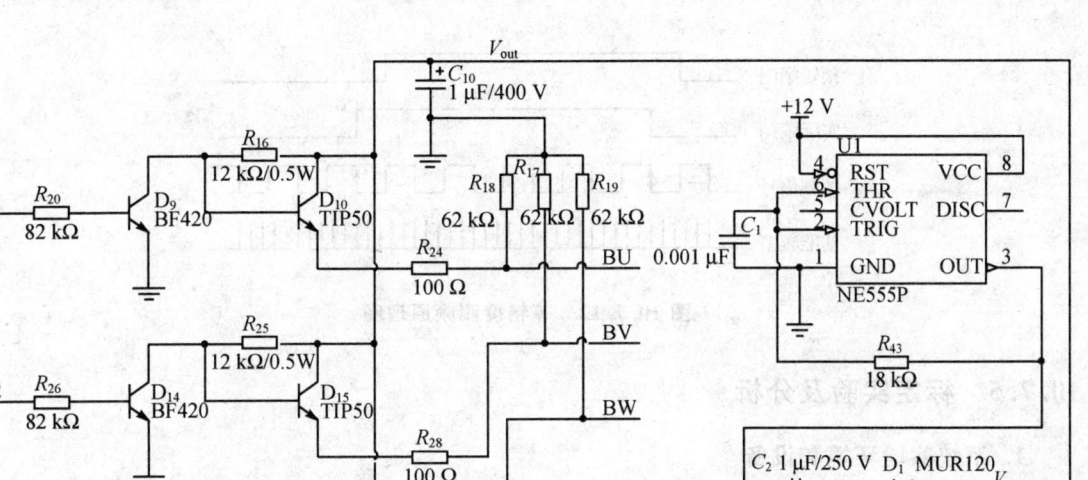

图 10.7.11　IGBT 驱动电路

10.7.4　频率量测量方法

测速是转速闭环控制的关键,高精度的转速控制首先必须完成高精度的转速测量。采用数字式测速元件——光栅编码器,将转速信号转换成具有一定频率的脉冲信号。光栅编码器由槽型光电耦合器、光码盘、光电整形放大电路组成。光电码盘连接在被测转轴上,随着被测转轴的转动产生一系列的脉冲,然后通过检测装置对脉冲进行检测,从而获得被测轴的转速。

电机转速的数字检测方法很多:频率法适用于高转速测量;周期法适用于低转速测量;等精度测频法可以实现高低速大范围内转速的测量,并达到高精度。所以对于不同系统的不同控制精度要求,采用不同的转速检测方法,既能满足控制系统的控制要求,又能达到降低成本的目的。

由于本课题设计的转速标准装置要求转速输出范围大,而且在这个大转速范围内转速输出精度要求高,所以最后采用等精度测频法进行频率测量。

光电码盘输出的脉冲信号经过整形后,通过频率采集芯片进行采集。等精度测频方法的最大特点是在整个频率范围内都能达到相同的测量精度,且与被测信号频率无关,基本原理如图 10.7.12 所示。在测量过程中,需要 2 个计数器,N_1 和 N_2 分别对被测信号和高频基准时钟进行计数。设高频基准时钟的频率为 f_0,被测频率为 f_x,则 f_x 的计算公式为 $f_x = f_0 \times N_2 / N_1$。

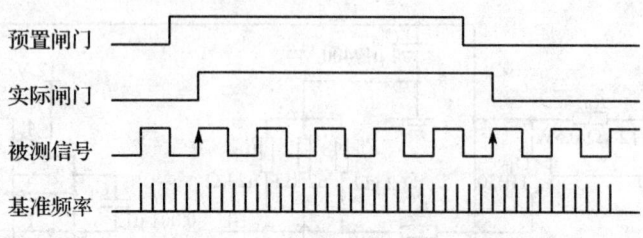

图 10.7.12　等精度测频原理图

10.7.5　标定实验及分析

1. 系统实验环境和设备

标定实验是在室温 20 ℃下进行的。用来标定转速标准装置的仪器为 CY－03 激光转速测试仪。其测速方法为激光反射式,测量范围为 1～10 000 r/min,脉冲测量精度不低于 1×10^{-4},即脉冲宽度的 1/10 000。使用方法为在电机输出轴上贴一小块反光纸,调整转速测试仪激光发射架,使光束与电机输出轴垂直,并直接照射在反光纸上。这样电机每转动一圈就产生一个脉冲,可以得出测试精度不低于 1×10^{-4} r。对应转速标准装置 200～8 000 r/min 的输出,读数精度高于 0.000 05 %RDG,高于转速标准装置精度要求(0.01 %RDG)200 倍,因此完全可以对转速标准装置进行标定。

2. 稳速实验评价指标

高精度的速度控制是以稳速控制精度为衡量标准的。为了满足高精度要求,有必要对电机的转速范围、速度控制精度进行标定,以便得出符合指标要求的适宜参数。速度稳定精度的评价方法中,稳速精度、速度平稳性、速度平稳率和稳速误差范围是衡量电机稳速控制的几项重要技术指标。

稳速精度是表示电机在设定的电压范围 $U_{min}\sim U_{max}$ 和转矩范围 $M_{min}\sim M_{max}$ 内,电机稳定工作速度 Ω 相对于给定转速 Ω_0 的变化,用 K 值表示。实际上是用速度的相对误差变化率来表示的,即

$$K=\frac{|\Omega_0-\Omega|}{\Omega_0}\times 100\% \tag{10.7.1}$$

速度平稳性是表示在多次测量中,稳速精度的平均值,用 v 表示。

速度平稳率是表示实际测量中的稳速精度符合理论控制精度的程度,用数理统计中的概率表示。理论上要求速度平稳率为 100 %。

稳速误差范围是表示实测系统中速度稳定精度的范围,用 $K_{min}\sim K_{max}$ 表示。理论上要求 $K_{min}<K_{max}$。

因为转速标准装置设计应用在大转速范围中,要求全量程内读数精度高于 0.01 %,为此,

应对电机的稳速范围进行实验研究,即当控制电机的转速不同时,使实际系统达到预定的速度稳定精度,满足仪器的要求。但是由于实验条件所限,不可能对 200~8 000 r/min 之间每一转进行测试,在实际标定中选择了 8 000 r/min、4 000 r/min、1 000 r/min、200 r/min 这 4 个转速测试点进行标定。

(1) 速度稳定精度测试

稳速精度是用速度的相对误差变化率表示的。在 4 种转速下,测试电机输出轴转动 200 r,记录每一转的转速。表 10.7.1 中列出了部分测试数据和计算结果。

由测试所得数据可知,转速平稳性随转速的降低而变大。根据转速平稳性反映的系统读数精度在上述测试转速内最低为 0.005 %RDG,高于要求精度;但反映瞬时转速的稳速精度指标,200 转时精度只有 0.022 %RDG。这是由于低速状态实际系统中,随着电机转速的下降,系统的摩擦力矩、力矩波动等干扰因素对系统速度稳定性的影响越发明显,具体表现为速度波动加大,使得原有的速度稳定性下降。

表 10.7.1 速度稳定精度测试表(部分数值)

设定转速/(r·min^{-1})	实测转速/(r·min^{-1})			10^5·转速平稳性 v	最大偏差/(r·min^{-1})	最大 K 值
	第1次	第2次	…	第200次		
8 000	8 000.194 3	8 000.059 7	…	8 000.276 6	1.69	0.546 5	$6.78×10^{-5}$
4 000	3 999.900 7	3 999.931 1	…	3 999.842 7	3.75	−0.242 1	$6.05×10^{-5}$
1 000	1 000.053 2	1 000.038 2	…	1 000.041 8	4.78	0.087 2	$8.72×10^{-5}$
200	200.002 1	200.007 3	…	200.032 9	5.10	0.045 0	$2.25×10^{-4}$

(2) 速度稳定性测试

为了验证控制系统对电机转速的调节效果,除了上述的速度稳定精度测试以外,还需要考虑电机在长时间工作过程中的速度稳定情况,即电机的速度稳定性测试。每隔 1 min 测试一次,测试电机输出轴转动 200 r,记录平均转速,总计 30 min。表 10.7.2 中列出了部分测试数据和计算结果。

表 10.7.2 速度稳定性测试表(部分数值)

设定转速/(r·min^{-1})	实测转速/(r·min^{-1})			平均转速/(r·min^{-1})	最大偏差/(r·min^{-1})	10^5·最大偏差与转速比值
	第1次	第2次	…	第30次			
8 000	7 999.975 6	8 000.137 3	…	8 000.017 3	8 000.107 3	0.248 9	3.11
4 000	3 999.900 7	3 999.931 1	…	3 999.882 5	3 999.904 9	0.153 0	3.82
1 000	1 000.040 1	1 000.044 8	…	1 000.041 8	1 000.040 3	0.052 8	5.28
200	200.007 4	200.008 8	…	200.009 7	200.004 8	0.011 4	5.70

由测试所得数据可知，系统的速度稳定性很高，在各测试转速下最大偏差与转速比值仅为 5.70×10^{-5}，即系统在 30 min 工作时间内转速精度未见较大变化。

(3) 速度重复性测试

为了验证速度稳定效果的准确程度，除了上述实验以外，还要对速度稳定精度的重复性进行测试，以确保在每次实验中均能达到上述数据指标，便于实际系统的可靠性测试。表 10.7.3 中数据为采用速度稳定精度测试方法测得的稳速精度。重复性实验在实验过程和实际系统应用中均进行了多组，现列出了其中 5 组偏差相对大一点的数据。

表 10.7.3　速度重复性测试表

设定转速/(r·min^{-1})	10^5·实测相对偏差					最大偏差值/(r·min^{-1})
	第 1 次	第 2 次	第 3 次	第 4 次	第 5 次	
8 000 正	7.07	6.87	7.18	7.30	7.59	0.72
8 000 反	6.87	6.43	6.11	6.71	7.51	1.08
4 000 正	5.59	5.71	6.36	6.40	6.85	1.26
4 000 反	6.63	6.09	5.44	6.33	6.69	1.25
1 000 正	9.34	9.20	8.83	9.10	8.48	0.86
1 000 反	8.17	8.44	8.82	9.03	8.12	0.86
200 正	17.0	17.9	20.2	19.6	24.0	7.0
200 反	16.1	17.7	15.0	15.9	19.0	4.0

由测试所得数据可知，在 1 000 r/min 转速以上，多次实验稳速精度变化小于 1.5×10^{-5}；200 r/min 转速情况下，稳速精度变化小于 7×10^{-5}，说明系统的重复性指标完全可以满足要求的精度。

10.7.6　结　论

转速标准装置主要用于航空转速表的标定及普通转速传感器和数字转速表的标定，是一种高精度的转速测量、校准装置。所设计的转速标准装置主要用于机载转速仪表的测试和校准，是飞机测速仪表检修、标定时不可缺少的仪器。通过实验证明，设计的转速标准装置仪器，在转速 200～8 000 r/min 范围内，稳速精度高于 0.01 %RDG。

10.8　航空电力设备中高精度直流大电流测试仪电路

随着对航空电力设备需求及国防武器型号研制要求的不断提高，直流大电流设备的应用日益增加，如火箭、导弹发射所需的驱动设备，电子对抗中大功率无线电发射机所用的功率电源，国防武器型号研制过程中用于产生磁场干扰的大电流设备，国防军工单位使用的直流电流基准设备等。但目前国内直流大电流的测量能力,无论是从电流测量范围,还是从电流测量准确度的角度来讲,都满足不了快速增长的客观需求。因此,直流大电流准确测量的需求日益迫切,新型直流大电流测试方法的研究方兴未艾。

研究人员对于物质磁电阻特性的研究由来已久,Thomson 于 1856 年最早发现了铁磁多晶体的各相异性磁电阻效应,但是由于科学发展水平及技术条件的局限,数值不大的各向异性磁电阻效应并未引起人们的太多关注。直到 1988 年,德国科学家 Grunberg 和法国科学家 Fert 发现 Fe/Cr 多层膜的磁电阻效应比坡莫合金的各相异性磁电阻效应约大一个数量级,立即引起了世界轰动,两位科学家也因此荣膺了 2007 年诺贝尔物理奖。巨磁电阻效应已位居凝聚态物理研究热点中的首位,且已发展到室温、微弱磁场变化情况下即可观察到的程度,从而为其广泛应用打下了良好基础。

对于直流大电流测量而言,可通过测量电流变化引起的磁场变化来实现对电流数值的精确测量。巨磁电阻效应的输入为磁场变化,输出为电阻变化,因此,可以方便地应用到直流大电流测量领域。研究基于巨磁电阻效应的新型直流电流测试方法,对满足航空电力设备和国防武器型号研制、试验、发射和测试的需求,有着重要的保障作用。

10.8.1 测试仪的组成

测试仪的组成如图 10.8.1 所示。图中,数据采集和数据处理模块之间采用了光纤连接的方式,主要就是远距离传输信号的考虑。实际应用中,可根据应用对象的实际要求,选择两者之间是采用电路连接还是光路连接的方式。

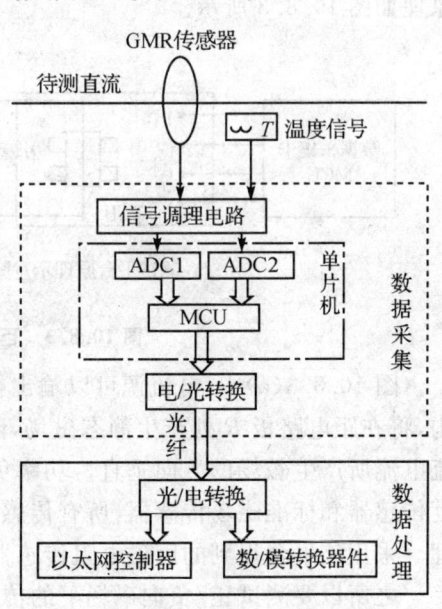

图 10.8.1 测试仪组成框图

测试仪的工作过程是:首先通过巨磁电阻 GMR (Giant Magneto Resistance)传感器敏感通流导体上的待测直流,协同温度传感器的输出信号一并传送到数据采集单元,温度传感器的作用是采集温度信号以补偿 GMR 传感器输出随温度变化的特性;数据采集单元的核心器件是单片机 MCU(Micro Controller Unit),对采集的信号进行就地的误差分析与补偿;之后将电信号转换成光信号传送到数据处理模块,数据处理模块接收到光信号后,进行光/电转换,还原后的电信号既可通过数/模转换器件转换成模拟信号输出,也可以通过以太网的形式传送给上位机。

可见,测试仪的输入信号为待测直流电流;输出可以是模拟电压信号,也可以是数字信号,两者均与待测直流线性相关。而期望测试仪能够达到的设计指标是在 0~500 A 的直流电流范围内,实现误差不超过0.2%的测量精度。

10.8.2 巨磁电阻传感器环节的设计与调试

测试仪中的传感器是采用美国NVE公司的AA002-02型巨磁电阻传感器,其等效电路和封装形式如图10.8.2(a)、(b)所示。

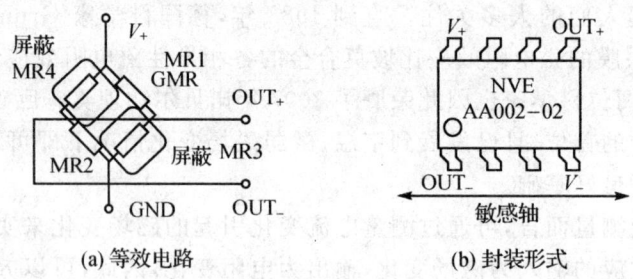

(a) 等效电路　　　　　　　　(b) 封装形式

图 10.8.2　巨磁电阻传感器的封装形式和等效电路

1. 巨磁电阻传感器的性能测试

由于对巨磁电阻传感器的机理研究仍处在探索阶段,所以批量生产出来的巨磁电阻传感器的特性指标非常不完善,必须设计性能测试平台以获取全面的静态性能指标。测试平台的原理如图10.8.3所示。

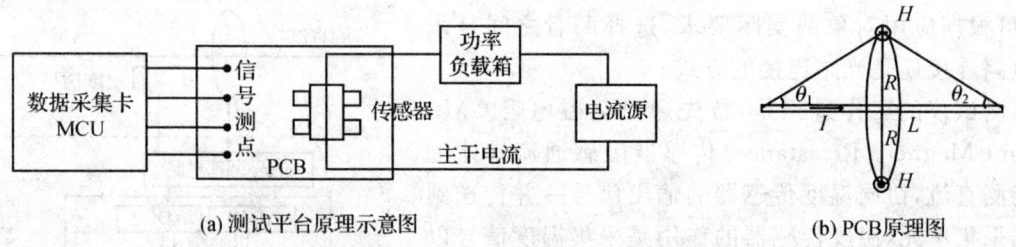

(a) 测试平台原理示意图　　　　　　　　(b) PCB原理图

图 10.8.3　巨磁电阻传感器静态特性测试平台

图10.8.3(a)中,电流源可以输出幅度变化的直流电流,流过图10.8.3(b)所示的PCB结构,将在距电路板R处产生静态磁场,巨磁电阻传感器的放置方式如图10.8.3(a)所示,与直流电流所产生磁场的方向垂直。功率负载箱用于调节电流源的负载电阻,电路板上还置有温度传感器和标准磁场传感器,所有传感器输出信号将通过数据采集卡被计算机采集后分析处理。采用该平台得到的巨磁电阻传感器静态特性结果如图10.8.4(a)、(b)所示。

之所以要测试正/负向磁场下的传感器静态特性,是考虑到直流输电过程中存在双极性输电的情况。从图10.8.4中的测试结果可以得到如下结论:

① 正向和负向磁场下传感器的线性度指标并不理想,因此应考虑非线性误差的补偿

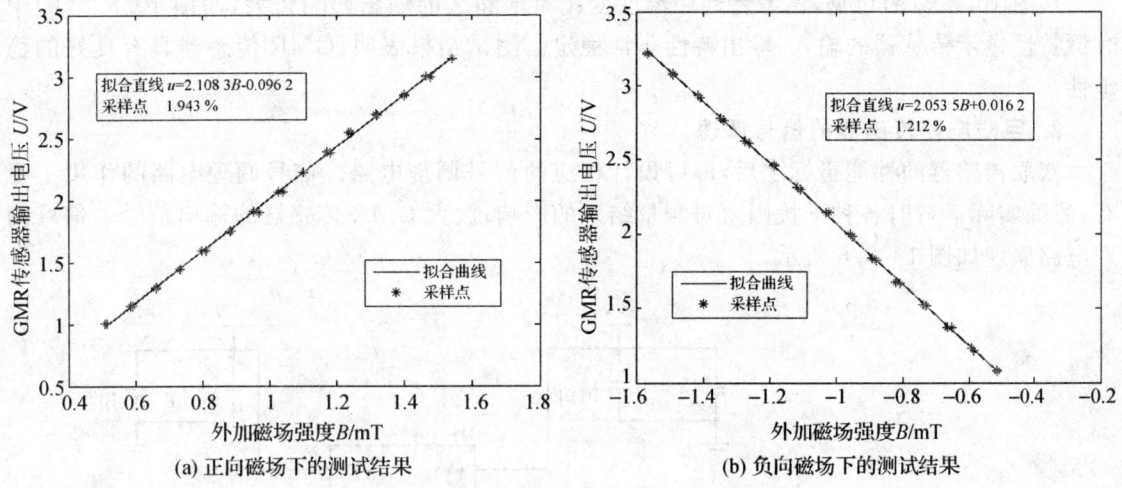

(a) 正向磁场下的测试结果　　　(b) 负向磁场下的测试结果

图 10.8.4　传感器静态特性测试结果

问题。

② 传感器正/负向磁场下的静态特性存在微小差别。分析原因可能是巨磁电阻传感器桥式结构中各桥臂电阻不完全对称所致,这也就决定了巨磁电阻传感器在实际应用时必然存在互换性较差的不足。

因此,在数据采集部分引入单片机,其目的就在于补偿巨磁电阻传感器的非线性,以及克服正/负向磁场下静态特性不同而给测量结果带来的影响。

传感器的温漂和时漂特性如图 10.8.5 所示。时漂特性的测试是间隔 1 天之后测试传感器输出特性变化而得到的。

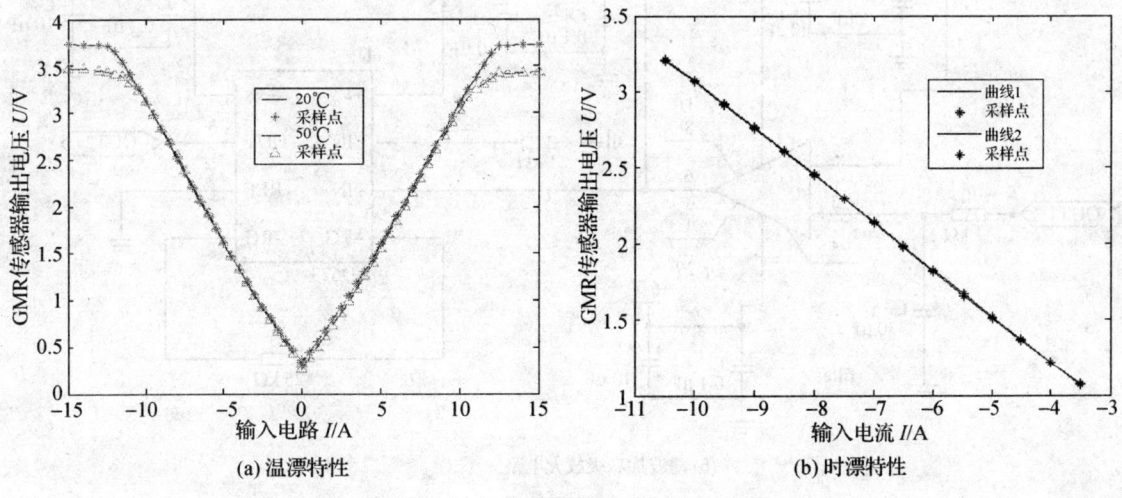

(a) 温漂特性　　　(b) 时漂特性

图 10.8.5　传感器温漂和时漂测试结果

从图 10.8.5(a)可见,温漂特性中温度变化对饱和区的输出影响较大,而图 10.8.5(b)中时漂特性显示传感器的输入-输出特性非常稳定。测试结果表明,GMR 传感器具有良好的稳定性。

2. 巨磁电阻传感器的信号调理

获取传感器的性能指标之后,即可设计相应的信号调理电路。信号调理电路的作用主要有:滤除实际运行时各种干扰因素对测量结果的影响;放大 GMR 传感器的输出信号。信号调理电路原理如图 10.8.6 所示。

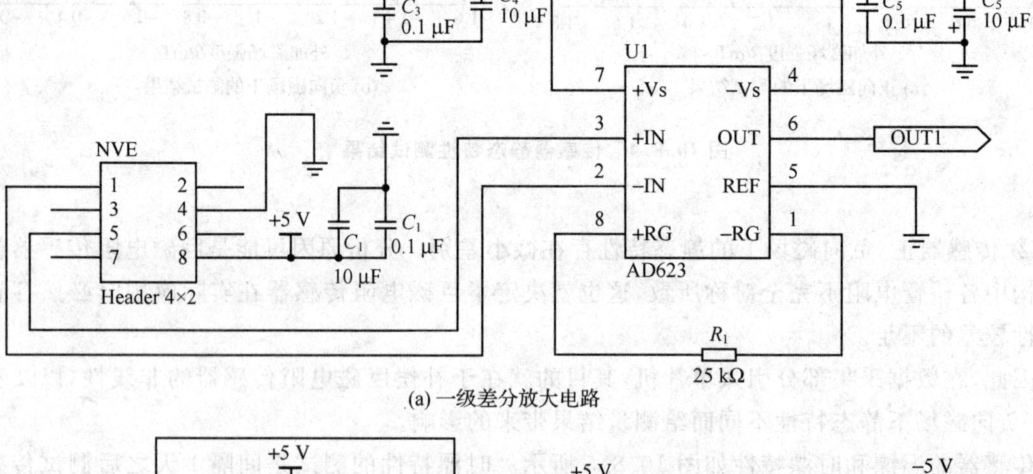

(a) 一级差分放大电路

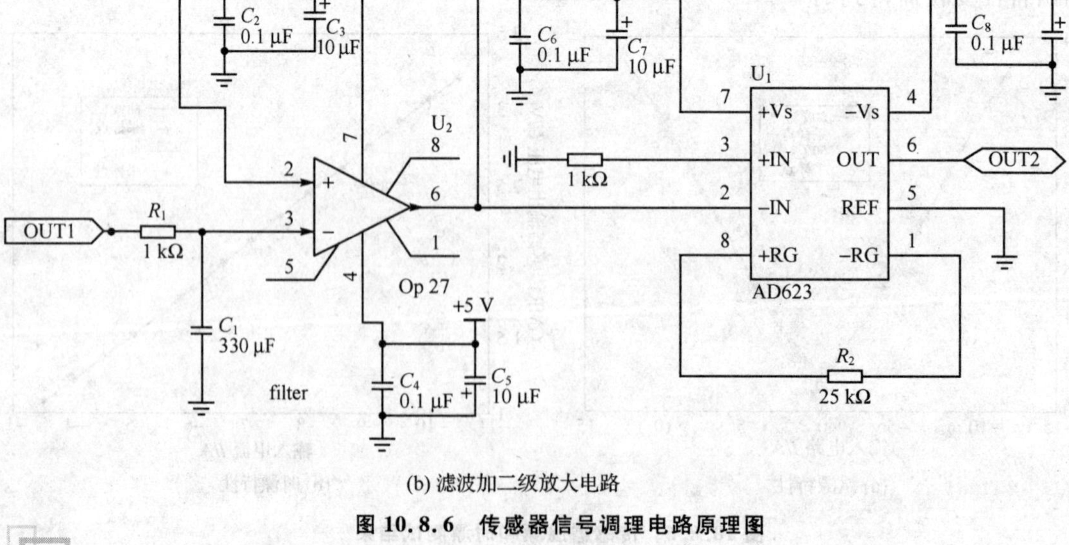

(b) 滤波加二级放大电路

图 10.8.6 传感器信号调理电路原理图

图 10.8.6(a)中,NVE 即为选定的 GMR 传感器,4、8 脚为工作电压,1、5 脚为传感器的输出,是 mV 级的电压信号,因此须先经一级差分放大电路进行放大。选定 AD623 进行放大的主要原因有两点:

① 运放功耗很低;

② 能够实现轨对轨的放大,输出信号能够放大到接近工作电压。

一级差分放大后的输出 OUT1 接入二级低通滤波电路(见图 10.8.6(b)),以滤除干扰对有效信号的影响。滤波器的截止频率可根据需要灵活调整,通常情况下设定在 1 000 Hz 即可满足绝大多数应用的需求,滤波之后的信号接至二级放大电路,放大后的输出信号 OUT2 接至单片机的 A/D 转换接口,即可进行后续的数据采集与分析处理工作。

10.8.3 数据采集和数据处理模块的设计与调试

数据采集部分采用了自带 2 路 16 位 ADC 的 C8051F060 单片机,能够最大程度地减小数据采集部分的外围电路,并且其强大的数据处理能力有助于就地进行多种误差因素的综合补偿。含传感器调理电路的数据采集模块实物图如图 10.8.7 所示,设计加工完成后用高精度信号源代替传感器输出信号,对整个数据采集模块进行了输入-输出关系的测试,测试结果如图10.8.8 所示。

图 10.8.7 数据采集模块实物图

从图 10.8.8 中可以看出,输入-输出的线性关系良好,经计算得线性度指标为 0.3 %。由于 16 位 ADC 的线性关系非常好,所以这部分非线性误差主要是传感器调理电路引入的,应当考虑在单片机中进行非线性误差的补偿。

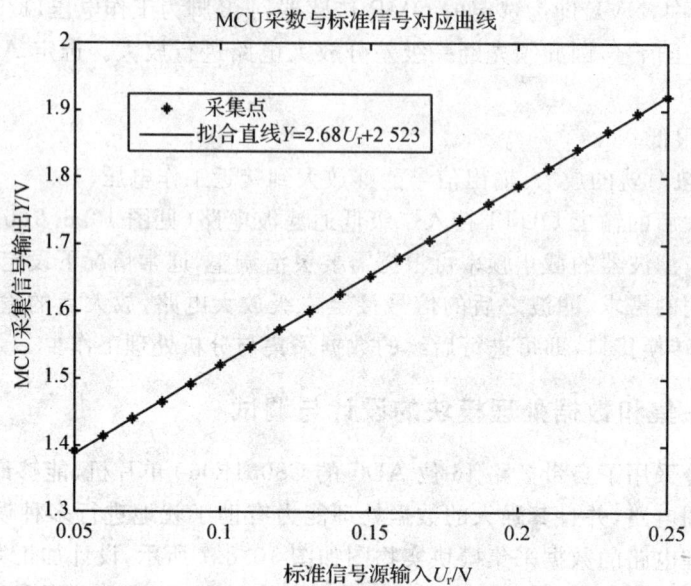

图 10.8.8　数据采集部分输入-输出关系实测结果

10.8.4　测试仪的误差分析与补偿

前面已经看到,巨磁电阻传感器自身的非线性特性、传感器信号调理电路的非线性特性以及温度等误差因素都会影响到测试仪的性能;特别是测试仪的非线性问题,必须寻求相应的解决方法。其基本思想如图 10.8.9 所示。

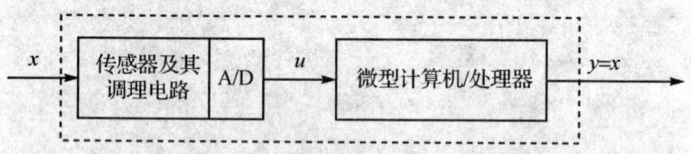

图 10.8.9　非线性误差补偿的原理示意图

可见,非线性误差补偿的实质是将 u 和 x 间的非线性关系尽可能补偿为线性关系。实际测试中将传感器和数据采集模块连接起来之后测得的输入-输出关系如图 10.8.10 所示。

图 10.8.10 中,横坐标是直流电流的大小,若想扩大测试仪的量程,只需调整巨磁电阻传感器和通流导体间的距离即可。可见,测试仪的非线性问题比较突出,且当导体电流为 0 时,测试仪的输出并不为 0,因此,需要进行非线性校正。期望的输入-输出函数关系为

$$y = kx$$

式中,x 为导体电流;y 为测试仪输出电压;k 为直线斜率,可灵活设定。

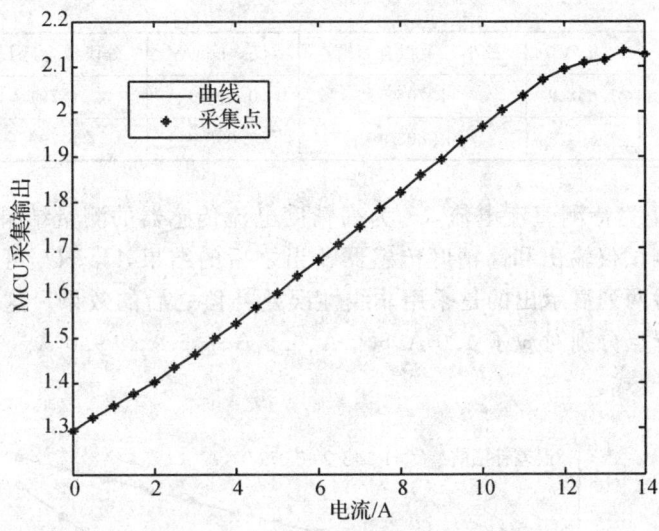

图 10.8.10　测试仪实测非线性关系曲线

非线性校正的前提条件是测试仪的测试结果具有良好的重复性,测量结果证实了测试仪的这个性能。常用的非线性校正方法有查表法和曲线拟合法。曲线拟合法适用于输入-输出关系曲线适合某种特定规律曲线的情况;而查表法适用范围相对较宽,核心思想是将非线性曲线分段线性化处理。综合这两种方法的优缺点,决定采用查表法进行非线性校正,非线性误差补偿前后的对照情况如表 10.8.1 所列。

表 10.8.1　查表法误差补偿情况对照表

I/A	U_i/V	U_b/V	最小二乘拟合 U_i'/V	$(U_i'-U_i)/V$	分段拟合后 U_i'/V	$(U_i'-U_i)/V$
3.0	0.6	1.465 7	0.617 6	0.017 6	0.599 8	−0.000 2
3.5	0.7	1.498 6	0.709 0	0.009 0	0.700 7	0.000 7
4.0	0.8	1.530 9	0.798 4	−0.001 6	0.799 7	−0.000 3
4.5	0.9	1.565 5	0.894 6	−0.005 4	0.900 6	0.000 6
5.0	1.0	1.599 6	0.989 1	−0.010 9	0.999 4	−0.000 6
5.5	1.1	1.636 3	1.091 0	−0.009 0	1.100 7	0.000 7
6.0	1.2	1.672 3	1.191 0	−0.009 0	1.200 1	0.000 1
6.5	1.3	1.708 4	1.291 3	−0.008 7	1.300 7	0.000 7
7.0	1.4	1.745 8	1.394 9	−0.005 1	1.399 0	−0.001 0
7.5	1.5	1.784 4	1.502 0	0.002 0	1.499 9	−0.000 1
8.0	1.6	1.821 1	1.603 9	0.003 9	1.599 3	−0.000 7

续表 10.8.1

I/A	U_i/V	U_b/V	最小二乘拟合 U_i'/V	$(U_i'-U_i)$/V	分段拟合后 U_i'/V	$(U_i'-U_i)$/V
8.5	1.7	1.858 8	1.708 5	0.008 5	1.701 4	0.001 4
9.0	1.8	1.894 9	1.808 9	0.008 9	1.799 4	−0.000 6

表 10.8.1 中,I 为待测直流电流,U_i 为高精度电流传感器的测量结果,U_b 为测试仪的输出结果,U_i' 是拟合测试仪输出和高精度传感器输出之后的结果,$U_i'-U_i$ 可以表示出非线性绝对误差的大小,最后两列显示出的是采用非线性误差补偿之后的效果。这里将整个采样曲线分成了五个区域,折点分别对应了 4.0 A、5.0 A、6.5 A、7.5 A 和 9.0 A。表 10.8.1 也可以绘制成图 10.8.11 的形式。

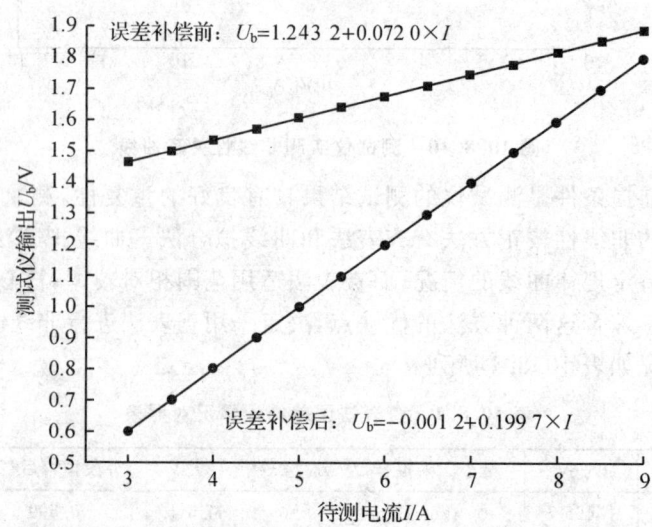

图 10.8.11 查表法误差补偿前后的情况对照

从表 10.8.1 和图 10.8.11 可以看出,采用查表法进行非线性误差补偿前,测试仪的实际输出与高精度电流传感器的输出相比相差比较大,而采用非线性校正的措施之后,两者之间的误差明显减小。通过计算可得:非线性校正前的线性度指标为 1.46 %,而采取了校正措施之后的线性度指标为 0.11 %,完全能够满足设计要求的 0.20 % 的技术指标。

直流大电流测试仪电路基于先进的巨磁电阻传感器技术,并结合了智能化仪器的设计思想,测试结果表明,在 0~500 A 的范围内能够保证 0.2 % 的精度。如果想扩大直流电流的测量范围,只需调整传感器和待测电流之间的位置,使得传感器所在位置的磁场始终处于其线性区间内即可,因此实际使用时具有很大的灵活性。

10.9 VXI 总线仪器自动计量校准方法

VXI(VMEbus eXtension for Instrumentation)总线是 VME 总线在仪器领域的扩展。VXI 总线综合了 GPIB 总线仪器（系统组建灵活）和 VME 总线（通信高速快捷）各自的优势，成为电子测量仪器和自动测试系统的优势平台。VXI 总线平台优势的关键是系统硬件和软件的标准化，VXI 总线硬件平台的标准化保证了系统具有真正开放的系统结构，包括 VXI 主机箱、控制器、仪器模块和适配器等；VXI 总线软件平台必须支持标准化的系统软件，包含操作系统、I/O 驱动、仪器驱动、程序设计语言以及高级应用软件工具，其核心技术是 VISA 软件构架。

VXI 总线由于其具有开放式的系统结构、强大的测试测量功能、系统的高集成度、高可靠性和高吞吐量，同时又能有效降低电子测试的费用，被越来越广泛地应用在生产制造、研究开发及服务系统，尤其是在航空、航天、电子通信、交通运输、军事等领域的应用更为普遍。航空、航天两大测控系统均已确定 VXI 作为其新的总线标准，现在 VXI 测试系统已经在国内各型号任务中起着非常重要的作用。

总线本身就是系统的概念。从这个角度讲，VXI 总线仪器（以下简称 VXI 仪器）是包含控制器在内的自动测量设备，由一系列的功能单元组成。从计量学的角度看，这些组成环节构成了测量链，具体可以分为量值处理链和数据处理链。量值处理链只改变了信息的量值，并未改变其原有的物理性质，如放大、衰减环节等。数据处理链则改变信息的位置，经过检波、滤波等环节传输到新的单元中（如终端或记录以显示给观察者，或经 A/D 转换后送计算机存储）。不同功能的 VXI 仪器具有不同的功能结构原理，因此包含测量链的种类和作用也不相同。每个测量链都可能引入误差。作为一种测量设备，VXI 仪器自身的校准是不可回避的。在型号研制过程中，从产品质量保障角度讲，为保证产品的质量，产品或制造产品的过程必须被测量和监控，校准可以保证测试的可靠性。测试仪器及标准需定期校准，以便把测量不确定度控制到可接受的程度。因此有必要开展 VXI 仪器计量校准的研究，组建 VXI 仪器自动计量校准系统。

与传统的台式测量仪器校准相比，VXI 仪器的校准具有特殊性。这是由 VXI 总线本身特征决定的。VXI 仪器就其外部特征和操作控制方面都不同于台式仪器，VXI 仪器去掉了传统台式仪器的操作面板、显示装置，以及电源、冷却等仪器环境，对 VXI 仪器的控制是通过软件模拟，将仪器控制操作任务由控制计算机承担，仪器环境统一由 VXI 机箱负责。这种独特的应用方式给计量校准工作提出的特殊要求如下。

1. 没有 VXI 仪器计量检定规程和标准检定装置可以参照利用

目前我国各级计量检定机构还没有制定出 VXI 仪器的计量检定规程，国际上也没有相应的参照标准。此外，目前所拥有的计量检定标准都不是 VXI 仪器，计量标准仪器要求具有严格的不确定度指标和稳定性,就目前 VXI 仪器的性能来讲是难以达到的。因此,对 VXI 仪器的计量校准必须依赖传统的计量标准,参照类似功能的台式仪器的计量检定规程执行。针对此类问题,现已有计量专家提出开展以量值参数为目标的计量校准技术研究和计量法规编制,而不仅仅是以仪器设备为目标的计量校准技术研究和计量法规编制,相信这种解决思路必将成为主流方案。

2. 对计量校准环境因素提出了新的要求

由于 VXI 仪器是插在 VXI 机箱内工作的,机箱本身带有温度控制系统和供电系统、EMC 保障等,所以必须重新调整和拟定计量校准过程中对环境因素的规范要求。

3. 计量校准系统的不确定度问题

计量校准系统的不确定度是计量学中的一个传统问题。对于 VXI 仪器校准来说,计量系统的不确定度还要考虑更多的环节。有些开关、适配器本身就是 VXI 仪器的一个有机构成部分,比如某些 A/D 模块、信号源模块都有信号调理插板 SCP(Signal Condition Plug‐in);DMM 模块和开关模块仪器构成多通道万用表等。

4. 校准过程需要控制计算机和各个层次的软件支持

VXI 仪器属于虚拟仪器的范畴,虚拟仪器是在传统仪器向程控仪器发展过程中提出的一个概念。从虚拟仪器的构成和使用上讲,虚拟仪器就是加在通用计算机上的一组软件和硬件,使用者操作这台计算机就像操作一台自己设计的仪器一样。虚拟仪器的实质是充分利用最新的计算机技术来实现和扩展传统仪器的功能。VXI 仪器的驱动需要 I/O 接口软件、仪器驱动程序、操作系统、应用程序等不同层次软件在计算机的控制下完成,同时检定人员对仪器的控制和数据的读取也必须通过控制计算机进行。

鉴于上述 VXI 仪器校准的必要性和特殊性,国内外已经针对 VXI 仪器的校准工作开展了大量研究,感兴趣的读者可以进一步参阅有关文献。本文主要结合在科研课题中涉及的 VXI 模块校准问题,对 VXI 仪器校准方法进行初步探索。

10.9.1 VXI 仪器校准的方法

1. 总线标准

VXI 总线的标准化和开放性是有一系列国际规范保障的,VXI 规范定义了仪器模块方面的技术标准,从而保证了模块级的互用性和互操作性。VPP 规范是作为 VXI 总线系统级的技术和应用方面的补充而制定的。VPP 规范制定了标准的系统软件框架,并对操作系统、编程语言、输入/输出驱动程序、仪器驱动程序和应用软件工具作了原则性的规定,使 VXI 总线在系统级上成为一个真正开放的系统结构。

2. 国内外 VXI 仪器校准开展情况

关于 VXI 仪器的校准,目前国际上尚无统一的标准,基本上是生产厂商自己进行指标校准。美国军用标准 MIL‐STD‐45662A 中描述了建立、维护一套校准系统的要求,目的是通过校准系统,控制计量与测试设备 M&TE(Measuring and Test Equipment)和计量标准装置的精度。标准中描述了适用范围、参考文献、术语定义等,其主要内容是对校准系统的一般要求和详细要求。MIL-STD-45662A 提供了设计 VXI 仪器校准系统的参照依据。

目前,国内开展 VXI 仪器计量检定工作的单位主要有 203 所、海军航空工程学院、第二炮兵工程学院、304 所等。

3. 校准方案比较

从计量学角度讲,在计量过程中不同的量或不同量值的同一种量,应当根据其特点和准确度要求,使用相应的计量原理,选用不同的计量方法。由于 VXI 仪器从功能上讲已经基本覆盖了整个传统仪器领域,涉及的参数很多,故本文只根据计量标准装置的不同选择方式,进行方案区分。

(1) 利用现有的计量标准装置进行 VXI 仪器校准

现有的计量标准装置一般都带有 GPIB 接口,该方案利用现有的计量标准装置作为 VXI 仪器计量校准的标准,这是现阶段采用的根本方法。本课题采用的就是这种校准方案。其优点是:① 充分利用现有资源,节省校准装置的硬件开支;② 存在可利用、参考的操作规程。不足是:① 需要开发相应的仪器驱动程序;② 从系统总线角度讲,属于混合式系统。

(2) 利用高性能的 VXI 仪器模块作为计量标准装置

该方案利用高性能(准确度和稳定度)的 VXI 仪器作为标准装置,要求标准 VXI 模块必须在计量单位溯源。其优点是:① 系统总线构成单一;② 仪器驱动程序标准化,符合 VPP 标准。不足是:① 校准对象只限于低性能 VXI 模块;② 要求配备标准 VXI 模块,系统成本增加。

(3) 自校和比对

这是对 VXI 仪器模块进行功能性检查的简便方式。在集成 VXI 校准系统时,考虑自校、自测试功能,把系统中某一个模块作为标准,来测试另一个模块;也可以对同一型号的两个模块进行测试,比对其测量精度。该法的优点是可以快速完成系统完好性检查,便于完成 ATE 系统级自检工作。不足是仍然需要最终的量值溯源过程。

10.9.2 VXI 仪器的校准

1. 总体方案

本课题主要采用上述第一种方案,以第三种方案作为补充,系统组成如图 10.9.1 所示。其中 VXI 基本系统(foundation systems)采用外挂控制器,标准装置要求带有 GPIB 智能接口,根据功能可以分为两类:一类是信号源类,如 datron 4708 信号源;另一类是表类装置,如 datron 1281 数字万用表。

VXI 基本系统包括控制计算机、VXI 机箱、零槽模块、接口电缆及相关软件。其中接口采用 PCI-GPIB-VXI 接口,主要是考虑和标准装置接口兼容。软件包括操作系统、VISA I/O

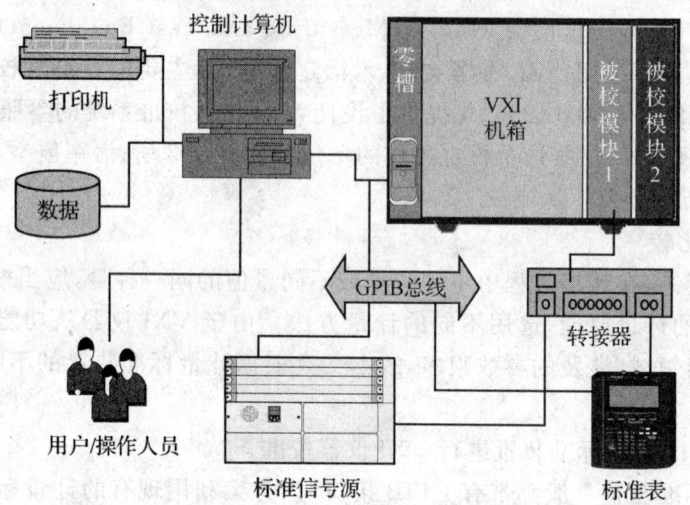

图 10.9.1　VXI 仪器校准方案

库、VPP 驱动程序和应用程序开发环境等。

被校准的 VXI 模块插在 VXI 基本系统中,由控制计算机通过一定的软件完成驱动和控制,VXI 模块通过信号转接器完成与标准装置的信号连接。

2. 校准软件

校准软件的层次结构如图 10.9.2 所示。其中三维框部分是系统硬件及底层驱动程序,这些软、硬件由生产厂商提供。仪器驱动接口(虚线三维框部分)封装 GPIB 命令或 SCPI 命令等字符串形式的仪器控制命令,主要用于管理 GPIB 接口以及由命令字符串驱动 VXI 仪器。

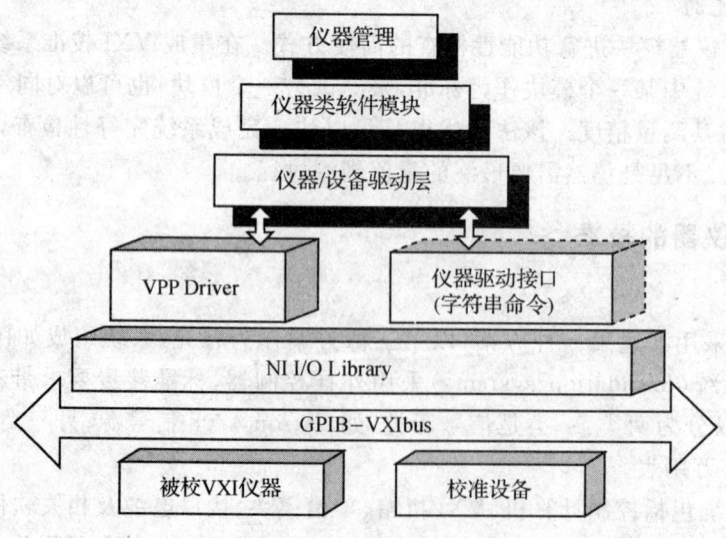

图 10.9.2　校准软件层

校准软件按被校对象进行分块设计,每个软件模块均采用动态连接库实现。其组成可以分为三大层次,如图10.9.2阴影框所示。

① 仪器/设备驱动层软件直接驱动硬件,驱动方式有两种:一是利用 VPP 驱动程序;二是通过字符串命令接口。

② 仪器类软件模块层软件负责管理一类仪器的校准,每类仪器可能包括不同厂家、不同型号的同类功能仪器。比如数字万用表类模块可以包含 E1411A、VM2710A 等 VXI 仪器。该层模块从功能上应当全部覆盖该类模块要求检定的项目;同时负责校准数据处理,包括数据记录、回放、指标计算、校准证书生成等;此外还要支持多种校准方式,如手动校准、自动校准等。另外应当强调的是该层软件还要能够调度程序资源。

③ 仪器管理层软件用于添加、注册仪器类软件模块,采用树形用户界面。该层除了仪器管理这一核心功能外,还应当包括一些软件实用工具及系统帮助等功能。

上述的校准软件框架具有自治性强的优点,具体地讲,通过仪器管理和仪器类模块分层,达到了 VXI 模块校准功能自治和校准数据自治,从而降低了软件模块的耦合度。

3. 软件误差

VXI 仪器自动校准系统的误差分析,除了考虑硬件环节传统的误差分配与合成外,还要考虑校准软件带来的误差。跟硬件环节相比,可以通过加大字长等措施来提高运算精度。因此软件因素引起的误差影响相对比较小,但是不能完全排除数码误传等软件误差因素。可以从以下三个层次预防软件误差。

(1) 利用系统软件提供的差错控制

比如可以利用开发语言的 try-catch 机制,进行错误检查(error checking);可以利用硬件驱动的错误捕捉(error trap)机制判断错误的产生并进行适当处理。这个层次主要是从软件状态检查硬件工作是否正常。

(2) 利用校验规则

在某些 VXI 仪器中,内置数据传输校验功能(如 Tektronix VX4428),规定了若干种校验规则;对于本身没有校验的仪器模块,可以在校准软件中自定义一些校验规则,比如在串口数据收发时,可以在传输数据中增加校验码段。这个层次的检查是校准系统数据传输层面的。

(3) 坏值剔除

这是从误差分析和数据处理的层面减小误差。可以根据物理判别法或统计判别法,将测量序列中含有粗差的数据剔除,以提高校准软件的精度。

10.9.3 E1418A 模块校准举例

VXI 模块 E1418A 自动计量校准采用的校准方法为:选用高精度、高稳定度台式计量标准仪器数字多用表(datron 1281)作为 E1418A D/A 模块的量值传递标准,对 D/A 模块参数进行计量校准。

1. E1418A 的组成

E1418A 模块为 8/16 通道数字/模拟转换器,其输出电压范围为 $-16\sim+16$ V,输出最大电流为 ±0.2 A。E1418A 模块主要包括电源调节、VXI 总线控制、通道选择控制、数字/模拟转换器和终端接线板等部分,如图 10.9.3 所示。

其核心部件是数字/模拟转换器(以下简称 DAC)。DAC 的电路结构虽然多种多样,但是作为一个标准的功能单元,它的主要技术性能可以归纳为静态特性和动态特性两个方面,主要指标定义如下。

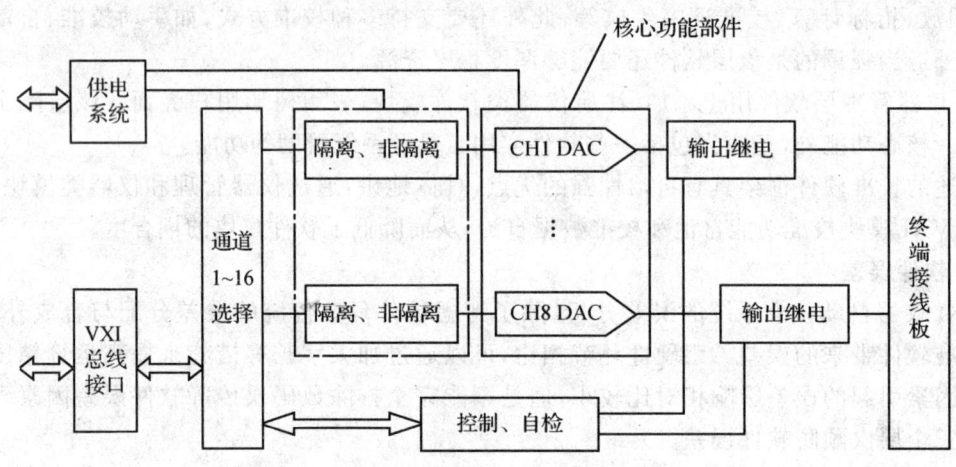

图 10.9.3　E1418A 组成简图

2. 指标定义

以下指标定义是参考 GB 7015—86《半导体集成非线性电路数字/模拟转换器和模拟/数字转换器测试方法的基本原理》,优先使用厂方指标定义。

(1) 失调 E_0

失调 E_0 是模拟输出电压的实际起始值与理想起始值的偏差。

(2) 增益误差 E_G

增益误差 E_G 是转换特性曲线的实际斜率与理想斜率的偏差。

(3) 线性误差 E_L

线性误差 E_L 是实际转换特性与最佳拟合直线间的最大偏差。

(4) 微分线性误差 E_{DL}

微分线性误差 E_{DL} 是相邻两个输入数码对应的模拟输出电压之差的实际值与理想值 $1\ V_{LSB}$ 间的最大偏差。

(5) 转换准确度

转换准确度是当输入端加上给定的数字代码时所测得的模拟输出值与理想输出值之间的

差值。这个静态的转换误差是失调、增益误差、线性误差的综合。

(6) 精度 E_A

精度 E_A 是实际转换特性曲线与理想转换特性曲线之间的最大偏差。

(7) 分辨率

分辨率是 DAC 的最低位对应的电压值与满度电压值 V_{FS} 之比。或者简单地用 DAC 的位数表示分辨率。

(8) 建立时间 t_s(稳定时间)

GB 7015—86 规定,建立时间是指当输入数字代码产生满度值变化时,其模拟输出达到稳态值±(1/2)LSB 所需的时间。《E1418A 用户手册和 SCPI 编程指南》中定义,建立时间是单通道从正满刻度到负满刻度变化,其输出精度达到指标要求时所需要的时间。

(9) 交流输出采样率

交流输出采样率是指单位时间内 DAC 输出的模拟电压对应输入数码的个数,反映 DAC 的相应速度性能好坏。

此外,DAC 的指标还有以上指标所对应的温度系数。温度系数是在规定的范围内,以温度每升高一度引起的输出模拟电压变化的百分比,温度系数是按整个温度范围内的平均偏差定义的。

3. 指标分析

在以上给出的指标定义中,静态指标刻画了 DAC 的转换精度,而动态指标则刻画了 DAC 的转换速度。换句话说,衡量 DAC 性能优劣的两个方面是转换精度和转换速度。

(1) DAC 的静态指标——转换精度

DAC 的转换精度一般用分辨率和转换误差来描述。分辨率表示 DAC 在理论上可以达到的精度,然而,由于 DAC 的各个环节在参数和性能上不可避免地存在着误差,所以实际能达到的转换精度还要看转换误差的大小。转换误差包括前 6 项指标,造成 DAC 存在转换误差的原因有:

① 参考电压 V_{REF} 波动;

② 运算放大器的零点漂移;

③ 模拟开关的导通内阻和导通压降;

④ 电阻网络中电阻阻值的偏差等。

不同因素引起的转换误差特点不同,下面分别进行分析。

① 参考电压 V_{REF} 的波动。

参考电压 V_{REF} 波动引起的误差与输入数字量的大小成正比,其输出电压特性曲线的斜率发生变化。这种影响表现为增益误差。

② 运算放大器的零点漂移。

运算放大器的零点漂移引起的误差大小与输入数字量无关,其输出电压特性曲线将发生平移,这种误差就是失调。

③ 模拟开关的导通内阻、导通压降,电阻网络中电阻阻值的偏差。

由于每个开关的导通压降未必相等,每个支路的电阻误差不完全相同,因此这两种因素引起的误差既非常数,也不与输入数字量成正比,相当于每一位都存在误差,因此位误差综合表现为线性误差。

线性误差是最重要的 DAC 静态指标,而精度则是失调、增益误差和线性误差的综合表达,图 10.9.4 给出了线性误差的示意。

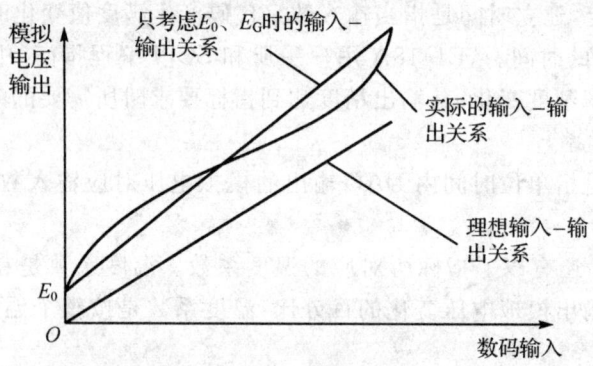

图 10.9.4　DAC 线性误差的示意图

令:

输入数码向量为 $\boldsymbol{D}^{\mathrm{T}}=[d_n,\cdots,d_2,d_1]$,$d_i$ 取值为 0 或 1,$i=1,2,\cdots,n$,n 为 DAC 位数;

理想权向量为 $\boldsymbol{P}=\begin{bmatrix}2^{-1}\\2^{-2}\\\vdots\\2^{-n}\end{bmatrix}$,显然 $\boldsymbol{P}$ 为常数向量;

则理想的、单极性、二进制 DAC 输入-输出关系为

$$U_0 = U_{\mathrm{FS}} \cdot \boldsymbol{D}^{\mathrm{T}}\boldsymbol{P} \tag{10.9.1}$$

式中,U_0 为模拟电压输出,U_{FS} 为满量程电压输出。

忽略叠加误差,则 DAC 具有"位不相关性",考虑失调、增益误差,设位误差为

$$\Delta\boldsymbol{W}=\begin{bmatrix}\Delta w_1\\\Delta w_2\\\vdots\\\Delta w_n\end{bmatrix}$$

则实际的权向量为 $\boldsymbol{W}=\boldsymbol{P}+\Delta\boldsymbol{W}$,实际 DAC 输入-输出关系为

$$V_0 = V_{\mathrm{FS}} \cdot (1+E_G) \cdot \boldsymbol{D}^{\mathrm{T}}\boldsymbol{W} + E_0 \tag{10.9.2}$$

从以上分析中可以看出，失调和增益误差取决于外电路，可以通过 E1418A 的调整指令或校准软件进行修正，而由各位权值引起的位误差则是 DAC 器件制造过程中产生的。根据 10.9.3 小节中的定义，线性误差与位误差之间的关系为

$$E_L = V_{FS} \cdot \boldsymbol{D}^T \Delta \boldsymbol{W} \tag{10.9.3}$$

(2) DAC 的动态指标——建立时间、交流输出采样率

根据定义，建立时间是 DAC 输出在正、负满量程之间跃变时，输出阶跃进入 $\pm(1/2)$LSB 误差带内所需要的时间，如图 10.9.5 所示。

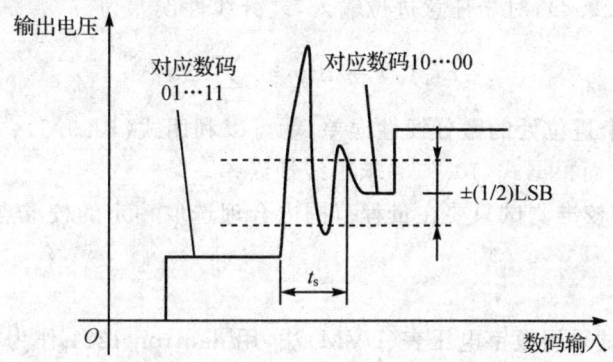

图 10.9.5 DAC 建立时间示意图

尖峰脉冲产生的原因是，在动态过程中，DAC 的权网络相当于一根传输线，从参考电压 V_{REF} 加到各级电阻上开始，到运算放大器的输入电压稳定地建立起来为止，需要一定的传输时间。这将产生两个影响：

① 在位数较多时，将影响 DAC 的工作速度；

② 由于各级电压信号到达运算放大器输入端的时间有先有后，还可能在输出端产生相当大的尖峰脉冲，如果各个开关的动作时间再有差异，则那时输出端的尖峰脉冲可能会持续更长的时间，这一时间就是建立时间。

因此，建立时间和交流输出采样率一样，都反映了 DAC 的响应快速性，都属于 DAC 动态的指标。

4. 校准方法

E1418A 是 16 位 DAC，因此从工程实现性上讲，不太可能进行全码测试，只能利用选码测试。根据选码测试思想确定校准点，利用 datron 1281 表进行测试标定，建立时间、交流输出采样率等参数校准，可以使用数字存储示波器和瞬态记录仪进行。

(1) 选码测试的理论依据

记实际的输入-输出关系曲线为 L_0，根据 L_0 作端基直线 L 并以 L 作为参考直线，则根据斜截式直线方程，L 方程为

$$V_0 = V_{FS} \cdot (1 + E_G) \cdot \boldsymbol{D}^T \boldsymbol{P} + E_0 \tag{10.9.4}$$

显然,在参考直线两端点(最大、最小点,即零码、满码处),线性误差为零,根据这个条件得

$$\sum_{i=1}^{n} \Delta w_i = 0 \tag{10.9.5}$$

而各个进位处的数码形式为

$$D(S) = \cdots 011\cdots 1$$

$$D(S+1) = \cdots 100\cdots 0$$

由式(10.9.3)、式(10.9.4),对于任意进位输入,差分线性误差为

$$E_{DL}(j) = \Delta w_j - \sum_{i=j+1}^{n} \Delta w_i \tag{10.9.6}$$

则通过测出 DAC 各个进位处的微分线性误差,就可以利用式(10.9.5)、式(10.9.6)求出 DAC 的位误差向量 $\Delta \boldsymbol{W}$,进而根据式(10.9.3)求出线性误差。

因此,E1418A 的校准测试只要在量程范围内合理选取一定的校准点即可,而不必进行逐点测量。

(2) 校准测试

E1418A 校准测试采用数字电压表(DVM)法,用 dantron 1281 作为标准装置。选码测试理论依据中的理论推导说明了选码测试的依据,但实际测试中要加以适当改进。比如 E1418A 驱动程序中输入参数就是电压值,并不是数码。可以将该函数参数作为理想输出值,而 DVM 的测量值作为 DAC 实际输出,当两者之差在 ±(1/2)LSB 时,即为精度合格。

采用多循环正、反行程交替的具体校准测试方法,精度计算采用美国国家标准局推荐的精度计算方法,即

$$\xi = \frac{|(\Delta y)_{max}| + \lambda S}{y_{FS}} \tag{10.9.7}$$

子样偏差 S 由极差(测量校准数据的最大与最小值之差)和极差系数计算得出,极差系数与测量次数的对应关系可以通过查表得到。

美国国家标准局规定置信概率为 90%,重复试验 5 个循环,则置信系数(按 t 分布计算) $\lambda = 2.13185$。此时每个校准点有 10 个测量数据,极差系数为 3.18。

5. 校准程序

根据 E1418A 校准要求设计校准软件,整体校准软件框架的层次如图 10.9.6 所示。

图 10.9.6 中,校准软件框架用虚线框表示,虚线表示软件各个功能模块与其之间的联系。这种结构层次的软件容易采用模块化的软件设计方法实现。具体实现方式主要有两种:一是通过单独编译的软件模块完成与软件框架的挂接,这属于运行时的软件模块;另一种是采用面向对象的思想,通过对总体软件框架中设计好的类进行继承,并重载相应的函数完成 E1418A 的校准,这属于设计时的模块化。具体实现界面如图 10.9.7 所示。

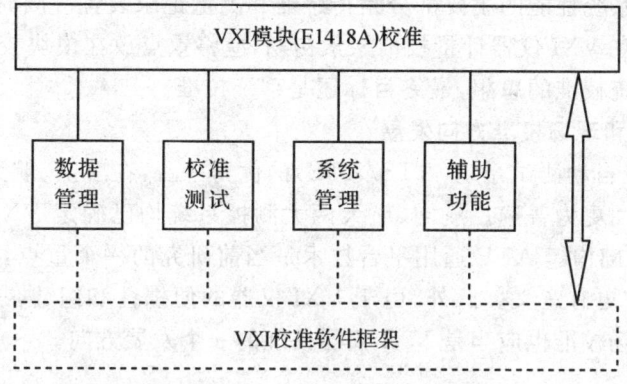

图 10.9.6　校准软件层次结构

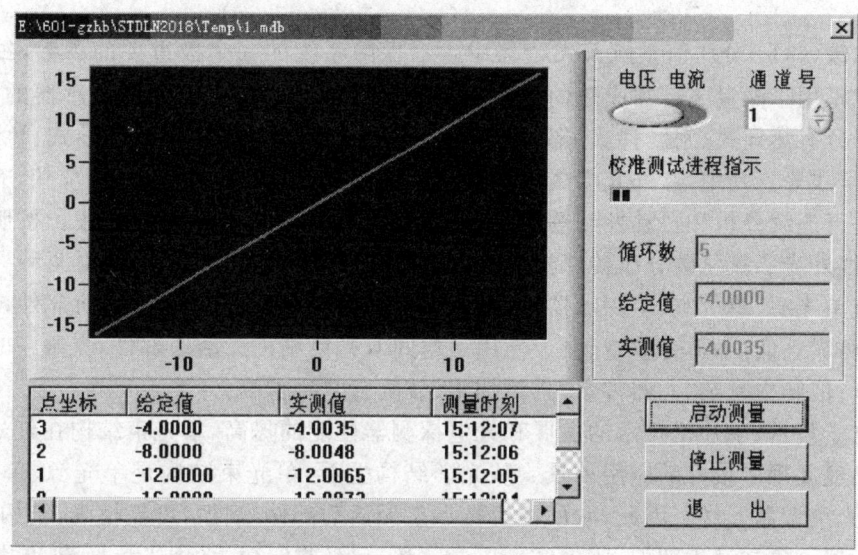

图 10.9.7　校准软件界面

10.9.4　VXI 仪器校准的发展趋势

VXI 仪器校准的特殊性正是开展 VXI 仪器校准的意义和重要性之所在。从系统的角度看，VXI 仪器校准不应当仅停留在模块层次，VXI 仪器校准应当向以下方向发展。

1. VXI 仪器校准应当突出系统校准的概念

由于 VXI 仪器是带计算机的测试系统，因此除了对各个部件的性能有确切了解外，还应对整个通道进行校准。通道是对一个参数而言的，包括传感器、放大器、A/D、接口、计算机等。但在测试系统中，调理器、放大器、转换器等大多数都是进行电信号转换、调理，它们的动力学特性简单,因此影响系统性能的主要部分是传感器和测量记录装置。同时,不同测量系统的组成又千差万别,因此在 VXI 仪器计量校准探索初期,应将重点放在模块校准上,随着校准工作的展开,应当突出系统校准的思想,最终目标还是系统校准。

2. 向 ATE 校准和现场校准方向发展

VXI 总线是构成自动测试系统(ATS/ATE)的优秀平台,在航空、航天、电子通信、交通运输、军事等领域的应用更为普遍。航空、航天两大测控系统均已确定 VXI 作为其新的总线标准,由 VXI 总线为基础构建 ATE 通用平台技术是当前研究的一个重点,而整个 ATE 系统的校准显得尤为必要和更有意义。此外,由于 VXI 仪器的便携性和组建灵活性,使得其应用场合千差万别,因此现场校准也应当是 VXI 仪器校准的一个发展方向。

10.10 二氧化碳分压传感器调理电路

二氧化碳(CO_2)分压值是航天飞行器中生命保障系统的一个极重要的参数,二氧化碳分压传感器就是用于测量飞行器座舱内二氧化碳分压值的。二氧化碳分压传感器的种类很多,就其原理来分有热导式、密度计式、辐射吸收式、电导式、化学吸收式、电化学式、色谱式、质谱式、红外光学式等。其中,红外光学式以其测量范围宽、灵敏度高、精度高、反应快、有良好的选择性及能进行连续分析和自动控制等特点,成为 CO_2 气体分析最常用的方法。按照测量光束的数目分,红外光二氧化碳分压传感器有时间双光束结构和空间双光束结构两种。时间双光束结构具有单光源、单气室、单探测器件的优点;但其最大的弱点是存在活动部件,调整麻烦,耐振性差,可靠性低,不适合航空、航天使用。空间双光束结构无活动部件,克服了时间双光束结构的缺点;但结构复杂,元器件多,且对加工、装配工艺要求高。

随着电子技术、单片机技术的发展和光电探测器性能的提高,单光束结构在红外光二氧化碳分析中已经展现了较好的应用前景。从光学结构上看,单光束结构是单光源、单气室、单探测器件,无光束调制元件。因此,它的主要特点是无活动部件,耐振,可靠性高,结构简单,适用于航天飞行器。本文基于朗伯-比尔(Lambert - Beer)吸收定律,采用光源稳流、单片机温度与压力补偿,选用高性能红外探测器等技术,进行单光束红外二氧化碳分压传感器的研究。

10.10.1 测量机理

大部分有机和无机多原子分子气体在红外区都有特征吸收波长。当红外光通过待测气体时,这些气体分子对特定波长的红外光有吸收(见图 10.10.1),其吸收关系服从朗伯-比尔吸收定律,因此出射光强总是小于入射光强。

设入射光是平行光,其强度为 I_0,出射光的强度为 I,气体介质的厚度为 l。当由气体介质中的分子数 dN 的吸收所造成的光强减弱为 dI 时,根据朗伯-比尔吸收定律,则

$$dI/I = -KdN \tag{10.10.1}$$

式中，K 为比例常数。经积分得
$$\ln I = -KN + \alpha$$
式中，N 为吸收气体介质的分子总数；α 为积分常数。

显然有 $N \propto \rho l$，ρ 为气体浓度，则式(10.10.1)可写成
$$I = \exp(\alpha)\exp(-KN) = \exp(\alpha)\exp(-\mu\rho l) = I_0 \exp(-\mu\rho l) \quad (10.10.2)$$
式中，μ 为吸收常数。

式(10.10.2)表明，光强在气体介质中随浓度及厚度按指数规律衰减。吸收系数取决于气体介质的特性，各种气体的吸收系数互不相同。对同一气体，μ 随入射波长而变。

若吸收介质中含 i 种吸收气体，则式(10.10.2)应改为
$$I = I_0 \exp\left(-l\sum \mu_i \rho_i\right) \quad (10.10.3)$$
对于很低浓度或很薄的吸收层，有 $\mu\rho l \ll 1$，则式(10.10.2)可近似为
$$I = I_0(1 - \mu\rho l) \quad (10.10.4)$$
此时，吸收衰减与浓度呈线性关系。

图 10.10.2 表示二氧化碳的红外吸收谱。本文研制的二氧化碳传感器以 4.26 μm 波长的红外光作为测量波长。

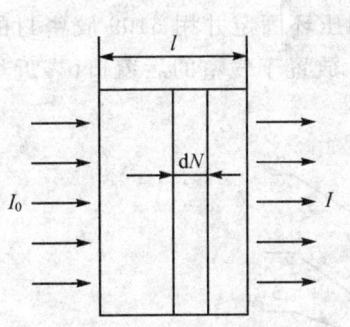

图 10.10.1 气体对入射光的吸收

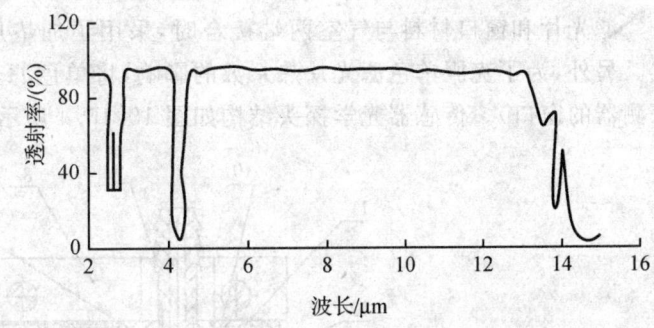

图 10.10.2 二氧化碳红外吸收谱

10.10.2 传感器的组成

传感器的原理框图如图 10.10.3 所示。

进行结构设计时，将红外光源、气室、滤光片、红外探测器设置在同一光轴上，且红外光源由稳流源供电，供电电流为 200 mA。工作时，红外光源发出的红外光通过窗口材料入射到测量气室，测量气室由采样气泵连续通以被测 CO_2 气体，CO_2 气体吸收 4.26 μm 波长的红外光，透过测量气室的红外光由红外探测器探测。另外，由温度传感器探测光学探头的内部环境温度。红外探测器和温度传感器的输出电信号分别经放大电路处理后，输入到单片机系统。环

境总压由压力传感器测定后,经调理电路输入到单片机。通过数字滤波、线性插值及温度补偿等软件处理后,由单片机系统输出 CO_2 分压的测量值。

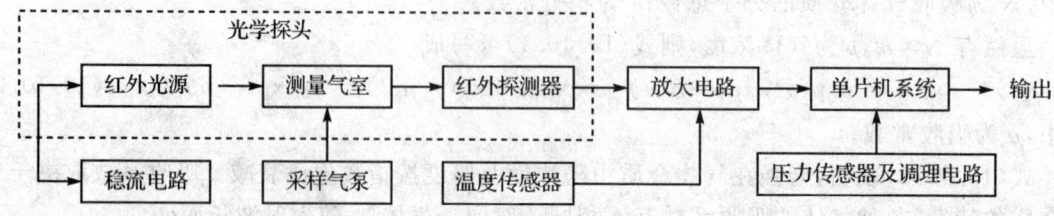

图 10.10.3 传感器原理框图

红外光源采用直径为 0.1 mm 的镍铬丝绕制成阻值约 24 Ω、直径为 1 mm、长为 1.5 mm 的螺旋圆柱体,并由两个刚性电极支承,电极与红外光源座采取陶瓷固封。同时,在红外光源座内侧加工一球形反射面,以增加通过测量气室的光强。

测量气室采用超硬铝抛光,气室长度 $L=20$ mm,气室内径 $D=8$ mm。选用了高性能的窄带光学滤光片,其峰值波长为 4.26 μm,半宽度为 0.10 μm。为了得到较高的机械性能,选用青玉作为窗口材料,其厚度为 1 mm。

滤光片和窗口材料与气室两端接合时,采用了加垫片用压环固定并用 6109 胶密封的方式。另外,为了克服单色滤光片热系数的影响,将单色滤光片放置于气室的后窗口(靠近红外探测器的窗口)。传感器光学探头结构如图 10.10.4 所示。

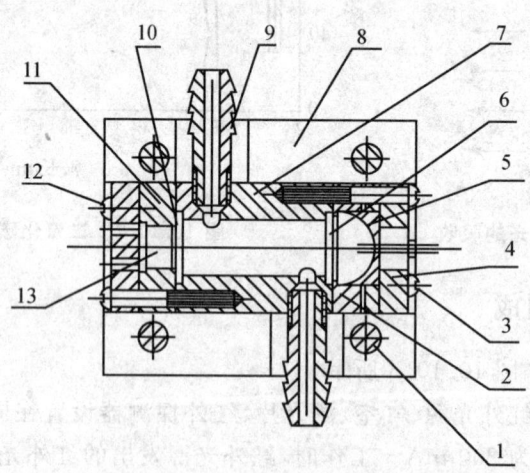

1、3—螺钉;2—红外光源上压盖;4—红外光源下压盖;5—红外光源;6—滤光片;7—气室;8—探头底座;
9—管接嘴(进、出气口);10—青玉窗;11—红外探测器上压盖;12—红外探测器下压盖;13—红外探测器

图 10.10.4 传感器光学探头结构

10.10.3 关键技术

常见的红外二氧化碳传感器,不论是采用时间双光束结构,还是采用空间双光束结构,其目的都是为了实现测量光束与参考光束的参比处理,以消除红外光源辐射功率及红外探测器响应度温度漂移等因素的影响,提高测量精度。

对于不切光单光束结构,它只有测量光束,不能实现参比处理。为此,该二氧化碳传感器采用了如下关键技术。设计并采用了高性能红外光源反馈稳流电路。

该电路提供一恒定的光源电流,稳定红外光源的输出功率。红外光源反馈稳流电路方框图如图 10.10.5 所示,由 MC1403 输出恒定的 2 V 电压作为比较器的精密基准电压。该电路输出电流为 (185 ± 0.2) mA,能连续正常工作 720 h。

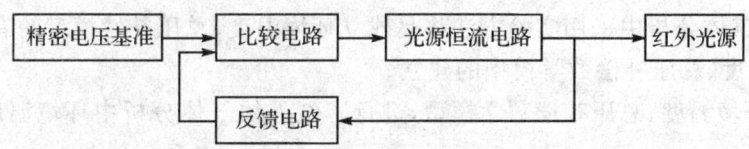

图 10.10.5　红外光源反馈稳流电路方框图

1. 选用了高性能薄膜电堆红外探测器件

采用了热探测器——Sb-Bi 薄膜温差电堆(多原点阵型)。这种探测器正常工作状态无需制冷,它既具有金属温差电堆的可靠性,又具有较高的响应度(25.5 V/W),同时在温漂、耐温、耐热及冲击振动测试中具有很高的性能,工作温度范围大($-40\sim+80$ ℃)。由于采用了薄膜技术,有利于进一步缩小体积,减轻质量,降低功耗,提高可靠性。

其主要性能如下。
- 响应度:25.5 V/W;
- 响应温度系数:-0.3 ‰(0~70 ℃线性);
- NEP:5.3×10^{-10};
- 响应时间:100 ms;
- 响应波长:$0.13\sim12\ \mu$m;
- 温度范围:$-40\sim+80$ ℃。

2. 采用了温度及压力的补偿技术

式(10.10.4)中
$$I=I\ (1-\mu\rho l)=I_0-I'$$

I' 为吸收光强,式中的吸收系数 μ 是一个非常复杂的量,它不仅与气体种类、入射光波长有关,而且还受环境温度、总压等因素的影响。因此,对于航天中变温、变压的工作环境,μ 是一个变值,从而直接影响吸收光强 I'。

Hudson 等从更实用的观点提出,气体对弱光的吸收遵循下式,即

$$I' = \int_{\Sigma} A(\lambda)\mathrm{d}\lambda = cW^{1/2}(p_{总}+p)^q \tag{10.10.5}$$

对强带光的吸收遵循下式,即

$$I' = \int_{\Sigma} A(\lambda)\mathrm{d}\lambda = C + D\log W + Q\log(p_{总}+p) \tag{10.10.6}$$

式中,c、C、D、Q、q 均为通过试验确定的常数;$A(\lambda)$ 为被测气体对某一光波长的吸收函数;$\mathrm{d}\lambda$ 为光波长微元增量(cm);$\Sigma = \lambda_2 - \lambda_1$ 为光波长范围(cm);$p_{总}$ 为环境总压(kPa);p 为被测气体分压(kPa);$W = (pl/76) \cdot [273/(273+t)]$,$t$ 为环境温度(℃),l 为被测气体厚度(cm)。

实际上,就环境温度而言,它对红外线气体分析的影响并不仅体现于式(10.10.5)、式(10.10.6)之中,而且还将直接影响红外光源的辐射强度和红外探测器件的响应度。由此可知,在红外线气体分析中采用实验方法将是建立环境温度、总压补偿模型的有效途径。

(1) 环境温度、总压补偿数学模型的建立

为了建立环境温度、总压补偿数学模型,进行了红外线气体分析中环境温度、总压影响的测量试验。

环境温度试验在恒温箱内进行,试验时,将传感器置于恒温箱内,分别通入不同分压值的 CO_2 气体,环境温度变化范围为 10~45 ℃,大气压为 101 kPa。

环境总压试验在真空箱内进行。试验时,将传感器置于真空箱内,分别通入不同分压值的 CO_2 气体,环境总压变化范围为 80~120 kPa,环境温度为 20 ℃。

传感器标定时的环境温度和大气压分别是 20 ℃ 和 101 kPa。环境温度、总压影响的试验曲线如图 10.10.6~图 10.10.9 所示。

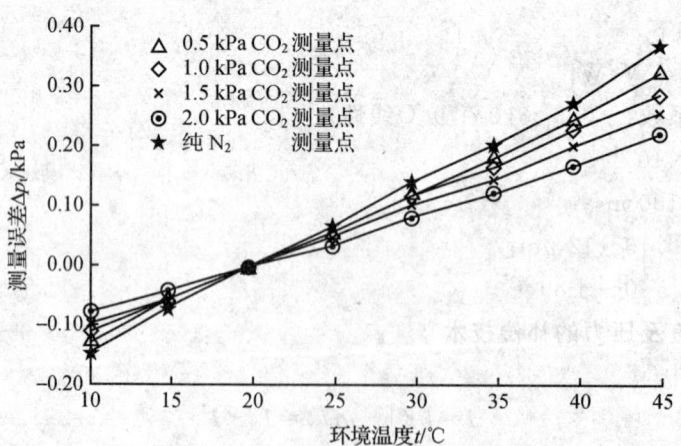

图 10.10.6 环境温度变化引起的测量误差

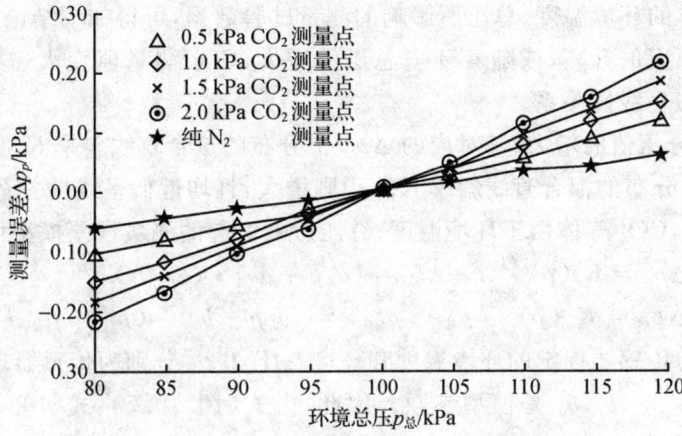

图 10.10.7 环境总压变化引起的测量误差

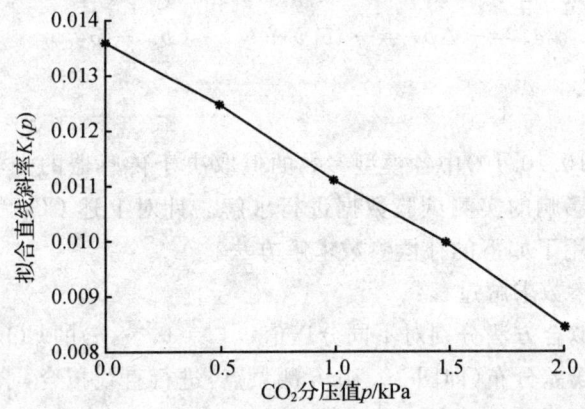

图 10.10.8 不同 CO_2 分压值对应的 Δp_t - t 分布的拟合直线斜率 $K_t(p)$

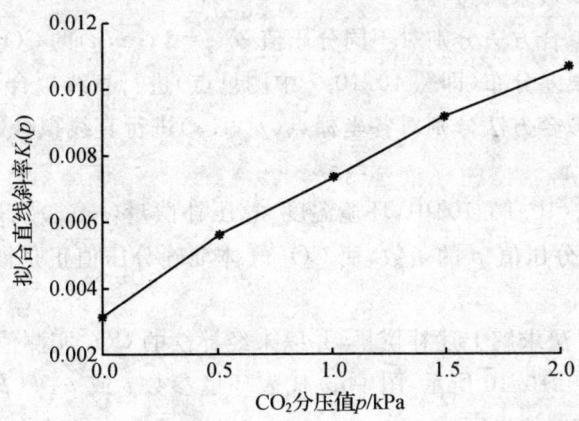

图 10.10.9 不同 CO_2 分压值对应的 Δp_p - p 分布的拟合直线斜率 $K_p(p)$

分析 CO_2 气体的环境温度、总压所影响的测量试验数据,可得如下结论:
- 随着环境温度的升高,或随着环境总压的增大,CO_2 测量值变大(这时的出射光强变小),且近似呈线性关系;
- 随着 CO_2 分压值的增大,其对应的 $\Delta p_t - t$ 分布的拟合直线斜率 $K_t(p)$ 减小,而其对应的 $\Delta p_p - p$ 分布的拟合直线斜率 $K_p(p)$ 则增大,且均近似呈线性关系。

基于上述结论,CO_2 气体由于环境温度、总压影响引起的测量误差模型可表示为

$$\Delta p_t = K_t(p) \cdot (t - t_0) = (a_1 p + a_0) \cdot (t - t_0) \tag{10.10.7}$$

$$\Delta p_p = K_p(p) \cdot (p_总 - p_{总0}) = (b_1 p + b_0) \cdot (p_总 - p_{总0}) \tag{10.10.8}$$

式中,t_0、$p_{总0}$ 分别为传感器标定的环境温度和环境总压,t、$p_总$ 分别为传感器现场测量时的环境温度和环境总压,a_1、a_0、b_1、b_0 是模型参数。因此,由式(10.10.7)、式(10.10.8)可得环境温度、环境总压补偿数学模型为

$$\varepsilon_t = -\Delta p_t = -(a_1 p + a_0) \cdot (t - t_0) \tag{10.10.9}$$

$$\varepsilon_p = -\Delta p_p = -(b_1 p + b_0) \cdot (p_总 - p_{总0}) \tag{10.10.10}$$

(2) 补偿模型求解

1) 模型参数求解

式(10.10.9)、式(10.10.10)中各模型参数的值取决于传感器的光学结构和电路性能等,应根据环境温度、总压影响的实测试验数据进行求解。针对上述 CO_2 气体环境温度、总压试验数据和试验曲线,采用了如下的补偿参数求解方法。

① 环境温度补偿参数求解过程:
- 采用最小二乘拟合方法分别对不同分压值 $p_i(i=1,\cdots,n)$ 的 CO_2 气体由于环境温度变化引起的测量误差分布(即图10.10.6测量点)进行直线拟合,求出直线斜率 K_{ti};
- 采用最小二乘拟合方法分别对各坐标点 (p_i, K_{ti}) 进行直线拟合,求出补偿参数 a_1、a_0。

② 环境总压补偿参数求解过程:
- 采用最小二乘拟合方法分别对不同分压值 $p_i(i=1,\cdots,n)$ 的 CO_2 气体由于环境总压变化引起的测量误差分布(即图10.10.7中测量点)进行直线拟合,求出直线斜率 K_{pi};
- 采用最小二乘拟合方法分别对各坐标点 (p_i, K_{pi}) 进行直线拟合,求出补偿参数 b_1、b_0。

2) 补偿量求解

在式(10.10.9)、式(10.10.10)中,环境温度、总压补偿量(ε_t、ε_p)既是环境温度 t、总压 $p_总$ 的函数,又是 CO_2 气体分压值 p 的函数,而 CO_2 气体准确分压值正是被测的量,因此 ε_t、ε_p 很难直接求出。

在此采用了迭代方法求解上述补偿量,并以未经补偿的 CO_2 实测值作为迭代初值 p_0。补偿量求解的框图如图10.10.10所示,图中,x 代表环境参数 t 或 p,$f(p, x)$ 代表补偿型函数。整个补偿量求解过程由单片机完成。

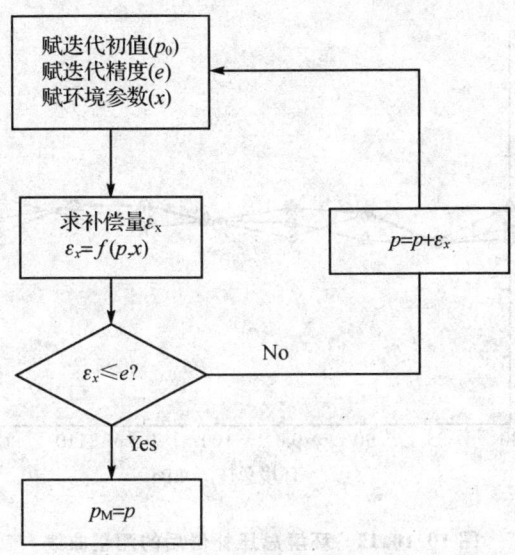

图 10.10.10 补偿量求解的框图

3) 补偿试验结果

图 10.10.11、图 10.10.12 为传感器采用前述补偿方法的三种分压值 CO_2 的测量曲线。试验结果表明,经环境温度、总压影响补偿后的测量精度较补偿前提高近一个数量级,且运算速度快、实时性强,已用于航天飞行中,获得了较好的补偿效果和较高的实时性。该方法的提出对红外线气体分析应具有普遍意义。

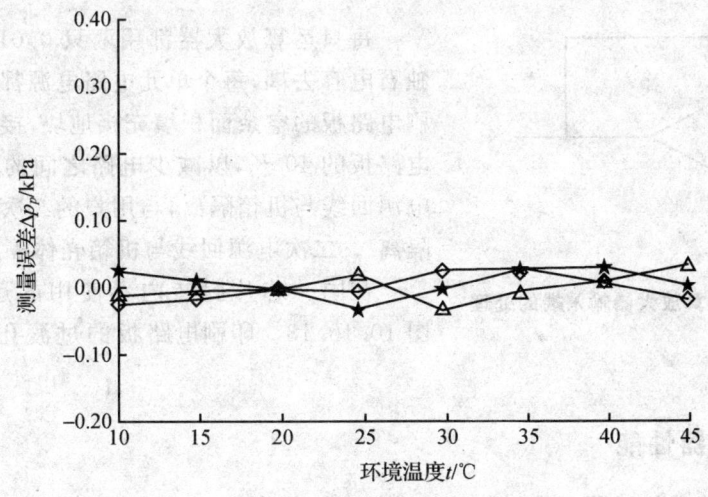

图 10.10.11 环境温度补偿后的测量曲线

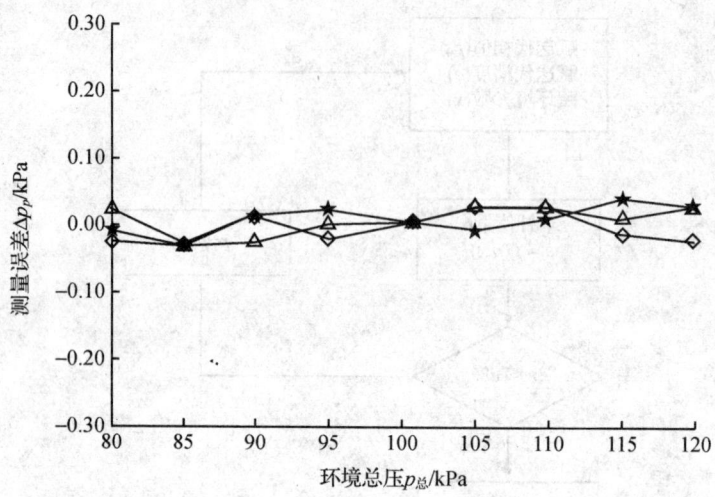

图 10.10.12 环境总压补偿后的测量曲线

3. 电路板的安全性及可靠性

为了保证电路的可靠运行,采用了以下措施:

① 元件减额使用符合 GJB/Z 35—93《元器件减额准则》标准。

② 电磁兼容性设计。

电压电路采用一点接地方法,电源回线和信号回线分开。信号线和回线用双绞线,弱信号用屏蔽线。屏蔽线带绝缘套,屏蔽线的屏蔽层一端接地,另一端悬空;接地点在信号调理电路一端。

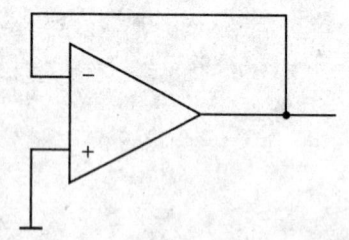

图 10.10.13 运算放大器输入端的处理

每只运算放大器都用两只 0.01 μF(或 0.1 μF)独石电容去耦,每个单元电路电源都用电容滤波。印刷电路板的空余面积填充接地块,接地的面积占整个电路板的 40%,以减少电路之间的相互干扰。一次电源回线与机箱隔离,与用户的二次电源回线接地点隔离。二次电源回线与机箱壳体隔离。

在同一芯片封装内不使用的运放电路处理见图 10.10.13。印刷电路板的过渡孔必须两面焊接,以提高其可靠性。

10.10.4 传感器性能

该红外二氧化碳传感器完成组装以后进行了性能实验,测量过程持续了 1 个月,环境温度为 10～35 ℃(由烘箱形成)。表 10.10.1～表 10.10.4 分别是 0.10%、0.32%、0.57%、

0.96 %CO_2 气体的部分测量数据。性能实验结果表明,该二氧化碳传感器的零漂小(目前国内红外二氧化碳分析仪一般工作几个小时就需调零一次,且连续工作时间短),测量精度较高。整机性能指标如下。

- 量程:0~3 %;
- 响应时间:1.5 s(气体流量为 0.5 L/min);
- 环境温度:10~35 ℃;
- 预热时间:10 min;
- 体积:150 mm(L)×75 mm(W)×95 mm(H);
- 质量:1 kg;
- 功耗:不大于 4 W;
- 连续工作时间:不小于 1 个月(720 h);
- 输出误差:不大于 3 %FS
- 输出电阻:不大于 3 kΩ。

表 10.10.1 0.10 % CO_2 测量数据

次 数	1	2	3	4	5	6	7	8	9	10
测量值 X/(%)	0.11	0.12	0.10	0.09	0.11	0.10	0.10	0.11	0.11	0.10
平均值	0.10									
$\sigma_{单次}$	0.010									

表 10.10.2 0.32 % CO_2 测量数据

次 数	1	2	3	4	5	6	7	8	9	10
测量值 X/(%)	0.33	0.30	0.31	0.31	0.32	0.31	0.30	0.31	0.33	0.32
平均值	0.31									
$\sigma_{单次}$	0.012									

表 10.10.3 0.57 % CO_2 测量数据

次 数	1	2	3	4	5	6	7	8	9	10
测量值 X/(%)	0.54	0.56	0.57	0.57	0.56	0.59	0.57	0.58	0.55	0.55
平均值	0.56									
$\sigma_{单次}$	0.016									

表 10.10.4 0.96% CO_2 测量数据

次 数	1	2	3	4	5	6	7	8	9	10
测量值 $X/(\%)$	0.96	0.99	0.94	0.95	0.97	0.99	1.00	0.97	0.94	0.94
平均值	0.97									
σ 单次	0.023									

10.10.5 结 论

本文介绍的具有不切光单光束结构的新型红外二氧化碳传感器,突破了采用参比结构的常规设计思想,对推动红外光气体分析技术的发展具有重要作用。与国内现有红外二氧化碳传感器相比,该传感器在体积、质量、功耗、零漂、力学性能及可靠性与工作寿命等方面均具有明显优势。该传感器不仅可用于航空、航天及舰艇、潜艇等,也可用于恶劣条件下的隧道安全管理、一般场合的二氧化碳气体的测量和分析,具有广阔的应用前景和较高的实际价值。

10.11 卫星推进系统通道流量测试仪电路

卫星推进系统是卫星控制中的伺服机构,在进行卫星的轨道控制与姿态控制时,推进系统作为执行机构,完成卫星的运动轨迹或改变卫星在空间的定位方向。因此,推进系统可靠性是关系到卫星能否在空中正常运行的一个很关键的问题。为了进一步提高推进系统的可靠性,在采取可靠性设计的同时,在卫星上天前要进行充分的测试。

卫星的主要部件是推力器。推力器的关键部件由电磁阀、毛细管及温度补偿电路组成。而推力器的电磁阀失效、毛细管的堵塞或其他有关管路的堵塞是推进系统失效的主要因素。在推进系统总装过程中可能引入多余物,在总装系统总装完毕后,要历经很多次的检漏、运输、振动、存储、单元式系统性的振动检测等过程,这些过程也会引入多余物。为了保证推进系统上天后正常工作,在推进系统加注燃料前,准确地判别推力器的性能状态就显得尤为必要。在规定的实验条件下,检测通过推进器的气体流量,并与标准值进行比较,能较快地判断出推力器的性能状态。气体流量的测试是属于系统级的测试,即是卫星组装完毕后的地面测试。测试时所施加的气体压力很小($<9.8 \text{ N/cm}^2$),因此流量也很小;同时,对自行设计的探头质量有严格要求,不能对推进器工作有影响。该测试仪设计了轻巧型的孔板式微流量气体流量探头,直接挂接在推力器的尾喷口上,拆卸容易,方便了现场测试。该探头输出标准电流为 4~20 mA,可以远距离进行传输。流量测量结果与部件阶段测试结果比较,可以很快地判断出推力器的性能状态。

10.11.1 测试仪的组成

该测试仪的工作原理框图如图 10.11.1 所示。

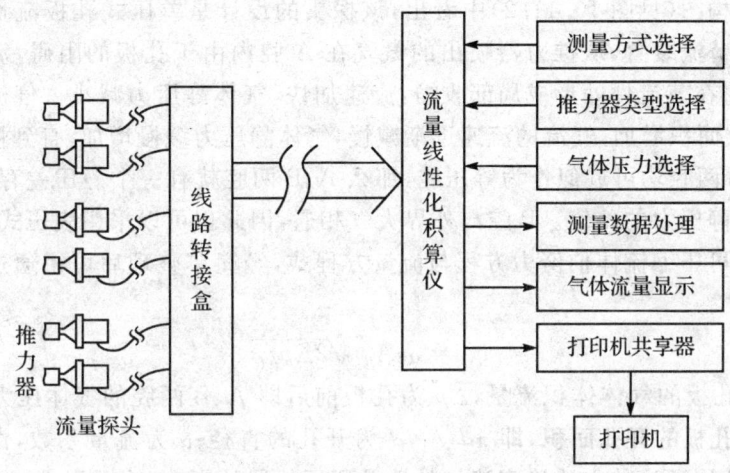

图 10.11.1 测试仪的工作原理

它是由流量探头、线路转接盒、流量线性化积算仪、打印机共享器及打印机组成。流量探头共 8 个（或更多），直接接在推力器喷口上。

推力器通入恒压为 0.1~0.2 MPa、流量为 0~0.6 L/min 的氮气，通过推力器的 9 根毛细管进入流量探头。气体在探头内由孔板进入 B 腔（见图 10.11.2），压力发生变化，用压力传感器测出 A、B 腔的压力差，由调理电路转化为电流。该电流通过 3 米线到线路转接盒后再由 15 米长线进入流量线性化积算仪转化为电压信号。积算仪必须完成 20 路信号的逐次测量或由键盘输入的一个推力器的测量、电压与气体流量之间的数学模型计算、流量的线性化插值；通过打印机共享由打印机打印出每台推力器的气体流量。该流量与标准值进行比较，判别出推力器的性能状态。

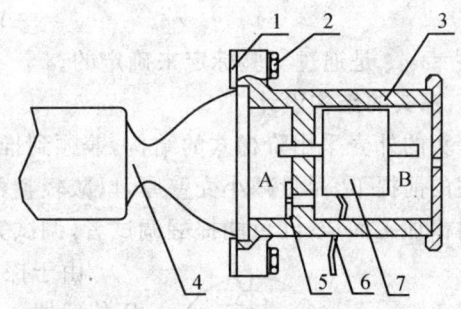

1—压板；2—锁紧螺钉；3—外壳；4—推力喷口；5—孔板；
6—引出电缆；7—压力传感器及调理电路

图 10.11.2 轻巧型的孔板微流量探头

10.11.2 气体流量探头的组成及原理

1. 探头的结构组成

气体流量探头的结构示意图如图 10.11.2 所示。探头主要有塑料外壳、孔板、压板、锁紧螺钉、差压传感器及其调理电路板、引出电缆组成。测试时,采用氮气作为气源。氮气通过推力器的毛细管到达喷口处的 A 腔,经过孔板进入 B 腔,然后排到大气之中。

2. 流量的测量原理

从探头的结构图(见图 10.11.2)中看出,该探头的设计是差压式孔板流量计技术的推广应用。孔板作为节流装置,从推力器喷出的氮气在 A 腔内由于孔板的阻碍,流束的有效面积突然减小,流束将在节流件处形成局部收缩,流速加快,气体静压力减小。气流通过孔板进入 B 腔,流束的有效面积增加,气流的流速逐渐减慢,气体静压力缓慢增加,直到恢复节流以前的状态。假设 A、B 两腔均可近似作为等压腔,那么 A、B 两腔就有一个静压差存在,用差压传感器就可以检测出静压力的差值。B 腔与外界大气相通,因此也可以采用表压式压力传感器。

应用理想不可压缩流体伯努力方程与流量方程式,经简单整理后可得通过孔板的流量关系式

$$q_v = \alpha \varepsilon A_0 \sqrt{2\Delta p/\rho} \tag{10.11.1}$$

式中,q_v 为通过孔板的气体体积流量;Δp 为孔板前后即 A、B 两腔的气体压力差;ρ 为氮气的质量密度;A_0 为孔板的开孔面积,即 $\pi d^2/4$,d 为开孔的直径;α 为流量系数,由于实际气体流动的复杂性,无法用理论的方法确定流体粘性及测压位置的影响,因此引入流量系数 α,α 通过实验来确定;ε 为气体的膨胀系数,它主要是考虑流体压缩性的影响。如气体通过孔板时,由于压强的降低使得密度减小,引入 ε 即为压缩性的修正系数,它也是通过实验来确定的。因此式(10.11.1)可写成

$$q_v = \xi A_0 \sqrt{2\Delta p/\rho} \tag{10.11.2}$$

式中,$\xi = \alpha \varepsilon$,ξ 是通过实验标定来确定的。

3. 探头的结构设计

探头的外壳采用阶梯式的结构,兼顾到推力器喷口的大小及信号调理电路板的大小,在保证强度的前提下,尽量减小壳壁厚,以减轻整个壳体的质量。壳体采用质地较轻、强度较高的红塑料棒加工而成,红色能提醒调试者,调试完毕后应去掉。

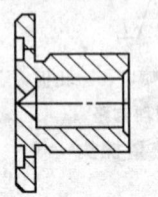
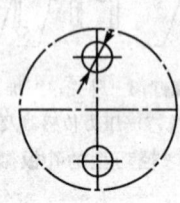

图 10.11.3 孔板结构示意图

由于探头内空间有限,不宜采用紧固件来固定孔板和表压传感器。虽然利用环氧树脂可以将孔板粘贴在外壳上,但这只能解决一时的问题。随着时间的延长,胶裂等问题会接踵而来,无法从根本上解决问题。我们将孔板设计成细螺钉状,在探头 A 腔端面上加工出对应的配合螺孔,将孔板拧进螺孔即可。节流孔是采用激光打孔的方法在细螺钉中央位置打出的一个通孔,如图 10.11.3 所示。表压传感器和调理电路板焊在一起,利用表压传感器的取压管可以将其固定于壳体上。在对壳体机械加工时,应特别注意尺寸公差配合的关系。

4. 探头与推力器的挂接设计

为了在现场测试时能够很迅速地拆装气体流量探头,给测试提供方便,挂接方式采用了螺钉、压片式紧固方式。如图10.11.2所示,利用推力喷口边缘上的凸台,通过压片、螺钉,将探头固定在喷口上,锁紧螺钉上装有开口销,没有采用螺母紧固,以免在现场测试时螺母丢落在卫星装置内。锁紧螺钉上的滚花为手工拆卸探头提供了方便。

5. 探头的密封设计

由于气体流量测量时,施加的系统气压较小,实际的气体流量也较小,所以对气路气密性要求较高,在气路的任何一个地方发生了气体泄漏,对测试结果的准确性都会造成很大的影响。在整个的实验过程中,充分验证了密封设计的重要性。

为此,我们设计了专用密封垫片,它不同于普通的密封圈,材料较为特殊。它采用了端面及周围密封的形式,当在端面上施加压力时,密封垫片会变形伸展,与推力器喷口、壳体更加紧密地接触,增加了接触的有效面积,从而防止了气体的泄漏。试验证明,密封效果是很好的。

6. 调理电路的设计

由于通入氮气为微流量,所以在探头的设计中选用了 IC SenSor 公司生产的 TO-8 系列 401B-30G 顶部取压的表压传感器。该传感器体积小、质量轻,适合安装在探头中,由它可测出 A 腔与 B 腔的静压差。

该传感器要求恒流源供电,输出电压较小(100 mV 内),需要进行放大后才能进行处理。传感器与积算仪之间为远距离传输,传输距离为 18~20 m。为了不失真地传输信号及考虑探头的安装面积,采用 3XTR10 精密低漂移双线变送器。

XTR101 变送器将微小信号转换为 4~20 mA 的电流,电源线与信号线在同一双绞线上,由电流信号进行远距离传输,在积算仪的前量极将电流转换为电压。同时该变送器能提供两个 1 mA 的恒定电流,可以作为表压传感器的电流。该变送器的失调电压小于 30 μV,漂移电压小于 0.75 $\mu V/℃$,同时测量精度较高。

调理电路原理图如图 10.11.4 所示。表压传感器与调理电路安装在同一块圆形印刷电路板上,该板直径为 38 mm,牢固地安装在探头内。

7. 节流孔的重要性

选择大小合适的节流孔是极重要的。因为推进系统在测量时气体压力较小,同时推力器的毛细管特别细,孔径仅 0.2 mm^2。例如 20 N 的推力器共有 9 根毛细管,截面积也只有 0.28 mm^2 左右,故气体流量是很小的。若节流孔开得太大,则孔板前后压差太小,输出电压值也较小,输出变化不明显;若节流孔开得过小,则不易于测试,同时也会对系统气路(部分气路采用力胶皮管)的耐压能力构成一定威胁。合适的节流孔应使输出电压变化明显,调节范围相对较大,即在要求的流量范围内输出的电压尽量布满整个量程。

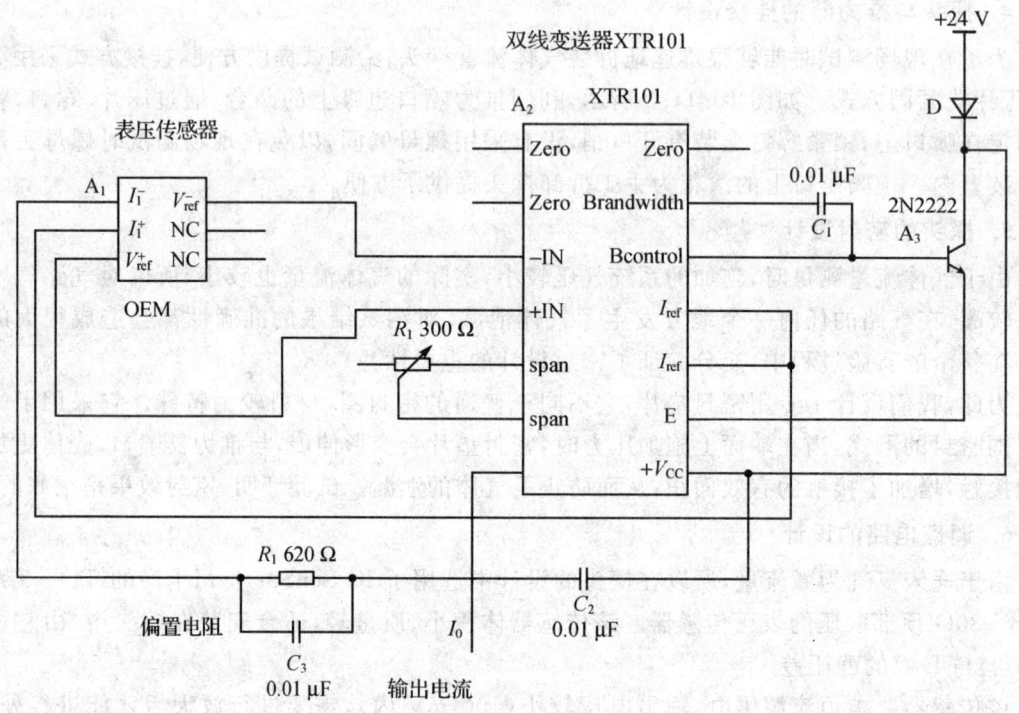

图 10.11.4 调理电路原理图

10.11.3 气体流量探头数学模型的建立

由于气体流量探头的结构是非标准的,故不能直接使用压差式孔板流量计的标准方程,需要建立确切的数学方程。

1. 节流孔的选择

按照规定的试验条件,对气体流量探头进行标定试验。气源为 0.1~0.2 MPa 的氮气,气体流量限制在 0~0.6 L/min 之间,选用 0.1 mm、0.2 mm、0.3 mm、0.4 mm 四种不同孔径的孔板进行试验,外接采样电阻。从试验数据来看,采用孔径为 0.2 mm 的孔板时,在采样电阻上的压降最大,灵敏度最高。在确定了孔板节流直径的基础上,再进行数学模型的建立。

2. 数学模型的建立

气体体积流量与探头输出电压间的公式推导如下:表压传感器输出电压与压差间的关系式为

$$e_{out} = k_1 \cdot \Delta p \tag{10.11.3}$$

式中,e_{out} 是表压传感器的输出;Δp 是压差;系数 k_1 是满量程输出电压与量程之比。

由于 XTR101 输出为 4~20 mA,XTR101 的输入与输出间的关系式为

$$I_o = 4 \text{ mA} + k_2 \cdot e_{\text{out}} \quad (10.11.4)$$

式中，I_o 为 XTR101 的输出电流；$k_2 = \Delta I_o / \Delta e_{\text{out}} = 16$ mA，为表压传感器量程。

输出电流经采样电阻后，有

$$U_o = I_o \cdot R_L \quad (10.11.5)$$

式中，U_o 是输出电压；R_L 是采样电阻。

气体体积流量与压差之间的关系式为

$$q_V = k\sqrt{\Delta p} + b \quad (10.11.6)$$

式中，q_V 是气体体积流量；k 是综合系数；b 是常数。

由式(10.11.3)、式(10.11.4)、式(10.11.5)、式(10.11.6)整理得

$$q_V = k\sqrt{\frac{1}{k_1 k_2}\left(\frac{U_o}{R_L} - 4\right)} + b \quad (10.11.7)$$

通过多次实验，可确定式(10.11.7)中参数 k、b 的大小。

10.11.4 气体流量探头的试验数据处理

由于压力传感器等器件性能分散，很难保证探头的互换性，因此需要对探头进行标定试验并建立精确的数学模型。试验的目的是选择节流孔的大小并标定气体流量探头。

1. 数据处理

在系统压力为 0.1 MPa、0.2 MPa，节流孔直径为 0.2 mm 的条件下标定探头。试验数据采用最小二乘法，拟合出系数 k、b。根据具体的试验结果，为了保证模型的精确性，又对试验数据进行了分段线性拟合。由于在不同的系统压力下，即使是相同的流量时，探头输出电压也不相同，所以在不同的压力下数学模型是不同的，要分别建立 0.1 MPa、0.2 MPa 下的数学模型。拟合公式形式为

$$q_V = k_o\sqrt{U_o - 4R_L} + b \quad (10.11.8)$$

式中，k_o、b 为拟合系数，$k_o = k(k_1 k_2 R_L)^{-1/2}$，$R_L$ 为 100 Ω 的精密电阻。

2. 试验结论

利用所得的拟合公式进行反校，数据均在要求的技术指标内，试验结果的处理是令人满意的。应用上述方法所得的数学模型成为流量积算仪的核心，可以求出气体流量。

10.11.5 数据采集与处理系统

在流量线性化积算仪中，采用了 MCS-8098 单片机，它完成了三部分工作：

① 表压信号的动态采集。有两种采集方式：20 通道数据巡回采集和单通道重复采集。对采集的数据用数字滤波的方法进行处理。

② 流量的计算。首先对采集的数据进行标度转换，将其赋予物理含义，然后根据式(10.11.8)进行流量的计算，求出气体体积流量(m^3/s)。

③ 数据打印。通过单片机的打印机接口,将数据送给打印机,打印出流经每个推力器的气体流量结果。

将部件阶段的测试结果、总装阶段的测试结果及上天加注燃料前的最后一次清洁度检查的测量结果进行比较,就可以分析出推进系统的工作特征。因此,该测试仪的运用是保证卫星推进系统上天后在轨可靠工作的重要手段。1999年末,该仪器通过了有关单位的验收,同时在对某卫星进行发射前的现场测试时,发现了个别推力器工作不正常,及早地在地面上排除了故障。

该仪器为便携式,体积小,质量轻,使用方便,十分适合于现场测试使用。仪器的探头轻巧、便于拆卸,可以进行远距离的测量,它的测量原理、结构等一套方法可以推广到自动化领域及其他领域的在线气体微流量快速测量中。

10.12 制造火箭推进剂的混合机桨叶安全状况实时测试仪电路

混合是固体火箭推进剂制造过程中的一个关键工序,对保证产品质量,特别是保证安全生产,有着极为重要的意义。目前国内固体火箭推进剂的混合设备大都使用立式混合机,其核心部件是一对桨叶,分别称为近心桨和远心桨,依靠两桨叶的自转和远心桨围绕近心桨的公转对推进剂进行搅拌。由于推进剂是危险的含能材料,在混合过程中桨叶对推进剂进行挤压、剪切,如果超过推进剂的搅拌感度,就会出现燃爆事故。在混合过程中,一方面,混合机工作时因其环境恶劣、危险因素众多,易发生燃爆事故;另一方面,因为目前没有任何适用于混合机的测试系统,对系统在搅拌过程中的众多危险因素认识不够,导致大部分的生产过程都是根据以往的经验制定一定的操作流程再由人工完成。因此,目前的立式混合机工作效率低下,无法实现大容量搅拌,在工作过程中存在着较多的危险因素,无法实现生产过程的自动化、智能化。这些突出问题的存在对混合机桨叶状态实时测试系统的研制提出了迫切需求。而对于混合机这样的旋转设备,特别是考虑到推进剂是危险的含能材料,采用有线式的测量方法将信号从桨叶上传输出来是非常困难的事情,因此无线测试系统的研制是解决问题的最佳途径。

通过综合考虑混合机的机械结构、工作原理、工作流程和现场工作日志,可认为混合机运转期间,桨叶上的压力是一个随着工作流程而不断变化的参数,并且此参数在一定程度上可反映出桨叶的变形情况。此外,推进剂混合过程中,桨叶和混合机锅壁、锅底间也会产生挤压,锅壁和锅底的压力变化情况也可以在某种程度上反映出混合机的安全运行状况。因此,通过采集混合机运转过程中桨叶及锅壁、锅底上不同部位的压力变化情况,即可及时反映出混合机的桨叶安全状况。

10.12.1 测试仪的组成

通过对蓝牙、Zigbee 等多种无线数据传输技术的对比分析,决定采用蓝牙技术实现桨叶上压力数据的发送与接收,基于此设计的测试仪结构如图 10.12.1 所示。

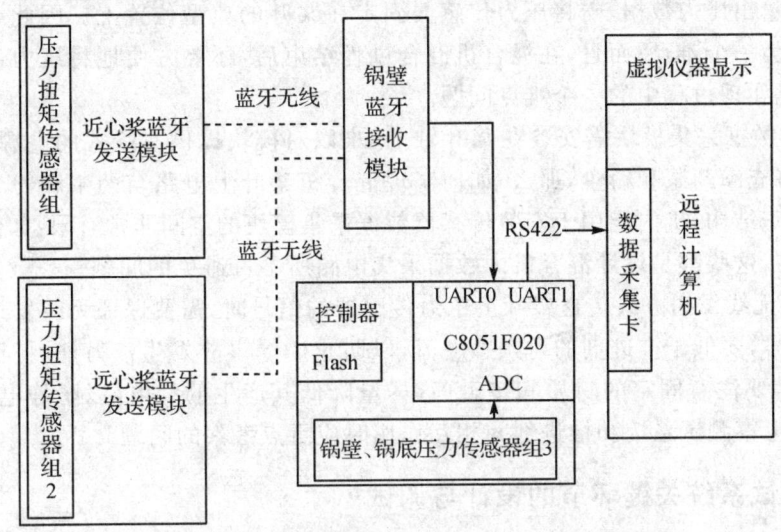

图 10.12.1 混合机桨叶状态无线实时测试系统结构框图

可见,测试系统由桨叶蓝牙发送模块、锅壁蓝牙接收模块、控制器和远程计算机四部分组成。桨叶蓝牙发送模块由远心桨和近心桨两部分组成,分别采集两个桨叶上不同部位的压力传感器信号,并通过蓝牙模块发送出来。锅壁蓝牙接收模块则用于接收两个桨叶上发送过来的压力数据,编码后发送至混合机外侧安装的主控制器。主控制器的作用是将蓝牙接收模块传送过来的数据和锅壁、锅底传感器采集到的数据进行编码,并按照定义好的通信协议传送至远程计算机;此外,配有 Flash 存储芯片,就地存储采集到的所有压力数据,当混合过程完成后,对比就地存储数据和远程计算机采集数据间的一致性程度,以确保远程计算机采集到的数据可靠有效。远程计算机的作用则是提供直观的人机界面,实时反映出各个监测点的压力变化情况,当遇到危险情况时,能够及时判断并进行必要的远程控制。

测试系统的工作过程是:远、近心桨蓝牙发射模块首先采集桨叶上的压力信号,并发射出去;随后混合机外壁的蓝牙接收模块将接收数据,并通过串口将数据发送到主控制器,主控制器同时也接收锅壁和锅底的压力传感器信号,从而完成多组压力数据的编码,并实现数据的就地存储;最后数据通过 RS422 通信线传送到控制室内的远程计算机。

测试系统实现过程中主要有以下几个难点问题需要克服:

① 远、近心桨的桨叶间隙,以及桨叶与锅壁、锅底间的间隙均为 (3 ± 1) mm。为了达到理

想的搅拌效果,必须保证安装压力传感器后的桨叶间隙大于 1 mm;混合中的推进剂开始为固液分离状态,最终将混合成非常粘稠的浆状体。因此在压力传感器选型方面,一方面要求压力传感器的厚度小于 1 mm,另一方面则要求其在粘度极高的环境中仍能正常工作。

② 混合机桨叶为光滑的金属,待搅拌的推进剂一方面非常粘稠,另一方面速度较快。为了能准确地测量出压力数据,需将压力传感器固定在桨叶的典型位置上。因此压力传感器的安装和固定是另一个难点;而且,在混合机混合过程结束后,还要方便地将压力传感器从桨叶上取下,这也是实现过程中的一个难点问题。

③ 传感器数据采集模块需安装在桨叶轴上,难以对模块提供有线式的电源,且混合机工作时,其内部将充满药浆和粉尘,那么,如何实现混合机桨叶上电路与药浆和粉尘的隔离?由于混合机的特殊结构,机内能用于安装传感器数据采集模块的空间非常有限,如何减小混合机内电路的体积?这些都是设计混合机内数据采集电路所不可避免的问题。

④ 当采用无线发送方式传送桨叶上压力传感器的信号时,需要保证无线发送的信号为低功率的射频信号,要低于推进剂的射频感度值,以防止燃爆事故发生。另外,将压力传感器安装在桨叶上时,要注意固定的材质和接触面,尽量降低其产生的静电,以防静电引爆推进剂。这两个问题是考察测试系统和推进剂间相互作用时应重点考察的问题。

10.12.2 测试系统关键环节的设计与调试

通过对前述难点问题的总结可以看出,测试系统实现的关键是传感器的选型、安装、固定和防护,此外就是混合机内传感器数据采集模块的微型化与电磁防护设计。下面就重点针对这两个问题进行分析。

1. 传感器的选型与安装

通过对国内外压力传感器生产厂家的广泛调研,决定选用北大青鸟元芯的硅压阻式压力传感器。该传感器的几何尺寸完全满足设计要求,其工作原理是通过各向异性腐蚀技术在单晶硅上制造压力敏感弹性膜,采用半导体加工方式制造 4 个压力敏感电阻,构成惠斯通电桥以检测外施压力变化,传感器的结构和等效电路如图 10.12.2 所示。

传感器的三维尺寸小于 1 mm×1 mm×1 mm,如何将传感器安装到混合机桨叶上是面临的迫切问题。经过多次尝试,决定采用将传感器焊接到柔性线路板后通过环氧树脂粘接到桨叶上的方法。柔性线路板基材以聚酰亚胺覆铜板为主,该材料耐热性以及尺寸稳定性好,与兼有机械保护和良好电气绝缘性能的覆盖膜通过压制可成最终产品。图 10.12.3(a)给出了压力传感器焊接到柔性电路板后的效果图,箭头所指部分是焊接后传感器部位的放大图;图 10.12.3(b)给出了柔性线路板安装到混合机桨叶后的实物效果图。

应当强调指出的是,由于传感器工作在粘度很高的推进剂中,混合过程中一直承受推进剂剪切力的作用,因此如何保证混合过程中不发生传感器脱落的现象是设计中的难点。针对这个问题,在传感器焊接时应对每个焊点进行固化,且在焊接完成后用密封胶对传感器进行整体

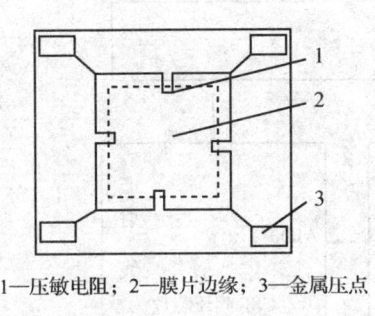 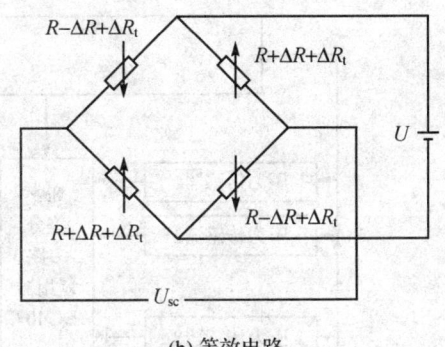

1—压敏电阻；2—膜片边缘；3—金属压点

(a) 传感器结构示意图　　　　　　　(b) 等效电路

图 10.12.2　压力传感器结构及等效电路示意图

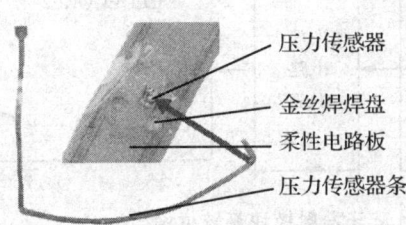 

(a) 传感器焊接效果示意图　　　　　(b) 传感器粘接效果实物图

图 10.12.3　传感器焊接及粘接效果示意图

密封，以强化传感器的抗剪切强度。实际运行结果表明，采取这些措施后没有发生传感器脱落的现象。此外，由于每次混合过程均不超过 3 h，因此在混合过程中不会出现环氧树脂的老化而导致粘接失效的问题。

2. 传感器调理电路的设计

传感器调理电路的作用是将两个桨叶上所有压力传感器的数据进行处理后送至蓝牙模块进行无线传输，蓝牙信号的发射功率为 mW 级，将其用于混合机内进行数据传输是安全可靠的。整个桨叶蓝牙发射模块的系统框图如图 10.12.4 所示。

从图 10.12.4 中可见，无论远心桨还是近心桨，都要求采集 15 个压力传感器的数据，并预留一个扭矩传感器的接口。为了尽可能减小电路板的体积，采用了多路传感器信号分时选通的方法进行信号调理，这样做的优点是利用 2 片放大电路即可实现 16 路传感器的信号调理，而代价就是降低了数据采集的速度。对于混合机桨叶压力信号来讲，在运行过程中的变化不会很快，因此对采样速率的要求不是很高，采用这样的设计是能够满足实际需求的。具体的电路原理图如图 10.12.5 所示。

图 10.12.5 中，DG407 为多路选通芯片，可实现 8 通道差分或 16 通道非差分信号的选

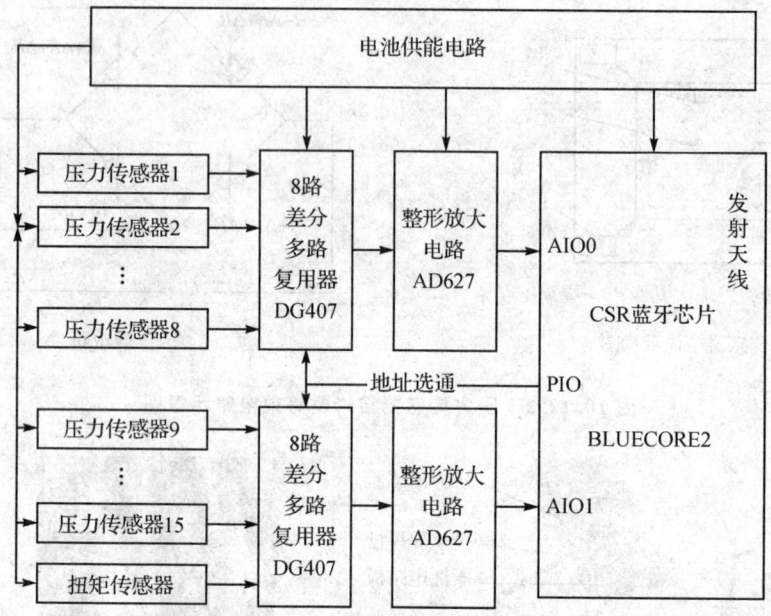

图 10.12.4　桨叶蓝牙发射模块系统框图

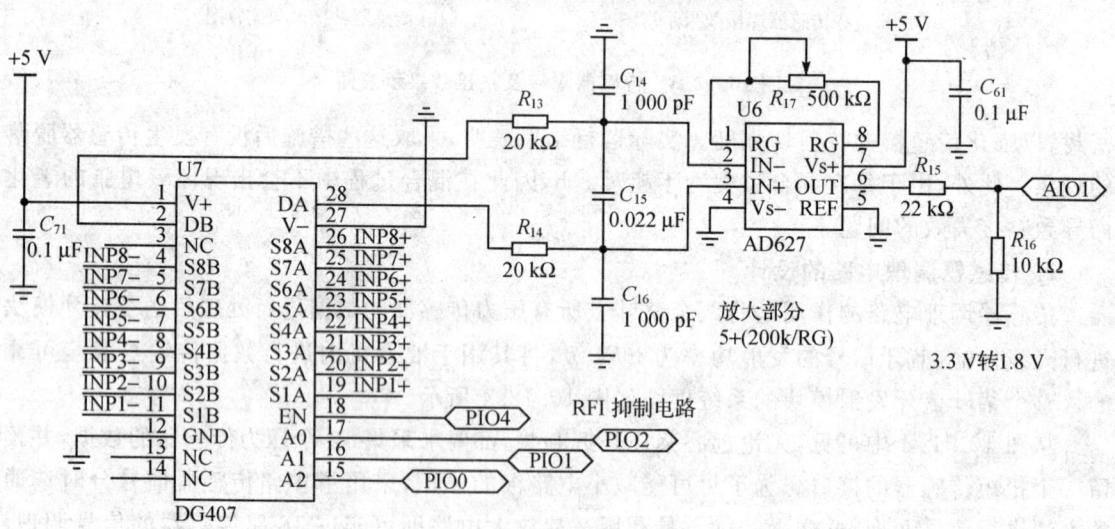

图 10.12.5　多路选通和信号放大电路

通。因为传感器输出为差分信号,所以选择差分多路选通的方式,这种方式也有利于传感器和后续放大电路间阻抗匹配问题的解决。INP1+和 INP1－对应了 1 号压力传感器的差分输出,其余标号的意义与此类同。DG407 的控制信号来自蓝牙,PIO4 控制芯片选通,PIO0~PIO2 的作用则是选择哪路传感器输出信号进入后续放大电路。

AD627 的输出信号送至蓝牙芯片的模拟输入口 AIO1,其最大特点是允许用户使用一个外部寄存器来设定增益,没有外部寄存器时的增益为 5;在使用外部寄存器时,增益最大可达 1 000。增益设计是通过调整图 10.12.5 中的电阻 R_{17} 来实现的,如果定义其为 R_G,则增益的调整按照下式进行,即

$$G = (5 + 200) \text{k}\Omega / R_G \tag{10.12.1}$$

3. 测试系统的电磁防护设计

测试系统的机内电路部分在实际运行过程中工作在恶劣环境下,因此电磁防护设计至关重要。为了保证测试系统的可靠工作,采取了如下电磁防护措施。

(1) 传感器传输信号过程中的安全防护问题

因为推进剂为含能材料,信号传输过程中如果产生静电,或者在无线传输过程中射频信号的能量过高,均会带来严重后果。信号传输包括两个部分:一是传感器输出传输至数据采集电路;二是桨叶上数据采集电路通过蓝牙芯片将信号发射至混合机外。对于前者,由于柔性电路板表层和内层导体是通过金属化实现内外层电路的电气连接的,故信号传输过程中不会和推进剂发生直接的电气接触;而电路板和推进剂在混合过程中的静电感度也小于推进剂的引爆值,因此不会给推进剂的混合带来附加危险。对于后者,蓝牙信号的发射功率为 mW 级,小于推进剂的射频感度,也不会发生危险后果。

(2) 混合机内数据采集电路的电磁防护问题

混合过程中,混合物从固液分离的状态混合至粘度极高的浆状体,因此机内数据采集电路必须和混合物物理隔离。为此,设计了专用的电磁防护外壳,将机内数据采集电路完全密封,同时也起到了对数据采集电路的辅助固定作用。

10.12.3 测试仪的标定

为了确保测试仪的性能,必须对传感器和测试电路进行标定。目前国内外对于微压力传感器的标定都没有很好的方法,因此在本次设计当中考虑将传感器和后续测试电路合在一起进行标定。最初的想法是将传感器和整套电路安装到混合机上后,利用压力发生装置产生稳定的油压注入混合机,以达到标定的目的;但由于混合机的密封性不够,难以保证标定过程中油压的稳定,因此设计了如图 10.12.6 所示的专用标定装置进行测试仪的整体标定。

标定时将安装有压力传感器的柔性电路板放入密封

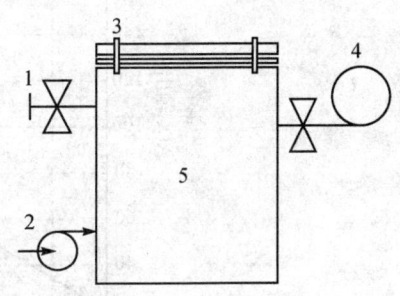

1—泄压阀;2—加压泵;3—密封盖;
4—压力计;5—密封桶

图 10.12.6 测试仪标定装置

桶内密封,并将柔性电路板接入测试系统,通过加压设备对标定装置进行加压,高精度压力计的读数为压力的标准值,上位机数据采集软件上的读数作为测试仪对压力信号的实测结果。

图 10.12.7 给出了测试仪的整体标定结果,选取的是不同测点上的 5 个压力传感器的标定结果。图中,横坐标为所施压力,纵坐标为测试仪的最终测试结果。

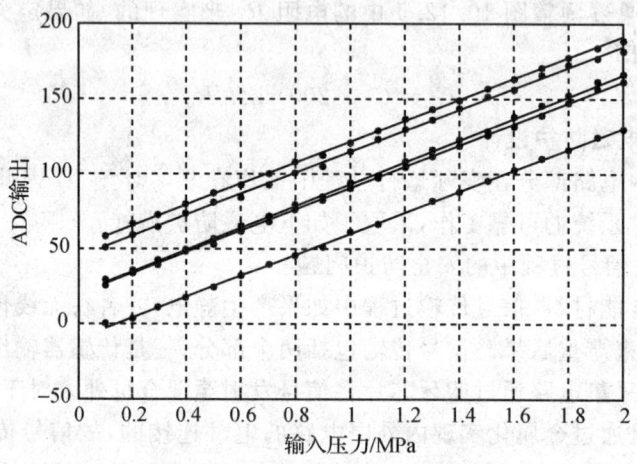

图 10.12.7　测试仪整体标定结果

利用最小二乘法对测试仪得到的 5 组标定结果进行线性拟合,各直线斜率分别为 69.6、70.0、71.2、70.0、73.6,线性度分别为 1.39 %、2.07 %、1.03 %、3.02 %、1.39 %,完全能够满足实际应用的需要。

为了验证测试仪的稳定性,选取其中某个传感器进行了两次不同时间的标定,结果如图 10.12.8 所示。

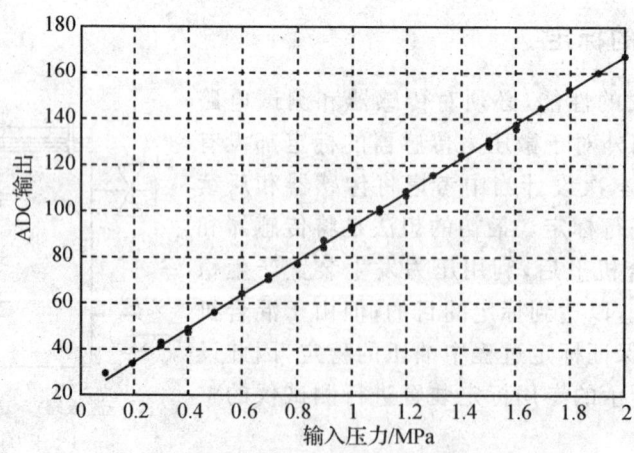

图 10.12.8　测试仪稳定性实验结果

第10章 传感器调理电路实例分析

可以看出,两次测试的结果基本吻合,说明测试仪的稳定性很好,能够满足实际应用的需求。

通过测试仪的标定过程可以看出,所选硅微压力传感器在标准大气压下的初始值并不一致,但是线性度和稳定性均满足设计要求,且各压力传感器的线性关系基本一致。因此,测试仪能够比较准确地反映出真实的压力变化。

10.12.4 测试仪现场实测结果分析

完成标定过程后,在混合机上考察了测试仪的实际运行情况。图 10.12.9 给出了现场运行情况下各模块之间的连接关系,以及现场运行时远程计算机的实时显示结果。图 10.12.10 给出的是测试仪实际运行过程中远程计算机上人机界面的截屏图。

图 10.12.9 中,虚线和实线连接分别表示无线数据收发方式和有线数据收发方式。主控制器和远程计算机间采用 RS422 通信协议是为了确保设计要求的通信距离。

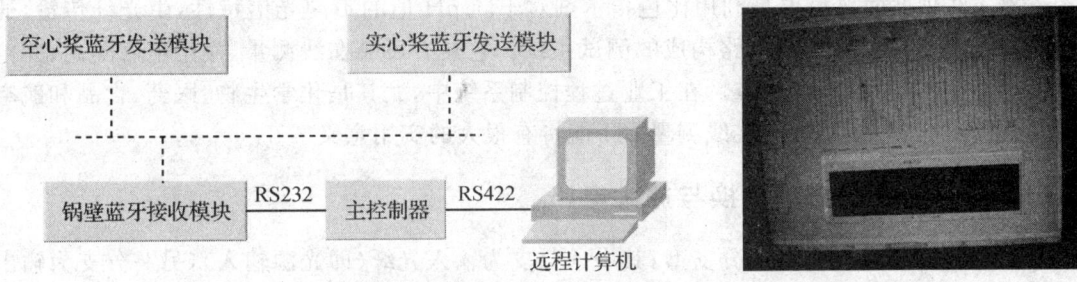

图 10.12.9 现场运行时各模块连接关系及远程计算机实时显示效果图

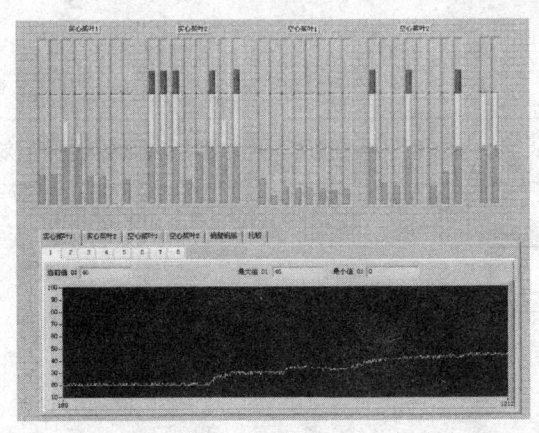

图 10.12.10 上位机人机界面变化效果图

图 10.12.10 中,对任何一个传感器的输出信号都有两种显示方式。一种是瞬态显示,能

够实时显示某个时刻压力值是否超过设定值,灰色为安全区域,白色为警示区域,黑色则是危险区域。另外一种显示方式是上图下半部分的显示方法,首先选择显示哪个桨叶上的哪组传感器,然后即可选定某个传感器进行显示,显示的是该点压力随时间的变化情况,以全面了解该点压力动态变化的情况;如果想同时显示几个压力传感器的变化情况,则可选择比较按钮,能够对比不同压力传感器的变化规律。

测试仪的设计过程中综合使用了蓝牙无线通信、硅微压力传感器及柔性电路板等技术与方法,并通过了现场实际运行的考验,为推进剂生产单位提供了真实的混合机运行时桨叶状态数据,实现了对混合机桨叶状态的实时监测,为推进剂生产过程自动化和智能化水平的提高奠定了基础。

10.13 光纤 pH 值实时监测仪电路

光纤 pH 值实时监测仪是利用比色指示剂对不同 pH 值的不同光谱特性,由光纤传输,通过光电转换与微弱信号检测电路构成的测试系统。它具有可靠在线测量、完全电气隔离、无电磁干扰、缩小传感器体积等优点。在工业过程控制系统中,尤其是化学生物、医药、食品和航空航天生理研究工程中,精确的在线测量 pH 值将有很大的实用意义。

10.13.1 单光路的光电转换与放大电路

单光路是指传输光纤为二分支型,其中一分支为输入光纤(即光源输入),另一分支为输出光纤,每个分支内的光纤为随机分布。它的测试系统框图如图 10.13.1 所示。

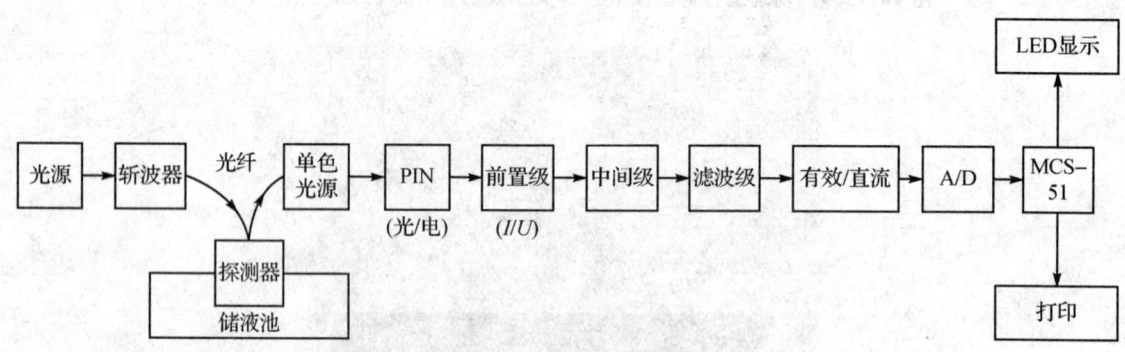

图 10.13.1 测试系统框图

1. 光源驱动电路

由于本电路中敏感部分的特殊要求,光源波长选用 660 nm,采用高亮度红色的 LED 发光二极管。其驱动电路如图 10.13.2 所示。

多谐振荡器 555 产生一个频率为 1 kHz 的脉冲波,占空比($D=\tau/T$)为 3∶4。用该波来

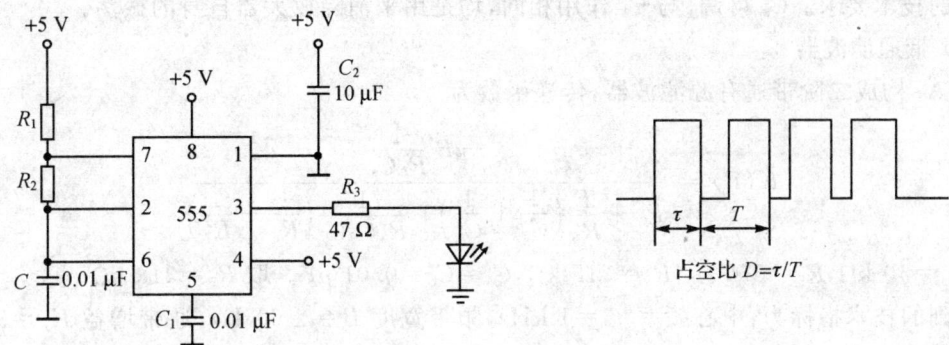

图 10.13.2 光源驱动电路

驱动 LED,使光波进行斩波,发出占空比为 3∶4 的脉冲光波。实验证明,这样的光波抗干扰能力强,尤其是对可见光的干扰,本系统对环境光不需进行特殊的隔离。同时,由于波形的占空比为 3∶4,所以光强的有效值($\sqrt{\tau/T} \cdot A$)与平均值($\tau/T \cdot A$)均大于占空比为 1∶2 的脉冲波,A 为波形的幅值。

2. 放大电路

放大电路的线路图如图 10.13.3 所示。

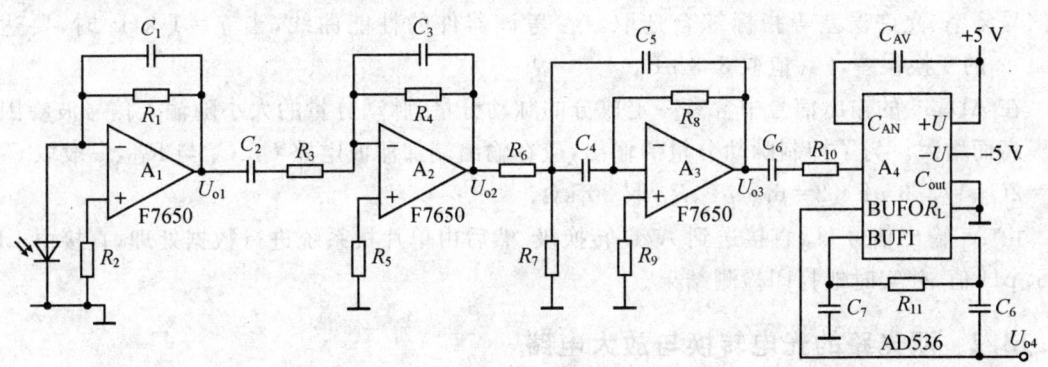

图 10.13.3 放大电路

(1) 前置放大级

前置放大级的任务是将 PIN 管的光电转换结果(即极微弱的电流信号(nA 级))不失真地转换成电压信号。由于 PIN 管的输出阻抗高,故只能通过高精度运放的反馈电阻 R_1 将电流转换为电压。R_1 不宜取得太大,C_1 可调,C_1 与 R_1 取值适当,能使 U_{o1} 输出值稳定。前置级的稳定是提高整个放大电路精度与稳定度的关键。

(2) 中间放大级

前置放大级输出信号 U_{o1} 通过隔直电容 C_2 进入中间放大级 A_2,它的放大倍数必须服从整个系统的技术要求。C_3 可调,与 C_1 作用相同,均是用来消除放大器自身的振荡。

(3) 带通滤波器

由 A_3 构成二阶带通有源滤波器,传递函数为

$$K(P) = \frac{-P\dfrac{1}{R_6 C_5}}{P^2 + \dfrac{P}{R_8}\left(\dfrac{1}{C_5}+\dfrac{1}{C_4}\right)+\dfrac{1}{R_8 C_4 C_5}\left(\dfrac{1}{R_6}+\dfrac{1}{R_7}\right)}$$

式中,$R_6=40\text{ k}\Omega, R_7=670\text{ }\Omega, R_8=318\text{ k}\Omega, C_4=C_5=0.01\text{ }\mu\text{F}$。取 $R_9=318\text{ k}\Omega$。

达到的技术指标为:中心频率 $f_0=1\text{ kHz}$,频带宽度 $B=\pm 60\text{ Hz}$,通带增益 $K_p=3.2$,品质因数 $Q=9$。

从中可看出该滤波器的带宽较窄,这个中心频率为 1 kHz 的二阶带通滤波器,滤除了与信号频率无关的高低频干扰。

(4) 有效值/直流转换级

本级是通过单片集成的有效值变换器 AD536(A_4)将滤波器的输出电压 U_{o3} 转换为 U_{o4} 平均值输出,$U_{o4}=\sqrt{\tau/T}\cdot U_{o3}$。

C_6 为耦合电容,R_{10} 可调整 U_{o3} 有效值与 U_{o4} 平均值之间的比例关系。

C_{AV} 的大小决定电路的平均时间,而平均时间的确定又与输入信号的频率有关,因此要根据信号频率、允许误差等指标综合选取。参考该器件的性能曲线,当 $f=1\text{ kHz}$ 时,要达到 0.01 % 的变换误差,C_{AV} 应取 3.3 μF。

在 AD536 的输出信号中含有一定成分的脉动分量,脉动分量的大小随输入信号波峰因数的提高而增大。为了抑制脉动分量的输出,应在输出端加滤波电路 C_7、C_8 与 R_{11},一般取 $C_7=C_8=2C_{AV}=3.3\text{ }\mu\text{F}\times 2=6.6\text{ }\mu\text{F}$,$R_{11}$ 取 20 kΩ。

由 A_4 输出信号 U_{o4} 直接送到 A/D 转换级,然后由单片机系统进行数据处理,直接由 LED 显示 pH 值,并实时地打印检测结果。

10.13.2 双光路的光电转换与放大电路

双光路是指传输光纤为三分支型。其中一分支为主光源的输入光纤;另一分支为参考光源的输入光纤;第三支为输出光纤。每个分支内的光纤也是随机分布,这种分布模式比同心圆分布测试效果好。其测试系统框图如图 10.13.4 所示。

1. 光源驱动电路

在单光路中曾提到主光源 LED_1 选为 660 nm 波长的可见光,现将参考光源 LED_2 选为 940 nm 的红外光,所以,参考光源不会参与光纤头部敏感膜随被测液的 pH 值变化而产生的颜色变化。在测试过程中,它的光强基本上为一个定值,这也是选定参考信号的一个基本原则,光源驱动电路如图 10.13.5 所示。

第 10 章 传感器调理电路实例分析

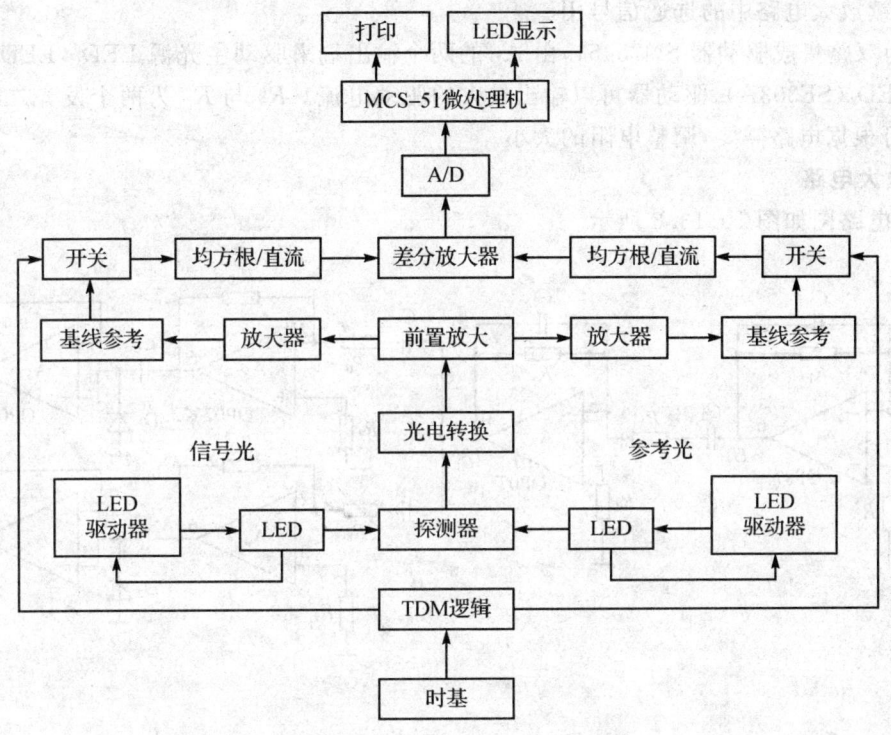

图 10.13.4 双光路测试系统图

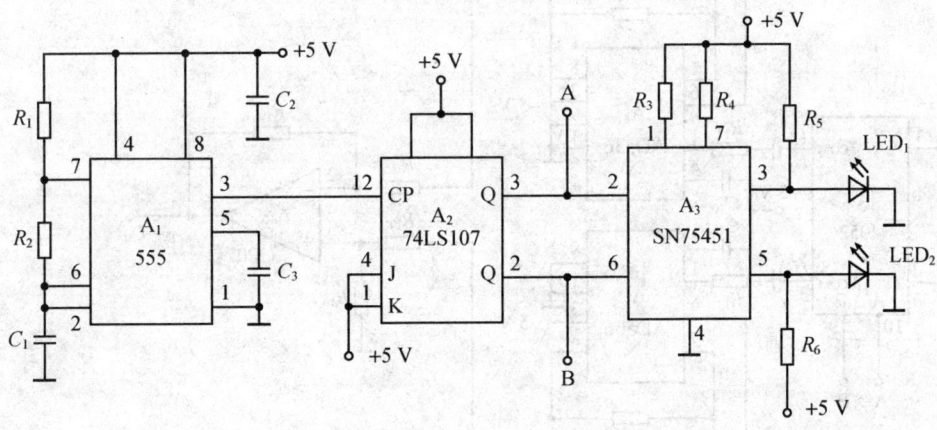

图 10.13.5 光源驱动电路

多谐振荡器 555(A_1)输出频率 $f=1$ kHz 的脉冲波,占空比为 3∶4。该脉冲波通过 A_2(JK 触发器 74LS107)输出两个周期相同、相位相差 180°的脉冲波进入 A_3,同时 A、B 两个信号又做后续放大电路中的选通信号用。

A_3为双路集成驱动器SN75451,由A_3的两个输出端来驱动主光源LED_1($LED012$)及参考光源LED_2($SE303A$),驱动器可以输出较大的驱动电流。R_5与R_6为两个发光二极管的限流电阻,可根据电路需要,调整电阻的大小。

2. 放大电路

放大电路图如图10.13.6所示。

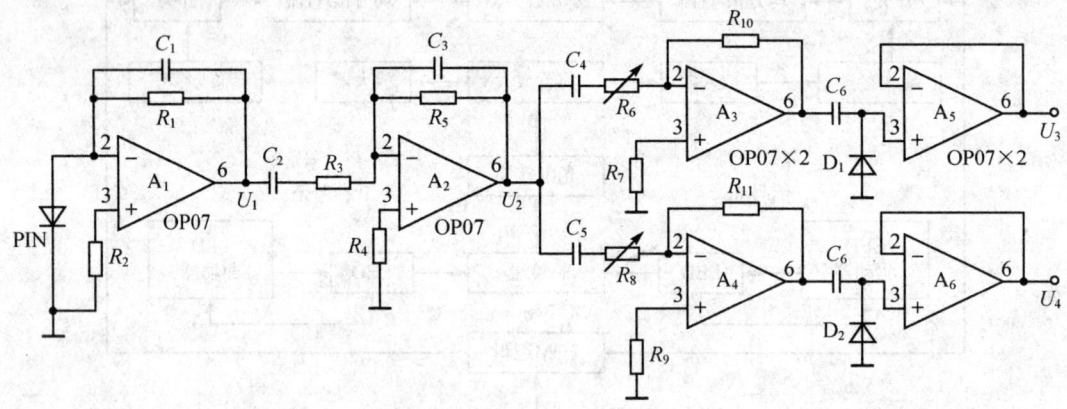

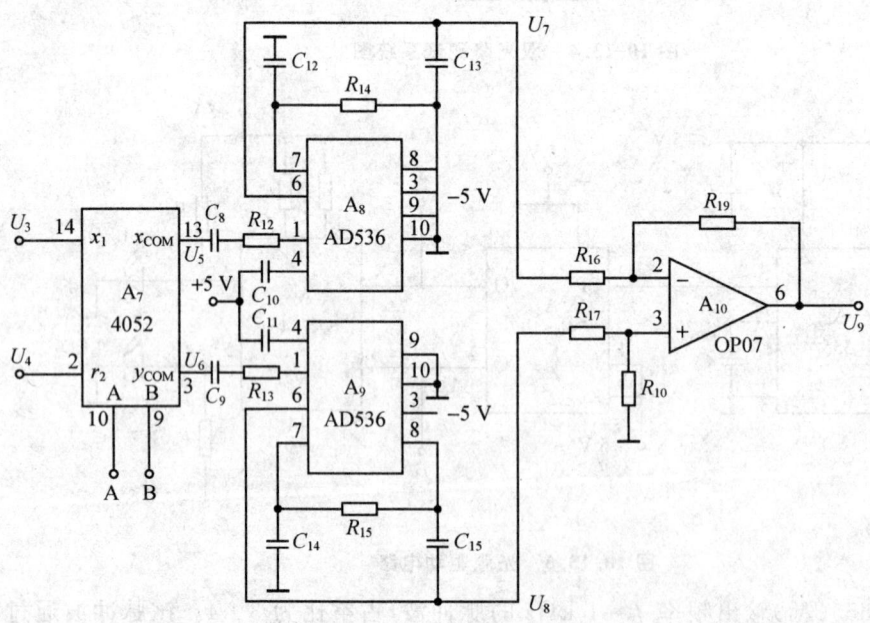

图10.13.6 放大电路图

(1) 前置放大级

从图 10.13.4 看出,信号与参考光的反射光均通过同一个光电管,入射到光电管的反射光强度由电信号以脉冲串的形式代表,每个交替脉冲高度或正比于信号光反射强度,或正比于参考光反射强度。光电管的波长应与主光源波长相匹配,也应为 660 nm。这样,所接收到的主光源的光强必然大于参考光源的光强,而主光源的光强与被测非电量有一定的比例关系。

脉冲串通过了一个前置放大电路。前置放大电路由电流/电压转换器 A_1 电路与运算放大器 A_2 的放大电路组成。这样使该两个信号避免了光电管特性不同及前置放大电路的参数不等引起的差异,比采用两个光电管与两条前置放大电路更为有利。

(2) 中间放大电路

图 10.13.6 中,前置放大电路的输出电压 U_2 输入给上通道 A_3、A_5 构成的放大电路,也同时输入给下通道 A_4、A_6 构成的放大电路。R_6、R_8 可调,D_1、D_2 是对地钳位,以确保最小的开关噪声。

U_3 及 U_4 送入 A_7(双四选一模拟开关),A、B 为选通信号。A_7 可将脉冲串 U_3 及 U_4 分离成代表信号光强度的脉冲电压 U_5 与代表参考光强度的脉冲电压 U_6。

(3) 有效值/直流转换级

U_5、U_6 分别送入有效值/直流变换器 AD536,由 A_8、A_9 输出的平均值 U_7、U_8 送入运算放大器 A_{10} 进行差动放大,输出信号 U_9 送至 A/D 转换器。U_9 与被测量 pH 值有一定的关系。

实验证明:采用了参考光源及差动放大电路的双路消噪法对消除环境光量变化、暗电流噪声、温度漂移等干扰均起到了一定的积极作用,其效果均比单光源放大电路的效果强。

10.13.3 结 论

自 Kirkbright 等人于 1984 年报道了基于指示剂吸收的光纤 pH 值传感器的研究成果后,关于光纤传感器的报道在随后几年便大量涌现,已用于对活体组织、毛细血管、细胞的分析;发酵、制药过程中做可消毒的 pH 值传感器;无机与有机分析化学中元素的测试等。本课题已完成了单光路光电转换与放大电路、双光路的光电转换与放大电路及用它们与单片机构成系统的原理样机,该传感器两种调理电路的设计均适用于不同测量机理的 pH 值传感器,有一定的实际应用价值。

10.14　高精度光纤静位移传感器调理电路

高精度光纤静位移传感器调理电路,是传感器与单片机之间的接口电路,应用于高精度光纤膜盒位移测量系统中。

该测量系统用于航空特种膜盒的压力-静位移特性非接触测量中。它属于较大位移测量,有效范围为 2 mm,相对位移分辨率为 0.1 μm。采用了光纤位移传感器,实现了非接触式测量。

10.14.1 高精度光纤位移传感器

本课题的光纤位移传感器是应用光强反射调制原理来达到非接触式高精度位移测量的,其测量原理如图 10.14.1 所示。

从图 10.14.1 中可以看出,光源的光经入射光纤射到可移动测量面上,反射光强由接收光纤收集,反射光强 I 与位移 d 有一定关系。反射光由光电二极管变换成电压(或电流)信号,通过调理电路输入给单片机进行处理,最后用五位 LED 显示位移量,显示精度达 $0.1~\mu m$。

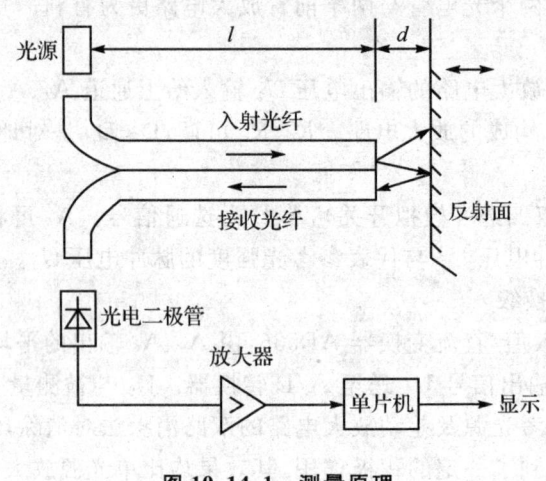

图 10.14.1 测量原理

10.14.2 前置放大器的设计与调试

前置放大器是该测量系统的关键环节之一。它的精度、稳定度、灵敏度直接决定整个系统的性能指标。它应具备能够接收微弱信号的能力,能从光源和光电探测器及地线等造成的噪声中放大有用信号。其框图如图 10.14.2 所示。图中信号臂电流 I_{o1} 是指从输出光纤输出的随静位移变化的光电流;参考臂电流 I_{o2} 是指光源输出的光电流,是一个恒定值。

1. 前置放大器设计

采用白炽灯作为光纤传感器的光源,PIN 光电二极管为光电探测器。对于给定的光纤传感器,用光学万用表从接收光纤输出端测得在相对位移为 2 mm 范围所对应的光功率变化约为 $1~\mu W$,所采用的 PIN 二极管的响应为 $0.6~\mu A/\mu W$,则光电流变化为 $1\times 0.6~\mu A = 0.6~\mu A$。如在 2 mm 内要达到测量精度为 $1~\mu m$,则可检测电流为 0.3 nA,即 0.1 nA 级电流。

同时,信号经差动放大、滤波后进行 A/D 转换。我们选用高精度转换器 $7135\left(4\dfrac{1}{2}位\right)$,其输入电压动态范围必须是 $-1.9999 \sim +1.9999~V$。$1~\mu m$ 对应的输入电压为 1 mV。考虑

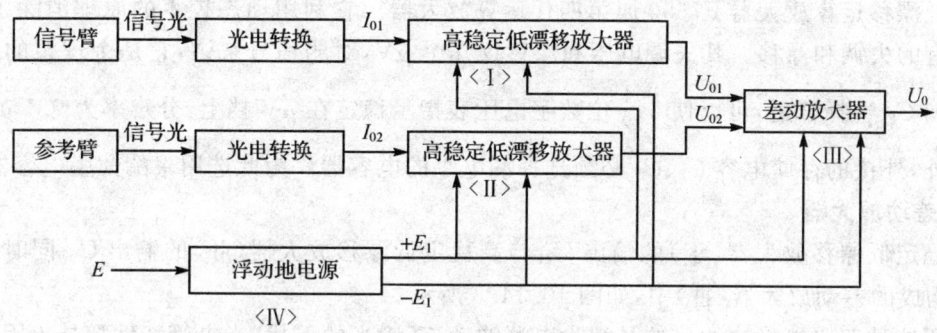

图 10.14.2　前置放大器原理方框图

滤波器衰减约 0.8（见 10.14.3 小节），1 μm 对应的输入电压为 1.25 mV。因此，前置放大器放大倍数应为

$$\frac{1.25\ \mathrm{mV}/1\ \mu\mathrm{m}}{0.3\ \mathrm{nA}/1\ \mu\mathrm{m}} \approx 4.17\ \mathrm{mV/nA}$$

2. 高稳定低漂移放大器

已知光电管的输出阻抗很大，将光电流变成低输出阻抗的电压，采用一般放大电路会引起阻抗失配而大大削弱输入信号，这样对弱输入信号来讲更是严重问题。为此，我们采用如图 10.14.3 所示的积分型 I/V 转换电路。其中，$U_{o1} \approx -I_{o1} \cdot R_{F1}$。$C_{F1}$ 的作用是相位超前校正，抵消了分布电容所引起的相位滞后。R_{F1} 大于 100 Ω，电路易发生自激现象。

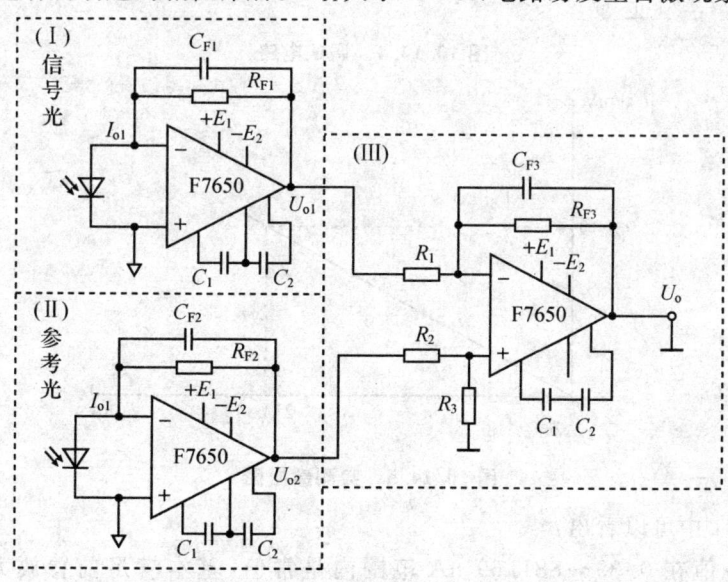

图 10.14.3　积分型 I/V 转换电路

超低漂移运算放大器 F7650 属第四代运算放大器。它利用动态校零的原理消除了 MOS 器件固有的失调和漂移。其失调电压和漂移仅几个 μV,对弱信号来讲,它是个理想的运算放大器。如 C_F 选择合适,可以使 $5\frac{1}{2}$ 位数字电压表指示稳定在 μV 挡上,分辨率为 $0.1\ \mu V$。

另外,外接的存储电容 C_1、C_2 必须选择漏电小的电容器。为此选用聚酯薄膜电容器。

3. 差动放大器

高稳定低漂移放大器(Ⅰ)的输出 U_{o1} 与高稳定低漂移放大器(Ⅱ)的输出 U_{o2} 同时送到由 F7650 构成的差动放大器(Ⅲ)中,如图 10.14.3 所示。

采用这种双路消噪法的目的是消除电源波动、环境光的干扰、光电管特性随外界因素变化等形成的噪声,提高输出信号 U_o 的信噪比。U_o 的大小应服从中间放大器的要求。

4. 前置放大器的调试和保护

(1) 调 试

在调试前置放大器时,可自制弱信号源,模拟输入光电流 I_{o1},使 I_{o2} 输入为零,电路如图 10.14.4 所示,实测数据如表 10.14.1 所列,并可作得图 10.14.5。

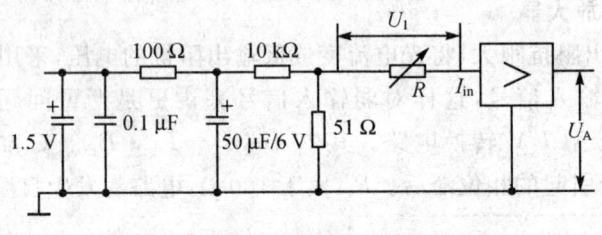

图 10.14.4 调试电路

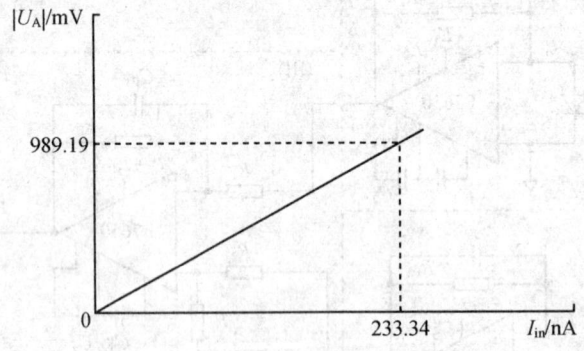

图 10.14.5 实测数据图

从表 10.14.1 中可以看出:

① 灵敏度 k 值在 $0.39\sim 881.69\ nA$ 范围内是常值,基本满足前置放大器提出的 $0\sim 0.6\ \mu A$ 范围内的要求。

② 基本满足前置放大器的性能要求,能分辨 10^{-10} A 数量级的微弱电流。

③ 放大器灵敏度 $k_{平均} \approx 4.24$ mV/nA。

表 10.14.1 前置放大器实测数据

$R/\text{k}\Omega$	U_1/mV	U_A/mV	I_{in}/nA	$k=|U_A|/I_{in}$
3.136	2.765	−3820	881.69	4.332 6
14.708	3.432	−989.19	233.34	4.239 2
21.715	3.497	−683.46	161.04	4.244 0
32.284	3.550	−466.55	109.96	4.242 8
37.137	3.560	−406.707	95.94	4.239 0
46.179	3.582	−329.167	77.57	4.243 6
56.542	3.595	−269.646	63.58	4.241 0
66.806	3.605	−229.004	53.96	4.243 7
76.262	3.612	−200.996	47.36	4.239 5
86.814	3.618	−176.818	41.68	4.242 7
97.251	3.622	−158.027	37.24	4.243 0
323.74	3.647	−47.926	11.27	4.254 3
506.84	3.653	−30.678	7.21	4.256 4
5.671×10³	3.661	−2.768	0.65	4.258 3
9.321×10³	3.660	−1.659 4	0.39	4.254 9

注:R 如图 10.14.4 中所示。

从理论上分析,当 I_{o2} 为零时,输入电流 I_{o1} 通过放大器(Ⅰ)与放大器(Ⅲ)输出电压为

$$U_o = I_{o1} \cdot R_{F1} \cdot \frac{R_{F3}}{R_1}$$

式中,$R_{F1}=470$ kΩ,$R_{F3}/R_1=9$。

$$U_o = I_{o1} \times 470 \text{ k}\Omega \times 9$$

所以

$$k_{理论} = \frac{U_o}{I_{o1}} = I_{o1} \times 470 \text{ k}\Omega \times \frac{9}{I_{o1}} = 4.23 \text{ mV/nA}$$

因此,理论计算与实际测试值是吻合的,该前置放大器的性能满足设计要求。

(2) 弱信号屏蔽措施

在印刷电路板的设计过程中,应着重考虑弱信号的屏蔽措施,可从以下几点着手。

① 输入端屏蔽措施:用屏蔽线将输入电路保护起来,如图 10.14.6 所示。其中 4 为 F7650 反相端输入,5 为同相端输入,3、6 形成保护环,以防止从其他电路的漏电电流流入信号输入回路。

② 接地问题:电路中每个部件的地线聚于一点后接公共地线的同一点,公共地线点尽可

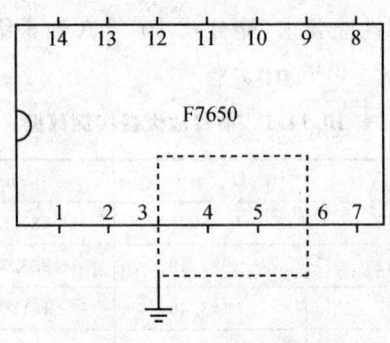

图 10.14.6 输入端屏蔽

能粗,以减少共地干扰。

③ 强、弱信号的走线:强、弱信号线尽可能远离,元器件的排列也应按照线路图走向的顺序排列。

④ 清洁处理问题:印刷电路板焊接完后要用酒精彻底清洗、晾干,并敷上一层薄的松香酒精溶液。

经过精心布线和清洁处理后,电路通电工作时,F7650 的失调、漂移大大降低,电路稳定性比任意排列的印刷电路板大大提高,使 F7650 充分体现出了其独特的优点。

5. 浮动地电源

F7650 要求供给的正负电源对称且稳定,为此我们不用双电源供电,而采用浮动地电路,如图 10.14.7 所示。

所有的电容均起去耦、滤波的作用,分压电阻 R_4、R_5 要求对称及热稳定性好。该电源的失调和漂移都很接近于用干电池供电的效果。

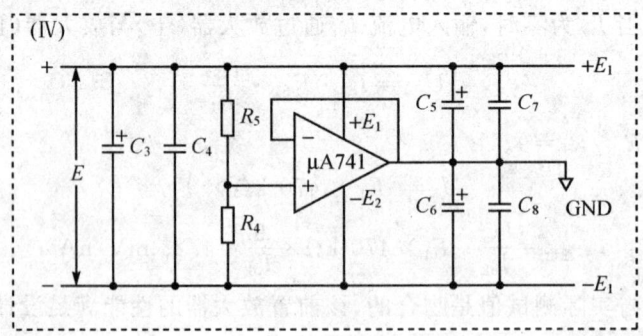

图 10.14.7 浮动地电源

10.14.3 有源滤波器

本系统测量的是静位移,一切交流信号都是噪声,采用了一个甚低频有源滤波器,电路如图 10.14.8 所示。该电路为巴特沃斯四阶有源滤波器,适宜于滤除直流电平信号上的甚低频

随机脉冲噪声干扰电压。截止频率为 8 Hz,传递函数为

$$K(p) = \frac{U_o}{U_i} =$$
$$R_2/\{C^4[(R_1+R_2)R_3R_4^2R_5]p^4 + C^3[R_1R_2(R_4^2+4R_4R_5) +$$
$$(R_1+R_2)(4R_2R_3R_5+3R_3R_4^2+R_4^2R_5)]p^3 +$$
$$C^2[R_1R_2(4R_4+3R_5)+(R_1+R_2)(R_4^2+3R_4R_5 +$$
$$4R_3R_4+3R_5R_3)]p^2 + C[2R_1R_2+(R_1+R_2) \cdot$$
$$(2R_3+3R_4+R_5)]p + (R_1+R_2)\} \tag{10.14.1}$$

$$K(p) = \frac{354.6}{(\omega^4+1\,524.8-38.96\omega^2)+\mathrm{j}(2\,498.2\omega-44.92\omega^3)} \tag{10.14.2}$$

用上式计算的滤波器特性如表 10.14.2 所列。

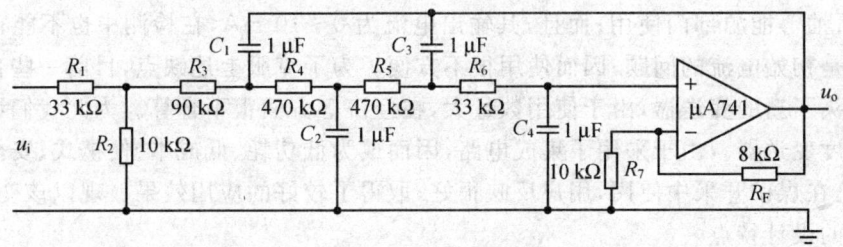

图 10.14.8 有源滤波电路

表 10.14.2 滤波器特性

f/Hz	0.5	1.0	2.0	4.0	8.0
$|K(p)|$/dB	15.36	22.66	45.06	67.11	87.50

由于有源滤器输出接 A/D 转换器,因此考虑到其输入范围为 $-1.999\,9 \sim +1.999\,9$ V,滤波器的直流增益 k 取 0.8。同时,若电阻都采用精密金属膜的电阻(精度为 0.01 %),电容器容量的精度在 1 % 以内,则截止频率可以下降到 4 Hz。

10.14.4 A/D 转换器

A/D 转换器将前级输出的电压信号转换成 BCD 码送入到 MCS-51 系列单片微处理机中进行补偿修正,并变换成位移量,再通过 CPU 将该位移量在显示电路上实现显示。

设计 A/D 转换器电路的要求是:分辨率达 0.1 mV;量程为 $0 \sim \pm1.999\,9$ V;对采样速度不作任何要求。为此采用双斜率积分式的 $4\frac{1}{2}$ 位 A/D 转换器 TSC7135。在 TSC7135 的输入端接一个 RC 低通滤波电路,使 A/D 转换信号更加稳定。

10.14.5 结 论

该测量系统已用于某航空厂进行特种膜盒的压力-静位移测量中。同时很多新型传感器的输出信号与该系统传感器的输出信号相类似,故该调理电路的设计与调试具有一定的普遍性,有较大的实用价值。

10.15 安全火花型集成电路温度变送器电路

各种规格的温度变送器在矿山、化工、石油、航空航天制造业、电力和冶金等工业部门的自动化领域中得到广泛的应用。目前国内大都使用 DDZ-Ⅱ系列电动单元组合仪表 DBW 型温度变送器,该变送器主要采用分立元器件,因此,电路稳定性差,功率大,不防爆,体积较大,不适合煤矿、石油等能源部门使用;而且,其输出电流为 $0 \sim 10 \text{ mA}$,在检测中也不能正确区分是线路故障还是初始电流的问题,因而使用很不方便。为了克服上述缺点,目前一些自动化仪表厂从国外购买了新的变送器,由于使用数量大,在经济等方面很不合算。为此我们设计制造出一种新型温度变送器。由于采用了集成电路,因而成为低功耗、低成本、便携式、安全火花型温度变送器,已在煤矿开采中使用,用户反映很好,取得了较好的应用效果。现以该变送器为例,介绍其电路的设计特点。

10.15.1 主要技术指标

1. 测温范围

① 空气温度变送器(测定煤矿内空气温度):

在温度为 $-20 \sim +50 \text{ ℃}$ 的条件下,输出电流为 $1 \sim 5 \text{ mA}$,测温误差为 $\pm 1 \text{ ℃}$。

② 煤壁温度变送器(测定煤层自燃温度):

在温度为 $+50 \sim +250 \text{ ℃}$ 的条件下,输出电流为 $1 \sim 5 \text{ mA}$,测温误差为 $\pm 2 \text{ ℃}$。

以上两种感温元件采用铂电阻,阻值 $R_0 = (100 \pm 0.5) \text{ Ω}$。

2. 负 载

在负载电阻 $0 \sim 600 \text{ Ω}$ 范围内保持恒流特性,输出电流的方向为由变送器输出端经负载流向电源的零线。

3. 电源和功率

供给直流电压为 $5.5 \sim 6.0 \text{ V}$,电流不大于 15 mA,总功率不大于 90 mW。

10.15.2 工作原理

铂电阻温度变送器的原理方框图如图 10.15.1 所示。它由 5 部分组成:① 电桥测量电路;② 放大电路;③ 加法电路;④ V/I 转换电路;⑤ 电源处理电路。

由感温元件铂电阻感受被测温度 t，经电桥电路转换成直流毫伏信号后，经运算放大器放大成所要求的直流电压，通过 V/I 转换电路，转换成所需的直流电流 $1\sim 5$ mA。该直流信号即为温度变送器的输出电流。

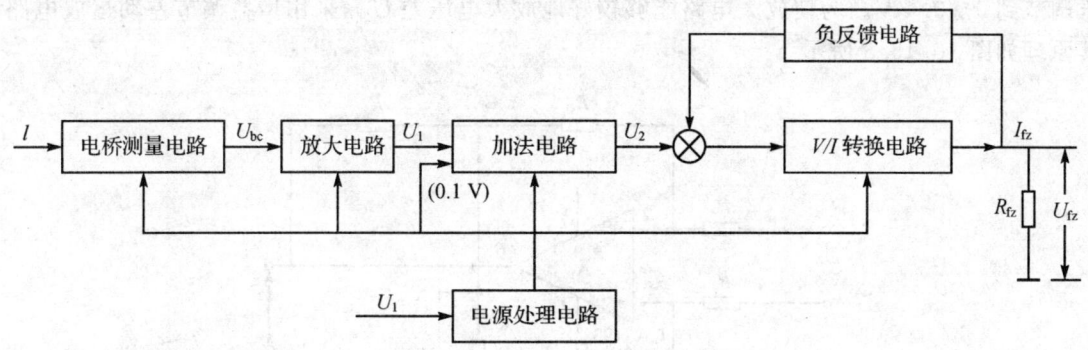

图 10.15.1　变送器原理方框图

1. 电桥测量电路

由于供电电源为直流电源，因而采用不平衡直流电桥作为输入回路。与平衡电桥相比较，它具有响应快、输出为电量、易于传输和变换等优点。电路如图 10.15.2 所示。

电桥的一臂为感温元件，采用工业用铂热电阻，主要参数 $R_t = (100 \pm 0.2)$ Ω，电阻温度系数 $\alpha = 0.003\,910$。其余三臂为不随温度而变化的电阻 R_1、R_2 和 R_{w2}。

图 10.15.2 电路中：

$$U_{bc} = I_1 R_t - I_2 R_{w2} = \frac{E R_\text{并} R_t}{(R_1 + R_t)(R_{w1} + R_\text{并})} - \frac{E R_\text{并} R_{w2}}{(R_2 + R_{w2})(R_{w1} + R_\text{并})} \quad (10.15.1)$$

式中，$R_\text{并}$ 为 4 个桥臂电阻的并联电阻值，即

$$R_\text{并} = \frac{R_1 R_2 + R_2 R_t + R_1 R_{w2} + R_t R_{w2}}{R_1 + R_2 + R_t + R_{w2}} \quad (10.15.2)$$

R_1、R_2 采用了 0.05 % 的精密电阻，得到 ΔU_{bc} 实测值与 ΔU_{bc} 理论值之比，即相对误差 $\leqslant 0.12$ %。

考虑流过铂电阻的电流会引起附加温度误差，一般要求在工作温度范围内流过铂电阻的电流小于 1 mA，实际流过电流为小于 0.5 mA。通过调节电位器 R_{w2} 来满足不同测温起始点对输出电压的要求。

上述参数的桥式电路在被测温度范围内 $R_\text{并}$ 和流经铂电阻的电流 I 变化不大。特别是 I 变化更小，最大值与最小值之差才 1.2 μA。若铂电阻随温度变化是线性的，则电桥输出电压与温度的关系也是线性

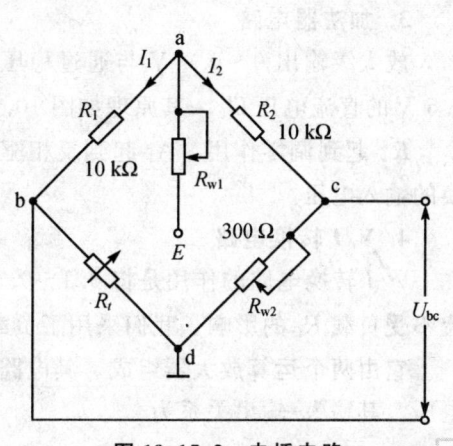

图 10.15.2　电桥电路

的。但实际上并不完全是线性关系,铂电阻的非线性是造成非线性误差的主要原因。

2. 放大电路

由于电桥输出电压只有几十 mV,故需要中间放大。在测量范围内,将放大电路的输出电压调节到 0～0.4 V。为使放大电路能够较好地放大电压差 U_{bc},采用增益调节差动运放电路。其原理如图 10.15.3 所示。

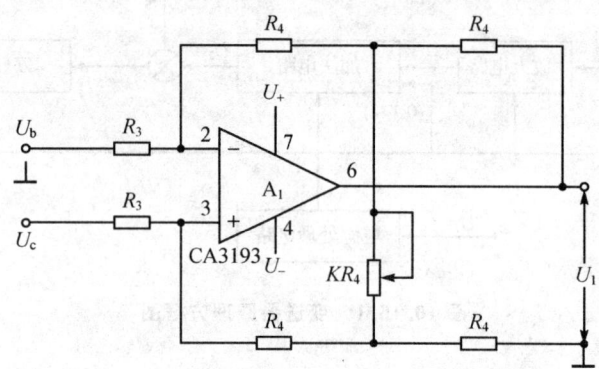

图 10.15.3　放大电路

其中可变电阻 KR_4 可削弱负反馈,K 值愈小,分流作用愈强,放大倍数就愈大。通过调整 KR_4 达到输出端为 0.4 V 的要求。A_1 选用的是高输入阻抗、低漂移的运算放大器 CA3193。其输入与输出之间的关系式如下:

$$U_1 = 2\left(1 + \frac{1}{K}\right)\frac{R_4}{R_3}(U_b - U_c) \tag{10.15.3}$$

从式(10.15.3)中看到,输出 U_1 与输入 $U_b - U_c$ 呈线性关系。从实测数据中得到 $\tan\alpha = \frac{\Delta U_1}{\Delta U_{bc}}$,为一常数,线性度很好。

3. 加法器电路

放大级输出 0～0.4 V 与通过稳压分压得到的 0.1 V 进行相加,使其电路输出为 0.1～0.5 V 的直流电压 U_2。其原理如图 10.15.4 所示。

R_{w3} 起到调零作用。A_3 起到反相驱动作用;U_2 既可作为仪器输出电压,也可作为 V/I 转换的输入电压。

4. V/I 转换电路

V/I 转换电路的作用是将 0.1～0.5 V 的输入电压 U_2 转换成恒流 1～5 mA 的输出,其电流不受负载 R_{fz} 的影响。我们采用了负载接地的电流源,其电路原理如图 10.15.5 所示。

它由两个运算放大器组成。其电路的主要优点是很容易达到恒流的目的,另外,没有共模电压。其输入-输出关系为

第 10 章 传感器调理电路实例分析

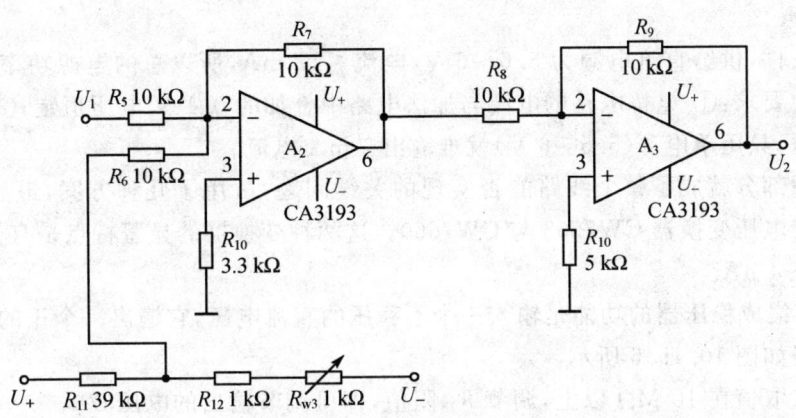

图 10.15.4 加法器电路

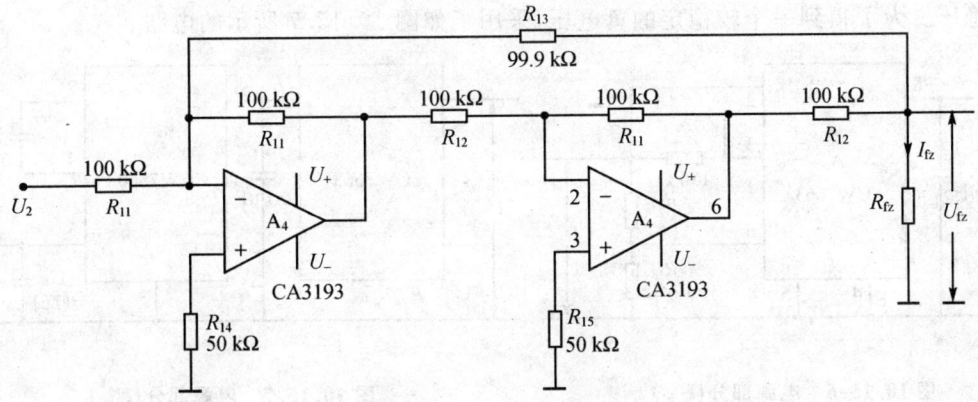

图 10.15.5 V/I 转换电路

$$I_{fz} = \frac{U_2}{R_{12}} + \frac{R_{11} - R_{13} - R_{12}}{R_{12} R_{13}} U_{fz} \qquad (10.15.4)$$

当满足条件

$$R_{11} - R_{13} - R_{12} = 0 \qquad (10.15.5)$$

时,$I_{fz} = \dfrac{U_2}{R_{12}}$,输出电流 I_{fz} 与输出电压 U_{fz} 无关。

若式(10.15.5)不为零,则会产生误差。当误差不超过 10 Ω 时,所引起的相对误差为 0.06 %,实际上它们之差还可以更小些,因此该线路很容易调整。为了在输入电压为 0.1 V 时,输出电流为 1 mA;输入 0.5 V 时,输出为 5 mA,电阻选择如下:

$$R_{11} = 100 \text{ k}\Omega, \qquad R_{12} = 100 \text{ }\Omega, \qquad R_{13} = 99.9 \text{ k}\Omega$$

5. 电源

按技术条件,供给直流电源为 5.6～6 V,电流≤15 mA,所以总的电源功率 $P \leqslant 90$ mW。而目前线路中要求:① 电桥电路的电源与加法电路中叠加的 0.1 V 电压恒定;② 运算放大器需要正负电源,只用单电源(5.5～6 V)就难输出 5 mA 电流。

因此电源部分就成了整个线路能否实现的关键问题,试用了几种方案,最后采用 CMOS 集成稳压器及电压变换器 CW7663 与 CW7660。这两种变换器的显著特点是有极低的自身功耗,一般为 3～4 μA。

CW7663 集成稳压器的功能是输入一个不稳压的直流电压,它输出一个正的、稳压的可调电压。其电路如图 10.15.6 所示。

R_{17} 与 R_{18} 取值在 10 MΩ 以上,调节 R_{18} 阻值,即可调节输出的电压 U_+。

将其输出 U_+ 作为加法电路及运算放大器的正电源。

CW7660 为电压变换器,其功能是输入一个正的直流电压;也可输出一个负的直流电压,但不稳压。为了得到一个较稳定的负电压,采用了如图 10.15.7 所示的电路。

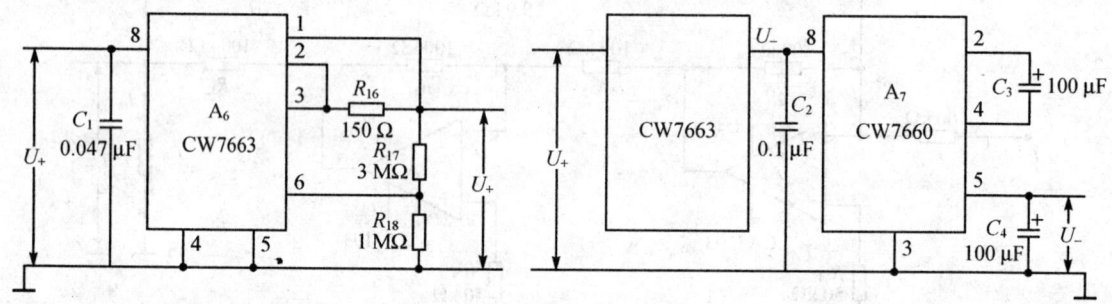

图 10.15.6 电源部分(U_+)　　　图 10.15.7 电源部分(U_-)

这样,由稳压 U_+ 为输入量送至 CW7660 输入端,得到稳压 U_- 的电压。CW7660 本身压降为 0.1 V 左右,U_- 是供给运算放大器的负电源。

10.15.3 系统试验

在测定数据时分组测定了 $E=5.5$ V、$R_{fz}=600$ Ω;$E=5.5$ V、$R_{fz}=0$ Ω;$E=6$ V、$R_{fz}=600$ Ω;$E=6$ V、$R_{fz}=0$ Ω 时的 4 组数据。$R_{fz}=0$ Ω 时,采用如图 10.15.8 所示的电路。

A_8 为理想运算放大器。由于 U_Σ 为虚地点,因此 I_{fz} 电流全部流向 R_{19},且

$$I_{fz} = \frac{U_3}{500 \ \Omega}$$

1. 对空气温度变送测定的结果

① $\tan \alpha = \dfrac{U_{fz(i+1)} - U_{fz(i)}}{t_{(i+1)} - t_{(i)}} = 3.47 \times 10^{-2} =$ 常数,说明该板的输入量 t 与输出量 U_{fz} 即 I_{fz} 近

似为线性关系。

② 理论值与实测值之差 $\Delta t < 1$ ℃，在误差范围之内，并且一致偏正，只需调节 KR_4，Δt 将更小。

③ 实测该变送器 $I_总 = 11.11$ mA，小于 15 mA，总功率不大于 90 mW。

2. 对煤壁温度变送器测定结果

① $\tan \alpha = \dfrac{U_{fz(i+1)} - U_{fz(i)}}{t_{(i+1)} - t_{(i)}} = 1.199 \times 10^{-2} =$ 常数。

② 理论值与实测值之差 $\Delta t < 2$ ℃，在误差范围之内。

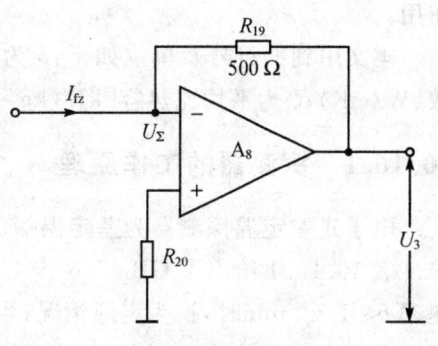

图 10.15.8　试验电路

③ 实测该变送器 $I_总 = 8.330$ mA，小于 15 mA，总功率不大于 90 mW。

所以，两个温度变送器总电流小于 12 mA，总功耗小于 72 mW，属国标规定的安全火花型。

将印刷电路板装在充氮气的圆筒内，空气温度变送器所用传感器可放在筒盖上，测煤壁温度用传感器可以通过电缆，将传感器放在所需位置。

10.15.4　结　论

总之，上述温度变送器由于采用了集成器件，因而提高了电路稳定性；功耗小于 72 mW，属安全火花型；体积小，轻便，适于易燃场合的便携式使用。同时输出为 1～5 mA，便于区分是起点电流还是线路故障；成本低，便于推广使用。这些特点基本上克服了 DDZ-Ⅱ型温度变送器的缺点。

所以，这种变送器也可称为 DDZ-Ⅲ型温度变送器的一种类型，它以安全火花为主要指标，不要求输入与输出隔离。它的电路设计有其应用的特色，有较大的实用意义。

10.16　电子式差定温探测器电路

火警探测器可分为感烟式、感温式、感光式与可燃气体式四类。每类探测器都各有其特点，可视被监测场所的环境条件而合理选用。在感温式探测器中，又分为定温式及差定温式两种类型。差定温探测器在温升速率超过额定值时报警，同时在温度达到预定的高温值时也输出报警信号。因此，差定温探测器适用场合较广。在航空领域的存储飞机库、航空燃油的库房及加油站中均可安装它。同时在航天领域的飞船中也装有该探测器，探测环境温度异变情况，及时进行火灾的预报。

本文在分析了国外差定温探测器的基础上研制成了探测器的原理样机，对它的机理与设计思想进行了分析与理论计算，这些工作对差定温探测器的国产化生产起到了一定的促进作用。

本文用到的符号及单位如下:b 为升温速率(℃/min);a 为导温系数(m^2/h);λ 为导热系数(W/mK);c 为平均比热容[kJ/(kg·K)];ρ 为平均密度(kg/m^3)。

10.16.1 探测器的工作原理

电子式差定温探测器为差定温探测器中的一种类型,它必须遵循国家标准规定的技术要求。表 10.16.1 给出了 GB 4716—84 规定的差定温火灾报警器的响应时间。当环境的升温速率 $b \leqslant 1$ ℃/min 时,视为定温情况;当 $b \geqslant 1$ ℃/min 时,则视为差温情况。对差温情况,按不同温升速率对应的响应时间的上、下限换算出了环境温度的上、下限(室温 $t_0 = 25$ ℃),如表 10.16.1 中括号内的数值。

表 10.16.1 差定温探测器的响应时间及温度

升温速率/(C·min^{-1})	响应时间 (响应温度下限/℃)	响应时间(响应温度上限/℃)		
		Ⅰ级灵敏度	Ⅱ级灵敏度	Ⅲ级灵敏度
≤1	(54)	(62)	(70)	(78)
1	29′(54)	37′20″(62.3)	45′40″(70.2)	54′(79)
3	7′13″(46.7)	12′40″(63)	15′40″(72)	18′40″(81)
5	4′09″(45.8)	7′44″(63.7)	9′40″(73.9)	11′36″(83)
10	1′30″(40)	4′02″(65.3)	5′10″(76.7)	6′18″(88)
20	22.5″(32.5)	2′11″(68.7)	2′55″(83.3)	3′27″(97.3)
30	15″(32.5)	1′34″(72)	2′08″(89)	2′42″(106)

该探测器的外形结构剖面如图 10.16.1 所示。其中 R_1、R_4 为两个具有同样负阻特性的热敏电阻。R_1 紧靠在探测器的金属内下壁,并由一块 Ω 形金属片固定。在金属壳与金属片之间填充了硅导热胶,R_4 放在电路板和金属外壳之间。从中可看出,由于它们所放的位置不同,使得它们具有不同的温度响应时间常数。

金属壳直径为 35 mm,深度为 30 mm。其电路板的电路图如图 10.16.2 所示。它的工作过程可分为三步:

(1) 正常监视状态

$V_1 < V_2$,F3094 输出 20 V 左右的电压,稳压管 D_3 处于不稳定状态,发光二极管 D_4 不亮。

(2) 报警状态

当温度超过一个定值或升温速率不正常时,R_1 感受温度比 R_4 快,即 V_1 逐渐增大。当 $V_1 = V_2$ 时,F3094 翻转,D_3 处于稳压状态,D_4 发光。由于 D_2 正反馈的作用,使 V_2 电位下降到低于正常监视状态时的 V_1 值,放大器一直处于报警状态,D_4 一直保持发光状态。

第 10 章 传感器调理电路实例分析

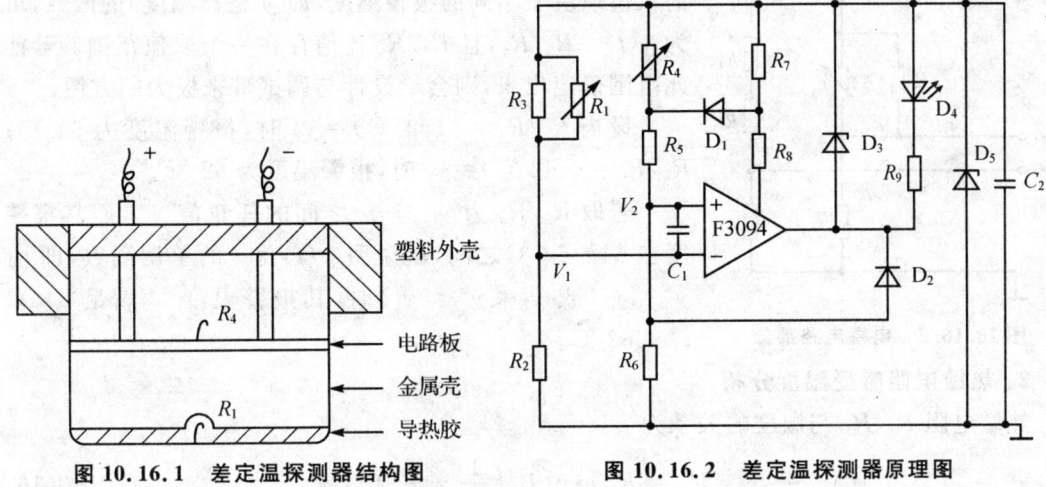

图 10.16.1 差定温探测器结构图　　图 10.16.2 差定温探测器原理图

(3) 复　位

用瞬时电源切断，可使探测器恢复到正常监视状态。

F3094 为可编程的跨导型功率运算放大器。它的第 5 脚是运放偏置输入端，利用输入偏置电流大小来控制片子的灵敏度。

在 F3094 翻转前（即正常监视状态），D_1 截止，电源通过 R_7、R_8 为 F3094 提供一定的偏置电流，F3094 有很高的灵敏度。当 F3094 翻转后（即报警状态），D_1 导通，使片子的偏置电流减小，其灵敏度降低，功耗减少。

D_2 在 F3094 翻转前是不导通的。在翻转过程中，由于 D_2 处于正反馈回路中，加速了片子的翻转速度。一旦翻转后，D_2 导通，即使环境温度略有变化，或者有外界的脉冲干扰，对片子的输出均无影响。使该探测器发出报警信号后，确认灯就一直亮着，直到人工复位。

10.16.2　电桥参数选定

1. $y(t)=R_2/R_6$ 概念的引出

电路板的关键是前置级，即电桥电路。从图 10.16.3 中可以看出，对某一确定的探测器，当环境温度变化异常时，R_1 与 R_4 阻值发生变化，导致 V_1 与 V_2 变化。在 $V_1=V_2$ 时，F3094 翻转，探测器报警。桥路中 R_2 与 R_6 为固定电阻，即 R_2/R_6 是恒定值。对不同探测器，R_2 与 R_6 阻值不可能完全相同。设有 1#、2#、3# 三个探测器，1# 探测器的 $R_2/R_6=y_1$，2# 探测器的 $R_2/R_6=y_2$，3# 探测器的 $R_2/R_6=y_3$。

在升温速率 $b=1$ ℃/min 时，1# 探测器的报警温度为 54 ℃，2# 探测器的报警温度为 62 ℃，3# 探测器的报警温度为 54~62 ℃ 之间的某一定值。

按 GB 4716—84，1#、2#、3# 探测器均符合 I 级灵敏度要求。从这个角度来看，$y=R_2/R_6$

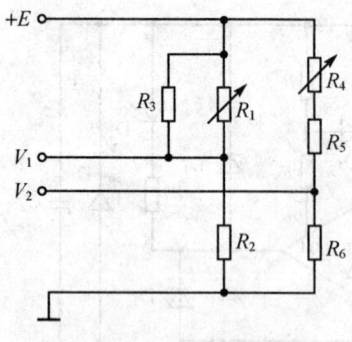

图 10.16.3 电桥电路部分

的取值取决于不同的报警温度,即 y 是 t(温度)的函数,可记为 $y(t)=R_2/R_6$,且 R_2/R_6 比值存在一个取值范围。若能将此范围确定出来,则会给设计与调试带来极大的方便。

设当 $R_2/R_6 = y(54\ ℃) = y_1$ 时,报警温度为 54 ℃;当 $R_2/R_6 = y(62\ ℃) = y_2$ 时,报警温度为 62 ℃。

若取 R_2/R_6 为 y_1 与 y_2 之间的任意值 y^*,而其报警温度在 54~62 ℃ 之间,就说明 $y(t)$ 是 t 的单调函数,即 $y_1 < y^* < y_2$(或 $y_2 < y^* < y_1$)时,其报警温度 t^* 满足 54 ℃ $< t^* < 62\ ℃$。

2. 热敏电阻感受温度分析

热敏电阻 R_1、R_4 与温度的关系为

$$R_1 = R_{10}\exp\left[B_1\left(\frac{1}{T_1}-\frac{1}{T_0}\right)\right] \tag{10.16.1}$$

$$R_4 = R_{40}\exp\left[B_4\left(\frac{1}{T_4}-\frac{1}{T_0}\right)\right] \tag{10.16.2}$$

式中,R_{10}、R_{40} 分别为热敏电阻 R_1、R_4 在初始温度($T_0 = (273+25)\ \mathrm{K} = 298\ \mathrm{K}$)时的阻值;$B_1$、$B_4$ 是取决于半导体材料物理性质的常数;T_1,T_4 分别为热敏电阻 R_1、R_4 感受的温度。

T 表示热力学温度,单位为 K;t 表示温度,单位为 ℃。

当温度升高时,金属外壳导热极快,且 R_1 上涂有导热胶,可近似认为 R_1 感受温度 t_1 为环境温度;而 R_4 由于所放位置的关系,不能直接感受环境温度,存在一个在等加速加热条件下的传热过程。在某一指定时刻,R_4 感受的温度 t_4 肯定要低于 R_1 感受的温度 t_1,即 $t_1 > t_4$,且 $t_1 = t_0 + b\tau$。其中 t_0 为起始温度,$t_0 = 25\ ℃$;τ 为加热时间(min)。

电路板的绝热性能良好,故 R_1 感受温度可近似认为热量是从金属封壳的侧壁进行传导,如图 10.16.4 所示。

设空气层厚度为 S,且

$$\frac{\partial t}{\partial \tau} = a\frac{\partial^2 t}{\partial^2 x} \tag{10.16.3}$$

几何条件:$0 \leqslant x \leqslant S$;初始条件:$\tau = 0$,$t = t_0$;边界条件:$\tau > 0$,$t = t_0 + b\tau$。其中,$S = 35$ mm。

利用定解条件,求解式(10.16.3),得

$$t_4 = t_0 + b\tau - \frac{bS^2}{4a} = t_1 - \frac{bS^2}{4a} \tag{10.16.4}$$

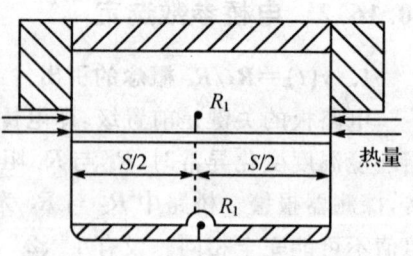

图 10.16.4 传热过程示意图

式中,S、a 均为定数,所以上式可写成

$$t_4 = T_1 - f(b) > t_0$$

式中,$f(b) > 0$,所以式(10.16.1)、式(10.16.2)可写成

第 10 章 传感器调理电路实例分析

$$R_1 = R_{10}\exp\left[B_1\left(\frac{1}{T_1}-\frac{1}{T_0}\right)\right]$$

$$R_4 = R_{40}\exp\left\{B_4\left[\frac{1}{T_1-f(b)}-\frac{1}{T_0}\right]\right\}$$

$$\frac{dR_1}{dt} = R_1' = -R_1\frac{B_1}{T_1^2} = -A_1R_1 \tag{10.16.5}$$

$$\frac{dR_4}{dt} = R_1' = -R_4\frac{B_4}{[T_1-f(b)]^2} = -A_4R_4 \tag{10.16.6}$$

式中

$$A_1 = \frac{B_1}{T_1^2} \tag{10.16.7}$$

$$A_4 = \frac{B_4}{[T_1-f(b)]^2} \tag{10.16.8}$$

3. $y(t)=R_2/R_6$ 对温度 t 单调性的研究

从图 10.16.3 可得出

$$V_1 = \frac{R_2}{R_2+R_1/\!/R_3}E$$

$$V_2 = \frac{R_6}{R_4+R_5+R_6}E$$

报警时刻 $V_1=V_2$,即

$$\frac{R_2}{R_2+R_1/\!/R_3}E = \frac{R_6}{R_4+R_5+R_6}E$$

所以

$$y(t) = \frac{R_2}{R_6} = \frac{R_1/\!/R_3}{R_4+R_5} = \frac{R_1R_3}{(R_1+R_3)(R_4+R_5)} \tag{10.16.9}$$

$$\frac{dy}{dt} = \frac{R_3(R_1+R_3)(R_4+R_5)\frac{dR_1}{dt}-R_1R_3\left[(R_4+R_5)\frac{dR_1}{dt}+(R_1+R_3)\frac{dR_4}{dt}\right]}{(R_1+R_3)^2(R_4+R_5)^2} =$$

$$\frac{R_3}{(R_1+R_3)^2(R_4+R_5)^2}[R_3R_4R_1'+R_5R_3R_1'-R_1R_3R_4'-R_1^2R_4']$$

利用式(10.16.5)、式(10.16.6)可得

$$\frac{dy}{dt} = \frac{R_1R_3}{(R_1+R_3)^2(R_4+R_5)^2}[R_4A_4(R_1+R_3)-A_1R_3(R_4+R_5)] \tag{10.16.10}$$

下面从 $\frac{dy}{dt}$ 来研究 $y(t)$ 对温度的单调性,为了研究方便,令

$$\frac{d\overline{y}}{dt} = R_4A_4(R_1+R_3)-A_1R_3(R_4+R_5)$$

欲使 $\dfrac{d\bar{y}}{dt}<0$，则需使 $R_4A_4(R_1+R_3)-A_1R_3(R_4+R_5)<0$。

下面分析 $\dfrac{d\bar{y}}{dt}<0$ 成立的条件：

$$R_4A_4(R_1+R_3)<A_1R_3(R_4+R_5)$$

因为
$$A_4>0$$

所以
$$R_4(R_1+R_3)<R_3(R_4+R_5)\dfrac{A_1}{A_4}$$

从式(10.16.7)、式(10.16.8)得出

$$\dfrac{A_1}{A_4}=\dfrac{B_1[T_1-f(b)]^2}{B_4T_1^2}$$

可得
$$\dfrac{A_1}{A_4}<\dfrac{B_1}{B_4}$$

则
$$R_4(R_1+R_3)<R_3(R_4+R_5)\dfrac{B_1}{B_4}$$
$$B_4R_1R_4<B_1R_3R_5+(B_1-B_4)R_3R_4$$

当 $B_1=B_4$ 时，下式成立，即

$$R_1R_4<R_3R_5$$

由此可见，只要 $R_1R_4<R_3R_5$ 成立，则

$$\dfrac{d\bar{y}}{dt}<0$$

即当 $R_1R_4<R_3R_5$ 时，$y(t)$ 随温度 t 单调下降，从而即可根据不同的灵敏度确定出 $y(t)$ 的相应取值范围。

10.16.3 具体算例

在实际设计中，只需找出升温速率在 $b=1\ \text{℃/min}$ 时 $y(t)$ 的取值范围，结合具体电路即可确定 R_3、R_4、R_5、R_6。这是因为当 $b=1\ \text{℃/min}$ 时，其响应温度的上下限必包含在 $b>1\ \text{℃/min}$ 的响应温度上下限之内，如图 10.16.5 所示。

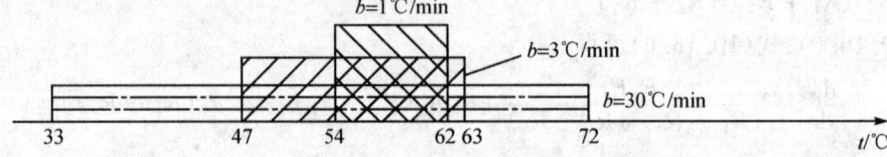

图 10.16.5　Ⅰ级灵敏度探测器在不同温升速率下的响应温度范围

所以，如果在 $b\leqslant1\ \text{℃/min}$ 时，探测器可正确报警，则在其他温升速率下均可正确报警。

下面给出具体计算。

初选 $R_{10} = R_{40} = 550 \text{ k}\Omega, B = 4\,915$。

当 $b \leqslant 1 \text{ ℃/min}$ 时,下限报警温度为 54 ℃,因温度上升非常缓慢,所以可近似认为
$$t_1 = t_2 = 54 \text{ ℃}$$

将其代入式(10.16.1)、式(10.16.2),则
$$R_1(54 \text{ ℃}) = R_4(54 \text{ ℃}) = 550 \text{ k}\Omega \exp\left[-4\,915 \times \left(\frac{1}{273+25} - \frac{1}{273+54}\right)\right] = 126 \text{ k}\Omega$$

代入式(10.16.9),得
$$y = y(54 \text{ ℃}) = \frac{R_1(54 \text{ ℃})R_3}{[R_1(54 \text{ ℃}) + R_3][R_4(54 \text{ ℃}) + R_5]} = \frac{126 R_3}{(126 \text{ k}\Omega + R_3)(126 \text{ k}\Omega + R_5)} \tag{10.16.11}$$

对Ⅰ级灵敏度来说,响应温度上限为 62 ℃,则
$$R_1(62 \text{ ℃}) = R_4(62 \text{ ℃}) = 550 \text{ k}\Omega \exp\left[-4\,915 \times \left(\frac{1}{273+25} - \frac{1}{273+62}\right)\right] = 90 \text{ k}\Omega$$

所以
$$y_{21} = y(62 \text{ ℃}) = \frac{R_1(62 \text{ ℃})R_3}{[R_1(62 \text{ ℃}) + R_3][R_4(62 \text{ ℃}) + R_5]} = \frac{90 R_3}{(90 \text{ k}\Omega + R_3)(90 \text{ k}\Omega + R_5)} \tag{10.16.12}$$

同理,对Ⅱ级灵敏度,可作类似计算:
$$R_1(70 \text{ ℃}) = R_4(70 \text{ ℃}) = 61 \text{ k}\Omega$$

根据式(10.16.12)可得
$$y_{22} = \frac{61 \times 1\,800}{(61 + 1\,800)(61 + 90)} = 0.391 \tag{10.16.13}$$

对Ⅲ级灵敏度,其报警温度上限为 78 ℃,则
$$R_1(78 \text{ ℃}) = R_4(78 \text{ ℃}) = 61 \text{ k}\Omega$$

根据式(10.16.12)可得
$$y_{23} = \frac{45 \times 1\,800}{(45 + 1\,800)(45 + 90)} = 0.325 \tag{10.16.14}$$

由式(10.16.11)、式(10.16.12)、式(10.16.13)、式(10.16.14)可得图 10.16.6。

根据前面的证明可知,只有当 $R_1 R_4 < R_3 R_5$ 时,$y(t)$ 为单调递减函数。因 R_1、R_4 为负温度特性的热敏电阻,所以上面的条件可写成
$$(R_1 R_4)_{\max} < R_3 R_5$$

在国家标准规定的报警温度范围内,33 ℃ 为最低响应温度,所以

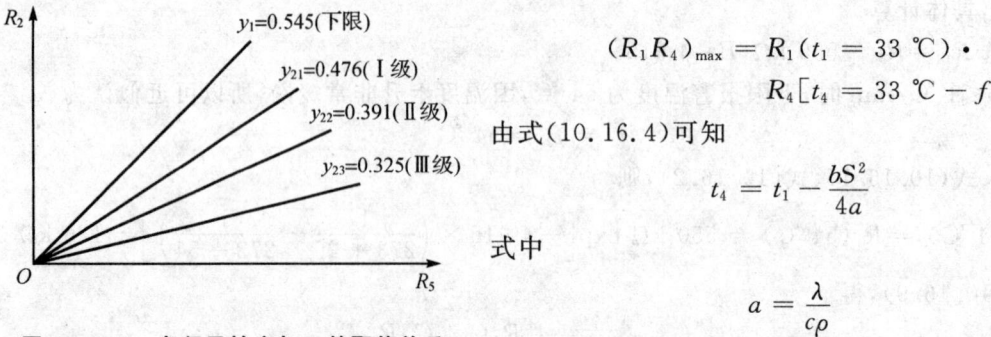

图 10.16.6 各级灵敏度与 Y 的取值关系

$$(R_1R_4)_{max} = R_1(t_1 = 33\ ℃) \cdot R_4[t_4 = 33\ ℃ - f(b)]$$

由式(10.16.4)可知

$$t_4 = t_1 - \frac{bS^2}{4a}$$

式中

$$a = \frac{\lambda}{c\rho}$$

查表可得干空气在 25 ℃时

$$a = \frac{\lambda}{c\rho} = \left(\frac{2.63 \times 10^2 \times 3\ 600}{1.005 \times 10^2 \times 1.185}\right)\ \text{m}^2/\text{h} \approx 795\ \text{m}^2/\text{h}$$

$$b = 30\ ℃/\text{min} = 30 \times 60\ ℃/\text{h}$$

对于圆柱体形状,式(10.16.4)中的 S 如下:

$$S = R = 35\ \text{mm}/2 = 0.017\ 5\ \text{m}$$

所以

$$t_4 = t_1 - \frac{bR^2}{4a} = 33\ ℃ - \frac{30 \times 60 \times (0.017\ 5)^2}{4 \times 795}\ ℃ \approx 33\ ℃$$

故

$$(R_1R_4)_{max} = R_1(33\ ℃)R_4(33\ ℃) = 127\ 449\ (\text{k}\Omega)^2$$

若 $R_3R_5 > 127\ 449\ (\text{k}\Omega)^2$,则 $y(t)$ 为温度 t 的单调函数。

R_3、R_5 在电路中对热敏电阻起非线性修正作用,可选 $R_3 > R_5$,试取 $R_3 = 1.8\ \text{M}\Omega$,$R_5 = 90\ \text{k}\Omega$,根据式(10.16.11)可得

$$y_1 = \frac{126 \times 1\ 800}{(126 + 1\ 800)(126 + 90)} \approx 0.545$$

根据式(10.16.12)可得

$$y_2 = \frac{90 \times 1\ 800}{(90 + 1\ 800)(90 + 90)} \approx 0.476$$

只要选择 $y = \frac{R_2}{R_6} \in [0.476, 0.545]$,均可达到 I 级报警要求。

因此,R_2、R_6 的取值原则应为

① 根据其比值 y 的大小;

② 根据后级运放电路对前置级电桥电路的要求,如两级之间的阻抗匹配;运放允许的最大差模输入电压及输入偏置电流的要求等。

根据以上的设计方法,可以方便、可靠地进行不同灵敏度的差定温探测器的设计,这将对差定温探测器的自主生产起到一定的促进作用。

10.17 光电感烟火灾探测器调理电路及信号的远距离传输

火灾的探测是以物质燃烧过程中产生的各种现象为依据,实现早期发现火灾的。感烟式火灾探测器是目前世界上应用最普遍、数量最多的探测器。据了解,感烟式火灾探测器可以探测70%以上的火灾。感烟式火灾探测器又可分为离子感烟式和光电感烟式两种。从发展趋势来看,光电感烟式已越来越受到用户的欢迎,它已广泛用于图书馆、档案资料馆及高层的民用建筑上,也用于航空、航天飞行器舱内与空间站上。

同时,探测器与控制器之间的信号远距离传输也是确保能正确地预报火灾发生的地点,最大程度地减少及消除误报现象的关键问题之一。它可以有电压、电流与频率三种不同的传输方式,适用于不同场合。

10.17.1 光电感烟火灾探测器的工作原理

光电感烟火灾探测器分为减光式和散射光式,分述如下。

1. 减光式光电感烟火灾探测器

该探测器的检测室内装有发光器件及受光器件。在正常情况下,受光器件接收到发光器件发出的一定光量;而在火灾时,探测器的检测室进入了大量烟雾,发光器件的发射光受到烟雾的遮挡,使受光器件接收的光量减少,光电流降低,探测器发出报警信号。原理示意图如图10.17.1所示。目前这种形式的探测器应用较少。

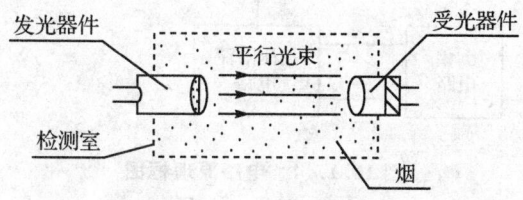

图 10.17.1 减光式光电感烟火灾探测器

2. 散射光式光电感烟火灾探测器

该探测器的检测室内也装有发光器件和受光器件。在正常情况下,受光器件是接收不到发光器件发出的光的,因而不产生光电流。在火灾发生时,当烟雾进入检测室时,由于烟粒子的作用,使发光器件发射的光产生漫射,这种漫射光被受光器件接收,使受光器件的阻抗发生变化,产生光电流,从而实现将烟雾信号转变为电信号的功能,探测器发出报警信号。原理示意图如图10.17.2所示。

作为发光器件,目前大多采用大电流发光效率高的红外发光管,受光器件多采用半导体硅光电管。受光器件阻抗是随烟雾浓度的增加而降低的,变化曲线如图10.17.3所示。烟浓度以减光率表示，单位为%/m，即每米内光减少的百分数。

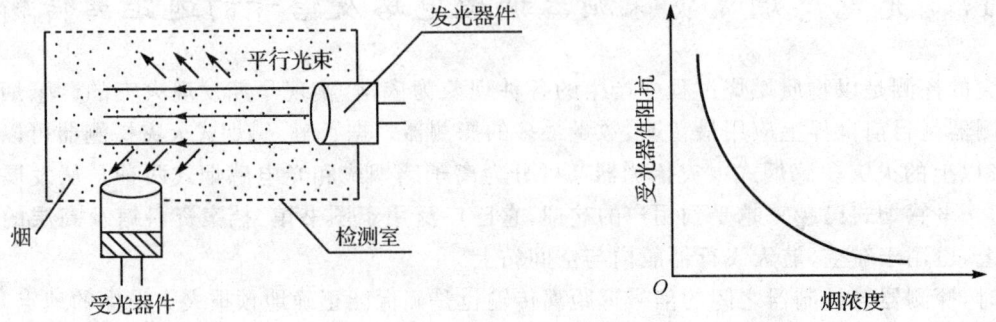

图 10.17.2　散射光式光电感烟火灾探测器原理图　　图 10.17.3　受光器件阻抗随烟浓度变化曲线

10.17.2　光电感烟火灾探测器的调理电路设计

光电感烟火灾探测器的电路原理图如图 10.17.4 所示。

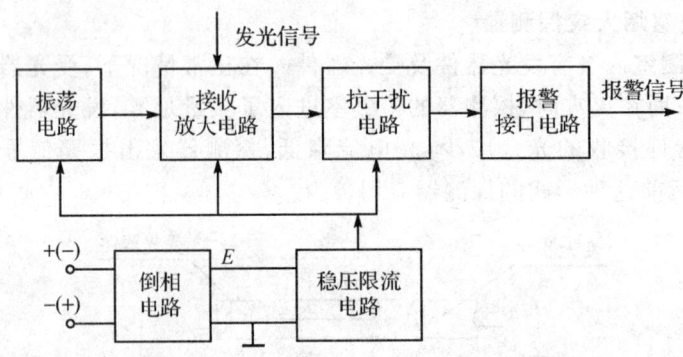

图 10.17.4　电路原理框图

对该探测器的设计除了要符合国家标准的要求外，我们还要求探测器在正常监视状态下工作电流不大于 $100\ \mu A$，探测器的电源为 24 V 直流电压，探测器的输入阻抗为 240 kΩ，呈高阻状态。在报警时，工作电流不大于 80 mA，并等效于一个 7 V 左右的稳压管，呈低阻状态。因此，探测器静态功耗很小，同时也有利于区别探测器的两种不同工作状态，以便与底座电路相匹配，实现频率的远距离传输。

1. 倒相电路

电路图如图 10.17.5 所示。国家标准规定，探测器输入 24 V 直流电压。桥式倒相电路的优点在于接入电源时不必分正负端，可以随意接入电压的两根线，而输出是有确定极性的 $+E$ 电压，这给施工安装带来很大方便。

2. 稳压、限流电路

电路图如图10.17.6所示。上电后，T_1、T_2 均处于导通状态，形成 I_4 电流对 C_2 充电。由于 R_1 和 R_2 阻值的选择使 I_4 电流较小，C_2 取值又较大，所以 B 点电位缓慢上升。此时，Z_1 处于不稳压状态，I_2 很小。由于 T_2 导通，A 点电位随 B 点电位上升而上升。当 A 点电位上升到 Z_1 的稳压值附近时，Z_1 的动态电阻增大，I_2 电流突然增大。在这瞬间，I_1 电流基本稳定，这样，I_3 电流相应减小，T_1、T_2 相继截止，C_2 开始放电。经过一段时间后，B 点电位下降，当 B 点电位降到一定值时，T_1、T_2 又重新导通，I_3 逐渐增大，I_2 减小，使 Z_1 又处于不稳压状态。

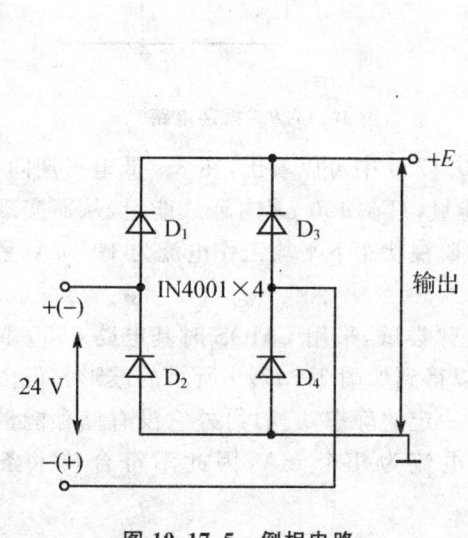

图 10.17.5　倒相电路

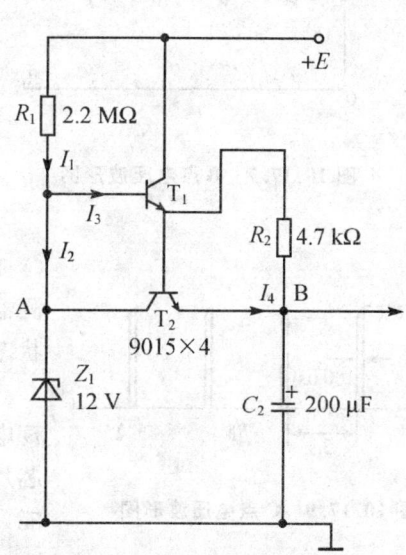

图 10.17.6　稳压、限流电路

如此周而复始，Z_1 管间隙工作在稳压点附近。B 点电位虽略有起伏，但还是较为稳定。B 点电压波形如图10.17.7所示。

3. 振荡电路

电路图如图10.17.8所示。由 NPN 型 T_3 管，PNP 型 T_4 管与阻容反馈支路 C_3、R_4 构成一个无稳态振荡电路。当 B 点电位达到某一值时，通过偏置电阻 R_3 使 T_3 导通，从而在 R_4 上建立偏置电压，高速开关管 T_4 迅速导通，C 点电位升高。从 C 点流出 I_5、I_6 电流，I_6 用于驱动接收放大电路，I_5 则通过阻容正反馈回路 C_3、R_4 流入 T_3 的基极，巩固 T_3 的导通。

当 C_3 充电到一定值时，将 D 点电位下拉，T_3 截止，T_4 也相应截止。当 B 点电位又上升到某一值时，T_3、T_4 继续导通，形成一个无稳态振荡电路。C 点电压波形如图10.17.9所示。

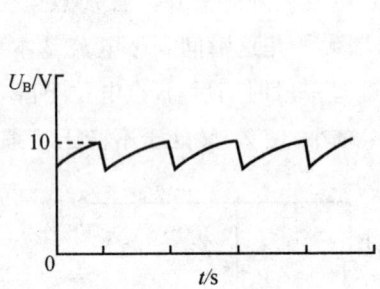

图 10.17.7　B 点电压波形图

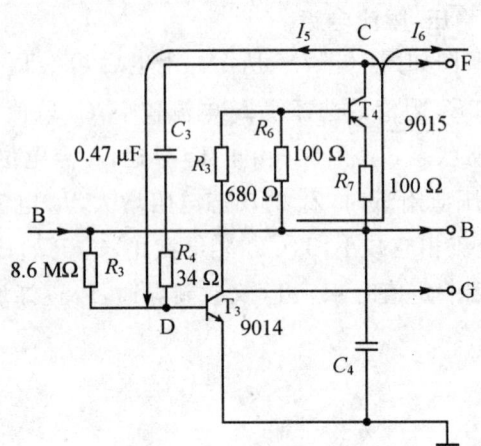

图 10.17.8　振荡电路

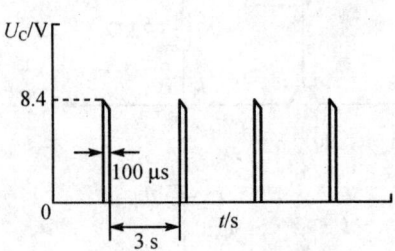

图 10.17.9　C 点电压波形图

从图 10.17.9 中可以看出,在 3 s 低电平期间,电容 C_2 在存储能量,只在 100 μs 内释放能量,从而实现了探测器在正常监视状态下平均工作电流为 100 μA,呈高阻状态。

同时也曾尝试,采用 CMOS 时基电路 7555 取代振荡电路,可以得到如图 10.17.9 所示的波形。但由于该芯片本身有一定的静态功耗,另外它没有储存能量的功能,总工作电流为几个 mA,因此不符合技术条件的要求。

4. 接收放大电路

从图 10.17.10 中看出,光电转换是由红外接收管 PE 完成的。PE 与红外发光管 LED 相匹配,波长均为 900 nm。PE 由 B 点供电,一直处于导通状态。LED 由 F 点脉冲供电,所以为间断的。当有烟雾时,PE 应该接收到 LED 的发光信号。对 LED 采用脉冲供电方式,除省电外,还有抗瞬间尖峰脉冲干扰的作用。

光电管 PE 接收到信号后送运放 A_1(3140)的同相端,A_1 在此做比较器用。A_1 的反相端接 R_{10} 与可调电阻 R_{11},可以根据探测器所需的不同灵敏度调节 P 点电位。A_1 输出电压 U_H 直接送抗干扰电路。运放 A_1 的电源也是由 F 点供给脉冲电压,平均耗电极少,这就是为什么 μA 级电流能驱动工作电流为 mA 级的器件的原因所在。

5. 抗干扰电路

抗干扰电路如图 10.17.11 所示,A_2、A_3 连成了计数器形式,当连续两次收到接收放大电路输出的正脉冲信号时,Q_2 输出一个确定的火灾信号,否则认为是干扰而不处理,所以,该电

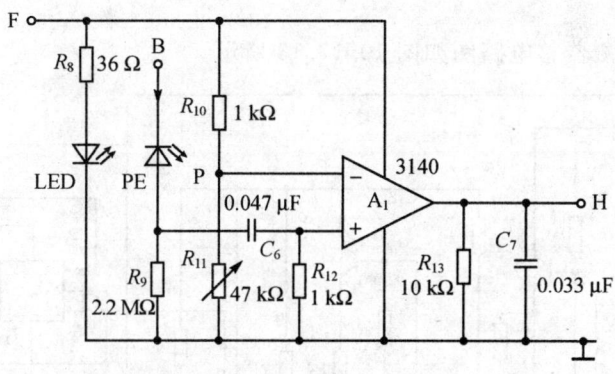

图 10.17.10 接收放大电路

路对瞬时及短时一过性的干扰有较强的抑制作用。

R_{14}、R_{15}、C_7 组成了一个积分电路,在第一个正脉冲到来后,若没有连续收到第二个正脉冲,则将计数器复位。

A_2、A_3 的电源由图 10.17.10 中的 B 点电压提供。

6. 报警接口电路

报警接口电路如图 10.17.12 所示。在抗干扰电路未输出正脉冲的火警信号时,可控硅的控制端为低电平,可控硅不导通。当正脉冲到来时,可控硅的控制端为正脉冲触发,可控硅导通,Z_3 稳压管开始工作,电压 E 被稳定在 7~8 V,报警电流增至几十 mA,探测器呈低阻状态,符合技术条件的要求。

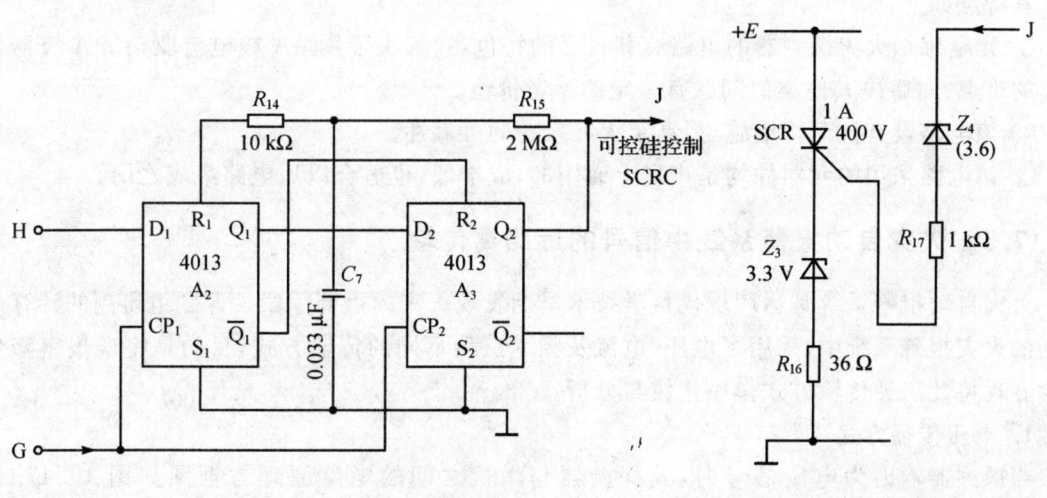

图 10.17.11 抗干扰电路　　　　图 10.17.12 报警接口电路

另外,Z_4、R_{17} 组成抗干扰电路,这样,低于火警信号电压幅值的干扰信号就不能使可控硅触发。

光电感烟火灾探测器总电路图如图 10.17.13 所示。

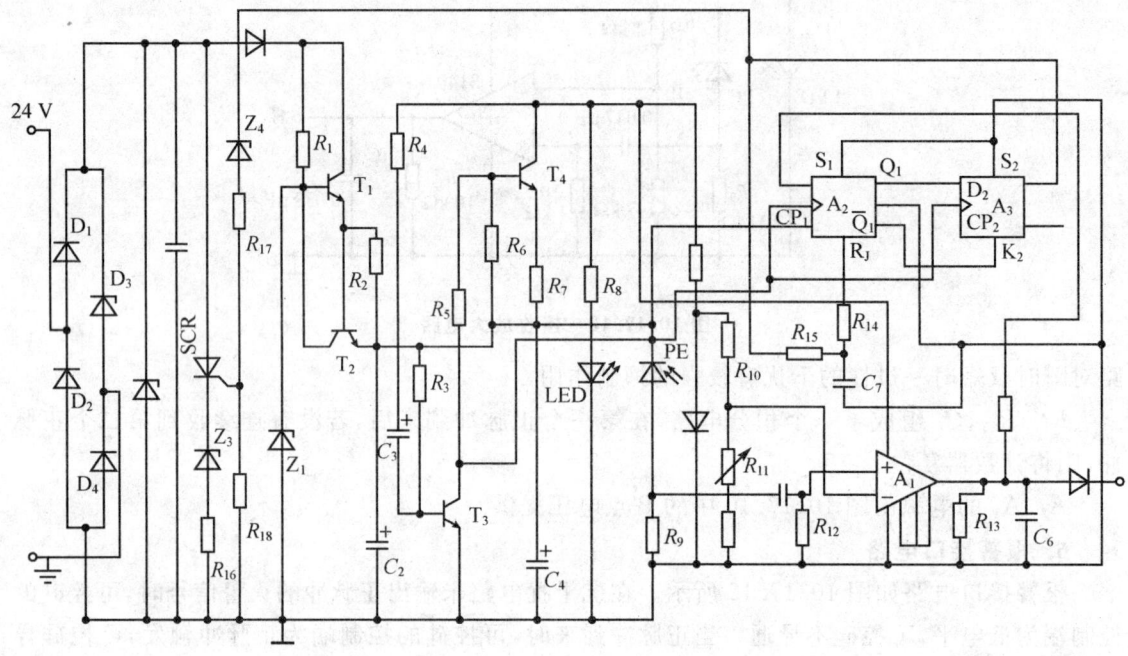

图 10.17.13 总电路

其特点如下：

① 光电感烟火灾探测器的电路有其自己的特色，它解决了用 μA 级电流驱动 mA 级器件工作的难点，对解决其他类似问题有一定的参考价值。

② 该电路设有抗干扰措施，提高了火灾报警的可靠性。

③ 该电路采用的元器件均是市场上通用的，成本低，也适合以后电路集成之用。

10.17.3 火灾自动报警系统中信号的远距离传输

火灾自动报警系统是运用现代科学技术早期发现火灾的重要手段。课题组研制的计算机控制的火灾报警系统中，采用了电压、电流及频率三种不同的传输方式，目的是将误报率降到最少。现将此三种传输方式作一比较与分析。

1. 电压传输方式

当探测器输出为电压信号时，其探测器与微机之间的电路原理方框图如图 10.17.14 所示。

探测器输出电压通过光电隔离器 I，转换成电压 U_p。当有火灾信号时，U_p 为 12 V 左右，

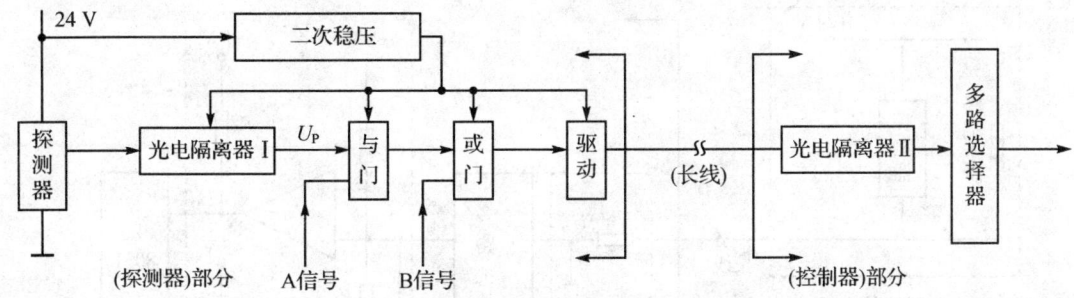

图 10.17.14 电压传输

当无火灾信号时,U_P 为 0 V。同时,光电隔离器还起到探测器与外界的隔离作用。而且,U_P 电压通过的与门、或门及驱动门均采用 CMOS 芯片。由于 CMOS 芯片输入阻抗高,噪声容限大,输出高,低电压差值大,故提高了远距离信号传输的抗干扰能力。

图 10.17.14 中,A、B 信号均由微机控制并发出。平时,A 信号为"1"电平,B 信号为"0"电平,以保证探测器信号顺利地传送到控制器。当系统进行长线断线故障检测时,A 为"0"电平,使探测器输出信号被封而不能进入或门。此时,令 B 为"0"电平,则微机应接收到"0"信号;若令 B 为"1"电平,则微机应接收到"1"信号。为了防止干扰信号的影响,微机接收到错误信号,可以对 B 信号连续发几次后再判断整个输入线路是否有断线故障。

输入信号在进入多路选择开关前进入光电隔离器Ⅱ,光电隔离器Ⅱ的作用一是使传输线与控制器之间进行隔离,二是将 CMOS 电平转换成 TTL 电平。

电压传输方式由于采用了二次光电隔离与采用了 CMOS 芯片,故提高了电压传输的抗干扰能力,并且能可靠地实现故障检测。其缺点是探测器与控制器之间连接线为 5 根(2 根正负电源线、2 根故障检测线及 1 根输出信号线),这给施工带来了一定困难,并提高了成本。

2. 电流传输方式

为了克服上述传输中多线制的缺点,在控制器与探测器之间可采用电流传输方式,其工作原理方框图如图 10.17.15 所示。

按图 10.17.15 探测器接法,正常监视状态电流为 50 μA 左右,有火灾信号时报警电流为 80 mA。电流通过长线传输进入控制器的 I/V 转换部分,若 R_2 为 1 kΩ,平时 U_A 电压为 0.66 V,则有火灾信号时 U_A 为 9.70 V。U_A 电压通过多路选择器后输入到比较器部分。

合理选择 R_3、R_4、R_5 分压电阻,U_D、U_E 输出有一定规律:

正常监视状态,D 点为"1"电平,E 点为"0"电平;

有火灾信号时,D 点为"0"电平,E 点为"0"电平;

有故障信号时,D 点为"1"电平,E 点为"1"电平。

用电流传输方式,在远距离传输中可以减少传输损耗。同时,探测器与控制器之间为两线联系(电源线、信号线),n 个探测器即为 $n+1$ 根连接线,与电压传输方式相比减少了 3 根。但

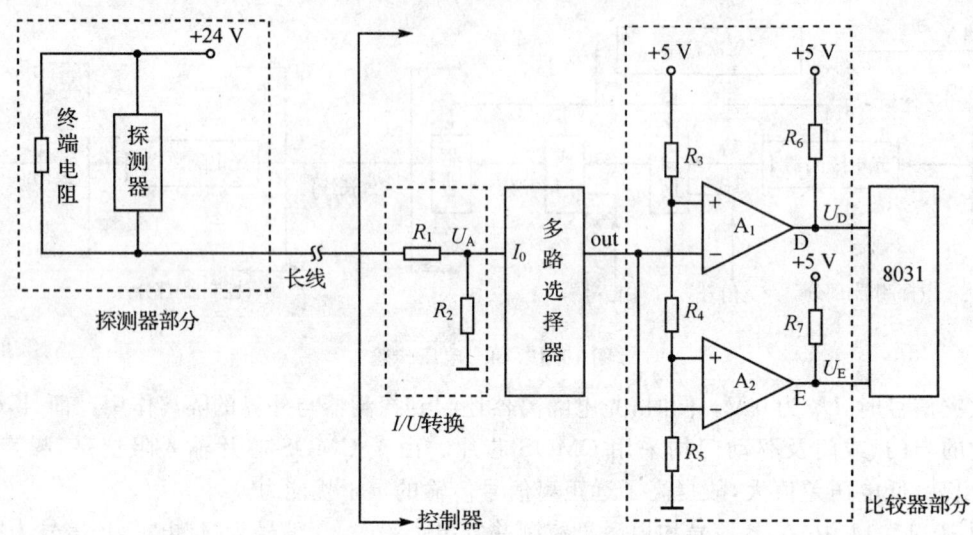

图 10.17.15 电流传输

它的每个探测器输出信号都必须占多路选择器的一个输入口,若 64 路就必须用 9 个 8 选 1 的多路开关芯片,CPU 必须发出 6 个片选信号。

3. 频率传输方式

频率传输方式是在探测器上加一个底座电路,该底座电路功能是发生火灾时,地址编码器可以按火灾发生具体位置发出相应的频率,通过长线传送给控制器。这种底座使火灾报警系统的功能更加完善,使用时更加方便。其原理方框图如图 10.17.16 所示。

正常巡检时,探测器处于高阻状态,通电后电子开关 S_3 闭合,S_1、S_2 断开,这时发光二极管 D 不亮。由于 S_1 断开使时钟及定时器、系数乘法器及输出驱动器的电源被切断,因而这几部分不能工作,无频率信号输出。这时,采样电阻上只有直流信号输出。

有火灾信号时,探测器由高阻状态变成低阻状态,等效成一个 7 V 左右的稳压管,于是流过 D 的电流迅速增大,D 发出强红光。同时电子开关 S_1 迅速闭合,接通时钟与定时器、系数乘法器及驱动器的电源,由时钟提供的时钟信号通过乘法器输出频率信号。该信号经过驱动,通过长线传输后在采样电阻上就有同样频率的信号输出。

待到几秒后,定时器发出控制信号使电子开关 S_2 闭合,S_1、S_3 断开,采样电阻上的频率信号消失,D 中流过的电流减少,使其发光亮度减弱。

火灾报警完成后,系统不能自动复位,D 依然发光,必须进行系统复位。系统复位后就恢复到初始状态,S_3 闭合,S_1、S_2 断开,D 不亮。

有火灾信号时,S_1 接通,时钟信号发生器的信号送入系数乘法器,按照地址编码开关设定的数据输出信号,其数学关系式为

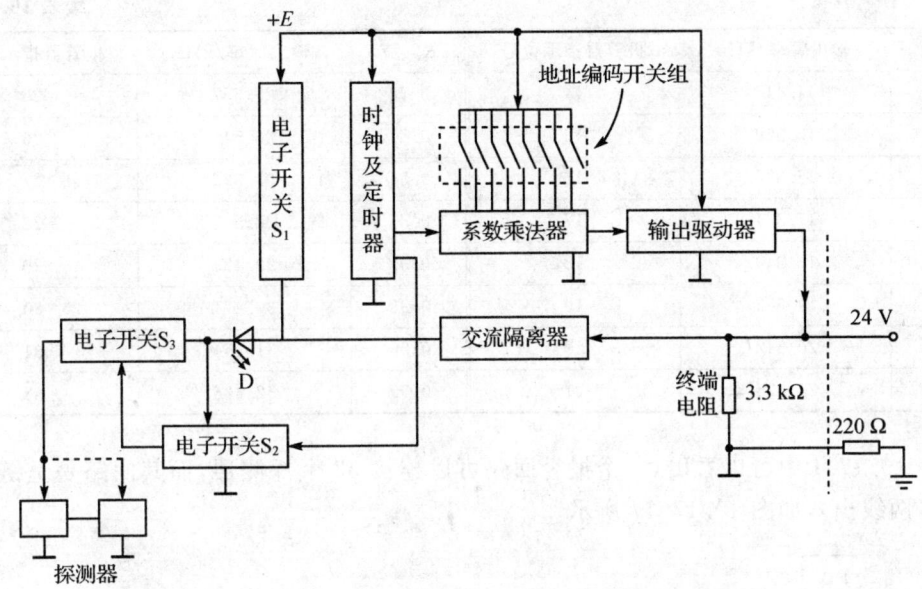

图 10.17.16 频率传输

$$f_{出} = Kf_0$$

式中　$f_{出}$——乘法器输出的信号频率；

　　　f_0——振荡器输出的频率；

　　　K——编码开关设定的数据，K 的范围是 0.01～0.99。

地址编码器由 8 位小型编码开关组成，地址编码器的编码开关确定的数据 K 和对应输出的频率以及报警器指示的位号关系如表 10.17.1 所列。

表 10.17.1　K 值与报警位号的关系

K 值	输出频率/kHz	报警器指示位号	K 值	输出频率/kHz	报警器指示位号
0.05	1.638	1	0.20	6.553	6
0.08	2.622	2	0.23	7.537	7
0.11	3.604	3	0.26	8.519	8
0.14	4.587	4	0.29	9.504	9
0.17	5.569	5	0.32	10.485	10
0.35	11.468	11	0.69	22.609	22
0.38	12.450	12	0.72	23.591	23
0.41	13.433	13	0.75	24.573	24

续表 10.17.1

K 值	输出频率/kHz	报警器指示位号	K 值	输出频率/kHz	报警器指示位号
0.44	14.417	14	0.78	25.557	25
0.47	15.399	15	0.81	26.540	26
0.50	16.382	16	0.84	27.522	27
0.53	17.364	17	0.87	28.507	28
0.56	18.349	18	0.90	29.488	29
0.60	19.659	19	0.93	30.471	30
0.63	20.642	20	0.96	31.454	31
0.66	21.626	21	0.99	32.438	32

从表 10.17.1 中可以看出，一个报警回路可以连接 32 个探测器，而其回路是呈链状连接（两线进，两线出），如图 10.17.17 所示。

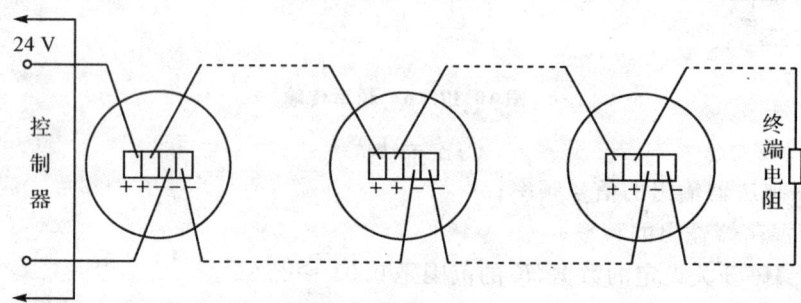

图 10.17.17 探测器连接方式之一

若探测器共用一个地址编码器，则可以并联若干个探测器，如图 10.17.18 所示。

图 10.17.17 中加终端电阻的目的是区分正常巡检和链状回路中发生断线故障的两种状态。由于探测器的静态电流小于 100 μA，若不加终端电阻，则回路中线路发生断线时在采样电阻上引起的电压变化很小，不易用微机来判定故障发生的地点。

总之，用频率信号进行远距离传输，抗干扰能力强，能正确地将探测器接收信号传输给控制器，最大程度地减少误报率。

同时链状连接使探测器与控制器之间实现了真正的两线制连接。一个链状回路只占有多路选择器的一个输入端，若共有 8 个链状回路(可接 256 个探测器)只需一片选择芯片，简化了多路选择器电路。

从实际运用效果来看，用频率传输方式进行远距离传送，对提高报警系统的正确率是最佳的，而且施工方便。

该链状回路的故障报警有两种方法：

一种是只要回路有断线（一处或一处以上）就用采样电阻上的电压值来进行故障报警，指出某一回路有故障，不显示具体地址。

另一种是通过采样电阻上电压值的不同，A/D 转换后用微机来判断具体断线地点。

总之，探测器与控制器之间远距离传输的可靠性是保证火灾自动报警系统正确预报火灾的一个关键问题。可以根据用户所需探测器的数量、安装方式、传输距离等各方面因素合理选择其中一种方式，但总的方向是少线制，多功能，提高系统的性能价格比。

本文中提到的三种传输方式同样适用于自动控制系统中计算机与传感器之间的远距离传输。

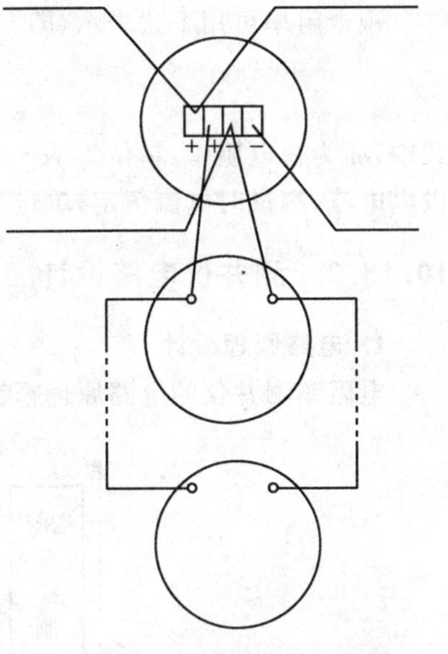

图 10.17.18　探测器连接方式之二

10.18　电阻率测井仪电路

地下岩层的电阻率是一个需要间接测量的物理量。在测量地下岩层电阻率时，需要向岩层内供应一定的电流，在岩层中形成电场，研究地层中电场的变化，求得地下岩层电阻率。科技人员通过随井深变化的电阻率曲线来研究钻井地质剖面的组成状况，判断油、煤、气和水等资源层是否存在，从而达到勘探测井的目的。

10.18.1　测井仪测量原理

电阻率测井仪的测量原理如图 10.18.1 所示。把供电电极 A 和测量电极 M、N 组成的电极系放到井下，供电电极的回路电极 B 放到井口。当电极系由井底向上提升时，由电极 A 提供电流 I，电极 M、N 测量电位差 ΔU_{MN}，该电位差的变化反映了周围地层电阻率的变化。通过变换，即可求出地层的视电阻率，这样就能得到一条随深度变化的视电阻率曲线。视电阻率（apparent resistivity）是用来反映岩石和矿石导电性变化的参数，用符号 ρ_s 表示。在地下存在多种岩石的情况下，用电阻率法测得的电阻率，不是某一种岩石的真电阻率。它除受各种岩石电阻率的综合影响外，还与岩、矿石的分布状态（包括一些构造因素）、电极排列等具体情况有关，所以称它为视电阻率。

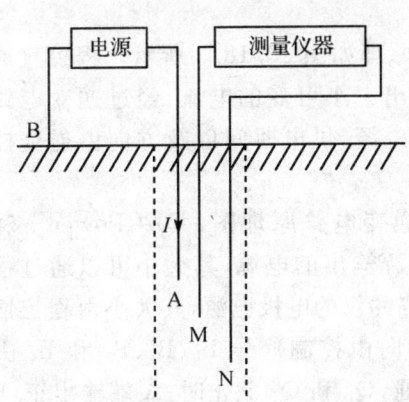

图 10.18.1　电阻率测井仪测量原理

视电阻率可用下式表示,即

$$\rho_s = K \frac{\Delta U_{MN}}{I} \tag{10.18.1}$$

式中,ρ_s 为视电阻率,单位为 $\Omega \cdot m$;ΔU_{MN} 为电极 M 和电极 N 之间的电位差,单位为 mV;I 为供电电流,测量时电流恒定,单位为 mA;K 为电极系系数。

10.18.2 测井仪电路设计

1. 电路原理设计

电阻率测井仪的电路原理框图如图 10.18.2 所示。

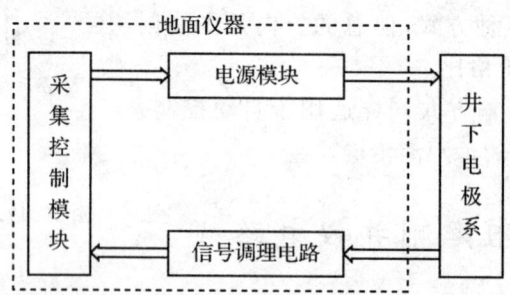

图 10.18.2 电阻率测井仪电路原理框图

由上述电阻率测量原理可知,在仪器设计时,需要考虑供电电路和测量电路。采集控制模块根据预先定义的程序对电源模块发出控制信号,使得电源模块按照一定的时序给井下电极系提供恒流电源。电极 M、N 的输出电压信号经过信号调理电路进行放大和反向后,由采集控制模块中的控制开关电路将被测信号按照一定的控制逻辑输出到信号采集点进行模/数转换。

2. 电源模块电路设计

电源模块电路由程控直流恒流源和逆变电路组成,其原理如图 10.18.3 所示。程控直流恒流源按照程序,输出大小可变的电流,经过逆变电路后,给井孔提供交流电源,供电时间以及方向由逆变控制信号决定。

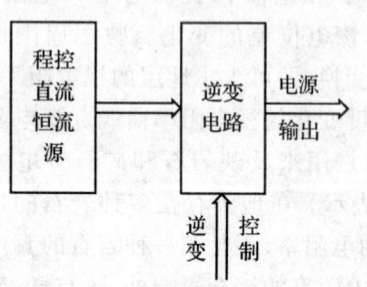

图 10.18.3 电源模块电路原理框图

图 10.18.4 是逆变电路原理图,其中 Power＋和 Power－是程控恒流源输出的电源,其大小可以通过程序调节。A 和 B 是测井仪的电极电源,其大小由程控恒流源的输出决定;方向由控制信号 B_1、B_2、B_3 和 B_4 决定。当 Q_2 和 Q_3 导通,Q_1 和 Q_4 截止时,A 端输出正,B 端输出负;当 Q_1 和 Q_4 导通,Q_2 和 Q_3 截止时,A 端输

出负，B 端输出正。

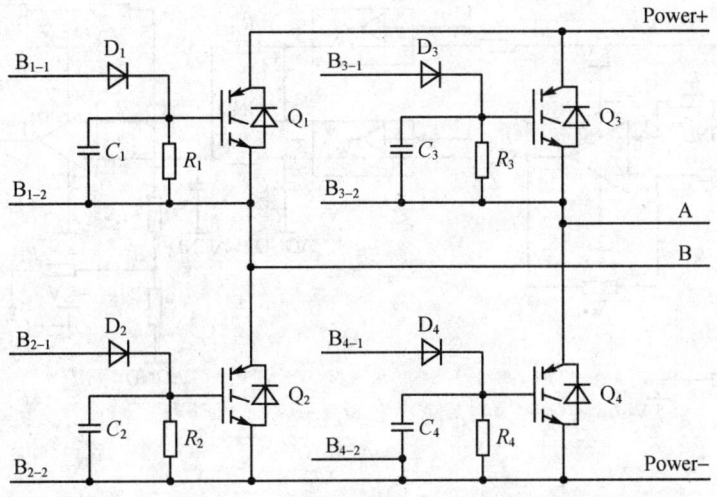

图 10.18.4　逆变电路原理图

3. 信号调理电路设计

图 10.18.5 是信号调理电路原理图，IN 是输入信号，OUT 是输出信号，Ctl_1 和 Ctl_2 是采集控制信号。

运放 A_1 及电阻 R_1、R_2、R_3、R_4 和电位器 R_5 组成第一级同向放大电路，电位器 R_5 用于调节放大电路的零点；运放 A_2 及电阻 R_6、R_7 和 R_8 组成第二级反向放大电路；A_3 和 A_4 是电子开关器件，在采集控制信号 Ctl_1 和 Ctl_2 的作用下，分别将经过同向放大的正半周输入信号和经反向放大的负半周输入信号输出到采样保持电容 C_1 和 C_2 上；运放 A_5 及电阻 R_{11}、R_{12}、R_{13}、R_{15}、R_{16}、R_{17} 和电位器 R_{14}、R_{18} 组成后级放大电路，将正负半周输入信号的平均值经过放大后输出，其中电位器 R_{18} 为后级运放的调零电位器，电位器 R_{14} 为后级运放的增益电位器。对输出的 OUT 信号经过模/数转换和存储处理后，可以得到被测地层的视电阻率。

4. 逆变电路控制及采集控制时序

由前述的电阻率测井仪测量原理以及电源模块和信号调理电路的原理可知，要完成测井仪功能必须对逆变电路控制信号 B_1、B_2、B_3 和 B_4，以及采集控制信号 Ctl_1 和 Ctl_2 进行一定的时序控制。

图 10.18.6 是逆变电路控制及采集控制时序图。由图 10.18.6 可知，在逆变电路控制信号 B_1、B_2、B_3 和 B_4 作用下，可以输出如图 10.18.6 所示的 A、B 供电波形，其中正向通电时间 T_1、反向通电时间 T_2 和断电时间 T_3 可以通过程序进行修改；正向采样时刻及采样时间长度 T_4、反向采样时刻及采样时间长度 T_5 也可以通过程序进行修改。

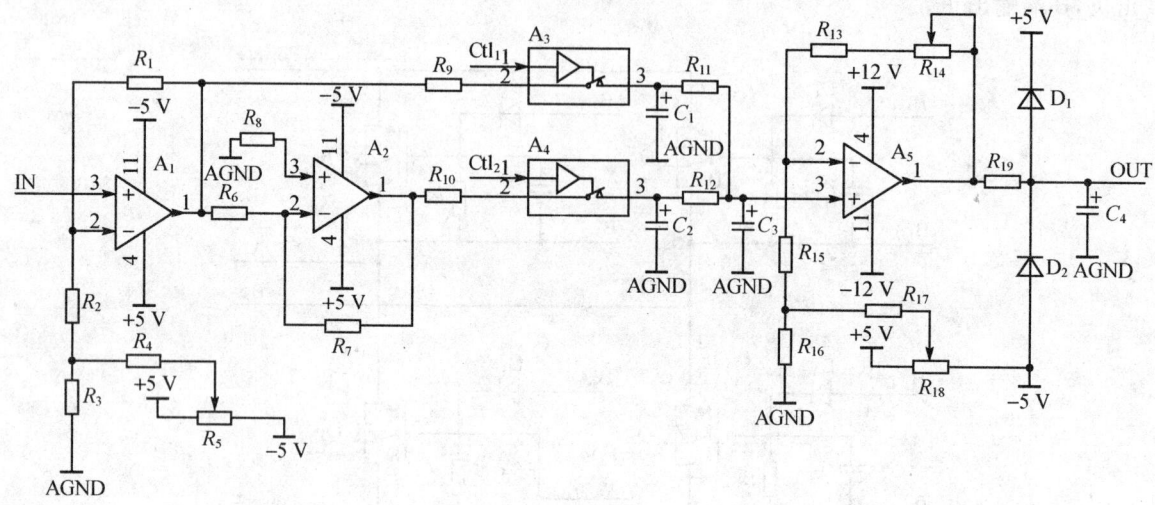

图 10.18.5 信号调理电路原理图

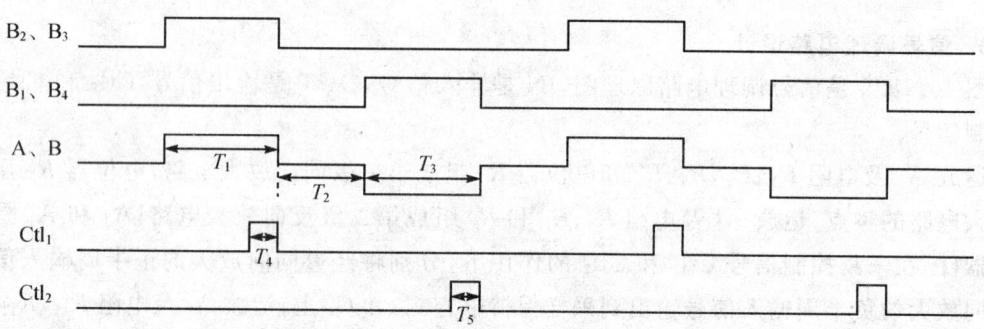

图 10.18.6 逆变电路控制及采集控制时序图

10.18.3 结 论

电阻率测井仪是用来测量地层电阻率的专用仪器,通过合理设计其供电电路及信号调理电路,可以提高仪器的测量精度;同时,将数字控制信号引入到供电电路以及调理电路中,可以增强仪器根据测量需求进行灵活配置的能力。

10.19 光纤布拉格光栅用于太阳能帆板模型的振动监测

太阳能帆板是给卫星提供动力源的重要装置,工作环境为外界阻尼非常小的近真空的太空。由于其具有结构尺寸大、低刚度、高柔性等特点,当太阳能帆板受到宇宙风或微粒子流等外扰作用产生振动时,如果不采取有效的振动抑制措施,其振动将会衰减得很慢,这不但会对卫星的空间定位产生影响,还会使太阳能帆板产生由振动引起的疲劳损伤。为了有效地实施振动控制,选取合适的传感器埋入结构中,获取太阳能帆板的振动状态是十分必要的。而高真空、强辐射、大温差的太空环境使一般电类传感器难以应用。与此同时,光纤布拉格光栅 FBG (Fiber Bragg Grating)作为埋入材料和结构中最具有应用前景的光纤传感器之一,十分适合这种场合的应用。

FBG 传感器除了具有普通光纤传感器体积小、质量轻、抗电磁干扰、抗腐蚀、使用灵活方便的优势之外,还有一些特别的优势,如传感信号为波长调制,检出量是波长信息,对环境干扰不敏感,测量信号不受光纤弯曲损耗、连接损耗、光源起伏和探测器老化等因素的影响;复用能力强,在一根光纤上串接多个 FBG,把光纤埋入或粘贴于被测结构,可实现准分布式测量。

10.19.1　光纤布拉格光栅的传感原理

光纤布拉格光栅纤芯具有折射率均匀周期性变化的结构,如图 10.19.1 所示。其传感原理可以这样简单描述:在光纤纤芯传播的光将在每个光栅面处发生散射,若不满足式(10.19.1)给出的波长条件,依次排列的光栅平面反射的光相位将会逐渐变得不同,以致相互抵消;若满足该波长条件,则每个光栅平面反射回来的光由于相位相同而逐步累加,最后会在反向形成一个反射峰。

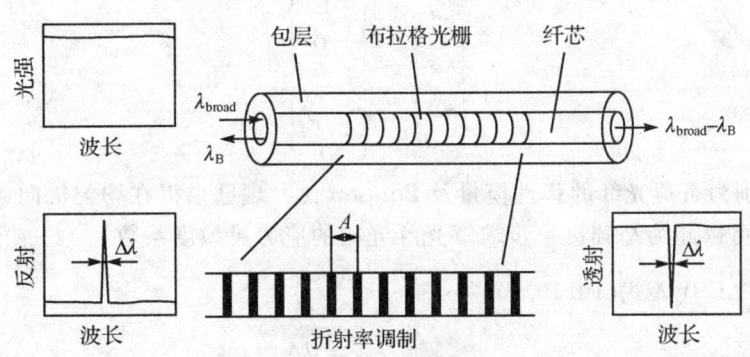

图 10.19.1　光纤布拉格光栅的传感原理

反射峰值的中心波长称为布拉格波长 λ_B,其大小为

$$\lambda_B = 2n_{eff}\Lambda \tag{10.19.1}$$

式中,布拉格波长 λ_B 是光纤布拉格光栅反射回来的入射光在自由空间中的中心波长;n_{eff} 是光纤纤芯针对自由空间中心波长的折射率;Λ 为光纤布拉格光栅的周期(光栅栅距)。

当光栅周围的温度、应变等待测物理量发生变化时,将导致光栅周期 Λ 或纤芯折射率 n_{eff} 的变化,从而使光纤光栅的中心波长产生位移 $\Delta\lambda_B$,通过监测返回的布拉格光栅波长的变化,即可获得待测物理量如应变、温度等的变化情况。

10.19.2 光纤布拉格光栅传感模型分析

1. 光纤布拉格光栅的应变敏感特性

在所有引起光栅布拉格波长移位的外界因素中,最直接的是应力、应变参量。因为无论是对光栅进行拉伸还是挤压,都将导致光栅周期 Λ 的变化,并且光纤本身所具有的弹光效应使得有效折射率 n_{eff} 也随着外界应力状态的变化而改变。因此,采用光纤布拉格光栅可制成光纤应力、应变传感器,其中,应力引起光栅布拉格波长的移位可由下式统一描述,即

$$\Delta\lambda_B = 2\Delta n_{eff}\Lambda + 2n_{eff}\Delta\Lambda \tag{10.19.2}$$

式中,$\Delta\Lambda$ 为光纤本身在应力作用下的弹性形变;Δn_{eff} 为光纤的弹光效应引起有效折射率的改变。

不同的外界应力状态将导致 $\Delta\Lambda$ 和 Δn_{eff} 的不同变化。一般情况下,由于光纤光栅属于各向同性柱体结构,所以施加其上的应力可在柱坐标系下分解为 α_r、α_θ 和 α_z 三个方向,只有 α_z 作用的情况称为轴向应力作用;只有 α_r 和 α_θ 作用的情况称为横向应力作用;三者同时存在则为体应力作用。

均匀轴向应力是指对光纤光栅进行纵向拉伸或压缩,此时各向应力可表示为 $\sigma_{zz} = -P$(P 为外加压强),$\sigma_{rr} = \sigma_{\theta\theta} = 0$,且不存在切向应力,所以,各方向的应变可写为

$$\begin{bmatrix} \varepsilon_{rr} \\ \varepsilon_{\theta\theta} \\ \varepsilon_{zz} \end{bmatrix} = \begin{bmatrix} \nu\dfrac{P}{E} \\ \nu\dfrac{P}{E} \\ -\dfrac{P}{E} \end{bmatrix} \tag{10.19.3}$$

式中,E 和 ν 分别为石英光纤的弹性模量及 Poisson 比。现已求得在均匀轴向应力作用下各方向的应变值,就可以此为基础进一步求解光纤光栅的应力灵敏度系数。

将 $\Delta\Lambda = \dfrac{\partial \Lambda}{\partial L}\Delta L$ 代入式(10.19.2),得

$$\Delta\lambda_B = 2\Delta n_{eff}\Lambda + 2\dfrac{\partial \Lambda}{\partial L}\Delta L n_{eff} \tag{10.19.4}$$

式中,ΔL 为光纤的纵向伸缩量。

由于 $\Delta L = \varepsilon_{zz} L$,故式(10.19.4)可化为

$$\Delta\lambda_B = 2\Delta n_{eff}\Lambda + 2\dfrac{\partial \Lambda}{\partial L}\varepsilon_{zz} L n_{eff} \tag{10.19.5}$$

均匀光纤在均匀拉伸下满足下式,即

$$\dfrac{\partial \Lambda}{\Lambda} \times \dfrac{L}{\partial L} = 1 \tag{10.19.6}$$

则式(10.19.5)可化为

$$\Delta\lambda_B = 2\Delta n_{\text{eff}}\Lambda + 2\varepsilon_{zz}n_{\text{eff}}\Lambda \quad (10.19.7)$$

由于弹光效应,故折射率的改变与应变有如下关系:

$$\Delta n_{\text{eff}} = -\frac{n_{\text{eff}}^3}{2}[(p_{11}+p_{12})\varepsilon_{rr}+p_{12}\varepsilon_{zz}] \quad (10.19.8)$$

式中,p_{11}、p_{12} 为弹光系数的分量。

将式(10.19.1)、式(10.19.8)代入式(10.19.7),则相对波长移位可表示为

$$\frac{\Delta\lambda_B}{\lambda_B} = -\frac{n_{\text{eff}}^2}{2}[(p_{11}+p_{12})\varepsilon_{rr}+p_{12}\varepsilon_{zz}]+\varepsilon_{zz} \quad (10.19.9)$$

把式(10.19.3)代入式(10.19.9),得出在均匀轴向应力下,波长移位的纵向应变灵敏度公式为

$$\frac{\Delta\lambda_B}{\lambda_B} = \left\{1-\frac{n_{\text{eff}}^2}{2}[p_{12}-(p_{11}+p_{12})\nu]\right\}\varepsilon_{zz} = (1-p_e)\varepsilon_{zz} = S_\varepsilon\varepsilon_{zz} \quad (10.19.10)$$

式中,$p_e = \frac{n_{\text{eff}}^2}{2}[p_{12}-(p_{11}+_{12})\nu]$,为有效弹光常数;

$S_\varepsilon = 1-p_e = 1-\frac{n_{\text{eff}}^2}{2}[p_{12}-(p_{11}+p_{12})\nu]$ 为光纤光栅相对波长移位应变灵敏度系数。

可见,在光纤布拉格光栅仅受均匀轴向力时,布拉格波长的相对变化量 $\Delta\lambda_B/\lambda_B$ 和轴向应变 ε_{zz} 呈线性关系。利用典型的锗硅光纤的参数,$p_{11}=0.113$,$p_{12}=0.252$,$\nu=0.16$,$n_{\text{eff}}=1.482$,可得光纤光栅相对波长移位应变灵敏度系数 $S_\varepsilon=0.784$。如果取波长 λ_B 为 1.55 μm,则光纤布拉格光栅的纵向应变灵敏度为 1.22 pm/$\mu\varepsilon$。

2. 光纤布拉格光栅的温度敏感特性

从光栅布拉格方程(10.19.1)出发,当外界温度改变时,对方程(10.19.2)进行展开,可得温度变化 ΔT 导致光纤光栅的波长移位为

$$\Delta\lambda_B = 2\left[\frac{\partial n_{\text{eff}}}{\partial T}\Delta T+(\Delta n_{\text{eff}})_{ep}\right]\Lambda+2n_{\text{eff}}\frac{\partial\Lambda}{\partial T}\Delta T \quad (10.19.11)$$

设 $\alpha_n = (1/n_{\text{eff}})\partial n_{\text{eff}}/\partial T$ 代表光纤光栅的热光系数;$(\Delta n_{\text{eff}})_{ep}$ 代表热膨胀引起的弹光效应;$\alpha_\Lambda = (1/\Lambda)(\partial\Lambda/\partial T)$ 代表光纤的线性热膨胀系数。这样可将式(10.19.1)和式(10.19.11)改写为如下形式:

$$\frac{\Delta\lambda_B}{\lambda_B} = \frac{1}{n_{\text{eff}}}[n_{\text{eff}}\alpha_n\Delta T+(\Delta n_{\text{eff}})_{ep}]+\alpha_\Lambda\Delta T \quad (10.19.12)$$

利用应力传感模型分析中得到的弹光效应引起的波长移位灵敏度系数表达式,并考虑到温度引起的膨胀,应变状态为

$$\begin{bmatrix}\varepsilon_{rr}\\\varepsilon_{\theta\theta}\\\varepsilon_{zz}\end{bmatrix} = \begin{bmatrix}\alpha_\Lambda\Delta T\\\alpha_\Lambda\Delta T\\\alpha_\Lambda\Delta T\end{bmatrix} \quad (10.19.13)$$

综合式(10.19.8)、式(10.19.12)、式(10.19.13),可得光纤温度灵敏度系数的表达式为

$$S_T = \frac{\Delta \lambda_B}{\lambda_B \Delta T} = \frac{1}{n_{\text{eff}}} \left[n_{\text{eff}} \alpha_n - \frac{n_{\text{eff}}^3}{2}(p_{11} + 2p_{12}) \alpha_\Lambda \right] + \alpha_\Lambda \quad (10.19.14)$$

由式(10.19.14)可知,仅受温度影响时,布拉格波长的相对变化量 $\Delta \lambda_B / \lambda_B$ 和温度的变化量呈线性关系。对掺锗硅光纤,其热光系数 α_n 约为 $6.8 \times 10^{-6}/℃$,线性热膨胀系数 α_Λ 约为 $5.5 \times 10^{-7}/℃$,对 $1.55~\mu m$ 波长可得单位温度变化下引起的波长移位为 $10.8~pm/℃$。

10.19.3　太阳能帆板模型振动监测系统的组成

系统的硬件组成框图如图 10.19.2 所示,包括 FBG 应变传感器、FBG 温度传感器、FBG 解调仪、计算机等。

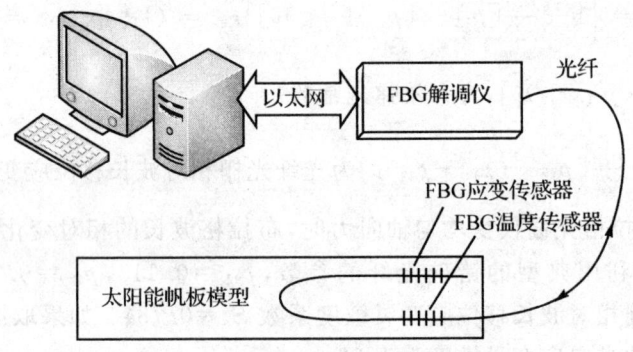

图 10.19.2　太阳能帆板模型振动监测系统

光纤布拉格光栅应变传感器粘贴在帆板模型的监测点上,用于感受帆板模型的振动,将振动的应变波转换为光纤布拉格光栅波长的变化;光纤布拉格光栅温度传感器由于封装结构特殊,只敏感温度,故可用于光纤布拉格光栅应变传感器的温度补偿;光纤布拉格光栅解调仪通过波分复用技术,可同时获取两只光纤布拉格光栅传感器的波长信息,并将数据上传给计算机;计算机完成数据转换、显示和存储等工作。

10.19.4　光纤光栅解调系统

光纤布拉格光栅传感器在实际应用中所面临的关键技术就是波长解调技术。近年来国外已对此技术展开了广泛而深入的研究,并且从不同方面提出了许多解调方案,常用的有匹配滤波法、光谱比例法、干涉法和可调谐 Fabry-Perot(简称 F-P)腔法。

解调系统通常由光源(如宽带谱、调谐谱、脉冲、激光等)、连接器(如耦合器、环行器等)、传感光栅和光电探测器等部分组成,其一般组成框图如图 10.19.3 所示。

在传感过程中,光源发出的光波由传输通道经连接器进入传感光栅,传感光栅在外场(如应变场、温度场等)的作用下,对光波进行调制;接着,带有外场信息的调制光波被传感光栅反

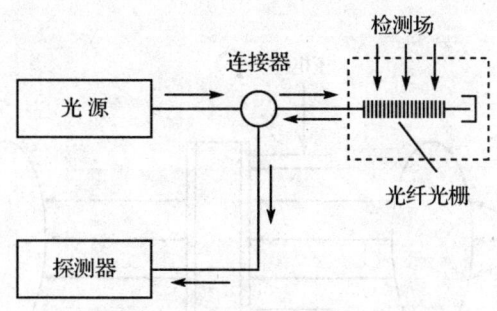

图 10.19.3　解调系统的一般框图

射,由连接器进入接收通道而被探测器接收解调并输出。由于探测器接收的光谱包含了外场作用的信息,因而从探测器检测出的光谱分析及相关变化,即可获得外场信息的细致描述。

1. 可调谐滤波器法

利用可调谐滤波器,如可调谐 F-P 腔滤波器和基于布拉格光栅的滤波器等,可跟踪传感光栅的波长变化,检测出反射波长的大小,其解调原理如图 10.19.4 所示。

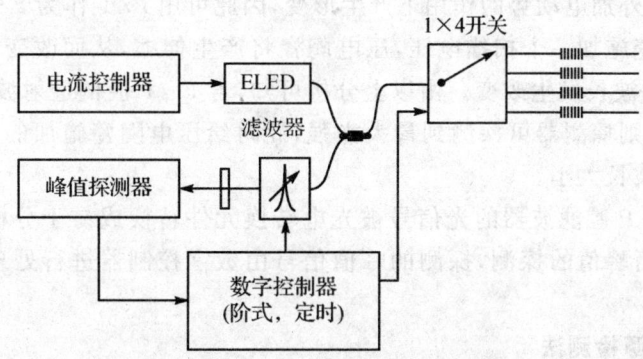

图 10.19.4　可调谐滤波解调系统

可调谐滤波器解调系统是由电流控制器、ELED(边发光二极管)、可调谐 F-P 腔滤波器、峰值探测器、数字控制器组成的。

ELED:为测量系统提供了谱宽为 50～90 nm 的宽谱光源信号。选择 ELED 的依据为: ELED 比半导体激光器(LD)使用寿命长,驱动电路简单,价格便宜;而比 SLED(面发光二极管)光谱宽度窄,调制速度高,入纤功率大,从而实现光信号高速、大容量、长距离传输。

可调谐 F-P 腔滤波器:在一定波长范围内,当平行光入射到 F-P 腔时,只有满足相干条件的某些特定波长的光才能发生干涉。利用 F-P 腔的这一特性可以对光纤布拉格光栅的反射波长进行检测。可调谐 F-P 腔的结构如图 10.19.5 所示,宽带光源发出的光经过一个 3 dB 耦合器进入到可选择的光开关阵列,然后传送到光纤布拉格光栅中,光纤布拉格光栅反射回的光进入到可调谐 F-P 腔。

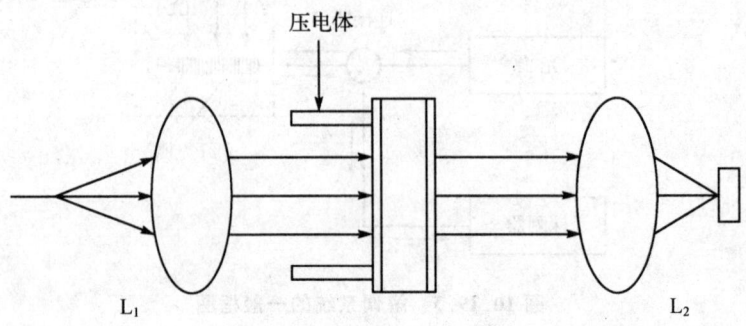

图 10.19.5　可调 F-P 腔结构

图 10.19.5 中，从光纤入射的光经自聚焦透镜 L_1 变成平行光入射到 F-P 腔，而出射光则经自聚焦透镜 L_2 会聚到探测器上。构成 F-P 腔的两个高反射镜中，一个固定，另一个可在外力的作用下移动，其背面贴有一个压电陶瓷 PZT。由于压电陶瓷具有很好的电能/机械能转换特性，故可在外加电动势的作用下产生形变，因此可用 PZT 作为 F-P 腔腔长变化的驱动元件。给压电陶瓷施加一个扫描电压，压电陶瓷将产生伸缩，从而改变 F-P 腔的腔长，使透过 F-P 腔的光的波长发生改变。由以上分析可知，若 F-P 腔的透射波长与光纤布拉格光栅的反射波长重合，则探测器可探测到最大光强，此时给压电陶瓷施加的电压 V 对应着光纤布拉格光栅的反射波长大小。

通过可调谐 F-P 腔滤波器的光信号被光电转换元件转换成易于分析处理的电信号，并送到峰值探测器进行峰值的探测，探测的峰值信号由数字控制器进行处理，得到对应的波长信息。

2. 可调窄带光源检测法

可调窄带光源检测法采用经过定标的可调窄带激光光源作为输入光信号，从而确定布拉格波长，其系统框图如图 10.19.6 所示。

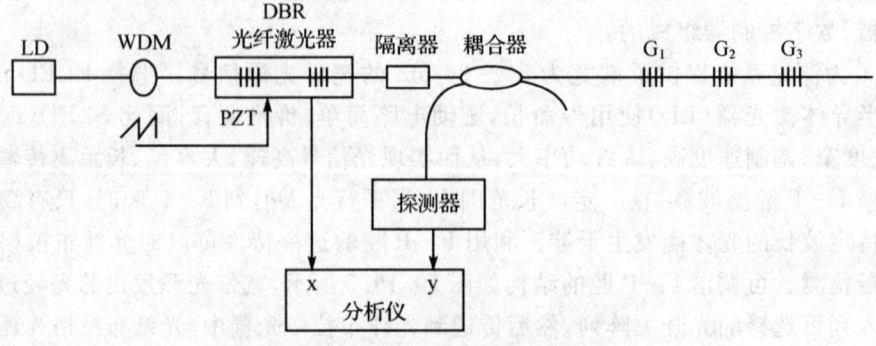

图 10.19.6　可调窄带光源解调系统框图

光源选用线宽很窄的 DBR 光纤激光器,其泵浦由激光二极管通过 WDM(波分复用)耦合器提供,为避免受回波影响,在其输出端用了一个隔离器。DBR 激光器固定在压电体上,当压电体受锯齿波或正弦波电压驱动时,激光波长在一定范围内扫描,当波长恰好为某个布拉格波长时,照射到传感光栅阵列上的光就会被相应的光栅强烈反射。

两种解调方法中,可调谐滤波器法,其入射光源为一宽谱光源,测量时,有用信号仅为反射的某一特定波长光信号,大部分光信号透射过去,能量损失严重,尤其是传播距离较远时,需要提高光源的功率,损失的能量亦随之增加,但系统成本较低;可调窄带光源检测法的光源为窄带激光,与上面所讨论的基于宽带光源的方案相比,能量集中于某一波长,利用率大大提高,并且可获得很高的信噪比和测量分辨率,但可调激光光源成本高。该种解调方法适合对测量精度和仪器功耗有较高要求的场合。本课题所使用的 FBG 解调仪就是使用了该种解调方法,其波长分辨率可达 1 pm。

10.19.5 光纤布拉格光栅的标定及温度补偿

1. 特性标定

光纤光栅传感器的温度、应变灵敏度系数是极其重要的技术指标。它们的误差大小直接影响测量结果。但由于采用的光纤不同、写入光栅的工艺不同以及退火工艺的差别,不同光纤光栅传感特性会有差异,因此使用者在进行测量之前,都需要对传感器的温度特性和应变特性进行必要的标定。

利用水浴法对光纤布拉格光栅的温度特性进行了标定,标定结果如图 10.19.7 所示;并在恒温的情况下对其应变特性进行了标定,标定结果如图 10.19.8 所示。

从标定结果来看,光线布拉格光栅的温度-反射波长、应变-反射波长特性呈线性关系,与前面的理论推导相吻合。

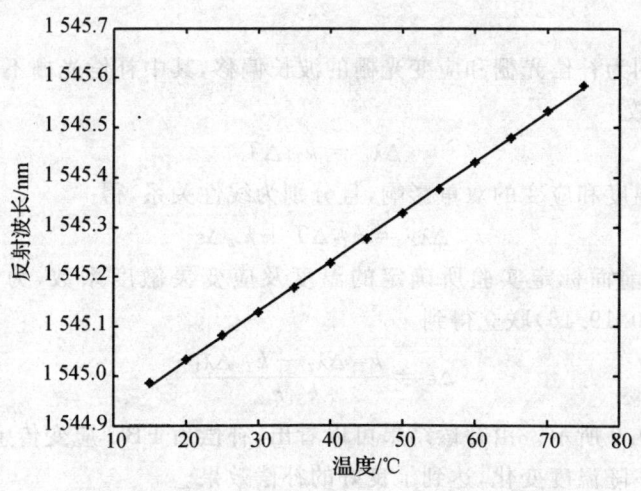

图 10.19.7 温度特性标定结果

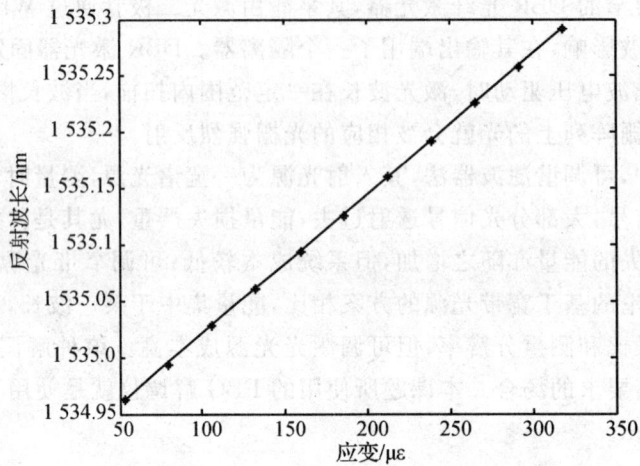

图 10.19.8 应变特性标定结果

2. 温度补偿

当光纤布拉格光栅用于应变测量时,不可避免地要受到温度的影响,使反射波长产生附加的偏移,从而对测量结果产生影响,因此必须设法消除该影响。

在 0~100 ℃和 0~1 ‰应变的测量范围内,忽略应变-温度交叉灵敏度影响,对测量结果的影响很小,可把应变和温度对光栅波长的作用当做是独立的线性叠加。根据上述原理,在温度变化明显区域,分别在两条光通路中布置两个邻近位置光栅,其一为测量光栅,同时受温度和应变影响;另一个为温度补偿光栅,只受温度影响。注意,两光栅的支撑材料要一致,且应处于同一温度场中。因此,温度变化引起的两光栅波长的变化应相同,在测量光栅的波长漂移中,扣除温度变化引起的波长漂移,即得应变单独作用引起的波长漂移,从而达到了温度补偿的目的。

设 $\Delta\lambda_1$、$\Delta\lambda_2$ 分别为补偿光栅和应变光栅的波长偏移,其中补偿光栅不受应变的影响,所以 $\Delta\lambda_1$ 只和温度有关,故

$$\Delta\lambda_1 = k_{T1}\Delta T \tag{10.19.15}$$

应变光栅受到温度和应变的双重影响,且分别为线性关系,得

$$\Delta\lambda_2 = k_{T2}\Delta T + k_{\epsilon 2}\Delta\epsilon \tag{10.19.16}$$

式中,k_{T1}、k_{T2}、$k_{\epsilon 2}$ 是前面标定实验所确定的温度及应变灵敏度系数,为已知量,则 $\Delta\epsilon$ 可由式(10.19.15)、式(10.19.16)联立得到

$$\Delta\epsilon = \frac{k_{T1}\Delta\lambda_2 - k_{T2}\Delta\lambda_1}{k_{T1}k_{\epsilon 2}} \tag{10.19.17}$$

补偿结果如图 10.19.9 所示。由补偿结果可以看出,补偿后 FBG 应变传感器的布拉格波长在很宽的温度范围内不随温度变化,达到了良好的补偿效果。

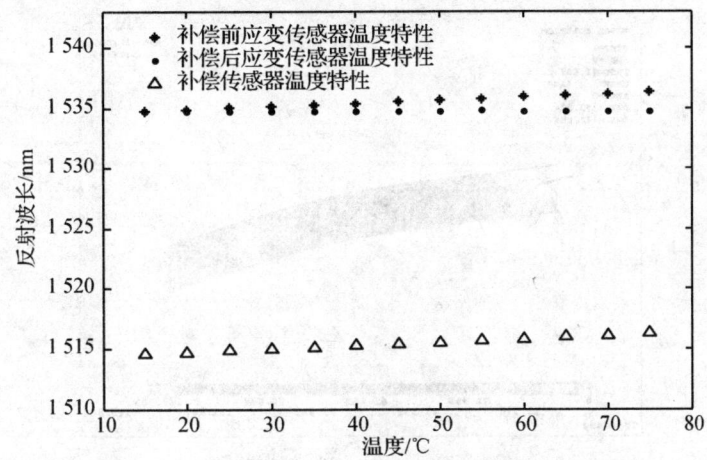

图 10.19.9　FBG 应变传感器的温度补偿前后对比

10.19.6　太阳能帆板振动监测系统实验及结果分析

振型是弹性体或弹性系统自身固有的振动形式。对于一个连续系统,可以认为它是由无数个质点和无数个小弹簧组成的,由于多质点体系有多个自由度,故可出现多种振型,同时有多个自振频率。其中与最小自振频率(又称基本频率)相应的振型为基本振型,又称第一阶振型。通常我们就说:一阶频率对应一个一阶振型,二阶频率对应一个二阶振型,以此类推。

1. 帆板模型的振动仿真

通过有限元软件 ANSYS 的分析,得到的前五阶振动的固有频率分别是 3.464 Hz、21.698 Hz、50.373 Hz、60.844 Hz、119.564 Hz,对应的振型分别如图 10.19.10～图 10.19.14 所示。

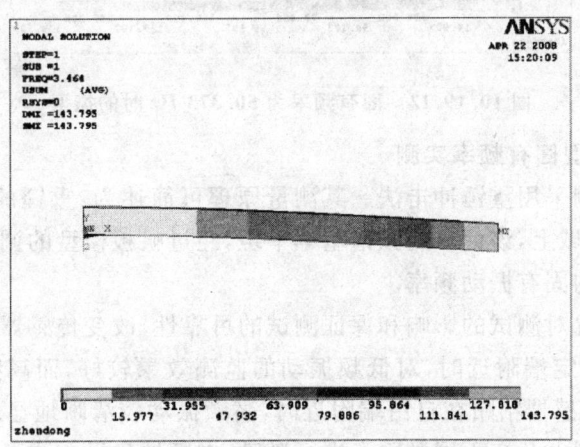

图 10.19.10　固有频率为 3.464 Hz 时的振型

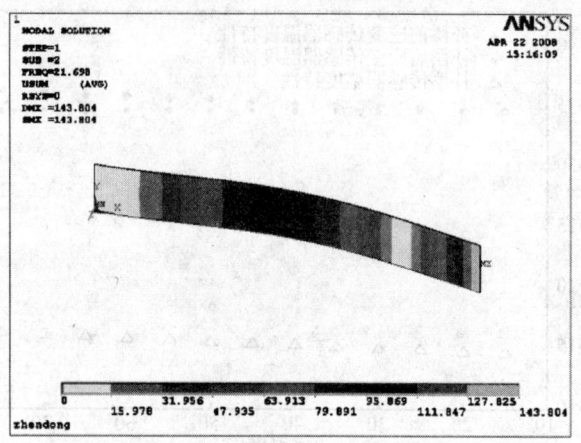

图 10.19.11　固有频率为 21.698 Hz 时的振型

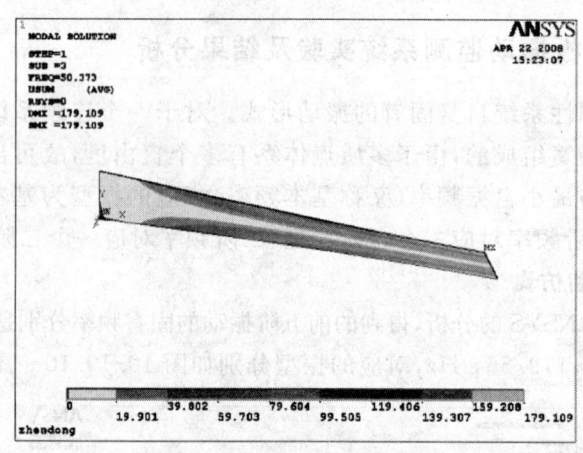

图 10.19.12　固有频率为 50.373 Hz 时的振型

2. 太阳能帆板模型固有频率实测

对固有频率的实测采用重锤冲击法。其测量原理可简述为：重锤的冲击能够产生近似的脉冲输入信号，在频率域上，该信号的频谱基本平坦，经过帆板模型的调制，输出信号在频谱上能够反映出帆板模型的固有振动频率。

为了观察测点位置对测试的影响和保证测试的可靠性，改变传感器粘贴的位置，测试结果显示，当传感器贴在固定端附近时，对低频振动的监测效果较好，而高频振动幅值不明显，如图 10.19.15 所示；当传感器粘贴在自由端附近时，高频振动较清晰地显现出来，如图 10.19.16 所示。分别对帆板模型上几个不同激励点进行激励，在频域显示方式上，几个固有振动频率的幅值会不同，但出现的位置基本不变，从而可以确定观测到峰值处的频率正是帆板模型的固有频率。

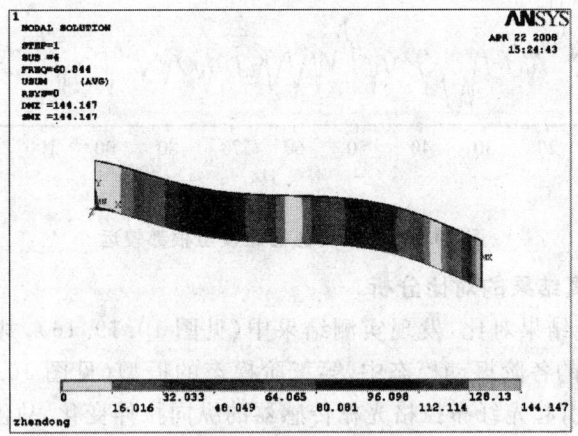

图 10.19.13　固有频率为 60.844 Hz 时的振型

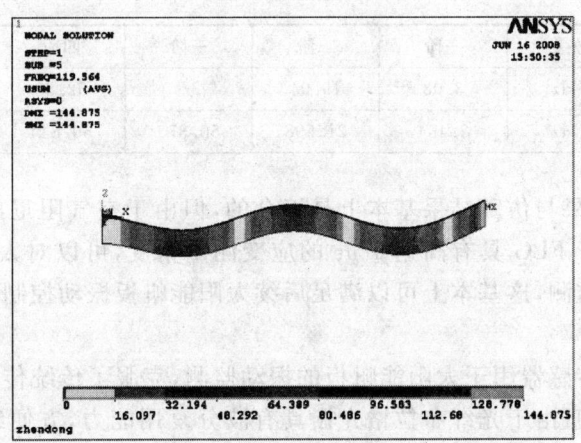

图 10.19.14　固有频率为 119.564 Hz 时的振型

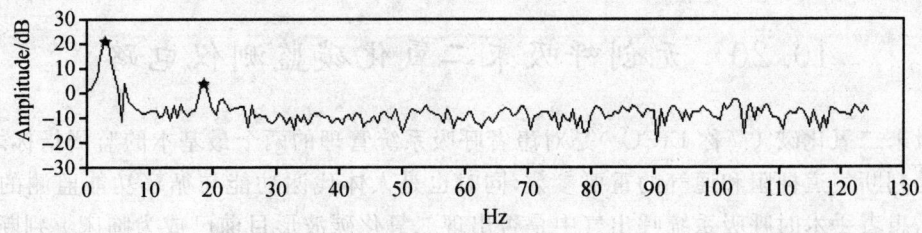

图 10.19.15　传感器位于模型根部

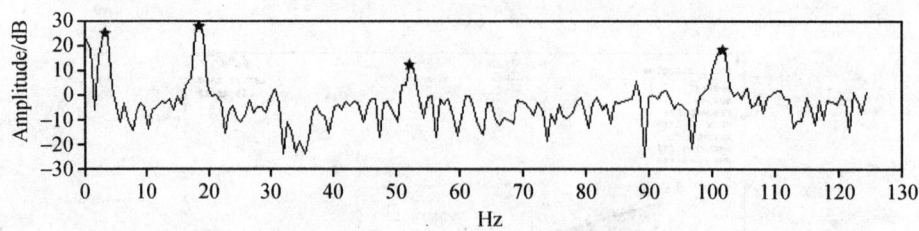

图 10.19.16 传感器距模型根部较远

3. 实测结果与仿真结果的对比分析

将实测结果和仿真结果对比,发现实测结果中(见图10.19.16),共有4个峰值出现。在ANSYS软件仿真得到的各阶振动模态中,第三阶模态的振型(见图10.19.12)为左右扭摆振动,这种振动形式很难引起光纤布拉格光栅传感器的纵向拉伸变化,故测试结果中不会反映该阶振动模态。实测频率和仿真频率的对应关系见表10.19.1。

表 10.19.1 太阳能帆板模型实测固有频率与仿真结果对比

振动阶数	一阶	二阶	三阶	四阶	五阶
实测频率/Hz	3.03	19.04	—	52.88	101.54
仿真频率/Hz	3.464	21.698	50.373	60.844	119.564

对比发现,实测结果与仿真结果基本上是符合的,但由于空气阻尼的影响,实测频率小于仿真的固有频率。由于FBG具有高达 $1\ \mu\varepsilon$ 的应变测量精度,可以对太阳能帆板高达五阶的振动情况进行有效的监测,这基本上可以满足后续太阳能帆板振动控制的任务。

4. 结 论

光纤布拉格光栅传感器用于太阳能帆板的振动监测,克服了传统传感器灵敏度低、抗电磁干扰能力差的不足,而且由于光纤布拉格光栅具有波分复用能力,方便组成测量网络,实现准分布式测量。在太阳能帆板的振动监测方面,光纤布拉格光栅的应用必将带来巨大的实用价值。

10.20 无创呼吸末二氧化碳监测仪电路

呼吸末二氧化碳(简称 $EtCO_2$)是对患者呼吸系统管理的两个最基本的监测指标之一,其浓度值是判断气道梗阻和通气的重要参数,同时也是人体代谢功能与循环功能监测的重要指标;另外,患者手术时呼吸系统呼出气中是否出现二氧化碳波形目前已成为临床上判断气管导管位置正确与否的黄金指标,呼吸末二氧化碳浓度监测已被美国麻醉医师协会(简称 ASA)列为术中常规监测项目之一。临床检测方法是抽取人的动脉血液进行检测,对病人造成一定的痛苦。

无创呼吸末二氧化碳监测仪是一种应用红外线测定方法,连续监测人体呼出气体中二氧化碳浓度和呼吸率的仪器,它主要应用于麻醉领域。由于该技术具有操作简便、快捷、可靠、无创的特点,在急诊医学领域迅速地普及。目前已应用于呼吸、麻醉、血液及急诊危重等科室,进行可靠的、实时的诊断与监护。

10.20.1 无创呼吸末二氧化碳监测仪的组成

该监测仪的工作原理框图如图 10.20.1 所示。

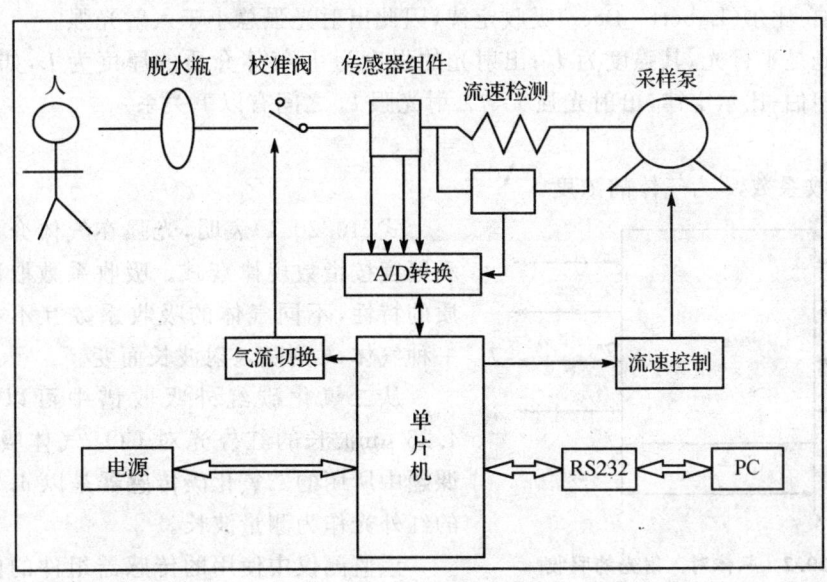

图 10.20.1 无创呼吸末二氧化碳监测仪工作原理框图

它主要由脱水瓶、校准阀、传感器组件、流速检测电路、采样泵、单片机及其外围电路等部分组成。脱水瓶用于吸收人呼出的 CO_2 气体中的水分,防止水汽进入传感器组件,造成传感器组件的损坏。校准阀有两个位置,可控制进入传感器组件的气体是人呼出的 CO_2 气体还是周围环境中的气体。当进入传感器组件的是人呼出的 CO_2 气体时,用于测量 CO_2 气体的浓度;当进入传感器组件的是周围环境中的气体时,用于校准由于环境温度、环境压力及电子元件偏差引起的误差。气流切换是完成校准阀的切换,即切换进入传感器组件的气体是人呼出的 CO_2 气体还是周围环境中的气体。传感器组件除完成 CO_2 气体浓度信号转换为电信号外,还对环境温度、环境压力的变化进行补偿,并输出 CO_2 气体浓度电信号、温度电信号和压力信号到 A/D 变换器;流速检测、采样泵和流速控制组成气路控制部分,主要调节进入传感器组件的气体流速,其中采样泵用于抽取 CO_2 气体,流速检测用于检测 CO_2 气体的流速。当检测到气体流速过大或过小时,流速控制电路将改变采样泵的转速,从而改变气路中气体的流速,直到调节到合适的流速为止;单片机及其外围电路用于数据的采集、计算、控制以及与PC进行通信。

10.20.2 传感器组件的工作原理

传感器组件是无创呼吸末二氧化碳监测仪中的关键元器件,它将二氧化碳浓度信息转换为电信号,以便进行A/D转换。其测量机理为:大部分有机和无机多原子分子气体在红外区都有特征吸收波长。当红外光通过待测气体时,这些气体分子对特定的红外光有吸收,其吸收关系服从朗伯-比尔(Labert-Beer)吸收定律,因此出射光强总小于入射光强。

设入射光是平行光,其强度为 I_0;出射光的强度为 I;气体介质的厚度为 L,如图10.20.2所示。根据朗伯-比尔定律,出射光强 I 与入射光强 I_0 之间有以下关系:

$$I = I_0 e^{kcL} \tag{10.20.1}$$

式中,k 为吸收系数,c 为气体的浓度。

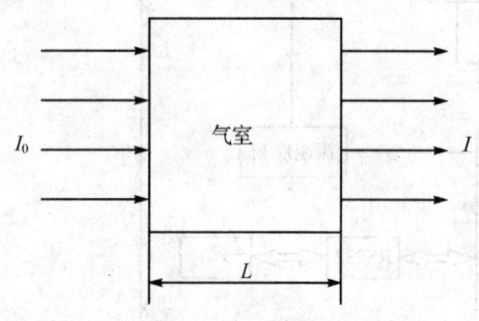

图10.20.2 气体对入射光的吸收

式(10.20.1)表明,光强在气体介质中随浓度和厚度按指数规律衰减。吸收系数取决于气体介质的特性,不同气体的吸收系数互不相同。对同一种气体,k 则随入射波长而变。

从二氧化碳红外吸收谱中可以明显看到,4.26 μm波长的红外光对 CO_2 气体吸收最强,本课题中所用的二氧化碳传感器是以4.26 μm波长的红外光作为测量波长。

该监测仪中使用的传感器组件的内部集成了一个波长为4.26 μm的红外光源和一个红外探测器,当 CO_2 气体通过传感器组件时,经过红外光源的照射,CO_2 气体吸收部分红外光,然后该红外光被红外探测器接收。若传感器组件中 CO_2 浓度升高,由于 CO_2 分子的吸收作用,则红外线总数减少;反之,若传感器组件中 CO_2 浓度降低,则红外线总数将增加。也就是说,传感器组件实际上是检测采样室样本气体中的 CO_2 分子数目。当传感器组件中 CO_2 浓度较大时,即 CO_2 分子数比较多,吸收的红外光也比较多,传感器输出的电压将较小;当传感器组件中 CO_2 浓度较小时,即 CO_2 分子数比较少,吸收的红外光也比较少,传感器输出电压将较大。根据呼吸末二氧化碳波形,还可计算出人体的呼吸率。

10.20.3 调理电路的设计

调理电路主要由传感器组件电路、流速检测、气体流速控制、气流切换、A/D转换电路、单片机及其外围电路等部分组成。

1. 传感器组件

传感器组件完成二氧化碳浓度信号、温度信号、压力信号到电信号的转换,该监护仪中的传感器组件采用美国 CPT 公司生产的高性价比的传感器组件,它对二氧化碳浓度信号的转换采用红外吸收原理,具有测量精度高、响应速度快、一致性好等特点。另外,由于该传感器组件对环境温度和环境压力变化后产生的测量误差作了修正,因而在环境温度、环境压力等方面的适应性远远高于传统同类产品。

传感器组件与系统连接的电路图如图 10.20.3 所示。

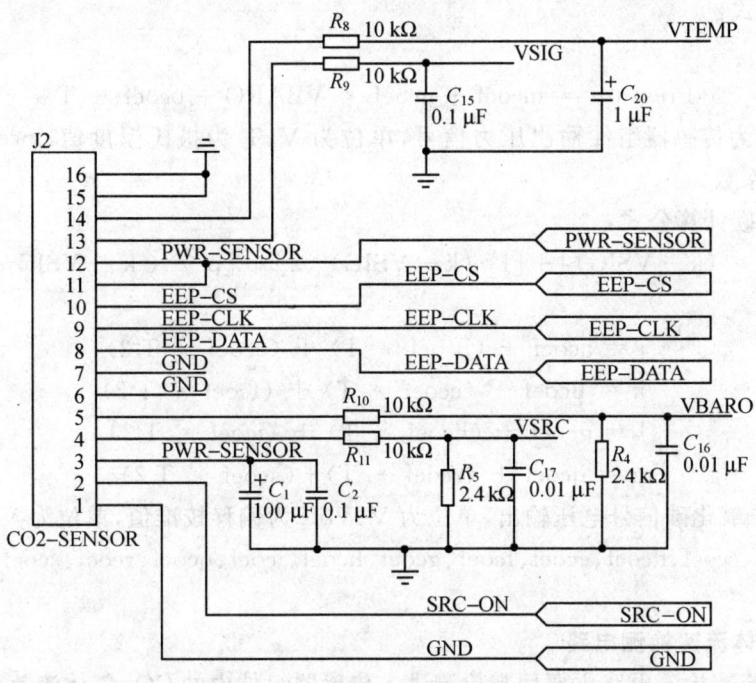

图 10.20.3 传感器组件连接电路图

在图 10.20.3 中:

2 脚 传感器组件红外光源控制线,高电平时红外光源工作;

3 脚 红外光源电源输入;

4 脚 传感器组件红外光源输出,先分压调节到 A/D 芯片输入范围,然后经低通滤波输入到 A/D 芯片的 CH3;

5 脚 传感器组件压力输出,经分压和低通滤波后输入到 A/D 芯片的 CH6;

8 脚 传感器组件内部 EEPROM 数据线,接单片机的 I/O 线;

9 脚 传感器组件内部 EEPROM 时钟线,接单片机的 I/O 线;

10 脚 传感器组件内部 EEPROM 片选线,接单片机的 I/O 线;

13 脚 传感器组件二氧化碳模拟信号输出,经低通滤波后输入到 A/D 芯片的 CH4;
14 脚 传感器组件温度模拟信号输出,经低通滤波后输入到 A/D 芯片的 CH2。
在计算温度、压力和二氧化碳浓度时,需要用到以下三个公式。

① 温度公式:

$$T = (VTEMP - 0.5000) * 100 \qquad (10.20.2)$$

式中,VTEMP 为传感器组件输出温度信号,单位为 V。

② 压力公式:

$$Pressure = mcoef + ncoef * VBARO + ocoef * T \qquad (10.20.3)$$

式中,VBARO 为传感器组件输出压力信号,单位为 V;T 为摄氏温度值,mcoef、ncoef、ocoef 为计算使用的系数。

③ 二氧化碳计算公式:

$$ppCO_2 = [j * (k - VSIG)] + [l * (k - VSIG)\hat{}2] + [p * (k - VSIG - Voff)\hat{}3] \qquad (10.20.4)$$

式中

$$j = acoef + (bcoef * T) + (ccoef * T\hat{}2)$$
$$k = dcoef + (ecoef * T) + (fcoef * T\hat{}2)$$
$$l = gcoef + (hcoef * T) + (icoef * T\hat{}2)$$
$$p = qcoef + (rcoef * T) + (scoef * T\hat{}2)$$

VSIG 为二氧化碳信号电压输出,单位为 V;Voff 为偏移校准值,单位为 V;T 为摄氏温度值;acoef、bcoef、ccoef、dcoef、ecoef、fcoef、gcoef、hcoef、icoef、qcoef、rcoef、scoef 为计算使用的系数。

2. CO_2 气体流速检测电路

CO_2 气体流速检测电路主要用来检测进入传感器组件中的 CO_2 气体流速,当 CO_2 气体流速过大时,可能会造成对人的过度抽气,引起人的不舒服感;当 CO_2 气体流速过小时,可能是由气路堵塞引起的,此时会影响抽气泵的正常工作,甚至造成抽气泵的损坏,同时,也会影响测量结果的准确性。为使整个系统正常工作,必须检测 CO_2 气体的流速。

CO_2 气体流速检测电路如图 10.20.4 所示。图中 J_4 为霍尼韦尔公司生产的一款差压传感器,其型号为 DUXL05D,它可以将气体流速压力差转换为电信号。该传感器使用 +5 V 供电,满量程输出 15~30 mV。U_5 为 AD623AR,它是美国模拟器件公司推出的一种低价格、单电源、轨对轨输出的仪表放大器,只需要一只外接电阻即可调节增益;同时,它还具有输入失调电压低、高 CMRR 及低功耗等特点。

其工作原理为:当有 CO_2 气体流过节流式流量计时,会造成流速收缩,气体的平均速度加大,动压力增大,而静压力减小。在截面最小处,流速最大。用差压传感器检测流量计前后的

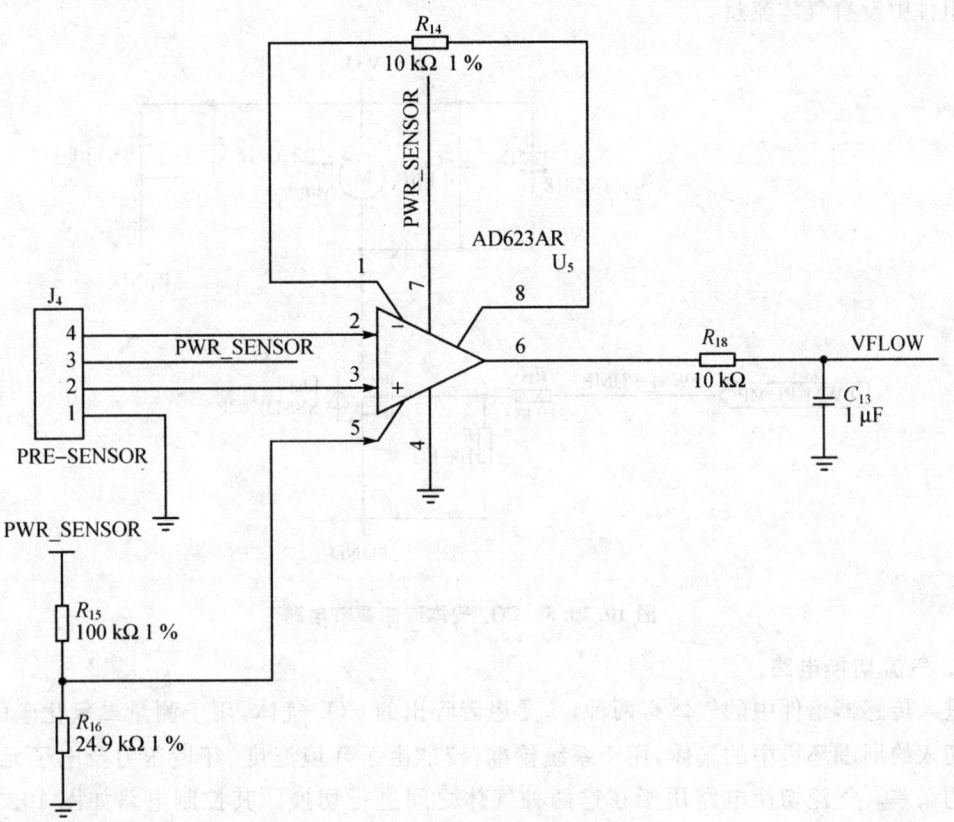

图 10.20.4 CO_2 气体流速检测电路

静压差就可以测量 CO_2 气体的流速,随 CO_2 气体流速的改变,差压传感器的输出电压将随之改变。此输出电压输入到仪表放大器 AD623AR 的差分输入端进行放大,其放大倍数为

$$K = 1 + 100 / R_{14} = 1 + 100K / 10K = 11 \quad (10.20.5)$$

信号放大后,经低通滤波后送入 A/D 芯片的模拟输入端进行 A/D 转换,从而完成 CO_2 气体流速的检测。

3. CO_2 气体流速控制电路

CO_2 气体流速控制电路用于控制进入传感器组件的气体流速,使气体流速稳定在一个适合的水平,以防止气体流速过大时造成对人的过度抽气。另外,当气体流速检测电路检测到气路堵塞时,应关闭采样泵,以防止造成采样泵的损坏。其电路如图 10.20.5 所示。工作原理为:PWM_PUMP 为输入的 PWM 方波,当 PWM_PUMP 输入为高电平时,Q_2 导通,采样泵 B_1 运转;当 PWM_PUMP 输入为低电平时,Q_2 截止,采样泵 B_1 停止运转,从而可以通过改变 PWM_PUMP 的占空比达到控制气体流速的目的。当占空比为 0 时,将关闭采样泵,此时,传感器组件中没有气体流过。

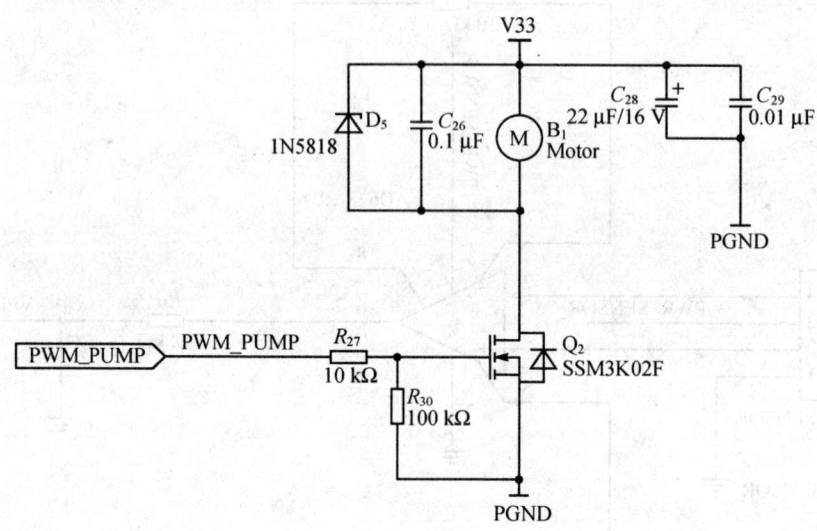

图 10.20.5 CO_2 气体流速调节电路

4. 气流切换电路

进入传感器组件中的气体有两种,一是患者呼出的 CO_2 气体,用于测量二氧化碳的浓度,二是切入的周围环境中的气体,用于系统校准,校准由于环境温度、环境压力及电子元件偏差引起的误差。气流切换电路用于在这两种气体之间进行切换。其控制电路如图 10.20.6 所示。当 VALVE_EN 为低电平时,T_1 截止,校准阀 J_3 断开,进入传感器组件的气体为周围环境中的气体;当 VALVE_EN 为高电平时,T_1 导通,校准阀 J_3 闭合,进入传感器组件的气体为人体呼出的气体。

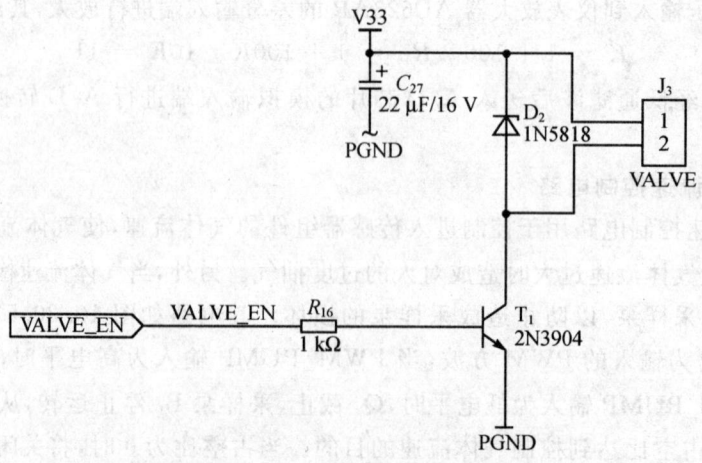

图 10.20.6 CO_2 气流切换电路图

5. A/D 转换电路

A/D 转换电路完成模拟量到数字量的变换,在无创呼吸末二氧化碳监测仪使用的 A/D 转换芯片为 TLV2548,TLV2548 是 TI 公司推出的一款高性能、低功耗、最大采样率为 200 Kbps 的高速 CMOS 串行 A/D 转换器。本课题中应用该芯片的主要特点是:分辨率高,为 12 位;可进行 8 通道转换,且通道选择可编程;精度高,非线性误差为±1LSB;内置参考源、转换时钟和 8 字节的 FIFO;与单片机接口为 SPI,接线少,最高时钟频率可达 20 MHz。

该监护仪中 TLV2548 连接图如图 10.20.7 所示,与单片机采用 SPI 接口进行连接。待转换的模拟量分别输入 TLV2548 的 A0～A7 通道。

其中,VSIG 为传感器组件输出 CO_2 浓度信号;VTEMP 为传感器组件输出的温度信号;VSRC 为传感器组件输出的红外光源信号;VBARO 为传感器组件输出的压力信号;VFLOW 为 CO_2 气体流速信号。

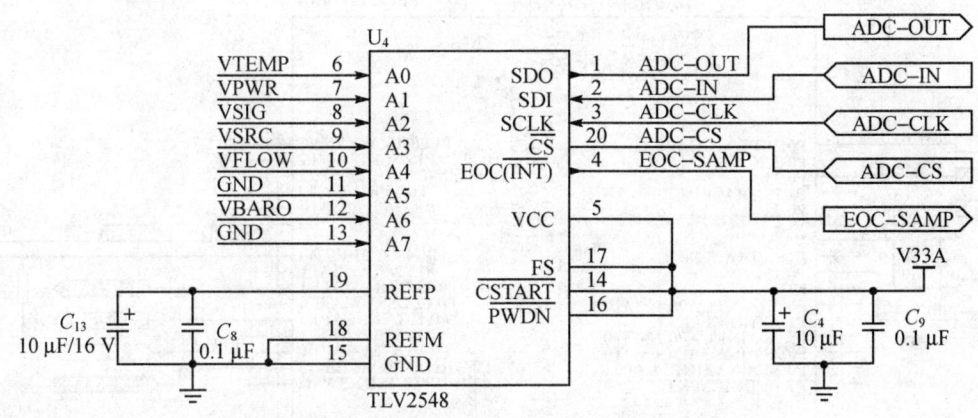

图 10.20.7　二氧化碳监测仪 A/D 转换电路电路图

6. 单片机及其外围电路

单片机及其外围电路完成数据采集、数据存储、各种控制以及串行通信的任务。这部分电路主要包含单片机及其 RS232 串行通信电路。

(1) 单片机电路

单片机主要完成以下功能:

① 与 A/D 转换电路进行通信,读取 A/D 转换结果;

② 根据 A/D 转换结果计算呼吸末二氧化碳值和呼吸率;

③ 控制 CO_2 气体流速电路;

④ 控制校准阀,实现气流切换;

⑤ 通过 RS232 串行口与上位机通信。

单片机选用 NXP 公司生产的 ARM 内核的 32 位单片机 LPC2114。LPC2114 基于一个支持实时仿真和跟踪的 16 位/32 位/ARM7TDMI-S CPU,其 128 位宽度的存储器接口和独特的加速结构使 32 位代码能够在最大时钟速率下运行。本课题主要应用该芯片的以下特点：内置 128 KB 的高速 Flash 存储器和 16 KB 的 SRAM;外设丰富,含有 2 个 32 位定时器、2 个 UART、2 个 SPI 接口、6 路 PWM 输出、46 个 GPIO 以及多达 9 个外部中断;支持在系统编程;功耗低。该监护仪中单片机电路如图 10.20.8 所示。

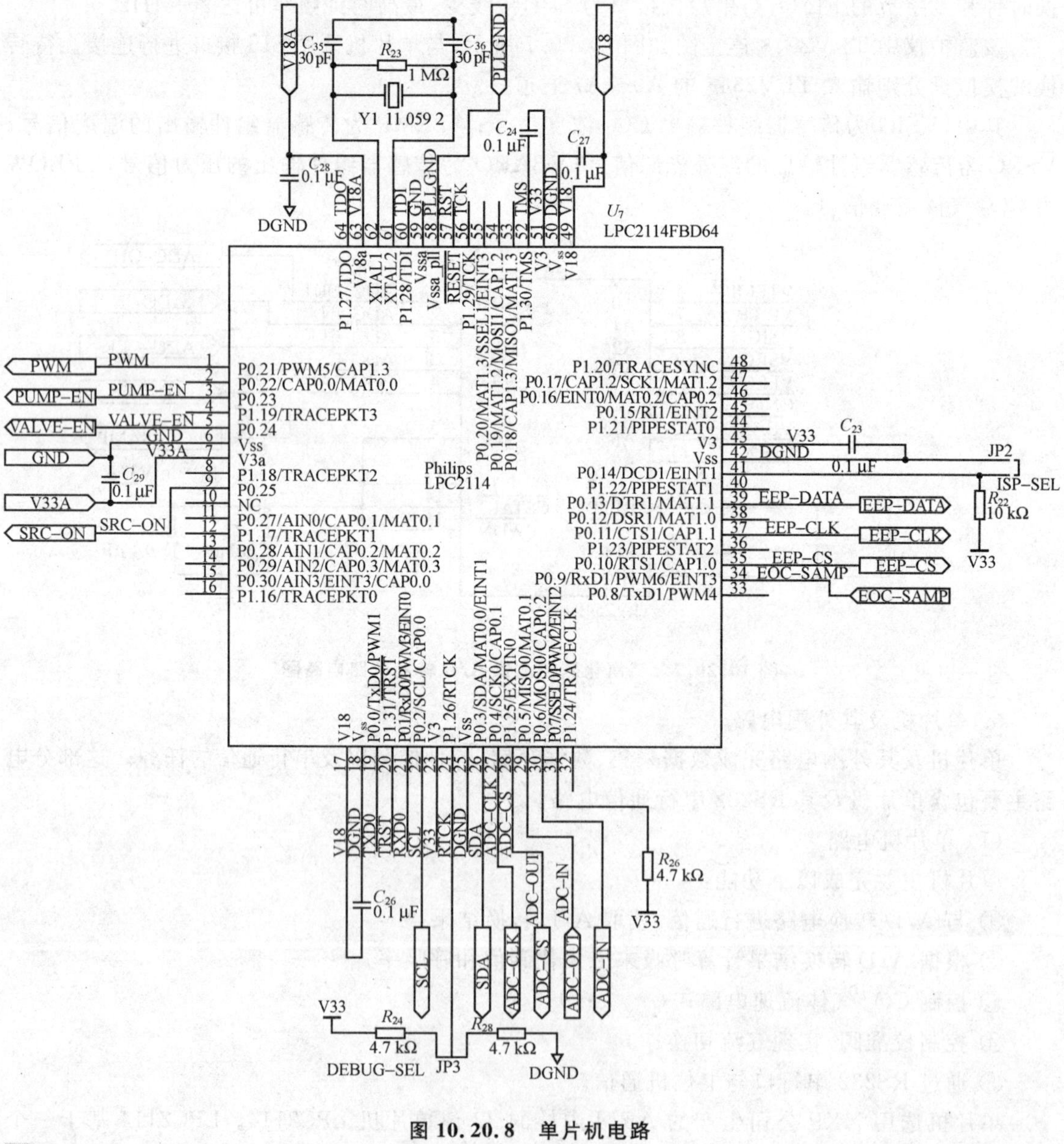

图 10.20.8 单片机电路

图 10.20.8 中有两个跳线选择,分别是 JP2 和 JP3。其中,JP2 短接时用于烧写程序,正常使用时断开;JP3 与 R_{28} 短接时用于调试程序,其他情况使用时将 JP3 与 R_{24} 端短接。

(2) RS232 串行通信电路

单片机通过 RS232 串行口与 PC 通信,本电路采用了 MAX3232 芯片,它只需要 $+2.7\sim+5$ V 供电,外加 4 个 0.1 μF 的电容就可方便地实现二者的串行通信。这部分电路如图 10.20.9 所示。

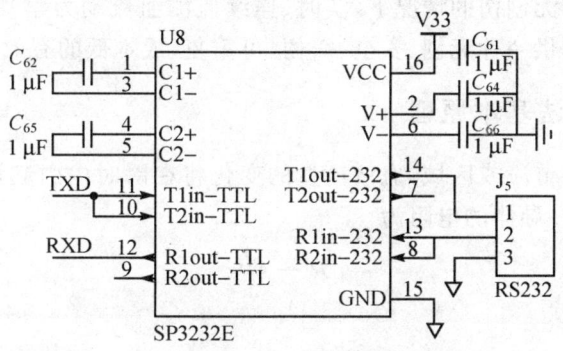

图 10.20.9　RS232 通信电路

10.20.4　结　论

该监护仪研制成功后,分别使用不同浓度的标准 CO_2 气体进行了多次性能试验。表 10.20.1 为其中的一组测量数据,表中的数据将二氧化碳浓度值转换成了二氧化碳分压值。

表 10.20.1　监护仪测量数据

标准二氧化碳浓度值/(%)	测量值/mmHg	实际值/mmHg	误差/mmHg	结　论
0.92	7	7	0	合格
2.52	19	19	0	合格
4.84	38	37	1	合格
7.39	57	56	1	合格
11.3	88	86	2	合格

从测量数据可以看出,该检测仪具有测量准确的特点。除此之外,它还具有无创、可靠、操作简便、快捷、便携的优点,2007 年通过了国家药品食品监督管理局的检测。另外,该监护仪还经过多家医院进行临床使用,性能良好,其精度和一致性均达到同类产品中进口仪器的水平,得到用户的一致好评。

10.21 无创血流动力监测仪电路

反映血流变化的 SV、CO、CI、PCWP 等血流动力学参数的监测,在急性心血管病的处置、危重症的监护(ICU)以及心血管病的临床诊断、治疗和临床科研等方面有着重要意义。无创血流动力监测仪是采用胸腔阻抗法基本原理,结合最新的方法学及计算机信号处理技术等研制而成的。监测仪可在无创伤的情况下,实时、连续监测血流动力学参数,为血流动力学的监护和心脏功能的评价提供一种无创、安全、简便、可重复、成本低的有效途径和手段。

10.21.1 胸腔阻抗法基本原理

在生物体内的某一节段或区域,血液流量的变化将在瞬时内引起该节段或区域的容积变化。根据欧姆定律,某一导体的电阻为

$$R = \frac{\rho L}{S} \tag{10.21.1}$$

即

$$R = \frac{\rho L^2}{V} \tag{10.21.2}$$

式中,ρ 为电阻率,L 为导体长度,V 为容积,S 为导体的横截面积。

可以看出,容积的变化将使相应区段的阻抗发生变化。记录生物体某区段的阻抗随时间的变化情况,可获得相应的血流量变化情况,这就是生物阻抗血流图。

在人体的胸腔内,随着每个心动周期中心脏的收缩与舒张活动,血流量的变化将引起大血管和心脏的容积变化,从而引起胸腔阻抗搏动性变化。按照某一适当模式记录这一阻抗变化,可获得胸腔内血流量的变化情况,即胸腔阻抗血流图。

在每一个心动周期中,心脏收缩后室内压力增大,使主动脉瓣开放(即心脏排血)时,左心室内的血液迅速流入主动脉,使主动脉容量增加,阻抗减小;心脏舒张时,主动脉弹性回缩,血管内容量减小引起阻抗增大。

在胸腔上加以低幅高频率的恒定电流 I(电流的大小不会因阻抗变化而改变),如图 10.21.1 所示,电流沿着主动脉(充满血液、电传导性最好)传导。

根据欧姆定律:

$$I = \frac{U}{R} \tag{10.21.3}$$

式中,I 为电流,U 为电压,R 为电阻。

可以发现,胸腔电压 U 的变化量 ΔU 将直接反映代表胸腔阻抗的变化量 ΔZ。

监测信号 ΔU 经放大处理得到 ΔZ 信号,从而得到胸腔内血流量随时间变化的波形,即胸腔的血流动力学状态。事实上,在实际应用中,血流动力学的监测均以 ΔZ 的微分图即 $\mathrm{d}Z/\mathrm{d}t$

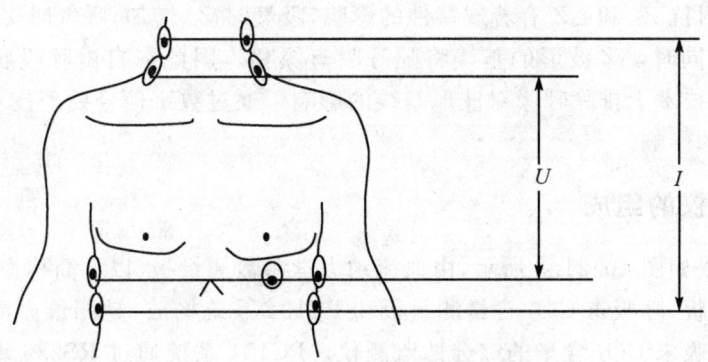

图 10.21.1　胸腔阻抗法原理图

为基础。这是因为 dZ/dt 信号更为清晰、敏感。它反映各心动周期中血流量的变化速率。

胸腔阻抗微分图 dZ/dt,反映胸腔阻抗的变化速率,即代表胸腔内主动脉和腔静脉血流量的变化速率。它与心动周期的关系如图 10.21.2 所示。

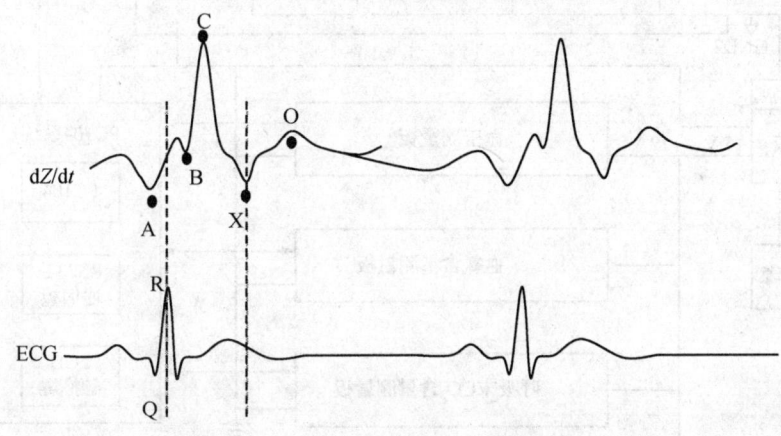

图 10.21.2　胸腔阻抗微分图与心电图

在一个心动周期内,胸腔阻抗微分图由房缩波(A 波)、室缩波(C 波)、室舒波(O 波)等组成,反映一个心动周期内心脏活动各间期内胸腔主动脉和腔静脉的血流量变化情况。

对于某一具体的监测设备而言,获得清晰稳定的 dZ/dt 信号波形,有效地排除呼吸对信号基线的影响,运用适合于临床的方法学是至关重要的。

胸腔内脂肪、肌肉、骨骼、体液等组织在瞬时间内其阻抗不会发生变化。排除呼吸因素,这些组织形成了胸腔阻抗不变的成分,即基础阻抗(Z_0)。胸腔阻抗变化的主要因素,是平行于检测电流方向的胸腔大血管(主动脉,上、下腔静脉)随心脏收缩舒张活动而产生血流量的变化。

呼吸对基础阻抗 Z_0 和 ΔZ 有着规律性的影响,吸气时 Z_0 增加,呼气时 Z_0 减少,变化幅度在 $3\sim 5\ \Omega$ 之间。同时,ΔZ 波形的基线将随呼吸有漂移。因此在自由呼吸状态下,连续监测心排量时,必须从技术上排除呼吸对波形基线的影响。通过数字信号处理技术,可有效地排除呼吸对波形基线的影响。

10.21.2 监测仪的组成

监测仪的组成如图 10.21.3 所示,由血流动力学参数测量板(以下简称血流板)、血压测量板、血氧含量测量板、呼吸末 CO_2 含量测量板和 PC104 系统构成,是测量血流动力学参数、血压、血氧含量和呼吸末 CO_2 含量的综合性监测仪。PC104 系统通过 RS232 串口与各板通信,获取测试数据,将测试结果显示于 LCD 触摸屏上。

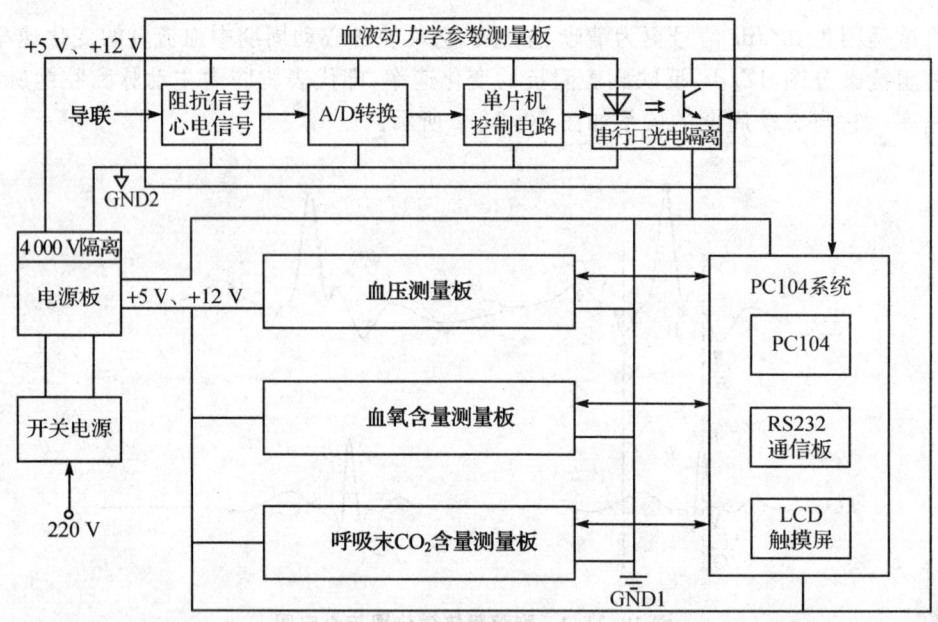

图 10.21.3 监测仪组成框图

血流板主要用于测量计算血流动力学参数所需的 V_{Z_0}、$V_{\Delta Z}$ 和心电信号,将以上信号经 A/D 转换后,通过 RS232 串口将数据传输到上位机 PC104 系统,经处理与计算,得出血流动力学参数;血压测量板将舒张压、收缩压、心率及心跳棒状图信号通过 RS232 串口传输给 PC104;血氧含量测量板将血氧含量通过 RS232 串口传输到 PC104;呼吸末 CO_2 含量测量板将呼吸末 CO_2 含量和实时 CO_2 含量数据通过 RS232 串口传输到 PC104。PC104 将各参数通过数字或图形方式显示于 LCD 触摸屏上,同时,通过 LCD 触摸屏可对监测仪进行系统设置。

无创血流动力监测仪主要用于无创情况下血流动力学参数的连续监测,其测量方法为胸腔阻抗法。胸腔阻抗法测量血流动力学参数,需设计一个正弦电流源,电流流过人体,从而产生阻抗电压信号 V_{Z_0}(基础阻抗电压)和 $V_{\Delta Z}$(变化阻抗电压)。由于流过人体的电流不能太大,只能 1~2 mA,因而产生的基础阻抗电压 V_{Z_0} 只有 20~40 mV,变化阻抗电压 $V_{\Delta Z}$ 则更小,极易受到干扰。滤除各种干扰信号,解决运算放大器的零漂和温漂,准确检测出 V_{Z_0} 及 $V_{\Delta Z}$ 弱信号,是监测仪需要解决的关键问题。同时,医疗仪器的安全规则检测也是一个难题。本监测仪中,通过采用高隔离电压的 DC/DC 电源和光电耦合器达到所要求的耐压值。

血流板主要由阻抗测量电路、心电信号放大电路、A/D 转换电路、MCU 控制及通信电路组成。下面分别进行介绍。

10.21.3 阻抗测量电路

阻抗测量电路由 50 kHz 正弦波发生器、电压/电流转换电路、模拟开关切换电路、前级放大器、50 kHz 带通滤波器、50 kHz 检波电路、30 Hz 低通滤波器、后级放大器、直流隔离电路、$V_{\Delta Z}$ 放大器组成。原理框图如图 10.21.4 所示。

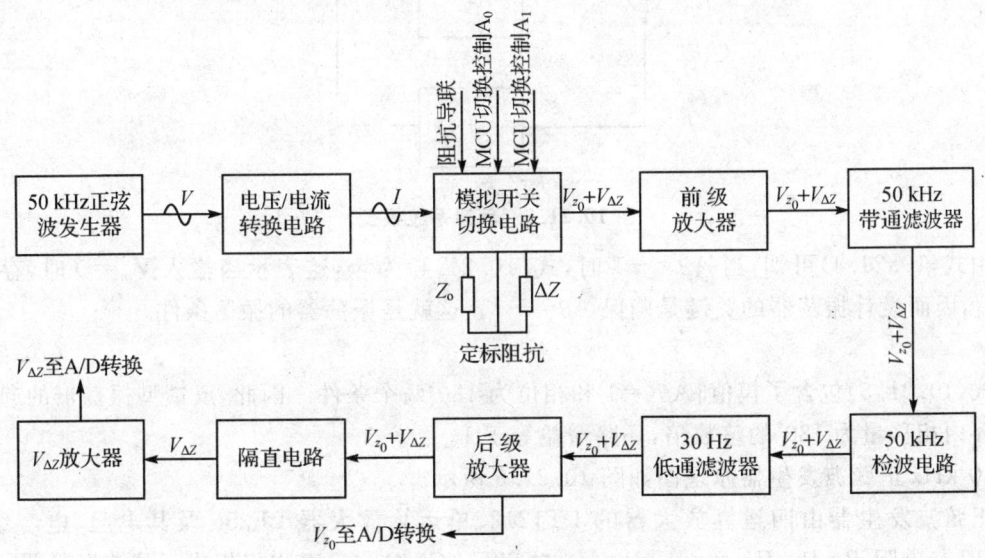

图 10.21.4　阻抗测量电路原理框图

50 kHz 正弦波发生器产生的 50 kHz 正弦波经过电压/电流转换电路后,输出和负载大小无关的峰峰值为 1 mA 的正弦波电流。当监测仪处于定标状态时,电流流过定标电阻,产生定标电压;当监测仪处于监测状态时,电流流过人体阻抗,产生阻抗电压,送入前级放大器放大。为抑制人体共模电压,前级放大器采用了高共模抑制比的仪表放大器 LT1167。放大后的信号送入 50 kHz 带通滤波器,用以滤除 50 kHz 以外的干扰信号。滤波后的信号送入 50 kHz 检波电路,以检出低频率的人体阻抗电压信号。检出的信号送入 30 Hz 低通滤波器,以滤除高频干扰。低通滤波器的输出信号送后级放大器进一步放大后,一路输出到 A/D 转换器,进行 A/D 转换;另一路经运放缓冲后,经隔直电路滤除不变化的基础阻抗电压 V_{Z_0},得到随血流变化而变化的阻抗电压信号 $V_{\Delta Z}$,经 $V_{\Delta Z}$ 放大器放大后输出到 A/D 转换器进行 A/D 转换。

1. 50 kHz 正弦波发生器

正弦波发生器依工作原理可分为负阻振荡器和反馈型振荡器。反馈型振荡器具有电路简单、易于起振和调试的优点。监测仪中采用了移相式负反馈正弦波振荡器。保证振荡器频率和幅度稳定的关键是选择好电容和运放。

图 10.21.5 为反馈系统模型。A 代表运算放大器的增益,β 代表反馈网络的反馈系数,则系统传递函数为

$$\frac{V_{\text{out}}}{V_{\text{in}}} = \frac{A}{1+A\beta} \tag{10.21.4}$$

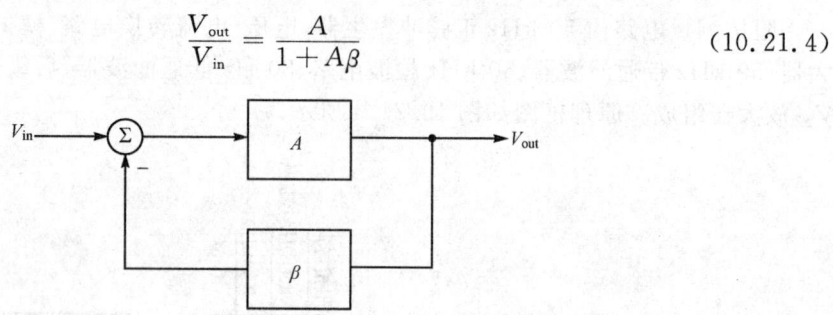

图 10.21.5 反馈系统模型

由式(10.21.4)可知,当 $A\beta=-1$ 时,式(10.21.4)为 ∞,这表示当输入 $V_{\text{in}}=0$ 时,存在一个 V_{out},因而设计振荡器的关键是确保 $A\beta=-1$。这就是振荡器的振荡条件。

$$A\beta = -1 \tag{10.21.5}$$

式(10.21.5)包含了模值 $|A\beta|=1$ 和相位为 180° 两个条件。因此,反馈型振荡器的起振条件是环内相移量为 180° 的整数倍,环路增益等于 1。

50 kHz 正弦波发生器原理图如图 10.21.6 所示。

正弦波发生器由四运算放大器的 LT1212、单运算放大器 LF356 及其电阻、电容组成。LT1212 与电阻 R_1、R_2、R_3、R_4、R_5、R_6、R_8,电容 C_1、C_2、C_3、C_4 组成移相式正弦波振荡器。4 节运放每节的相移量是 45°,总相移量为 180°。为避免每节都设增益电阻,故仅在第一节设定了环路的增益。为了使环路的总增益为 1,第一节的增益必须为 4。实际上,第一节的增益为

$$A_F = \frac{R_4}{R_1} = \frac{2\,200}{470} = 4.68 \tag{10.21.6}$$

增益大于 4 是为了使振荡器更容易起振,但增益太大会引起波形失真。振荡器频率由每节的移相电阻和电容决定。R_2 和 R_3 用于调整频率。调试时,先用电位器代替电阻 R_2 和 R_3,调节电位器,使振荡频率为 50 kHz,然后选择电阻 R_2 和 R_3,使 R_2 与 R_3 阻值之和等于电位器

第 10 章 传感器调理电路实例分析

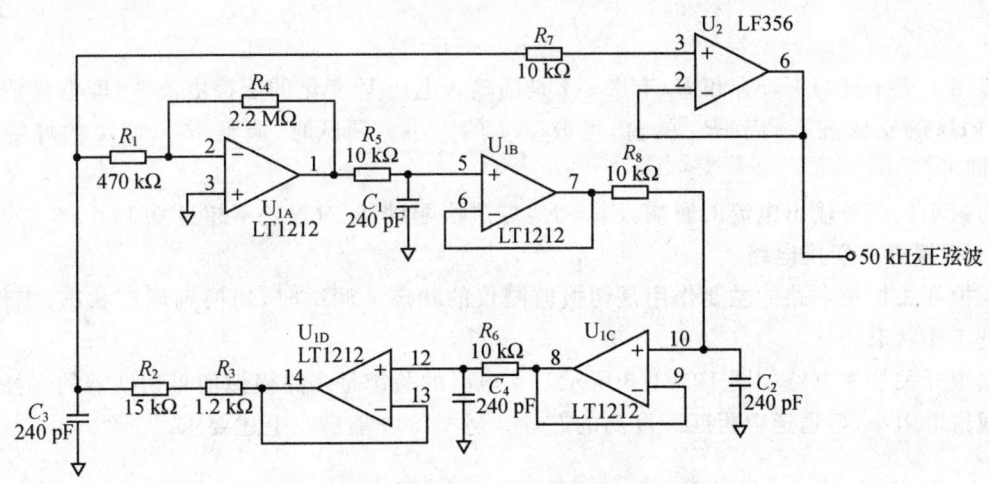

图 10.21.6 50 kHz 正弦波发生器原理图

的阻值,以替代电位器。为消除输出负载对振荡频率和幅度的影响,采用了高输入阻抗的 LF356 做电压跟随器,作为缓冲输出。为保证正弦波频率和幅度的稳定,电容选择了高频性能好、温度系数小的聚四氟乙烯电容,运放选择了偏流小的高性能 4 运算放大器 LT1212。

2. 电压/电流转换电路

电压/电流转换电路将 50 kHz 的电压信号转换成 50 kHz 的电流信号。该电流信号的幅值只随 50 kHz 电压信号幅值的变化而变化,不随负载大小的变化而变化。当其流过人体时产生阻抗电压,因而可以测定人体阻抗。

电压/电流转换电路原理图如图 10.21.7 所示。

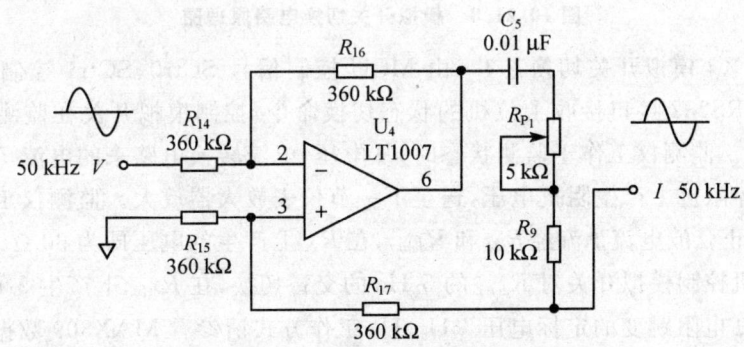

图 10.21.7 电压/电流转换原理图

电路由运算放大器 U_4——LT1007 及其周边电阻、电容组成。输入信号为电压幅值恒定的 50 kHz 正弦波,输出为峰峰值恒定在 1 mA 的正弦波电流源。输出电流为

$$I = \frac{V}{R_{P_1} + R_9} \qquad (10.21.7)$$

输出电流 I 仅与 V、R_{P_1} 和 R_9 有关。I 是随输入电压 V 变化的压控电流源,即电流波形亦为 50 kHz 的正弦波。调节 R_{P_1} 的值,可改变 I 的大小。调试时,调整 R_{P_1},使 I 的峰峰值为 1 mA 即可。

为减小负载对输出电流的影响,$R_{14} \sim R_{17}$ 应严格配对,配对误差不超过 0.1 %。

3. 模拟开关切换电路

模拟开关切换电路的主要作用是切换监测仪的状态。调试时,切换到调试状态;工作时,切换到工作状态。

模拟开关切换电路如图 10.21.8 所示。本电路的关键是多路模拟信号切换器的选择。应选择通道电阻小、各通道电阻匹配度高的芯片。MAX309 能满足上述要求。

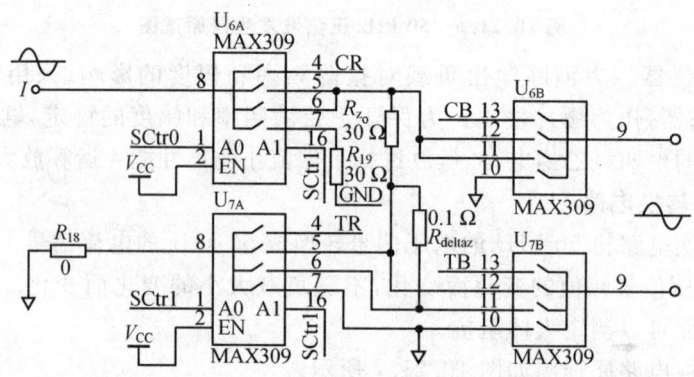

图 10.21.8 模拟开关切换电路原理图

U_6、U_7 为 2×4 模拟开关切换芯片,由 MCU 控制信号 SCtr0、SCtr1 控制模拟开关的切换。MCU 通过 RS232 接口接收上位机的状态切换命令,控制模拟开关在监测状态和调试定标状态之间切换。监测仪工作于监测状态时,从电压/电流转换电路来的电流 I 通过监测导联流经人体,在人体阻抗上产生阻抗电压,送至下一节仪表放大器放大。监测仪工作于调试定标状态时,50 kHz 正弦波电流 I 流经 R_{Z_0} 和 R_{deltaz},在 R_{Z_0} 上产生的电压即为 30 Ω 基础阻抗 Z_0 的定标电压,单片机控制模拟开关对 R_{deltaz} 的 5 Hz 的交替切换,在 R_{deltaz} 上产生 5 Hz 的方波电压信号,作为 0.1 Ω 电阻跳变的定标电压。U_6、U_7 工作方式请参看 MAX309 数据手册。

4. 前级放大器

前级放大器用于将输入阻抗信号放大。因输入为毫伏级信号,因此前级放大器应选择噪声小、失调电压小、温漂小的高性能运算放大器。Linear 公司的 LT1167 是高性能的仪表放大器,能满足前级放大的要求。

前级放大器电路原理图如图 10.21.9 所示。

前级放大器由仪表放大器 LT1167 构成。从模拟开关切换电路来的人体阻抗电压或定标电压 V_{Z_0} 和 $V_{\Delta Z}$，经仪表放大器放大后，送至 50 kHz 带通滤波器。仪表放大器采用 Linear 公司的 LT1167，放大器增益为

$$A_F = \frac{49.5 \text{ k}\Omega}{R_{27}} + 1 = \frac{49.5 \text{ k}\Omega}{0.51 \text{ k}\Omega} + 1 \approx 98 \tag{10.21.8}$$

放大后的信号幅值为 2 V 以上。

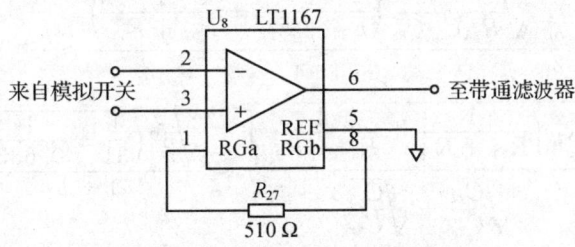

图 10.21.9 前级放大器电路原理图

5. 带通滤波器

50 kHz 带通滤波器用以滤除 50 kHz 中心频率以外的杂波。带通滤波器可由一个高通滤波器和一个低通滤波器联合构成，也可采用无限增益多反馈的形式。无限增益多反馈带通滤波器所需的元器件较少，且元器件的容差较大，故采用之。

电路原理图如图 10.21.10 所示。

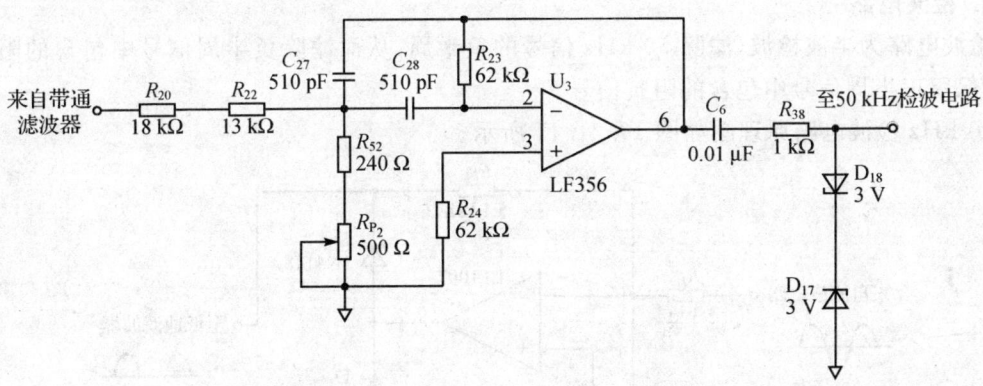

图 10.21.10 50 kHz 带通滤波器电路图

带通滤波器的主要参数有：中心频率 f_0、带宽 B、品质因数 Q、通带增益 K_p。为减小滤波器本身的温度漂移，其 K_p、Q 值都不应选得过大，分别设计为 1 和 5。运放开环增益和输入阻抗有限也影响滤波器的特性。电阻选择了温漂为 50×10^{-6} 的金属膜电阻，电容选择了温度系

数小、高频性能好的聚四氟乙烯电容,运放选择了输入阻抗高的宽带运放 LF356。

下面分别计算各参数。带通滤波器的传递函数为

$$K(p) = -\frac{\dfrac{p}{(R_{20}+R_{22})C_{27}}}{p^2 + \dfrac{p}{R_{23}}\left(\dfrac{1}{C_{27}}+\dfrac{1}{C_{28}}\right) + \dfrac{1}{R_{23}C_8C_9}\left(\dfrac{1}{R_{20}+R_{22}}+\dfrac{1}{R_{52}+R_{P_2}}\right)} \quad (10.21.9)$$

由式(10.21.9)可推导出以下参数:

$$f_0 = \frac{\omega_0}{2\pi} \frac{\sqrt{\dfrac{1}{R_{23}C_{27}C_{28}}\left(\dfrac{1}{R_{20}+R_{22}}+\dfrac{1}{R_{52}+R_{P_2}}\right)}}{2\pi} \approx 50 \text{ kHz} \quad (10.21.10)$$

$$Q = \frac{\sqrt{R_{23}\left(\dfrac{1}{R_{20}+R_{22}}+\dfrac{1}{R_{52}+R_{P_2}}\right)}}{\sqrt{\dfrac{C_{27}}{C_{28}}}+\sqrt{\dfrac{C_{28}}{C_{27}}}} = \frac{\sqrt{62\left(\dfrac{1}{31}+\dfrac{1}{0.633}\right)}}{1+1} \approx 5 \quad (10.21.11)$$

$$K_p = \frac{R_{23}}{(R_{20}+R_{22})\left(1+\dfrac{C_{27}}{C_{28}}\right)} = \frac{62}{31\times 2} = 1 \quad (10.21.12)$$

$$B = \frac{f_0}{Q} \approx 10 \text{ kHz} \quad (10.21.13)$$

电位器 R_{P_2} 用于调节带通滤波器的中心频率。调节 R_{P_2} 使带通滤波器的输出幅度为最大即可。C_6 为交流耦合输出电容。稳压二极管 D_{17}、D_{18} 用于限制运算放大器的输出幅度。

6. 检波电路

检波电路为半波检波,滤除 50 kHz 信号的负半周,从而滤除负半周信号中包含的阻抗信号,只保留正半周信号中包含的阻抗信号。

50 kHz 检波电路原理图如图 10.21.11 所示。

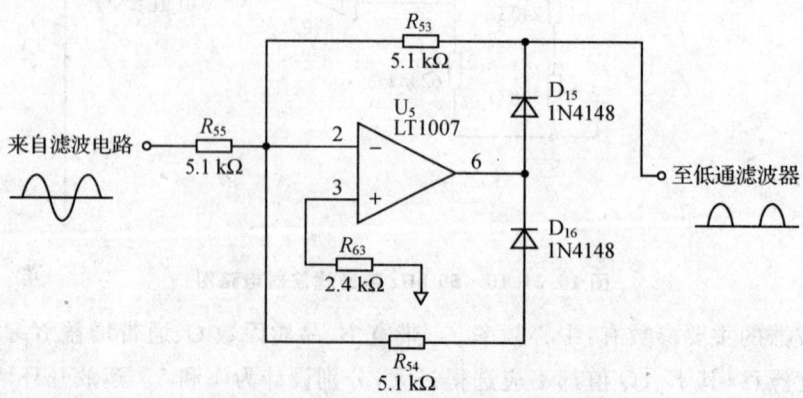

图 10.21.11　50 kHz 检波电路原理图

信号经带通滤波器滤波后加到半波检波电路。信号正半周时，D_{16}导通、D_{15}截止，输出为0；信号负半周时，D_{16}截止、D_{15}导通，输出为正半周波，从而完成了半波检波的功能。

7. 二阶有源低通滤波器

30 Hz二阶有源低通滤波器用以滤除信号中50 kHz的信号，保留其中的低频信号——阻抗信号。因阻抗信号随血流的变化而变化，血流变化由心跳频率决定，因此，阻抗信号的频率不会超过30 Hz，所以滤波器的截止频率设计为30 Hz。为获得平坦的幅频特性，采用巴特沃斯二阶滤波器。

30 Hz二阶有源低通滤波器电路原理图如图10.21.12所示。

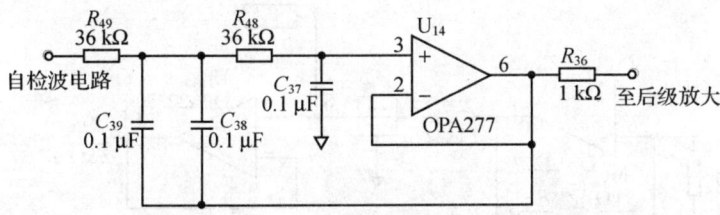

图10.21.12 二阶有源低通滤波器原理图

二阶有源低通滤波器用以滤除50 kHz正弦波信号，使阻抗电压V_{Z_0}和$V_{\Delta Z}$通过。考虑到人体阻抗的变化是由于血流变化引起的，而血流变化又是心脏收缩舒张引起的，心脏收缩舒张频率的频谱特性的频率上限不超过30 Hz，所以将低通滤波器的频率设定为30 Hz，增益K_p设计为1。为获得平坦的幅频特性，ξ值设计为0.707。

传递函数为

$$K(p) = \frac{\dfrac{1}{R_{48}R_{49}C_{37}(C_{38}+C_{39})}}{p^2 + \left[\dfrac{1}{R_{49}(C_{38}+C_{39})} + \dfrac{1}{R_{48}C_{37}}\right]p + \dfrac{1}{R_{48}R_{49}C_{37}(C_{38}+C_{39})}} \quad (10.21.14)$$

其截止频率f_c为

$$f_c = \frac{1}{2\pi\sqrt{R_{48}R_{49}C_{37}(C_{38}+C_{39})}} \approx 31 \text{ Hz} \quad (10.21.15)$$

其品质因数为

$$Q = \frac{R_{48}R_{49}(C_{38}+C_{39})}{\sqrt{R_{48}R_{49}C_{37}(C_{38}+C_{39})}(R_{48}+R_{49})} = \frac{\sqrt{2}}{2} \quad (10.21.16)$$

8. 后级放大器

后级放大器用以将阻抗信号进一步放大，采用精密运算放大器OPA2277。电路原理图如图10.21.13所示。

后级放大器由双运算放大器OPA2277及其周边电路构成。由30 Hz低通滤波器来的

V_{Z_0} 和 $V_{\Delta Z}$ 信号经 OPA2277 放大后,一路输出到 A/D 转换电路,转换成数字信号,另一路经 OPA2277 缓冲后,加到隔直电路。运放选择了失调电压小、偏置电流低、温漂低、噪声电压低的低噪声精密双运算放大器 OPA2277。C_{35} 是引脚带磁环的三端滤波电容,用于滤除高频干扰。

后级放大器的闭环增益为

$$K_p = 1 + \frac{R_{P_3} + R_{47}}{R_{37}} = 1 + \frac{R_{P_3} + 2.7 \text{ k}\Omega}{1 \text{ k}\Omega} \tag{10.21.17}$$

调整 R_{P_3},可以调节放大器的闭环增益,确定基础阻抗的电压幅度。

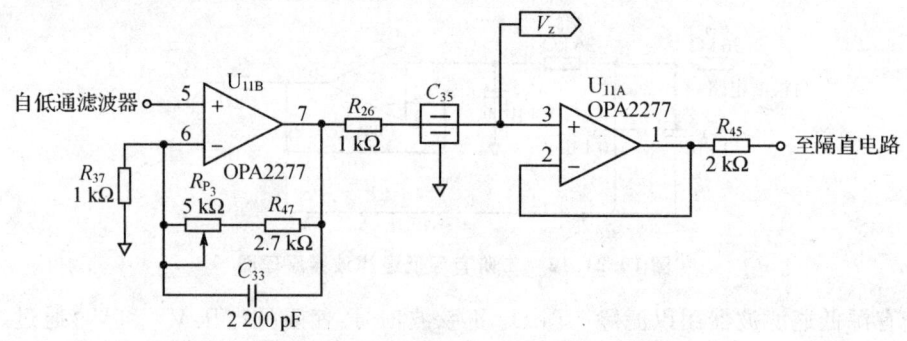

图 10.21.13 后级放大器电路原理图

9. 隔直电路

隔直电路用于将基础阻抗电压 V_{Z_0} 和变化阻抗电压 $V_{\Delta Z}$ 分离开来。

隔直电路原理图如图 10.21.14 所示。

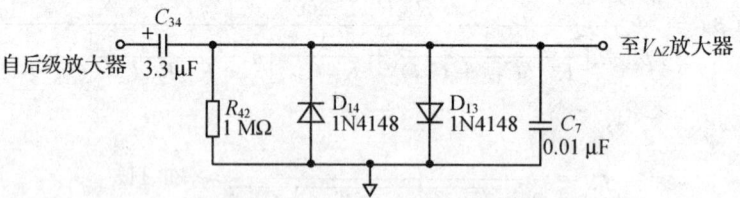

图 10.21.14 隔直电路原理图

电容 C_{34} 和电阻 R_{42} 起隔离直流的作用。传递函数为

$$K(p) = \frac{R_{42}}{R_{42} + \frac{1}{pC_{34}}} = \frac{pR_{42}C_{34}}{1 + pR_{42}C_{34}} \tag{10.21.18}$$

由式(10.21.18)可推出如图 10.21.14 所示电路的 −3 dB 截止频率 f_L 为

$$f_L = \frac{1}{2\pi R_{42} C_{34}} = \frac{1}{2\pi \times 3.3 \times 10^{-6} \times 1 \times 10^{6}} \text{ Hz} \approx 0.05 \text{ Hz} \tag{10.21.19}$$

开关二极管 D_{13}、D_{14} 的作用是限制信号幅度,以免后级 $V_{\Delta Z}$ 放大器进入饱和状态。C_{34} 选用聚四氟乙烯电容。聚四氟乙烯电容漏电小,高频特性好。

10. $V_{\Delta Z}$ 放大器

$V_{\Delta Z}$ 放大器用于进一步放大 $V_{\Delta Z}$ 信号。原理图如图 10.21.15 所示。

从隔直电路来的 $V_{\Delta Z}$ 信号经过 U_{15} 缓冲后加到 U_{10} 构成的两级放大器进行放大,再送至 A/D 转换器进行 A/D 转换。放大器闭环总增益 A_F 为两级放大器闭环增益的乘积。电位器 R_{P_4} 用来调整放大器的增益,从而确定变化阻抗电压 $V_{\Delta Z}$ 的幅度。闭环总增益 A_F 为

$$A_F = -\frac{R_{10}}{R_{35}} \times \left(-\frac{R_{29} + R_{P_4}}{R_{33}}\right) = \frac{10 \text{ k}\Omega}{1 \text{ k}\Omega} \times \frac{8.2 \text{ k}\Omega + R_{P_4}}{1 \text{ k}\Omega} \approx 82 + 5 R_{P_4} \quad (10.21.20)$$

D_{11}、D_{12} 的作用是防止放大器输出饱和。运放选择了失调电压小、偏置电流低、温漂低、噪声电压低的低噪声精密双运放 OPA2277。

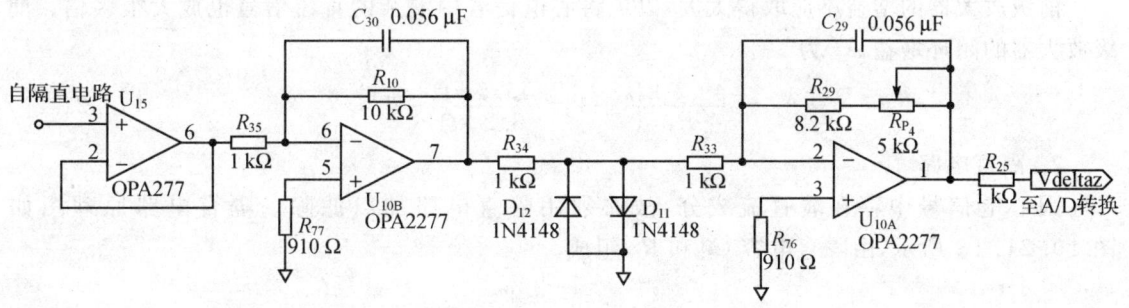

图 10.21.15 $V_{\Delta Z}$ 放大器电路原理图

10.21.4 心电信号放大电路

心电信号(ECG)放大电路由前级放大器、隔直电路、后级放大器、50 Hz 带阻滤波器、30 Hz 低通滤波器组成。组成框图如图 10.21.16 所示。

图 10.21.16 心电信号放大电路组成框图

由心电电极 Y 与阻抗电极 CB 产生的心电信号加到前级放大器进行放大。放大后的心电信号含有直流成分,经过隔直电路隔离后送后级放大器进一步放大。然后经 50 Hz 带阻滤波器滤除 50 Hz 交流信号,再经 30 Hz 低通滤波器滤除高频干扰信号后送 A/D 转换电路,将心电信号电压(V_{ECG})转换成数字信号。

1. 前级放大器

前级放大器电路由仪表放大器 LT1167 构成。电路原理图如图 10.21.17 所示。

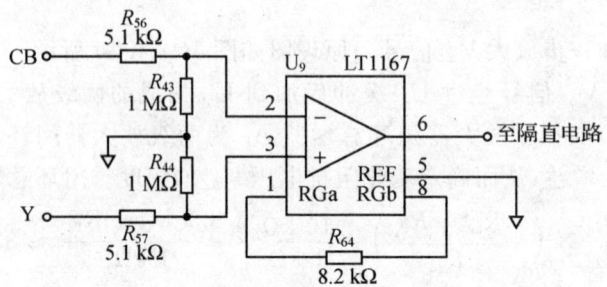

图 10.21.17 前级放大器电路原理图

前级放大器的增益不应取得太大，以免将心电信号中混杂的直流信号也放大很多倍。前级放大器的闭环增益 A_F 为

$$A_F = \frac{49.5 \text{ k}\Omega}{R_{64}} + 1 = \frac{49.5 \text{ k}\Omega}{8.2 \text{ k}\Omega} + 1 \approx 7 \qquad (10.21.21)$$

2. 隔直电路

因心电信号中存在着直流成分，故必须用隔直电路加以滤除。隔直电路原理图如图 10.21.18 所示，由隔直电容 C_{52} 和 R_{65} 组成。

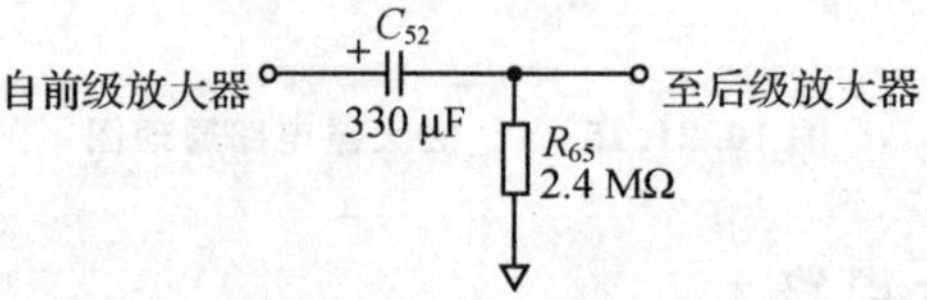

图 10.21.18 隔直电路原理图

图 10.21.18 的传递函数为

$$K(p) = \frac{R_{65}}{R_{65} + \dfrac{1}{pC_{52}}} = \frac{pR_{65}C_{52}}{1 + pR_{65}C_{52}} \qquad (10.21.22)$$

由式(10.21.22)可推出图 10.21.18 所示电路的 -3 dB 截止频率 f_L 为

$$f_L = \frac{1}{2\pi R_{65} C_{52}} = \frac{1}{2\pi \times 330 \times 10^{-6} \times 2.4 \times 10^6} \text{ Hz} = 2 \times 10^{-4} \text{ Hz} \qquad (10.21.23)$$

由式(10.21.23)可知，该电路能通过频率很低的信号，而对直流起隔离作用。C_{52} 选用了高频特性好的钽电解电容。

3. 后级放大器

后级放大器用于将心电信号进一步放大。电路原理图如图 10.21.19 所示。

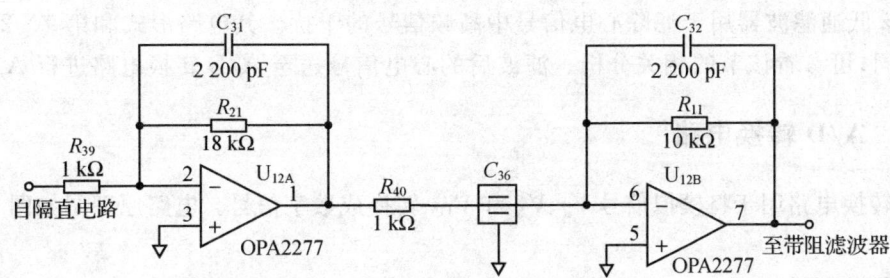

图 10.21.19　后级放大器原理图

后级放大器由两级反相放大器组成。其闭环增益为

$$A_F = \frac{R_{21} R_{11}}{R_{39} R_{40}} = \frac{18 \times 10}{1 \times 1} = 180 \tag{10.21.24}$$

4. 带阻滤波器

由于心电信号中包含了人体感应的 50 Hz 工频信号,因此必须用 50 Hz 带阻滤波器加以滤除。为简化电路,采用了无源双 T 带阻滤波器。电路原理图如图 10.21.20 所示。

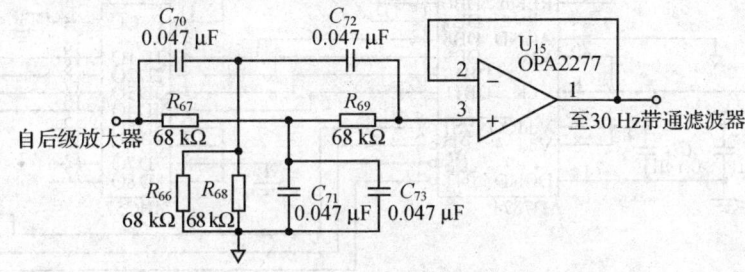

图 10.21.20　50 Hz 带阻滤波器原理图

电路由双 T 滤波器和 U_{15} 构成。U_{15} 为电压跟随器,用于输出缓冲。带阻滤波器的中心角频率 f_0 为

$$f_0 = \frac{1}{2\pi R_{67} C_{70}} = \frac{1}{2\pi \times 68 \times 10^3 \times 0.047 \times 10^{-6}} \text{ Hz} \approx 50 \text{ Hz} \tag{10.21.25}$$

5. 低通滤波器

30 Hz 低通滤波器原理图如图 10.21.21 所示。

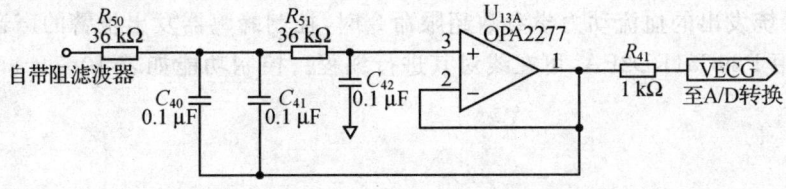

图 10.21.21　30 Hz 低通滤波器原理图

30 Hz 低通滤波器用于滤除心电信号中高频信号的干扰。其电路形式和第 10.21.3 小节中完全相同,可参看该节的相关分析。滤波后的心电信号送至 A/D 转换电路进行 A/D 转换。

10.21.5　A/D 转换电路

A/D 转换电路用于将模拟信号 V_Z、$V_{\Delta Z}$ 和 V_{ECG} 转换成数字信号。电路原理图如图 10.21.22 所示。

A/D 转换电路由 AD7874 及其周边电路组成。AD7874 具有 12 位分辨率、4 路模拟信号输入,模拟信号输入范围为 ±10 V。U_{18} 用于锁存高 4 位采样数据。单片机控制 AD7874 每 4 ms 对模拟信号 V_Z、$V_{\Delta Z}$、V_{ECG} 进行采样和转换。A/D 转换完成后,发出中断信号,通知单片机读取采样数据。单片机读取数据后,将数据通过串行口发送到上位机处理。

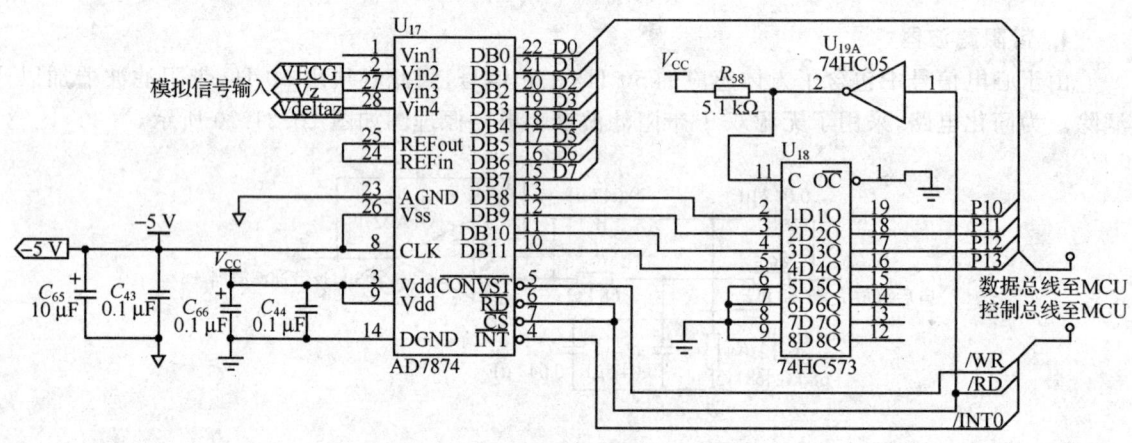

图 10.21.22　A/D 转换电路原理图

10.21.6　单片机控制电路

电路原理图如图 10.21.23 所示。

单片机(MCU)控制电路的功能是控制模拟开关 U_6、U_7 进行状态切换,控制 A/D 转换电路将模拟信号转换成数字信号,通过串行口接收上位机命令,将采样数据发送到上位机,当接收到 PC104 系统发出的血流动力学参数超限命令时,控制蜂鸣器发出报警的声音。

MCU 采用 P89C51RD2FA,可在线对其进行编程。控制功能如表 10.21.1 和表 10.21.2 所列。

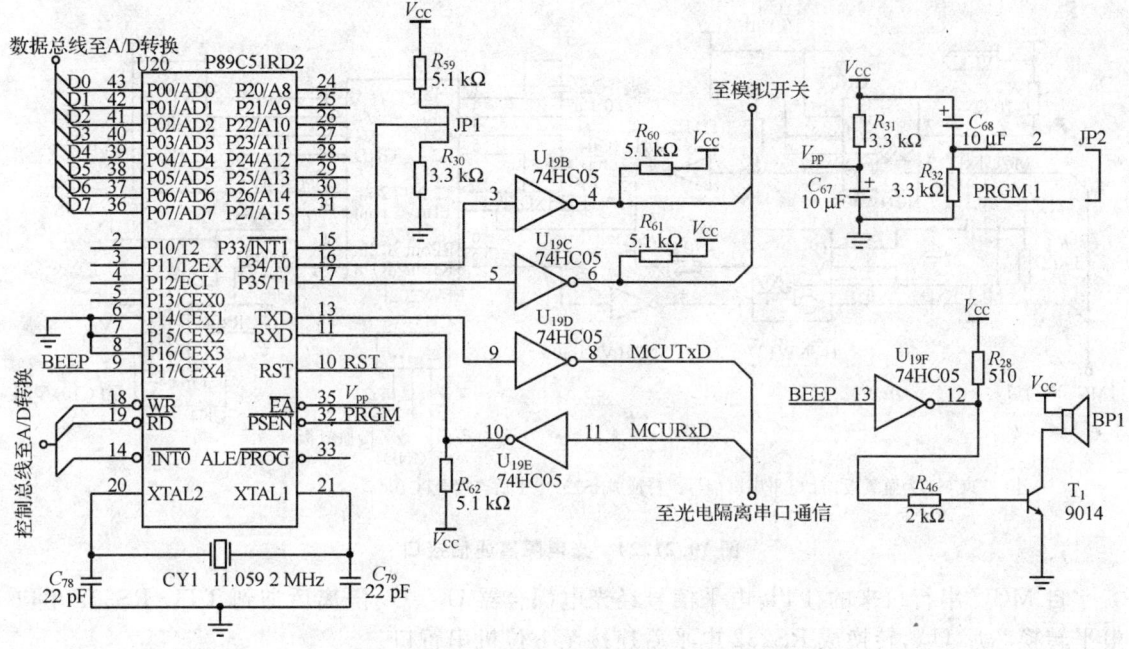

图 10.21.23 MCU 控制电路

表 10.21.1 控制功能一

JP1	SwCtrl1	SwCtrl0	工作状态
接地	0	0	接地
	0	1	进入调试状态,定标 $\Delta Z(0.1\ \Omega)$
接 V_{CC}	1	0	进入调试状态,定标 $Z(30\ \Omega)$
	1	1	进入检测状态

表 10.21.2 控制功能二

JP2	状态
短接	MCU 进入编程状态
开路	MCU 进入程序运行状态

10.21.7 光电隔离通信电路

通信电路中,光电耦合器的选择比较重要。采用隔离电压为 5 kV 的光电耦合器 HCNW137,可以满足常规检测的要求。电路如图 10.21.24 所示。

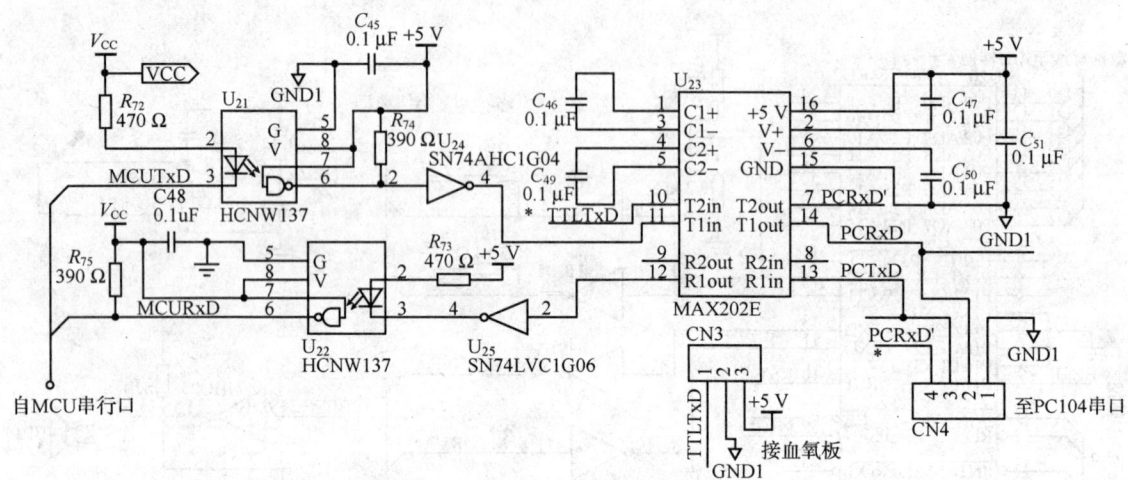

注：TTLTxD为血氧板TTL电平串口信号，转换成RS232电平后连接至PC104。

图10.21.24 光电隔离通信接口

自MCU串行口来的TTL电平信号经光电耦合器U_{21}、U_{22}隔离后加到TTL/RS232串口电平转换芯片U_{23}，转换成RS232电平后连接至上位机串行口。

10.21.8 结 论

自从1966年美国学者Kubicek根据Nyboer理论，提出了根据胸腔阻抗微分图测定"每搏输出量"的计算公式，即Kubicek公式，并为美国太空总署（NASA）研制出了世界上第一台基于胸腔阻抗法的血流动力监测设备以后，许多欧美专家对Kubicek法进行了改进。20世纪90年代末期，胸腔阻抗法血流动力学监测技术在美国获得了突破性进展。在国内外医学专家、工程技术人员的不懈努力下，在计算机和信号处理等技术的推动下，胸腔阻抗法正在逐步走向完善。大量的临床实践表明，这种方法已经达到了准确可靠、适合临床应用的阶段，免除了有创法测试血流动力学参数给患者带来的较大痛苦。

10.22 人工电子耳蜗系统电路

听觉系统是人类获取外界信息的主要器官之一，其功能是帮助人类获取声音信号。据美国国家健康统计中心的调查数据表明，听觉障碍已经是人类最为普遍的身体残疾之一。在发达国家约有10%的人口有不同程度的听觉障碍，而中国至少有2 300万听力障碍患者，每年还会有3万的新生聋儿。因此，如何更好地治疗耳聋患者尤其是重度耳聋患者，始终是研究人员关注的热点问题。

听觉功能受损一般分为传导性听力损失和神经性听力损失两大类，前者是由于听力系统中传导声音的机械通道受到阻碍或损伤,使声音引起的机械振动无法达到内耳耳蜗内的毛细胞处所造成的,一般属于轻度耳聋,借助于助听器即可恢复部分听力。而后者表现为耳蜗内毛细胞或听神经纤维受损,使得声波转换成刺激神经的生物电脉冲机制受到破坏,从而造成重度耳聋。人工电子耳蜗作为近年来迅速发展起来的一项聋人康复技术,能够模仿人耳的听觉外周神经机制,将声音信号转换成电信号,跳过耳蜗毛细胞这一环节,直接用微弱电流脉冲刺激和兴奋聋人耳蜗内残存的听神经纤维,产生神经兴奋,使聋人恢复听觉。因此,通过手术植入人工电子耳蜗,是迄今为止治疗重度耳聋、全聋患者的唯一有效方法。

10.22.1 电子耳蜗系统的组成

人工电子耳蜗的系统结构包括传声器、语音信号处理器、传输系统、植入刺激电路、电极组这几个部分,如图 10.22.1 所示。

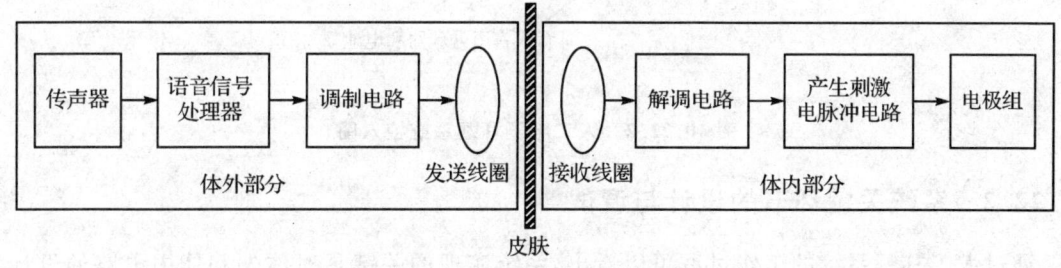

图 10.22.1 人工耳蜗系统结构框图

从图 10.22.1 中可以看出,传声器作为传感器,主要用来实时获取外界一定距离内的各种声音信号;语音信号处理器主要是将采集到的声音信号按照既定的信号处理方案进行实时分析处理,提取出有效的语音信息,将其转换成适当的关于电刺激脉冲的参数。这两部分是由患者佩戴在体外的电路进行工作的。传输系统包括发送线圈和接收线圈,作用是将体外部分提取的有效语音信息编码后发送至体内电路,以通过电极组刺激耳蜗内的神经纤维。发射线圈通过永磁铁吸附在体内接收线圈外侧的皮肤上,接收线圈和体内电路均被封装好植入患者体内,两者间采用无线数据传输的方法。集成化的植入刺激电路,首先对体内线圈接收到的信号进行解调,得到数字编码,然后从中提取生成电刺激脉冲所需的信息和能量,最后产生相应的电脉冲信号给各个电极;电极组则按照耳蜗的频率响应规律,一定间隔分散地植入到耳蜗内,是电刺激脉冲信号的载体,用于直接刺激各自附近的听觉神经纤维。

人工电子耳蜗的系统植入情况如图 10.22.2 所示。图中,语音信号处理器被制成耳钩形状固定在耳后,采用电池供电的方式提高便携性。传送线圈即为发射线圈,接收器-刺激器包括接收线圈、集成化体内电路以及刺激电极组(包括蜗外球形电极和蜗内电极束),体外发射线圈和体内接收线圈通过磁铁吸合在一起。

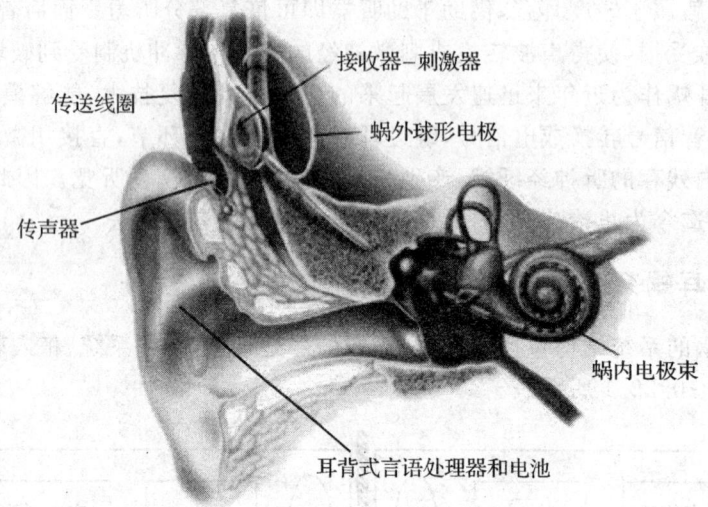

图 10.22.2　人工电子耳蜗系统植入图

10.22.2　系统关键环节的设计与调试

通过人工耳蜗系统的工作过程可以看出,系统实现的关键是对体外和体内电路的设计及语音信号处理算法的深入研究。下面主要针对体外和体内电路的设计进行分析。

1. 体外电路的设计和调试

体外电路的主要作用有:音频信号的采集、音频信号中语音信息的提取以及语音信息的编码。体外电路的原理图如图 10.22.3 所示。

图 10.22.3 中,音频信号的采集由 WM8950 来实现,要求采集过程中能够实现自动增益控制,以确保进入 DSP 的信号的幅度始终接近满量程值。语音信息的提取由嵌入 DSP 的语音信号处理算法来实现,提取出的语音信息由 DSP 中的定时器实现编码,并通过调制电路进行功率的放大,以确保体内电路能够接收到足够强度的信号。

音频信号采集的具体电路如图 10.22.4 所示,能够接收传声器和 Line in 两种数据采集方式,两种方式的切换由 DSP 响应外部按键的中断信号,从而控制 WM8950 完成。

工作过程中,WM8950 接收来自 DSP 的控制信号 I2C_SDA 和 I2C_SCK,数据采集的结果通过 ADCDAT 送至 DSP,由 BCLK 的上升沿读取数据。WM8950 输入数据的采样频率设定为 8 kHz/s,芯片时钟与 DSP 共用一个外部时钟源,时钟频率为 12.288 MHz,便于 WM8950 分频得到需要的采样时间。

为了验证音频采集电路部分的性能,利用 Line in 方式采集了标准正弦信号,采集结果如图 10.22.5 所示。

第10章 传感器调理电路实例分析

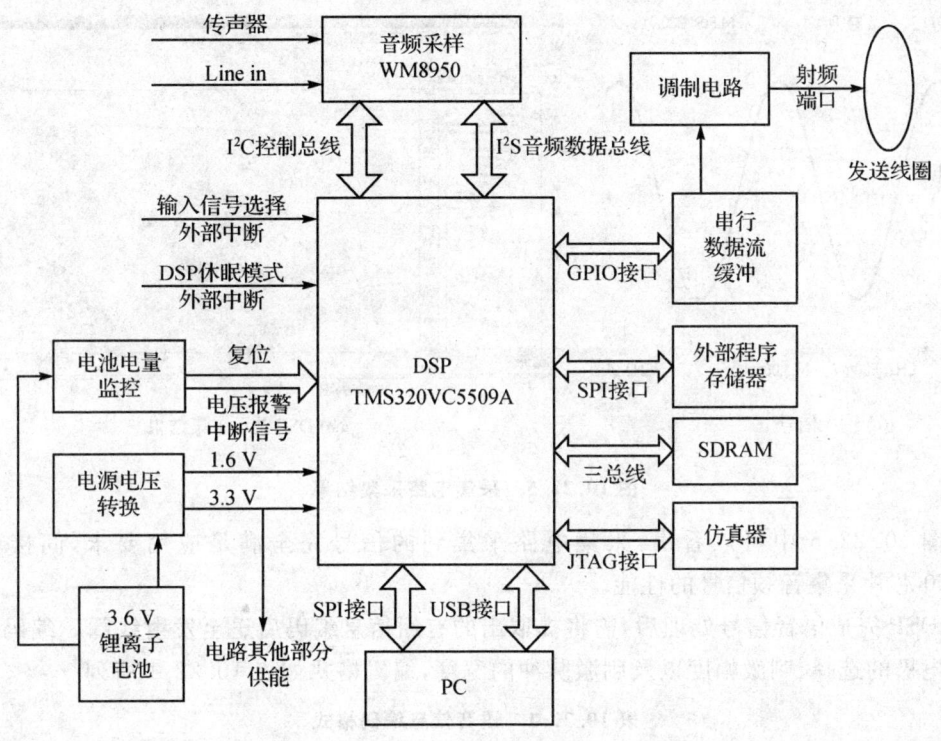

图 10.22.3 体外电路原理图

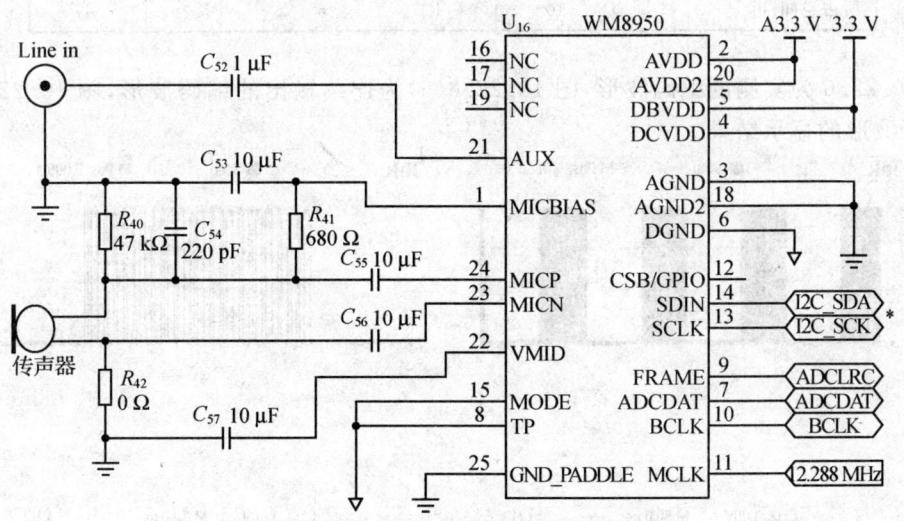

图 10.22.4 音频信号采集电路原理图

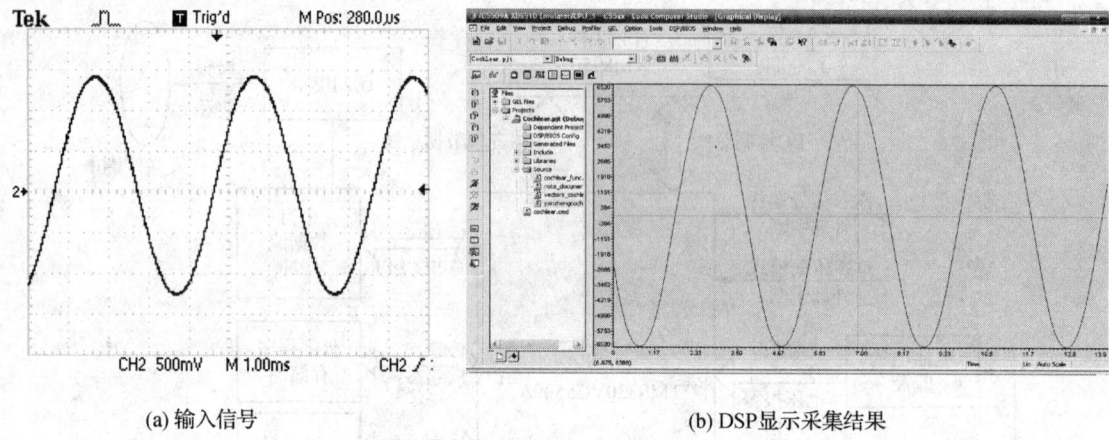

(a) 输入信号　　　　　　　　　　　　(b) DSP显示采集结果

图 10.22.5　采集电路采集结果

从图 10.22.5 中可以看出,采集电路采集到的信号完全满足应用要求,间接验证了 WM8950 芯片采集音频信号的性能。

当 DSP 完成语音信号处理后,需将提取出的有用信息编码后送至发射线圈。编码内容包括刺激电极的选择、刺激幅度以及刺激脉冲的宽度,编码格式如表 10.22.1 所列。

表 10.22.1　语音信息编码格式

类　别	起始位	刺激幅度	校验位1	脉宽调整	电极选择	校验位2
所占空间/bit	1	10	1	6	5	1

图 10.22.6 为实测的编码波形,图 10.22.6(a)为连续输出的编码波形,图 10.22.6(b)为其中一个波形的显示结果。

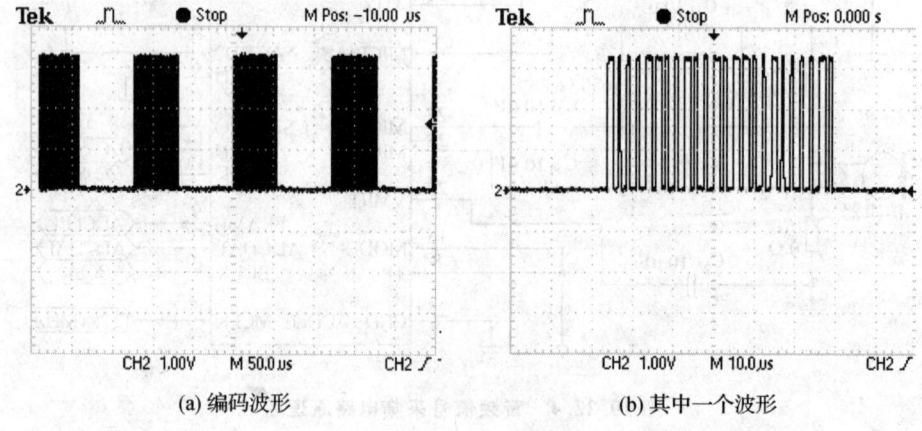

(a) 编码波形　　　　　　　　　　　　(b) 其中一个波形

图 10.22.6　体外电路实测的编码波形

2. 体内电路的设计和调试

体内电路的主要任务是信号解调,将编码信号解码,生成合适的微弱电流刺激脉冲,送至选定的电极。体内电路的原理图如图 10.22.7 所示。图中,外部电源、测试数据和仿真器都是为了方便调试电路添加的。

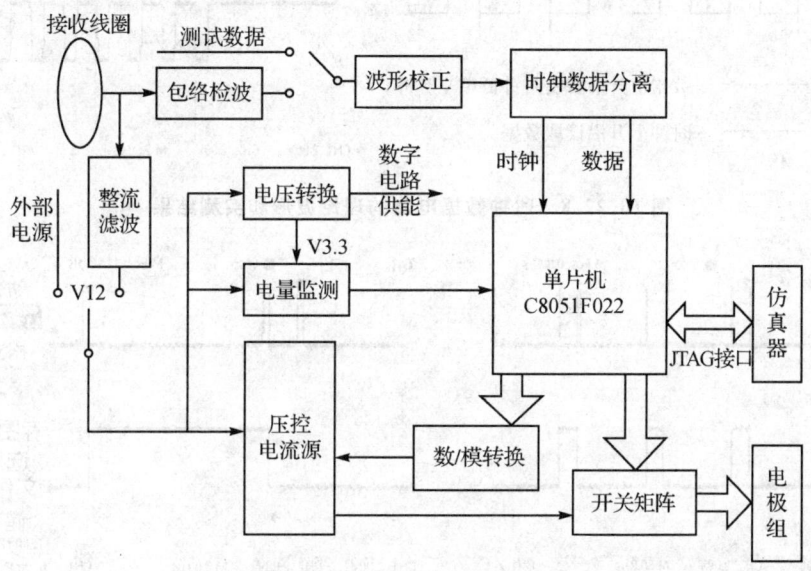

图 10.22.7 体内电路的原理框图

从图 10.22.7 中可以看出,体内线圈接收到体外线圈发送的编码信号后,首先进行包络检波和波形校正,然后进入时钟数据分离电路,以从编码信号中提取出时钟信号。时钟信号的上升沿用来读取编码信号中的数据。时钟、数据信号送入单片机后,主要完成两部分工作,一部分工作是解码出编码信号中刺激电极的位置信息,然后通过单片机控制开关矩阵选通对应的电极准备实施弱电流刺激;另外一部分工作就是解码出刺激信号的幅度和持续时间。由于编码信号中给出的是刺激信号对应的电压幅度,所以单片机解码出来后,先通过数/模转换转换成模拟电压信号,之后再通过压控电流源电路转换成所需要的微弱电流刺激信号。整流滤波电路的作用是从体外发射的高频载波信号中提取能量,以满足体内电路的供能。

时钟数据分离电路采用单稳触发器构成,编码信号中每个数据脉冲的上升沿触发单稳触发器发生状态的偏转,从而分离出时钟信号。时钟信号的脉宽由单稳触发器的时间常数决定。时钟数据分离电路的理论波形和实测结果如图 10.22.8 所示。

单片机解码出刺激脉冲的幅度信息后,向数/模转换模块发出控制信号和数据信息,以进行模拟输出电压的转换。控制信号和数/模转换结果的实测结果如图 10.22.9 所示。

从图 10.22.9 中明显看到时钟信号 1 的每个周期内出现了 3 个高电平脉冲,这是因为单

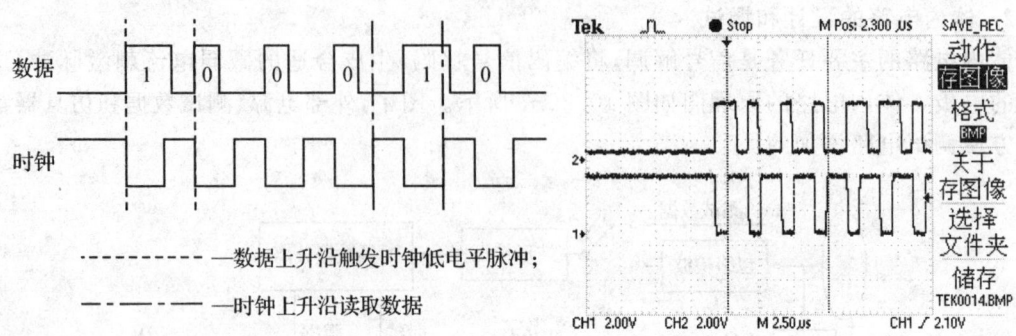

图 10.22.8 时钟数据电路的理论波形和实测结果

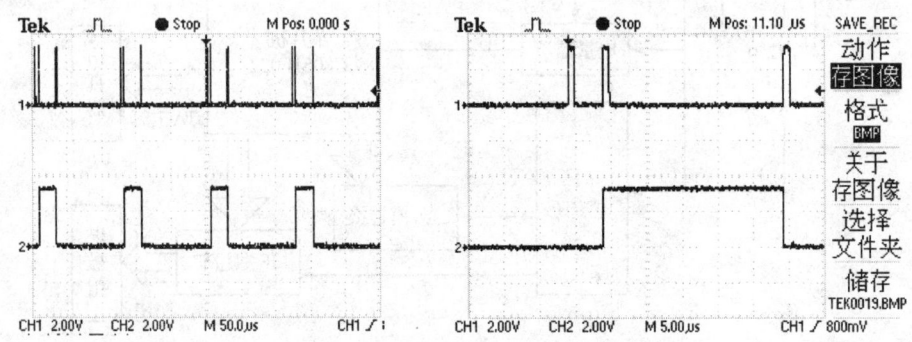

图 10.22.9 数/模转换电路的实测结果

片机程序设计中,每次向 DAC 发送提取出的参数时,其时间上的前后分别向 DAC 输送一次零值,所以其前后自然各有一次时钟脉冲;中间的时钟脉冲为有效脉冲,启动 DAC 进行转换,转换后的结果为图 10.22.9 中的波形 2。

10.22.3 人工耳蜗系统的联调

分别完成体外和体内电路的测试后,即可进行整机系统的联调。由于各种原因,在联调过程中避开了发射和接收线圈这个环节,体外电路的输出直接接到图 10.22.7 所示的体内电路测试数据端口上。联调结果通过测试刺激电极上的信号即可验证整机的性能。刺激电极理论上的输出波形如图 10.22.10 所示。

图 10.22.10 中,电极的刺激波形表现出了正负双向刺激的特点,这主要是确保在刺激信号作用之后体内不会有积聚电荷产生。根据人体的生理特点,刺激脉冲的幅度不超过 2 mA,刺激脉冲的宽度不超过 128 μs。

联调过程中,以 1 号电极为例,实测的刺激波形如图 10.22.11 所示。

图 10.22.11 中,设定 1 号电极上的刺激电流幅度为 1.6 mA,刺激脉宽为 30 μs。由于样

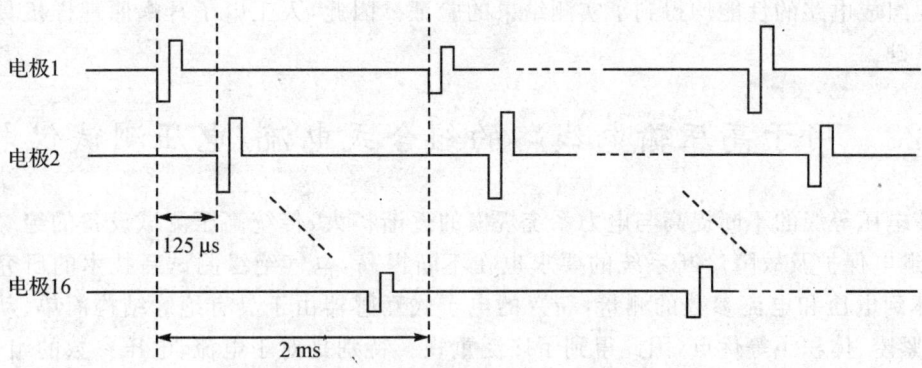

图 10.22.10 电极组上各个电极的理论输出波形

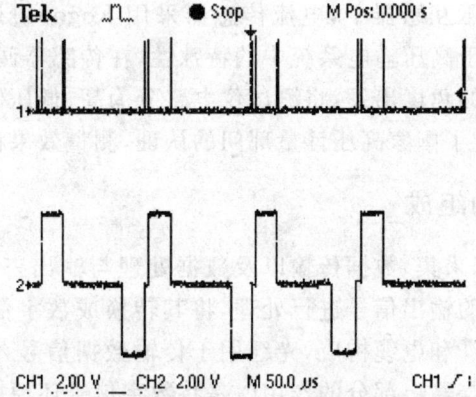

图 10.22.11 1号电极刺激脉冲的实测波形

机电路中电极以 2 kΩ 的电阻代替,1.6 mA 的电流应当产生 3.2 V 的电压,所以说实测结果完全满足设定刺激信号的要求。

10.22.4 结 论

  人工电子耳蜗原理样机的研究是一项非常有意义的工作,将为集成化人工耳蜗系统的开发研制奠定坚实的基础。样机研制过程中存在两个关键技术环节:一是语音信号处理方案的研究,二是样机整体电路的研究。

  样机整体电路中,传声器作为语音信号采集传感器,在 WM8950 音频信号采集电路的支持下能够顺利完成语音信号的采集,并通过体外 DSP 电路的分析处理,利用成熟的语音信号处理方案提取到音频信号中的有效语音信息。编码之后的语音信息传送至体内电路,体内电路能够及时完成编码信号的解码,并能够正确选定刺激电极和输送刺激脉冲。整体电路的性能及主要组成电路的性能均得到了实测结果的验证。因此,人工电子耳蜗原理样机具备了集成化的基础。

10.23 用于高压输电线路的组合式电流/电压测试仪电路

随着电压等级的不断提高与电力系统规模的逐渐扩大,传统高压测试设备的绝缘问题日益突出,继电保护及故障诊断系统的要求也在不断提高,电气绝缘测试新技术的研究方兴未艾。具体到电压和电流参数的测量,新兴的电子式互感器由于具有绝缘结构简单、动态范围大、结构紧凑、体积小等优点,因此得到了广泛重视。特别是对于电流、电压参数的组合测量,可以克服传统电磁式组合互感器绝缘难度大、电流测量与电压测量间易相互干扰等缺点,具有广阔的应用前景。

在电子式组合电流/电压互感器中,电流传感器采用 Rogowski 线圈,电压传感器基于电容分压的思想,针对其应用于高压输电系统中的特殊性,在传感器调理电路中加入了过电压防护电路,并从保证绝缘性能的角度出发,将测试仪电路分为高、低压侧两部分,两部分间采用光纤绝缘。该测试仪电路通过了国家高压计量部门的认证,测量效果良好。

10.23.1 测试仪电路的组成

测试仪电路主要由数据采集、数据传输以及数据处理与输出三部分组成。数据采集部分主要是对电流/电压传感器的输出信号进行处理,将其转换成数字信号,以方便利用光纤进行传输;数据传输部分则由光纤和电缆构成,光纤用于传输数据信号,电缆则是给数据采集部分提供必要的电源;数据处理与输出部分的作用就是将数字信号还原成模拟信号,并送入不同的测量及保护装置或计算机接口完成相应的功能。电路的整体框图如图10.23.1所示。图中的数据采集电路是在高压侧实现的,而数据处理及传输部分则在低压侧完成。

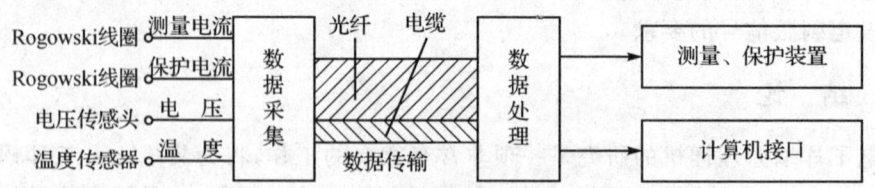

图 10.23.1 组合式电流/电压测试仪电路整体框图

在完成测试仪电路的设计过程中,首先应该明确电压和电流传感器输出信号的特点。图 10.23.2 给出了组合式互感器,以及电压和电流传感器部分的结构图。

从图 10.23.2 中可以看出,电流传感器由 Rogowski 线圈组成,其输出为电压信号。通过推导可以得到

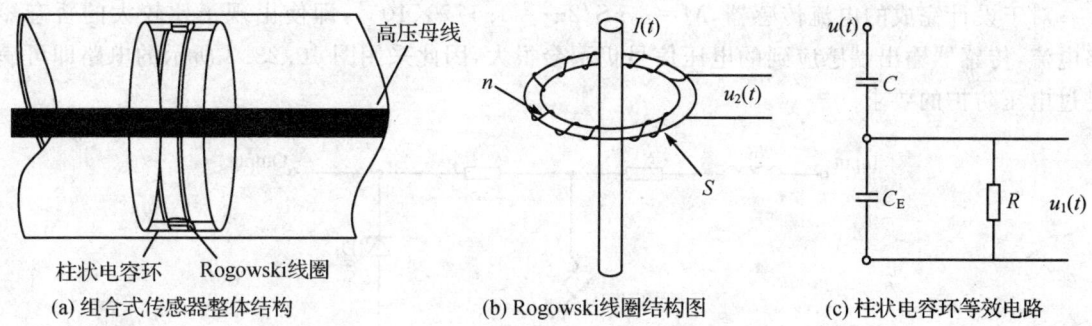

图 10.23.2 组合式电流/电压传感器整体及各部分结构图

$$u_2(t) = -nS \cdot \frac{dB_r}{dt} = -\frac{\mu_0 nS}{2\pi r} \cdot \frac{dI(t)}{dt} \quad (10.23.1)$$

式中,μ_0 为真空磁导率,r 为线圈中心线与导线中心线间的距离。

电压测量借鉴了电容分压的思想,将一个柱状电容环套在高压母线外面实现测量,电容环等效为图 10.23.2(c)中的 C。考虑到系统短路后电容环的等效接地电容 C_E 上积聚的电荷若在重合闸时还没有完全释放掉,将会在系统工作电压上叠加一个误差分量,严重时将影响到测量结果的正确性以及继电保护装置的及时、正确动作;且长期工作时 C_E 将会因温度等因素的影响变得不稳定,因此宜选取电阻 R 消除这些因素的影响。R 上的电压为

$$u_1(t) = R \cdot C \cdot \frac{dU(t)}{dt} \quad (10.23.2)$$

通过式(10.23.1)和式(10.23.2)可以看出,电压和电流传感器的输出信号均为输入信号的微分,因此在后续的测量电路设计过程中必须进行相应的相位补偿。

10.23.2 测试仪电路关键环节的设计与调试

由图 10.23.1 可见,数据采集和数据处理电路是测试仪的主体,再考虑到测试仪应用于高压输电线路的特殊性,对输电线路上的浪涌、雷击过电压及暂态短路电流等情况要有防护能力,因此,下面就对过电压防护、数据采集和数据处理电路的设计及调试进行介绍。

1. 过电压防护电路的设计

当输电线路上出现浪涌、雷击过电压及暂态短路电流时,会通过电流/电压传感器将信号传送至输出端,因此,传感器输出端的过电压防护至关重要。

对电流互感器而言,假定高压母线上流过暂态短路电流,其表达式为

$$I(t) = I_0(e^{-at} - \cos \omega t) \quad (10.23.3)$$

则引起传感器的输出为

$$u(t) = -\frac{\mu_0 nS}{2\pi r} \cdot I_0(-\alpha e^{-at} + \omega \sin \omega t) \quad (10.23.4)$$

对于设计完成的电流传感器,$M=\mu_0 nS/2\pi r=1.177\times 10^{-5}$,即使出现了比较大的暂态短路电流,传感器输出端感应到的电压信号仍不会很大,因此采用图 10.23.3 所示的电路即可满足过电压防护的要求。

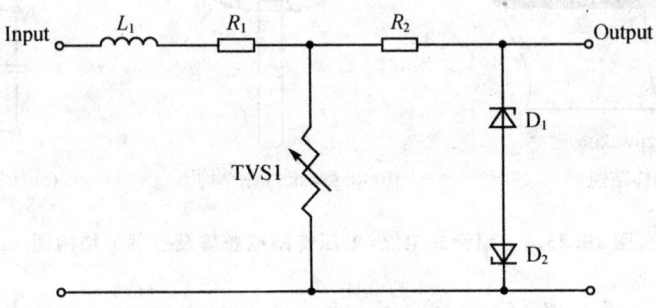

图 10.23.3　电流传感器的过电压防护电路

图 10.23.3 中,考虑到传感器感应到的过电压能量不会太大,所以能量泄放模块采用了瞬态电压抑制器 TVS,而为了确保过电压的幅度完全被钳位在电子线路允许的范围内,则还应考虑在 TVS 的后面加上稳压二极管。电阻 R_2 的作用是限制流过稳压二极管的电流,以确保二极管不会因电流过大而损坏。

对于电压传感器来讲,面临的过电压防护问题要严峻得多,因为依据电压传感器的传感原理,当过电压情况出现时,传感头的输出信号将会与过电压信号同步变化,因此这里采取了 4 级防护措施,如图 10.23.4 所示。

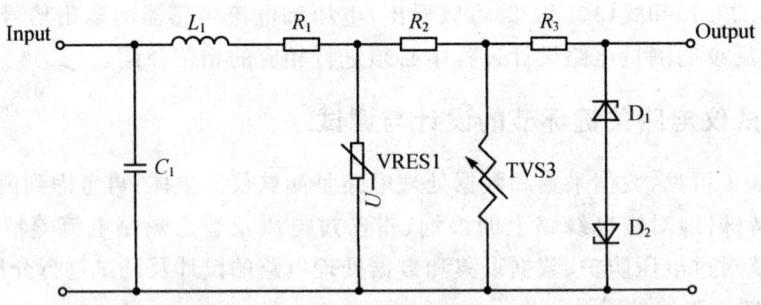

图 10.23.4　电压传感器的过电压防护电路

图 10.23.4 中,第一级防护为电容 C_1。C_1 和柱状电容环构成了电容分压电路,以大幅降低过电压进入后续电路的可能。第二、三级防护是压敏电阻 VRES1 与 TVS3 相结合,以充分释放过电压的能量。最后一级防护是稳压二极管,作用也是确保电压幅度完全被钳位在电子线路允许的范围内。图中,电感 L_1,电阻 R_1、R_2 和 R_3 都起限流作用。

2. 数据采集电路的设计与调试

数据采集电路的基本功能就是完成图 10.23.4 所示四路信号的采集,并从节约光纤的角度出发,将4路信号通过时分复用的方法耦合到一路信号上,原理框图如图10.23.5所示。

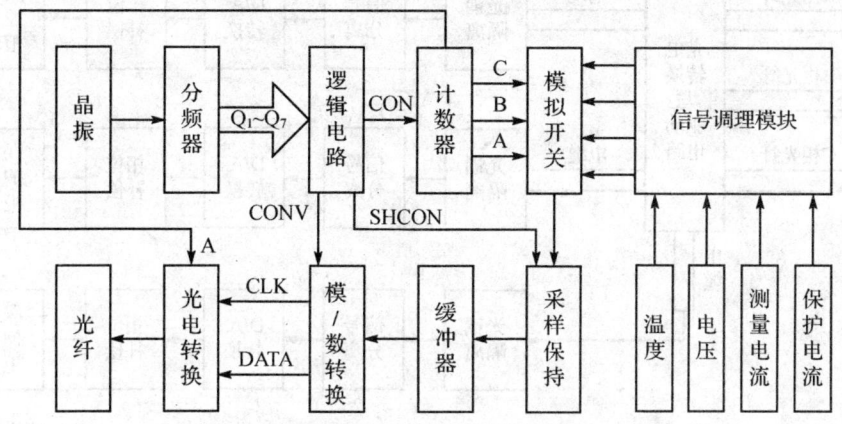

图 10.23.5 数据采集电路的原理框图

从图10.23.5中可见,模拟开关在电路设计中的作用至关重要,通过逻辑电路控制模拟开关分时选通,即可实现4路信号的时分复用,且这样的设计思路采用一个模/数转换器即能完成所有信号的采集,显著降低了电路的复杂程度。图10.23.6为数据采集电路的实测结果。

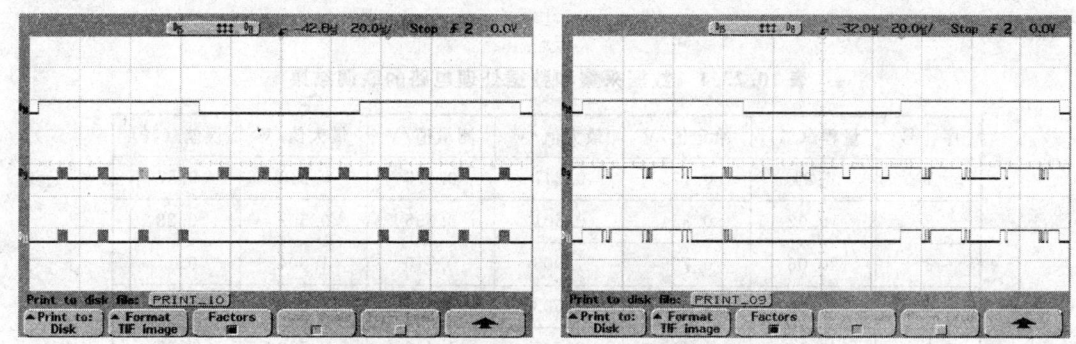

D_9—A/D转换输出的时钟或数据信号;D_{11}—光电转换模块的输出信号

图 10.23.6 数据采集电路的输出端实测结果

可见,时钟和数据信号已分别复用到2路光纤上,4路信号的顺序依次是保护电流、测量电流、母线电压、温度,与4路信号相对应的是4路时钟信号。4路信号之后有一个较长时间的间隔,是通信协议的需要。

3. 数据处理部分的设计与调试

数据处理部分的功能就是将传输下来的信号进行相应处理,以满足系统准确度的要求与不同用户的需求。图10.23.7给出了数据处理部分的原理框图。

可见,数据处理部分需要将三相电流/电压传感器传送下来的信号进行处理,以分别送到

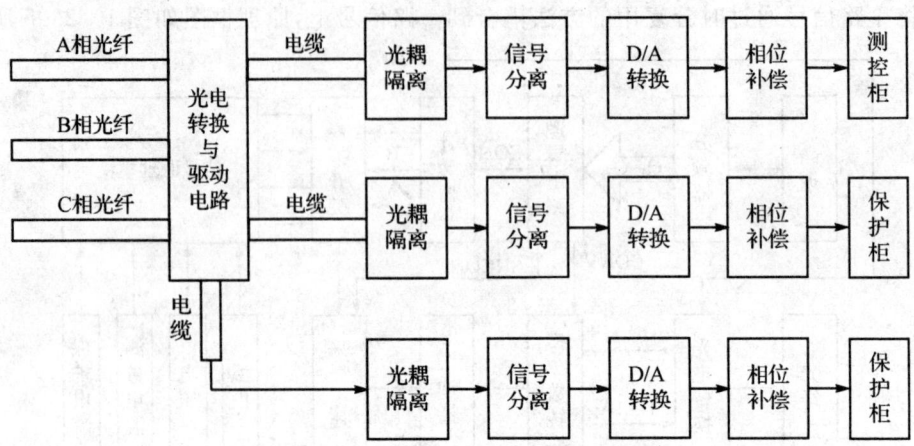

图 10.23.7 数据处理部分的原理框图

不同的测控和保护柜中。数据处理电路的核心环节是相位补偿。前面已经讲到,电压和电流传感器的输出均是被测信号的微分,且在电路的处理过程当中有可能引入新的相位差,因此必须在测试仪电路的最末段进行相位补偿。

数据处理部分的调试必须结合数据采集部分进行,两部分电路联调的结果如表 10.23.1 所列。

表 10.23.1 数据采集和数据处理电路的联调结果

序 号	量程/(%)	给定值/V	最大值/V	测量值/V	最大值/V	误差/(%)
1	4.94	0.175	0.247	0.176	0.249	0.57
2	10.02	0.354	0.501	0.355	0.502	0.28
3	20.06	0.709	1.003	0.710	1.004	0.14
4	30.06	1.063	1.503	1.064	1.505	0.09
5	40.02	1.415	2.001	1.416	2.003	0.07
6	50.00	1.768	2.500	1.769	2.502	0.06
7	60.04	2.123	3.002	2.125	3.005	0.09
8	70.04	2.476	3.502	2.478	3.504	0.08
9	80.02	2.829	4.001	2.830	4.002	0.04
10	100.04	3.537	5.002	3.538	5.003	0.03

可见,联调结果的最大误差为 0.57%,出现在满量程的 5% 处。而依据国家标准,0.2 级电力互感器在满量程 5% 处允许的误差值是 0.75%,这说明联调电路的准确度能够达到 0.2 级电力互感器的要求,测试仪电路的性能令人满意。

10.23.3 测试仪电路的认证

测试仪电路完成后,在国家指定高压计量部门——国网武汉高压研究院进行了全部形式实验的验证。下面对主要的验证指标进行分析说明。

1. 测试仪电路的精度试验

以电流互感器为例,将电流传感器和测试仪电路连接起来之后,进行了整体精度试验的标定,结果如图10.23.8所示。

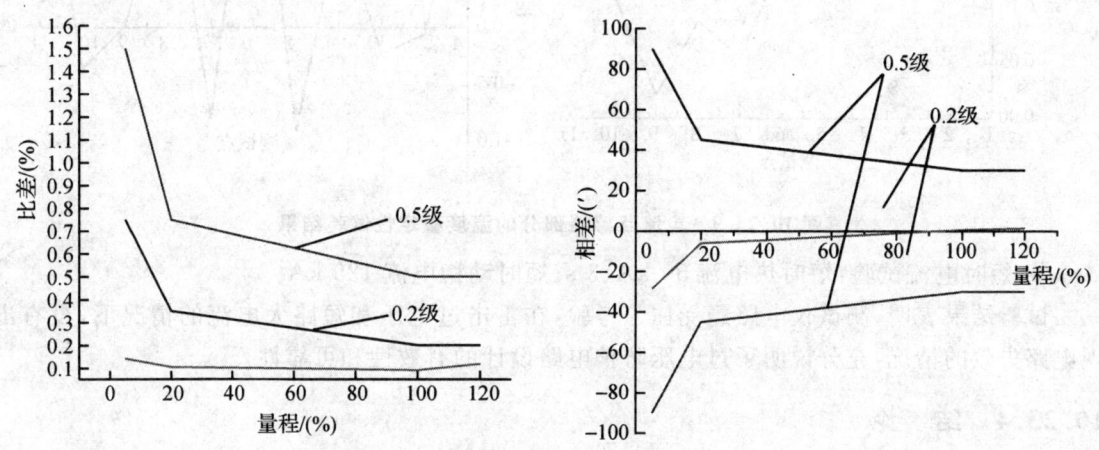

图 10.23.8 电流互感器部分的精度试验结果

从图10.23.8中可以看出,电流互感器的比差(幅度误差)和相差(相位误差)均满足国家标准中0.2级互感器的精度要求,电压互感器的测试结果也验证了同样的结论。

2. 测试仪电路的温度稳定性试验

温度稳定性是衡量互感器长期运行稳定性的一个关键指标。以电流互感器为例,按照国家标准在3天的时间里,从-30~40 ℃的范围内进行了循环温度情况下精度的稳定性测试,结果如图10.23.9所示。

从图10.23.9中可以看出,电流互感器的比差在11个测试点上的波动范围在0.30%之内,相差的波动范围在3.5′之内,完全满足国家标准中0.2级互感器的温度稳定性要求。电压互感器的测试结果也表明了同样的结论。

3. 测试仪电路的过压防护试验

为了验证过电压防护措施的有效性,开展了以下三个项目的试验,均是在高压母线的接线端子上施加的。

① 雷电冲击全波试验:950 kV,正负极性各15次;
② 雷电冲击载波试验:1 093 kV,负极性下半波1次,全波3次;

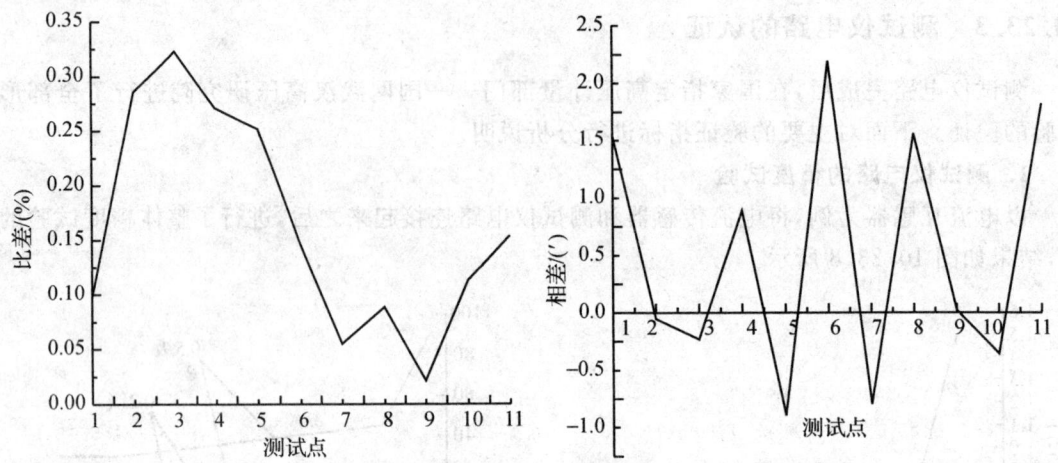

图 10.23.9　电流互感器部分的温度稳定性试验结果

③ 短时电流试验：短时热电流 50 kA、3 s；短时动稳电流 125 kA。

试验结果表明，测试仪电路经受住了考验，在雷击过电压和短路大电流的情况下，没有出现电路失效的情况，充分说明了过电压防护电路设计的有效性和可靠性。

10.23.4　结　论

电子式电流/电压组合互感器具有体积小、灵活性大、可靠性高等优点，能够很好地满足电力系统快速发展的需求。

在组合式电流/电压测试仪电路中，针对其应用于高压输电线路的特殊性，在电流和电压传感器的输出端设计了相应的过电压防护电路，以确保后续电子电路的安全可靠工作；在数据采集电路中，设计了时分复用电路以降低高压侧电路的复杂程度，同时也降低了数据传输的成本；在数据处理电路中，为消除电流和电压传感器敏感机理中带来的相位差问题，重点设计了相位补偿电路。测试仪电路的性能通过了国家高压计量部门——武汉高压研究所的全部形式试验验证，为其推向实际应用奠定了坚实基础。

10.24　钻孔倾斜度测量仪电路

在物探测井领域，根据测井曲线求得的矿层厚度和倾角，可以很容易地得出矿层的真实厚度，从而准确地计算矿物储量。但由于钻机安装不正，施工操作不当，软硬岩层相间，岩层倾向等因素，往往会使钻孔发生弯曲或倾斜。根据这样的钻孔来计算矿层厚度及建立矿点坐标就会发生误差，必须进行校正。为此，必须对钻孔的倾斜顶角和方位角进行测量。

钻孔倾斜度测量仪正是为解决上述工程问题而制造的专门仪器，它的主要作用是完成井斜顶角、方位角、工具面角的精确测量。目前市场上的钻孔测斜仪主要有两种工作原理：一是基于地球重力场和地磁场而设计的，它的主要优点是成本相对较低，主要缺点是对现场的磁场环境要求较高；二是基于陀螺仪而设计的，它在无磁和有磁的场合都可以使用，而且测量精度高，主要缺点是造价过高，体积很难缩小。

10.24.1 测量仪原理

1. 坐标系定义

（1）地理坐标系（ONWD）

原点位于测斜仪探管质心，$\overrightarrow{ON}$、$\overrightarrow{OW}$、$\overrightarrow{OD}$ 轴成右手坐标系，分别指向磁北、磁西、天方向，如图 10.24.1 所示。

（2）探管坐标系（OXYZ）

原点位于测斜仪探管质心，$\overrightarrow{OZ}$ 轴为探管的轴向，指向探管上端，$\overrightarrow{OX}$ 和 $\overrightarrow{OY}$ 轴在径向平面内彼此正交，三个轴成右手坐标系，如图 10.24.2 所示。

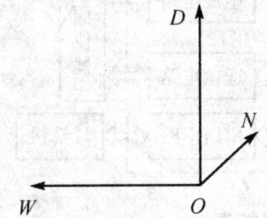
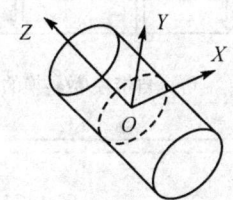

图 10.24.1　地理坐标系　　　　图 10.24.2　测斜仪探管坐标系

2. 顶角及方位角定义

将地理坐标系和探管坐标系组合起来如图 10.24.3 所示，其中探管坐标系轴 $\overrightarrow{OZ}$ 与地理坐标系轴 $\overrightarrow{OD}$ 之间的锐夹角 α 即为顶角；从磁北 $\overrightarrow{ON}$ 顺时针旋转到探管轴向 $\overrightarrow{OZ}$ 在水平面的投影 $\overrightarrow{O''O}$ 时所形成的夹角 β 即为方位角。

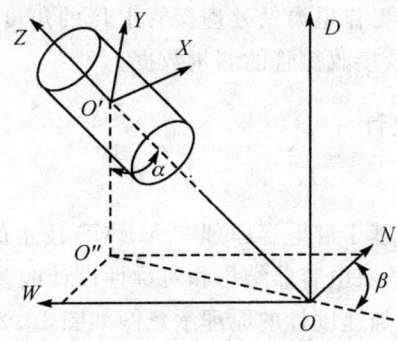

图 10.24.3　测斜仪测量原理图

3. 顶角及方位角计算原理

把三个重力加速度计和三个磁力计安装到探管的三个坐标轴上,实时测量到三个轴向的静态重力加速度分量和地磁场强度分量,将探管坐标系旋转到地理坐标系下,通过数值计算、误差校正,就能准确计算出探管的顶角和方位角。

4. 测量仪硬件电路设计

采用三个轴向正交的加速度计来感受地球重力场信息;采用三个轴向正交的磁阻传感器来感受地磁场信息;采用内部集成模/数转换的单片机来实时解算顶角和方位角信息,并将角度信息实时上传至地面仪器或存储在数据存储器中。

测斜仪的硬件原理框图如图 10.24.4 所示。

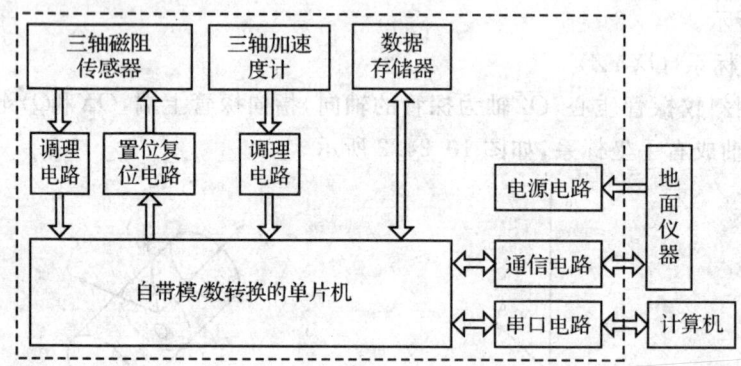

图 10.24.4　测斜仪的原理框图

图 10.24.4 中的虚线框内是测斜仪探管中包含的电路功能模块,由它们共同完成测斜仪的测量功能。两种传感器模块完成地球重力场和地磁场信号的测量;单片机完成传感器信号的模/数转换及角度解算;单片机可直接将角度数据通过通信电路上传到地面仪器,也可将角度数据存储在数据存储器中,待测井完成后,将数据存储器中的数据通过串口上传到地面计算机中。

地面仪器用于给探管提供工作电源及处理探管上传的角度信息,地面计算机用于完成井下探管程序更新、标定探管以及接收探管的测量数据。

10.24.2　加速度计电路设计

1. 加速度计测量原理

设计中选用的加速度计是基于硅电容原理和 MEMS 技术的产品。基于电容测量技术的传感器具有超强的性能,产品的双电容器结构和对称性设计改善了产品的零点稳定性、线性度和横向灵敏度。单轴硅电容式加速度计的原理示意图如图 10.24.5 所示。

图 10.24.5 中传感器的敏感结构包括一个活动电极和两个固定电极,活动电极固定在连

接单元的正中心;两个固定电极设置在活动电极初始位置对称的两端。连接单元将两组梁框架结构的一端连在一起,梁框架的另一端用连接"锚"固定。其基本原理是:基于惯性原理,被测加速度 a 使连接单元产生与加速度方向相反的惯性力 F_a;惯性力 F_a 使敏感结构产生位移,从而带动活动电极移动,与两个固定电极形成一对差动敏感电容 C_1、C_2 的变化。将 C_1、C_2 组成适当的检测电路便可以解算出被测加速度 a。该敏感结构只能敏感沿连接单元主轴方向的加速度;对于其正交方向的加速度,由于它们引起的惯性力作用于梁的横向,而梁的横向相对于其厚度方向具有非常大的刚度,因此这样的敏感结构不会敏感与所测加速度正交的加速度。

2. 加速度计调理电路设计

加速计的输出信号为模拟量,由于测量仪工作时是随着钻孔的轨迹而运动,传感器的有效输出信号应该是个低频信号,所以采用有源低通滤波电路对加速计的输出信号进行调理,调理电路的原理如图 10.24.6 所示。其中低通滤波电路的截止频率设计为 10 Hz 左右。

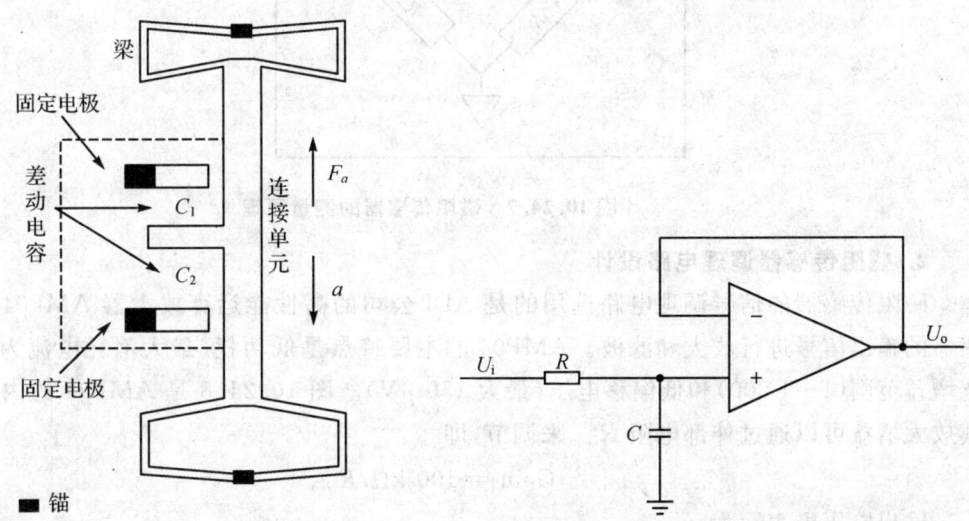

图 10.24.5 单轴硅电容式加速度计原理示意图　　图 10.24.6 加速度传感器调理电路原理图

10.24.3 磁阻传感器电路设计

1. 磁阻传感器测量原理

在铁磁性材料中会发生磁阻的非均质现象:沿着一条长而且薄的铁磁合金带的长度方向施加一个电流,在垂直于电流的方向施加一个磁场,则合金带自身的阻值会发生明显的变化,这就是磁阻现象。磁阻传感器的测量原理如图 10.24.7 所示。

图 10.24.7 中由 4 个相同的磁阻组成了惠斯通电桥,其中供电电源为 V_b,在电阻中有电流流过。由于偏置磁场对 4 个电阻的影响作用相同,因而对输出 V_{out} 没有影响。而与偏置磁场正交的被测磁场 H,使得两个相对放置的电阻的磁化方向朝着电流方向转动,引起电阻阻

值增加；另外两个相对放置的电阻的磁化方向背向电流方向转动，引起电阻阻值减小，电桥输出为下式，并且在线性区域内，电桥输出电压 ΔV_{out} 与被测磁场强度 H 成正比。

$$\Delta V_{out} = \frac{\Delta R}{R} V_b \propto H \tag{10.24.1}$$

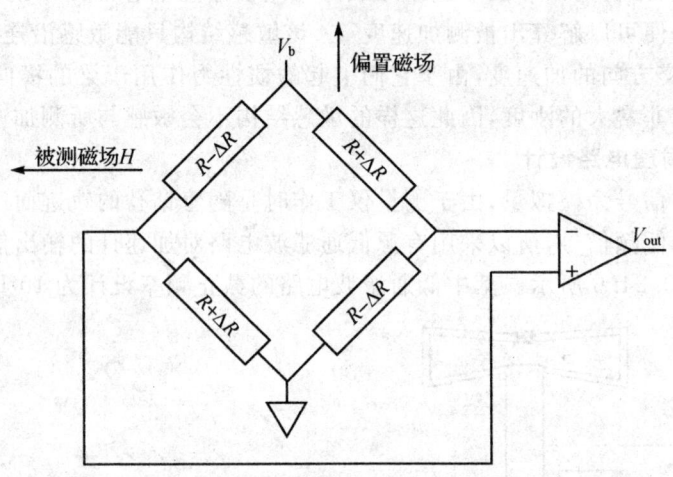

图 10.24.7　磁阻传感器的测量原理

2. 磁阻传感器调理电路设计

磁阻传感器的信号调理电路选用的是 ADI 公司的高性能运算放大器 AMP04，对磁阻传感器的输出信号进行放大和滤波。AMP04 的主要特点是低功耗（最大消耗电流为 700 μA）、宽增益范围（1～1 000）和低偏移电压（最大 150 μV）。图 10.24.8 是 AMP04 的内部原理图，其放大增益可以通过外部电阻 R_{Gain} 来调节，即

$$\text{Gain} = 100 \text{ k}\Omega / R_{Gain} \tag{10.24.2}$$

输出电压可表示为

$$V_{OUT} = (V_{IN+} - V_{IN-}) \times \text{Gain} + V_{REF} \tag{10.24.3}$$

与其他运算放大器不同，AMP04 的反向输入端是可以访问的，如果在 AMP04 的反馈回路（引脚 6 和 8）上加一个电容 C，就可以构成一个低通滤波器。其截止频率由式（10.24.4）确定，即

$$f_{LP} = \frac{1}{2\pi \times 100 \text{ k}\Omega \times C} \tag{10.24.4}$$

3. 磁阻传感器置位、复位电路设计

在磁阻传感器中，除了惠斯通电桥电路以外，传感器内部还有两个合金带，一个用来接置位或复位电路，另一个用来产生一个偏置磁场以补偿干扰磁场。环境中的强磁场（大于 5×10^{-4} T 时）会导致磁传感器输出信号变异，为了消除这种影响并使输出信号达到最佳，就

第 10 章 传感器调理电路实例分析

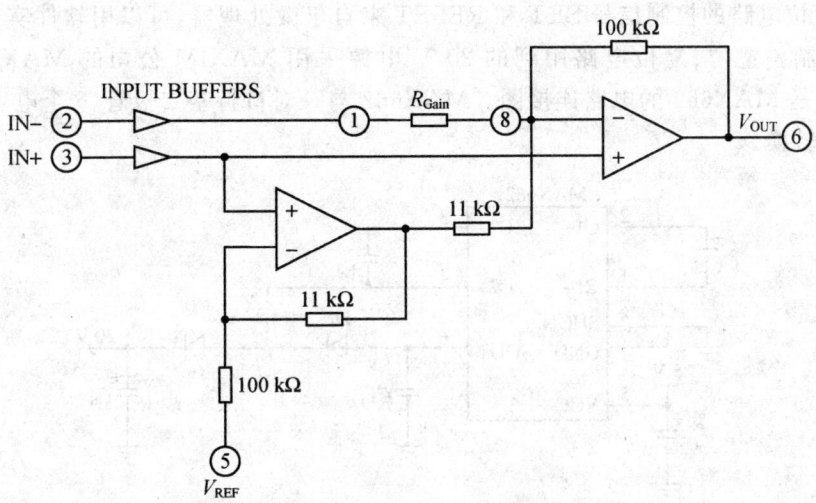

图 10.24.8　AMP04 内部原理图

需要使用磁开关技术来抵消剩余磁场。这项技术通过集成在芯片内部的置位/复位合金带,加以 3~5 A 的脉冲电流,即可以重新校准或反置传感器内的磁敏元件。应用这种补偿功能,许多不良影响可以被消除或减轻,如温度漂移、非线性误差、交叉影响以及因强磁场干扰而引起的输出信号畸变。

置位、复位电路有多种设计方法,应根据成本预算和设置的磁场分辨率来选择最佳方案。首先应该知道置位和复位脉冲对磁阻传感器的影响是相同的,区别在于传感器的输出信号改变了方向。图 10.24.9 中的三极管 2N3904,MOS 管 IRF9952,电阻 R_4、R_5、R_6,电容 C_4、C_5、C_6 组成了设计中的置位、复位电路。

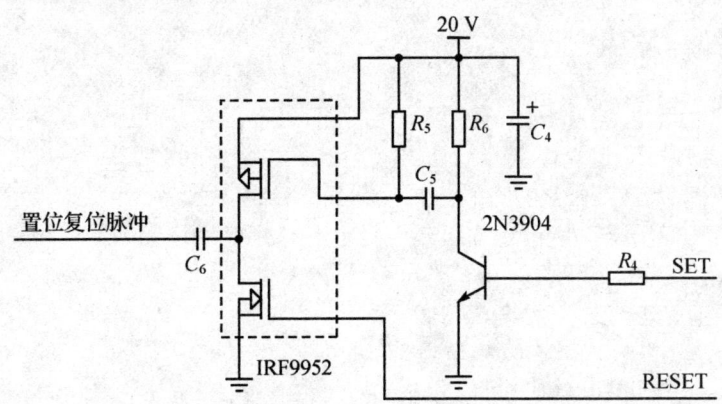

图 10.24.9　置位、复位电路原理图

置位、复位电路的控制信号 SET 和 RESET 来自于微处理器,可以用软件实现对置位、复位电路的控制。置位、复位电路用到的 20 V 电源采用 MAXIM 公司的 MAX662 来实现,图 10.24.10 是 MAX662 的电路连接图。MAX662 与一对肖特基二极管、6 个电容实现了 5～20 V 的电压转换。

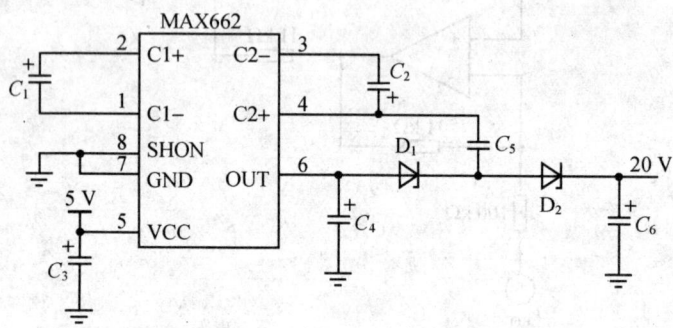

图 10.24.10　MAX662 电路连接图

10.24.4　结　论

钻孔倾斜度测量仪主要用于物探测井中井眼轨迹的测量,是利用现代传感技术、电子技术、计算机技术研制和生产的高新技术产品。近几年来,由于能源形势引导,矿物勘探投资增加,测井工作对钻孔倾斜度测量仪提出了小直径、高精度、易维护等要求。基于地球重力场和地球磁场的测斜技术具有简单、实时、低成本等特点,本方案采用三轴加速度计和三轴磁阻传感器研制的钻孔倾斜度测量仪有一定的实际应用价值。

参考文献

[1] 童诗白.模拟电子技术基础.北京:高等教育出版社,2001.
[2] 远坂俊昭.测量电子电路设计·滤波器篇//从滤波器设计到锁相放大器的应用.北京:科学出版社,2006.
[3] 刘丽红,张菊秀.传感与检测技术.北京:国防工业出版社,2007.
[4] [德]楞策 U,胜克 CH.高级电子电路.王祥贵,译.北京:人民邮电出版社,1984.
[5] 吕俊芳.传感器接口与检测仪器电路.北京:北京航空航天大学出版社,1994.
[6] 张国雄,沈生培.精密仪器电路.北京:机械工业出版社,1987.
[7] 许宜生,丁振荣.自动检测仪表电子电路设计.北京:原子能出版社,1986.
[8] 诺维茨基ⅡB.非电量电测.张正,等译.北京:机械工业出版社,1983.
[9] 方志豪.晶体管低噪声电路.北京:科学出版社,1986.
[10] [美]希尔本ＪL,约翰逊ＤE.有源滤波器设计手册.北京:地质出版社,1980.
[11] 张国雄.测控电路.北京:机械工业出版社,2006.
[12] 孙传友.测控电路及装置.北京:北京航空航天大学出版社,2002.
[13] 李刚,林凌.现代测控电路.北京:高等教育出版社,2004.
[14] 林理忠.微弱信息检测学导论.北京:中国计量出版社,1996.
[15] 刘俊,张斌珍.微弱信号检测技术.北京:电子工业出版社,2005.
[16] 高晋占.微弱信号检测.北京:清华大学出版社,2004.
[17] 吕泉.现代传感器原理及应用.北京:清华大学出版社,2006.
[18] 陶红艳,余成波.传感器与现代检测技术.北京:清华大学出版社,2009.
[19] 周旭.现代传感器技术.北京:国防工业出版社,2007.
[20] 郭培源,付扬.光电检测技术与应用.北京:北京航空航天大学出版社,2006.
[21] 樊尚春,吕俊芳,张庆荣,等.航空测试系统.北京:北京航空航天大学出版社,2005.
[22] 葛长虹.工业测控系统的抗干扰技术.北京:冶金工业出版社,2006.
[23] 刘光斌,刘冬,等.单片机系统实用抗干扰技术.北京:人民邮电出版社,2004.
[24] 诸邦田.电子线路抗干扰技术手册.北京:北京科学技术出版社,1988.
[25] GJB/Z 299B—91 电子设备可靠性预计手册.
[26] 美国国防部.可靠性设计手册(上、下册).曾天翔,丁莲芬,译.北京:航空工业出版社,1984.
[27] 曾声奎,赵廷弟,张建国,等.系统可靠性设计分析教程.北京:北京航空航天大学出版社,2001.
[28] 美国国家半导体公司.通用线性电子器件数据手册.北京:科学出版社,1995.
[29] 徐维新.电子设备可靠性热设计指南.北京:电子工业出版社,1995.
[30] Zhang Guangjun, Lu Junfang, Yuan Mei. Novel carbon dioxide gas sensor based on infrared absorption. Optical Engineering,2000,39(8):2235-2240.
[31] 张广军,吕俊芳,周秀银,等.新型红外二氧化碳分析仪.仪器仪表学报,1997,18(2):134-138.
[32] 张广军,吕俊芳,周秀银,等.红外气体分析中环境温度和总压影响的补偿方法研究.计量学报,1996,

17(2):174-177.
- [33] 吕俊芳,袁梅,李玉涛.卫星推进系统气体流量测试仪的研制.航空学报,1998,19(7):104-106.
- [34] 李玉涛,吕俊芳.卫星推进系统气体流量探头的研制.航空测试技术,2000,20(3):5-7.
- [35] 袁梅,吕俊芳,陈行禄,等.IXRF法用于航空发动机磨损在线监测的研究.北京航空航天大学学报,2000,26(2):153-155.
- [36] 袁梅,吕俊芳,陈行禄.航空发动机磨损在线监测的能谱数据处理方法研究.仪器仪表学报,2000,21(2):173-176.
- [37] 李楠,吕俊芳.利用放射性同位素 γ 射线测量飞机燃油密度的方法研究.航空学报,2002,23(6):587-590.
- [38] 李楠,吕俊芳.提高同位素测量航空燃油密度精度的方法研究.北京航空航天大学学报,2003,29(7):620-623.
- [39] 袁梅,林柯,崔德刚.飞机燃油测量及姿态误差修正方法.航空计测技术,2001(20):24-26.
- [40] 王朝阳,袁梅.航空用磁致伸缩油量传感器的研究与设计.飞机设计,2004(1):52-54.
- [41] 袁梅,史磊,吴京惠.高精度磁致伸缩燃油油量传感器的结构设计.新技术新仪器,2004,24(4):12-14,18.
- [42] 吕俊芳,袁梅,李玉涛.数字人感系统的研究.飞机设计,2001,96(4):40-43.
- [43] 程若飞,吕俊芳.角速度波动检测技术研究.航空计测技术.2002,22(5):25-29.
- [44] 李钟明,刘卫国.稀土永磁电机.北京:国防工业出版社,1999.
- [45] 薛峰,吴捷.锁相技术在电机调速系统中的应用概述.微电机,1999,23(3):26-29.
- [46] Hsieh Guan Chyun, Hung James C. Phase-Locked Loop Techniques-A Survey. IEEE transactions on industrial electronics. 1996,43(12):612-613.
- [47] 谭建成.电机专用集成电路.北京:机械工业出版社,1997.
- [48] 吕俊芳,周秀敏,姚雅红.光纤pH值传感器.航空学报,1994,15(8):985-987.
- [49] 吕俊芳.高精度光纤位移测量系统的电路设计.测控技术,1990,35(3):11-13.
- [50] 焦莉,李宏男.PZT的EMI技术在土木工程健康监测中的研究进展.防灾减灾工程学报,2006,26(1):102-107.
- [51] 杨智春,于哲峰.结构健康监测中的损伤检测技术研究进展.力学进展,2004,34(2):215-222.
- [52] 吕俊芳,潘军,陈巍.光电感烟火灾探测器的电路设计.航空测试技术,1999,19(4):30-33.
- [53] 吕俊芳.火灾自动报警系统中的信号远距离传输的几种方案.电子技术应用,1990(11):189-193.
- [54] 吕俊芳,刘莹.电子式差定温探测器的研究.航空学报,1994,15(7):735-739.
- [55] 周筠清,等.传热学.北京:冶金工业出版社,1989.
- [56] 高占宝,吕俊芳,吕箭星.VXI总线仪器自动校准系统的研究.航空计测技术,2002,22(4):20-24.
- [57] 梁志国,孙璨宇.关于VXI总线仪器系统校准问题的讨论.中国计量,2004(7):35-39.
- [58] 王凯,冯连芳.混合设备设计.北京:机械工业出版社,2000.
- [59] 刘洪,翟瑞青,居喜国.异形桨行星运动立式混合机的安全性设计.含能材料,2004,12(z2):644-647.
- [60] Shi Rong, Xu Pingping. Design for Reading Meter System of Electrical Meter Based on Bluetooth Technology. Mobile Communications,2004(12):1-7.
- [61] Baibich M N, Broto M, Fert A, et al. Giant Magneto-resistance of(100)Fe/(100)Cr Magnetic Superlattices. Physical Review Letters,1988,61(21):2472-2475.

[62] Elmatboly O. Giant Magneto Resistive Sensor Manipulations to Measure High Power Currents. CPES conference, Virginia, USA, 2004.

[63] 赵文峰,顾世红. 600A直流电流自动化测量系统的建立. 宇航计测技术,2003,23(3):35-40.

[64] 才滢,黄全胜,李莉. DC100A直流电流标准的研制. 计量技术,2006(2):12-14.

[65] 钱政,任雪蕊,刘少宇. 巨磁电阻直流电子式电流互感器的研制. 电力系统自动化. 2008,32(13):71-74.

[66] 李秉玺,赵忠,孙照鑫. 磁阻传感器的捷联式磁航向仪及误差补偿. 传感器技术学报,2003,6(2):191-194.

[67] 刘炳云,卢大伟,万德钧,等. 基于磁阻传感器的组合定位系统及误差补偿. 测控技术,2001,20(2):10-12.

[68] 刘诗斌,严家明,孙希任. 无人机航向测量的罗差修正研究. 航空学报,2000,1(1):78-80.

[69] Caruso M J, Bratland T, Smith C H, et al. A new perspective on magnetic field sensing. Sensors, 1998, 15(12):34-46.

[70] 李川,张以谟,赵永贵,等. 光纤光栅原理、技术与传感器应用. 北京:科学出版社,2005.

[71] 刘国庆,杨庆东. ANSYS工程应用教程. 北京:中国铁道出版社,2003:11-14.

[72] 黄俊钦. 静、动态数学模型的实用建模方法. 北京:机械工业出版社,1988.

[73] 黄俊钦. 测试系统动力学. 北京:国防工业出版社,1988.

[74] 王行仁主编. 飞行实时仿真系统及技术. 北京:北京航空航天大学出版社,1998.

[75] 孙传友,孙晓斌. 感测技术基础. 北京:电子工业出版社,2001.

[76] 张建民主编. 传感器与检测技术. 北京:机械工业出版社,2000.

[77] 罗苏南,叶妙元,徐雁,等. 光学组合互感器的研究. 电工技术学报,2000,15(6):45-49.

[78] 王蕴辉,于宗光,孙再吉. 电子元器件可靠性设计. 北京:科学出版社,2007.

[79] Geurts L, Wouters J. Better place – coding of the fundamental frequency in cochlear implants. J. Acoust. Soc. Am. ,2004,115(2):844-852.

[80] Blake S W, Charles C F, Dewey T L, et al. Better speech recognition with cochlear implants. Nature, 1991,352:236-238.

[81] Nie Kaibao, Stickney G, Zeng Fangang. Encoding frequency modulation to improve cochlear implant performance in noise. IEEE Trans. on Biomed. Eng. ,2005,52(1):64-73.

[82] Michael F D, Philipos C L, Dawne R. Speech intelligi – bility as a function of the number of channels of stimulation for signal processors using sine – wave and noise – band outputs. J. Acoust. Soc. Am, 1997,102(4):2403-2411.

[83] Peter H, Dieter F, Alexander K. PASS for Retrofitting, Extending and Constructing New High – Voltage Substations. ABB Review,1998,(2):12-20.

[84] Fiber Optic Sensors Working Group. Optical Current Transducers for Power Systems:a Review. IEEE Trans. on Power Delivery, 1994,9(4):1778-1788.

[85] Kobayashi S, Horide A, et al. Development and Field Test Evaluation of Optical Current and Voltage Transformers for Gas Insulated Switchgear. IEEE Trans. on Power Delivery, 1992,7(2):815-821.

[86] Kaczkowski A, Knoth W. Combined Sensors for Current and Voltage are Ready for Application in GIS. CIGRE Paris, France, 1998: Rep. 12-106.